计算机科学与技术丛书

ARM Cortex-M4
嵌入式系统原理及应用

基于STM32F407
微控制器的HAL库开发

黄克亚◎编著

清华大学出版社

北京

内 容 简 介

本书旨在传承 51 经典，发扬 ARM 长处，助推微控制器升级，以学生认知过程为导向组织内容，采取项目引领，全案例教学的方式，着重培养学生实践应用能力。本书详细阐述了基于 ARM Cortex-M4 内核的 STM32F407 微控制器嵌入式系统硬件设计方法和软件开发技术。全书共有 18 章，划分为三篇：第一篇（第 1～3 章）为系统平台，分别讲述嵌入式系统定义、嵌入式硬件平台和软件环境配置与使用入门；第二篇（第 4～10 章）为基本外设，分别对 STM32 嵌入式系统最常用的外设模块进行介绍，包括 GPIO、中断、定时器、PWM 和嵌入式系统接口技术；第三篇（第 11～18 章）为扩展外设，分别对 STM32 嵌入式系统高级外设模块和典型传感器进行讲解，包括 USART、SPI、W25Q128、I2C、EEPROM、ADC、DMA、DAC、RTC 和 DHT11 等。

本书适合作为高等院校计算机、自动化、电子信息、机电一体化、物联网等专业高年级本科生或研究生嵌入式相关课程的教材，同时可供从事嵌入式开发的技术和研究人员参考。

图书在版编目（CIP）数据

ARM Cortex-M4 嵌入式系统原理及应用：基于 STM32F407 微控制器的 HAL 库开发/黄克亚编著.—北京：清华大学出版社，2024.2（2024.8重印）

（计算机科学与技术丛书）

ISBN 978-7-302-65672-2

Ⅰ.①A…　Ⅱ.①黄…　Ⅲ.①微处理器－系统设计－高等学校－教材　Ⅳ.①TP332

中国国家版本馆 CIP 数据核字(2024)第 048709 号

策划编辑：盛东亮
责任编辑：钟志芳
封面设计：李召霞
责任校对：时翠兰
责任印制：刘海龙

出版发行：清华大学出版社
　　　网　　　址：https://www.tup.com.cn，https://www.wqxuetang.com
　　　地　　　址：北京清华大学学研大厦 A 座　　　邮　编：100084
　　　社 总 机：010-83470000　　　邮　购：010-62786544
　　　投稿与读者服务：010-62776969，c-service@tup.tsinghua.edu.cn
　　　质量反馈：010-62772015，zhiliang@tup.tsinghua.edu.cn
　　　课件下载：https://www.tup.com.cn,010-83470236
印 装 者：三河市铭诚印务有限公司
经　　　销：全国新华书店
开　　　本：203mm×260mm　　印　张：27.5　　　字　数：778 千字
版　　　次：2024 年 4 月第 1 版　　　印　次：2024 年 8 月第 2 次印刷
印　　　数：1501～3000
定　　　价：79.00 元

产品编号：102608-01

前 言
PREFACE

2020年1月，作者出版了《ARM Cortex-M3嵌入式原理及应用——基于STM32F103微控制器》。该书自出版以来，被国内百余所高校选为教材，年销万余册，并先后荣获清华大学出版社畅销图书、科技类最受读者欢迎图书和苏州大学精品教材等荣誉称号，获得读者的普遍好评，令作者深受鼓舞，决定再编著一部既注重入门，又兼顾提高的嵌入式系统项目式教材。

1. 出版背景

"青山遮不住，毕竟东流去！"虽然我们已经积累了大量的经典的8位单片机(如MCS-51)、16位单片机(如MSP430)的技术资料，但是复杂的指令、较低的主频、有限的存储空间、极少的片上外设，使其在面对复杂应用时，捉襟见肘，难以胜任。8位、16位单片机的应用不会就此结束，32位处理器时代已经到来。

在这个大环境下，ARM Cortex-M处理器轰轰烈烈地诞生了！它性能更强、功耗更低、易于使用。许多曾经只能求助于高级32位处理器或DSP的软件设计，都能在ARM Cortex-M处理器上跑得很快。按照ARM公司的经营策略，公司只负责设计处理器IP核，而不生产和销售具体的处理器芯片。在诸多半导体制造商中，意法半导体(ST Microelectronics)公司较早在市场上推出基于ARM Cortex-M内核的微控制器产品，其根据ARM Cortex-M内核设计生产的STM32微控制器充分发挥了低成本、低功耗、高性价比的优势，以系列化的方式推出，方便用户选择，受到了广泛的好评。在众多STM32微控制器产品中，基于ARM Cortex-M3内核的STM32F103微控制器和基于ARM Cortex-M4内核的STM32F407微控制器较为用户所了解，市场占有率很高，很多嵌入式教材也是以二者之一为蓝本进行讲解的。相比于STM32F103微控制器，STM32F407在内核、资源、外设、性能、功耗等多方面均有较大增强，而二者价格相差并不大，所以本书选择以STM32F407为背景机型进行讲解。

STM32支持的四种开发方式中的寄存器开发方式和LL库开发方式较少使用，嵌入式软件工程师往往会在标准库开发方式和HAL库开发方式之间艰难抉择。近年来，随着硬件性能逐步提升和STM32CubeMX软件的更新升级，HAL库开发方式的高效、便捷和通用性得到进一步的彰显，选择的天平逐渐倾向于HAL库开发方式。作者实践和比较了两种开发方式之后，发现HAL库开发方式较标准库开发方式可以明显减少代码量，大幅降低编程人员翻阅数据手册的频率，研发周期大幅缩短，可靠性显著提升。虽然HAL库开发方式不是完美无瑕，但利远大于弊，它是未来嵌入式开发的技术方向，也是STM32官方主推的开发方式。所以，本书介绍的软件设计是基于图形化配置工具STM32CubeMX的HAL库开发，这是当前技术主流，具有一定的前瞻性。

2. 内容简介

针对上述情况，作者根据多年的嵌入式系统教学和开发经验编写了本书，试图做到循序渐进，理论与实践并重，共性与个性兼顾，将嵌入式系统的理论知识和基于ARM Cortex-M4内核的STM32F407微控制器的实际开发相结合。

全书共 18 章,划分为以下三篇。

第一篇(第 1~3 章)为系统平台。第 1 章介绍了嵌入式系统定义、ARM 内核以及基于 ARM Cortex-M4 内核的 STM32 微控制器;第 2 章对 STM32F407 微控制器和开发板硬件平台各模块进行详细介绍;第 3 章介绍 STM32 软件环境配置与使用入门。

第二篇(第 4~10 章)为基本外设,分别对 STM32 嵌入式系统最常用外设模块进行介绍。第 4 章讲解通用输入输出端口;第 5 章讲解 LED 流水灯与 SysTick 定时器;第 6 章讲解按键输入与蜂鸣器;第 7 章讲解 FSMC 总线与双显示终端;第 8 章讲解中断系统与基本应用;第 9 章讲解基本定时器;第 10 章讲解通用定时器。

第三篇(第 11~18 章)为扩展外设,分别对 STM32 嵌入式系统高级外设模块进行介绍。第 11 章讲解串行通信接口 USART;第 12 章讲解 SPI 与字库存储;第 13 章讲解 I2C 接口与 EEPROM;第 14 章讲解模/数转换与光照传感器;第 15 章讲解直接存储器访问;第 16 章讲解数/模转换器;第 17 章讲解位带操作与温湿度传感器;第 18 章讲解 RTC 与蓝牙通信。

无论是基本外设,还是扩展外设,从第 4 章开始到第 18 章结束,每一章先对理论知识进行讲解,然后引入项目实例,给出项目实施具体步骤,项目可以在课堂完成。整个教学理论与实践一体,学中做,做中学。

3. 本书特色

(1) 以学生认知过程为导向,设计本书逻辑,组织章节内容。先硬件后软件,由浅入深,循序渐进;遵循理论够用,重在实践,容易上手的原则,培养学习兴趣,激发学习动力。

(2) 项目引领,任务驱动,教学做一体,注重学生工程实践能力的培养。对于每个典型外设模块,在简明扼要地阐述原理的基础上,围绕其应用,以案例的形式讨论其设计精髓,并在书中给出了完整的工程案例。

(3) 传承 51 经典,发扬 ARM 长处,助推 MCU 升级。ARM 嵌入式系统实际上是 8 位单片机的升级扩展,但是其高性能必然对应高复杂度。借助 8 位单片机共性的理念、方法和案例,有助于提升读者学习兴趣,使其轻松入门嵌入式开发。

4. 配套资源

"不闻不若闻之,闻之不若见之,见之不若知之,知之不若行之"。学习新东西时,没有什么比实践更重要的了! 为此,作者从硬件和软件两个方面为读者创建了良好的实践环境。

在硬件方面,本书设计了如下模块:①板载 CMSIS-DAP 调试器;②使用 FSMC 总线同时连接数码管和 TFT LCD;③独立按键/矩阵键盘切换电路;④使用片外 SPI Flash 芯片存储中文字库。读者可直接购买本书配套开发板,也可以将本书项目移植到已有开发板,还可以自主设计开发板。

在软件方面,本书提供了配套实例的程序代码,便于读者开发验证。此外,本书还提供了教学课件、教学大纲、实验素材等教学资源。

5. 致谢

在本书的撰写过程中参阅了许多资料,在此对所参考书籍的作者表示诚挚的感谢。本书在编写过程中引用了互联网上最新资讯及报道,在此向原作者和刊发机构表示真挚的谢意,并对不能一一注明来源深表歉意。对于收集到的没有标明出处或找不到出处的共享资料,以及一些进行加工、修改后纳入本书的资料,在此郑重声明,本书内容仅用于教学,其著作权属于原作者,并向他们表示致敬和感谢。

在本书的编写过程中,作者得到了家人的理解和帮助,并且一直得到清华大学出版社盛东亮老师和钟志芳老师的关心和大力支持,清华大学出版社的工作人员也付出了辛勤的劳动,在此谨向支持和关心本书编著的家人、同仁和朋友一并致谢。

　　由于嵌入式技术发展日新月异,加之作者水平有限,书中难免有疏漏和不足之处,恳请广大读者批评指正。如果读者对本书有任何意见、建议和想法,或希望获取本书配套开发板的更多技术支持,请与作者联系。

作　者

2024 年 2 月

知识图谱
CONTENT STRUCTURE

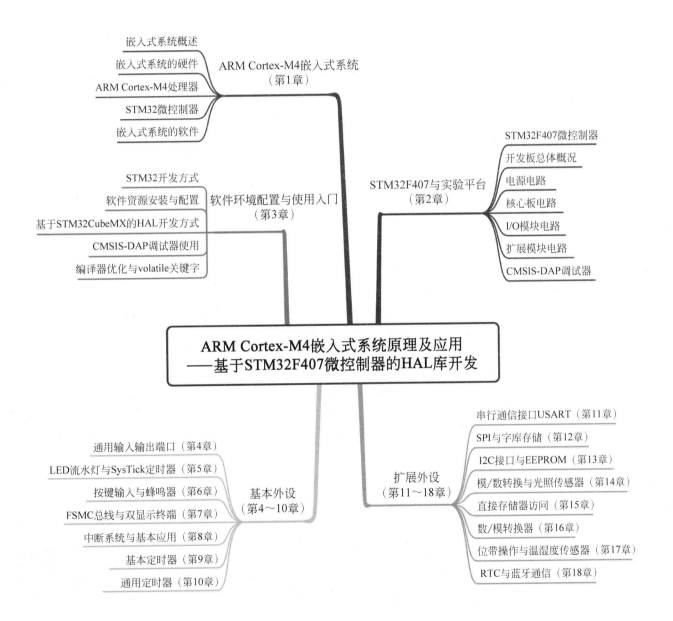

嵌入式系统概述
嵌入式系统的硬件
ARM Cortex-M4处理器
STM32微控制器
嵌入式系统的软件

ARM Cortex-M4嵌入式系统
（第1章）

STM32F407微控制器
开发板总体概况
电源电路
核心板电路
I/O模块电路
扩展模块电路
CMSIS-DAP调试器

STM32F407与实验平台
（第2章）

STM32开发方式
软件资源安装与配置
基于STM32CubeMX的HAL开发方式
CMSIS-DAP调试器使用
编译器优化与volatile关键字

软件环境配置与使用入门
（第3章）

ARM Cortex-M4嵌入式系统原理及应用
——基于STM32F407微控制器的HAL库开发

通用输入输出端口（第4章）
LED流水灯与SysTick定时器（第5章）
按键输入与蜂鸣器（第6章）
FSMC总线与双显示终端（第7章）
中断系统与基本应用（第8章）
基本定时器（第9章）
通用定时器（第10章）

基本外设
（第4～10章）

串行通信接口USART（第11章）
SPI与字库存储（第12章）
I2C接口与EEPROM（第13章）
模/数转换与光照传感器（第14章）
直接存储器访问（第15章）
数/模转换器（第16章）
位带操作与温湿度传感器（第17章）
RTC与蓝牙通信（第18章）

扩展外设
（第11～18章）

表述规则

REPRESENTATION RULE

本书在表述上采用如下规则：

蓝色

用来表示篇、章、节、小节等层次标题；关键词、术语、定义、定理、函数、命令、程序运行结果等重要词语及字段；图题、表题、例题、习题。

底纹

用来表示示例代码或项目源程序。

粗体

用来表示术语、强调要点以及关键短语，在示例代码中也用来表示程序沙箱起止，或用来标注相近项目程序改动部分。

图标

用来表示关键知识点，也用来表示提示、启发以及某些值得深究的内容的补充信息。

用来表示程序中存在的 Bug 或时常会发生的问题等警告信息，引起读者对该处内容的注意。

目 录

CONTENTS

第一篇　系统平台

第二篇　基 本 外 设

第 4 章　通用输入输出端口 ……………………………………………………………………… 80

第三篇　扩展外设

视频目录
VIDEO CONTENTS

视 频 名 称	时长/min	位　　置
1102 UART 的 HAL 驱动	15	11.3 节
1103 PC 机与 MCU 通信实例	31	11.4 节
1104 微控制器 printf 串口打印	17	11.5 节
1201 SPI 工作原理与 HAL 库驱动	29	12.1 节
1202 SPI 接口读写测试	23	12.5 节
1203 片外字库中文显示	10	12.6 节
1301 通信原理与 F407 的 I2C 接口	26	13.1 节
1302 HAL 库驱动与 24C02 芯片	22	13.3 节
1303 EEPROM 存储复位次数实例	20	13.5 节
1401 ADC 概述和 F407ADC 原理	22	14.1 节
1402 ADC 的 HAL 库驱动	12	14.3 节
1403 多通道模拟信号采集	22	14.4 节
1501 DMA 原理及 HAL 库驱动	29	15.1 节
1502 USART 接口 DMA 传输原理	29	15.4.1 节
1503 DMA 传输多通道模拟量采集	27	15.4.2 节
1601 DAC 概述及原理	23	16.1 节
1602 DAC 的 HAL 库驱动	22	16.3 节
1603 软件触发 DAC 转换	27	16.4 节
1701 位带操作与 DHT11 原理	20	17.1 节
1702 温湿度实时监测项目	19	17.3 节
1801 RTC 概述与 HAL 库驱动	34	18.1 节
1802 RTC 日历和闹钟项目	34	18.4 节

第一篇　系统平台

工欲善其事,必先利其器

——孔子

本篇介绍系统平台,共 3 章,分别讲述嵌入式系统定义、嵌入式硬件平台和软件环境配置与使用入门。通过本篇学习,读者将掌握嵌入式系统基本概念,了解嵌入式硬件功能模块,并能依据本书内容配置基于 STM32CubeMX 的 HAL 库开发环境。

第 1 章　ARM Cortex-M4 嵌入式系统　　　　　第 2 章　STM32F407 与实验平台

第 3 章　软件环境配置与使用入门

ARM Cortex-M4 嵌入式系统

本章要点

➤ 嵌入式系统的定义；

➤ 嵌入式系统的特点和应用领域；

➤ 嵌入式系统的硬件；

➤ ARM Cortex-M4 处理器；

➤ STM32 微控制器；

➤ 嵌入式系统的软件。

微课视频

嵌入式系统在日常生活中无处不在，例如，手机、打印机、掌上电脑、数字机顶盒等这些生活中常见的设备都是嵌入式系统。目前，嵌入式系统已经成为计算机技术和计算机应用领域的一个重要组成部分。本章讲述嵌入式系统的基础知识，通过与生活中常见的个人计算机的比较，从定义、特点、组成、分类和应用等方面为读者打开嵌入式系统之门。

1.1 嵌入式系统概述

电子计算机是 20 世纪最伟大的发明之一，计算机首先应用于数值计算。随着计算机技术的不断发展，计算机的处理速度越来越快，存储容量越来越大，外围设备的性能越来越好，满足了高速数值计算和海量数据处理的需要，形成了高性能的通用计算机系统。

以往我们按照计算机的体系结构、运算速度、结构规模和适用领域，将其分为大型机、中型机、小型机和微型机，并以此来组织学科和产业分工，这种分类沿袭了约 40 年。近 20 年来，随着计算机技术的迅速发展，以及计算机技术和产品对其他行业的广泛渗透，以应用为中心的分类方法更为切合实际。具体地说，就是按计算机的非嵌入式应用和嵌入式应用将其分为通用计算机系统和嵌入式计算机系统。

1.1.1 什么是嵌入式系统

具备高速计算能力和海量存储，用于高速数值计算和海量数据处理的计算机称为通用计算机系统。而面向工控领域对象，嵌入各种控制应用系统、各类电子系统和电子产品，实现嵌入式应用的计算机系统称为嵌入式计算机系统，简称嵌入式系统（Embedded System）。

通用计算机具有计算机的标准形式，通过装配不同的应用软件，应用在社会的各个方面。现在，在办公室、家庭中最广泛使用的 PC 就是通用计算机最典型的代表。而嵌入式计算机则是以嵌入式系统的形式隐藏在各种装置、产品和系统中，与所嵌入式环境成为一个统一的整体，完成运算和控制功能的专用计算机系统。日常生活中，人们形影不离的手机就是典型的嵌入式系统。

嵌入式系统是以应用为核心,以计算机技术为基础,软硬件可裁剪,适应应用系统对功能、可靠性、安全性、成本、体积、重量、功耗和环境等方面有严格要求的专用计算机系统。嵌入式系统将应用程序和操作系统与计算机硬件集成在一起,简单地讲就是系统的应用软件与系统的硬件一体化。这种系统具有软件代码少、高度自动化、响应速度快等特点,特别适应于面向对象的要求实时和多任务的应用。

1.1.2　嵌入式系统和通用计算机比较

作为计算机系统的不同分支,嵌入式系统和人们熟悉的通用计算机(如PC)既有共性也有差异。

1. 嵌入式系统和通用计算机的共同点

嵌入式系统和通用计算机都属于计算机系统。从系统组成上讲,它们都是由硬件和软件构成,工作原理相同,都是存储程序机制。从硬件上看,嵌入式系统和通用计算机都是由中央处理器(Central Processing Unit,CPU)、存储器、输入/输出(Input/Output,I/O)接口和中断系统等部件组成。从软件上看,嵌入式系统软件和通用计算机软件都可以划分为系统软件和应用软件两类。

2. 嵌入式系统和通用计算机的不同点

作为计算机系统的一个新兴的分支,嵌入式系统与人们熟悉和常用的通用计算机相比又具有以下不同。

1) 形态

通用计算机具有基本相同的外形(如主机、显示器、鼠标和键盘等)且独立存在;而嵌入式系统通常隐藏在具体某个产品或设备(称为宿主对象,如空调、洗衣机和数字机顶盒等)中,它的形态随着产品或设备的不同而不同。

2) 功能

通用计算机一般具有通用而复杂的功能,任意一台通用计算机都具有文档编辑、影音播放、娱乐游戏、网上购物和通信聊天等通用功能;而嵌入式系统嵌入在某个宿主对象中,功能由宿主对象决定,具有专用性,通常是为某个应用量身定做的。

3) 功耗

目前,通用计算机的功耗一般为200W左右;而嵌入式系统的宿主对象通常是小型应用系统,如手机、MP3和智能手环等,这些设备不可能配置容量较大的电源。因此,低功耗一直是嵌入式系统追求的目标,如我们日常生活中使用的智能手机,其待机功率为100~200mW,即使在通话时功率也只有4~5W。

4) 资源

通用计算机通常拥有大而全的资源(如鼠标、键盘、硬盘、内存条和显示器等);而嵌入式系统受限于嵌入的宿主对象(如手机、MP3和智能手环等),通常要求小型化和低功耗,其软硬件资源受到严格的限制。

5) 价值

通用计算机的价值体现在“计算”和“存储”上,计算能力(处理器的字长和主频等)和存储能力(内存及硬盘的大小和读取速度等)是通用计算机的通用评价指标;嵌入式系统往往嵌入某个设备和产品中,其价值一般不取决于其内嵌的处理器的性能,而体现在它所嵌入和控制的设备的一些指标上。如一台智能洗衣机往往用洗净比、洗涤容量和脱水转速等来衡量,而不以其内嵌的微控制器的运算速度和存储容量等来衡量。

1.1.3　嵌入式系统的特点

通过嵌入式系统的定义和嵌入式系统与通用计算机的比较,可以看出嵌入式系统具有以下特点。

1. 专用性强

嵌入式系统按照具体应用需求进行设计,完成指定的任务,通常不具备通用性,只能面向某个特定应用,就像嵌入在微波炉中的控制系统只能完成微波炉的基本操作,而不能在洗衣机中使用。

2. 可裁剪性

由于体积、功耗和成本等因素,嵌入式系统的硬件和软件必须高效率地设计,根据实际应用需求量体裁衣,去除冗余,从而使系统在满足应用要求的前提下达到最精简的配置。

3. 实时性好

实时性是指系统能够及时(在限定时间内)处理外部事件。大多数实时系统都是嵌入式系统,而嵌入式系统多数也有实时性的要求。例如导弹拦截系统,一旦发现目标,必须立即启动拦截程序,否则将会产生严重的后果。

4. 可靠性高

很多嵌入式系统必须一年 365 天、每天 24 小时持续工作,甚至要在极端环境下正常运行。大多数嵌入式系统(如硬件的看门狗定时器、软件的内存保护和重启机制等)都具有可靠性机制,以保证嵌入式系统在出现问题时能够重新启动,保障系统的健壮性。

5. 生命周期长

遵从摩尔定律,通用计算机的更新换代速度较快。嵌入式系统的生命周期与其嵌入的产品或设备同步,经历产品导入期、成长期、成熟期和衰退期等各个阶段,一般比通用计算机要长。

6. 不易被垄断

嵌入式系统是将先进的计算机技术、半导体技术、电子技术和各个行业的具体应用相结合后的产物,这一点决定了它必然是一个技术密集、资金密集、高度分散、不断创新的知识集成系统。因此,嵌入式系统不易在市场上形成垄断。目前,嵌入式系统处于百花齐放、各有所长、全面发展的时代。各类嵌入式系统软硬件差别显著,其通用性和可移植性都较通用计算机系统要差。我们在学习嵌入式系统时要有所侧重,然后触类旁通。

1.1.4 嵌入式系统的应用领域

嵌入式计算机系统以其独特的结构和性能,越来越多地应用到国民经济的各个领域。

1. 国防军事

国防军事是嵌入式系统最早的应用领域。无论是火炮、导弹等武器控制装置,坦克、舰艇、战机等军用电子装备,还是在月球车、火星车等科学探测设备中,都有嵌入式系统的身影。图 1-1 是"勇气号"火星探测器所采用的太空车效果图。太空车具有与地球控制中心通信的功能,并能够根据火星表面状态和来自地球的控制命令进行运动和探索,其通信和控制任务均由嵌入式系统管理和执行。

2. 工业控制

工业控制是嵌入式系统传统的应用领域。目前,基于嵌入式芯片的工业自动化设备获得了长足的发展,已经有大量的 8 位、16 位、32 位微控制器应用在过程控制、数控机床、电力系统、电网安全、电网设备监测、石油化工等工控系统中,图 1-2 是 EAMB-1585 嵌入式工控机主板。就传统的工业控制产品而言,低端型产品采用的往往是 8 位单片机。但是随着技术的发展,32 位、64 位的处理器逐渐成为工业控制设备的核心,在未来几年内必将获得长足的发展。

3. 交通管理与环境监测

在车辆导航、流量控制、信息监测与汽车服务等方面,嵌入式系统已经获得了广泛的应用,内嵌 GPS 模块、GSM 模块、北斗模块的移动定位终端已经在各种运输行业获得了成功的使用。在水文资料实时监测、防洪体系及水土质量监测、堤坝安全、地震监测、实时气象信息、水源和空气污染监测等领域也需要用到嵌入式技术。在很多环境恶劣,地况复杂的地区,嵌入式系统将实现无人监测。图 1-3 为嵌入式系统在交通管理与环境监测的典型应用——北斗卫星。

图 1-1　嵌入式系统在国防军事领域的典型应用——太空车

图 1-2　嵌入式系统在工业控制领域的典型应用——工控机主板

图 1-3　嵌入式系统在交通管理与环境监测的典型应用——北斗卫星

图1-4 嵌入式系统在消费电子领域的
典型应用——手机

4. 消费电子

消费电子是目前嵌入式系统应用最广、使用最多的领域。嵌入式系统随着消费电子产品进入寻常百姓家,无时无刻不在影响着人们的日常生活。生活中经常使用的设备,如手机、机顶盒、数码相机、智能玩具、音视频播放器、电子游戏机等都是具有不同处理能力和存储需求的嵌入式系统。如图1-4所示,手机是普及率最高的消费类电子产品之一,也是典型的嵌入式系统,其实质上是以处理器为核心,集成多种外设,用于个人移动通信及相关应用的专用计算机系统。

5. 办公自动化产品

嵌入式系统已广泛应用于办公自动化产品中,如激光打印机、传真机、扫描仪、复印机和投影仪等。这些办公自动化产品大多嵌入了一个甚至多个处理器,成为复杂的嵌入式系统设备。图1-5为多功能一体机,集打印、复印、扫描多种功能于一身,支持有线、无线打印服务,功能强大,使用便捷。

6. 网络和通信设备

随着万物互联的物联网时代的到来,产生了大量网络基础设施、接入设备和终端设备,在这些设备中大量使用嵌入式系统。目前,32位嵌入式微处理器广泛应用于各网络设备供应商的路由器,无论是华为、思科的通用路由器系列,还是小企业、家庭中使用的宽带路由器产品,都可以看到嵌入式系统的身影。图1-6为家庭用宽带路由器的实物图片。

图1-5 嵌入式系统在办公自动化领域的
典型应用——多功能一体机

图1-6 嵌入式系统在网络和通信设备领域的
典型应用——路由器

7. 汽车电子

快速发展的汽车产业为汽车电子产品提供了广阔的发展空间和应用市场。目前,嵌入式系统几乎应用到绝大部分的汽车系统中。汽车内部的车载信息系统、音视频播放系统、导航系统、与驾车安全密切相关的防抱死刹车系统(ABS)、安全气囊、电动转向系统(EPS)、胎压检测系统(TPMS)、电子控制单元(ECU)等都是嵌入式系统。特别是近年来兴起的电动汽车和自动驾驶汽车更是高性能嵌入式系统的集成。图1-7为BMW740Li外观图。

8. 金融商业

在金融商业领域,嵌入式系统主要应用在终端设备,如销售终端(Point of Sale,POS)机、自动柜员机(Automated

图1-7 嵌入式系统在汽车电子领域的
典型应用——汽车

Teller Machine,ATM)、电子秤、电能表、流量计、条形码阅读机、自动售货机、公交卡刷卡器等。图1-8
为电子秤实物照片。

9. 生物医学

随着嵌入式系统和传感器技术的发展与结合,嵌入式系统越来越多地出现在各种生物医学设备中,
如X光机、CT机、核磁共振设备、超声波检测设备、结肠镜和内窥镜等。尤其是近年来,便携式和可穿戴
逐渐成为生物医学和健康服务设备新的发展趋势。便携式和可穿戴要求生物医学和健康服务设备必须
具备体积小、功耗低、价格便宜和易于使用的特点,而嵌入式系统恰好满足这些要求。图1-9为微软公司
2015年10月发布的智能手环Microsoft Band2,其内置优化后的Cortana,可以识别一些简单的语音命
令,此外,还内置了GPS、UV监测、训练指导、睡眠追踪、卡路里追踪、通知等功能。

图1-8 嵌入式系统在金融商业领域的
典型应用——电子秤

图1-9 嵌入式系统在生物医学领域的
典型应用——Microsoft Band2

10. 信息家电

信息家电被视为嵌入式系统潜力最大的应用领域。具有良好的用户界面,能实现远程控制和智能管
理的电器是未来的发展趋势。冰箱、空调、电视等电器的网络化和智能化将引领人们的家庭生活步入一
个崭新的空间——智能家居(Smart Home,Home Automation),如图1-10所示。即使不在家里,也可以
通过网络进行远程控制和智能管理。在这些设备中,嵌入式系统将大有用武之地。

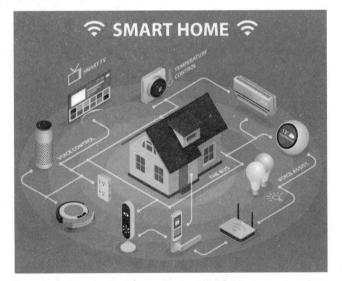

图1-10 嵌入式系统在信息家电领域的典型应用——智能家居

1.1.5 嵌入式系统范例

为帮助读者进一步理解嵌入式系统的定义和应用方法,下面以作者设计并实现的"幼儿算术学习机"

为例,进一步阐述嵌入式系统的概念。

1. 实施方式

幼儿算术学习机结构如图 1-11 所示,其包括:①数码管;②发光二极管(Light Emitting Diode,LED)点阵;③矩阵键盘;④控制器;⑤结果提示;⑥声音模块。数码管、LED 点阵、结果提示、声音模块和控制器相连,控制器是系统核心,负责系统运算和控制功能。该学习机可以帮助幼儿建立算术运算概念,训练运算、思维能力,提高学习兴趣和学习效率。该学习机系统具有学习、练习和测试功能,在练习和测试模式下既可自动出题,又支持教师或家长手动输入试题。

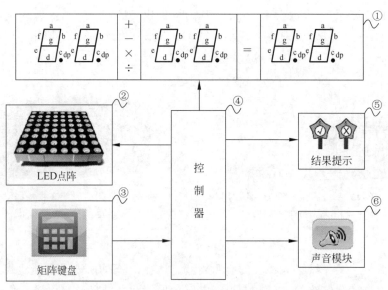

图 1-11　幼儿算术学习机结构

2. 范例理解

不难看出,上述幼儿算术学习机是一个典型的嵌入式系统,它通过将具备一定运算和控制功能的控制器嵌入整个系统中,完成数码管显示、LED 点阵控制、键盘处理、语音合成、结果提示等所有功能。在上述项目中,控制器是系统核心,其运算和控制能力相对于通用计算机来说要低很多,但其个性化比较强。控制器和数码管、LED 点阵及声音模块接口必须为此项目单独设计,且没有通用计算机中的"视频卡"或"声卡"可以直接购买。另外,读者也可以发现上述系统对成本和功耗比较敏感。

通过对该嵌入式系统实例的学习,读者可以更好地理解嵌入式系统和通用计算机系统的区别和联系,以及嵌入式系统的特点和应用方法。

1.2　嵌入式系统的硬件

嵌入式系统的硬件是嵌入式系统运行的基础,也是提供嵌入式软件运行的物理平台和通信接口。嵌入式系统的硬件组成如图 1-12 所示,嵌入式系统的硬件由嵌入式存储器、嵌入式处理器、嵌入式 I/O 接口和嵌入式 I/O 设备共同组成。它以嵌入式处理器为核心,以嵌入式存储器作为程序和数据的存储介质,借助总线相互连接,通过嵌入式 I/O 接口和 I/O 设备与外部世界联系。

图 1-12　嵌入式系统的硬件组成

1.2.1　嵌入式处理器的分类

嵌入式处理器是嵌入式系统硬件的核心,现在几乎所有的嵌入式系统都是基于嵌入式处理器设计的。嵌入式处理器与传统PC上的通用CPU最大的不同在于嵌入式处理器大多工作在为特定用户群所专用设计的系统中,它将通用CPU的许多由板卡完成的任务集成在芯片内部,从而有利于嵌入式系统在设计时趋于小型化,同时它还具有很高的效率和可靠性。根据技术特点和应用场合,嵌入式处理器存在如下主要类别。

1. 嵌入式微处理器(Micro Processor Unit,MPU)

嵌入式微处理器是由传统PC中的CPU演变而来的,一般有32位及以上的处理器,具有较高的性能,当然其价格也相应较高。但与传统PC上的通用CPU不同的是,在实际嵌入式设计中,嵌入式微处理器只保留和嵌入式应用紧密相关的功能硬件,去除其他冗余功能,以最低的功耗和资源实现嵌入式应用的特殊要求。和传统的工业控制计算机相比,嵌入式微处理器具有体积小、重量轻、功耗和成本低、抗电磁干扰强、可靠性高等优点。

嵌入式微处理器系统组成如图1-13所示,在以嵌入式微处理器为核心构建嵌入式硬件系统时,除了嵌入式微处理器芯片外,还需要在同一块电路板上添加随机存取存储器(Random Access Memory,RAM)、只读储存器(Road-Only Memory,ROM)、总线、I/O接口和外设等多种器件,嵌入式系统才能正常工作。

目前主要的嵌入式微处理器类型有Motorola 6800、PowerPC和MIPS系列等。

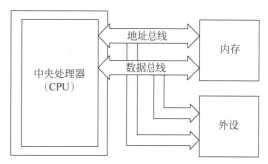

图1-13　嵌入式微处理器系统组成

2. 嵌入式微控制器(Micro Controller Unit,MCU)

在国内,微控制器这一术语是由单片机一词演变而来,所谓单片机就是将微型计算机主要功能部件集成在一块半导体芯片上,单片机的全称为单片微型计算机,它忠实地反映了早期单片机的形态和本质。随后按照面向对象、突出控制功能的要求,在单片机片内集成了许多外围电路及外设接口,突破了传统意义的计算机结构,发展成了微控制器体系结构,鉴于它完全作为嵌入式应用,故又称为嵌入式微控制器。

嵌入式微控制器系统组成如图1-14所示,嵌入式微控制器通常以某种处理器内核为核心,内部集成了RAM、ROM、I/O接口、定时器/计数器以及其他必要的功能外设和接口。

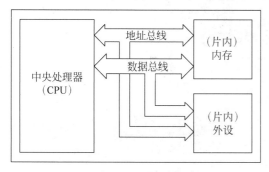

图1-14　嵌入式微控制器系统组成

与嵌入式微处理器相比,嵌入式微控制器的资源更丰富,功能更强大,最大的特点是单片化。它将CPU、存储器、外设和接口集成在一块芯片上,从而使体积大幅减小,功耗和成本显著下降,但同时可靠性却得到提高。

嵌入式微控制器,从20世纪70年代诞生到今天,历经50多年的发展,由于其低成本、低功耗和较为丰富的片上外设资源,在嵌入式设备中有着极其广泛的应用,目前占据着嵌入式系统约70%的市场份额,是当前嵌入式系统的主流。

当前,嵌入式微控制器的厂商、种类和数量很多,比较有代表性的有Intel公司的MCS-51及其兼容机、TI公司的MSP430、Microchip公司的PIC12/16/18/24、ATMEL公司的ATmega8/ATmega16/ATmega32/ATmega64/ATmega128、NXP公司的LPC1700系统、ST公司的STM32F1/STM32F2/

STM32F3/STM32F4/STM32F7 系列等。通常,各个公司一系列的嵌入式微控制器具有多种衍生产品,每种衍生产品都基于相同的处理器内核,只是存储、外设、接口和封装各有不同。例如,ST 公司的 STM32F1 和 STM32F2 系列嵌入式微控制器都基于 ARM Cortex-M3 处理器内核,而 STM32F3 和 STM32F4 系列嵌入式微控制器都基于 ARM Cortex-M4 处理器内核。

3. 嵌入式数字信号处理器(Digital Signal Processor,DSP)

嵌入式数字信号处理器可以实现对离散时间信号的高速处理和计算,是专门用于信号处理方面的嵌入式处理器。DSP 的理论算法在 20 世纪 70 年代已经出现,但只能通过嵌入式微处理器或嵌入式微控制器实现,而二者对离散时间信号较低的处理速度无法满足 DSP 的算法要求。面对上述难题,20 世纪 80 年代,嵌入式 DSP 应运而生。它在系统结构和指令算法方面进行了特殊设计,采用程序和数据分开存储的哈佛体系结构,配有专门的硬件乘法器,采用流水线操作,提供特殊的 DSP 指令,具有很高的编译效率和指令执行速度,可以快速实现各种数字信号处理算法,在数字滤波、快速傅里叶变换、谱分析等方面具有得天独厚的处理优势,在语音合成与编解码、图像处理以及计算机和通信等领域得到了大规模的应用。

DSP 比较典型的产品有 TI 公司的 TMS320 系列和摩托罗拉的 DSP5600 系列。TMS320 系列处理器包括用于控制的 C2000 系列、移动通信的 C5000 系列,以及性能更高的 C6000 系列和 C8000 系列。DSP56000 系列已经发展成为 DSP56000、DSP56100、DSP56200 和 DSP56300 等几个不同系列的处理器。此外,Philips(飞利浦)公司也推出了基于可重置嵌入式 DSP 结构,采用低成本、低功耗技术制造的 DSP 处理器,其特点是具备双哈佛结构和双乘/累加单元,应用目标是大批量消费产品。

4. 嵌入式片上系统(System on Chip,SoC)

嵌入式片上系统是一种追求产品系统最大包容的集成器件,是目前嵌入式应用领域的热门话题之一。顾名思义,嵌入式片上系统就是一种电路系统,它结合了许多功能区块,将功能做在一个芯片上。

在如图 1-15 所示的嵌入式片上系统组成中,一块芯片结合了多个处理器核心(ASIC Core 和 Embedded Processor Core),还集成了传感器接口单元、模拟和通信单元。

图 1-15 嵌入式片上系统组成

嵌入式片上系统的最大特点是成功实现了软硬件无缝结合,直接在处理器片内嵌入操作系统的代码模块。而且 SoC 具有极高的综合性,在一个硅片内运用 VHDL 等硬件描述语言,可实现一个复杂的系统。用户不需要再像传统的系统设计那样,绘制庞大复杂的电路版图,一点点地连接焊制,只需要使用精确的语言、综合时序设计直接在器件库中调用各种通用处理器的标准,然后通过仿真就可以直接交付芯片厂商进行生产。由于绝大部分构件都是在系统内部,整个系统特别简洁,不仅减小了系统的体积和功耗,而且提高了系统的可靠性和设计生产效率。

由于 SoC 往往是专用的且占嵌入式市场的份额较小,所以大部分都不为用户所知。目前比较知名的 SoC 产品是 Philips 的 Smart XA,少数通用系列如 Siemens 的 TriCore、Motorola 的 M-Core、Echelon 和 Motorola 联合研制的 Neuron 芯片等。

1.2.2　嵌入式处理器的技术指标

嵌入式处理器的技术指标主要有字长、主频、运算速度、寻址能力、体系结构、指令集、流水线、功耗和工作温度等。

1. 字长

字长是嵌入式处理器一次能并行处理二进制的位数,通常由嵌入式处理器内部的寄存器、运算器和数据总线的宽度决定。字长是嵌入式处理器最重要的技术指标。字长越长,所包含的信息量越大,能表示的数据有效位数越多,计算精度越高,而且处理器的指令更长后,指令系统的功能就越强。

一般地,嵌入式处理器有 8 位、16 位、32 位、64 位字长。例如,8051 微控制器的字长是 8 位,MSP430 微控制器的字长是 16 位,而 ARM 嵌入式处理器的字长是 32 位。

在 32 位嵌入式处理器系统中,数据宽度如图 1-16 所示,字用 Word 表示,对应 32 位宽度寄存器、存储器或数据线,半字用 Half Word 表示,对应 16 位宽度,字节用 Byte 表示,对应 8 位宽度。

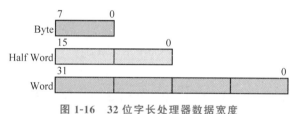

图 1-16　32 位字长处理器数据宽度

2. 主频

主频是嵌入式处理器内核工作的时钟频率,是 CPU 时钟周期的倒数,单位是 MHz 或 GHz。例如 Atmel(爱特梅尔)公司的 AT89C51 单片机典型工作频率为 12MHz,ARM7 处理器的主频一般为 20～133MHz,ARM Cortex-M3 处理器的主频一般为 36～120MHz,而最新的 ARM Cortex-A75 处理器每核主频最高可达 2.85GHz。

3. 运算速度

嵌入式处理器的运算速度与主频是相互联系而又截然不同的两个概念,主频并不能代表运算速度,尤其是在当前流水线、多核心等技术已经广泛应用于嵌入式处理器的情况下,更不能将两者混为一谈。

嵌入式处理器运算速度的单位通常是 MIPS(Million Instructions Per Second,百万条指令每秒)。除此之外,还有 DMIPS(Dhrystone Million Instructions executed Per Second,百万条整数运算测试程序指令每秒)。DMIPS 主要用于测试整数计算能力,表示在 Dhrystone(一种整数运算测试程序)测试而得的 MIPS。

显然,不同的嵌入式处理器具有不同的运算速度。例如,51 单片机的运算速度通常是 0.1DMIPS/MHz,ARM7 处理器和 ARM Cortex-M0 处理器的运算速度约为 0.9DMIPS/MHz,ARM Cortex-M4 处理器的运算速度为 1.25DMIPS/MHz。已知 ARM Cortex-M4 嵌入式处理器主频最高可达 180MHz,故其最大运算速度为 1.25DMIPS/MHz×180MHz=225DMIPS。

4. 寻址能力

嵌入式处理器的寻址能力由嵌入式处理器的地址总线的位数决定。例如,对于一个具有 32 位地址总线的嵌入式处理器来说,它的寻址能力为 2^{32} 个单元,即 4GB,地址范围为 0x00000000～

0xFFFFFFFF。

5. 体系架构

1）冯·诺依曼结构

冯·诺依曼结构（Von Neumann Architecture）是较早提出的一种计算机体系结构，如图 1-17 所示。在这种结构中，指令和数据不加以区分，而是把程序看成一种特殊的数据，都通过数据总线进行传输。因此，指令读取和数据访问不能同时进行，数据吞吐量低，但总线数量相对较少且管理统一。大多数通用计算机的处理器（Intel X86）和嵌入式系统中的 ARM7 处理器均采用冯·诺依曼结构。

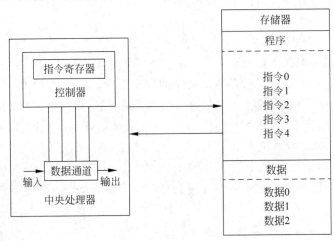

图 1-17　冯·诺依曼体系结构

2）哈佛结构

与冯·诺依曼结构相对的是哈佛结构（Harvard Architecture）。在这种结构中，指令和数据分开存储在不同的存储空间，如图 1-18 所示，使得指令读取和数据访问可以并行处理，显著地提高了系统性能，只不过需要两套总线分别传输。大多数嵌入式处理器，如 ARM Cortex-M3/ARM Cortex-M4，都采用哈佛结构。

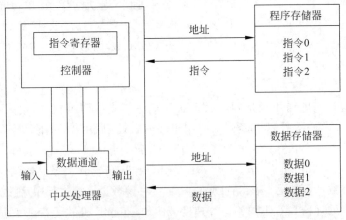

图 1-18　哈佛体系结构

6. 指令集

1）复杂指令集计算机

在嵌入式处理器发展的早期，设计师们试图尽可能使指令集先进和复杂，其代价是使计算机硬件更复杂、更昂贵、效率更低。这样的处理器称为复杂指令集计算机（Complex Instruction Set Computer，CISC）。CISC 采用微程序（微指令）控制，一般拥有较多的指令，而且指令具有不同程度的复杂性，指令的长度和格式不固定,执行需要多个机器周期。通常,CISC 中简单的指令可以用一字节表示,并可以迅速执行;但复杂的指令可能需要用几字节来表示,往往需要相对较长的时间执行。CISC CPU 指令执行效率差,数据处理速度慢,但程序开发相对方便。常见的 51 单片机就是这样的 CPU,它共有 111 条指令,指令长度有单字节、双字节和三字节 3 种,指令周期有单机器周期、双机器周期和四机器周期 3 种。

2）精简指令集计算机

随着编译器的改进和高级语言的发展,原始 CPU 指令集的能力不再那么重要。于是,另一种 CPU 设计方法——精简指令集计算机(Reduced Instruction Set Computer,RISC)诞生了。它的设计目的是使 CPU 尽可能简单,并且保持一个有限的指令集。相对 CISC,RISC 看起来更像是一个"返璞归真"的方法。一个简单的 RISC CPU 采用硬布线控制逻辑,具有较少的指令,且指令长度和格式固定,大多数指令可以在单机器周期内完成。尽管 RISC CPU 硬件结构简单且可以快速地执行指令,但相对于 CISC CPU,它需要执行更多的指令来完成同样的任务,使得应用程序的代码量增加。但随着内存密度的不断提高、价格的不断降低及使用更加高效的编译器生成机器代码,RISC 的缺点变得越来越少。而且,正是由于它的简单,RISC 设计的功耗很低,这对于经常使用电池供电的嵌入式产品来说是非常重要的。所以,现在大多数嵌入式处理器都是 RISC CPU,例如,PIC16C7X 就是这样的 CPU,只有 35 条指令,每条指令都是 14 位,绝大多数都是单周期指令。又如,所有 ARM 处理器都是 RISC CPU。由于 RISC CPU 的大多数指令在相同的时间内执行完成,这使得很多有用的计算机设计功能,比如流水线技术得以实现。

7. 流水线

在嵌入式处理器中的流水线(Pipeline)类似于工业生产上的装配流水线,它将指令处理分解为几个子过程(如取指、译码和执行等),每个子过程分别用不同的独立部件处理,并让不同指令各个子过程操作重叠,从而使几条指令可并行执行,提高指令的运行速度。例如 ARM Cortex-M4 处理器采用三级流水线技术,把每条指令分为读取指令、指令译码和执行指令 3 个阶段依次处理,如图 1-19 所示,使得以上 3 个操作可以在 ARM Cortex-M4 处理器上同时执行,增强了指令流的处理速度,能够提供 1.25DMIPS/MHz 的指令执行速度。

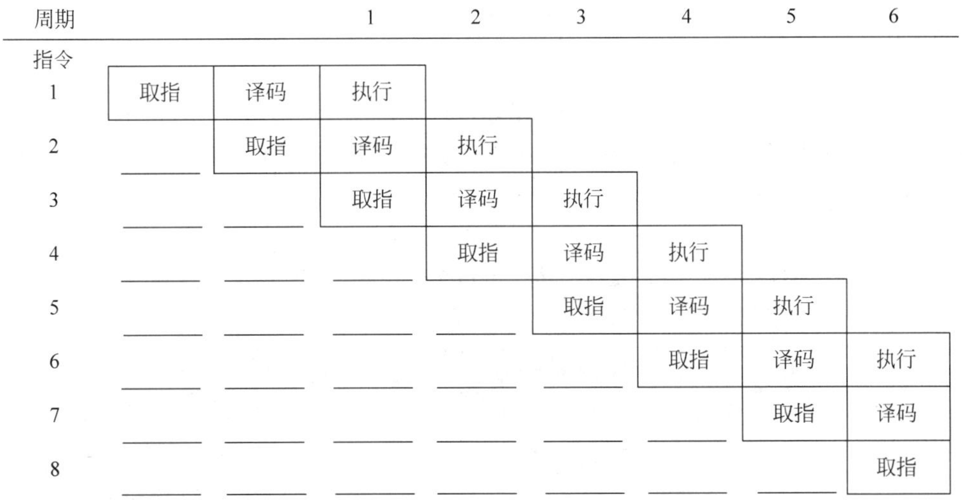

周期	1	2	3	4	5	6
指令						
1	取指	译码	执行			
2		取指	译码	执行		
3			取指	译码	执行	
4				取指	译码	执行
5					取指	译码	执行
6						取指	译码	执行
7							取指	译码
8								取指

图 1-19　三级流水线示意图

8. 功耗

对于嵌入式处理器,功耗是非常重要的一个技术指标。嵌入式处理器通常有若干个功耗指标,如工作功耗、待机功耗等。许多嵌入式处理器还给出了功耗与主频之间的关系,单位为 mW/Hz 或者 W/MHz 等。

9. 工作温度

按工作温度划分,嵌入式处理器通常可分为民用、工业用、军用和航天用 4 个温度级别。一般地,民用的嵌入式处理器的温度在 $0\sim70$℃,工业用的温度在 $-40\sim85$℃,军用温度在 $-55\sim125$℃,航天用的温度范围更宽。选择嵌入式处理器时,需要根据产品的应用选择对应的嵌入式处理器芯片。

1.2.3 嵌入式存储器

嵌入式存储器作为嵌入式硬件的基本组成部分,用来存放运行在嵌入式系统上的程序和数据。与通用计算机系统中的模块化和标准化的存储器不同,嵌入式存储器通常针对应用需求进行特殊定制和自主设计。

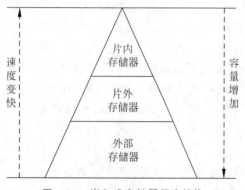

图 1-20　嵌入式存储器层次结构

1. 嵌入式存储器的层次结构

嵌入式存储器的层次结构由内到外,可以分为片内存储器、片外存储器和外部存储器 3 个层次,如图 1-20 所示。片内存储器和片外存储器一般固定安装在嵌入式系统中,而外部存储器通常位于嵌入式系统外部。

1) 片内存储器

片内存储器集成在嵌入式处理器芯片内部。这里的"片"指的是嵌入式处理器芯片。例如,嵌入式微控制器 STM32F407ZGT6 芯片内部就集成了片内存储器,包括 192KB 的 RAM 和 1MB 的 ROM。

2) 片外存储器

片外存储器位于嵌入式处理器芯片的外部,和嵌入式处理器芯片一起安装在电路板上,通常在嵌入式处理器没有片内存储器或片内存储器容量不够用时扩展使用。常见的嵌入式扩展 RAM 芯片有 IS61LV25616(256K×16 位)、IS61LV51216(512K×16 位)等;常见的嵌入式扩展 ROM 芯片有 W25Q128(128Mb)、W25Q256(256Mb)等。

3) 外部存储器

外部存储器通常做成可插拔的形式,需要时才插入嵌入式系统中使用,可以掉电存放大量数据,一般用于扩展内置存储器的容量或脱机保存数据。嵌入式系统常见的外部存储器有 U 盘、各类存储卡(CF 卡、SD 卡和 MMC 卡)等外部存储介质。

2. 嵌入式存储器的主要类型

嵌入式存储器按存储能力和电源的关系划分,可以分为易失性存储器和非易失性存储器。其与嵌入式存储器的层次之间的关系如表 1-1 所示。

表 1-1　嵌入式存储器的类型和层次之间的关系

类　　型	层　　次	典 型 代 表
易失性存储器	片内存储器	SRAM
	片外存储器	DRAM(SDRAM)
非易失性存储器	片内存储器	Flash
	片外存储器	Flash、EEPROM
	外部存储器	Flash

1） 易失性存储器

易失性存储器(Volatile Memory)指的是当电源供应中断后,所存储的数据便会消失的存储器。其主类型是随机存取存储器(RAM)。存储在 RAM 中的数据既可读又可写。RAM 又可以分为静态 RAM(Static RAM,SRAM)和动态 RAM(Dynamic RAM,DRAM)。

(1) SRAM 的基本组成单元是触发器(例如 D 触发器),一个存储单元大约需要 6 个晶体管,SRAM 中的数据只有断电才会丢失,而且访问速度快,但单位体积容量低,生产成本较高,它的一个典型应用是高速缓存(Cache)。

(2) DRAM 的一个存储单元大约需要一个晶体管和一个电容,存储在 DRAM 中的数据需要 DRAM 控制器周期性刷新才能保持,而且访问速度低。但由于较高的单位容量密度和较低的单位容量价格,尤其是工作频率与处理器总线频率同步的同步动态随机存储器(Synchronous DRAM,SDRAM),被大量用作嵌入式系统的主存。

2） 非易失性存储器

非易失性存储器(Non-Volatile Memory,NVM)是指即使电源供应中断,存储器所存储的数据也不会消失,重新供电后,就能够读取内部存储数据的存储器。其主要是只读存储器(ROM)。ROM 家族按发展顺序分为掩膜 ROM(Mask ROM,MROM)、可编程 ROM(Programmable ROM,PROM)、可擦可编程 ROM(Erasable PROM,EPROM)、电可擦除可编程 ROM(Electrically EPROM,EEPROM)和闪存(Flash Memory)。

(1) MROM 基于掩膜工艺技术,出厂时已决定数据 0 和 1,因此一旦生产完成,数据是不可改变的。MROM 在嵌入式系统中主要用于不可升级的成熟产品存储程序或不变的参数信息。

(2) PROM 可以通过外接一定的电压和电流来控制内部存储单元上节点熔丝的通断以决定数据 0 和 1。PROM 只能一次编程,一经烧入便无法再更改。

(3) EPROM 利用紫外线照射擦除数据,可以多次编程,但擦除和编程时间长,且次数有限,通常在几十万次以内。

(4) EEPROM 利用高电平按字节擦写数据,无须紫外线照射,可以多次编程,但编程时间较长,且次数有限,通常在一百万次以内。

(5) Flash Memory 又称闪存或快闪存储器,是在 EEPROM 基础上改进发展而来的,可以多次编程,编程速度快,但必须按固定的区块(区块的大小不定,不同厂家的产品有不同的规格)擦写,不能按字节改写数据,这也是 Flash Memory 不能取代 RAM 的原因。但由于 Flash Memory 高密度、低价格、寿命长及电气可编程等特性,是目前嵌入式系统中使用最多的非易失性存储器。

嵌入式系统中使用的 Flash Memory 主要分为两种类型: NOR Flash 和 NAND Flash。NOR Flash 类似于内存,有独立的地址线和数据线,适合频繁随机读写的场合,但价格比较贵,容量比较小,占据了容量为 1~16MB 的大部分闪存市场。在嵌入式系统中,NOR Flash 主要用来存储代码,尤其是用来存储嵌入式系统的启动代码并直接在 NOR Flash 中运行。嵌入式系统中常用的 NOR Flash 芯片有 SST(Silicon Storage Technology,硅存储技术)公司的 SST39VF6401(4M×16 位)。而 NAND Flash 更像硬盘,与硬盘所有信息都通过一条硬盘线传送一样,NAND Flash 的地址线和数据线是共用的 I/O 线,但成本要更低一些,而容量要大得多,较多地出现在容量 8MB 以上的产品中。在嵌入式系统中,NAND Flash 主要用来存储数据,典型应用案例就是 U 盘。常用的 NAND Flash 芯片有 Samsung 公司的 K9F1208UOB(64M×8 位)

综上所述,嵌入式存储器系统对整个嵌入式系统的操作和性能有着不可忽视的作用。因此,嵌入式存储器的选择、定制和设计是嵌入式开发中非常重要的决策。嵌入式系统应用需求将决定嵌入式存储器的类型(易失性或非易失性)以及使用目的(存储代码、数据或两者兼有)。在为嵌入式系统选择、定制或设计存储器系统时,需要考虑以下设计参数:微控制器的选择、电压范围、存储容量、读写速度、存储器尺寸、存储器的特性、擦除/写入的耐久性和系统总成本。例如,对较小的系统,嵌入式微控制器自带的存储器就有可能满足系统要求;而对于较大的系统,可能需要增加片外或外部存储器。

1.2.4 嵌入式 I/O 设备

嵌入式系统和外部世界进行信息交互需要多种多样的外部设备,这些外部设备被称为嵌入式 I/O 设备。它们要么向嵌入式系统输入来自外部世界的信息(嵌入式输入设备),要么接收嵌入式系统的信息输出到外部世界(嵌入式输出设备)。嵌入式 I/O 设备种类繁多,根据其服务对象可分为以下两类。

1. 人机交互设备

与常见的通用计算机中的人机交互设备(如键盘、鼠标、显示器、音箱等)不同,嵌入式系统的人机交互设备受制于系统成本和体积,显得更小、更轻。常见的嵌入式人机交互设备有发光二极管、按键、矩阵键盘、拨码键盘、摇杆、蜂鸣器、数码管、触摸屏和液晶显示器等。

2. 机器之间交互设备

机器之间交互设备包括传感器和执行机构。

1) 传感器

传感器(Sensor)是人类感觉器官的延续和扩展,是生活中常用的一种检测装置。它将被测量信息(如温度、湿度、压力、流量、加速度等)按一定规律转换为电信号输出。嵌入式系统常用的传感器有温度传感器、湿度传感器、压力传感器、光敏传感器、距离传感器、红外传感器和运动传感器等。

2) 执行机构

微控制器各种控制算法要作用于被控对象,需要通过各式各样的执行机构(Actuator)来实施。执行机构通常用来控制某个机械的运动或操作某个装置。在嵌入式系统中,常见的执行机构包括继电器(Relay)和各种电机(Motor)。

1.2.5 嵌入式 I/O 接口

由于嵌入式 I/O 设备的多样性、复杂性和速度差异性,因此一般不能将嵌入式 I/O 设备与嵌入式处理器直接相连,需要借助嵌入式 I/O 接口。嵌入式 I/O 接口通过和嵌入式 I/O 设备连接来实现嵌入式系统的 I/O 功能,是嵌入式系统硬件不可或缺的一部分。

1. 嵌入式 I/O 接口的功能

作为嵌入式处理器和嵌入式 I/O 设备的桥梁,嵌入式 I/O 接口连接和控制嵌入式 I/O 设备,负责完成嵌入式处理器和嵌入式 I/O 设备之间的信号转换、数据传送和速度匹配。

2. 嵌入式 I/O 接口的分类

根据不同的标准,可以对嵌入式 I/O 接口进行不同的分类。

1) 按数据传输方式划分

嵌入式 I/O 接口按数据传输方式可以分为串行 I/O 接口和并行 I/O 接口。

2) 按数据传输速率划分

嵌入式 I/O 接口按数据传输速率可以分为高速 I/O 接口和低速 I/O 接口。

3) 按是否需要物理连接划分

嵌入式 I/O 接口按是否需要物理连接可以分为有线 I/O 接口和无线 I/O 接口。在嵌入式系统中,常用的有线 I/O 接口有 USB 接口、以太网接口等,常用的无线 I/O 接口有红外接口、蓝牙接口、WiFi 接口等。

4）按是否能连接多个设备划分

嵌入式 I/O 接口按是否能连接多个设备可以分为总线式（可连接多个设备）和独占式（只能连接一个设备）。

5）按是否集成在嵌入式处理器内部划分

嵌入式 I/O 接口按是否集成在嵌入式处理器内部可以分为片内 I/O 接口和片外 I/O 接口。当前，随着电子集成和封装技术的提高，内置丰富 I/O 接口的嵌入式处理器成为嵌入式系统的发展趋势，这也是嵌入式处理器和通用处理器的重要区别之一。因此，用户在设计和选择嵌入式 I/O 接口时应尽量选择将其集成在内（片内 I/O 接口）的嵌入式处理器，从而尽可能不去增加外围电路（片外 I/O 接口）。

1.3 ARM Cortex-M4 处理器

在众多嵌入式应用系统中，基于 ARM 处理器的嵌入式系统占有极高的市场份额，也是嵌入式学习的首选。

1.3.1 ARM 公司

ARM 公司（Advanced RISC Machines Ltd），1990 成立，总部位于英国剑桥，是全球领先的半导体知识产权（Intellectual Property，IP）提供商，并因此在数字电子产品的开发中处于核心地位。

ARM 公司专门从事基于 RISC 技术芯片设计开发，作为知识产权供应商，本身不直接从事芯片生产，靠转让设计许可由合作公司生产各具特色的芯片。世界各大半导体生产商，如 Intel、IBM、微软、SUN 等，从 ARM 公司购买其设计的 ARM 微处理器核，根据各自不同的应用领域，加入适当的外围电路，从而形成自己的 ARM 微处理器芯片进入市场。因此，ARM 技术获得更多的第三方工具、制造、软件的支持，又使整个系统成本降低，使产品更容易进入市场被消费者所接受。

微课视频

采用 ARM 技术知识产权（IP 核）的微处理器，即通常所说的 ARM 微处理器，已遍及工业控制、消费类电子产品、通信系统、网络系统、无线系统等各类产品市场。基于 ARM 技术的微处理器应用占据了 32 位 RISC 微处理器约 75% 以上的市场份额，ARM 技术正在逐步渗入我们生活的各方面。进入 21 世纪之后，由于手机制造行业的快速发展，出货量呈现爆炸式增长，全世界超过 95% 的智能手机和平板电脑都采用 ARM 架构。

1.3.2 ARM 处理器

ARM 数十年如一日地开发新的处理器内核和系统功能块。包括流行的 ARM7TDMI 处理器，还有更新的高档产品 ARM1176TZ(F)-S 处理器，后者能拿去做高档手机。功能的不断进化，处理水平的持续提高，年深日久造就了一系列的 ARM 架构。要说明的是，架构版本号和处理器名称中的数字并不是一码事。比如，ARM7TDMI 是基于 ARMv4T 架构的；ARMv5TE 架构则是伴随着 ARM9E 处理器家族亮相的。ARM9E 家族成员包括 ARM926E-S 和 ARM946E-S。ARMv5TE 架构添加了"服务于多媒体应用增强的 DSP 指令"。

后来又推出了 ARM11，ARM11 是基于 ARMv6 架构建成的。基于 ARMv6 架构的处理器包括 ARM1136J(F)-S、ARM1156T2(F)-S，以及 ARM1176JZ(F)-S。ARMv6 是 ARM 进化史上的一个重要里程碑：从那时候起，许多突破性的新技术被引进，存储器系统加入了很多的崭新的特性，单指令流多数据流（SIMD）指令也是从 ARM v6 开始被首次引入。而最前卫的新技术，就是经过优化的 Thumb-2 指令集，它专用于低成本的单片机及汽车组件市场。

最近的几年，基于从 ARMv6 开始的新的设计理念，ARM 进一步扩展了 CPU 设计，ARMv7 架构闪亮登场。在这个版本中,内核架构首次从单一款式变成三种款式。

1. ARM Cortex-A

ARM Cortex-A 设计用于高性能的"开放应用平台"——越来越接近计算机了。

ARM Cortex-A 系列应用型处理器可向托管丰富操作系统的平台和用户应用程序的设备提供全方位的解决方案,从超低成本手机、智能手机、移动计算平台、数字电视和机顶盒到企业网络、打印机和服务器解决方案。高性能的 ARM Cortex-A15、可伸缩的 ARM Cortex-A9、经过市场验证的 ARM Cortex-A8处理器及高效的 ARM Cortex-A7 和 ARM Cortex-A5 处理器均共享同一架构,因此具有完全的应用兼容性,可支持传统的 ARM、Thumb 指令集和新增的高性能紧凑型 Thumb-2 指令集。

2. ARM Cortex-R

ARM Cortex-R 实时处理器为要求高可靠性、高可用性、高容错功能、可维护性和实时响应的嵌入式系统提供高性能计算解决方案。

ARM Cortex-R 系列处理器通过已经在数以亿计的产品中得到验证的成熟技术,为产品提供了极快的上市速度,并利用广泛的 ARM 生态系统、全球和本地语言以及全天候的支持服务,保证了产品快速、低风险的开发。

许多应用都需要 ARM Cortex-R,它的关键特性有:

(1) 高性能:与高时钟频率相结合的快速处理能力;

(2) 实时:处理能力在所有场合都符合硬实时限制;

(3) 安全:具有高容错能力的可靠且可信的系统;

(4) 经济实惠:可实现最佳性能、功耗和面积的功能。

3. ARM Cortex-M

ARM Cortex-M 处理器系列是一系列可向上兼容的高能效、易于使用的处理器,旨在帮助开发人员满足将来的嵌入式应用的需要。这些需要包括以更低的成本提供更多功能,不断增加连接,改善代码重用和提高能效。

ARM Cortex-M 系列针对成本和功耗敏感的 MCU 和终端应用(如智能测量、人机接口设备、汽车和工业控制系统、大型家用电器、消费性产品和医疗器械)的混合信号设备进行优化。

几十年来,每次 ARM 体系结构更新,随后就会带来一批新的支持该架构的 ARM 内核。ARM 体系结构与 ARM 内核的对应关系如图 1-21 所示。

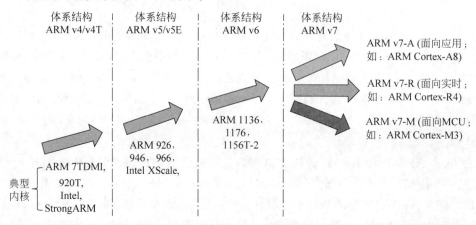

图 1-21　ARM 体系结构与 ARM 内核的对应关系

以前,ARM 使用一种数字命名法。在早期(20 世纪 90 年代),还在数字后面添加字母后缀,用来进一步明确该处理器支持的特性。以 ARM7TDMI 为例,T 代表 Thumb 指令集,D 代表支持 JTAG 调试(Debugging),M 意指快速乘法器,I 则对应一个嵌入式 ICE 模块。后来,这 4 项基本功能成了任何新产品的标配,于是就不再使用这 4 个后缀——相当于默许了。但是新的后缀不断加入,包括定义存储器接口、高速缓存及紧耦合存储器(TCM),于是形成了新一套命名法并沿用至今。

到了 ARMv7 时代,ARM 改革了一度使用的、冗长的、需要"解码"的数字命名法,转到另一种看起来比较整齐的命名法。比如,ARMv7 的三个款式都以 Cortex 作为主名。这不仅更清楚地说明并且"精装"了所使用的 ARM 架构,也避免了新手对架构号和系列号的混淆。例如,ARM7TDMI 并不是一款ARMv7 的产品,而是辉煌起点——ARMv4T 架构的产品。

ARM 处理器名称、架构与特性对应关系如表 1-2 所示。

表 1-2　ARM 处理器名称、架构与特性对应关系

处理器名称	架构版本号	存储器管理特性	其他特性
ARM7TDMI	v4T		
ARM7TDMI-S	v4T		
ARM920T	v4T	MMU	
ARM922T	v4T	MMU	
ARM926EJ-S	v5E	MMU	DSP,Jazelle
ARM968E-S	v5E		DMA,DSP
ARM966HS	v5E	MPU(可选)	DSP
ARM1020E	v5E	MMU	DSP
ARM1026EJ-S	v5E	MMU 或 MPU	DSP,Jazelle
ARM1136J(F)-S	v6	MMU	DSP,Jazelle
ARM1176JZ(F)-S	v6	MMU+TrustZone	DSP,Jazelle
ARM11MPCore	v6	MMU+多处理器缓存	DSP
ARM Cortex-M3	v7-M	MPU(可选)	NVIC
ARM Cortex-M4	v7-M	MPU	DSP+FPU
ARM Cortex-R4	v7-R	MPU	DSP
ARM Cortex-R4F	v7-R	MPU	DSP+浮点运算
ARM Cortex-A8	v7-A	MMU+TrustZone	DSP,Jazelle

ARM 公司于 2012 年推出具备 64 位计算能力的 ARMv8 架构,于 2022 年推出旨在为移动端设备、计算机和服务器提供更强算法支持的 ARMv9 架构。由于处理器设计滞后于内核架构,且微控制器设计滞后于微处理器,目前基于 ARMv8 和 ARMv9 的微控制器产品还十分地少,本书并不打算就这两种架构作进一步的探讨。

本书主要讲述的是目前被控制领域广泛使用的基于 ARM Cortex-M4 内核的 STM32F407 微控制器,其内核架构为 ARMv7-M。

1.4　STM32 微控制器

1.4.1　从 ARM Cortex-M 内核到基于 ARM Cortex-M 的 MCU

上面介绍了 ARM 公司最新推出的面向微控制器应用的 ARM Cortex-M 处理器,但我们却无法从 ARM 公司直接购买到这样一款 ARM 处理器芯片。按照 ARM 公司的经营策略,它只负责设计处理器 IP 核,而不生产和销售具体的处理器芯片。ARM Cortex-M 处理器内核是微控制器的中央处理单元。完整的基于 ARM Cortex-M 的 MCU 还需要很多其他组件。芯片制造商得到 ARM Cortex-M 处理器内

核的使用授权后,就可以把 ARM Cortex-M 内核用在自己的硅片设计中,添加存储器、外设、I/O 以及其他功能块,即为基于 ARM Cortex-M 的微控制器。不同厂家设计出的 MCU 会有不同的配置,包括存储器容量、类型、外设等都各具特色。ARM Cortex-M 处理器内核和基于 ARM Cortex-M 的 MCU 的关系如图 1-22 所示。

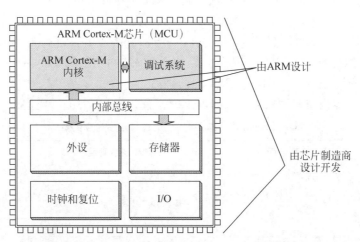

图 1-22　ARM Cortex-M 内核与基于 ARM Cortex-M 内核的 MCU 的关系

1.4.2　STM32 微控制器产品线

在诸多半导体制造商中,意法半导体(ST Microelectronics)公司是较早在市场上推出基于 ARM Cortex-M 内核的 MCU 产品的公司,其根据 ARM Cortex-M 内核设计生产的 STM32 微控制器充分发挥了低成本、低功耗、高性价比的优势。STM32 微控制器以系列化的方式推出,方便用户选择,受到了广泛的好评。

STM32 系列微控制器的产品线包括高性能、主流、超低功耗和无线类型 4 大类,分别面向不同的应用,其具体产品线如图 1-23 所示。STM32 产品线十分丰富,共分为 4 个类别、17 个系列、100 多个子系列、1200 多个量产芯片。下面仅对经典常用的产品系列进行简单介绍。读者可以访问 ST 官网 www.st.com,获取更多产品信息。

图 1-23　STM32 产品线

1. STM32F1 系列(主流类型)

STM32F1 系列微控制器基于 ARM Cortex-M3 内核,利用一流的外设和低功耗、低电压操作实现了高性能,同时以可接受的价格,利用简单的架构和简便易用的工具实现了高集成度,能够满足工业、医疗和消费市场的各种应用需求。凭借该产品系列,意法半导体公司开发了 ARM Cortex-M 微控制器并在嵌入式应用历史上树立了一个里程碑。

截至 2016 年 3 月,STM32F1 系列微控制器包含以下 5 个产品线,它们的引脚、外设和软件均兼容。

(1) STM32F100:超值型,24MHz CPU,具有电机控制和 CEC(Consumer Electronics Control,消费类电子控制)功能。

(2) STM32F101:基本型,36MHz CPU,具有高达 1MB 的 Flash。

(3) STM32F102:USB 基本型,48MHz CPU,具备 USB FS。

(4) STM32F103:增强型,72MHz CPU,具有高达 1MB 的 Flash、电机控制、USB 和 CAN(Controller Area Network,控制器局域网络)。

(5) STM32F105/107:互联型,72MHz CPU,具有以太网 MAC(Media Access Control,媒体访问控制)、CAN 和 USB2.0 OTG。

2. STM32F4 系列(高性能类型)

STM32F4 系列微控制器基于 ARM Cortex-M4 内核,采用了意法半导体公司的 90nm NVM 工艺和 ART(Adaptive Real-Time,自适应实时)加速器,在高达 180MHz 的工作频率下通过闪存执行时,处理性能达到 225 DMIPS/608 CoreMark。这是迄今所有基于 ARM Cortex-M 内核的微控制器产品中所达到的最高基准测试分数。由于采用了动态功耗调整功能,通过闪存执行时的电流消耗范围为 STM32F410 的 89μA/MHz 到 STM32F439 的 260μA/MHz。

截至 2016 年 3 月,STM32F4 系列包括 8 条互相兼容的数字信号控制器(Digital Signal Controller,DSC)产品线,是 MCU 实时控制功能与 DSP 信号处理功能的完美结合体。

(1) STM32F401:84MHz CPU/105DMIPS,尺寸最小、成本最低的解决方案,具有卓越的功耗效率(动态效率系列)。

(2) STM32F410/STM32F411:100MHz CPU/125DMIPS,采用新型智能 DMA(Direct Memory Access,直接存储器访问),优化数据批处理的功耗,配备的随机数生成器、低功耗定时器和 DAC(Digtal to Analog Convertor,数/模转换器),为卓越的功率效率性能设立了新的里程碑(运行模式下,电流消耗为 89μA/MHz 和停机模式下,电流消耗为 6μA/MHz)。

(3) STM32F405/STM32F415:168MHz CPU/210DMIPS,高达 1MB、具有先进连接功能和加密功能的闪存。

(4) STM32F407/STM32F417:168MHz CPU/210DMIPS,高达 1MB 的 Flash 闪存,增加了以太网 MAC 和照相机接口。

(5) STM32F446:180MHz CPU/225DMIPS,高达 512KB 的 Flash 闪存,具有 Dual Quad SPI 和 SDRAM 接口。

(6) STM32F429/STM32F439:180MHz CPU/225DMIPS,高达 2MB 的双区闪存,带 SDRAM 接口、Chrom-ART 加速器和 LCD-TFT 控制器。

(7) STM32F427/STM32F437:180MHz CPU/225DMIPS,高达 2MB 的双区闪存,具有 SDRAM 接口、Chrom-ART 加速器、串行音频接口,性能更高,静态功耗更低。

(8) SM32F469/STM32F479:180MHz CPU/225DMIPS,高达 2MB 的双区闪存,带 SDRAM 和 QSPI 接口、Chrom-ART 加速器、LCD-TFT 控制器和 MPI-DSI 接口。

3. STM32F7 系列(高性能类型)

STM32F7 是世界上第一款基于 ARM Cortex-M7 内核的微控制器。它采用 6 级超标量流水线和浮点单元,并利用 ST 的 ART 加速器和 L1 缓存,实现了 ARM Cortex-M7 的最大理论性能——无论是从嵌入式闪存还是外部存储器执行代码,都能在 216MHz 处理器频率下使性能达到 462DMIPS/1082CoreMark。由此可见,相对于意法半导体公司以前推出的高性能微控制器,如 STM32F2/STM32F4 系列,STM32F7 的优势就在于其强大的运算性能,能够适用于对高性能计算有巨大需求的应用。对于目前还在使用简单计算功能的可穿戴设备和健身应用来说,将会带来革命性的颠覆,起到巨大的推动作用。

截至 2016 年 3 月,STM32F7 系列与 STM32F4 系列引脚兼容,包含以下 4 款产品线:STM32F7x5 子系列、STM32F7x6 子系列、STM32F7x7 子系列和 STM32F7x9 子系列。

4．STM32L1 系列(超低功耗类型)

STM32L1 系列微控制器基于 ARM Cortex-M3 内核,采用意法半导体专有的超低泄漏制程,具有创新型自主动态电压调节功能和 5 种低功耗模式,为各种应用提供了无与伦比的平台灵活性。STM32L1 扩展了超低功耗的理念,并且不会牺牲性能。STM32L1 提供了动态电压调节、超低功耗时钟振荡器、液晶屏(Liquid Crystal Display,LCD)接口、比较器、DAC 及硬件加密等部件。

截至 2016 年 3 月,STM32L1 系列微控制器包含 4 款不同的子系列:STM32L100 超值型、STM32L151、STM32L152(LCD)和 STM32L162(LCD 和 AES-128)。

1.4.3 STM32 微控制器命名规则

意法半导体公司在推出以上一系列基于 ARM Cortex-M 内核的 STM32 微控制器产品线的同时,也制定了它们的命名规则。通过名称,用户能直观、迅速地了解某款具体型号的 STM32 微控制器产品。STM32 命名规则如图 1-24 所示,STM32 系列微控制器的名称主要由以下部分组成。

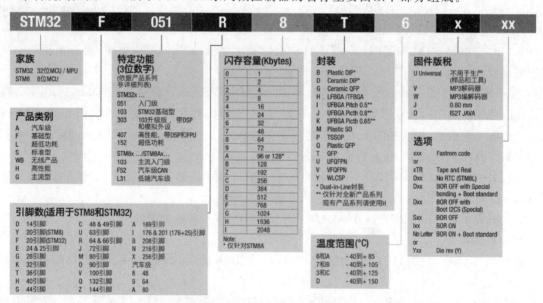

图 1-24　STM32 命名规则

1．产品系列名

STM32 系列微控制器名称通常以 STM32 开头,表示产品系列,代表意法半导体公司基于 ARM Cortex-M 系列内核的 32 位 MCU。

2．产品类型名

产品类型是 STM32 系列微控制器名称的第 2 部分。通常有 F(Flash Memory,通用快速闪存)、WB(无线系统芯片)、L(低功耗低电压,1.65~3.6V)等类型。

3. 产品子系列名

产品子系列是 STM32 系列微控制器名称的第 3 部分。例如,常见的 STM32F 产品子系列有 050 (ARM Cortex-M0 内核)、051(ARM Cortex-M0 内核)、100(ARM Cortex-M3 内核、超值型)、101(ARM Cortex-M3 内核、基本型)、102(ARM Cortex-M3 内核、USB 基本型)、103(ARM Cortex-M3 内核、增强型)、105(ARM Cortex-M3 内核、USB 互联网型)、107(ARM Cortex-M3 内核、USB 互联网型和以太网型)、205/207(ARM Cortex-M3 内核、摄像头)、215/217(ARM Cortex-M3 内核,摄像头和加密模块)、405/407(ARM Cortex-M4 内核、MCU＋FPU、摄像头)、415/417(ARM Cortex-M4 内核、MCU＋FPU、加密模块和摄像头)等。

4. 引脚数

引脚数是 STM32 系列微控制器名称的第 4 部分。通常有以下几种:F(20 pin)、G(28 pin)、K(32 pin)、T(36 pin)、H(40 pin)、C(48 pin)、U(63 pin)、R(64 pin)、O(90 pin)、V(100 pin)、Q(132 pin)、Z(144 pin)、I(176 pin)、B(208 pin)、N(216 pin)和 X(256 pin)等。

5. Flash 存储器容量

Flash 存储器容量是 STM32 系列微控制器名称的第 5 部分。通常有以下几种:4(16KB Flash、小容量)、6(32KB Flash、小容量)、8(64KB Flash、中容量)、B(128KB Flash、中容量)、C(256KB Flash、大容量)、D(384KB Flash、大容量)、E(512KB Flash、大容量)、F(768KB Flash、大容量)、G(1MB Flash、大容量)、H(1.5MB Flash、大容量)和 I(2MB Flash、大容量)。

6. 封装方式

封装方式是 STM32 系列微控制器名称的第 6 部分。通常有以下几种:T(LQFP、Low-profile Quad Flat Package、薄型四侧引脚扁平封装)、H(BGA、Ball Grid Array、球栅阵列封装)、U(VFQFPN、Very thin Fine pitch Quad Flat Pack No-lead package、超薄细间距四方扁平无铅封装)和 Y(WLCSP、Wafer Level Chip Scale Packaging、晶圆片级芯片规模封装)。

7. 温度范围

温度范围是 STM32 系列微控制器名称的第 7 部分。通常有以下两种:6(−40～85℃、工业级)、7(−40～105℃、工业级)。

8. 固件版本

标明芯片的固件版本,可以为空。

9. 选项

标明芯片额外信息,如芯片包装、生产日期,可以为空。

通过命名规则,读者能直观、迅速地了解图 1-24 中的示例芯片 STM32F051R8T6 微控制器的重要信息,其中,STM32 代表意法半导体公司基于 ARM Cortex-M 系列内核的 32 位 MCU,F 代表通用闪存型,051 代表基于 ARM Cortex-M0 内核的增强型子系列,R 代表 64 个引脚。8 代表中等容量 64KB Flash 存储器,T 代表 LQFP 封装方式,6 代表−40～85℃的工业级温度范围。

本书配套开发板的主控芯片选择为 STM32F407ZET6 或 STM32F407ZGT6,读者可以根据芯片名称了解其重要配置信息,并说明为什么二者可以直接替换。

1.5 嵌入式系统的软件

嵌入式系统的软件一般固化于嵌入式存储器中,是嵌入式系统的控制核心,控制着嵌入式系统的运行,实现嵌入式系统的功能。由此可见,嵌入式软件在很大程度上决定整个嵌入式系统的价值。

从软件结构上划分,嵌入式软件分为无操作系统和带操作系统两种。

1.5.1　无操作系统的嵌入式软件

对于通用计算机,操作系统是整个软件的核心,不可或缺;然而,对于嵌入式系统,由于其专用性,在某些情况下不需要操作系统。尤其在嵌入式系统发展的初期,由于较低的硬件配置、单一的功能需求以及有限的应用领域(主要集中在工业控制和国防军事领域),嵌入式软件的规模通常较小,没有专门的操作系统。

图 1-25　无操作系统的嵌入式软件结构

在结构上,无操作系统的嵌入式软件仅由引导程序和应用程序两部分组成,如图 1-25 所示。引导程序一般由汇编语言编写,在嵌入式系统上电后运行,完成自检、存储映射、时钟系统和外设接口配置等一系列硬件初始化操作。应用程序一般由 C 语言编写,直接架构在硬件之上,在引导程序之后运行,负责实现嵌入式系统的主要功能。

1.5.2　带操作系统的嵌入式软件

随着嵌入式应用在各个领域的普及和深入,嵌入式系统向多样化、智能化和网络化发展,其对功能、实时性、可靠性和可移植性等方面的要求越来越高,嵌入式软件日趋复杂,越来越多地采用嵌入式操作系统+应用软件的模式。相比无操作系统的嵌入式软件,带操作系统的嵌入式软件规模较大,其应用软件架构于嵌入式操作系统上,而非直接面对嵌入式硬件,可靠性高,开发周期短,易于移植和扩展,适用于功能复杂的嵌入式系统。

带操作系统的嵌入式软件结构如图 1-26 所示,自下而上包括设备驱动层、操作系统层和应用软件层等。

图 1-26　带操作系统的嵌入式软件结构

1.5.3　典型嵌入式操作系统

嵌入式操作系统(Embedded Operating System,EOS)是指用于嵌入式系统的操作系统,负责嵌入式系统的全部软、硬件资源的分配、任务调度、控制、协调并发活动。它必须体现其所在系统的特征,能够通过装卸某些模块来达到系统所要求的功能。目前在嵌入式领域广泛使用的操作系统有:嵌入式实时操作系统 μC/OS-Ⅱ、VxWorks、FreeRTOS、嵌入式 Linux、Windows CE 等,以及应用在智能手机和平板电脑的 Android、iOS 等。

1. μC/OS-Ⅱ

μC/OS Ⅱ(Micro-Controller Operating System Two)是一个可以基于 ROM 运行的、可裁剪的、抢占式、实时多任务内核,具有高度可移植性,特别适合于微处理器和微控制器,是和很多商业操作系统性能相当的实时操作系统(RTOS)。为了提供最好的移植性能,μC/OS Ⅱ 最大程度上使用 ANSI C 语言进行开发,并且已经移植到近 40 多种处理器体系上,涵盖了从 8 位到 64 位各种 CPU(包括 DSP)。μC/OS Ⅱ 可以简单地视为一个多任务调度器,在这个任务调度器之上完善并添加了和多任务操作系统相关的系统服务,如信号量、邮箱等。其主要特点有公开源代码,代码结构清晰明了,注释详尽,组织有条理,可移植性好,可裁剪,可固化。内核属于抢占式,最多可以管理 60 个任务。

2. VxWorks

VxWorks 操作系统是美国 WindRiver 公司于 1983 年设计开发的一种嵌入式实时操作系统,是嵌入式开发环境的关键组成部分。良好的持续发展能力、高性能的内核以及友好的用户开发环境,使其在嵌入式实时操作系统领域占据一席之地。它以其良好的可靠性和卓越的实时性被广泛地应用在通信、军事、航空、航天等高精尖技术及实时性要求极高的领域中,如卫星通信、军事演习、弹道制导、飞机导航等。在美国的 F-16、FA-18 战斗机、B-2 隐身轰炸机和"爱国者"导弹上,甚至连 1997 年 4 月在火星表面登陆的火星探测器、2008 年 5 月登陆的"凤凰"号和 2012 年 8 月登陆的"好奇"号也都使用到了 VxWorks。

3. FreeRTOS

FreeRTOS 是一个迷你的实时操作系统内核。作为一个轻量级的操作系统,功能包括任务管理、时间管理、信号量、消息队列、内存管理、记录功能、软件定时器、协程等,可基本满足较小系统的需要。相对 μC/OS-Ⅱ、VxWorks 等商业操作系统,FreeRTOS 操作系统是完全免费的操作系统,具有源码公开、可移植、可裁减、调度策略灵活的特点,可以方便地移植到各种微处理器和微控制器上运行。由于免费和开源,FreeRTOS 得到了更多第三方开发工具的支持。例如在本书即将要介绍的 STM32 图形化配置工具 STM32CubeMX 中,FreeRTOS 是作为一个中间件提供的,可以实现操作系统和应用程序无缝衔接。

4. 嵌入式 Linux

嵌入式 Linux 是嵌入式操作系统的一个新成员,其最大的特点是源代码公开并且遵循 GPL 协议,近几年来已成为研究热点。目前正在开发的嵌入式系统中,有近 50% 的项目选择 Linux 作为嵌入式操作系统。

嵌入式 Linux 是将日益流行的 Linux 操作系统进行裁剪修改,使之能在嵌入式计算机系统上运行的一种操作系统。嵌入式 Linux 既继承了 Internet 上无限的开放源代码资源,又具有嵌入式操作系统的特性。嵌入式 Linux 的特点是版权免费,而且性能优异,软件移植容易,代码开放,有许多应用软件支持,应用产品开发周期短,新产品上市迅速,系统实时性、稳定性和安全性好。

5. Android

Android 是一种基于 Linux 的自由及开放源代码的操作系统,由 Google 公司和开放手机联盟领导及开发,主要使用于移动设备,如智能手机和平板电脑。Android 操作系统最初由 Andy Rubin 开发,主要支持手机。2005 年 8 月由 Google 收购注资。2007 年 11 月,Google 与 84 家硬件制造商、软件开发商及电信营运商组建开放手机联盟共同研发改良 Android 系统。随后 Google 以 Apache 开源许可证的授权方式,发布了 Android 的源代码。第一部 Android 智能手机发布于 2008 年 10 月。Android 逐渐扩展到平板电脑及其他领域上,如电视、数码相机、游戏机、智能手表等。

6. Windows CE

Windows CE(Windows Embedded Compact)是微软公司嵌入式、移动计算平台的基础,它是一个可抢先式、多任务、多线程并具有强大通信能力的 32 位嵌入式操作系统,是微软公司为移动应用、信息设备、消费电子和各种嵌入式应用而设计的实时系统,目标是实现移动办公、便携娱乐和智能通信。

Windows CE 支持 4 种处理器架构,即 x86、MIPS、ARM 和 SH4,同时支持多媒体设备、图形设备、存储设备、打印设备和网络设备等多种外设。除了在智能手机方面得到广泛应用之外,Windows CE 也被应用于机器人、工业控制、导航仪、掌上电脑和示波器等设备上。

1.5.4　软件结构选择建议

从理论上讲,基于操作系统的开发模式,具有快捷、高效的特点,开发的软件可移植性、可维护性、程序稳健性等都比较好。但是,不是所有系统都要基于操作系统,因为这种模式要求开发者对操作系统的原理有比较深入的掌握,一般功能比较简单的系统,不建议使用操作系统,毕竟操作系统需要占用系统资源；也不是所有系统都能使用操作系统，因为操作系统对系统的硬件有一定的要求。因此，在通常情况下，虽然 STM32 微控制器是 32 位系统，但并不建议引入操作系统。

如果系统足够复杂，任务特别多，又或者有类似于网络通信、文件处理、图形接口需求加入时，不得不引入操作系统来管理软硬件资源，也要选择轻量化的操作系统，比如，μC/OS-Ⅱ、VxWorks、FreeRTOS，但是 VxWorks 是商业的，其许可费用比较高，所以选择 μC/OS-Ⅱ 和 FreeRTOS 比较合适，相应的参考资源也比较多；而不可以选择 Linux、Android 和 Windows CE 这样的重量级的操作系统，因为 STM32 微控制器硬件系统在未进行扩展时，是不能满足此类操作系统的运行需求的。

本章小结

本章首先向读者讲解了嵌入式系统的定义，比较了嵌入式系统和通用计算机系统异同点，并由此总结出嵌入式系统的特点。随后向读者介绍了本书的主角——微控制器，因为 ARM 嵌入式系统特殊的商业模式，所以介绍分成两步，第一步介绍 ARM 处理器，第二步介绍基于 ARM 内核的 STM32 微控制器。最后，本章讨论了嵌入式系统软件结构，嵌入式系统软件结构分为两种，一种是无操作系统的，另一种是带操作系统的，并给出了两种体系结构的选择建议。

思考拓展

(1) 什么是嵌入式计算机系统？

(2) 嵌入式计算机系统与通用计算机系统的异同点？

(3) 嵌入式计算机系统的特点主要有哪些？

(4) ARM Cortex-M4 处理器有几个类别？分别应用于哪些领域？

(5) 简要说明 ARM Cortex-M 内核和基于 ARM Cortex-M 的 MCU 的关系。

(6) STM32 微控制器产品线包括哪几个类别？

(7) 以 STM32F407VET6 微控制器为例说明 STM32 微控制器命名规则？

(8) 嵌入式系统软件分为哪两种体系结构？

(9) 常见的嵌入式操作系统有哪几种？

(10) STM32 嵌入式系统软件在操作系统选择方面如何进行考虑？

第 2 章

STM32F407 与实验平台

本章要点

➢ STM32F407 微控制器；

➢ 开发板总体概况；

➢ 实验平台电源电路；

➢ 实验平台核心板电路；

➢ 实验平台 I/O 模块电路；

➢ 实验平台扩展模块电路；

➢ CMSIS-DAP 调试器。

嵌入式系统开发是一门实践性很强的专业课,必须通过大量的实验才能够较好地掌握其系统资源。嵌入式系统由硬件和软件两部分组成,硬件是基础,软件是关键,两者联系十分紧密。本章将对 STM32F407 微控制器和本书配套开发板的全部硬件系统作一个总体的介绍,这部分内容是后续项目实践的基础,也是整个嵌入式学习的基础。

2.1 STM32F407 微控制器

基于 ARM Cortex-M4 的 STM32F4 系列微控制器(MCU)带有 DSP 和 FPU 指令,是微控制器实时控制功能与 DSP 信号处理功能的完美结合体。STM32F4 系列微控制器根据性能划分为多个兼容的产品线,STM32F407/STM32F417 系列属于基础产品线。

2.1.1 STM32F407/STM32F417 系列

STM32F407/STM32F417 系列产品面向需要在小至 $10mm \times 10mm$ 的封装内实现高集成度、高性能、嵌入式存储器和外设功能的医疗、工业与消费类应用。

性能：在 168MHz 频率下,从 Flash 存储器执行时,STM32F407/STM32F417 产品能够提供 210 DMIPS/566 CoreMark 性能,并且利用意法半导体的 ART(自适应实时)加速器实现 Flash 零等待状态。DSP 指令和浮点单元扩大了产品的应用范围。

功效：该系列产品采用意法半导体 90nm 工艺和 ART 加速器,具有动态功耗调整功能,能够在运行模式下,从 Flash 存储器执行时实现低至 $238\mu A/MHz$ 的电流消耗(168MHz)。

集成：STM32F407/STM32F417 系列产品具有 512KB～1MB Flash 和 192KB SRAM,采用尺寸小至 $10mm \times 10mm$ 的 100～176 引脚封装,STM32F407/STM32F417 微控制器如图 2-1 所示。

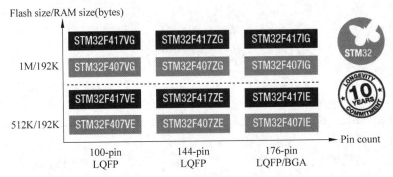

图 2-1　STM32F407/STM32F417 微控制器

　　值得一提的是，STM32F407xE 和 STM32F407xG($x=$V、Z 或 I)这三个系列的相同封装的芯片引脚兼容，其兼容方式是芯片升级换代的最高兼容标准。

2.1.2　STM32F407 功能特性

　　开发板 CPU 芯片选择 ST 公司的基于 ARM Cortex-M4 内核高性能 32 位微控制器 STM32F407ZET6 或 STM32F407ZGT6，这两款芯片除内部 Flash ROM 略有差别之外，其他配置和性能均完全一样，软硬件可以直接替换。开发板生产时根据市场情况配置，本书以 STM32F407ZET6 为蓝本进行讲解，其具备的主要功能和参数如下，详细功能列表见 STM32F407 数据手册。

　　(1) CPU 最高主频为 168MHz，带有浮点数单元 FPU，支持 DSP 指令集。

　　(2) 具有 512KB Flash ROM、192KB SRAM、4KB 备用 SRAM。

　　(3) 具有 FSMC 存储控制器，支持 Compact Flash、SRAM、PSRAM、NOR Flash 存储器，支持 8080/6800 接口的 TFT LCD。

　　(4) 具有 3 个 12 位 ADC，最多 24 个通道；2 个 12 位 DAC。

　　(5) 具有 2 个 DMA 控制器，共 16 个 DMA 流，有 FIFO(First Input First Output，先进先出)和突发支持。

　　(6) 具有 10 个通用定时器、2 个高级控制定时器、2 个基础定时器。

　　(7) 具有独立看门狗(IWDG)和窗口看门狗(WWDG)。

　　(8) 具有 RTC，亚秒级精度，硬件日历。

　　(9) 具有随机数生成器(RNG)。

　　(10) 具有 8~14 位并行数字摄像头接口(DCMI)，最高传输速率为 54Mb/s。

　　(11) 具有多种通信接口，包括 3 个 SPI、2 个 I2S 接口、3 个 I2C 接口、4 个 USART、2 个 UART 接口、2 个 CAN 接口以及 1 个 SDIO 接口。

　　(12) 具有符合 USB2.0 规范的 1 个 USB OTG FS 控制器和 1 个 USB OTG HS 控制器。

　　(13) 具有 10/100Mb/s Ethernet MAC 接口，使用专用的 DMA。

　　(14) 内部集成了 16MHz 晶体振荡器，可外接 4~26MHz 时钟源。

　　(15) 1.8~3.6V 单一供电电源，具有 POR(Power on Reset，上电复位)、PDR(Power Down Reset，掉电复位)、PVD(Programmable Voltage Detector，可编程电压监测器)、BOR(Brown-out Reset，欠压复位)功能。

　　(16) 具有睡眠、停止、待机三种低功耗工作模式。

　　(17) 具有 114 根高速通用输入输出(GPIO)口，可从其中任选 16 根作为外部中断输入口，几乎全部 GPIO 可承受 5V 输入。

　　(18) LQFP144 封装，工作温度为 −40~85℃。

2.1.3　STM32F407 内部结构

STM32F407 内部结构如图 2-2 所示,由此可以看出 STM32F407 的内部基本组成,更多详细信息参见 STM32F407 数据手册 P17。

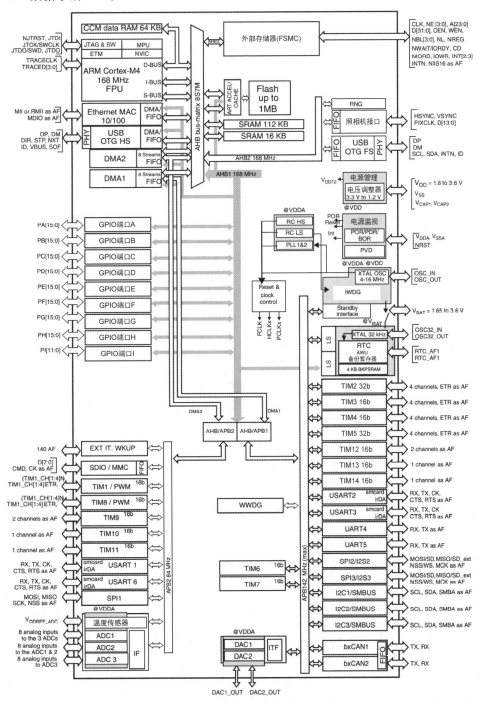

图 2-2　**STM32F407 内部结构**

1 channel as AF:单通道复用功能;2 channel as AF:两通道复用功能;8 analog inputs common to the 3ADCs:8 模拟输入通道共用 3 个 ADC;8 analog inputs common to the ADC 1&2:8 模拟输入通道共用 ADC1&2;8 analog inputs to ADC3:8 模拟输入通道连接 ADC3;4 channel,ETR as AF:4 通道,外部触发输入复用功能。

（1）STM32F407 的内核是 ARM Cortex-M4 内核，CPU 最高频率为 168MHz，带有 FPU。除了 ARM Cortex-M4 内核，STM32F407 上的其他部分都由 ST 公司设计。

（2）ARM Cortex-M4 内核有 3 条总线，即数据总线（D-Bus）、指令总线（I-Bus）和系统总线（S-Bus）。这 3 条总线通过总线矩阵（Bus matrix-S）与片上的各种资源和外设连接。

（3）32 位的总线矩阵将系统里的所有主设备（CPU、DMA、Ethernet 和 USB OTG HS）以及从设备（Flash 存储器、SRAM、FSMC、AHB（Advanced High Performance Bus，高级高性能总线）和 APB（Advanced Peripheral Bus，高级外设总线）外设）无缝连接起来以确保即使有多个高速外设同时工作也能高效地运行。

总线矩阵连接如图 2-3 所示。结合图 2-2，可以看到 MCU 内各条总线和外设的连接关系。

（4）有两个通用的双端口 DMA（DMA1 和 DMA2），每个 DMA 有 8 个流（Stream），可用于管理存储器到存储器、外设到存储器、存储器到外设的传输。用于 AHB/APB 总线上的外设时，有专用的 FIFO 存储器，支持突发传输，用来为外设提供最大的带宽。

（5）MAC Ethernet 接口用于有线以太网连接。

（6）USB OTG HS 接口，速度达到 480Mb/s，支持设备/主机/OTG 外设模式。

（7）通过 ACCEL 接口连接的内部 Flash 存储器，使用了自适应实时（ART）加速器技术。

（8）AHB3 总线上是 FSMC 接口，可连接外部的 SRAM、PSRAM、NOR Flash、PC Card、NAND Flash 等存储器。

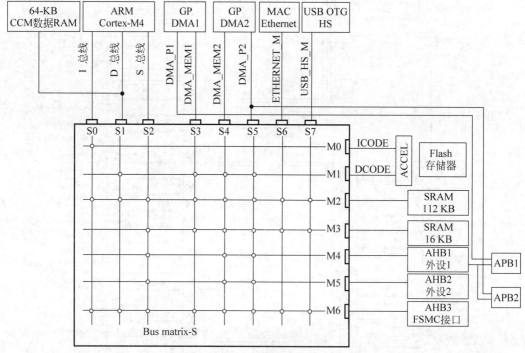

图 2-3　总线矩阵连接

（9）AHB2 总线最高频率为 168MHz，连接在此总线上的有 RNG、DCMI 和 USB OTG FS。

（10）AHB1 总线最高频率为 168MHz，各 GPIO 端口连接在 AHB1 总线上，共有 8 个 16 位端口（Port A～Port H）和 1 个 12 位端口（Port I）。

（11）AHB1 总线分出两条外设总线 APB2 和 APB1，DMA2 和 DMA1 与这两条外设总线结合，为外设提供 DMA。

（12）APB2 总线最高频率为 84MHz，是高速外设总线，上面连接的外设有外部中断 EXTI、SDIO/MMC、TIM1、TIM8～TIM11、USART1、USART6、SPI1 和 3 个 ADC。

（13）APB1 总线最高频率为 42MHz，是低速外设总线，上面连接的外设有 RTC、WWDG、TIM2～TIM7、TIM12～TIM14、USART2、USART3、UART4、UART5、SPI2/I2S2、SPI3/I2S3、I2C1～I2C3、2 个 DAC 和 2 个 bxCAN。

不同外设总线上的同类型外设的最高频率不一样。例如，对于 SPI，APB2 总线上的 SPI1 最高频率是 84MHz，而 APB1 总线上的 SPI2 和 SPI3 的最高频率是 42MHz。开发者在设计硬件电路时要注意这些区别。

2.1.4 STM32F407 存储器映射

存储器（Memory）是微控制器重要的功能单元，是众多存储单元的集合。存储器本身不具有地址信息，它的地址是由芯片厂商或用户分配，给存储器分配地址的过程称为存储器映射，如果再分配一个地址就叫重映射。STM32F407 存储器映射表如图 2-4 所示，更多详细信息参见 STM32F407 数据手册第 61 页。

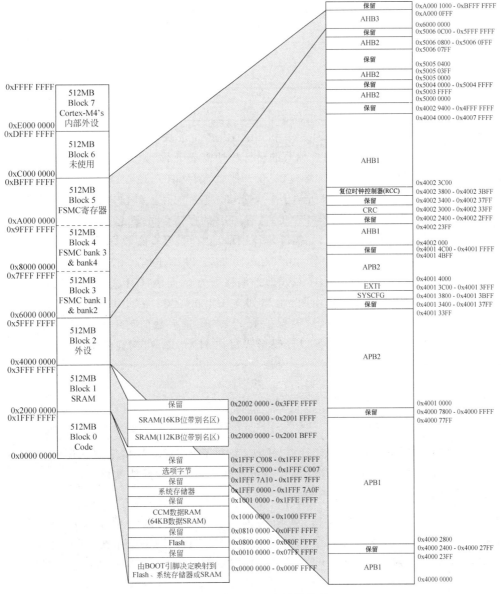

图 2-4　STM32F407 存储器映射表

ARM Cortex-M4 是 32 位处理器内核,32 位总线矩阵寻址空间是 4GB。在 STM32F407 内,程序存储器、数据存储器、寄存器和 I/O 端口排列在同一个顺序的 4GB 地址空间内。各字节按小端格式在存储器中编码,即字中编号最低的字节被视为该字的最低有效字节,而编号最高的字节被视为最高有效字节。可寻址的存储空间分为 8 个主要块,每个块为 512MB。未分配给片上存储器和外设的所有存储区域均视为"保留区"。

存储空间的容量是非常大的,因此芯片厂商就在每块容量范围内设计各自特色的外设,要注意一点,每块区域容量占用越大,芯片成本就越高,所以说 STM32 芯片使用时都是只用了其中一部分。ARM 在对这 4GB 容量分块的时候是按照其功能划分,每块都有它特殊的用途,如表 2-1 所示。

表 2-1 STM32F4 存储空间功能表

序　号	用　途	地　址　范　围
Block 0	Code(内部 Flash)	0x0000 0000~0x1FFF FFFF(512MB)
Block 1	SRAM	0x2000 0000~0x3FFF FFFF(512MB)
Block 2	片上外设	0x4000 0000~0x5FFF FFFF(512MB)
Block 3	FSMC 的 bank1~bank2	0x6000 0000~0x7FFF FFFF(512MB)
Block 4	FSMC 的 bank3~bank4	0x8000 0000~0x9FFF FFFF(512MB)
Block 5	FSMC 寄存器	0xA000 0000~0xBFFF FFFF(512MB)
Block 6	未使用	0xC000 0000~0xDFFF FFFF(512MB)
Block 7	ARM Cortex-M4 内部外设	0xE000 0000~0xFFFF FFFF(512MB)

在这 8 个块(Block)里面,Block0、Block1 和 Block2 这 3 个块包含了 STM32 芯片的内部 Flash、RAM 和片上外设,须重点关注。例如用户编写的目标程序需要下载到微控制器的 Flash 中运行,这个程序是从 Block0 的 Flash 存储区首地址 0x0800 0000 开始依次存储的。静态随机存储器(SRAM)存储于 Block1,但只使用其中很小一部分。Block2 分配给了 STM32 芯片的片上外设,用户访问外设寄存器即可实现相应的控制功能。灵活静态存储控制器(FSMC)占有 1GB 的存储空间,其起始地址为 0x6000 0000。上述内容在后续学习相关模块时会加深理解,如需确定详细地址空间,可查阅数据手册。

下面给出某一外设基地址计算实例,由图 2-2 可知,STM32F407 第一个通用目的输入输出口 GPIOA 挂接在 AHB1 总线上,且对 AHB1 总线地址偏移量为 0,而 AHB1 总线地址相对于 STM32F407 外设基地址偏移 0x0002 0000,外设地址由图 2-4 可知为 0x4000 0000,由此可以计算出 GPIOA 的基地址为 0x4000 0000+0x0002 0000+0x0000,结果为 0x4002 0000,这一数值与中文参考手册第 53 页存储器映射表所列结果是一致的。上述计算过程以代码形式写在 HAL 库 STM32F407 系列芯片的头文件中,相关代码如下:

```
#define PERIPH_BASE          0x40000000UL
#define AHB1PERIPH_BASE      (PERIPH_BASE + 0x00020000UL)
#define GPIOA_BASE           (AHB1PERIPH_BASE + 0x0000UL)
```

STM32F407 内的所有寄存器都有地址,在 HAL 库内有所有寄存器的定义。Flash 程序存储空间、SRAM 寻址空间也有其地址段的定义,应用时仅需包含微控制器对应的头文件即可。

2.1.5　STM32F407 时钟系统

众所周知,时钟系统是 CPU 的脉搏,就像人的心跳一样,所以时钟系统的重要性不言而喻。STM32F4 系列的时钟系统比较复杂,不像 51 单片机那样一个系统时钟能解决一切问题,这主要是为微控制器众多外设对频率、功耗、抗电磁干扰等不同需求而设计的。STM32F407 微控制器时钟系统如图 2-5 所示,更多详细信息参见 STM32F407 中文参考手册第 107 页。

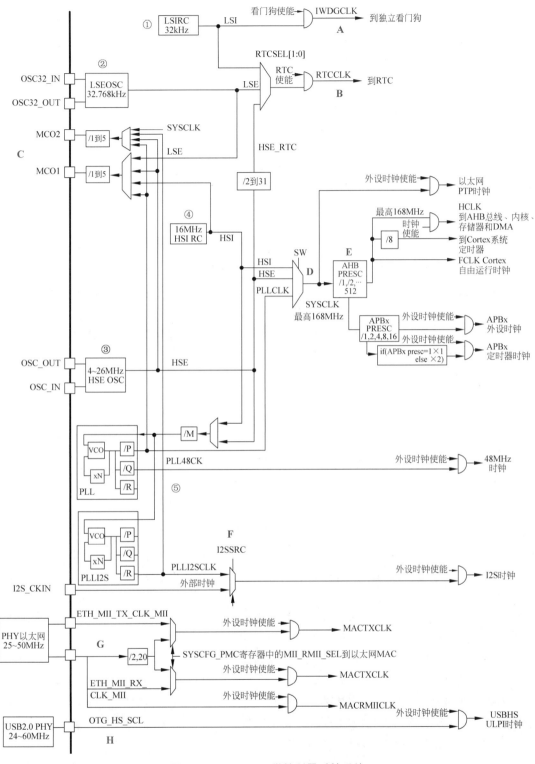

图 2-5　STM32F407 微控制器时钟系统

在 STM32F407 中,有 5 个最重要的时钟源,为 HSI(High Speed Internal,高速内部)、HSE(High Speed External,高速外部)、LSI(Low Speed Internal,低速内部)、LSE(Low Speed External,低速外部)、PLL(Phase Locked Loop,锁相环)时钟。其中 PLL 实际分为两个时钟源,分别为主 PLL 和专用 PLL。

从时钟频率来分可分为高速时钟源和低速时钟源,在这 5 个时钟源中 HSI、HSE 以及 PLL 是高速时钟,LSI 和 LSE 是低速时钟。从来源上可分为外部时钟源和内部时钟源,外部时钟源就是从外部通过连接晶振的方式获取时钟源,其中 HSE 和 LSE 是外部时钟源,其他的是内部时钟源。下面我们学习一下 STM32F4 的这 5 个时钟源,讲解顺序是按图 2-5 中①～⑤的顺序。

①中 LSI 是低速内部时钟,RC 振荡器,频率为 32kHz 左右,供独立看门狗和自动唤醒单元使用。

②中 LSE 是低速外部时钟,接频率为 32.768kHz 的石英晶体。这个主要是 RTC 的时钟源。

③中 HSE 是高速外部时钟,可接石英/陶瓷谐振器,或者接外部时钟源,频率范围为 4～26MHz。开发板连接的是 8MHz 晶振,HSE 也可以直接作为系统时钟或者 PLL 输入。

④中 HSI 是高速内部时钟,RC 振荡器,频率为 16MHz。可以直接作为系统时钟或者用作 PLL 输入。

⑤中 PLL 为锁相环倍频输出。STM32F407 有以下两个 PLL。

(1) 主 PLL(PLL)由 HSE 或者 HSI 提供时钟信号,并具有两个不同的输出时钟。

第一个输出 PLLP 用于生成高速的系统时钟(最高 168MHz)。

第二个输出 PLLQ 用于生成 USB OTG FS 的时钟(48MHz)、随机数生成器的时钟和安全数字输入输出(Secure Digital Input and Output,SDIO)时钟。

(2) 专用 PLL(PLLI2S)用于生成精确时钟,从而在 I2S 接口实现高品质音频性能。

这里着重介绍主 PLL 时钟第一个高速时钟输出 PLLP 的计算方法。图 2-6 是主 PLL 的时钟图。

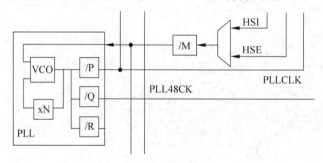

图 2-6　主 PLL 时钟图

从图 2-6 可以看出。主 PLL 时钟的时钟源要先经过一个分频系数为 M 的分频器,然后经过倍频系数为 N 的倍频器之后还需要经过一个分频系数为 P(第一个输出 PLLP)或者 Q(第二个输出 PLLQ)的分频器分频,最后才生成最终的主 PLL 时钟。

例如,当外部晶振选择 8MHz。同时设置相应的分频器 $M=4$,倍频器倍频系数 $N=168$,分频器分频系数 $P=2$,那么主 PLL 生成的第一个输出高速时钟 PLLP 为:

$$PLLP=8MHz \times N/(M \times P)=8MHz \times 168/(4 \times 2)=168MHz$$

如果选择 HSE 为 PLL 时钟源,同时 SYSCLK 时钟源为 PLL,那么 SYSCLK 时钟频率为 168MHz。除非特别说明,后面的实验都是采用这样的配置。

上面简要概括了 STM32 的时钟源,那么这 5 个时钟源是怎么给各个外设以及系统提供时钟的呢?这里选择一些比较常用的时钟知识讲解。

图 2-5 中用 A～G 标示要讲解的地方。

A 是看门狗时钟输入。从图中可以看出,看门狗时钟源只能是低速的 LSI 时钟。

B 是 RTC 时钟源,从图上可以看出,RTC 的时钟源可以选择 LSI、LSE,以及 HSE 分频后的时钟,HSE 分频系数为 2～31。

C 是 STM32F4 输出时钟 MCO1 和 MCO2。MCO1 是向芯片的 PA8 引脚输出时钟。它有四个时钟来源,分别为 HSI、LSE、HSE 和 PLL 时钟。MCO2 是向芯片的 PC9 引脚输出时钟,它同样有四个时钟来源,分别为 HSE、PLL、SYSCLK 以及 PLLI2S 时钟。MCO 输出时钟频率最大不超过 100MHz。

D 是系统时钟。从图 2-5 可以看出,SYSCLK 系统时钟来源有三个:HSI、HSE 和 PLL。在实际应用中,当对时钟速度要求都比较高时,才会选用 STM32F4 这种级别的处理器,一般情况下,都是采用 PLL 作为 SYSCLK 时钟源。根据前面的计算公式就可以算出系统的 SYSCLK 时钟频率是多少。

E 指的是以太网 PTP 时钟、AHB 时钟、APB2 高速时钟和 APB1 低速时钟。这些时钟都是来源于 SYSCLK 系统时钟。其中以太网 PTP 时钟使用系统时钟。AHB、APB2 和 APB1 时钟经过 SYSCLK 时钟分频得来。需要谨记的是,AHB 时钟最大频率为 168MHz,APB2 高速时钟最大频率为 84MHz,而 APB1 低速时钟最大频率为 42MHz。

F 是指 I2S 时钟源。从图 2-5 可以看出,I2S 的时钟源来源于 PLLI2S 或者映射到 I2S_CKIN 引脚的外部时钟。出于音质的考虑,I2S 对时钟精度要求很高。

G 是 STM32F4 内部以太网 MAC 时钟的来源。对于 MII 来说,必须向外部 PHY 芯片提供 25MHz 的时钟,这个时钟可以由 PHY 芯片外接晶振,或者使用 STM32F4 的 MCO 输出提供。然后 PHY 芯片再给 STM32F4 提供 ETH_MII_TX_CLK 和 ETH_MII_RX_CLK 时钟。对于 RMII 来说,外部必须提供 50MHz 的时钟驱动 PHY 和 STM32F4 的 ETH_RMII_REF_CLK,这个 50MHz 时钟可以来自 PHY、有源晶振或者 STM32F4 的 MCO。

H 是指外部 PHY 提供的 USB OTG HS(60MHZ)时钟。

这里还需要说明一下,ARM Cortex 系统定时器 SysTick 的时钟源可以是 AHB 时钟 HCLK 或 HCLK 的 8 分频,具体配置请参考 SysTick 定时器配置。

在以上的时钟输出中,有很多是带使能控制的,例如 AHB 总线时钟、内核时钟、各种 APB1 外设、APB2 外设等。当需要使用某模块时,记得一定要先使能对应的时钟。

2.1.6　STM32F407 引脚

本书配套开发板上的芯片选择 STM32F407ZET6 或 STM32F407ZGT6,二者均采用 LQFP144 封装,引脚定义也完全相同,可直接替换,其引脚分布如图 2-7 所示,引脚的功能列表参见附录 C。引脚主要分为三大类。

(1)电源引脚,连接各种电源和地的引脚,如下所示:

① 数字电源引脚 V_{DD} 和数字电源地引脚 V_{SS},使用+3.3V 供电。

② 模拟电源引脚 V_{DDA} 和模拟电源地引脚 V_{SSA},模拟电源为 ADC 和 DAC 供电,简化的电源电路设计中用 V_{DD} 连接 V_{DDA}。模拟地和数字地必须共地。

③ ADC 参考电压引脚 V_{REF+},简化的电源电路设计中用 V_{DD} 连接 V_{REF+}。这里也可以使用专门的参考电压芯片为 V_{REF+} 供电。

④ 备用电源引脚 V_{BAT},为系统提供备用电源,可以在主电源掉电的情况下为备份存储器和 RTC 供电,一般使用 1 个纽扣电池作为备用电源。

⑤ V_{CAP_1} 和 V_{CAP_2} 是芯片内部 1.2V 域调压器用到的两个引脚,需要分别接 2.2μF 电容后接地。

(2)GPIO 引脚,可以作为普通输入或输出引脚,也可以复用为各种外设的引脚。在 144 个引脚中,大部分是 GPIO 引脚,分为 8 个 16 位端口(PA～PH),还有 1 个 12 位端口 PI。除系统调试需要用到的引脚外,其余 GPIO 引脚在复位后都是浮空输入状态。

(3)系统功能引脚,除了电源和 GPIO 引脚,还有其他一些具有特定功能的引脚。

① 系统复位引脚 NRST,低电平复位。

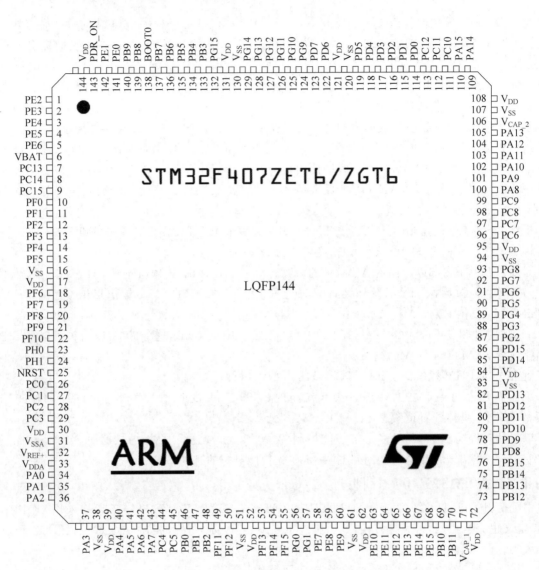

图 2-7　STM32F407ZET6/ZGT6 芯片引脚

② 自举配置引脚 BOOT0。

③ PDR_ON 引脚接高电平，将开启内部电源电压监测功能。有的封装上没有这个引脚，默认就是开启内部电源电压监测功能。

2.2　开发板总体概况

2.2.1　开发板设计背景

传统的 51 单片机除了使用开发板进行实践以外，还可以通过 Proteus 等软件进行仿真学习。由于基于 ARM 内核微控制器十分复杂，产品线又十分丰富，仅 ST 公司产品系列就达上百个，而仿真软件仅支持为数不多的几个芯片，且仿真速度很慢，效果偏差大，因此不建议使用。通过 MDK-ARM 集成开发环境可以进行软件仿真调试，但是事实上，这个仿真用起来很不方便，准确度也难以保证，另外其只能仿真 CPU，不能仿真外围接口设备。所以嵌入式系统学习还是需要一块开发板，边学习边实践，这也是目前普遍认可的学习方法。

现在网上也有很多开发板出售,但是相对来说价格较贵,更重要的是其开发板往往过于复杂,开始就是操作系统、图形接口、触摸屏、USB、CAN、WiFi等,作为工程技术人员某一方向的实践硬件还是相当不错的,但是作为学校教学开发板是不合适的,学习者会感到学习困难,丧失学习兴趣。此外,学校教学安排也没有那么多课时来完成这么复杂的项目学习。所以初学者迫切需要包括经典的单片机实验项目,如流水灯、数码管、ADC、LCD等的嵌入式开发板,适合从零开始学习ARM嵌入式系统或是由传统8位单片机转入32位单片机的初学者。

2.2.2 开发板总体介绍

作者经过相当长时间的设计、制板、测试,最终设计出一款非常适合STM32F407微控制器初学者的嵌入式开发板。该开发板主要包括电源电路、核心板电路、I/O模块电路、扩展模块电路和CMSIS-DAP调试器等,后面几节将具体介绍每一个子电路,相应模块的原理图也会在后续讲解中陆续给出。该开发板PCB元件总体布局如图2-8所示。

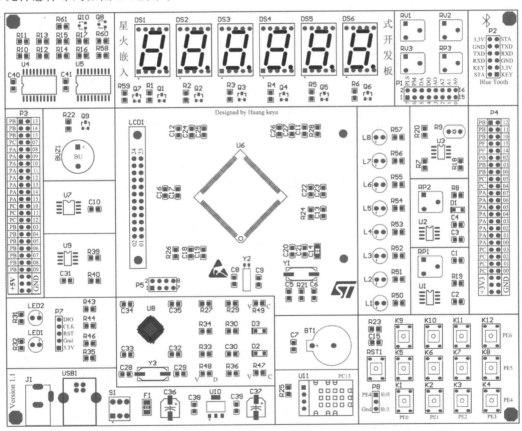

图 2-8 PCB 元件总体布局

PCB布线完成效果如图2-9所示。

 出于对品质和性能的持续追求,开发板的实际电路在本书出版之后,仍有可能进行小幅改动,作者会在本书配套资源中同步更新其原理图和PCB图,如有需要读者可以下载查看。

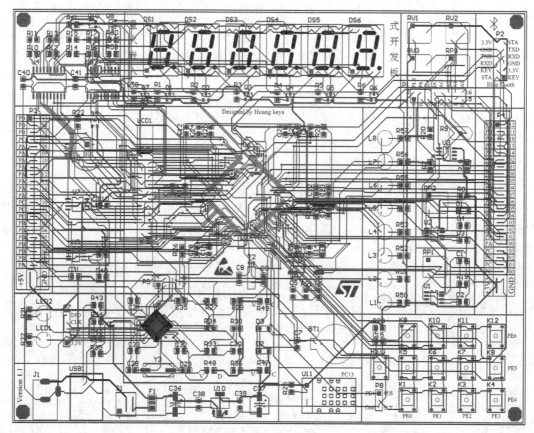

图 2-9　PCB 布线图

2.3　电源电路

2.3.1　电源电路原理图

电源电路是给开发板所有模块提供电源的模块。开发板采用双电源供电方式：一种方式为 USB 接口供电方式，另一种方式为火牛接口供电方式。两个供电电路采用并联的方式，实验时只要接入一个电源即可。一般情况下，USB 接口供电方式即可满足开发板供电要求，因为 USB 接口既可以实现数据通信，又可以为开发板提供电源，且无论台式计算机还是笔记本电脑，都具备 USB 接口，故该方式使用十分方便。当 USB 接口供电不能满足要求时，例如某些大电流工作场所，也可以通过火牛接口 J1 向开发板提供电源，该方式可以向开发板提供更大的电流。开发板电源电路原理图如图 2-10 所示。

2.3.2　电源电路工作原理

如图 2-10 所示，S1 为一个自锁按钮，可以接通或断开电源。C36 和 C38 为 REG1117-3.3 芯片输入端的滤波电容，C37 和 C39 为输出端的滤波电容。U10 为 DC/DC 变换芯片 REG1117-3.3，该芯片可以将输入的 5V 直流电变换为 3.3V 直流电，且具有相当好的稳定性和可靠性。该电源模块可以接通或断开 USB 或火牛接口直流电源，输出 5V 和 3.3V 两种直流电，向开发板的各模块提供电源。

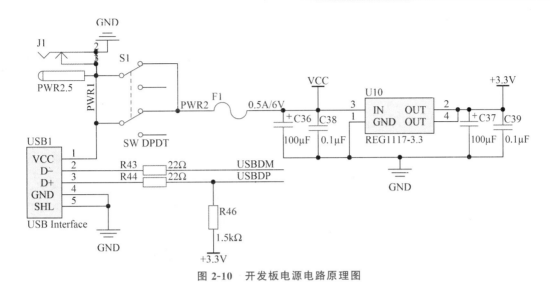

图 2-10 开发板电源电路原理图

2.4 核心板电路

核心板电路是单片机最小系统电路,包括芯片电源电路、CPU 滤波电路、外接晶振电路、备用电源电路、复位电路、启动设置电路等。

2.4.1 芯片电源电路

芯片电源电路如图 2-11 所示。STM32F407ZET6 芯片采用 3.3V 供电,芯片的 12 个 V_{DD} 引脚连接至+3.3V,9 个 V_{SS} 引脚连接至 GND。A/D 转换模块电源 V_{DDA} 和 A/D 转换参考电源 V_{REF+} 均取自系统 3.3V 主电源,并经 1 个 10Ω 电阻 R24 隔离。A/D 转换模块电源地线 V_{SSA} 连接至电源的地线 GND,而 A/D 转换参考电源地线 V_{REF-} 是在芯片内部完成与 GND 连接的,所以芯片并无 V_{REF-} 引出。PDR_ON 引脚接高电平开启内部电源电压监测功能。V_{CAP_1} 和 V_{CAP_2} 引脚需要各连接一个 2.2μF 对地电容,以使内部调压器稳定工作,并输出 1.2V 左右的电压。

2.4.2 CPU 滤波电路

CPU 滤波电路如图 2-12 所示,为保证 CPU 供电可靠稳定,需要在 STM32F407 芯片所有的电源引脚 V_{DD} 和 V_{SS} 之间加上滤波电容。CPU 滤波电路将 12 个 0.1μF 的电容(C16~C27)并联,为 CPU 电源提供滤波功能。为保证滤波效果,在 PCB 布局时每 3 个电容划为一组,共 4 组,每组电容要尽量靠近 CPU 的电源引脚。

2.4.3 外接晶振电路

晶振一般叫作晶体谐振器,是一种机电器件,是用电损耗很小的石英晶体经精密切割磨削并镀上电极焊上引线做成。它的作用是为 STM32 系统提供基准时钟信号,类似于部队训练时喊口令的人,STM32 单片机内部所有的工作都是以这个时钟信号为步调基准进行工作的。

开发板外接晶振电路如图 2-13 所示,STM32 开发板需要两个晶振,一个是系统主晶振 Y1,频率为 8MHz,为 STM32 内核提供振荡源;另一个是实时时钟晶振 Y2,频率为 32.768kHz。为稳定频率,在每一个晶振的两端分别接上两个对地微调电容。

2.4.4 备用电源电路

STM32 开发板的备用电源为一组扣电池,具体设计时选用 CR1220 型号,供电电压为 3V,用于对实时时钟以及备份存储器供电。如图 2-14 所示,二极管 D2、D3 用于系统电源和备用电源之间的电源选择,

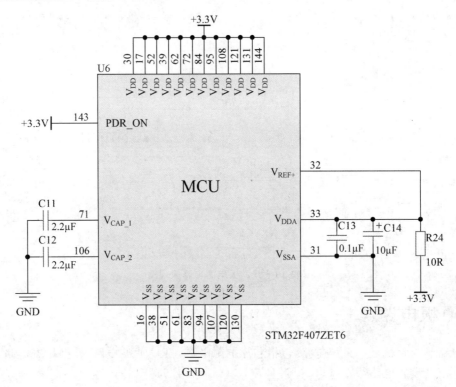

图 2-11 开发板芯片电源电路

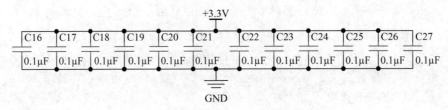

图 2-12 CPU 滤波电路

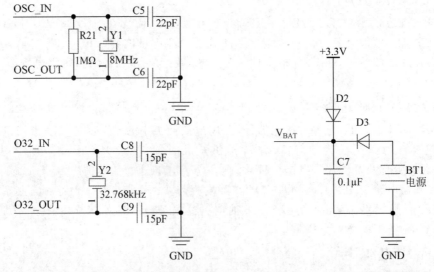

图 2-13 开发板外接晶振电路　　　　图 2-14 开发板备用电源电路

当开发板上电时选择 3.3V 对 V_{BAT} 引脚供电,当开发板断电时选择 BT1 电池对 V_{BAT} 引脚供电,C7 为滤波电容。

2.4.5 复位电路

图 2-15 为 STM32 单片机的复位电路,其可以实现上电复位和按键复位。开发板刚接通电源时,R23 和 C15 构成 RC 充电电路,对系统进行上电复位,复位持续时间由 R23 电阻值和 C15 容值乘积决定,一般电阻取 10kΩ,电容取 0.1μF 可以满足复位要求。按钮 RST1 可以实现按键复位,当需要复位时按下 RST1 按钮,RESET 引脚直接接地,CPU 即进入复位状态。

2.4.6 启动设置电路

STM32 三种启动模式对应的存储介质均是芯片内置的,它们是:

(1) 用户闪存＝芯片内置的 Flash。

(2) SRAM＝芯片内置的 RAM 区,就是内存。

(3) 系统存储器＝芯片内部一块特定的区域,芯片出厂时在这个区域预置了一段 Boot loader,就是通常所说的 ISP 程序。这个区域的内容在芯片出厂后就不允许再修改或擦除,即它是一个 ROM 区。

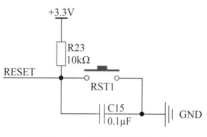

图 2-15　开发板复位电路

在每个 STM32 的芯片上都有两个引脚 BOOT0 和 BOOT1,这两个引脚在芯片复位时的电平状态决定了芯片复位后从哪个区域开始执行程序,如表 2-2 所示。

表 2-2　启动方式与引脚对应关系

启动模式选择引脚		启动模式	说　　明
BOOT1	BOOT0		
X	0	从用户闪存启动	正常的工作模式
0	1	从系统存储器启动	启动的程序功能由厂家设置
1	1	从内置 SRAM 启动	可以用于调试

开发板启动设置电路如图 2-16 所示,其本质上是将主控芯片的 BOOT0 和 BOOT1 引脚通过 10kΩ 电阻下拉接地,由表 2-2 可知,芯片复位之后从用户闪存启动。由于开发板采用 CMSIS-DAP 调试器进行下载和调试,所以无须设计 ISP(在系统编程)下载电路,但为了提高系统可靠性,增加一种后备下载方式,将主控芯片的 BOOT0 引脚引出至 P5 排座。下载程序时,只需要将 BOOT0 引脚接 V_{DD},从系统存储器启动,执行芯片厂家烧录好的 ISP 下载程序,通过串口更新程序即可。

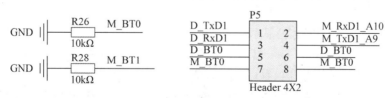

图 2-16　开发板启动设置电路

2.5　I/O 模块电路

本节主要介绍开发板的 I/O(输入/输出)模块电路,这些电路是开发板的基础模块,也是学习嵌入式系统的首先需要掌握的接口技术。

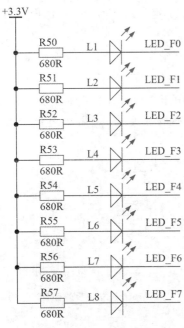

图 2-17 LED 模块电路

2.5.1 LED 模块

LED 模块电路如图 2-17 所示,开发板共设置 8 个 LED 指示灯,采用共阳接法,即 8 个 LED 指示灯 L1～L8 的阳极经限流电阻 R50～R57 接系统的 3.3V 电源,8 个 LED 指示灯的阴极接 MCU 的 PF0～PF7。由电路图可知,如果要想某一个指示灯亮,则需由单片机控制相应的引脚输出低电平,例如需要点亮 L1 和 L3,则需要编写程序,使 PF0 和 PF2 输出低电平。

2.5.2 按键模块

按键模块电路如图 2-18 所示,实验平台共设置 3 行 4 列 12 个按键,由 P8 跳线座实现独立键盘和矩阵键盘切换,当 P8 的 2、3 引脚短接时为独立按键模式,当 P8 的 1、2 引脚短接时为矩阵键盘模式。独立按键模式只有 K1～K4 有效,4 个按键一端由 MCU 的 PE0～PE3 控制,另一端接地。矩阵键盘模式时,按键的列信号由 PE0～PE3 控制,行信号由 PE4～PE6 控制,要识别某一个按键需要确定行列位置,具体扫描方式将在后续章节结合实例进行讲解。

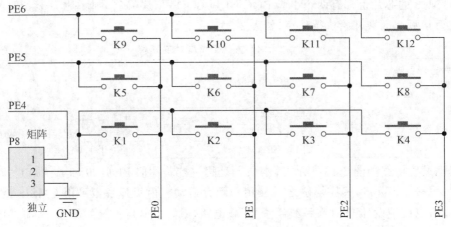

图 2-18 按键模块电路

2.5.3 显示模块

实验平台配备双显示终端,即数码显示器和液晶显示器。数码显示器为 6 位共阳数码管,采用 PNP 三极管驱动,74HC573D 锁存;液晶显示器为 2.8 寸全彩 TFT(Thin Film Transistor,薄膜晶体管)LCD 显示模块,为 240×320 像素,采用 ILI9341 驱动,16 位 8080 并行接口。

显示模块硬件连接如图 2-19 所示,TFT LCD 显示屏安装于 2×12P 母排座上,使用 FSMC 总线的存储块 1 子区 4 连接 TFT LCD,FSMC 接口与 LCD 数据、控制信号直接相连,由 FSMC 控制器产生 LCD 的 8080 控制时序,背光引脚 BLK 悬空,RES 引脚连接到主芯片的复位电路。数码显示器通过锁存器与 LCD 复用数据线,FSMC 总线的存储块 1 子区 3 片选信号反相后作为数码显示器的选通信号。

2.5.4 蜂鸣器模块

蜂鸣器模块电路如图 2-20 所示,开发板配备一个无源蜂鸣器 BUZ1 供系统报警或演奏简单曲目使

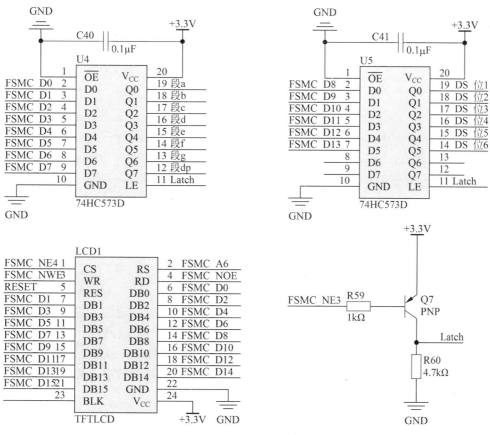

图 2-19 显示模块硬件连接图

用,由 PNP 三极管 Q9 控制其导通或关闭。为限制其工作电流,还串联一限流电阻 R22。三极管的基极由微控制器的 PC8 引脚控制,通过控制 GPIO 引脚的信号频率和持续时间就可以控制蜂鸣器发出不同声音以及发音时间的长短。

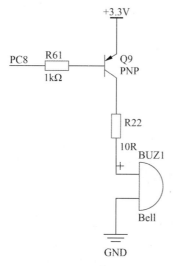

图 2-20 蜂鸣器模块电路

2.6 扩展模块电路

本节主要介绍开发板提供的基本外设扩展电路、典型传感器应用电路和GPIO引脚外接电路等内容。

2.6.1 温湿度传感器

DHT11温湿度传感器是一款含有已校准数字信号输出的温湿度复合传感器。它应用专用的数字模块采集技术和温湿度传感技术,确保产品具有极高的可靠性与长期稳定性。传感器包括一个电容式感应湿度元件和一个NTC测温元件,并与一个高性能微控制器相连接。

DHT11温湿度传感器采用简化的单总线通信,即只有一根数据线,系统中的数据交换、控制均由单总线完成。其与微控制器连接较为简单,1号引脚为电源线接V_{DD},2号引脚为数据线,连接至MCU的PC13引脚,1号引脚和2号引脚之间还需要跨接一个4.7kΩ的上拉电阻。3号引脚为NC,4号引脚为GND,两个引脚同时连接电源地线,电路如图2-21所示。

2.6.2 光照传感器

光照传感器电路如图2-22所示,其核心元件是光敏电阻R9,其阻值随着光照变化而变化,与R7构成一个分压电路,光照越强,阻值越小,分得的电压越低,反之则电压越高。分压电路输出电压可以作为模拟信号传送至微控制器的ADC模块,计算出电压数值,通过查表获取光照强度。也可以将其连接到运算放大器U3的同相输入端,与反相输入端电压阈值进行比较,得到一个数字开关信号,运放的反相输入端阈值通过电位器RP3调节。

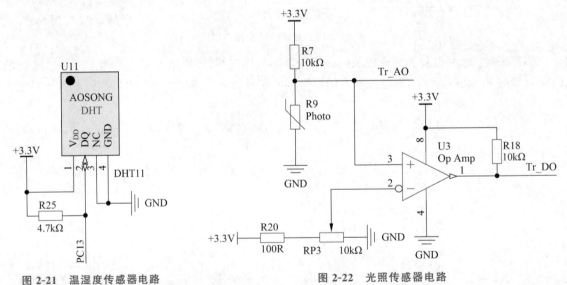

图2-21 温湿度传感器电路   图2-22 光照传感器电路

2.6.3 A/D采样模块

A/D采样模块电路如图2-23所示,A/D采样模块的主要作用是提供4个可以调节的电压供系统采样,并将其转换成数字量,送入CPU模块进行后续处理。由于STM32芯片内部已经集成了ADC,故不用外接A/D转换电路。本模块的4个待测模拟电压均由分压电路提供,其中前3路ADIN0～ADIN2由电位器RV1～RV3提供,第4路Tr_AO由分压电阻R7和光敏电阻R9分压提供。分压电路一端接系统电源3.3V,另一端接电源地,中间抽头与STM32微控制器的一组GPIO引脚(PA0～

PA3）连接。

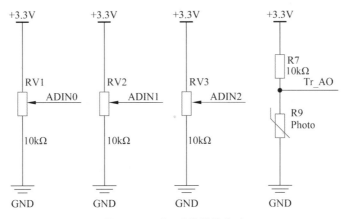

图 2-23　A/D 采样模块电路

2.6.4　EEPROM

为能够持续保留重要数据和保存系统配置信息，开发板外扩了一片 EEPROM 存储芯片 AT24C02，与 MCU 接口之间采用硬件 I2C 连接，即 AT24C02 的 SCL 引脚连接至微控制器 IIC1 的 SCL 引脚 PB8，AT24C02 的 SDA 引脚连接至微控制器 IIC1 的 SDA 引脚 PB9，两根信号线分别接 10kΩ 上拉电阻。电源和地之间加一个 0.1μF 的滤波电容，A0～A2 芯片地址设定引脚均接地，EEPROM 连接电路如图 2-24 所示。

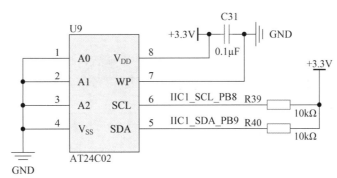

图 2-24　EEPROM 连接电路

2.6.5　Flash 存储器

Flash 存储器结合了 ROM 和 RAM 的长处，不仅具备电可擦编程只读存储器（EEPROM）的功能，还可以快速读取数据，具有非易失性随机访问存储器的优势。本实验平台扩展了一片容量为 128Mb 的 NOR Flash 存储芯片 W25Q128，连接至微控制器的 SPI1 接口，电路如图 2-25 所示。W25Q128 芯片的 DO、DI、CLK 引脚分别接至微控制器的 SPI1_MISO、SPI1_MOSI、SPI1_SCK。微控制器的 PB14 引脚连接存储芯片的 $\overline{CS}$ 引脚，低电平选中。存储芯片的 $\overline{WP}$ 和 $\overline{HOLD}$ 引脚接 V_{DD}，即不使用写保护和数据保持功能。

2.6.6　波形发生器

波形发生器电路如图 2-26 所示，本书配套开发板分别设计了脉冲发生器和 PWM（脉冲宽度调制）波形发生器，二者均基于 555 时基芯片设计。脉冲发生器输出固定占空比和频率可调的方波信号，PWM 波形发生器产生频率和占空比均可调节的方波信号。PWM 信号和脉冲信号通过跳线连接至微控制器

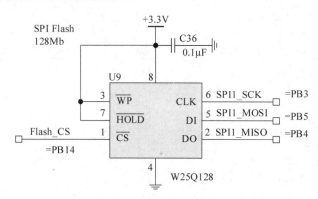

图 2-25 SPI Flash 存储器连接电路

的 PA6 和 PA7 引脚,查阅芯片数据手册,选择定时器,设置通道工作模式,即可完成定时器的输入捕获和 PWM 测量实验。

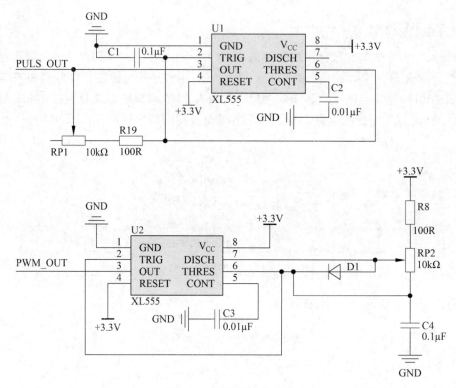

图 2-26 波形发生器电路

2.6.7 蓝牙模块

蓝牙作为一种近距离无线通信技术,由于其具有低功耗、低成本、高传输速率、组网简单以及可同时管理数据和语音传输等诸多优点而深受嵌入式工程师的青睐。为让用户更便捷地使用蓝牙模块或其他串口通信设备,开发板提供一个蓝牙模块连接插座,如图 2-27 所示。

连接插座是根据 BLE4.0＋SPP2.0 双模串口透传模块 HC-04 设计,连接至微控制器的 USART3,蓝牙模块的 TxD 引脚接微控制器 USART3 的 RxD 引脚,蓝牙模块的 RxD 引脚接微控制器 USART3 的 TxD 引脚,此外还需将开发板电源和地线连接至蓝牙模块为其提供通信电源。蓝牙模块连接指示引脚连接至微控制器的 PF14 引脚,蓝牙模块的 AT 指令设置引脚连接微控制器的 PF15 引脚,上述两个引脚只有在执行 AT 指令和进行连接指示时才需要使用。

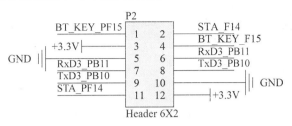

图 2-27 蓝牙模块连接插座

2.6.8 I/O 引脚外接模块

I/O 引脚外接模块电路如图 2-28 所示,为了方便用户在外电路中使用本开发板的控制引脚,特将 STM32 微控制器的部分 I/O 引脚以及系统电源(5V 和 3.3V)引出到开发板两边的排针上。如果用户需要使用开发板的控制功能,只需要使用杜邦线将系统电源和 I/O 引脚信号引入外电路中,然后在开发板编写控制程序,实现对外电路的控制,此时开发板就相当于普通的单片机核心板。

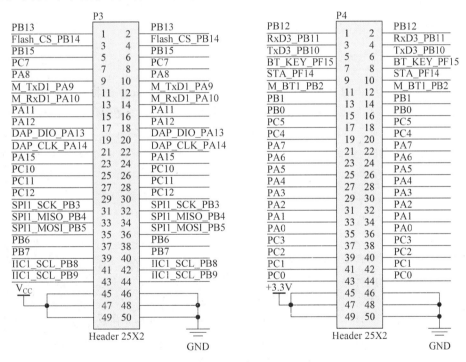

图 2-28 I/O 引脚外接模块电路

2.7 CMSIS-DAP 调试器

CMSIS-DAP 调试器硬件电路如图 2-29 所示,电路核心为 STM32F103T8U6 微控制器,通过运行监控程序,模拟 JTAG/SWD 两种调试协议,可实现一键下载、单步执行或连续运行等全部调试方式。监控程序还虚拟出一个 USART 串行接口,用于嵌入式平台与上位机双向数据通信。CMSIS-DAP 调试器可实现嵌入式平台下载、调试、通信、供电功能,同时还具有开源、高速、免驱动等优点。理论分析和样板测试均表明 F103T8U6 和 F103C8T6 芯片在实现 CMSIS-DAP 调试时是可以替换的,作者在设计开发板时会根据多种因素选用芯片,但对于用户使用并无任何不同之处。

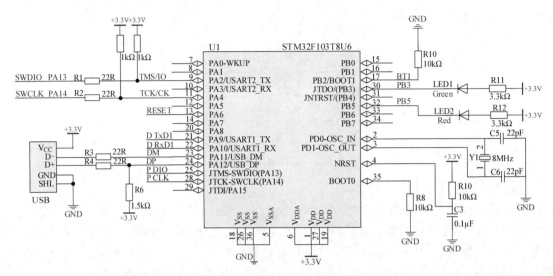

图 2-29　CMSIS-DAP 调试器硬件电路

本章小结

本章首先对 STM32F407 微控制器进行简要介绍,包括产品类别、功能特性、内部结构、存储映射和时钟系统等,涉及内容众多,这里仅讲解重要知识点,读者如需了解更多详细信息,可以参考芯片参考手册和数据手册。随后对所设计的开发板进行详细介绍,包括总体概述、电源电路、核心板电路、I/O 模块电路、扩展模块电路和 CMSIS-DAP 调试器等,使读者对开发板功能、布局、连接有一个总体认识,这些内容是后续学习和项目实验的基础。

思考拓展

(1) 开发板使用的微控制器具体型号是什么?

(2) 开发板电源模块可以提供几种供电电压?

(3) 查看 CMSIS-DAP 所使用芯片,并列举调试器的主要优点。

(4) 开发板有几个外接晶振? 频率分别为多少? 各自的作用分别是什么?

(5) 根据 STM32F407 引脚定义列举出 LQFP144 封装芯片所有的 GPIO 引脚。

(6) 当开发板的按键按下时,输入端口为高电平还是低电平?

(7) 数码管采用共阳接法还是共阴接法? 并说明其显示控制方式。

(8) LED 指示灯采用共阳接法还是共阴接法? 其电源电压为多少伏?

第 3 章 软件环境配置与使用入门

本章要点

➤ STM32 开发方式；

➤ 软件资源安装与配置；

➤ 基于 CubeMX 的 HAL 库开发模式；

➤ CMSIS-DAP 调试器使用；

➤ 编译器优化与 Volatile 关键字。

基于 STM32CubeMX 的 HAL 库的嵌入式系统开发之所以高效、快捷、可移植性强，在一定程度上得益于软件开发平台的高效配置。相比于传统的寄存器或是标准库开发，HAL 库开发的软件环境配置更为复杂，涉及软件众多，甚至成为嵌入式学习的拦路虎。为帮助读者顺利搭建适合自己的嵌入式软件平台，本章将详细介绍各相关软件的安装、配置和使用方法。

微课视频

3.1 STM32 开发方式

嵌入式系统软件设计的编程语言分为汇编语言和高级语言两种，目前广泛使用 C 语言进行嵌入式系统应用开发，而依据开发库的不同，STM32 开发方式又可以划分为 STM32Snippets 库、标准外设库 (Standard Peripheral Library)、STM32Cube HAL 库、STM32Cube LL 库 4 种。

3.1.1 STM32Snippets 库

STM32Snippets 可翻译为"代码片段"，其实就是常说的"寄存器"开发 STM32 的底层驱动代码。STM32Snippets 库是高度优化的示例代码集合，使用符合 CMSIS 的直接寄存器访问来减少代码开销，从而在各种应用程序中最优化 STM32 微控制器的性能。

早期的 51 单片机、AVR 单片机和 PIC 单片机均采用的是寄存器开发方式。尤其是我们十分熟悉的

51 单片机，开发一个 51 单片机程序，一般是采用汇编语言或是 C 语言编写控制程序，操作相应寄存器（例如 P1、IE、IP、TMOD、T1 等），实现相应控制功能。

ST 官方仅提供 STM32F0 和 STM32L0 两个系列的 STM32Snippets 库，如图 3-1 所示，但寄存器开发方式适用所有的 STM32 微控制器。对于没有提供 STM32Snippets 库的微控制器开发时只需包含该系列芯片的寄存器定义头文件便可使用寄存器开发方式，而这一步操作往往是在工程模板创建时已经完成。

图 3-1　STM32Snippets 库

　　虽然寄存器开发方式直接、高效,但是 STM32 片上资源十分丰富,要记住每个寄存器名称和操作方式是十分困难的,且编写出来的程序可读性、可维护性和可移植性都比较差。因此,除对速度要求较高和需要反复执行的代码外,一般不使用寄存器开发方式。值得注意的是,寄存器开发方式是其他一切开发方式的基础,所有开发模式本质上操作的是寄存器,有时在其他开发模式中直接操作寄存器会起到事半功倍的效果。

3.1.2　标准外设库

　　为帮助嵌入式工程师从查找、记忆芯片手册中解脱出来,ST 公司于 2007 年推出标准外设库(Standard Peripheral Libraries,SPL),也称标准库,STM32 标准库是根据 ARM Cortex 微控制器软件接口标准(Cortex Microcontroller Software Interface Standard,CMSIS)而设计的。CMSIS 标准由 ARM 和芯片生产商共同提出,让不同的芯片公司生产的 ARM Cortex-M 微控制器能在软件上基本兼容。

　　STM32 标准库是一个或一个以上的完整的软件包(称为固件包),包括所有的标准外设的设备驱动程序,其本质是一个固件函数包(库),由程序、数据结构和各种宏组成,包括了微控制器所有外设的性能特征。该库还包括每一个外设的驱动描述和应用实例,为开发者访问底层硬件提供了一个中间 API(Application Programming Interface,应用编程接口)。通过使用标准库,开发者无须深入掌握底层硬件细节,就可以轻松应用每一个外设,就像在标准 C 语言编程中调用 printf()一样。每个外设驱动都由一组函数组成,这组函数覆盖了该外设的所有功能。每个器件的开发都由一个通用 API 驱动,API 对该驱动程序的结构、函数和参数名称都进行了标准化。

　　标准外设库如图 3-2 所示,目前,其支持 STM32F0、STM32F1、STM32F2、STM32F3、STM32F4、STM32L1 系列,不支持 STM32F7、STM32H7、STM32MP1、STM32L0、STM32L4、STM32L5、STM32G0、STM32G4 等后面推出的系列。

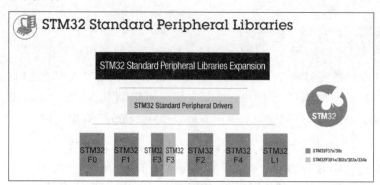

图 3-2　标准外设库

3.1.3　STM32CubeMX HAL 库

　　标准外设库不仅明显降低了开发门槛和难度,缩短了开发周期,降低开发成本,而且提高了程序的可读性和可维护性,给 STM32 微控制器开发带来极大的便利。但是不同系列微控制器的标准库是不通用的,差别较大,给代码复用和程序移植带来挑战,进而影响项目开发效率。

　　2014 年 ST 公司推出硬件抽象层(Hardware Abstraction Layer,HAL)库,HAL 库比标准库抽象性更好,所有 API 具有统一的接口。STM32Cube HAL 库如图 3-3 所示,基于 HAL 库的程序可以在 STM32 全系列微控制器内迁移,可移植性好;借助图形化配置工具 STM32CubeMX 可以自动生成初始化代码和工程模板,高效便捷,是 ST 公司主推的一种开发方式。

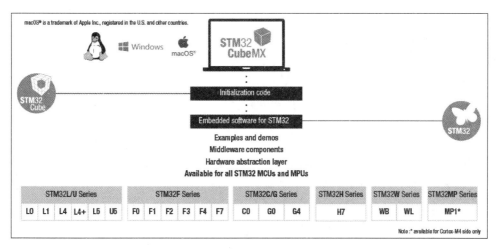

图 3-3　STM32Cube HAL 库

3.1.4　STM32CubeMX LL 库

基于 STM32CubeMX 的 HAL 库开发高效、快捷,支持 STM32 全系列产品,但是其抽象层次高,多层函数嵌套,代码冗余度相对较高,对芯片容量小,性价比要求高的应用场合有时难以胜任。所以,ST 公司对于部分产品在推出其 HAL 库时,同步推出底层(Low-Layer,LL)库,LL 库中大部分代码直接操作寄存器,更接近硬件,代码量少,但应用方法和 HAL 库并无区别。

3.1.5　开发方式比较与选择

ST 公司提供的 4 种嵌入式开发方式各有所长,为帮助初学者选择合适的开发方式,下面对 4 种开发方式进行比较,并给出作者的选择建议。

1. 开发方式比较

表 3-1 分别列出了 4 种开发方式在可移植性(Portability)、优化程度(Optimization Memory&Mips)、易用性(Usability)、意愿性(Readiness)和硬件覆盖(Hardware Coverage)程度方面的对比结果。

表 3-1　开发方式对比

开发库		可移植性	优化程度	易用性	意愿性	硬件覆盖程度
STM32Snippets 库			+++			+
标准库		++	++	+	++	+++
STM32CubeMX	HAL 库	+++	+	++	+++	+++
	LL 库	+	+++	+	++	++

由表 3-1 可知,STM32Snippets 库(寄存器)开发方式除优化性能方面表现较好,其他性能均较差,所以目前已较少为嵌入式工程师使用。标准库各方面性能均处于中间位置,有着不错的性能表现,另外由于标准库推出较早,在 STM32 嵌入式开发中获得了广泛的应用。HAL 库除优化程度表现欠佳外,其他方面均具有最优性能,综合性能最好,是未来嵌入式开发的发展方向。LL 库除优化程度这一性能指标和 HAL 库的表现相反外,其他性能表现的趋势二者是一致的,但 LL 库的表现稍弱于 HAL 库。

2. 开发方式选择

各种开发方式的性能表现决定了其应用场合,嵌入式开发者应根据应用场合和自身技术背景选择适合自己和项目的嵌入式开发方式。选择没有固定规则,且带有一定的主观性,此处只给出一些选择建议,仅供参考。

（1）如果开发者使用的是小容量、少引脚的微控制器，并且想利用好存储器中的每一位，追求最高性价比，因为硬件抽象是需要成本的，那么寄存器开发或者STM32Cube LL库开发将是最佳选择。

（2）作为有过 8 位单片机开发经验的开发者，如果习惯直接寄存器操作，那么寄存器开发或STM32Cube LL库开发将是一个很好的起点。如果更喜欢 C 语言编程，那么建议使用 STM32Cube HAL 库开发或标准库开发。

（3）有过标准库开发经验的嵌入式工程师，且将来可能仅使用同一系列的微控制器（如 STM32F1 系列），可以继续使用标准库进行开发。如果开发者计划在未来使用不同的 STM32 系列，那么作者建议考虑使用 STM32Cube 库开发，因为这更容易在系列之间移植。

（4）如果设计者希望代码具有好的可移植性同时保持较高的优化性能，则开发者可以使用STM32Cube HAL 库开发方式，并用特定的优化替换一些冗余度高的调用，从而保持最大的可移植性和隔离不可移植但经过优化的区域。也可以使用 STM32Cube HAL 库和 STM32Cube LL 库混合编程的方法来达到上述相同的效果。但需要注意的是，对于同一外设，不可同时使用 HAL 进程和 LL 进程。

对于一个控制系统来说，稳定可靠是最重要的，标准库在同一系列芯片之间代码可直接复用，所以其依然是很多 STM32 开发者难以割舍的情怀。近年来，随着微控制器存储容量成倍增长，主频持续提高，淡化了人们对性能的考量，开发人员更关心软件开发效率和产品迁移，基于 STM32CubeMX 的 HAL 库开发方式逐渐流行起来。本书也是以此开发方式讲解嵌入式系统开发的，有时为了快捷访问和优化性能，也会在部分模块内直接操作寄存器。

微课视频

3.2　软件资源安装与配置

基于 STM32CubeMX 的 HAL 库开发主要需要图形化配置软件 STM32CubeMX、Java 开发环境、MDK-ARM 集成开发环境（Integrated Development Environment，IDE）、芯片器件包、HAL 固件包。上述 5 个软件资源的安装又可划分为两个主要部分。第一部分的重点是安装 STM32CubeMX 开发工具，安装之前需要先安装 Java 运行环境（Java Runtime Environment，JRE），安装之后还需要在STM32CubeMX 中添加芯片的 HAL 固件包。第二部分重点是 MDK-ARM 集成开发环境的安装，同样安装完成之后需要添加芯片的器件包。

3.2.1　JRE 安装

1. 下载 JRE 文件

在浏览器地址栏输入网址：https://www.java.com/en/download/manual.jsp，打开如图 3-4 所示的 JRE 下载界面，单击"Windows Offline(64-bit)"链接开始下载 64 位 Windows 操作系统离线 JRE 安装文件。

下载完成的 JRE 安装文件，名称为 jre-8u341-windows-x64.exe，大小为 83.4 MB，版本号为8.0.3410.10。

2. 安装 JRE 程序

双击 JRE 安装文件，开始安装 Java 运行环境，JRE 安装界面如图 3-5 所示。一般无须更改任何设置，直接单击"安装"按钮开始安装，待出现"您已成功安装 Java"对话框，单击"关闭"按钮完成安装。

3.2.2　STM32CubeMX 安装

STM32CubeMX 软件是意法半导体公司推出的一款具有划时代意义的软件开发工具，它是 ST 公司

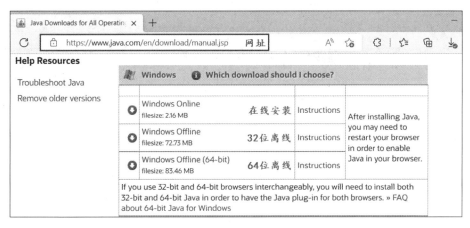

图 3-4 JRE 下载界面

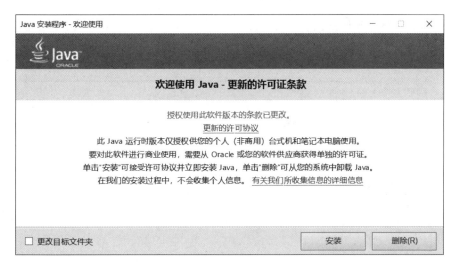

图 3-5 JRE 安装界面

STM32Cube 计划中的一部分。该软件是一个图形化开发工具,用于配置和初始化其旗下全系列基于 ARM Cortex 内核的 32 位微控制器,并可以根据不同的集成开发环境,如 IAR、KEIL 和 GCC 等,生成相应的软件开发项目和 C 代码。简单地说,STM32CubeMX 软件是一款图形化的初始化 C 代码生成器,在本书的后续表述中也会将其简称为 CubeMX 或 Cube。

1. STM32CubeMX 下载

在 ST 官网(www.st.com)首页搜索栏输入 STM32CubeMX,在搜索结果页面单击 STM32CubeMX 链接,进入产品介绍页面,继续单击 Get Software 进入图 3-6 所示 STM32CubeMX 下载页面。上述操作也可以通过在地址栏输入如下网址完成:

https://www.st.com/en/development-tools/stm32cubemx.html#get-software

在图 3-6 中,需要根据具体操作系统选择相应的软件进行下载,大多数读者使用的是 Windows 操作系统,需要下载 STM32CubeMX-Win 安装包,同时软件要不断升级,也可以通过 Select version 下载列表框选择不同的软件版本,如果是下载最新的版本则可以单击 Get latest 进入下载链接。

选择好类别和版本之后,还需要接受许可协议,注册和登录账号才能完成下载。作者下载的安装包文件名为 en.stm32cubemx-win_v6-6-1.zip,版本号为 V6.6.1,大小为 454MB。

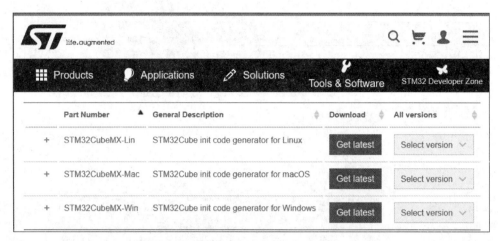

图 3-6 　STM32CubeMX 下载页面

2．STM32CubeMX 软件安装

双击安装包中的可执行文件 SetupSTM32CubeMX-6.6.1-Win.exe,启动安装程序,安装界面如图 3-7 所示。

图 3-7 　安装界面

依次单击 Next 按钮,接受许可协议,同意隐私条款,自定义安装路径,然后开始程序安装,经过短暂的等待,STM32CubeMX 程序就已经成功安装。

3.2.3 　HAL 固件包安装

STM32CubeMX 支持全系列 STM32 芯片的开发,而芯片初始化代码和资源管理是基于 HAL/LL 固件包的,但 CubeMX 没有必要也不可能将所有芯片的固件包都集成到开发环境当中,因此还需要添加可能用到芯片系列的 HAL/LL 的固件包。因为本书是基于 HAL 库的开发,所以此处仅添加 HAL 固件包。

固件包有两种安装方式,一种是在线安装,另一种是将固件包下载后本地安装。本节采用在线安装方式安装 STM32F4 固件包,采用本地安装方式安装 STM32F1 固件包,但在实际安装时均推荐在线安装。

1. 固件包文件夹设置

STM32CubeMX 软件安装完之后会在桌面和开始菜单生成一个快捷方式,还可以将其添加到开始屏幕或任务栏。双击其快捷方式即可运行 STM32CubeMX 软件,启动界面如图 3-8 所示。

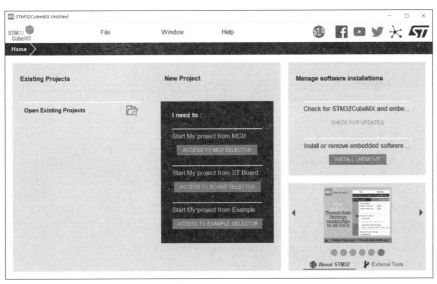

图 3-8　STM32CubeMX 启动界面

在安装固件包之前需要对软件环境和库文件夹进行设置,以便后续使用过程中更加得心应手。由于 C 盘容量经常告急,作者一般将嵌入式学习的软件安装在计算机最后一个分区 G 盘,所以还需要将软件库文件夹也设置在 G 盘。

启动界面最上方共有三个菜单项即 File、Window、Help,依次选择 Help→Updater Settings 菜单项,打开图 3-9 所示软件库文件夹设置对话框。其中 Repository Folder 选项就是需要设置的软件库文件夹,所有的 MCU 固件包和扩展包均安装到此目录下,这个文件夹一经设置并且安装一个固件包之后就不能再更改,此处只需将盘符由 C 修改为 G 即可。如果使用默认路径或是浏览选择其他路径也是可以的,

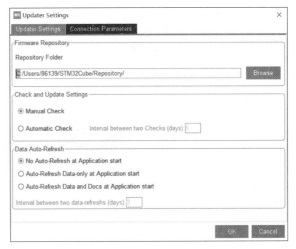

图 3-9　软件库文件夹设置

但需要注意路径名中尽量不要带有中文或空格。在图 3-9 中还可以对软件更新和数据更新选项进行设置。

2. 固件包在线安装

如果个人计算机已成功连接至网络,固件包安装一般采用在线安装方式,该方式方便快捷,还可以在线更新。在图 3-8 启动界面依次单击 Help→Manage embedded software packages 菜单项,打开如图 3-10 所示的嵌入式软件包管理对话框。这里将 STM32Cube MCU 固件包和 STM32Cube 扩展包统称为嵌入式软件包。

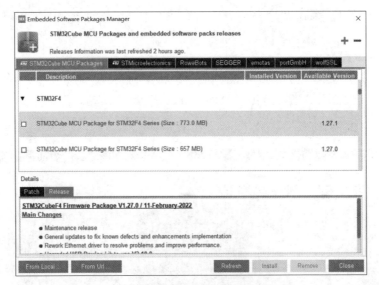

图 3-10　嵌入式软件包管理对话框

在图 3-10 对话框中找到所用芯片系列,如 STM32F4,单击左侧的下三角按钮后会展开不同版本,最前面的一般是最新版本,选择一个版本,将复选框选中,单击对话框下面的 Install 按钮开始安装,等待一段时间,当复选框变成绿色填充时表示固件包已成功安装。

3. 固件包本地安装

如果个人计算机不具备联网条件,且已获取固件包安装文件,可以采用本地安装方式。下面以安装 STM32F1 系列固件包为例,讲解本地安装方式。

在 ST 公司官网(www.st.com)首页搜索栏输入关键字 STM32CubeF1,进入 STM32CubeF1 Active 页面,单击 Get Software 按钮进入 HAL 库下载页面,如图 3-11 所示。在下载资源列表中有两个软件包可以下载,其中 STM32CubeF1 为基础包,Patch_CubeF1 为补丁包,所以这两个文件都需要下载,且均选择最新版本。下载完成的基础包文件为 en.stm32cubef1.zip,版本为 v1.8.0,大小为 109MB,补丁包文件为 en.patch_cubef1_v1-8-4.zip,版本为 v1.8.4,大小为 51.4MB。

图 3-11　HAL 库下载页面

在图 3-8 启动界面依次单击 Help→Manage embedded software packages 菜单项,打开嵌入式软件包管理对话框,单击左下角的 From Local 按钮,浏览选择 STM32CubeF1 基础包,如图 3-12 所示,单击"打开"按钮开始安装,安装完成之后,软件包管理对话框固件包列表中 STM32Cube MCU Package for STM32F1 Series 列表项前的复选框绿色填充,并出现了版本号 1.8.0,表示基础包安装完成。

如果采用相同方法安装补丁包,则会出现依赖错误(Missing dependency for this package),表示不可以在软件包管理对话框中同时安装基础包和补丁包。

图 3-12　基础包离线安装

　　解决上述问题的方法是将下载好的基础包和补丁包复制到库文件夹,默认路径为 C:/Users/86139/STM32Cube/Repository/,若已修改请将其替换为新的目标路径,并对这两个文件进行重新命名。如果在重新命名时记不清命名规则,可以从已安装的固件包名称得到相应启示。

　　基础包:en.stm32cubef1.zip→STM32Cube_FW_F1_V180.zip。

　　补丁包:en.patch_cubef1_v1-8-4.zip→STM32Cube_FW_F1_V184.zip。

　　再次打开如图 3-13 所示的补丁包离线安装对话框,选中固件包 1.8.4 版本前面的复选框,单击 Install 按钮开始安装(操作方法同在线安装),此时 STM32CubeMX 会检测到补丁包已存在,跳过软件下载程序,直接进行解压步骤,安装完成之后,1.8.4 版本的固件包前面复选框同样进行了绿色填充。至此 STM32CubeF1 固件包基础包和补丁包全部安装完成。

图 3-13　补丁包离线安装

由上述操作可知,STM32Cube 固件包离线安装是对基础包和补丁包分别进行下载和安装的,过程较为复杂,所以除非存在无法联网等特殊情况,推荐使用在线安装。

3.2.4　MDK-ARM 安装

1. MDK-ARM 简介

MDK-ARM 源自德国的 KEIL 公司,也称 KEIL MDK-ARM、KEIL ARM、KEIL MDK、Realview MDK、I-MDK、μVision5(μVision4)等,全球超过 10 万的嵌入式开发工程师使用 MDK-ARM。目前最新版本为 MDK 5.37,该版本使用 μVision5 集成开发环境,是目前针对 ARM 处理器,尤其是 ARM Cortex-M 内核处理器的最佳开发工具。

MDK5 向后兼容 MDK4 和 MDK3 等,以前的项目同样可以在 MDK5 上进行开发(需安装兼容包),MDK5 同时加强了针对 ARM Cortex-M 微控制器开发的支持,并且对传统的开发模式和界面进行升级,如图 3-14 所示,MDK5 由两个部分组成: MDK Tools(MDK 工具)和 Software Packs(软件包)。其中,MDK Tools 包含 MDK-Core 和 Arm C/C++Compiler 两部分; Software Packs 可以独立于工具链进行新芯片支持和中间库的升级。

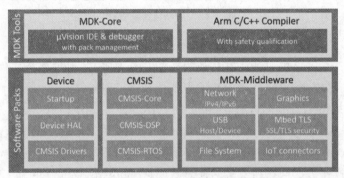

图 3-14　MDK5 组成

2. MDK-ARM 下载

在 KEIL 官网(www.keil.com)首页,单击顶端 Download 链接,首先出现一个 Overview 页面,继续单击 Product Downloads 选项,进入如图 3-15 所示的产品下载列表页面。

图 3-15　产品下载列表

在图中有 4 个下载选项,第 1 个选项为 MDK-ARM,适用于 ARM 内核开发工具,最新版本为 5.37,其他选项用于相应型号单片机的开发。单击 MDK-ARM 软件图标进入下载页面,填写并提交用户信息之后,软件便开始下载。

在最新的 MDK 5.37 版本中仅内置 Compiler 6.18,没有预装 Compiler 5,这将会导致在早期的 MDK5 或 MDK4 创建的文件无法编译。虽然用户也可以手动添加 Compiler 5,但这个操作比较麻烦,也会进一步增加安装文件占用空间,因此,如果读者不需要打开以前创建的工程,可以直接安装最新版本,否则可以和作者一样选用上一个版本的安装文件 MDK535.EXE,文件大小为 890MB。

3. MDK 软件安装

双击下载完成的 MDK535.EXE 可执行文件启动安装程序,单击 Next 按钮,同意许可协议,进入安装路径设置,默认安装于 C 盘,此处将其修改为 G 盘,MDK 安装界面如图 3-16 所示,继续单击 Next 按钮,填写用户信息开始软件安装,当安装界面出现 Finish 按钮,表示软件已安装完成,单击此按钮退出安装程序。

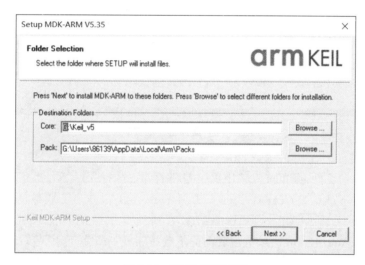

图 3-16 MDK 安装界面

3.2.5 器件包安装

随着芯片系列、种类越来越多,MDK-ARM 软件越来越难以将所有组件都集成到一个安装包中,所以和 MDK4 版本不同,从 MDK5 开始,MDK-Core 是一个独立的安装包,基于 μVision,对 ARM Cortex-M 设备提供支持,提供安装程序用于下载、安装和管理软件包,可随时将软件包添加到 MDK-Core,使新的设备支持和中间件更新独立于工具链。

在 MDK 5.35 安装完成后,要让 MDK5 支持 STM32F4 和 STM32F1 系列芯片开发,还要安装 STM32F4 的器件包(Keil.STM32F4xx_DFP.2.16.0.pack)和 STM32F1 的器件包(Keil.STM32F1xx_DFP.2.4.0.pack),安装方式依然分为在线安装和离线安装,实际安装时推荐使用离线安装。

1. 器件包在线安装

MDK-ARM 软件安装成功之后,会在桌面和开始菜单栏创建快捷方式,双击或单击快捷方式启动 Keil μVision5,单击调试工具栏最右边 Pack Installer 图标 ,打开如图 3-17 所示器件包在线安装对话框。

在图 3-17 器件包安装管理器中,在 Device 栏,先选择芯片厂家 STMicroelectronics,再选择 STM32F4 系列,Summary 栏显示该系列器件的数量,在 Pack 栏选择安装文件 STM32F4xx_DFP,单击 Action 栏的 Install 按钮开始安装,此时按钮转变为灰色不可用状态,对话框的最下面显示器件包安装进度和安装方式。当器件包安装完成,Install 按钮前面绿色图标会被点亮。

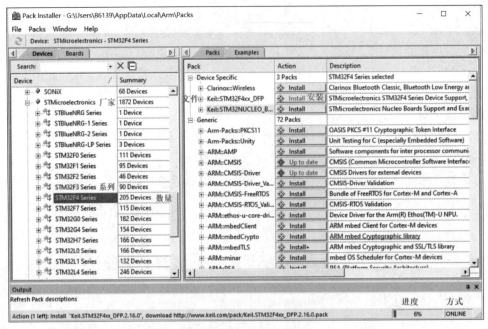

图 3-17　器件包在线安装

2．器件包离线安装

如果已经获取器件包文件,则也可以采用离线安装的方式进行。

首先需要前往官方下载地址(https://www.keil.com/dd2/pack/)下载最新的器件包,在资源浏览页面中,首先找到芯片厂家 STMicroelectronics,然后找到要下载的产品系列名称 STM32F1 Series Device Support,Drivers and Examples,单击后面的下载按钮开始资源下载。以 STM32F1 为例,下载完成后文件名称为 Keil.STM32F1xx_DFP.2.4.0.pack,版本号为 2.4.0,大小为 47.9MB。

双击下载文件开始器件包安装,器件包离线安装页面如图 3-18 所示,安装文件会自动识别 MDK-ARM 的安装路径,无须任何更改,单击 Next 按钮开始安装,出现 Finish 按钮提示安装完成。当器件包安装完成,打开图 3-17 所示器件包安装管理器,和在线安装方式一样,Install 按钮前面绿色图标也将被点亮。

图 3-18　器件包离线安装

作者在安装的过程中发现,无论是在线安装还是离线安装方式,器件包的卜载速度均十分缓慢,如果可以通过共享获得器件包,采用**离线**安装方式更简单、快捷,是推荐安装方式。

3.2.6　MDK-ARM 注册

MDK-ARM 作为 ARM Cortex-M 内核微控制器最全面的解决方案,提供了丰富的产品线,其支持能力和产品特性如图 3-19 所示。MDK-Lite 是免费评估版,默认即是安装此版本,要想获得开发环境全面支持和更好使用性能,还需要将其注册为 MDK-Professional 版本。

	Microcontroller Development Kit Editions			
Components	**MDK-Professional**	**MDK-Plus**	**MDK-Essential**	**MDK-Lite**
μVision IDE with Editor and Pack Installer	✔	✔	✔	✔
Arm C/C++ Compiler (armcc)	✔	✔	✔	32KB
Arm Macro Assembler (armasm)	✔	✔	✔	✔
Arm Linker (armlink)	✔	✔	✔	32 KB
Arm Utilities (fromelf)	✔	✔	✔	✔
Arm C and C ++ Libraries	✔	✔	✔	✔
Arm C Micro-Library (microlib)	✔	✔	✔	✔
μVision Debugger	✔	✔	✔	32 KB
CMSIS and Middleware Libraries				
CMSIS-CORE, CMSIS-DSP, CMSIS-RTOS RTX	✔	✔	✔	✔
File System, Graphic, Network IPv4, USB Device	✔	✔		
File System, Graphic, Network IPv4/IPv6, USB Host/Device	✔			
Arm Processor Support				
Arm Cortex-M0, M0+, M1, M3, M4, M7	✔	✔	✔	✔
Arm Cortex-M23, M33 (non-secure)	✔	✔	✔	
Arm Cortex-M23, M33 (secure)	✔	✔		
Arm7, Arm9, Cortex-R4	✔	✔		
SecurCore	✔	✔		

图 3-19　MDK-ARM 支持能力和产品特性

在桌面或开始菜单找到 Keil μVision5 快捷方式,右击选择以管理员身份运行。单击 File→License Management 菜单项,打开授权管理对话框,如图 3-20 所示,将图中 Computer ID 填写到注册软件 CID 文本框,注册目标选择 ARM,版本选择 Professional,复制软件生成的 License ID,并填写到图中 License ID Code(LIC)编辑框,单击 Add LIC 按钮完成注册。注册成功会在授权管理对话框显示使用期限和"＊＊＊ LIC Added Successfully ＊＊＊"提示信息。

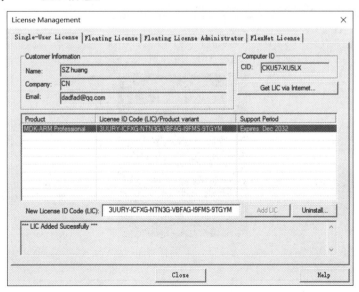

图 3-20　MDK 授权管理对话框

3.2.7 软件安装总结

软件平台配置主要包括两方面工作。一方面是软件资源下载,一般是从官方网站直接下载,除因兼容性问题选择了 MDK-ARM 的上一个版本 MDK 5.35,其余软件和资源包均为最新版本。另一方面是软件安装,本书围绕着两个软件展开:第一个软件是图形化配置工具 STM32CubeMX 的安装,安装之前需要先安装 JRE,安装完后还需要安装芯片的固件包(HAL/LL),在固件包安装过程中,推荐使用在线安装方式;第二个软件是 32 位 MCU 集成开发环境 MDK 5.35,安装完成之后还需要安装芯片器件包,器件包推荐离线安装。

3.3 基于 STM32CubeMX 的 HAL 开发方式

基于 STM32CubeMX 的 HAL 开发涉及软件众多,对于初学者有时可能不知从何开始。为此,作者设计了本书第一个也是最简单的项目实例,即配置开发板 LED 指示灯 L1 引脚为输出模式(默认输出低电平),编写 LED 周期闪烁应用程序,连接调试器,下载程序并复位运行。

3.3.1 STM32CubeMX 生成初始化代码

使用标准库进行嵌入式开发的第一步就是建立适合自己的工程模板,并编译通过,此外,在使用外设之前需要花较多精力对其初始化,然后才是应用程序的编写。而借助 STM32CubeMX 可以轻松完成前面两步,显著减少了代码量,可靠性也得到进一步的提高。

1. 选择 MCU 芯片

微课视频

运行 STM32CubeMX 软件,其初始界面如图 3-21 所示,各部分功能如图中标注所示,可以在该界面打开或新建工程。其中新建工程又分为 3 种方式,第 1 种是 Start My project from MCU(选择一款MCU)新建工程,这是最常用的方式,其他 2 种方式分别是 Start My project from ST Board(选择 ST 评估板)和 Start My project from Example(参考例程)新建工程。

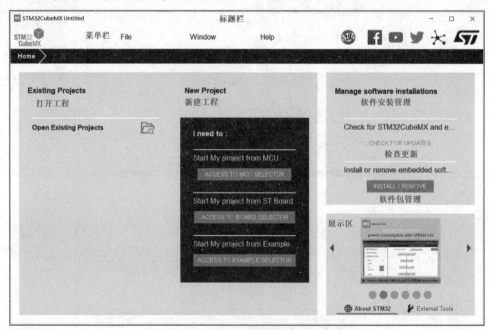

图 3-21　STM32CubeMX 初始界面

选择第1种方式新建工程,单击 ACCESS TO MCU SELECTOR 选项打开如图 3-22 所示 MCU/MPU 芯片选择对话框。

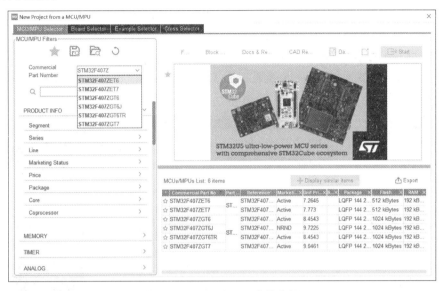

图 3-22 MCU/MPU 芯片选择

为方便查找芯片,该对话框中设置了各种筛选条件,比方按产品信息、存储器、定时器、模数转换器等,每一个筛选类别又细分为多个子项目。最快捷简单的方法是在 Commercial Part Number 列表组合框中输入芯片名称(如 STM32F407ZET6),MCUs/MPUs List 列表将会列出相应的芯片,其上部也会给出芯片主要性能介绍,单击列表前面的星形符号,可以收藏此芯片,双击芯片名称,完成 MCU 选择,跳转至工程创建对话框,如图 3-23 所示。配套步骤是按照工程创建流程组织的,在完成芯片选择之后,还需要经过 Pinout & Configuration(引脚及资源配置)、Clock Configuration(时钟配置)、Project Manager(工程管理)等步骤才能初始化外设和生成项目工程。

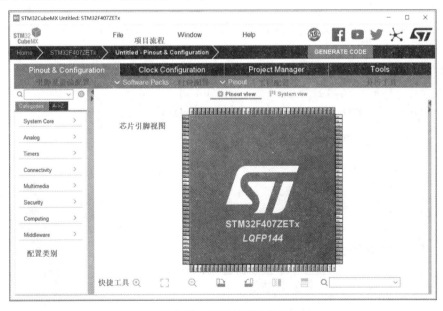

图 3-23 工程创建对话框

2. 配置 GPIO 引脚

下面以 PF0 引脚配置为例,讲解 GPIO(通用目的输入输出)引脚的配置。PF0 引脚配置如图 3-24 所示,首先在工程创建对话框中的引脚视图上找到 PF0 引脚,也可以使用右下方的查找工具输入引脚名称进行快速查找。在 PF0 引脚上用鼠标左键选择引脚功能为 GPIO_Output。然后展开左侧最上面的System Core(系统内核)配置组别,选择 GPIO 子项,此刻在配置类别和引脚视图中间增加了 GPIO Mode and Configuration 配置区域,这一区域划分为 Mode 和 Configuration 两个子区,但是对本项目来说,GPIO 引脚无须配置工作模式,仅需配置 Configuration 选项即可。

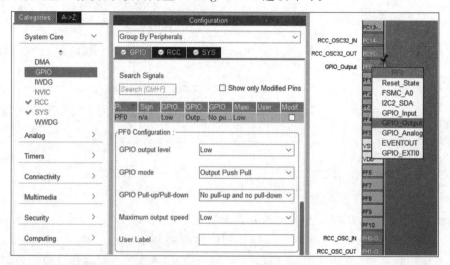

图 3-24 PF0 引脚配置

根据项目设计要求,需要将 PF0 引脚配置为输出模式,默认输出电平为低电平,没有上拉或下拉,最大输出速度为低,其实上述设置均为 GPIO_Output 模式的默认设置,此处无须修改。

3. 配置时钟源(RCC)

完成引脚配置之后,还需要配置 System Core 下面的 RCC 子项,时针源配置过程及结果如图 3-25 所示,此处实际上是配置系统的时钟源。其中 High Speed Clock(HSE)和 Low Speed Clock(LSE)均有 3 个选项:Disable(禁用外部时钟)、BYPASS Clock Source(外部有源时钟)、Crystal/Ceramic Resonator(外部无源陶瓷晶振)三个选项。由第 2 章开发板硬件电路可知,开发板的外部高速时钟(HSE)和外部低速时钟(LSE)引脚均外接石英晶体振荡器,所以 HSE 和 LSE 均应选择 Crystal/Ceramic Resonator。

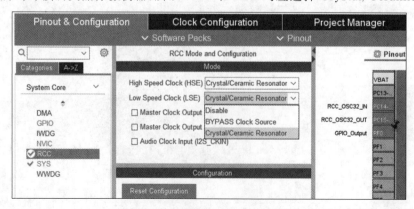

图 3-25 时钟源配置过程及结果

4. 配置调试方式

调试方式配置如图 3-26 所示，选择 System Core 类别下的 SYS 子项对调试方式进行配置，由第 2 章硬件电路可知，开发板设计板载 CMSIS-DAP 调试器采用 Serial Wire Debug(SWD，串行线调试)方式，所以在 SYS 模式配置中 Debug 应当选择 Serial Wire 调试方式。此时引脚视图中 SWD 调试用到的 PA13 和 PA14 变为绿色，并对其调试功能进行了标注。调试方式一定要设置，否则可能导致工程无法调试下载。在图 3-26 中的 Timebase Source(时基时钟)需要保持默认值 SysTick 定时器，不要修改。

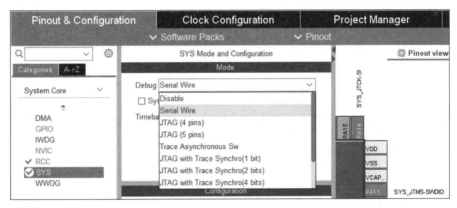

图 3-26 调试方式配置

5. 配置系统时钟

如图 3-27 所示，单击工程创建对话框流程控制按钮 Clock Configuration 进入系统时钟配置界面，此处只需要配置系统时钟，配置步骤根据图 3-27 中序号依次开展。

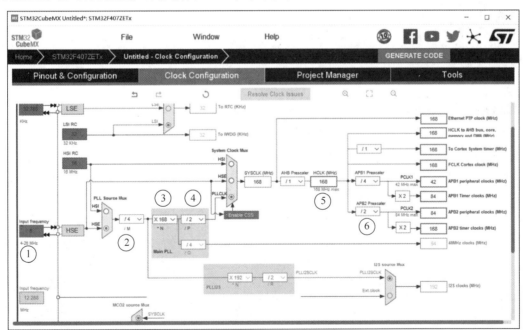

图 3-27 系统时钟配置

时钟配置第①步选择 HSE 作为系统的时钟源，并在 Input frequency 频率输入框中输入数字 8，表示频率为 8MHz。第②步设置分频系数"/M"为"/4"，外部 8MHz 经 4 分频后频率为 2MHz。第③步将"＊N"倍频系数设置为"×168"，2MHz 经 168 倍频后频率为 336MHz。第④步将"/P"分频系数设置为

"/2"，336MHz再经2分频后频率为168MHz。第⑤步将 System Clock Mux 设置为 PLLCLK，AHB 分频系数保持默认值1，此时 SYSCLK 和 HCLK 时钟频率均为 STM32F407 最高频率 168MHz。第⑥步将 APB1 分频系数设为4，PCLK1 工作于最高允许频率 42MHz，APB2 分频系数设为2，PCLK2 工作于最高允许频率 84MHz。

工程创建时可以将系统时钟配置在一个很广的范围内，但是为了最大限度发挥 CPU 潜能，一般将其配置在最高工作频率 168MHz，这一频率也是标准库例程的默认工作频率。即使将系统时钟配置在 168MHz 主频上，也有很多种组合，上述配置选项只是一个参考实例。

6. 工程选项配置

在完成引脚及资源配置和时钟配置之后，下一步就是工程管理配置，单击主界面的 Project Manager 标签进入工程管理配置，如图 3-28 所示，在左侧配置类别列表中有3个子项，分别为 Project(工程)、Code Generator(代码生成)、Advanced Settings(高级选项)，一般只需要配置前两项。

Pinout & Configuration	Clock Configuration	Project Manager	Tools

Project Settings

Project Name	0301 Template
Project Location	C:\Users\86139\Desktop
Application Structure	Advanced
Toolchain Folder Location	C:\Users\86139\Desktop\0301 Template\
Toolchain / IDE	MDK-ARM Min Version V5.32

Linker Settings

Minimum Heap Size	0x200
Minimum Stack Size	0x400

Thread-safe Settings

Cortex-M4NS

☐ Enable multi-threaded support

Thread-safe Locking Strategy	Default – Mapping suitable strategy depending on RTOS selection

Mcu and Firmware Package

Mcu Reference	STM32F407ZETx
Firmware Package Name and Version	STM32Cube FW_F4 V1.27.1

☑ Use Default Firmware Location

图 3-28　工程管理配置

Project 选项配置界面一般只需设置图中框线标出的地方，即设置工程文件名称、工程路径、工具链文件夹路径。其实只需输入工程名称和工程路径，工具链文件夹路径是二者的合成。STM32CubeMX 在工程文件路径创建一个以工程名称命名的文件夹，工具链文件夹及其他文件均存放在这一文件夹内。

 为便于交流和学习，本书工程名称采用统一命名格式，即章节(2位)+序号(2位)+空格+项目主题。例如本章的项目名称为 0301 Template，表示第3章第1个项目，重点讲解工程开发的模板结构，为便于后续章节共用模板，本章创建工程名称为 Template，项目备份时再将名称更改为 0301 Template。

工具链/集成开发环境(Toolchain/IDE)这一选项也十分重要，由组合框下拉列表选项可知，STM32CubeMX 支持的工具链有 EWARM、MDK-ARM、STM32CubeIDE、Makefile 4 种。本书使用的集成开发环境是 MDK 5.35，所以 Toolchain/IDE 选项选择 MDK-ARM，Min Version 选项是用来选择开发工具的版本号的，但是列表中并没有 V5.35 这一选项，只需要选择 STM32CubeMX 所支持的最新版本 V5.32 就可以，或者直接选择 V5。

配置完 Project 选项之后，还需要配置 Code Generator 选项，这部分配置实际取决于开发者的使用习惯,本书的代码生成选项配置情况如图 3-29 所示,其中重要部分使用框线标出,具体步骤如下。

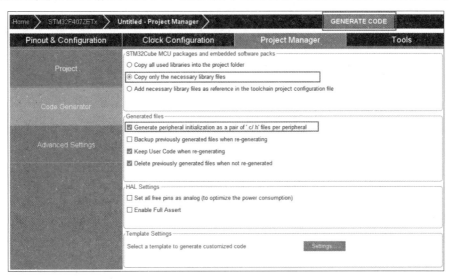

图 3-29 Code Generator 选项配置

第 1 步,STM32Cube MCU packages and embedded software packs(器件包和软件包)复制方式选择,建议选择 Copy only the necessary library files(仅复制必需的文件),否则全盘复制会使文件很大。

第 2 步,Generated files(生成文件)方式选择,该选项组列出了 4 个选项,各选项相互之间并没有联系,可以选中(打钩)或取消,其中第 1 项和第 2 项默认为未选中,第 3 项和第 4 项默认为选中。

微课视频

其中第 1 项 Generate peripheral initialization as a pair of '. c/. h' files per peripheral 询问是否为每个外设生成一对".c/.h"文件。假设初始化了 GPIO 外设,选中该选项则会生成 gpio.c 和 gpio.h 两个文件,否则将所有外设的初始化函数全部放于 main.c 中。这一选项是否选中不会对代码生成和程序执行产生任何影响,仅会影响文件组织结构。为了程序开发的条理性,建议选中此选项。第 2～4 项采用默认选项,无须更改。

至此,基于 STM32CubeMX 的 HAL 库初始化代码生成的全部配置工作已经完成,单击配置界面右上方的 GENERATE CODE 按钮,即可生成包含外设初始化代码的 MDK-ARM 工程文件。

3.3.2 MDK-ARM 集成开发

使用 STM32CubeMX 初始化外设时,还生成一个采用该芯片开发的工程模板,用户可以直接在此模板上进行应用程序开发,减少了工作量,提升了效率,而代码编辑、编译、下载、调试是在 MDK-ARM 集成开发环境中完成的。

1. 工程模板结构

STM32CubeMX 软件在生成代码时会在指定路径创建以工程名命名的工程文件夹,其目录结构如图 3-30 所示,工程模板文件夹根目录下有 3 个文件夹和 2 个文件。

1) Core 文件夹

Core 文件夹存放的是用户文件,包含两个子文件夹:一个是 Inc 文件夹,用于存放头文件;另一个是 Src 文件夹,用于存放源文件。

2) Drivers 文件夹

Drivers 文件夹是固件库驱动程序,也包含两个子文件夹,其中 CMSIS 存放内核驱动程序,STM32F4xx_HAL_Driver 存放 STM32F4 的 HAL 库的驱动程序。STM32F4 的 HAL 库驱动程序驱动

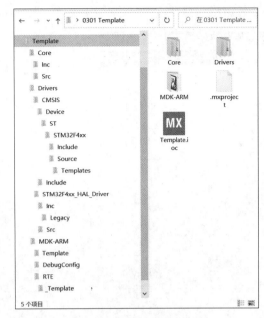

图 3-30　工程模板目录结构

的每一个外设都有一个源文件和一个头文件,分别存放于 Src 子文件夹和 Inc 子文件夹。

3）MDK-ARM 文件夹

MDK-ARM 文件夹存放 MDK-ARM 工程相关文件, Template.uvprojx 是 MDK5 工程文件。Template 子文件夹用于存放编译输出文件,数量较多,占用空间较大,备份时可以仅保留.axf 和.hex 两个文件。

4）.mxproject 文件

.mxproject 是 STM32CubeMX 的配置文件。

5）.ioc 文件

Template.ioc 文件是 STM32CubeMX 的项目文件,如果需要更改外设配置信息,可双击打开该项目文件,更改相关配置重新生成工程文件即可。

2．MDK-ARM 软件使用

双击打开 MDK-ARM 文件夹中的工程文件 Template.uvprojx,软件主界面如图 3-31 所示。

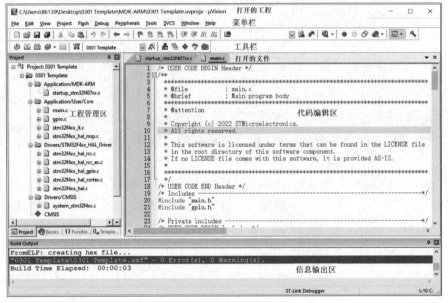

图 3-31　MDK-ARM 软件主界面

1）标题栏

标题栏位于软件界面最上方,左边显示打开工程的路径,右边是最小化、还原、最大化三个按钮。

2）菜单栏

菜单栏位于标题栏下方,包含软件的全部操作,有 File、Edit、View、Project、Flash、Debug、Peripherals、Tools、SVCS、Window、Help 共 11 个菜单命令。

3）工具栏

工具栏位于菜单栏下方,包含软件常见操作命令。在软件使用过程,虽然所有的命令都可以通过菜单栏查找到,但使用工具栏更便捷一些。

4）工程管理区

工程管理区位于界面中部左侧,和 8 位单片机简单的文件结构不一样,STM32 项目开发文件必须以工程方式进行组织,且在一个工程中需要对文件按类别进行分组。单击工程管理区分组名称前面的"＋/－"号可以展开或收起分组的文件目录。

选择 Project→Manage→Project items 菜单,或工具栏中的 图标即可以打开 Manage Project Items 对话框,如图 3-32 所示,在此对话框中,可对工程文件、分组名称、包含文件进行更改和配置,修改结果会同步更新到工程管理区。

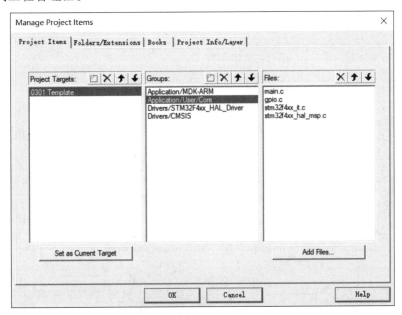

图 3-32 项目分组管理对话框

在后续嵌入式开发中,涉及新建文件或项目移植时需要更改项目分组结构也可以在工程管理区分组文件夹上双击添加文件,或者选中分组文件单击鼠标右键,选择"删除"命令进行删除。

5）代码编辑区

代码编辑区位于界面中部右侧,双击工程管理区项目分组下的任一文件,即可将此文件在代码编辑区打开,此文件处于编辑状态,编辑器支持同时打开多个文件。

编辑器的字体、颜色、缩进等个性化选项都是可以设置的。单击 Edit→Configuration 菜单打开编辑器设置对话框,其中有很多选项卡,第一个选项卡是 Editor,为了更好地支持中文注释,可以将 Encoding 选项设为 Chinese GB2312(Simplified),也可以更改编辑制表位缩进字符 Tab size 等内容。第二个选项卡是 Colors and Fonts,用于设置编辑器的字体和颜色,一般只修改编辑器的字体,操作方式如图 3-33 所示。在 Windows 列表框选择一类文件,如 C/C++ Editor files,保持 Element 列表框中的默认选项 Text,在 Font 面板中选择相应的字体、字号和颜色完成设置即可。

6）信息输出区

信息输出区位于主界面下端,多数情况输出的是编译信息,下面就介绍如何设置编译选项,并对工程进行编译。

单击 Project→Options for Target 菜单项,或单击工具栏中的 图标,或按下 Alt＋F7 快捷键均可以打开工程选项对话框,如图 3-34 所示。工程文件有很多重要设置均在这一对话框进行设置,此处仅讲解编译相关设置。

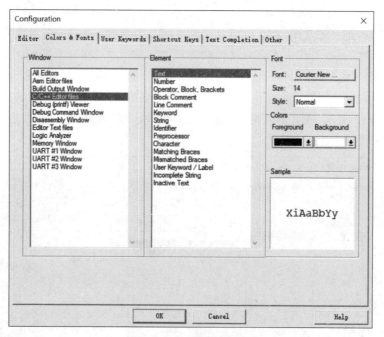

图 3-33　编辑器字体设置

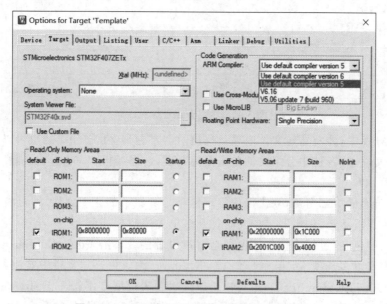

图 3-34　"工程选项"对话框——编译选项设置

该对话框中 Target 选项卡的 Code Generation 区域的 ARM Compiler 列表框有 4 个可选项,用于指定工程所使用的编译器。4 个选项实际上对应两个编译器,Use default compiler version 6 和 V6.16 是一个编译器,即编译器 6;Use default compiler version 5 和 V5.06 update 7(build 960)是一个编译器,即编译器 5。

 编译器选择原则是:如果使用早期的工程只能选择编译器 5,如果是最近创建的工程,编译器 5 和编译器 6 都可以。编译器 5 的编译速度较慢,但可以生成文件跟踪链接,有利于快速组织代码,且为 STM32CubeMX 创建工程模板默认选项。此处推荐选择**编译器 5**。

如果选择编译器 6 编译项目,工程选项对话框中原 C/C++选项卡就会更改为 C/C++(AC6),读者可以通过此处快速地了解工程所采用的编译器版本。

在图 3-31MDK-ARM 软件主界面工具栏中最下面一行为 Build 工具栏,其命令图解如图 3-35 所示。Build 工具栏总共有 5 个编译命令。第 1 个命令仅编译当前活动文件,不进行链接和生成目标文件。第 2 个命令是编译修改过的目标文件,即所谓的增量编译(Build)。第 3 个命令是重新编译(Rebuild)所有目标文件,不管文件是否有改动。如果工程是首次编译,增量编译和重新编译效果是一样的,都是将所有文件全部编译,如果工程已经编译过了,且工程较大,选择增量编译要比重新编译快得多! 第 4 个命令是批量编译。第 5 个命令是停止编译。

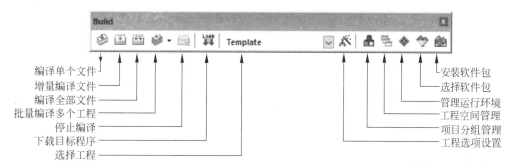

图 3-35 Build 工具栏命令图解

作者在实际使用过程中发现,如果选择编译器 5,则使用增量编译比较快;如果使用编译器 6,因为编译器本身编译速度比较快,就无所谓哪一种编译方式;工作空间若只有一个工程,则无须使用批量编译。

选择编译器 5,单击 Rebuild 按钮,开始项目编译,信息输出区输出编译结果,如图 3-36 所示,"0 Error(s),0 Warning(s)"表示工程模板创建正确,可以在此基础上进行应用程序开发。

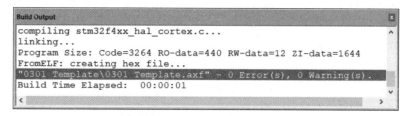

图 3-36 编译信息输出窗口

3. 代码分析及组织方式

基于 STM32CubeMX 的 HAL 库开发,需要对程序框架和代码结构进行分析,然后进行应用程序代码快速组织。

1) 代码分析

STM32CubeMX 创建的 MDK 工程包含文件及其分组,具体情况如表 3-2 所示。

表 3-2 工程包含文件及其分组

文件分组	文件名称	文件功能
Application/MDK-ARM	startup_stm32f407xx. s	芯片启动文件
Application/User/Core	main. c	用户主文件
	gpio. c	GPIO 函数文件
	stm32f4xx_it. c	中断服务程序文件
	stm32f4xx_hal_msp. c	MCU 支持文件

续表

文 件 分 组	文 件 名 称	文 件 功 能
Drivers/STM32F4xx_HAL_Driver	stm32f4xx_hal_rcc. c	时钟 HAL 库驱动文件
	stm32f4xx_hal_rcc_ex. c	扩展 RCC 驱动文件
	stm32f4xx_hal_gpio. c	GPIO 的 HAL 库驱动文件
	……	……
Drivers/CMSIS	system_stm32f4xx. c	STM32F4 系统文件

芯片启动文件和系统文件只需要包含进工程,用户在编程的时候一般无须关心。C 语言有且仅有一个 main()函数,用户程序是从 main()函数开始执行的,main()函数是编写在 main.c 文件中的,其部分代码如下:

```
#include "main.h"
#include "gpio.h"
void SystemClock_Config(void);
int main(void)
{
    /* USER CODE BEGIN 1 */            //用户程序沙箱开始
    /* 用户程序代码 */
    /* USER CODE END 1 */             //用户程序沙箱结束
    /* 复位所有外设,初始化闪存接口和 SysTick 定时器 */

    HAL_Init();
    /* 配置系统时钟 */
    SystemClock_Config();
    /* 初始化所有配置的外设 */
    MX_GPIO_Init();
    /* USER CODE BEGIN WHILE */
    while (1)
    {
        /* USER CODE END WHILE */

        /* USER CODE BEGIN 3 */
    }
    /* USER CODE END 3 */
}
void SystemClock_Config(void)
{
    //代码省略
}
void Error_Handler(void)
{
    //代码省略
}
```

对 main.c 文件进一步分析,文件首先包含 main.h 和 gpio.h 两个文件,在包含语句中的文件名上右击,选择 Open document 'main.h'命令,操作方法如图 3-37 所示,打开 main.h 头文件。由源代码可知 main.h 主要工作是包含 stm32f4xx_hal.h 头文件,并对 main.c 中定义的函数进行声明。用同样的方法打开 gpio.h 文件,可知其主要工作是对 gpio.c 定义的函数进行声明。

用户程序设计从 main()函数开始,芯片启动完成之后自动转入主函数执行。在 main()函数中,调用 HAL_Init()初始化 HAL 库,其功能是复位所有外设、初始化 Flash 接口、配置系统定时器 SysTick 周期为 1ms。调用 SystemClock_Config()函数进行系统时钟配置,其代码是由 STM32CubeMX 根据用户设

定参数生成的。调用 MX_GPIO_Init()函数对用户配置的 GPIO 引脚进行初始化,初始化代码由
STM32CubeMX 根据用户设定生成。

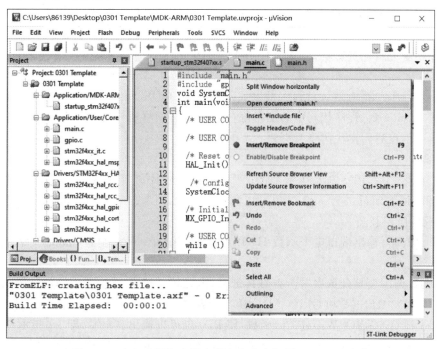

图 3-37 在包含语句中的文件名上右击打开 main.h 头文件

函数 SystemClock_Config()是直接定义在 main.c 文件中,另外还有一个异常处理函数 Error_
Handler()也存放在 main.c 中,而 GPIO 初始化函数 MX_GPIO_Init()存放在 gpio.c 文件中。

如果想查看 MX_GPIO_Init()函数源码,可以将光标置于函数名称上右击,选择 Go To Definition of
'MX_GPIO_Init'菜单,即可打开函数所在文件 gpio.c,并定位到函数所在位置,如图 3-38 所示。

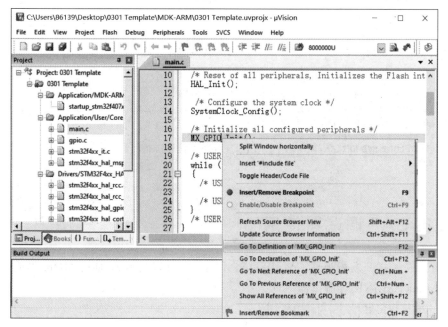

图 3-38 右击函数并选择命令进行跳转

由函数的 MX_GPIO_Init()源代码可知,其主要工作包括开端口时钟,设置 PF0 初始化电平,为 GPIO 初始化结构体的成员依次赋值和调用 HAL_GPIO_Init 完成引脚初始化。

上述所有代码均由 STM32CubeMX 生成,仅为初始化代码和程序框架,要实现运算、控制功能,还需在此基础上进一步开发。由于在系统设计过程中可能需要更改系统方案,对外设再次进行配置,为了保证用户编写程序不受重新配置影响,STM32CubeMX 在生成工程时特意提供一个个程序沙箱,用于放置用户代码。

每一个程序沙箱均为一对程序注释,以 USER CODE BEGIN 开始,至 USER CODE END 结束,如 main.c 程序代码中的加粗部分。用户必须将程序写在这两个注释的中间,否则重新生成工程时用户代码将丢失。

2) 代码组织

通过上述初始化之后,PF0 输出电平为低电平,经编译、下载到微控制器 Flash 存储器中,L1 指示灯是一直亮的。下面对该项目进行一点改动,通过编写程序让 L1 以一定周期闪烁,也通过此实例介绍 MDK-ARM 的代码组织技巧。

第 1 步,将 GPIO 写输出端口电平函数 HAL_GPIO_WritePin()复制到 main.c,右击打开函数定义,查看其功能。

第 2 步,在函数调用变量处依次右击查看其定义,由此可知函数最后一个参数是用来设置端口电平的,可以取 GPIO_PIN_RESET 和 GPIO_PIN_SET 两者之一。

第 3 步,改写 HAL_GPIO_WritePin()函数,使 PF0 也可以输出高电平,即 L1 指示灯可以熄灭。

第 4 步,修改程序,实现 L1 指示灯周期闪烁,所有增加程序均应写在程序沙箱里。参考程序代码如下,为便于读者查看,将程序沙箱的注释语句作加粗显示。

```
int main(void)
{
    /* USER CODE BEGIN 1 */                    //用户程序沙箱
    uint32_t i;
    /* USER CODE END 1 */                      //用户程序沙箱
    HAL_Init();
    SystemClock_Config();
    MX_GPIO_Init();
    /* USER CODE BEGIN WHILE */                //用户程序沙箱
    while (1)
    {
        HAL_GPIO_WritePin(GPIOF, GPIO_PIN_0, GPIO_PIN_RESET);
        for(i = 0; i < 12000000; i++) ;
        HAL_GPIO_WritePin(GPIOF, GPIO_PIN_0, GPIO_PIN_SET);
        for(i = 0; i < 12000000; i++) ;
        /* USER CODE END WHILE */              //用户程序沙箱
    }
}
```

3.4 CMSIS-DAP 调试器使用

作者所设计的嵌入式开发板板载 CMSIS-DAP 调试器,可以将其添加到 MDK 集成开发环境中,就像以前使用 ST-Link、ULINK 等调试器一样。

3.4.1 调试器连接与驱动安装

使用一端是 A 型口,另一端是 B 型口的 USB 数据线分别连接开发板和 PC,如果计算机安装

Windows 10 以上操作系统,计算机会自动安装好驱动程序,调试器是开源、免驱动的。如果是 Windows 7 操作系统,还需要手动安装驱动,在设备管理器更新驱动程序,浏览找到驱动文件即可完成安装。

3.4.2　调试选项设置与程序下载

打开 MDK-ARM 工程,单击 Project→Options for Target 菜单项,或单击工具栏中的 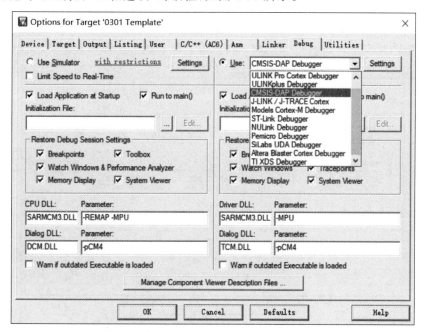 图标,或按下 Alt+F7 快捷键均可以打开"工程选项"对话框,如图 3-39 所示。

图 3-39　"工程选项"对话框——调试器选择

选择 Debug 选项卡,选中右侧 Use 单选按钮,在右边的下拉列表中选择 CMSIS-DAP Debugger,单击 Settings 按钮,打开调试选项设置对话框,如图 3-40 所示。

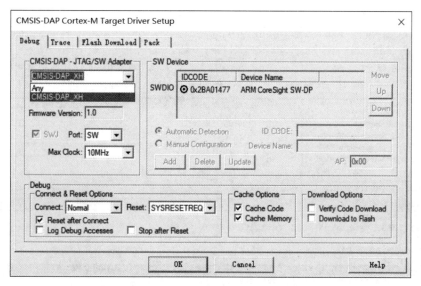

图 3-40　"调试选项设置"对话框

首先设置 Debug 选项卡,在 CMSIS-DAP-JTAG/SW Adapter 选项区域,选择具体调试设备 CMSIS-

DAP_XH,调试器名称在调试器驱动程序中定义,默认为 CMSIS-DAP。Port 是调试方式选择,调试器与开发板主控芯片只有 SWD 方式连接,没有 JTAG 方式连接,所以只能选择 SW,时钟频率 Max Clock 选择 10MHz。完成上述设置在 SW Device 选项区域会显示调试器序列号和名称,表示识别成功。

其次设置 Flash Download 选项卡,如图 3-41 所示,在 Download Function 选项区域,有 3 个关于擦除的单选按钮,分别是 Erase Full Chip(全芯片擦除)、Erase Sectors(只擦除扇区)、Do not Erase(不进行擦除),此处保留默认设置 Erase Sectors 即可。右侧的 Program(编程)和 Verify(校验)两个复选框默认是选中的,还需要将 Reset and Run(复位并运行)选项选中,以使调试器下载完程序复位 MCU 并运行。MDK-ARM 会根据芯片类型自动填充 SRAM 和 Flash 存储器的大小和地址范围,无须设置。

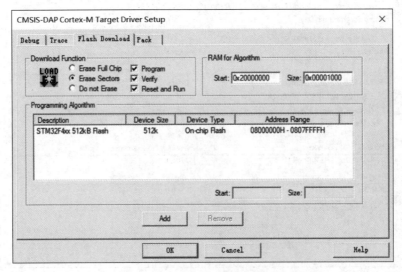

图 3-41 Flash Download 选项卡

完成上述选项设置,单击工具栏 Rebuild 按钮,再单击 Flash→Download 菜单或者工具栏中的 Load 按钮🐜,或按 F8 快捷键,程序开始下载,完成之后复位 MCU 并运行,如图 3-42 所示。观察程序运行效果,检查是否满足系统设计要求,不满足则修改程序直至达到预期目标。

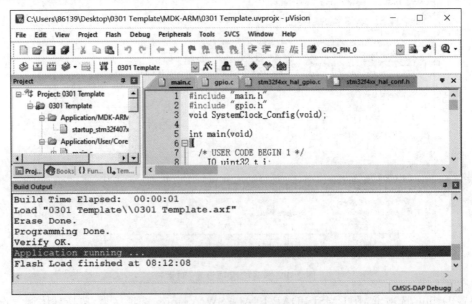

图 3-42 程序下载运行

3.5 开发经验小结——编译器优化与 volatile 关键字

3.5.1 编译器优化

MDK ARM 编译器会对程序代码进行编译优化,以获得更好的空间和时间性能。

例如,如下代码:

```
a = 2; a = 3; b = 4; b = 5; c = a + b;
```

可以优化为如下代码:

```
a = 3; b = 5; c = a + b;
```

如此一来,代码长度和运行时间均得到优化,提升了代码性能。上述例程仅用于说明编译器优化原理,实际优化要远比其复杂得多,对此不作进一步的探讨。

编译器优化减小了代码空间,提升了程序运行速度,但也使得程序运行时间变得不确定,而且有些场合是不允许优化的。那有没有办法不让编译器对变量进行优化呢? 答案当然是肯定的。

3.5.2 volatile 关键字

1. volatile 的基本概念

volatile 意为易变的、不稳定的。简单地说,就是不让编译器进行优化,即每次读取或者修改 volatile 变量的值时,都必须重新从内存或者寄存器中读取或者修改。在嵌入式开发中,volatile 关键字主要用于以下场合:

(1) 中断服务程序中修改的供其他程序检测的变量。

(2) 多任务环境下各任务间共享的标志。

(3) 存储器映射的硬件寄存器。

2. volatile 应用实例

对于本章实践的 L1 周期闪烁项目,在同一硬件平台和相同的控制程序下,由于编译优化选项设置的不同,闪烁的快慢是有差异的! 如果想要软件延时时间确定,只需要使用 volatile 关键字修饰循环变量的定义即可,此时编译器将不再对其进行优化,具体语句如下:

```
volatile uint32_t i;
```

为便于记忆和使用,在 HAL 库中给出了 volatile 关键字的宏定义,具体代码如下,读者使用关键字和宏定义的效果一样。

```
#define __IO volatile
```

本章小结

本章重点讲解了 3 部分内容,第 1 部分内容是嵌入式开发方式的选择,本书详细介绍了 4 种开发模式,并从可移植性、优化性能、易用性、意愿性、硬件支持面等多方面进行对比,最终选择综合表现优异的基于 STM32CubeMX 的 HAL 库开发方式,该方式也是目前主流的开发方式。第 2 部分内容是软件资源安装与配置,详细讲解了 JRE、STM32CubeMX、固件包、MDK-ARM 和器件包的安装,讲解较为详细,读者自行配置软件平台时,根据实际情况可以省略部分步骤。第 3 部分内容是通过一个简单项目实例,讲解了如何运用 STM32CubeMX 生成初始化代码,并在 MDK-ARM 进行代码组织,编译成功之后再下载运行,项目十分简单,但包含嵌入式开发的完整过程,具有很好的参考意义。

思考拓展

(1) STM32 开发方式中执行速度最快,占用空间最小的是哪一种?

(2) STM32 开发方式中可移植性最好、开发效率最高的是哪一种?

(3) STM32 产品线中哪些系列既有标准库又有 HAL 库?

(4) 根据本书介绍的方法下载软件,完成软件平台的搭建。

(5) 参照本书的示例程序,创建一个工程项目,并验证其正确性。

(6) 选择不同编译器对项目进行编译,体会编译器性能差异。

(7) 将 CMSIS-DAP 调试器添加进 MDK-ARM,并下载程序验证。

(8) 打开工程进行代码分析,并列举一些常见的快速组织代码技巧。

第二篇　基本外设

千里之行,始于足下

——老子

本篇介绍基本外设,共 7 章,将对 STM32 嵌入式系统最常用的外设进行介绍,这是嵌入式学习的基础和重点。通过本篇学习,读者将掌握嵌入式系统基本外设的应用方法,并具备一定的综合应用能力。

第4章

通用输入输出端口

本章要点

➤ GPIO 概述及引脚命名；

➤ GPIO 内部结构、工作模式及输出速度；

➤ GPIO I/O 引脚复用及映射；

➤ GPIO 控制寄存器及配置实例；

➤ 寄存器版 LEO 灯闪烁工程；

➤ MDK 中的 C 语言数据类型。

通用输入输出(General Purpose Input Output,GPIO)端口是微控制器必备的片上外设,几乎所有基于微控制器的嵌入式应用开发都会用到它,是嵌入式系统学习中最基本的也是最重要的模块,本章将详细介绍 STM32F407 系列微控制器的 GPIO 模块。

微课视频

4.1 GPIO 概述及引脚命名

GPIO 是微控制器的数字输入输出的基本模块,可以实现微控制器与外部设备的数字交换。借助 GPIO,微控制器可以实现对外围设备最简单、最直观的监控,除此之外,当微控制器没有足够的 I/O 引脚或片内存储器时,GPIO 还可实现串行和并行通信、存储器扩展等复用功能。

根据具体型号不同,STM32F407 微控制器的 GPIO 可以提供最多 140 个多功能双向 I/O 引脚,这些引脚分布在 GPIOA、GPIOB、GPIOC、GPIOD、GPIOE、GPIOF、GPIOG、GPIOH 和 GPIOI 等端口中。引脚采用"端口号+引脚号"的方式命名。端口号:端口号通常以大写字母命名,从 A 开始,例如,GPIOA、GPIOB、GPIOC 等。引脚号:每个端口有 16 个 I/O 引脚,分别命名为 0～15,例如,STM32F407ZET6 微控制器的 GPIOA 端口有 16 个引脚,分别为 PA0、PA1、PA2、…、PA14 和 PA15。

4.2 GPIO 内部结构

STM32F407 微控制器 GPIO 的内部结构如图 4-1 所示。

由图 4-1 可以看出,STM32F407 微控制器 GPIO 的内部主要由保护二极管、输入驱动器、输出驱动器、输入数据寄存器、输出数据寄存器等组成,其中输入驱动器和输出驱动器是每一个 GPIO 引脚内部结构的核心部分。

4.2.1 输入驱动器

GPIO 的输入驱动器主要由 TTL(Transistor Transistor Logic,逻辑门电路)肖特基触发器、带开关的上拉电阻和带开关的下拉电阻电路组成。

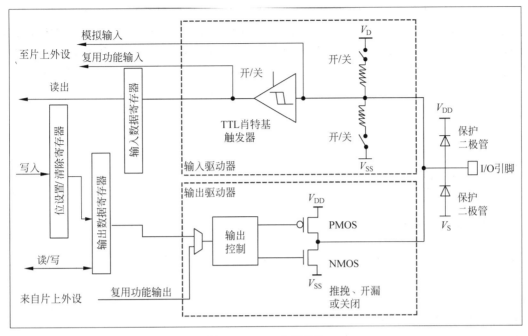

图 4-1　GPIO 内部结构

根据 TTL 肖特基触发器、上拉电阻和下拉电阻开关状态,GPIO 的输入方式可以分为以下 4 种:

(1) 模拟输入:TTL 肖特基触发器关闭,模拟信号被提前送到片上外设,即 A/D 转换器。

(2) 上拉输入:GPIO 内置上拉电阻,即上拉电阻开关闭合,下拉电阻开关打开,引脚默认输入为高电平。

(3) 下拉输入:GPIO 内置下拉电阻,即下拉电阻开关闭合,上拉电阻开关打开,引脚默认输入为低电平。

(4) 浮空输入:GPIO 内部既无上拉电阻也无下拉电阻,处于浮空状态,上拉电阻开关和下拉电阻开关均打开。该模式下,引脚默认为高阻态(悬空),其电平状态完全由外部电路决定。

4.2.2　输出驱动器

GPIO 输出驱动器由多路选择器、输出控制和一对互补的 MOS 管组成。

1. 多路选择器

多路选择器根据用户设置决定该引脚是用于普通 GPIO 输出还是用于复用功能输出。普通输出:该引脚的输出信号来自 GPIO 输出数据寄存器。复用功能输出:该引脚输出信号来自片上外设,并且一个 STM32 微控制器引脚输出可能来自多个不同外设,但同一时刻,一个引脚只能使用这些复用功能中的一个,其他复用功能都处于禁止状态。

2. 输出控制逻辑

输出控制逻辑根据用户设置,控制一对互补的 MOS 管的导通或关闭状态,决定 GPIO 输出模式。

(1) 推挽(Push-Pull,PP)输出:就是一对互补的 MOS 管,NMOS(Negativechannel MOS,N 沟道金属氧化物半导体)和 PMOS(Positivechannel MOS,P 沟道金属氧化物半导体)中有一个导通,另一个关闭,推挽式输出可以输出高电平和低电平。当内部输出 1 时,PMOS 导通,NMOS 截止,引脚相当于接 V_{DD},输出高电平;当内部输出 0 时,NMOS 导通,PMOS 截止,引脚相当于接 V_{SS},输出低电平。相比于普通输出模式,推挽输出既提高了负载能力,又提高了开关速度,适用于输出 0V 和 V_{DD} 的场合。

（2）开漏（Open-Drain，OD）输出：开漏输出模式中，与 V_{DD} 相连的 PMOS 始终处于截止状态，对于与 V_{SS} 相连的 NMOS 来说，其漏极是开路的。在开漏输出模式下，当内部输出 0 时，NMOS 管导通，引脚相当于接地，外部输出低电平；当内部输出 1 时，NMOS 管截止，由于此时 PMOS 管也截止，外部输出既不是高电平，也不是低电平，而是高阻态（悬空）。如果想要外部输出高电平，必须在 I/O 引脚上外接一个上拉电阻。开漏输出可以匹配电平，因此一般适用于电平不匹配的场合，而且开漏输出吸收电流的能力相对较强，适合做电流型的驱动，比方说驱动继电器的线圈等。

图 4-1 中多路选择器输出信号是经输出控制模块连接互补 MOS 管的，且输出控制结构框图在图中并未画出。举例说明，设内部输出"1"，输出控制模块根据其控制逻辑输出两个 MOS 管的栅极控制信号均为低电平。

4.3 GPIO 工作模式

由 GPIO 内部结构和上述分析可知，STM32 芯片 I/O 引脚共有 8 种工作模式，包括 4 种输入模式和 4 种输出模式。

输入模式：

（1）输入浮空（GPIO_MODE_INPUT_NOPULL）。

（2）输入上拉（GPIO_MODE_INPUT_PULLUP）。

（3）输入下拉（GPIO_MODE_INPUT_PULLDOWN）。

（4）模拟输入（GPIO_MODE_ANALOG）。

输出模式：

（1）开漏输出（GPIO_MODE_OUTPUT_OD）。

（2）开漏复用输出（GPIO_MODE_AF_OD）。

（3）推挽式输出（GPIO_MODE_OUTPUT_PP）。

（4）推挽式复用输出（GPIO_MODE_AF_PP）。

4.3.1 输入浮空

浮空就是逻辑器件与引脚既不接高电平，也不接低电平。通俗地讲，浮空就是浮在空中，就相当于此端口在默认情况下什么都不接，呈高阻态，这种设置在数据传输时用得比较多。浮空最大的特点就是电压的不确定性，它可能是 0V，也可能是 V_{CC}，还可能是介于两者之间的某个值（最有可能），输入浮空工作模式如图 4-2 所示。

4.3.2 输入上拉

上拉就是将不确定的信号通过一个电阻钳位在高电平，即把电位拉高，比如拉到 V_{CC}，同时电阻起到限流的作用，强弱只是上拉电阻的阻值不同，没有什么严格区分，输入上拉工作模式如图 4-3 所示。

4.3.3 输入下拉

下拉就是把电位拉低，拉到 GND。与上拉原理相似，输入下拉工作模式如图 4-4 所示。

4.3.4 模拟输入

模拟输入用于将芯片引脚模拟信号输入内部的模数转换器，此时上拉电阻开关和下拉电阻开关均关闭，并且肖特基触发器也关闭，模拟输入工作模式如图 4-5 所示。

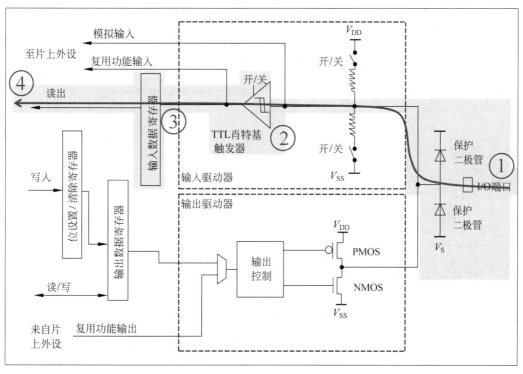

图 4-2 输入浮空工作模式

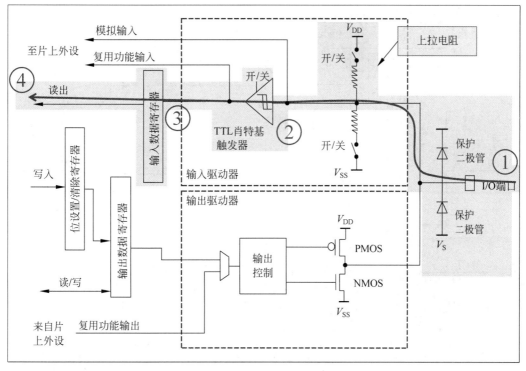

图 4-3 输入上拉工作模式

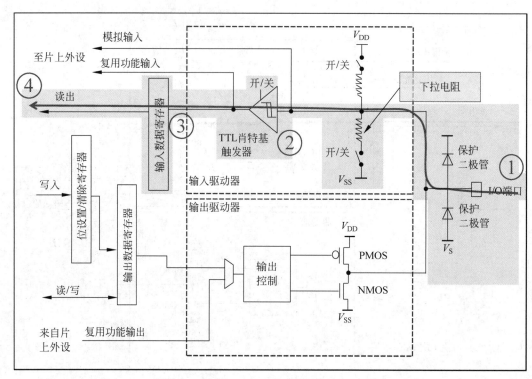

图 4-4　输入下拉工作模式

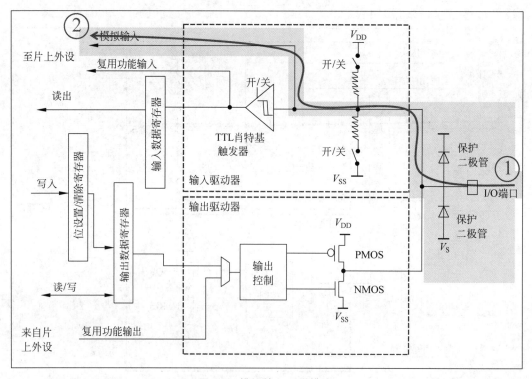

图 4-5　模拟输入工作模式

4.3.5　开漏输出

开漏输出是指输出端连接于 NMOS 的漏极,要得到高电平状态需要外接上拉电阻才行,其吸收电流的能力相对强,适合做电流型的驱动,还可以实现电平匹配功能,开漏输出工作过程如图 4-6 所示。

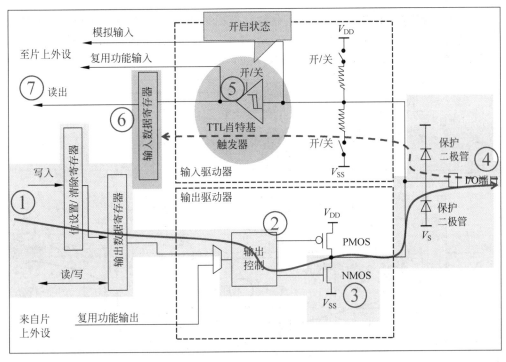

图 4-6 开漏输出工作过程

4.3.6 开漏复用输出

开漏复用输出可以理解为 GPIO 端口被用作第二功能时的配置情况(即并非作为通用 I/O 端口使用),端口必须配置成复用功能输出模式(推挽或开漏),开漏复用输出工作过程如图 4-7 所示。

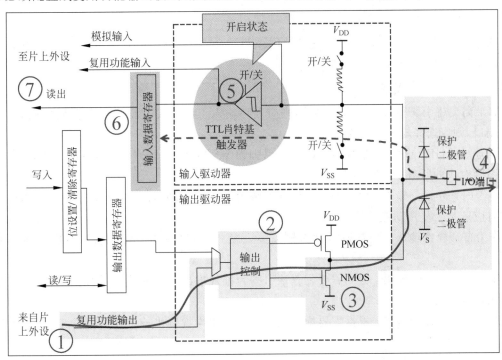

图 4-7 开漏复用输出工作过程

4.3.7　推挽式输出

推挽式输出可以输出高、低电平,连接数字器件。推挽结构一般是指两个 MOS 管分别受到互补信号的控制,且总是在一个 MOS 管导通的时候另一个截止。推挽式输出既提高了电路的负载能力,又提高了开关速度,推挽式输出工作过程如图 4-8 所示。

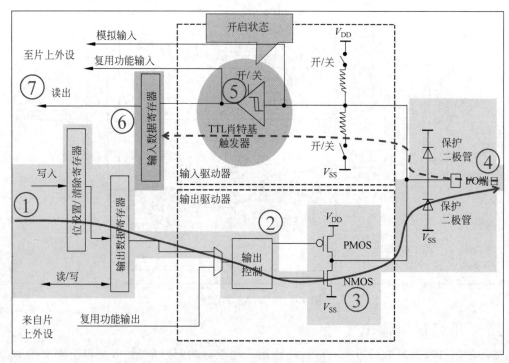

图 4-8　推挽式输出工作过程

4.3.8　推挽式复用输出

推挽式复用输出可以理解为 GPIO 端口被用作第二功能时的配置情况(并非作为通用 I/O 端口使用),推挽式复用输出工作过程如图 4-9 所示。

4.3.9　工作模式选择

(1) 如果需要将引脚信号读入微控制器,则应选择输入工作模式;如果需要将微控制器内部信号更新到引脚端口,则应选择输出工作模式。

(2) 作为普通 GPIO 输入:根据需要配置该引脚为浮空输入、带弱上拉输入或带弱下拉输入,同时不要使能该引脚对应的所有复用功能模块。

(3) 作为内置外设的输入:根据需要配置该引脚为浮空输入、带弱上拉输入或带弱下拉输入,同时使能该引脚对应的某个复用功能模块。

(4) 作为普通模拟输入:配置该引脚为模拟输入模式,同时不要使能该引脚对应的所有复用功能模块。

(5) 作为普通 GPIO 输出:根据需要配置该引脚为推挽输出或开漏输出,同时不要使能该引脚对应的所有复用功能模块。

(6) 作为内置外设的输出:根据需要配置该引脚为复用推挽输出或复用开漏输出,同时使能该引脚对应的某个复用功能模块。

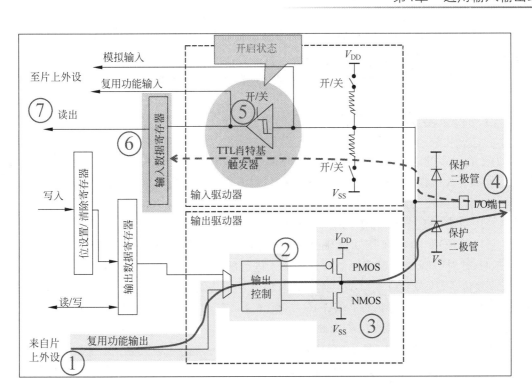

图 4-9　推挽式复用输出工作过程

（7）GPIO 工作在输出模式时，如果既要输出高电平（V_{DD}），又要输出低电平（V_{SS}）且输出速度快（如 OLED 显示屏），则应选择推挽输出。

（8）GPIO 工作在输出模式时，如果要求输出电流大，或是外部电平不匹配（5V），则应选择开漏输出。

4.4　GPIO 输出速度

如果 STM32 微控制器的 GPIO 引脚工作于某个输出模式下，通常还需设置其输出速度。这个输出速度指的是 I/O 端口驱动电路的响应速度，而不是输出信号的速度，输出信号的速度取决于软件程序。

STM32 微控制器 I/O 引脚内部有多个响应速度不同的驱动电路，用户可以根据自己的需要选择合适的驱动电路。众所周知，高频驱动电路输出频率高，噪声大，功耗高，电磁干扰强；低频驱动电路输出频率低，噪声小，功耗低，电磁干扰弱。通过选择速度来选择不同的输出驱动模块，达到最佳的噪声控制和降低功耗的目的。当不需要高输出频率时，尽量选用低频响应速度的驱动电路，这样非常有利于提高系统 EMI（电磁干扰）性能。如果需要输出较高频率信号，却选择了低频驱动模块，很有可能会得到失真的输出信号。所以 GPIO 的引脚速度应与应用匹配，一般推荐 I/O 引脚的输出速度是其输出信号速度的 5～10 倍。

STM32F407 微控制器 I/O 端口输出模式下有四种输出速度可选，分别为 2MHz、25MHz、50MHz 和 100MHz（15pF 时最大速度为 80MHz），下面根据一些常见应用，给读者一些选用参考。

（1）对于连接 LED、数码管和蜂鸣器等外部设备的普通输出引脚，一般设置为 2MHz；

（2）对于串口来说，假设最大波特率为 115200b/s，只需要用 2MHz 的 GPIO 的引脚速度就可以了，省电噪声又小；

（3）对于 I2C 接口来说，假如使用 400 000b/s 波特率，且想把余量留大一些，2MHz 的 GPIO 引脚速度或许还是不够，这时可以选用 25MHz 的 GPIO 引脚速度；

（4）对于 SPI 来说，假如使用 18Mb/s 或 9Mb/s 的波特率，用 25MHz 的 GPIO 端口也不够用了，需要选择 50MHz 的 GPIO 引脚速度；

（5）对于用作 FSMC 复用功能连接存储器的输出引脚来说，一般设置为 100MHz 的 I/O 引脚速度。

4.5 I/O 引脚复用及映射

STM32F4 有很多的内置外设，这些外设的外部引脚都与 GPIO 复用。这部分知识在 STM32F4 的中文参考手册第 7 章和芯片数据手册有详细的讲解，本节仅以串口为例讲解引脚复用的配置。

STM32F4 系列微控制器 I/O 引脚通过一个复用器连接到内置外设或模块。该复用器一次只允许一个外设的复用功能（AF）连接到对应的 I/O 端口。这样可以确保共用同一个 I/O 引脚的外设之间不会发生冲突。复用器采用 16 路复用功能输入（AF0～AF15），通过 GPIOx_AFRL（针对引脚 0～7）和 GPIOx_AFRH（针对引脚 8～15）寄存器对这些输入进行配置，每 4 位控制一路复用。

（1）完成复位后，所有 I/O 端口都会连接到系统的复用功能 AF0。

（2）外设的复用功能映射到 AF1～AF13。

（3）ARM Cortex-M4 EVENTOUT 映射到 AF15。

复用器连接示意图如图 4-10 所示，图中只标出了引脚 0～7 的映射关系，引脚 8～15 的映射关系与之完全相同，只不过引脚 0～7 的复用功能是由寄存器 AFRL[31:0]确定，而引脚 8～15 的复用功能是由寄存器 AFRH[31:0]决定的。

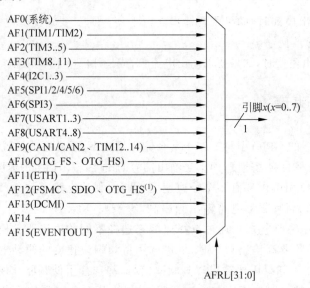

图 4-10 复用器连接示意图

图 4-10 只是一个概略图，某一个引脚实际具有的复用功能由数据手册的映射表给出，详见 STM32F407 数据手册第 56 页"Table7 Alternate Function Mapping"，原始表格比较大，所以表 4-1 只列出 PORTA 的几个常用端口的映射关系，帮助大家建立初步印象。

表 4-1　PORTA 部分引脚 AF 映射表

引脚	PA0	PA1	PA2	PA9	PA10
AF0					
AF1	TIM2_CH1_ETR	TIM2_CH2	TIM2_CH3	TIM1_CH2	TIM1_CH3

续表

引脚	PA0	PA1	PA2	PA9	PA10
AF2	TIM5_CH1	TIM5_CH2	TIM5_CH3		
AF3	TIM8_ETR		TIM9_CH1		
AF4				I2C3_SMBA	
AF5					
AF6					
AF7	USART2_CTS	USART2_RTS	USART2_TX	USART1_TX	USART1_RX
AF8	UART4_TX	UART4_RX			
AF9					
AF10					OTG_FS_ID
AF11	ETH_MIL_CRS	MIL_RX_CLK RMIL_REF_CLK	ETH_MDIO		
AF12					
AF13				DCMI_D0	DCMI_D1
AF14					
AF15	EVENTOUT	EVENTOUT	EVENTOUT	EVENTOUT	EVENTOUT

下面观察一个具体的外部设备,开发板串口连接电路如图 4-11 所示,在本书配套的开发板上是使用串口与 PC 进行通信的,所以开发板的 PA9 和 PA10 引脚不作为 GPIO 引脚使用,而是用于串口通信的数据发送和接收引脚。

图 4-11 开发板串口连接电路

微课视频

由图 4-11 可知,PA9 引脚具有 GPIO、TIM1_CH2、I2C3_SMBA、USART1_TX、DCMI_D0 等众多功能,如果要使用串口通信功能,需要将其复用通道打开。由表 4-1 可知,PA9 引脚使用复用功能 AF7 作为串口发送数据引脚 USART1_TX,PA10 引脚使用复用功能 AF7 作为串口接收数据引脚 USART1_RX,而要想让 PA9 和 PA10 使用复用功能 AF7,只要设置 GPIO 复用功能寄存器这两个引脚的控制位为数值 7(0111),即可打开相应复用通道,具体操作方式将在讲解 GPIO 控制寄存器时举例说明。

4.6 GPIO 控制寄存器

虽然我们使用的是基于 STM32CubeMX 的 HAL 库开发模式,很少需要操作寄存器,但掌握寄存器的定义和操作方式对理解微控制器原理很有帮助,且有时直接操作寄存器会更高效和快捷。

STM32F4 每组通用 I/O 端口包括 4 个 32 位配置寄存器(MODER、OTYPER、OSPEEDR 和 PUPDR)、2 个 32 位数据寄存器(IDR 和 ODR)、1 个 32 位置位/复位寄存器(BSRR)、1 个 32 位锁定寄存器(LCKR)和 2 个 32 位复用功能选择寄存器(AFRL 和 AFRH)等。

1. GPIO 端口模式寄存器(GPIOx_MODER)

GPIO 端口模式寄存器用于控制 GPIOx(STM32F4 最多有 9 组 I/O,分别用大写字母表示,即 $x=$ A/B/C/D/E/F/G/H/I,下同)的工作模式,各位描述如表 4-2 所示。该寄存器各位在复位后,一般都是 0(个别不是 0,比如 JTAG 占用的几个 I/O 端口),也就是默认一般是输入状态。每组 I/O 下有 16 个 I/O 端口,该寄存器共 32 位,每 2 位控制 1 个 I/O 端口。

表 4-2　GPIOx_MODER 寄存器各位描述

31	30	29	28	27	26	25	24	23	22	21	20	19	18	17	16
MODER15 [1:0]		MODER14 [1:0]		MODER13 [1:0]		MODER12 [1:0]		MODER11 [1:0]		MODER10 [1:0]		MODER9 [1:0]		MODER8 [1:0]	
rw	rw	rw	rw	rw	rw	rw	rw	rw	rw	rw	rw	rw	rw	rw	rw
15	14	13	12	11	10	9	8	7	6	5	4	3	2	1	0
MODER7 [1:0]		MODER6 [1:0]		MODER5 [1:0]		MODER4 [1:0]		MODER3 [1:0]		MODER2 [1:0]		MODER1 [1:0]		MODER0 [1:0]	
rw	rw	rw	rw	rw	rw	rw	rw	rw	rw	rw	rw	rw	rw	rw	rw

位 $2y:2y+1$ 　MODERy[1:0]：端口 x 配置位(Port x configuration bits)($y=0 \sim 15$)

这些位通过软件写入,用于配置 I/O 方向模式。

00：输入(复位状态)

01：通用输出模式

10：复用功能模式

11：模拟模式

2. GPIO 端口输出类型寄存器（GPIOx_OTYPER）

GPIO 端口输出类型寄存器用于控制 GPIOx 的输出类型,各位描述见表 4-3。该寄存器仅用于输出模式,在输入模式(MODER[1:0]＝00/11 时)下不起作用。该寄存器低 16 位有效,每 1 位控制 1 个 I/O 端口,复位后,该寄存器值均为 0。

表 4-3　GPIOx_OTYPER 寄存器各位描述

31	30	29	28	27	26	25	24	23	22	21	20	19	18	17	16
Reserved															
15	14	13	12	11	10	9	8	7	6	5	4	3	2	1	0
OT15	OT14	OT13	OT12	OT11	OT10	OT9	OT8	OT7	OT6	OT5	OT4	OT3	OT2	OT1	OT0
rw	rw	rw	rw	rw	rw	rw	rw	rw	rw	rw	rw	rw	rw	rw	rw

位 31:16 保留,必须保持复位值。

位 15:0 OTy[1:0]：端口 x 配置位(Port x configuration bits)($y=0 \sim 15$)

这些位通过软件写入,用于配置 I/O 端口的输出类型。

0：输出推挽(复位状态)

1：输出开漏

3. GPIO 端口输出速度寄存器（GPIOx_OSPEEDR）

GPIO 端口输出速度寄存器用于控制 GPIOx 的输出速度,各位描述见表 4-4。该寄存器也仅用于输出模式,在输入模式(MODER[1:0]＝00/11 时)下不起作用。该寄存器每 2 位控制 1 个 I/O 端口,复位后,该寄存器值一般为 0。

表 4-4　GPIOx_OSPEEDR 寄存器各位描述

31	30	29	28	27	26	25	24	23	22	21	20	19	18	17	16
OSPEEDR 15[1:0]		OSPEEDR 14[1:0]		OSPEEDR 13[1:0]		OSPEEDR 12[1:0]		OSPEEDR 11[1:0]		OSPEEDR 10[1:0]		OSPEEDR9 [1:0]		OSPEEDR8 [1:0]	
rw	rw	rw	rw	rw	rw	rw	rw	rw	rw	rw	rw	rw	rw	rw	rw
15	14	13	12	11	10	9	8	7	6	5	4	3	2	1	0
OSPEEDR7 [1:0]		OSPEEDR6 [1:0]		OSPEEDR5 [1:0]		OSPEEDR4 [1:0]		OSPEEDR3 [1:0]		OSPEEDR2 [1:0]		OSPEEDR1 [1:0]		OSPEEDR0 [1:0]	
rw	rw	rw	rw	rw	rw	rw	rw	rw	rw	rw	rw	rw	rw	rw	rw

位 2y：2y+1 OSPEEDRy[1:0]：端口 x 配置位（Port x configuration bits）（$y=0$~15）

这些位通过软件写入，用于配置 I/O 输出速度。

00：2MHz（低速）

01：25MHz（中速）

10：50MHz（快速）

11：30pF 时为 100MHz（高速）（15pF 时为 80MHz 输出（最大速度））

4. GPIO 端口上拉/下拉寄存器（GPIOx_PUPDR）

GPIO 端口上拉/下拉寄存器用于控制 GPIOx 的上拉/下拉，各位描述见表 4-5。该寄存器每 2 位控制 1 个 I/O 端口，用于设置上拉/下拉。这里提醒大家，STM32F1 是通过 ODR 寄存器控制上拉/下拉的，而 STM32F4 则由单独的寄存器 GPIOx_PUPDR 控制上下拉，使用起来更加灵活。复位后，该寄存器值一般为 0。

表 4-5 GPIOx_PUPDR 寄存器各位描述

31	30	29	28	27	26	25	24	23	22	21	20	19	18	17	16
PUPDR15 [1:0]		PUPDR14 [1:0]		PUPDR13 [1:0]		PUPDR12 [1:0]		PUPDR11 [1:0]		PUPDR10 [1:0]		PUPDR9[1: 0]		PUPDR8[1: 0]	
rw	rw	rw	rw	rw	rw	rw	rw	rw	rw	rw	rw	rw	rw	rw	rw
15	14	13	12	11	10	9	8	7	6	5	4	3	2	1	0
PUPDR7[1: 0]		PUPDR6[1: 0]		PUPDR5[1: 0]		PUPDR4[1: 0]		PUPDR3[1: 0]		PUPDR2[1: 0]		PUPDR1[1: 0]		PUPDR0[1: 0]	
rw	rw	rw	rw	rw	rw	rw	rw	rw	rw	rw	rw	rw	rw	rw	rw

位 2y：2y+1 PUPDRy[1:0]：端口 x 配置位（Port x configuration bits）（$y=0$~15）

这些位通过软件写入，用于配置 I/O 上拉或下拉。

00：无上拉或下拉

01：上拉

10：下拉

11：保留

至此，4 个重要的配置寄存器 GPIOx_MODER、GPIOx_OTYPER、GPIOx_OSPEEDR 和 GPIOx_PUPDR 已讲解完成，顾名思义，配置寄存器就是用来配置 GPIO 的相关模式和状态，接下来讲解 GPIO 电平控制相关的寄存器 GPIOx_IDR、GPIOx_ODR 和 GPIOx_BSRR。

5. GPIO 端口输入数据寄存器（GPIOx_IDR）

GPIO 端口输入数据寄存器用于读取 GPIOx 的输入，各位描述见表 4-6。该寄存器用于读取某个 I/O 端口的电平，如果对应的位为 0（IDRy=0），则说明该 I/O 端口输入的是低电平，如果是 1（IDRy=1），则表示输入的是高电平。

表 4-6 GPIOx_IDR 寄存器各位描述

31	30	29	28	27	26	25	24	23	22	21	20	19	18	17	16
Reserved															
15	14	13	12	11	10	9	8	7	6	5	4	3	2	1	0
IDR15	IDR14	IDR13	IDR12	IDR11	IDR10	IDR9	IDR8	IDR7	IDR6	IDR5	IDR4	IDR3	IDR2	IDR1	IDR0
r	r	r	r	r	r	r	r	r	r	r	r	r	r	r	r

位 31：16 保留，必须保持复位值。

位 15：0 IDRy[15:0]：端口输入数据（Port input data）（$y=0$~15）

这些位为只读形式，只能在字模式下访问。它们包含相应 I/O 端口的输入值。

6. GPIO 端口输出数据寄存器（GPIOx_ODR）

GPIO 端口输出数据寄存器用于控制 GPIOx 的输出，各位描述见表 4-7。该寄存器用于设置某个 I/O 端口输出低电平（ODR$y=0$）还是高电平（ODR$y=1$），且仅在输出模式下有效，在输入模式（MODER[1：0]＝00/11 时）下不起作用。

表 4-7 GPIOx_ODR 寄存器各位描述

31	30	29	28	27	26	25	24	23	22	21	20	19	18	17	16
Reserved															
15	14	13	12	11	10	9	8	7	6	5	4	3	2	1	0
ODR15	ODR14	ODR13	ODR12	ODR11	ODR10	ODR9	ODR8	ODR7	ODR6	ODR5	ODR4	ODR3	ODR2	ODR1	ODR0
rw	rw	rw	rw	rw	rw	rw	rw	rw	rw	rw	rw	rw	rw	rw	rw

位 31：16　保留，必须保持复位值。

位 15：0　ODRy[15:0]：端口输出数据（Port output data）（$y=0\sim15$）

这些位可通过软件读取和写入。

注意：对于原子置位/复位，通过写入 GPIOx_BSRR 寄存器，可分别对 ODR 位进行置位和复位（$x=A..I/$）。

7. GPIO 端口置位/复位寄存器（GPIOx_BSRR）

GPIO 端口置位/复位寄存器，顾名思义，这个寄存器是用来置位或者复位 I/O 端口，和 GPIOx_ODR 寄存器具有类似的作用，都可以用来设置 GPIO 端口的输出位是 1 还是 0。该寄存器各位描述如表 4-8 所示。

表 4-8 GPIOx_BSRR 寄存器各位描述

31	30	29	28	27	26	25	24	23	22	21	20	19	18	17	16
BR15	BR14	BR13	BR12	BR11	BR10	BR9	BR8	BR7	BR6	BR5	BR4	BR3	BR2	BR1	BR0
w	w	w	w	w	w	w	w	w	w	w	w	w	w	w	w
15	14	13	12	11	10	9	8	7	6	5	4	3	2	1	0
BS15	BS14	BS13	BS12	BS11	BS10	BS9	BS8	BS7	BS6	BS5	BS4	BS3	BS2	BS1	BS0
w	w	w	w	w	w	w	w	w	w	w	w	w	w	w	w

位 31：16　BRy：端口 x 复位位 y（Port x reset bit y）（$y=0\sim15$）

这些位为只写形式，只能在字、半字或字节模式下访问。读取这些位可返回值 0x0000。

0：不会对相应的 ODRx 位执行任何操作

1：对相应的 ODRx 位进行复位

注意：如果同时对 BSx 和 BRx 置位，则 BSx 的优先级更高。

位 15：0　BSy：端口 x 置位位 y（Port x set bit y）（$y=0\sim15$）

这些位为只写形式，只能在字、半字或字节模式下访问。读取这些位可返回值 0x0000。

0：不会对相应的 ODRx 位执行任何操作

1：对相应的 ODRx 位进行置位

对于低 16 位（0~15），若往相应的位写 1，那么对应的 I/O 端口会输出高电平，往相应的位写 0，对 I/O 端口没有任何影响。高 16 位（16~31）作用刚好相反，对相应的位写 1，会输出低电平，写 0 没有任何影响。也就是说，对于 GPIOx_BSRR 寄存器，写 0，对 I/O 端口电平是没有任何影响的，若要设置某个 I/O 端口电平，只需要将相关位设置为 1 即可。而 GPIOx_ODR 寄存器，若要设置某个 I/O 端口电平，首先需要读出 GPIOx_ODR 寄存器的值，然后对整个 GPIOx_ODR 寄存器重新赋值来达到设置某个或者某些 I/O 端口的目的，而 GPIOx_BSRR 寄存器就不需要先读，而是直接设置。

8. GPIO 端口配置锁定寄存器（GPIOx_LCKR）

GPIO 端口配置锁定寄存器各位描述见表 4-9 所示，用于冻结特定的配置寄存器（控制寄存器和复用功能寄存器），非特殊用途一般不配置该寄存器。

表 4-9　GPIOx_LCKR 寄存器各位描述

31	30	29	28	27	26	25	24	23	22	21	20	19	18	17	16
															LCKK
															rw

15	14	13	12	11	10	9	8	7	6	5	4	3	2	1	0
LCK15	LCK14	LCK13	LCK12	LCK11	LCK10	LCK9	LCK8	LCK7	LCK6	LCK5	LCK4	LCK3	LCK2	LCK1	LCK0
rw	rw	rw	rw	rw	rw	rw	rw	rw	rw	rw	rw	rw	rw	rw	rw

（第 16 位至第 31 位中间为 Reserved，第 16 位为 LCKK）

9. GPIO 复用功能低位寄存器（GPIOx_AFRL）

由 4.5 节分析可知，STM32F4 微控制器一个引脚往往可以连接多个片内外设，当需要使用复用功能时，配置相应的寄存器 GPIOx_AFRL 或者 GPIOx_AFRH，让对应引脚通过复用器连接到对应的复用功能外设。

复用功能低位寄存器 GPIOx_AFRL 用于引脚 0～7 复用器配置，各位描述如表 4-10 所示，从表中可以看出，32 位寄存器 GPIOx_AFRL 每 4 位控制 1 个 I/O 端口，所以共控制 8 个 I/O 端口。寄存器对应 4 位的值配置决定这个 I/O 端口映射到哪个复用功能 AF。

表 4-10　GPIOx_AFRL 寄存器位描述

31	30	29	28	27	26	25	24	23	22	21	20	19	18	17	16
AFRL7[3:0]				AFRL6[3:0]				AFRL5[3:0]				AFRL4[3:0]			
rw	rw	rw	rw	rw	rw	rw	rw	rw	rw	rw	rw	rw	rw	rw	rw

15	14	13	12	11	10	9	8	7	6	5	4	3	2	1	0
AFRL3[3:0]				AFRL2[3:0]				AFRL1[3:0]				AFRL0[3:0]			
rw	rw	rw	rw	rw	rw	rw	rw	rw	rw	rw	rw	rw	rw	rw	rw

位 31：0　AFRLy：端口 x 位 y 的复用功能选择（Alternate function selection for port x bit y）（$y=0\sim7$）

这些位通过软件写入，用于配置复用功能 I/O。

AFRLy 选择：

0000：AF0	1000：AF8
0001：AF1	1001：AF9
0010：AF2	1010：AF10
0011：AF3	1011：AF11
0100：AF4	1100：AF12
0101：AF5	1101：AF13
0110：AF6	1110：AF14
0111：AF7	1111：AF15

10. GPIO 端口复用功能高位寄存器（GPIOx_AFRH）

GPIO 端口复用功能高位寄存器用于引脚 8～15 复用器配置，各位描述如表 4-11 所示，功能和配置方法与 AFRL 相同，在此不再赘述。

表 4-11　GPIOx_AFRH 寄存器位描述

31	30	29	28	27	26	25	24	23	22	21	20	19	18	17	16
AFRH15[3:0]				AFRH14[3:0]				AFRH13[3:0]				AFRH12[3:0]			
rw	rw	rw	rw	rw	rw	rw	rw	rw	rw	rw	rw	rw	rw	rw	rw

15	14	13	12	11	10	9	8	7	6	5	4	3	2	1	0
AFRH11[3:0]				AFRH10[3:0]				AFRH9[3:0]				AFRH8[3:0]			
rw	rw	rw	rw	rw	rw	rw	rw	rw	rw	rw	rw	rw	rw	rw	rw

位 31：0　AFRHy：端口 x 位 y 的复用功能选择（Alternate function selection for port x bit y）（$y=8,0,15$）

这些位通过软件写入，用于配置复用功能 I/O。

AFRHy 选择：

0000：AF0	1000：AF8

0001：AF1	1001：AF9
0010：AF2	1010：AF10
0011：AF3	1011：AF11
0100：AF4	1100：AF12
0101：AF5	1101：AF13
0110：AF6	1110：AF14
0111：AF7	1111：AF15

下面举例说明复用器配置方法，根据表 4-1 所列端口复用功能映射关系，如果需要将 PA9 和 PA10 作为串口通信的数据发送和接收引脚使用，则需将表 4-11 中的 AFRH9[3：0]和 AFRH10[3：0]设置为 0111，将这两个引脚的 AF7 复用通道打开，连接至片内 USART1 外设。

11. RCC AHB1 外设时钟使能寄存器（RCC_AHB1ENR）

使用 STM32F4 I/O 端口除需要配置 GPIO 寄存器而外，还需要使能端口时钟。GPIO 外设是挂接在 MCU 的 AHB1 总线上的，所以还需要设置 AHB1 外设时钟使能寄存器 RCC_AHB1ENR，即使能或失能挂接在 AHB1 总线上的外设时钟，该寄存器各位描述如表 4-12 所示。外设时钟控制位为 1 时，则打开其外设时钟，外设时钟控制位为 0 时，则关闭其外设时钟。要使用某一外设，必须先使能其外设时钟。

表 4-12 RCC_AHB1ENR 寄存器位描述

31	30	29	28	27	26	25	24	23	22	21	20	19	18	17	16
Reserved	OTGHS ULPIEN	OTGHSEN	ETHMACPTPEN	ETHMACRXEN	ETHMACTXEN	ETHMACEN	Reserved		DMA2EN	DMA1EN	CCMDATARAMEN	Res.	BKPSRAMEN		Reserved
	rw	rw	rw	rw	rw	rw			rw	rw	rw		rw		

15	14	13	12	11	10	9	8	7	6	5	4	3	2	1	0
Reserved			CRCEN	Reserved			GPIOIEN	GPIOHEN	GPIOGEN	GPIOFEN	GPIOEEN	GPIODEN	GPIOCEN	GPIOBEN	GPIOAEN
			rw				rw	rw	rw	rw	rw	rw	rw	rw	rw

微课视频

4.7 GPIO 控制寄存器配置实例

已知开发板 LED 指示灯电路如图 4-12 所示。

如果需要实现 8 个 LED 闪烁程序，则需要对相应的寄存器进行配置。需要配置的寄存器分别为：

1. RCC AHB1 外设时钟使能寄存器（RCC_AHB1ENR）

RCC_AHB1ENR 寄存器配置结果如图 4-13 所示，设置 GPIOFEN 为 1，打开挂接在 AHB1 总线上的 GPIOF 时钟。由于 AHB1ENR 寄存器复位后的值是 0x0010 0000，而非全 0，所以此处不能仅将 GPIOFEN 位置 1，其他位为 0，所对应的十六进制数 0x0000 0020 直接赋给 RCC_AHB1ENR 寄存器。比较好的编程方法是将寄存器的值与常量 0x0000 0020 位或来实现 GPIOAEN 位置 1。

2. GPIO 端口模式寄存器（GPIOF_MODER）

开发板 LED 流水灯电路由 GPIOF 的低 8 位 PF0～PF7 控制，GPIOF_MODER 寄存器配置结果如图 4-14 所示。将 PF0～PF7 的模式控制位 MODER0[1：0]～MODER7[1：0]均设置为 01，工作于通用输出模式，GPIOF_MODER 寄存器的值为 0x0000 5555。

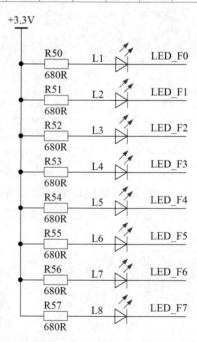

图 4-12 LED 指示灯电路

31	30	29	28	27	26	25	24	23	22	21	20	19	18	17	16
Reser-ved	OTGHS ULPIEN	OTGHS EN	ETHMA CPTPEN	ETHMA CRXEN	ETHMA CTXEN	ETHMA CEN	Reserved		DMA2EN	DMA1EN	CCMDATA RAMEN	Res.	BKPSR AMEN	Reserved	
	rw	rw	rw	rw	rw	rw			rw	rw			rw		
15	14	13	12	11	10	9	8	7	6	5	4	3	2	1	0
Reserved			CRCEN	Reserved			GPIOIE N	GPIOH EN	GPIOGE N	GPIOFE N	GPIOEEN	GPIOD EN	GPIOC EN	GPIOB EN	GPIOA EN
			rw				rw	rw	rw	1	rw	rw	rw	rw	rw

图 4-13 RCC_AHB1ENR 配置结果

31	30	29	28	27	26	25	24	23	22	21	20	19	18	17	16
MODER15[1:0]		MODER14[1:0]		MODER13[1:0]		MODER12[1:0]		MODER11[1:0]		MODER10[1:0]		MODER9[1:0]		MODER8[1:0]	
rw	rw	rw	rw	rw	rw	rw	rw	rw	rw	rw	rw	rw	rw	rw	rw
15	14	13	12	11	10	9	8	7	6	5	4	3	2	1	0
MODER7[1:0]		MODER6[1:0]		MODER5[1:0]		MODER4[1:0]		MODER3[1:0]		MODER2[1:0]		MODER1[1:0]		MODER0[1:0]	
0	1	0	1	0	1	0	1	0	1	0	1	0	1	0	1

图 4-14 GPIOF_MODER 配置结果

3. GPIO 端口输出类型寄存器（GPIOF_OTYPER）

开发板流水灯电路采用推挽输出，GPIOF_OTYPER 寄存器每个引脚输出类型控制位为 0，推挽输出，寄存器保持复位值，配置操作可省略，其配置结果如图 4-15 所示。

31	30	29	28	27	26	25	24	23	22	21	20	19	18	17	16
Reserved															
15	14	13	12	11	10	9	8	7	6	5	4	3	2	1	0
OT15	OT14	OT13	OT12	OT11	OT10	OT9	OT8	OT7	OT6	OT5	OT4	OT3	OT2	OT1	OT0
0	0	0	0	0	0	0	0	0	0	0	0	0	0	0	0

图 4-15 GPIOF_OTYPER 配置结果

4. GPIO 端口输出速度寄存器（GPIOF_OSPEEDR）

LED 流水灯控制电路，信号输出频率较低，所以输出速度选择低速 2MHz 可以满足要求，全部引脚速度控制位为 00，GPIOF_OSPEEDR 寄存器保持复位值，配置操作可省略，其配置结果如图 4-16 所示。

31	30	29	28	27	26	25	24	23	22	21	20	19	18	17	16
OSPEEDR15[1:0]		OSPEEDR14[1:0]		OSPEEDR13[1:0]		OSPEEDR12[1:0]		OSPEEDR11[1:0]		OSPEEDR10[1:0]		OSPEEDR9[1:0]		OSPEEDR8[1:0]	
0	0	0	0	0	0	0	0	0	0	0	0	0	0	0	0
15	14	13	12	11	10	9	8	7	6	5	4	3	2	1	0
OSPEEDR7[1:0]		OSPEEDR6[1:0]		OSPEEDR5[1:0]		OSPEEDR4[1:0]		OSPEEDR3[1:0]		OSPEEDR2[1:0]		OSPEEDR1[1:0]		OSPEEDR0[1:0]	
0	0	0	0	0	0	0	0	0	0	0	0	0	0	0	0

图 4-16 GPIOF_OSPEEDR 配置结果

5. GPIOF 端口输出数据寄存器（GPIOF_ODR）

由于 LED 是采用共阳接法，I/O 端口输出低电平时点亮：将 LED 全部点亮，对应的 GPIOF_ODR 数值如图 4-17 所示；将 LED 灯全部熄灭，对应的 GPIOF_ODR 的数值如图 4-18 所示。

6. GPIO 端口置位/复位寄存器（GPIOF_BSRR）

控制 LED 点亮或熄灭还有另外一种方式，即配置 GPIOF_BSRR 寄存器。如果要使 LED 全部点亮，GPIOF_BSRR 的配置结果如图 4-19 所示。

配置说明：

GPIOF_BSRR＝0xFFFF0000

31	30	29	28	27	26	25	24	23	22	21	20	19	18	17	16
Reserved															
15	14	13	12	11	10	9	8	7	6	5	4	3	2	1	0
ODR15	ODR14	ODR13	ODR12	ODR11	ODR10	ODR9	ODR8	ODR7	ODR6	ODR5	ODR4	ODR3	ODR2	ODR1	ODR0
0	0	0	0	0	0	0	0	0	0	0	0	0	0	0	0

图 4-17　GPIOF_ODR 配置结果（LED 亮）

31	30	29	28	27	26	25	24	23	22	21	20	19	18	17	16
Reserved															
15	14	13	12	11	10	9	8	7	6	5	4	3	2	1	0
ODR15	ODR14	ODR13	ODR12	ODR11	ODR10	ODR9	ODR8	ODR7	ODR6	ODR5	ODR4	ODR3	ODR2	ODR1	ODR0
1	1	1	1	1	1	1	1	1	1	1	1	1	1	1	1

图 4-18　GPIOF_ODR 配置结果（LED 灭）

31	30	29	28	27	26	25	24	23	22	21	20	19	18	17	16
BR15	BR14	BR13	BR12	BR11	BR10	BR9	BR8	BR7	BR6	BR5	BR4	BR3	BR2	BR1	BR0
1	1	1	1	1	1	1	1	1	1	1	1	1	1	1	1
15	14	13	12	11	10	9	8	7	6	5	4	3	2	1	0
BS15	BS14	BS13	BS12	BS11	BS10	BS9	BS8	BS7	BS6	BS5	BS4	BS3	BS2	BS1	BS0
0	0	0	0	0	0	0	0	0	0	0	0	0	0	0	0

图 4-19　GPIOF_BSRR 配置结果（LED 亮）

$BRy=1$：清除对应的 $ODRy$ 位为 0。

$BSy=0$：对对应的 $ODRy$ 位不产生影响。

如果要使 LED 灯全部熄灭，GPIOF_BSRR 配置结果如图 4-20 所示。

31	30	29	28	27	26	25	24	23	22	21	20	19	18	17	16
BR15	BR14	BR13	BR12	BR11	BR10	BR9	BR8	BR7	BR6	BR5	BR4	BR3	BR2	BR1	BR0
0	0	0	0	0	0	0	0	0	0	0	0	0	0	0	0
15	14	13	12	11	10	9	8	7	6	5	4	3	2	1	0
BS15	BS14	BS13	BS12	BS11	BS10	BS9	BS8	BS7	BS6	BS5	BS4	BS3	BS2	BS1	BS0
1	1	1	1	1	1	1	1	1	1	1	1	1	1	1	1

图 4-20　GPIOF_BSRR 配置结果（LED 灭）

配置说明：

GPIOF_BSRR＝0x0000 FFFF

$BRy= 0$：对对应的 $ODRy$ 位不产生影响。

$BSy= 1$：设置对应的 $ODRy$ 位为 1。

因为项目属于输出控制，所以 GPIO 输入数据寄存器（GPIOF_IDR）无须配置。上拉/下拉开关仅输入模式有效，所以 GPIO 上拉/下拉寄存器（GPIOF_PUPDR）无须配置。因为项目使用 GPIO 默认功能，所以 GPIO 复用功能寄存器（GPIOF_AFRL、GPIOF_AFRH）无须配置。非特殊应用一般不配置 GPIO 锁定寄存器（GPIOF_LCKR）。至此，项目应用涉及的寄存器均已配置完成。

4.8　寄存器版 LED 灯闪烁工程

4.8.1　创建寄存器版工程模板

寄存器版工程模板因为不需要调用 HAL 库函数，所以模板较简单，只需要将启动文件、系统文件和寄存器定义文件包含进工程即可，其他文件可以从工程中移除，当然，直接使用第 3 章创建的工程模板也是可以的。同时为了编程界面简洁明了，可以将 main.c 文件中的注释和程序沙箱全部删除，仅包含头文件语句和 main()主函数。修改后的寄存器版工程模板界面如图 4-21 所示。

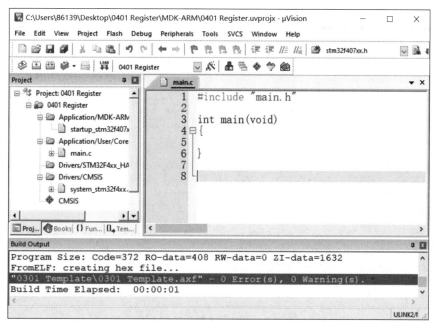

图 4-21 寄存器版工程模板界面

4.8.2 LED 灯闪烁程序设计

LED 灯闪烁控制要求为,开发板上电,8 个 LED 全部点亮,延时 1s,8 个 LED 全部熄灭,再延时 1s,再全部点亮 8 个 LED,周而复始,不断循环,其流程如图 4-22 所示。

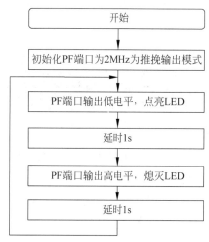

图 4-22 LED 灯闪烁程序流程

根据上面分析可知:

(1) 需要打开 GPIOF 端口时钟,将 PF 端口初始化为推挽输出模式,工作速度为 2MHz,其中 GPIO 端口输出类型寄存器和 GPIO 端口输出速度寄存器保持复位值,配置操作可省略。

(2) 全部点亮 LED 有两种表述方式,一种方式为操作 GPIOF_ODR 寄存器,C 语句为:

```
GPIOF - > ODR = 0x00000000;
```

另一种方式为操作 GPIOF_BSRR 寄存器,C 语句为:

```
GPIOF - > BSRR = 0xFFFF0000;
```

(3) 全部熄灭 LED 有两种表述方式,一种方式为操作 GPIOF_ODR 寄存器,C 语句为:

```
GPIOF - > ODR = 0xFFFFFFFF;
```

另一种方式为操作 GPIOF_BSRR 寄存器,C 语句为:

```
GPIOF - > BSRR = 0x0000FFFF;
```

(4) 延时采用软件延时的方式,这个时间是大概估算的,具体的 C 语句为:

```
for(i = 0; i < 1000000; i++);
```

（5）设置 GPIOF_ODR 寄存器 LED 闪烁源程序（main. c），代码如下：

```
# include "main. h"
int main(void)
{
    __IO uint32_t i;
    RCC -> AHB1ENR = RCC -> AHB1ENR|0x00000020;
    GPIOF -> MODER = 0x00005555;
    while(1)
    {
        GPIOF -> ODR = 0x00000000;
        for(i = 0;i < 1000000;i++);
        GPIOF -> ODR = 0xFFFFFFFF;
        for(i = 0;i < 1000000;i++);
    }
}
```

（6）设置 GPIOF_BSRR 寄存器 LED 闪烁源程序（main. c），代码如下：

```
# include "main. h"
int main(void)
{
    __IO uint32_t i;
    RCC -> AHB1ENR = RCC -> AHB1ENR|0x00000020;
    GPIOF -> MODER = 0x00005555;
    while(1)
    {
        GPIOF -> BSRR = 0xFFFF0000;
        for(i = 0;i < 1000000;i++);
        GPIOF -> BSRR = 0x0000FFFF;
        for(i = 0;i < 1000000;i++);
    }
}
```

在 MDK-ARM 软件中输入源程序，并对其进行编译，编译成功后将程序下载到开发板运行，观察实际运行效果。

4.9 开发经验小结——MDK 中的 C 语言数据类型

C 编程语言支持多种“标准（ANSI）”数据类型，不过，数据在硬件中的表示方式取决于处理器的架构和 C 编译器。对于不同的处理器架构，某种数据类型的大小可能是不一样的。例如，整数在 8 位或 16 位微控制器上一般是 16 位，而在 ARM 架构上则总是 32 位的。表 4-13 列出 ARM 架构（其中包括所有的 ARM Cortex-M 处理器）中的常见数据类型，所有的 C 编译器都支持这些数据类型。

表 4-13 ARM 架构支持的数据类型大小和范围

类　　型	ANSI	MDK	位　　数	范　　围
字符型	char	int8_t	8	−128～127
无符号字符型	unsigned char	uint8_t	8	0～255
短整型	short	int16_t	16	−32 768～32 767
无符号短整型	unsigned short	uint16_t	16	0～65 535

续表

类　　型	ANSI	MDK	位　数	范　　围
整型	int	int32_t	32	$-2\,147\,483\,648 \sim 2\,147\,483\,647$
无符号整型	unsigned int	uint32_t	32	$0 \sim 4\,294\,967\,295$
长整型	long	int32_t	32	$-2\,147\,483\,648 \sim 2\,147\,483\,647$
无符号长整型	unsigned long	uint32_t	32	$0 \sim 4\,294\,967\,295$
长长整型	long long	int64_t	64	$-(2^{63}) \sim (2^{63}-1)$
无符号长长整型	unsigned long long	uint64_t	64	$0 \sim (2^{64}-1)$
单精度	float	float	32	$-3.40 \times 10^{38} \sim 3.40 \times 10^{38}$
双精度	double	double	64	$-1.79 \times 10^{308} \sim 1.79 \times 10^{308}$
长双精度	long double	long double	64	$-1.79 \times 10^{308} \sim 1.79 \times 10^{308}$
指针	—	—	32	$0x0 \sim 0xFFFFFFFF$
枚举	enum	enum	8/16/32	可用的最小数据类型

在 MDK 集成开发环境中使用 ANSI 数据类型和 MDK 编译器新定义的数据类型效果是一样的,例如使用"unsigned int"和使用"uint32_t"均表示 32 位无符号整型数据,事实上,"uint32_t"是 MDK 使用语句"typedef"为"unsigned int"定义的别名。MDK 数据类型相对于 ANSI 数据类型更加直观且长度确定,是推荐的数据定义方式。

本章小结

GPIO 是 STM32F407 微控制器最基本、最重要的外设,也是本书讲解的第一个外设。本章首先讲解了 GPIO 的定义、概述、引脚命名;其次讲解了 GPIO 工作模式、输出速度、复用功能;再次详细讲解了 GPIO 相关寄存器,包括寄存器名称、位定义和访问方式等内容;最后以 LED 流水灯为例,给出了寄存器配置方法,并给出了基于寄存器开发方式的 LED 灯闪烁工程详细实施步骤。

思考拓展

(1) 什么是 GPIO?

(2) STM32F407 微控制器 GPIO 的引脚是如何命名的?

(3) STM32F407 微控制器 GPIO 有几种输入工作模式?

(4) STM32F407 微控制器 GPIO 有几种输出工作模式?

(5) STM32F407 微控制器 GPIO 输出速度有哪几种? 在应用中如何进行选择?

(6) STM32F407 微控制器 GPIO 相关寄存器有哪些?

(7) 如果需要设置 GPIOE 端口所有引脚输出低电平,则 GPIOE_ODR 寄存器的值为多少?

(8) 如果需要设置 GPIOE 端口所有引脚输出高电平,则 GPIOE_BSRR 寄存器的值为多少?

(9) STM32F407 微控制器 PB3、PB4 引脚的系统功能分别是什么? 如果需要将这两个引脚作为 GPIO 使用,如何设置复用功能寄存器?

(10) STM32F407 微控制器 PA13、PA14 引脚的系统功能分别是什么? 本书配套开发板是否可以将这两个引脚作为 GPIO 使用?

## 第 5 章

LED 流水灯与 SysTick 定时器

本章要点

➤ GPIO 输出库函数;
➤ LED 流水灯控制;
➤ SysTick 定时器;
➤ C 语言中的位运算。

第 4 章介绍了 STM32 的 GPIO 并给出通过操作 GPIO 寄存器的 LED 闪烁程序,使读者对 STM32 程序设计有一定的了解。本章将首先介绍常用的 HAL 库输出函数,随后完成嵌入式系统开发的经典案例——LED 流水灯项目,其中延时实现有两种方法,一种是软件延时,另一种是基于 SysTick 的中断定时。

5.1 GPIO 输出库函数

由第 4 章分析可知,要实现 LED 流水灯项目,需要配置 PF 端口的工作模式,并设置 PF0~PF7 的电平状态。现将涉及的 HAL 库函数一一讲解,因为这是本书第一次介绍 HAL 库函数,所以讲解较为详尽。

5.1.1 GPIO 外设时钟使能

要使用 STM32 微控制器控制某一外设,首先就必须打开其外设时钟,HAL 库外设时钟使能和失能是通过一组宏定义完成的,函数前缀为__。

(1) 使能 GPIOF 外设时钟函数:__HAL_RCC_GPIOF_CLK_ENABLE()。

(2) 失能 GPIOF 外设时钟函数:__HAL_RCC_GPIOF_CLK_DISABLE()。

对于 GPIOA、GPIOB、GPIOC 等其他端口外设时钟的使能和失能方式可以类推得到,在此不一一列举。

5.1.2 函数 HAL_GPIO_Init()

表 5-1 描述了函数 HAL_GPIO_Init()。

表 5-1 函数 HAL_GPIO_Init()

函数名	HAL_GPIO_Init()
函数原型	HAL_GPIO_Init(GPIO_TypeDef *GPIOx, GPIO_InitTypeDef *GPIO_Init)
功能描述	根据 GPIO_Init 结构体中指定的参数初始化外设 GPIOx 寄存器
输入参数 1	GPIOx: x 可以是 A~I 中的一个,用来选择 GPIO 外设

续表

输入参数 2	GPIO_Init：指向结构体 GPIO_InitTypeDef 的指针，包含了外设 GPIO 的配置信息。参阅 Section：GPIO_InitTypeDef，查阅更多该参数允许的取值范围
输出参数	无
返回值	无

1. GPIO_InitTypeDef structure

GPIO_InitTypeDef 定义于文件 stm32f4xx_hal_gpio.h，代码如下：

```
typedef struct
{
    uint32_t Pin;
    uint32_t Mode;
    uint32_t Pull;
    uint32_t Speed;
    uint32_t Alternate;
}GPIO_InitTypeDef;
```

2. Pin 参数

Pin 参数选择待设置的 GPIO 引脚，使用操作符 | 可以一次选中多个引脚。Pin 参数值可以使用表 5-2 中的任意组合。

表 5-2 Pin 参数值

Pin	描 述	Pin	描 述
GPIO_PIN_0	选中引脚 0	GPIO_PIN_9	选中引脚 9
GPIO_PIN_1	选中引脚 1	GPIO_PIN_10	选中引脚 10
GPIO_PIN_2	选中引脚 2	GPIO_PIN_11	选中引脚 11
GPIO_PIN_3	选中引脚 3	GPIO_PIN_12	选中引脚 12
GPIO_PIN_4	选中引脚 4	GPIO_PIN_13	选中引脚 13
GPIO_PIN_5	选中引脚 5	GPIO_PIN_14	选中引脚 14
GPIO_PIN_6	选中引脚 6	GPIO_PIN_15	选中引脚 15
GPIO_PIN_7	选中引脚 7	GPIO_PIN_All	选中全部引脚
GPIO_PIN_8	选中引脚 8		

3. Mode 参数

Mode 参数用于设置选中引脚的工作模式。表 5-3 给出了其可取值。

表 5-3 Mode 参数值

Mode	描 述	Mode	描 述
GPIO_MODE_INPUT	输入浮空模式	GPIO_MODE_IT_RISING	中断上升沿触发
GPIO_MODE_OUTPUT_PP	推挽输出模式	GPIO_MODE_IT_FALLING	中断下降沿触发
GPIO_MODE_OUTPUT_OD	开漏输出模式	GPIO_MODE_IT_RISING_FALLING	中断上、下边沿
GPIO_MODE_AF_PP	复用推挽模式	GPIO_MODE_EVT_RISING	事件上升沿触发
GPIO_MODE_AF_OD	复用开漏模式	GPIO_MODE_EVT_FALLING	事件下降沿触发
GPIO_MODE_ANALOG	模拟信号模式	GPIO_MODE_EVT_RISING_FALLING	事件上、下边沿

4. Pull 参数

Pull 参数用于设置是否使用内部上拉或下拉电阻。表 5-4 给出了其可取值。

表 5-4　Pull 参数值

Pull	描　　述
GPIO_NOPULL	无上拉或下拉
GPIO_PULLUP	使用上拉电阻
GPIO_PULLDOWN	使用下拉电阻

5. Speed 参数

Speed 参数用于设置选中引脚的速率。表 5-5 给出了其可取值,引脚实际速率需要参考产品数据手册。

表 5-5　Speed 参数值

Speed	描　　述
GPIO_SPEED_FREQ_LOW	2MHz
GPIO_SPEED_FREQ_MEDIUM	12.5～50MHz
GPIO_SPEED_FREQ_HIGH	25～100MHz
GPIO_SPEED_FREQ_VERY_HIGH	50～200MHz

6. Alternate 参数

Alternate 参数定义引脚的复用功能,在文件 stm32f4xx_hal_gpio_ex.h 中定义了该参数的可用宏定义,这些复用功能的宏定义与具体的 MCU 型号有关,表 5-6 是其中的部分参数定义示例。

表 5-6　Alternate 参数值

Speed	描　　述
GPIO_AF1_TIM1	TIM1 复用功能映射
GPIO_AF1_TIM2	TIM2 复用功能映射
GPIO_AF5_SPI1	SPI1 复用功能映射
GPIO_AF5_SPI2	SPI2/I2S2 复用功能映射
GPIO_AF7_USART1	USART1 复用功能映射
GPIO_AF7_USART2	USART2 复用功能映射

例:

```
/* Configure all the GPIOA in Input Floating mode */
GPIO_InitTypeDef GPIO_InitStruct = {0};
GPIO_InitStruct.Pin = GPIO_PIN_All;
GPIO_InitStruct.Mode = GPIO_MODE_INPUT;
GPIO_InitStruct.Pull = GPIO_NOPULL;
GPIO_InitStruct.Speed = GPIO_SPEED_FREQ_LOW;
HAL_GPIO_Init(GPIOA, &GPIO_InitStruct);
```

5.1.3　函数 HAL_GPIO_DeInit()

表 5-7 描述了函数 HAL_GPIO_DeInit()。

表 5-7　函数 HAL_GPIO_DeInit()

函数名	HAL_GPIO_DeInit()
函数原型	voidHAL_GPIO_DeInit(GPIO_TypeDef *GPIOx,uint32_t GPIO_Pin)
功能描述	反初始化 GPIO 外设寄存器,恢复为复位后的状态
输入参数 1	GPIOx: x 可以是 A～I 中的一个,用来选择 GPIO 外设

续表

输入参数 2	GPIO_Pin：指定反初始化端口引脚，取值参阅表 5-2
输出参数	无
返回值	无

例：

```
/* De - initializes the PA8 peripheral registers to their default reset values. */
HAL_GPIO_DeInit (GPIOA, GPIO_PIN_8);
```

5.1.4　函数 HAL_GPIO_WritePin()

表 5-8 描述了函数 HAL_GPIO_WritePin()。

表 5-8　函数 HAL_GPIO_WritePin()

函数名	HAL_GPIO_WritePin()
函数原型	voidHAL_GPIO_WritePin(GPIO_TypeDef * GPIOx,uint16_t GPIO_Pin,GPIO_PinState PinState)
功能描述	向指定引脚输出高电平或低电平
输入参数 1	GPIOx：x 可以是 A～I 中的一个，用来选择 GPIO 外设
输入参数 2	GPIO_Pin：指定输出端口引脚，取值参阅表 5-2
输入参数 3	PinState：写入电平状态，取值 GPIO_PIN_RESET 或 GPIO_PIN_SET
输出参数	无
返回值	无

例：

```
/* Set the GPIOA port pin 10 and pin 15 */
HAL_GPIO_WritePin(GPIOA, GPIO_PIN_10|GPIO_PIN_15, GPIO_PIN_SET);
```

5.1.5　函数 HAL_GPIO_TogglePin()

表 5-9 描述了函数 HAL_GPIO_TogglePin()。

表 5-9　函数 HAL_GPIO_TogglePin()

函数名	HAL_GPIO_TogglePin()
函数原型	voidHAL_GPIO_TogglePin(GPIO_TypeDef * GPIOx,uint16_t GPIO_Pin)
功能描述	翻转指定引脚的电平状态
输入参数 1	GPIOx：x 可以是 A～I 中的一个，用来选择 GPIO 外设
输入参数 2	GPIO_Pin：指定翻转端口引脚，取值参阅表 5-2
输出参数	无
返回值	无

例：

```
/* Toggles the GPIOA port pin 10 and pin 15 */
HAL_GPIO_TogglePin (GPIOA, GPIO_PIN_10|GPIO_PIN_15);
```

5.1.6　输出寄存器访问

　　HAL 库函数并没有提供访问 GPIO 端口输出数据寄存器的库函数，所以如果程序中需要读取或更新端口数据，可以采用直接访问端口数据寄存器 GPIOx_ODR 的方式来完成，其更加高效和快捷。

　　例：

```
/* Write data to GPIOA data port */
GPIOA -> ODR = 0x1101;
```

5.2 LED 流水灯控制

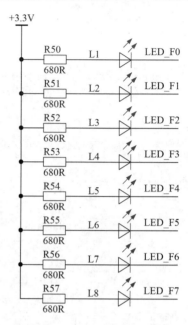

图 5-1 LED 流水灯电路原理图

已知开发板 LED 流水灯原理图如图 5-1 所示。由图可知，如需实现 LED 流水灯控制只需要依次点亮 L1～L8，即需依次设置 PF0～PF7 为低电平即可，对应 GPIOF 端口写入数据分别为 0xFE、0xFD、0xFB、0XF7、0xEF、0xDF、0xBF、0x7F。

项目具体实施步骤为：

第 1 步：复制第 3 章创建的工程模板文件夹到桌面（也可以复制到其他路径，只是桌面操作更方便），并将文件夹重命名为 0501 LEDWater（其他名称完全可以，只是命名需要遵循一定原则，以便于项目积累）。

第 2 步：打开工程模板文件夹中的 Template.ioc 文件，启动 STM32CubeMX 配置软件，首先在引脚视图下面将 PF0～PF7 全部设置为 GPIO_Output 模式，然后选择 System Core 类别下的 GPIO 子项，LED 控制引脚均设置为推挽、低速、无上拉/下拉、初始输出高电平，添加用户标签 LED1～LED8，流水灯项目初始化配置如图 5-2 所示。时钟配置和工程配置选项无须修改，单击 GENERATE CODE 按钮生成初始化工程。

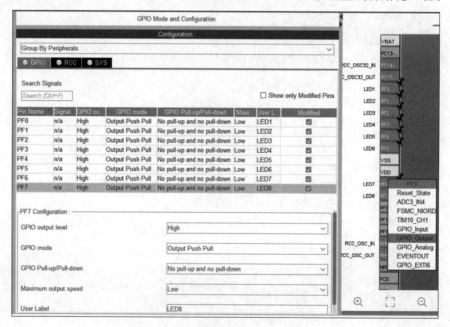

图 5-2 流水灯项目初始化配置

第 3 步：打开 MDK-ARM 文件夹下的工程文件 Template.uvprojx，将生成工程编译一下，没有错误和警告就可以开始用户程序编写了。此时工程创建了一个 gpio.c 文件，将其添加到 Application/User/Core 项目组下面，生成的 LED 初始化程序就存放在该文件中，部分代码如下：

```
# include "gpio. h"
void MX_GPIO_Init(void)
{
    GPIO_InitTypeDef GPIO_InitStruct = {0};
    __HAL_RCC_GPIOF_CLK_ENABLE();
    HAL_GPIO_WritePin(GPIOF, LED1_Pin|LED2_Pin|LED3_Pin|LED4_Pin
        |LED5_Pin|LED6_Pin|LED7_Pin|LED8_Pin, GPIO_PIN_SET);
    GPIO_InitStruct.Pin = LED1_Pin|LED2_Pin|LED3_Pin|LED4_Pin
                    |LED5_Pin|LED6_Pin|LED7_Pin|LED8_Pin;
    GPIO_InitStruct.Mode = GPIO_MODE_OUTPUT_PP;
    GPIO_InitStruct.Pull = GPIO_NOPULL;
    GPIO_InitStruct.Speed = GPIO_SPEED_FREQ_LOW;
    HAL_GPIO_Init(GPIOF, &GPIO_InitStruct);
}
```

上述代码和 STM32CubeMX 配置选项一一对应,因为 LED 引脚既需要输出高电平,又需要输出低电平,所以需要将相应引脚配置为推挽输出模式。而对于输出速度并没有特殊要求,配置成 2MHz 即可。对于 LED 流水灯控制,需要初始化 GPIOF 的 PIN0～PIN7,由于在 STM32CubeMX 初始化配置时使用了标签,所以代码使用宏定义 LED1_Pin 替换 GPIO_PIN_0,其他引脚对应关系以此类推,相应的宏定义存放在 main. h 中,读者可以单击鼠标右键跟踪查看。

第 4 步:打开 main. c 文件,在程序沙箱内编写一个简单的延时程序,其代码很短,但是在嵌入式开发中是经常使用的,所以作者将该函数的声明放到 main. h 中,以便其他文件使用。在 main() 函数中,需要完成系统初始化、时钟配置和 GPIO 初始化,上述代码均是由 STM32CubeMX 自动生成。用户只需定位 main() 函数的 while 循环程序沙箱,编写流水灯显示程序,即先点亮一个 LED 灯,调用延时函数,等待约 1s 时间,再点亮下一个 LED 灯,如此往复。需要注意的是,用户编写的所有程序均需写在程序沙箱内,否则修改系统配置后再次生成工程时,用户代码将会丢失。main. c 文件的部分程序如下,为便于读者查看用户编写的代码,已将程序沙箱注释语句作加粗显示。

```
# include "LED. h"
# include "main. h"
# include "gpio. h"
void SystemClock_Config(void);

/ * USER CODE BEGIN 0 * /
void delay(uint32_t i)
{
while(i-- ) ;
}
/ * USER CODE END 0 * /

int main(void)
{
    HAL_Init();                   //系统初始化
    SystemClock_Config();         //系统时钟配置
    MX_GPIO_Init();               //GPIO初始化
    / * USER CODE BEGIN WHILE * /
    while (1)
    {
        GPIOF -> ODR = 0xFE;
        delay(24000000);
        GPIOF -> ODR = 0xFD;
        delay(24000000);
```

```
        GPIOF -> ODR = 0xFB;
        delay(24000000);
        GPIOF -> ODR = 0xF7;
        delay(24000000);
        GPIOF -> ODR = 0xEF;
        delay(24000000);
        GPIOF -> ODR = 0xDF;
        delay(24000000);
        GPIOF -> ODR = 0xBF;
        delay(24000000);
        GPIOF -> ODR = 0x7F;
        delay(24000000);
    /* USER CODE END WHILE */
    }
}
```

第5步：编译工程，直到没有错误为止，下载程序到开发板，复位运行，检查实验效果。

5.3 SysTick 定时器

5.3.1 SysTick 定时器概述

以前大多操作系统需要一个硬件定时器产生操作系统需要的滴答中断，作为整个系统的时基。例如，为多个任务安排不同数目的时间片，确保没有一个任务能独占系统；或者把每个定时器周期的某个时间范围分配给特定的任务等。操作系统提供的各种定时功能，都与这个滴答定时器有关。因此，需要一个定时器来产生周期性的中断，而且最好是用户程序不能随意访问它的寄存器，以维持操作系统"心跳"的节律。

微课视频

ARM Cortex-M4 处理器内部包含一个简单的定时器。因为所有的 Cortex-M4 芯片都带有这个定时器，软件在不同 Cortex-M4 器件间的移植工作得以化简。该定时器的时钟源可以是内部时钟（FCLK，Cortex-M4 处理器上的自由运行时钟），也可以是外部时钟（Cortex-M4 处理器上的 STCLK 信号）。不过，STCLK 的具体来源则由芯片设计者决定，因此不同产品之间的时钟频率可能会大不相同，需要查阅芯片的器件手册来决定选择什么作为时钟源。

SysTick 定时器能产生中断，Cortex-M4 专门为它开出一个异常类型，并且在向量表中有其一席之地。SysTick 定时器使操作系统和其他系统软件在 Cortex-M4 器件间的移植变得更简单了，因为在所有 Cortex-M4 产品间对其处理都是相同的。

SysTick 定时器除了能服务于操作系统之外，还能用于其他目的。如作为一个闹铃，用于测量时间等。要注意的是，当处理器在调试期间被喊停（halt）时，SysTick 定时器亦将暂停运作。

5.3.2 SysTick 定时器寄存器

有 4 个寄存器控制 SysTick 定时器，如表 5-10～表 5-13 所示。

表 5-10　SysTick 控制及状态寄存器 STK_CTRL（0xE000_E010）

位　段	名　称	类　型	复　位　值	描　述
16	COUNTFLAG	R	0	如果在上次读取本寄存器后，SysTick 已经数到 0，则该位为 1。如果读取该位，该位将自动清零
2	CLKSOURCE	R/W	0	0＝外部时钟（STCLK），AHB 时钟 8 分频 1＝内部时钟（FCLK，HCLK）
1	TICKINT	R/W	0	1＝SysTick 倒数到 0 时，产生 SysTick 异常请求 0＝SysTick 数到 0 时，无动作
0	ENABLE	R/W	0	SysTick 定时器的使能位

表 5-11　SysTick 重装载数值寄存器 STK_LOAD(0xE000_E014)

位　段	名　　称	类　型	复位值	描　　述
23:0	RELOAD	R/W	0	当 SysTick 倒数至 0 时,将被重装载的值

表 5-12　SysTick 当前数值寄存器 STK_VAL(0xE000_E018)

位　段	名　　称	类　型	复位值	描　　述
23:0	CURRENT	R/Wc	0	读取时,则返回当前倒计数的值,写入时,则清零,同时还会清除在 SysTick 控制及状态寄存器中的 COUNTFLAG 标志

表 5-13　SysTick 校准数值寄存器 STK_CALIB(0xE000_E01C)

位　段	名　　称	类　型	复位值	描　　述
31	NOREF	R	—	1=没有外部参考时钟(STCLK 不可用) 0=外部参考时钟可用
30	SKEW	R	—	1=校准值不是准确的 10ms 0=校准值是准确的 10ms
23:0	TENMS	R/W	0	10ms 的时间内倒计数的格数。芯片设计者应该通过 Cortex-M4 的输入信号提供该数值。若该值读回零,则无法使用校准功能

5.3.3　延时函数 HAL_Delay()

在 HAL 库中提供了一个十分方便的利用 SysTick 定时器实现的延时函数 HAL_Delay(),为更好地理解和应用这一函数,下面对其实现过程进行详细讲解。

HAL_Delay()函数位于 stm32f4xx_hal.c 文件中,其原型为:

```
__weak void HAL_Delay(uint32_t Delay)
{
    uint32_t tickstart = HAL_GetTick();
    uint32_t wait = Delay;
    /* Add a freq to guarantee minimum wait */
    if (wait < HAL_MAX_DELAY) // HAL_MAX_DELAY = 0xFFFF FFFF
    {
        wait += (uint32_t)(uwTickFreq);
    }
    while((HAL_GetTick() - tickstart) < wait)
    {
    }
}
```

延时函数首先调用 HAL_GetTick()函数,并把它的返回值赋给变量 tickstart,同时把函数的形参(Delay,延时的毫秒数)赋给变量 wait,随后使用 if 语句判断 wait 的值是否小于 HAL_MAX_DELAY(宏定义值为 0xFFFF FFFF),如果是,则 wait 变量增加 uwTickFreq(枚举类型,延时为 1ms)。最后进入 while 循环中,while 循环执行的时间即为延时的时间。

继续打开 HAL_GetTick()函数,其代码比较简单,仅返回变量 uwTick 值。

```
__weak uint32_t HAL_GetTick(void)
{
    return uwTick;
}
```

由此可见,变量 uwTick 在延时实现中起关键作用,进一步观察与这一变量数值变化有关的函数,其中一个为 HAL_IncTick()函数,其代码也较为简单,只是将 uwTick 数值加 1。

```
__weak void HAL_IncTick(void)
{
    uwTick += uwTickFreq;
}
```

通过代码跟踪发现 HAL_IncTick()函数被 SysTick 中断服务程序 SysTick_Handler()调用,其位于 stm32f4xx_it.c 文件中,代码如下:

```
void SysTick_Handler(void)
{
    HAL_IncTick();
}
```

综上所述,HAL_Delay()延时函数实现原理为,定义一个无符号整型变量 uwTick,通过中断服务程序每 1ms 使其数值加 1。进入延时函数,首先记录下 uwTick 初始值,然后不断读取当前的 uwTick 变量值,如果二者差值小于延时数值,则一直等待,直至延时完成。

细心的读者可能会发现一个问题,那就是为什么 SysTick 定时器会每 1ms 中断一次,以及定时器的时钟源、中断优先级又是如何设置的? 所以本节还要带领大家了解一下 SysTick 定时器的初始化过程。

在 main()主函数中调用的第一个函数是 HAL_Init(),其主要用于复位所有外设,初始化 Flash 接口和 SysTick 定时器,并将中断优先级分组设为分组 4。SysTick 定时器初始化是调用 HAL_InitTick(TICK_INT_PRIORITY)函数完成的,其入口参数 TICK_INT_PRIORITY 数值为 15,该数值为 SysTick 定时器的中断优先级。函数定义如下:

```
__weak HAL_StatusTypeDef HAL_InitTick(uint32_t TickPriority)
{
    /* Configure the SysTick to have interrupt in 1ms time basis * / //uwTickFreq = 1
    if (HAL_SYSTICK_Config(SystemCoreClock / (1000U / uwTickFreq)) > 0U)
    { return HAL_ERROR; }
    /* Configure the SysTick IRQ priority * / //__NVIC_PRIO_BITS = 4
    if (TickPriority < (1UL << __NVIC_PRIO_BITS))
    {
        HAL_NVIC_SetPriority(SysTick_IRQn, TickPriority, 0U);
        uwTickPrio = TickPriority;
    }
    else
    { return HAL_ERROR; }
    /* Return function status */
    return HAL_OK;
}
```

HAL_InitTick()函数主要实现两个功能:一是设置 SysTick 定时器的中断优先级,初始化后中断优先级的数值是 15,即最低优先级(数值越大级别越低);二是设置定时器的分频系数,以使定时器中断频率为 1kHz,通过调用 HAL_SYSTICK_Config()函数实现,其入口参数为 SystemCoreClock/(1000U/uwTickFreq),实为定时器相对于内核频率的分频系数,具体实现方法需要进一步查看其函数原型。代码如下:

```
uint32_t HAL_SYSTICK_Config(uint32_t TicksNumb)
{
```

```
        return SysTick_Config(TicksNumb);
    }
```

在函数 HAL_SYSTICK_Config()调用了另一个 SysTick_Config(),其入口参数是同值传递的,继续打开 SysTick_Config(),其源代码如下:

```
    __STATIC_INLINE uint32_t SysTick_Config(uint32_t ticks)
    {
        if ((ticks - 1UL) > SysTick_LOAD_RELOAD_Msk)
        {  return (1UL);                              /* Reload value impossible */  }
        SysTick->LOAD = (uint32_t)(ticks - 1UL);      /* set reload register */
        NVIC_SetPriority (SysTick_IRQn, (1UL << __NVIC_PRIO_BITS) - 1UL);
        SysTick->VAL = 0UL;                           /* Load the SysTick Counter Value */
        SysTick->CTRL = SysTick_CTRL_CLKSOURCE_Msk |
                        SysTick_CTRL_TICKINT_Msk |
                        SysTick_CTRL_ENABLE_Msk;
        return (0UL);                                 /* Function successful */
    }
```

为了便于大家更好地理解程序,现将函数参数和相关宏定义说明如下:

(1) ticks:函数入口参数,用于设定 SysTick 定时器中断频率。因为 SysTick 定时器当计数到 0 后再减 1,才将 STK_LOAD 装载到当前值寄存器 STK_VAL,开始下一个周期的计数,所以需要将 ticks 减去 1 之后赋给定时器的重装载寄存器 STK_LOAD。

分频系数由形式参数 ticks 决定,其数值由实际参数 SystemCoreClock/(1000U/uwTickFreq)计算得出。当系统内核频率为 SystemCoreClock=168MHz,uwTickFreq 取默认值 1,则定时器中断频率为:

$$
\begin{aligned}
f_{\text{Tick}} &= \text{SystemCoreClock}/(\text{SystemCoreClock}/(1000U/uwTickFreq)) \\
&= 168\text{MHz}/(168\text{MHz}/(1000/1)) \\
&= 1\text{kHz}
\end{aligned}
$$

由上述计算过程可以看出,内核频率 SystemCoreClock 对定时器的中断频率没有影响,1000U/uwTickFreq 表达式即为最终频率,增加 uwTickFreq 数值将减小输出频率,事实上 HAL_Delay 延时函数还可以配置以 10ms 或 100ms 为单位的延时函数,但是不推荐使用,一般直接使用默认的毫秒延时即可。

(2) __NVIC_PRIO_BITS:中断优先级位数,宏定义,数值为 4,此处再次将 SysTick 定时器中断优先级配置为 15,即最低优先级。

(3) SysTick_LOAD_RELOAD_Msk:定时器最大重载值掩码,宏定义,数值为 0xFF FFFF,向定时器重装载寄存器,写入数据不得大于此数值。

(4) SysTick_CTRL_CLKSOURCE_Msk:定时器时钟来源控制位掩码,宏定义,数值为 0x0000 0004。由此可知 STK_CTRL 的 CLKSOURCE 位为 1,SysTick 定时器时钟源为内部时钟,即 FCLK 或 HCLK,二者数值上是相同的,最高频率 168MHz。

(5) SysTick_CTRL_TICKINT_Msk:判断定时器是否产生异常控制位掩码,宏定义,数值为 0x0000 0002。由此可知,STK_CTRL 的 TICKINT 位为 1,即定时器倒数到 0 时产生异常请求。

(6) SysTick_CTRL_ENABLE_Msk:定时器使能控制位掩码,宏定义,数值为 0x0000 0001,由此可知,STK_CTRL 的 ENABLE 位为 1,使能 SysTick 定时器。

SysTick_Config()函数是 SysTick 定时器初始化的核心函数,进入函数首先将分频系数减 1 后赋给定时器重装载寄存器,随后将 SysTick 定时器中断优先级设为最低,定时器当前值寄存器写入 0。最后配置定时器控制及状态寄存器,选择内部时钟为时钟源、产生异常中断,并使能定时器。如果用户在编写程序时需要重新配置 SysTick 定时器也可以再次调用 SysTick_Config()函数进行相关设置。

　　HAL_Delay()延时函数虽然用来全不费工夫,只需要给出需要延时的毫秒数即可,但其实现却是众多配置、层层调用,较为复杂。

　　由上述分析可知,使用延时函数需要注意以下几点:

①SysTick 定时器使用内部时钟作为时钟源。②SysTick 定时器延时是阻塞运行的,延时过程独占 CPU,无法执行其他任务。③SysTick 定时器要想跳出延时函数,必须保证中断服务程序能够被执行,否则将会导致系统死机。

5.3.4　HAL_Delay()延时实例

　　前文 LED 流水灯控制程序中延时程序是通过软件延时的方法实现的,这个时间很不精确,只能大概估计。根据上述分析,本节利用 HAL_Delay()函数实现精确的延时,操作较为简单,只需要将原程序中的 delay(24000000)替换为 HAL_Delay(1000)即可。main()函数的参考代码如下:

```
int main(void)
{
    HAL_Init();
    SystemClock_Config();
    MX_GPIO_Init();
    /* USER CODE BEGIN WHILE */
    while (1)
    {
        GPIOF->ODR = 0xFE;        HAL_Delay(1000);
        GPIOF->ODR = 0xFD;        HAL_Delay(1000);
        GPIOF->ODR = 0xFB;        HAL_Delay(1000);
        GPIOF->ODR = 0xF7;        HAL_Delay(1000);
        GPIOF->ODR = 0xEF;        HAL_Delay(1000);
        GPIOF->ODR = 0xDF;        HAL_Delay(1000);
        GPIOF->ODR = 0xBF;        HAL_Delay(1000);
        GPIOF->ODR = 0x7F;        HAL_Delay(1000);
        /* USER CODE END WHILE */
    }
}
```

5.3.5　微秒级延时的实现

　　HAL_Delay()函数无须用户设计代码,在工程任何位置可以直接调用,十分方便。但它也存在一些缺点:一是使用中断方式,如果在其他中断服务程序中使用,则需重新配置中断优先级,否则将会导致死机;二是无法实现微秒级延时,因为配置的中断服务程序是 1ms 执行一次,只能进行毫秒级延时。本节将使用查询方式实现 SysTick 定时器微秒级的延时,这在某些传感器或数据通信中是经常需要使用的,其参考程序如下:

```
void delay_us(uint32_t nus)
{
    uint32_t ticks;
    uint32_t told, tnow, tcnt = 0;
    uint32_t reload = SysTick->LOAD + 1;              //计数个数为重装载值加 1
    ticks = nus * (SystemCoreClock/1000000);          //需要的节拍数
    told = SysTick->VAL;                              //初始计数器值
```

```
    while(1)
    {
        tnow = SysTick – > VAL;
        if(tnow!= told)
        {
            if(tnow < told) tcnt += told - tnow;          //SysTick 递减的计数器
            else tcnt += reload - tnow + told;
            told = tnow;
            if(tcnt > = ticks) break;                      //延时时间已到,退出
        }
    }
}
```

基于查询方式的微秒级延时函数设计思路为:进入函数记录定时器起始值,读取定时器当前值寄存器,如果和起始值不相同,则计算经历过的节拍数,当前值小于起始值,则直接累计,如果当前值大于起始值,则需要加上一个周期的计数个数(重装载值加1)再累计,如此循环,直至累计的节拍数大于或等于需要的节拍数,退出函数。

 分析 delay_us()函数的实现代码可知,函数使用重装载值参与节拍数的累加,但并没有更改寄存器的数值。根据系统变量 SystemCoreClock 计算 1μs 定时所需要的节拍数。上述两点使得延时函数可以应用于任意内核频率系统且和 SysTick 定时器重装载值无关。

使用 delay_us(1000)可以实现 1ms 的延时,基于查询方式的毫秒延时函数就是延时若干 1ms,其参考程序如下:

```
void delay_ms(uint32_t nms)
{
    uint32_t i;
    for(i = nms;i > 0;i-- )
        delay_us(1000) ;
}
```

5.3.6　综合延时程序实例

至此,本章共介绍了 4 种延时函数的实现方式,还是以 LED 流水灯为例进行项目实验,采用 4 种方式分别延时,参考代码如下:

```
int main(void)
{
    HAL_Init();
    SystemClock_Config();
    MX_GPIO_Init();
    / * USER CODE BEGIN WHILE * /
    while (1)
    {
        GPIOF – > ODR = 0xFE;
        delay_us(1000000);              //SysTick 查询方式 μs 延时
        GPIOF – > ODR = 0xFD;
        delay_us(1000000);
        GPIOF – > ODR = 0xFB;
        delay_ms(1000);                 // SysTick 查询方式 ms 延时
        GPIOF – > ODR = 0xF7;
        delay_ms(1000);
```

```
        GPIOF - > ODR = 0xEF;
        HAL_Delay(1000);                    // SysTick 中断方式 ms 延时
        GPIOF - > ODR = 0xDF;
        HAL_Delay(1000);
        GPIOF - > ODR = 0xBF;
        delay(24000000);                    //软件延时,空循环等待
        GPIOF - > ODR = 0x7F;
        delay(24000000);
        /* USER CODE END WHILE */
    }
}
```

需要说明的是上述代码中 4 种延时方式混合使用,只为测试方便,这种程序设计风格是不推荐的。测试表明 4 种延时函数可以交替使用,相互之间没有影响,除软件延时时间精度难以保证外,其余三种方式可以实现精确的延时。

这么多的延时方式应该如何选择呢? 软件延时函数 delay()简单方便、易于实现,在短延时或不需要精确延时的场合使用更加高效。基于中断方式的 HAL_Delay()延时函数由官方提供,且已经初始化完成,在任何文件中都可以直接使用,在大部分场合,使用该函数实现毫秒级延时。如果要实现微秒级延时,则可以使用作者编写的 delay_us()延时函数,令人欣喜的是,该函数与官方延时函数共用系统初始化,可以交替使用。如果需要采用基于查询方式的毫秒级延时,则可以使用 delay_ms()延时函数。

为了便于读者在后续项目中使用上述延时函数,作者将自定义的 3 个延时函数声明到公共头文件 main.h 中,其他文件若需要使用延时函数仅需要将其包含即可,而这一操作在大部分情况下是系统自动完成的。

5.4　开发经验小结——C 语言中的位运算

C 语言既具有高级语言的特点,又具有低级语言的功能,因而具有广泛的用途和旺盛的生命力,其位运算功能就十分适合编写嵌入式硬件控制程序。

5.4.1　位运算符和位运算

所谓位运算是指进行二进制位的运算。C 语言提供如表 5-14 所列出的位运算符。

表 5-14　C 语言位运算符

运　算　符	含　义	运　算　符	含　义
&	位与	～	位取反
|	位或	≪	位左移
^	位异或	≫	位右移

说明:

(1) 位运算符中除～以外,均为二目运算符,即要求两侧各有一个运算量。

(2) 运算量只能是整型或字符型的数据,不能为实型数据。

下面对各运算符分别介绍如下:

1. 位与运算符(&)

位与运算是指参加运算的两个数据,按二进制位进行“与”运算。如果两个相应的二进制位都为 1,则该位的结果值为 1,否则为 0,即 0&0=0; 0&1=0; 1&0=0; 1&1=1。

例如,两个 8 位无符号数 3 和 5,位与运算计算过程如下:

$$
\begin{array}{cccccccccc}
 & 3= & 0 & 0 & 0 & 0 & 0 & 0 & 1 & 1 \\
(\&) & 5= & 0 & 0 & 0 & 0 & 0 & 1 & 0 & 1 \\
\hline
 & & 0 & 0 & 0 & 0 & 0 & 0 & 0 & 1 \\
\end{array}
$$

计算时，首先将两个运算量分别转换为二进制数，然后按位相与，最后计算得到 3&5 的运算结果为 1。

2. 位或运算符(|)

位或运算的运算规则是，两个相应的二进制位中只要有一个为 1，该位的结果为 1，即：$0|0=0$；$0|1=1$；$1|0=1$；$1|1=1$。

例如，两个 8 位十六进制数 0x35 和 0xA8，位或运算过程如下：

$$
\begin{array}{cccccccccc}
 & 0x35= & 0 & 0 & 1 & 1 & 0 & 1 & 0 & 1 \\
(|) & 0xA8= & 1 & 0 & 1 & 0 & 1 & 0 & 0 & 0 \\
\hline
 & & 1 & 0 & 1 & 1 & 1 & 1 & 0 & 1 \\
\end{array}
$$

计算时，首先将两个运算量分别转换为二进制，然后按位相或，最后计算得到 0x35|0xA8 的运算结果为 0xBD。

3. 位异或运算符(^)

位异或运算符^也称为 XOR 运算符，位异或的运算规则是，若参与运算的两个二进制位相同，则结果为 0(假)；两个二进制位不相同，则结果为 1(真)，即 $0^\wedge0=0$；$0^\wedge1=1$；$1^\wedge0=1$；$1^\wedge1=0$。"异或"的意思是判断两个相应位的值是否为"异"，为"异"(值不同)就取真(1)，否则取假(0)。

例如，两个 8 位无符号数 57 和 42，位异或运算过程如下：

$$
\begin{array}{cccccccccc}
 & 57= & 0 & 0 & 1 & 1 & 1 & 0 & 0 & 1 \\
(^\wedge) & 42= & 0 & 0 & 1 & 0 & 1 & 0 & 1 & 0 \\
\hline
 & & 0 & 0 & 0 & 1 & 0 & 0 & 1 & 1 \\
\end{array}
$$

计算时，首先将两个运算量分别转换为二进制数，然后按位相异或，最后得到 57^42 的运算结果 19。

4. 取反运算符(~)

取反运算符~是一个单目运算符，用来对一个二进制数按位取反，即将 0 变 1，1 变 0。例如，对于 8 位无符号数 0x01 进行取反的运算过程如下：

$$
\begin{array}{cccccccccc}
(\sim) & 0x01= & 0 & 0 & 0 & 0 & 0 & 0 & 0 & 1 \\
\hline
 & & 1 & 1 & 1 & 1 & 1 & 1 & 1 & 0 \\
\end{array}
$$

计算时，只需将待取反运算量转换为二进制，然后按位取反，由此可知~0x01 的结果为 0xFE，也就是十进制数 254。

5. 左移运算符(≪)

左移运算符≪用来将一个数的各二进制位全部左移若干位。例如 $a≪2$，表示将 a 的二进制数左移 2 位，右边空出的位补 0。若 $a=15$，即二进制数 00001111，左移 2 位得到 00111100，即十进制数 60(为简单起见，用 8 位二进制数表示十进制数 15，如果用 16 位二进制数表示，结果也是一样的)。高位左移后溢出，舍弃即可。

左移 1 位相当于该数乘以 2，左移 2 位相当于该数乘以 $2^2=4$。上面举的例子 $15≪2=60$，即乘以 4。但此结论只适用于该数左移时被溢出舍弃的高位中不包含 1 的情况。

6. 右移运算符(≫)

右移运算符≫用来将一个数的各二进制位全部右移若干位。例如 $a≫2$，表示将 a 的各二进制位右移 2 位。移到右端的低位被舍弃,高位补 0。例如,$a=15$,对应的二进制数为 00001111,$a \gg 2$ 结果为 00000011,最低两位 11 被移出舍弃。右移一位相当于除以 2,右移 n 位相当于除以 2^n。

实践可知,ARM Cortex-M 平台,使用 MDK 编译器,无论是左移还是右移,移出位均舍弃,移入位均补 0。

7. 位运算符与赋值运算符

位运算符与赋值运算符可以组成复合赋值运算符,分别为:$\&=$,$|=$,$^=$,$\gg=$,$\ll=$。例如,$a\&=$ b 相当于 $a=a\&b$,$a\ll=2$ 相当于 $a=a\ll2$。

5.4.2　嵌入式系统位运算实例

C 语言的位运算可以实现嵌入式系统底层硬件位控制功能,但 C 语言并没有像汇编语言那样,具有 SETB、CLR、CPL 等单个位操作指令,而只能通过对整型数据的位运算实现对单个或多个二进制位的操作。下面给出几个应用实例,以期起到抛砖引玉的效果。

1. 对指定位取反

已知开发板 LED 流水灯电路如图 5-1 所示,现需要将中间 4 个 LED 灯(L3～L6)的状态取反。

分析上面介绍的各位运算操作的特点可以发现,异或运算规则中,与 0 相异或,保持原二进制位状态不变,与 1 相异或其状态取反。所以要实现本例功能,仅需将端口输出寄存器与二进制数 00111100 相异或即可,即中间四位取反,其余位不变,参考代码如下:

```
GPIOF -> ODR = GPIOF -> ODR^0x3C;
```

2. 流水灯移位实现

5.2 节流水灯控制程序还可以通过移位来实现,具体方法是,将常量 1 依次左移 i 位,$i=0～7$,然后将结果取反后送端口输出寄存器,其参考程序如下:

```
GPIOF -> ODR = ~(1 << i);
```

3. 实现循环移位功能

在汇编语言中一般会提供循环左移和循环右移功能。在流水灯控制程序中,另外一种实现方法是设置一个初始状态,即点亮第一个 LED 灯,对应端口数据为 0xFE,之后循环移位即可。端口数据循环左移 i 位的参考代码如下:

```
uint8_t LedVal = 0xFE;
LedVal = LedVal << i|LedVal >>(8 - i);
GPIOF -> ODR = LedVal;
```

上述代码实现的基本思想为,首先定义一个 8 位无符号变量并赋初值,然后将该变量先左移 i 位,再右移 $8-i$ 位,两者相位或,最后将结果输出到端口寄存器。

本章小结

本章首先介绍 HAL 库 GPIO 输出库函数,包括函数的功能、参数和应用方法,随后介绍了第一个基于 HAL 库的嵌入式开发实例,即 LED 流水灯控制,采用软件延时方式实现流水效果。最后介绍了 SysTick 定时器的功能、原理和控制寄存器,详细讲解了官方延时函数原理及实现方法,编写了基于查询方式的微秒级延时函数和毫秒级延时函数,并将上述延时函数添加到 LED 流水灯项目中,测试表明 4 种延时方法均可实现延时,可交替使用,相互之间无影响。

思考拓展

（1）函数__HAL_RCC_GPIOA_CLK_ENABLE()的功能是什么？

（2）函数 HAL_GPIO_Init()的功能是什么？有哪些参数？

（3）函数 HAL_GPIO_WritePin()的功能是什么？有哪些参数？

（4）函数 HAL_GPIO_TogglePin()的功能是什么？有哪些参数？

（5）简要说明 SysTick 定时器的概况以及使用该定时器的好处。

（6）SysTick 定时器相关的控制寄存器有哪些？

（7）SysTick 定时器的时钟源是哪两类？如何设置？

（8）HAL_Delay()函数延时的单位是什么？最大延时时间是多少？

（9）delay_us()延时函数为什么不需要对 SysTick 定时器进行初始化？

（10）通过位异或运算实现开发板 L1、L3、L5 以秒为周期闪烁程序设计。

## 第 6 章

按键输入与蜂鸣器

本章要点

➤ GPIO 输入库函数；

➤ 蜂鸣器工作原理；

➤ 独立按键控制蜂鸣器；

➤ 矩阵键盘扫描；

➤ 复合数据类型。

　　GPIO 学习是嵌入式系统应用的基础,在第 5 章中给出 GPIO 输出应用库函数实例,本章将继续学习 GPIO 及其应用中的按键输入,以及 GPIO 综合应用中的由按键控制蜂鸣器发声、矩阵按键扫描方法等内容,使读者能较好地掌握 GPIO 应用方法,以及嵌入式系统开发一般过程。

6.1　GPIO 输入库函数

6.1.1　函数 HAL_GPIO_ReadPin()

　　表 6-1 描述了函数 HAL_GPIO_ReadPin()。

表 6-1　函数 HAL_GPIO_ReadPin()

函数名	HAL_GPIO_ReadPin()
函数原型	GPIO_PinState HAL_GPIO_ReadPin(GPIO_TypeDef * GPIOx,uint16_t GPIO_Pin)
功能描述	读取指定端口引脚的输入电平状态
输入参数 1	GPIOx:x 可以是 A～I 中的一个,用来选择 GPIO 外设
输入参数 2	GPIO_Pin:指定读取的端口引脚,取值参阅表 5-2
输出参数	无
返回值	GPIO_PinState:引脚电平状态,取值 GPIO_PIN_RESET 或 GPIO_PIN_SET

　　例:

```
/* Reads the seventh pin of the GPIOB and store it in ReadValue variable */
uint8_t ReadValue;
ReadValue = HAL_GPIO_ReadPin(GPIOB, GPIO_PIN_7);
```

6.1.2　输入数据寄存器访问

　　HAL 库并没有提供访问 GPIO 端口输入数据寄存器的库函数,所以如果程序中需要批量读取端口引脚状态,可以采用直接访问端口输入数据寄存器 GPIOx_IDR 的方式来完成,其更加高效和快捷。

　　例:

```
/* Read the level status of all pins of GPIOA port */
uint16_t ReadValue;
ReadValue = GPIOA->IDR;
```

6.1.3 函数 HAL_GPIO_LockPin()

表 6-2 描述了函数 HAL_GPIO_LockPin()。

表 6-2 函数 HAL_GPIO_LockPin()

函数名	HAL_GPIO_LockPin()
函数原型	HAL_StatusTypeDef HAL_GPIO_LockPin(GPIO_TypeDef * GPIOx,uint16_t GPIO_Pin)
功能描述	锁定指定端口引脚的配置信息
输入参数 1	GPIOx：x 可以是 A～I 中的一个,用来选择 GPIO 外设
输入参数 2	GPIO_Pin：指定读取的端口引脚,取值参阅表 5-2
输出参数	无
返回值	HAL_StatusTypeDef：枚举数据类型,返回函数执行状态

HAL_StatusTypeDef 为枚举数据类型,定义于 stm32f4xx_hal_def.h 文件中,表示函数执行的状态,取值见表 6-3。

表 6-3 HAL_StatusTypeDef 取值

名 称	数 值	名 称	数 值
HAL_OK	0x00U	HAL_BUSY	0x02U
HAL_ERROR	0x01U	HAL_TIMEOUT	0x03U

需要注意的是 HAL_GPIO_LockPin()函数用于锁存引脚的配置信息,而非引脚的电平状态,实际应用中该函数较少使用,本节仅为了知识完整性而将其列出。

6.2 独立按键控制蜂鸣器

6.2.1 电路原理

已知开发板按键电路和蜂鸣器电路如图 6-1 所示,开发板设置了一个独立按键/矩阵键盘切换电路,由于本实验只需要使用两个按键,所以选择独立按键,即需要将 P8 的跳线开关的 2、3 引脚短接。由图 6-1(a)可知,4 个按键一端并联接地,另外一端分别由 MCU 的 PE0～PE3 控制,当某一个按键按下后,MCU 的 I/O 端口应表现出低电平,当按键没有按下时,其电平状态由微控制器 GPIO 引脚内部电平决定。为区别按键按下和没有按下两种情况,需要设置 GPIO 引脚无信号输入时表现为高电平,结合第 4 章介绍的 GPIO 工作原理,本例按键输入控制引脚应当配置为上拉输入模式。

图 6-1(b)为蜂鸣器电路,蜂鸣器是单片机系统常用的声音输出器件,常用于报警信号输出。蜂鸣器存在有源和无源之分,有源蜂鸣器内置振荡电路,加电源就可以正常发声,通常频率固定。无源蜂鸣器则需要通过外部的正弦或方波信号驱动,控制稍微复杂一些,但是可以发出不同频率的声响,编写程序还可以演绎一些音乐曲目。开发板选择的是无源蜂鸣器,需要编写控制程序输出方波信号。由图 6-1(b)可知,Q9 是 PNP 三极管,基极控制信号 PC8 输出低电平导通,蜂鸣器有电流流过;PC8 输出高电平,Q9 截止,蜂鸣器没有电流流过。改变高低电平持续时间即改变方波的频率,以使蜂鸣器发出不同声响。根据上述分析,PC8 应工作于输出方式,并且要输出高低两种电平,所以 PC8 引脚应工作在推挽输出模式。

6.2.2 按键消抖

通常按键所用的开关都是机械弹性开关,当机械触点断开、闭合时,由于机械触点的弹性作用,一个

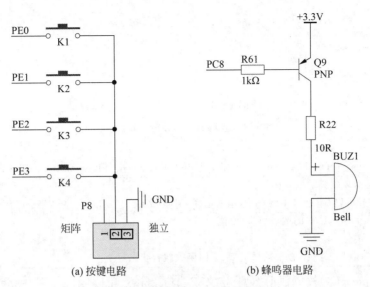

图 6-1　按键电路和蜂鸣器电路

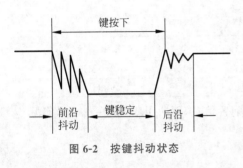

图 6-2　按键抖动状态

按键开关在闭合时不会马上就稳定接通,在断开时也不会一下子彻底断开,而是在闭合和断开的瞬间伴随了一连串的抖动,按键抖动状态如图 6-2 所示。

　　按键稳定闭合时间长短由操作人员决定,通常都会在 100ms 以上,刻意快速按能达到 40～50ms,很难再低了。抖动时间由按键的机械特性决定,一般都会在 10ms 以内,为了确保程序对按键的一次闭合或者一次断开只响应一次,必须进行按键的消抖处理。当检测到按键状态变化时,不是立即去响应动作,而是先等待闭合或断开稳定后再进行处理。按键消抖可分为硬件消抖和软件消抖。

　　硬件消抖就是在按键两端并联一个电容,利用电容的充放电特性对抖动过程中产生的电压毛刺进行平滑处理,从而实现消抖。但实际应用中,这种方式的效果往往不是很好,而且还增加了成本和电路复杂度,所以实际中的应用并不多。

　　在绝大多数情况下是用软件即程序来实现消抖的。最简单的消抖原理就是当检测到按键状态变化时,先等待 10ms 左右,让抖动消失后再进行一次按键状态检测,如果与刚才检测到的状态相同,则可以确认按键已经稳定动作,并转到相应响应程序执行。后续给出的项目实例就是采用软件延时方式实现按键消抖处理的。

6.2.3　项目实施

　　本节将设计一个 I/O 的综合项目实例,使用输入按键选择蜂鸣器发出不同报警声,K1 键按下发出救护车报警声,K2 键按下发出电动车报警声。项目具体实施步骤为:

　　第 1 步:复制第 3 章创建的工程模板文件夹到桌面,并将文件夹重命名为 0601 BeepKey。

　　第 2 步:打开工程模板文件夹里面的 Template.ioc 文件,启动 STM32CubeMX 配置软件,首先在引脚视图下面将 PE0～PE3 设置为 GPIO_Input 模式,PC8 设置为 GPIO_Output 模式,然后选择 System Core 类别下的 GPIO 子项,按键输入引脚 PE0～PE3 设置为上拉输入工作模式,并添加标签 K1～K4;蜂鸣器控制引脚 PC8 设置为推挽、低速、无上拉/下拉、初始输出高电平,添加用户标签 BP,项目初始化配置结果如图 6-3 所示。时钟配置和工程配置选项无须修改,单击 GENERATE CODE 按钮生成初始化工程。

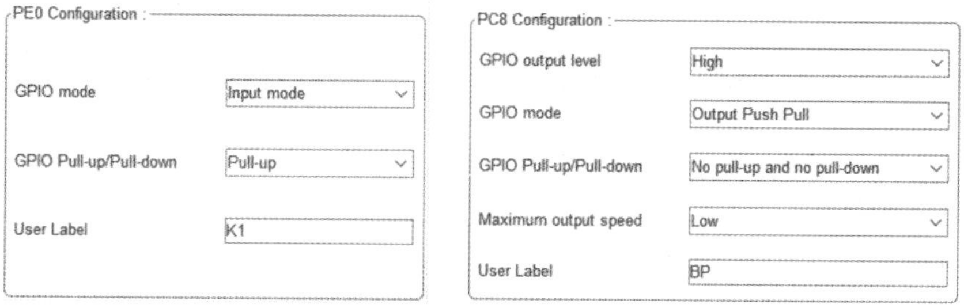

图 6-3 项目初始化配置

第 3 步：打开 MDK-RAM 文件夹下面的工程文件 Template. uvprojx，将生成工程编译一下，没有错误和警告则开始用户程序编写。此时会发现工程创建了一个 gpio. c 文件，并将其添加到 Application/User/Core 项目组下面，生成的初始化程序就存放在该文件中，部分代码如下：

```
void MX_GPIO_Init(void)
{
    GPIO_InitTypeDef GPIO_InitStruct = {0};
    /* GPIO Ports Clock Enable */
    __HAL_RCC_GPIOE_CLK_ENABLE();
    __HAL_RCC_GPIOC_CLK_ENABLE();
    __HAL_RCC_GPIOH_CLK_ENABLE();
    __HAL_RCC_GPIOA_CLK_ENABLE();
    /* Configure GPIO pin Output Level */
    HAL_GPIO_WritePin(BP_GPIO_Port, BP_Pin, GPIO_PIN_RESET);
    /* Configure GPIO pins : PEPin PEPin PEPin PEPin */
    GPIO_InitStruct.Pin = K3_Pin|K4_Pin|K1_Pin|K2_Pin;
    GPIO_InitStruct.Mode = GPIO_MODE_INPUT;
    GPIO_InitStruct.Pull = GPIO_PULLUP;
    HAL_GPIO_Init(GPIOE, &GPIO_InitStruct);
    /* Configure GPIO pin : PtPin */
    GPIO_InitStruct.Pin = BP_Pin;
    GPIO_InitStruct.Mode = GPIO_MODE_OUTPUT_PP;
    GPIO_InitStruct.Pull = GPIO_NOPULL;
    GPIO_InitStruct.Speed = GPIO_SPEED_FREQ_LOW;
    HAL_GPIO_Init(BP_GPIO_Port, &GPIO_InitStruct);
}
```

上述代码和 STM32CubeMX 配置选项一一对应，由于在 STM32CubeMX 初始化配置时使用了标签，所以代码使用宏定义 K1_Pin 替换 GPIO_PIN_0，其他引脚对应关系以此类推，而相应的宏定义存放在 main. h 中的，读者可以使用鼠标右键跟踪查看。

第 4 步：打开 main. c 文件，在程序沙箱 4(USER CODE 4)内分别编写延时程序、救护车报警程序、电动报警程序，其参考代码如下：

```
/* USER CODE BEGIN 4 */
void delay(uint32_t i)              //软件延时
{
    while(i--) ;
}
void sound1(void)                   //救护车报警
{
    uint32_t i = 30000;
    while(i)                        //产生一段时间的 PWM 波,使蜂鸣器发声
    {
```

```
                HAL_GPIO_WritePin(GPIOC,BP_Pin,GPIO_PIN_RESET);     //I/O口输出低电平
                delay(i);
                HAL_GPIO_WritePin(GPIOC,BP_Pin,GPIO_PIN_SET);       //I/O口输出高电平
                delay(i);
                i = i - 6;
            }
}
void sound2(void)                    //电动车报警
{
        uint32_t i = 6000;
        while(i)                     //产生一段时间的PWM波,使蜂鸣器发声
        {
            HAL_GPIO_WritePin(GPIOC,BP_Pin,GPIO_PIN_RESET);     //I/O口输出低电平
            delay(i);
            HAL_GPIO_WritePin(GPIOC,BP_Pin,GPIO_PIN_SET);       //I/O口输出高电平
            delay(i);
            i = i - 6;
        }
}
/ * USER CODE END 4 * /
```

编写完上述3个函数之后,还需要将其声明在文件上方的私有函数声明在程序沙箱内,参考代码如下:

```
/ * USER CODE BEGIN PFP * /
void delay(uint32_t i);
void sound1(void);
void sound2(void);
/ * USER CODE END PFP * /
```

在主程序的while程序沙箱内编写程序循环检测按键,根据键值调用函数发出相应报警声音。程序实现原理较为简单,依次读取K1和K2按键电平状态,低电平则软件延时10ms,再次检测引脚电平,依然为低电平则认为按键已稳定按下,调用发声程序输出报警信息,发声完成再次检测按键,如此往复。参考代码如下:

```
/ * USER CODE BEGIN WHILE * /
    while (1)
    {
        if(HAL_GPIO_ReadPin(GPIOE,K1_Pin) == GPIO_PIN_RESET)
        {
            HAL_Delay(10);              //延时消抖
            if(HAL_GPIO_ReadPin(GPIOE,K1_Pin) == GPIO_PIN_RESET)
            sound1();                   //救护车报警声音
        }
        if(HAL_GPIO_ReadPin(GPIOE,K2_Pin) == GPIO_PIN_RESET)
        {
            HAL_Delay(10);              //延时消抖
            if(HAL_GPIO_ReadPin(GPIOE,K2_Pin) == GPIO_PIN_RESET)
                sound2();               //救护车报警声音
        }
        / * USER CODE END WHILE * /
    }
```

第5步:编译工程,直到没有错误为止,下载程序到开发板,复位运行,检查实验效果。

6.3　矩阵键盘扫描

6.3.1　矩阵键盘电路

矩阵键盘电路连接如图 6-4 所示,为了便于多键值输入,同时节约 MCU 的 I/O 口资源,开发板设计了独立按键/矩阵键盘切换电路。将图中跳线开关 P8 的 1、2 引脚短接,电路表现为矩阵键盘,由 3 行 4 列共 12 个按键组成,行信号由 MCU 的 PE4～PE6 引脚控制,列信号由 MCU 的 PE0～PE3 控制。

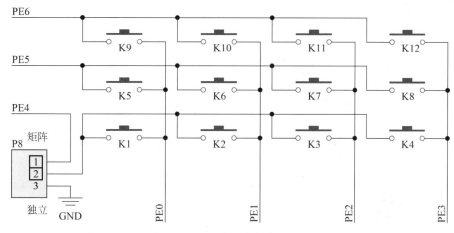

图 6-4　矩阵键盘电路连接

6.3.2　矩阵键盘扫描原理

微课视频

矩阵键盘确定键值扫描方法主要有行扫描、列扫描和行列扫描,行列扫描分两步确定按键的行号和列号,需要不断切换端口引脚工作模式,不太适合本项目。行扫描和列扫描本质上一样,均为依次将某一行(列)输出低电平,读取所有列(行)的引脚电平,确定行列编号,相对来说,行扫描更接近大众思维习惯,所以本项目采用行扫描方法确定矩阵键盘键值。

下面以图 6-4 所示连接关系为例讲解其工作原理。扫描前需要设置行线为推挽输出模式,列线为上拉输入模式。依次控制行线 PE4～PE6 输出低电平,读取列线 PE0～PE3 电平状态,如果其中包含低电平,则可由其对应的行列信号确定按键编号。例如当行线 PE5 输出低电平,读出列线 PE1 为低电平时,则可以确定第二行第二列按键 K6 被按下。在进行矩阵键盘扫描时同样也需要进行消抖处理。

6.3.3　矩阵键盘实例

本节将设计一简单项目验证矩阵键盘行扫描方法。对 3×4 矩阵键盘进行扫描,并将键值以 8421BCD 码(每 4 位二进制数表示 1 位十进制数)形式显示于 LED 指示灯。项目具体实施步骤为:

第 1 步:复制第 3 章创建的工程模板文件夹到桌面,并将文件夹重命名为 0602 MatrixKey。

第 2 步:打开工程模板文件夹里面的 Template.ioc 文件,启动 STM32CubeMX 配置软件,首先在引脚视图下面将 PE0～PE3 设置为 GPIO_Input 模式,PE4～PE6、PF0～PF7 设置为 GPIO_Output 模式。然后选择 System Core 类别下的 GPIO 子项,将按键输入引脚 PE0～PE3 设置为上拉输入工作模式,将按键行扫描信号引脚 PE4～PE6 和 LED 指示灯控制引脚 PF0～PF7 均设置为推挽、低速、无上拉/下拉、初始输出高电平。单击 GENERATE CODE 按钮生成初始化工程。

第 3 步:打开 MDK-ARM 文件夹下面的工程文件 Template.uvprojx,将生成工程编译一下,没有错误和警告则开始用户程序编写。GPIO 初始化程序存放在 STM32CubeMX 创建的 gpio.c 文件中,部分代码如下：

```
void MX_GPIO_Init(void)
{
    GPIO_InitTypeDef GPIO_InitStruct = {0};
    /* GPIO Ports Clock Enable */        __HAL_RCC_GPIOE_CLK_ENABLE();
    __HAL_RCC_GPIOC_CLK_ENABLE();        __HAL_RCC_GPIOF_CLK_ENABLE();
    __HAL_RCC_GPIOH_CLK_ENABLE();        __HAL_RCC_GPIOA_CLK_ENABLE();
    /* Configure GPIO pin Output Level */
    HAL_GPIO_WritePin(GPIOE,GPIO_PIN_4|GPIO_PIN_5|GPIO_PIN_6,PIO_PIN_SET);
    /* Configure GPIO pin Output Level */
    HAL_GPIO_WritePin(GPIOF, GPIO_PIN_0|GPIO_PIN_1|GPIO_PIN_2|GPIO_PIN_3
        |GPIO_PIN_4|GPIO_PIN_5|GPIO_PIN_6|GPIO_PIN_7, GPIO_PIN_SET);
    /* Configure GPIO pins : PE2 PE3 PE0 PE1 */
    GPIO_InitStruct.Pin = GPIO_PIN_2|GPIO_PIN_3|GPIO_PIN_0|GPIO_PIN_1;
    GPIO_InitStruct.Mode = GPIO_MODE_INPUT;
    GPIO_InitStruct.Pull = GPIO_PULLUP;
    HAL_GPIO_Init(GPIOE, &GPIO_InitStruct);
    /* Configure GPIO pins : PE4 PE5 PE6 */
    GPIO_InitStruct.Pin = GPIO_PIN_4|GPIO_PIN_5|GPIO_PIN_6;
    GPIO_InitStruct.Mode = GPIO_MODE_OUTPUT_PP;
    GPIO_InitStruct.Pull = GPIO_NOPULL;
    GPIO_InitStruct.Speed = GPIO_SPEED_FREQ_LOW;
    HAL_GPIO_Init(GPIOE, &GPIO_InitStruct);
    /* Configure GPIO pins : PF0 PF1 PF2 PF3 PF4 PF5 PF6 PF7 */
    GPIO_InitStruct.Pin = GPIO_PIN_0|GPIO_PIN_1|GPIO_PIN_2|GPIO_PIN_3
                          |GPIO_PIN_4|GPIO_PIN_5|GPIO_PIN_6|GPIO_PIN_7;
    GPIO_InitStruct.Mode = GPIO_MODE_OUTPUT_PP;
    GPIO_InitStruct.Pull = GPIO_NOPULL;
    GPIO_InitStruct.Speed = GPIO_SPEED_FREQ_LOW;
    HAL_GPIO_Init(GPIOF, &GPIO_InitStruct);
}
```

上述代码和 STM32CubeMX 配置选项一一对应，且用户无须任何修改。

第 4 步：打开 main.c 文件，在程序沙箱 1 内定义程序中需要用到的变量和数组，在 while 程序沙箱内编写行扫描程序，参考程序如下：

```
int main(void)
{
    /* USER CODE BEGIN 1 */
    uint16_t i,KeyVal = 0;
    uint8_t PreLine[3] = {2,0,1};                         //前一行的行号
    /* USER CODE END 1 */
    HAL_Init();
    SystemClock_Config();
    MX_GPIO_Init();
    /* USER CODE BEGIN WHILE */
    while (1)
    {
        for(i = 0;i < 3;i++)
            {
                if((GPIOE -> IDR&0x0F)!= 0x0F)            //有键按下
                {
                    HAL_Delay(16);                       //延时消抖
                    if((GPIOE -> IDR&0x0F)!= 0x0F)       //仍然按下
                    {
```

```
                        switch((GPIOE->IDR&0x0F))
                        {
                            case 0x0E:KeyVal = 4 * PreLine[i] + 1;break;        //第 1 列
                            case 0x0D:KeyVal = 4 * PreLine[i] + 2;break;        //第 2 列
                            case 0x0B:KeyVal = 4 * PreLine[i] + 3;break;        //第 3 列
                            case 0x07:KeyVal = 4 * PreLine[i] + 4;break;        //第 4 列
                            default :break;
                        }
                    }
                }
                GPIOE->ODR = ~(1 <<(i + 4));                                    //输出行控制信号
            }
            GPIOF->ODR = ~((KeyVal/10 << 4) + KeyVal % 10);                     //键值输出
    /* USER CODE END WHILE */
    }
}
```

上述程序完成了矩阵按键的扫描、消抖、动作分离的全部内容,代码紧凑高效,为帮助大家读懂程序、掌握矩阵按键的原理和应用方法,现对其中重要的两部分内容加以说明。

首先,读者可能发现,程序的编写思路并不符合上面所介绍的行扫描原理,主要表现为输出行信号和读取列引脚的顺序上。如果完全按照行扫描原理编写程序是识别不到任何按键的,这是因为任何信号从输出到稳定都需要一定时间,有时它足够快而有时却不够快,这取决于具体的电路设计,本例中列信号没来得及变为低电平,行扫描就已转入下一行。虽然可以通过适当的编程方法解决,但是会使得程序趋向复杂,响应时间显著增加。

因为矩阵键盘是循环扫描,所以我们可以先识别上一次行输出信号对应的按键信息,消抖、处理完成之后再输出本行的控制信息。这里 I/O 的顺序颠倒是为了让输出信号有足够的时间来稳定,并有足够的时间完成对输入的影响,当按键电路中还有硬件电容消抖时,这样处理就是绝对必要的了。虽然这样使得程序理解起来有点绕,但其适应性是最好的,换个说法就是,这段程序足够“健壮”,足以应对各种恶劣情况。

其次,程序多采用直接操作寄存器完成对行列 I/O 控制,列引脚电平状态读取通过 GPIOE->IDR&0x0F 语句完成,即取 GPIOE 输入数据寄存器的低 4 位,对应 PE0～PE3 引脚电平状态。行控制信号输出是通过 GPIOE->ODR＝~(1≪(i+4))语句实现的,其中 i 代表行号,范围为 0～2,所以行号加上4,使得移位输出引脚对应 PE4～PE6,又由于输出低电平表示扫描该行,所以移位后数值还需要取反。键值 BCD 输出的实现方法是先将键值十位、个位拆开,然后十位左移 4 位加上个位,再将其取反,送给GPIOF 端口,即可通过 LED 亮灭表示按键编号。

第 5 步:编译工程,直到没有错误为止,下载程序到开发板,复位运行,检查实验效果。

6.4　开发经验小结——复合数据类型

在 C 语言中除了需要使用字符型、整型、浮点型等基本数据类型以外,有时还需要把不同类型的数据组成一个有机的整体来处理,这就引入了复合数据类型。复合数据类型主要包括结构体、共用体和枚举等数据类型,但共用体使用时容易造成运算结果不确定,不推荐使用,故本节仅介绍结构体和枚举两种数据类型。

6.4.1　结构体数据类型

无论是标准库还是 HAL 库都要大量使用结构体以及结构体指针。结构体是一种构造数据类型,可将多种数据类型组合在一起描述一个对象,它的每个成员可以是基本数据类型,也可以是构造数据类型。结构体的使用方法是先声明结构体类型,再定义结构体变量,最后通过结构体变量引用其成员。

1. 结构体声明与变量定义

因为结构体是构造数据类型,所以使用之前必须对其进行声明,然后定义结构体变量,这两步也可以合在一起完成,其一般格式如下:

```
struct 结构体名
{
    类型名1      成员名1;
    类型名2      成员名2;
    …
    类型名n      成员名n;
}结构体变量名1,结构体变量名2,…,结构体变量名n;
```

上述声明方式在声明结构体类型的同时又用它定义了结构体变量,此时的结构体名可以省略,但如果省略后,就不能在别处再次定义这样的结构体变量了。这种方式把类型定义和变量定义混在一起,降低了程序的灵活性和可读性,因此并不建议采用这种方式,而是推荐用以下的这种方式:

```
struct 结构体名
{
    类型名1      成员名1;
    类型名2      成员名2;
    …
    类型名n      成员名n;
};
struct 结构体名 结构体变量名1,结构体变量名2,…,结构体变量名n;
```

也可以使用 MDK 类型别名定义关键字 typedef,为结构体创建一个新的名字,也称为类型别名。定义别名后,就可以用别名代替数据类型说明符对变量进行定义,其一般格式如下:

```
typedef struct
{
    类型名1      成员名1;
    类型名2      成员名2;
    …
    类型名n      成员名n;
}结构体类型别名;
结构体类型别名 结构体变量名1,结构体变量名2,…,结构体变量名n;
```

由于类型别名定义一般情况下只需定义一次,所以常将结构体类型名称省略。GPIO 初始化结构体的类型声明和变量定义参考代码如下:

```
typedef struct
{
    uint32_t Pin;
    uint32_t Mode;
    uint32_t Pull;
    uint32_t Speed;
    uint32_t Alternate;
}GPIO_InitTypeDef;
GPIO_InitTypeDef GPIO_InitStruct = {0};
```

上述代码定义了一个 GPIO 初始化结构体,结构体名称省略,并创建了一个类型别名 GPIO_

InitTypeDef,定义了一个结构体变量 GPIO_InitStruct。

　　2. 引用结构体成员变量

　　定义了结构体变量以后,就可以引用这个变量,但需要注意,不能将一个结构体变量作为一个整体进行输入和输出,例如上节中的最后一行代码如果将其定义和赋值语句更改为如下形式,则将不能编译通过。

```
GPIO_InitTypeDef GPIO_InitStruct = 0;
```

　　上述代码中如果保留大括号,则将结构体全部成员赋值为 0,这是符合语法的。如果去掉括号是将结构体变量赋值为 0,而这是不合语法的,因为只能对结构体变量中的各个成员分别进行输入和输出。引用结构体变量中成员的方式如下:

```
结构体变量名.成员名
结构体指针名->成员名
```

　　例如在定义了初始化结构体变量 GPIO_InitStruct 之后就可以采用如下两种方式对其成员进行访问。

```
GPIO_InitStruct.Pin = GPIO_PIN_2;
(&GPIO_InitStruct)->Mode = GPIO_MODE_IT_FALLING;
```

其中 & 是取变量地址运算符,由于 & 的优先级低于->,所以加一个括号改变组合关系。一般情况下,仅当引用结构体指针变量成员时才会使用->运算符,上述代码仅用于展示结构体成员变量的两种引用方法。

　　如果结构体成员本身又属于一个结构体类型,则要用若干成员运算符,一级一级地找到最低的一级成员。只能对最低级的成员进行赋值或存取以及运算。

　　例如,定义一个学生信息结构体 student,其包括 num、name、sex 和 birthday 四个成员,其中 birthday 成员是 date 类型结构体,包括 month、day 和 year 三个成员,结构体类型声明和变量定义参考代码如下:

```
struct date
{
    int month;
    int day;
    int year;
};
struct student
{
    int num;
    char name[20];
    char sex;
    struct date birthday;
}student1;
```

可以分别采用如下方式访问结构体变量中的成员:

```
student1.num = 1001;
student1.birthday.year = 2002;
```

注意:不能用 student1. birthday 来访问 student1 变量中的成员 birthday,因为 birthday 本身是一个

结构体变量。

6.4.2　枚举数据类型

在实际问题中,有些变量的取值被限定在一个有限的范围内。例如,一个星期从周一到周日有 7 天,一年从一月到十二月有 12 个月,按键有按下和弹起两种状态等。把这些变量定义成整型或者字符型不是很合适,因为这些变量都有自己的范围。C 语言提供了一种称为"枚举"的类型,在枚举类型的定义中列举出所有可能的值,并可以为每一个值取一个形象化的名字,这一特性可以提高程序代码的可读性。

枚举的说明形式如下:

```
enum 枚举名
{
    标识符 1[ = 整型常数],
    标识符 2[ = 整型常数],
    …
    标识符 n[ = 整型常数],
};
enum 枚举名 枚举变量
```

枚举的说明形式中,如果没有被初始化,那么"=整型常数"可以省略,如果是默认值,从第一个标识符顺序赋值 0,1,2,…,但是当枚举中任何一个成员被赋值后,它后边的成员按照依次加 1 的规则确定数值。

枚举的使用,有以下几点要注意:

(1) 枚举中每个成员结束符是逗号,而不是分号,最后一个成员可以省略逗号。

(2) 枚举成员的初始化值可以是负数,但是后面的成员依然依次加 1。

(3) 枚举变量只能取枚举结构中的某个标识符常量,不可以在范围之外。

下面给出两个枚举数据类型定义实例,第一个是 GPIO 引脚电平状态枚举数据类型,其定义如下:

```
typedef enum
{
    GPIO_PIN_RESET = 0,
    GPIO_PIN_SET
}GPIO_PinState;
```

上述代码定义了枚举数据类型 GPIO_PinState,用于表示引脚电平状态,其变量只能取 GPIO_PIN_RESET 和 GPIO_PIN_SET 中的标识符常量,其中 GPIO_PIN_RESET 代表数字 0,GPIO_PIN_SET 代表数字 1。

又如 HAL 状态枚举类型定义如下:

```
typedef enum
{
    HAL_OK          = 0x00U,
    HAL_ERROR       = 0x01U,
    HAL_BUSY        = 0x02U,
    HAL_TIMEOUT     = 0x03U
} HAL_StatusTypeDef;
```

由上述代码可知,HAL_StatusTypeDef 枚举类型变量可以取 4 个标识符常量中的一个,分别表示成功、错误、忙碌、超时四种状态,标识符常量对应的无符号整型数值依次为 0～3。

本章小结

本章讲解了 GPIO 综合应用实例,按键输入需要配置 GPIO 工作于输入状态,蜂鸣器发声需要配置 GPIO 工作于输出状态。本章首先介绍了 GPIO 输入库函数,然后对独立按键控制蜂鸣器项目进行分析,介绍硬件电路及其工作原理,讨论了两部分硬件的具体配置方法。随后给出了项目实施的详细步骤和具体源代码,读者可以依此实施和验证。最后介绍了矩阵键盘电路及其扫描原理,编写扫描、消抖、处理一体化程序,为读者提供矩阵键盘应用参考实例。通过本章学习,读者对 GPIO 应用有了进一步的理解,在实际应用中将更加得心应手。

思考拓展

(1) GPIO 输入函数有哪些? 名称、功能、输入参数、返回值各是什么?

(2) 单片机控制系统中,按键有哪些连接方式? 各自的优缺点是什么? 应如何选择?

(3) 蜂鸣器的工作原理是什么? 什么是有源蜂鸣器? 什么是无源蜂鸣器? 在单片机控制系统中如何控制它们?

(4) 按键输入时是如何实现去抖动的? 除了软件去抖动外,如何进行硬件去抖动?

(5) 如何实现按键功能复用? 分别对单击、双击、长按等编写不同的响应程序。

(6) 参考网上资料,利用开发板上的硬件资源,编写简单的乐曲演奏程序。

## 第 7 章

FSMC 总线与双显示终端

本章要点

➢ FSMC 总线；

➢ 硬件系统设计；

➢ 数码管接口技术；

➢ TFT LCD 驱动；

➢ 项目实例；

➢ C 语言指针及其类型转换。

微课视频

嵌入式系统均需配备显示设备以指示程序运行状态和输出控制结果。TFT LCD(薄膜晶体管型液晶显示器)因为功耗低、辐射小、颜色鲜艳、显示内容丰富等优点而成为嵌入式系统显示设备的主流。数码管亮度高、稳定可靠、价格便宜,在家用电器、工业控制和传感检测等领域有着十分广泛的应用,是嵌入式学习的经典器件。设计一款嵌入式开发板,如果同时配备这两种显示设备,则可以丰富教学案例设计,有利于循序渐进地开展教学活动。开发板使用 FSMC 总线连接上述双显示终端,其本质上是一种并行扩展技术,类似于 51 单片机使用 8155/8255 等芯片扩展存储器或外部设备,只是其功能较 51 单片机要强大得多,复杂程度也大幅提升。

7.1 FSMC 总线

FSMC(Flexible Static Memory Controller,灵活静态存储控制器)能够连接同步、异步存储器和 16 位 PC 存储卡,支持 SRAM、NAND Flash、NOR Flash 和 PSRAM 等类型存储器。FSMC 连接的所有外部存储器共享地址、数据和控制信号,但有各自的片选信号,所以 FSMC 一次只能访问一个外部器件。

FSMC 存储区域划分如图 7-1 所示,FSMC 将外部存储器 1GB 空间划分为固定大小为 256MB 的 4 个存储块(Bank),Bank1 可连接多达 4 个 NOR Flash 或 PSRAM/SRAM 存储器件,Bank2 和 Bank3 用于访问 NAND Flash 存储器,每个存储区域连接一个设备,Bank4 用于连接 PC Card 设备。其中 Bank1 又被分为 4 个区(Sector),每个区管理 64MB 空间且有独立的寄存器对所连接的存储器进行配置。

Bank1 存储区选择表如表 7-1 所示,Bank1 的 256MB 空间由 28 根地址线(HADDR[27:0])寻址。这里 HADDR 是内部 AHB 总线地址,字节编址,对应程序中的地址,其中 HADDR[25:0]来自外部存储器地址 FSMC_A[25:0],物理存在,对应引脚地址信号,而 HADDR[27:26]对 4 个区进行寻址,由系统自动完成,无外部引脚对应信号。

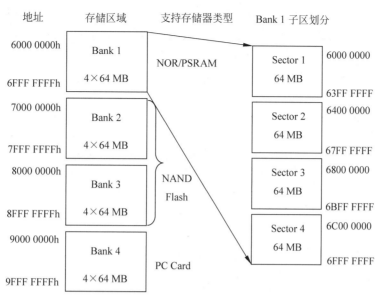

图 7-1　FSMC 存储区域划分

表 7-1　Bank1 存储区选择表

Bank1 所选区	片选信号	地 址 范 围	HADDR	
			[27:26]	[25:0]
第 1 区	FSMC_NE1	0X6000 0000-0X63FF FFFF	00	FSMC_A [25:0]
第 2 区	FSMC_NE2	0X6400 0000-0X67FF FFFF	01	
第 3 区	FSMC_NE3	0X6800 0000-0X6BFF FFFF	10	
第 4 区	FSMC_NE4	0X6C00 0000-0X6FFF FFFF	11	

在设计或分析系统时需要特别注意的是,无论外部存储器的宽度为 16 位还是 8 位,FSMC_A[0]都连接到外部存储器地址 A[0],HADDR[25:0]和 FSMC_A[25:0]对应关系存在如下两种情况:

当 Bank1 连接的是 8 位宽度存储器时,总线和外设均采用字节编址,二者一一对应,即 HADDR[25:0]→FSMC_A[25:0]。

当 Bank1 连接的是 16 位宽度存储器时,总线字节编址,存储器双字节寻址,此时总线 26 地址中最低位 HADDR[0]用来表示 16 位数据的高位或低位,高 25 位 HADDR[25:1]对应 16 位宽的存储器单元地址,即:HADDR[25:1]→FSMC_A[24:0],相当于总线地址右移了一位。

7.2　硬件系统设计

7.2.1　硬件结构框图

为提高数据传输速度,降低软硬件设计难度,并行接口是数码管、液晶显示器与微控制器连接的首选,但并口需要占用大量 I/O 端口资源。以 6 位数码管为例,共有 6 个位选信号和 8 个段选信号,TFT LCD 则有 6 个控制信号和 16 位数据线。设计系统时,为编程方便,一般希望位选信号、段选信号、LCD 数据线分别占用连续的 16 位端口,而这些 I/O 引脚又离散地分布于芯片的四周。上述技术需求给微控制器引脚资源分配和 PCB 布线带来极大的挑战,同时降低了实验装置的可靠性,而破解这一难题的方法就是将二者均挂接在 FSMC 总线上,同时进行信号线复用。

作者设计的嵌入式系统实验装置 FSMC 连接结构如图 7-2 所示,其重点展示 TFT LCD 和数码管的

FSMC 总线连接关系。实验装置主控芯片选择基于 ARM Cortex-M4 内核,性能出色的 STM32F407ZET6 微控制器,该芯片拥有完备的 FSMC 接口系统,块 1 的 4 个子区可同时连接 4 个 NOR Flash/PSRAM/SRAM 存储设备。实验装置配备双显示终端,数码显示器为 6 位 0.56 寸共阳数码管, PNP 三极管 S8550 驱动;液晶显示器为 2.8 寸全彩 TFT LCD 显示模块,240×320 像素,2.8~3.3V 供电,ILI9341 驱动,16 位 8080 并行接口。

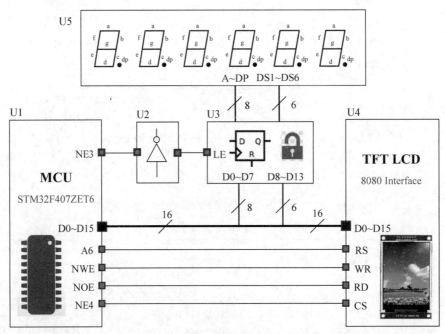

图 7-2   实验装置 FSMC 连接结构

7.2.2   FSMC 与 TFT LCD 连接

在 STM32 内部,FSMC 起到桥梁作用,其一端通过内部高速总线 AHB 连接到 Cortex 内核,另一端则是面向扩展存储器的外部总线,既能够进行信号类型的转换,又能够进行信号宽度和时序的调整,提供多种读写模式,使之对内核而言没有区别。

FSMC 综合了 SRAM/ROM、PSRAM 和 NOR Flash 产品的信号特点,定义了 4 种不同的时序模型模式 (Mode)A、模式 B、模式 C、模式 D。在实际扩展时,根据选用存储器的特征确定时序模型,利用存储芯片数据手册中给定的参数指标,计算出 FSMC 所需要的各时间参数,从而对时间参数寄存器进行合理的配置。

模式 A 比较适合连接至 Bank1 的 NOR FLASH/PSRAM/SRAM 存储器,其读写时序如图 7-3 所示,信号线主要包括 26 位地址线 A[25:0],16 位数据线 D[15:0],片选信号 NEx,输出使能 NOE,写入使能 NWE。

TFT LCD 显示模块信号线包括:数据线 D[15:0],寄存器/存储器选择 RS,读使能 RD,写使能 WR,片选 CS,复位 RST,通常使用标准的 16 位 8080 并行接口与微控制器连接,其读写时序如图 7-4 所示。

对比图 7-3、图 7-4 读写时序和二者控制信号可以发现,TFT LCD 模块,除了已连接至系统复位电路的 RES 信号外,其他信号均可由 FSMC 接口提供,所以 FSMC 连接 PSRAM/SRAM 的工作模式适合于连接 TFT LCD。如图 7-2 所示,项目实施时选择 FSMC 总线的 Bank1.Sector4 连接 TFT LCD,FSMC_NE4 接 LCD 片选信号 CS,FSMC_NOE 接 LCD 读引脚 RD,FSMC_NWE 接 LCD 写引脚 WR,选择 FSMC_A6 地址线连接 LCD 的寄存器/存储器选择信号 RS,FSMC_D[15:0]接 LCD 的 16 位数据线 D15~D0,LCD 工作于 16 位 8080 接口模式。TFT LCD 与 MCU 电路连接如图 7-5 所示。

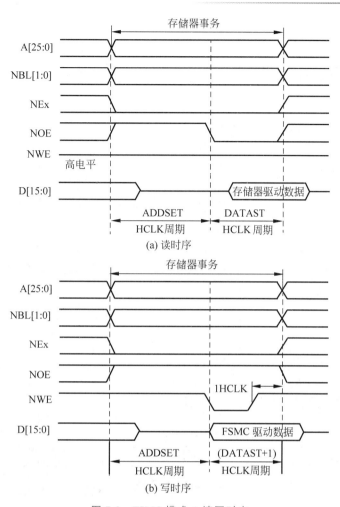

(a) 读时序

(b) 写时序

图 7-3　FSMC 模式 A 读写时序

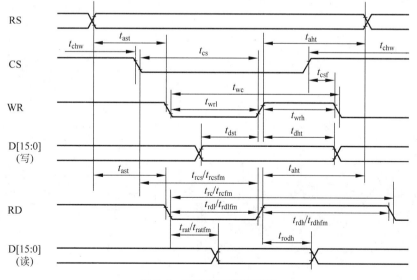

图 7-4　8080 接口读写时序

LCD1

FSMC NE4 1	CS	RS	2	FSMC A6
FSMC NWE3	WR	RD	4	FSMC NOE
RESET 5	RES	DB0	6	FSMC D0
FSMC D1 7	DB1	DB2	8	FSMC D2
FSMC D3 9	DB3	DB4	10	FSMC D4
FSMC D5 11	DB5	DB6	12	FSMC D6
FSMC D7 13	DB7	DB8	14	FSMC D8
FSMC D9 15	DB9	DB10	16	FSMC D10
FSMC D11 17	DB11	DB12	18	FSMC D12
FSMC D13 19	DB13	DB14	20	FSMC D14
FSMC D15 21	DB15	GND	22	
23	BLK	V_CC	24	

TFT LCD   +3.3V GND

图 7-5   TFT LCD 与 MCU 电路连接

7.2.3   FSMC 与数码管连接

如图 7-2 所示,数码管和 TFT LCD 同时挂接在 STM32F4 的 FSMC 总线上,二者共享数据线,为使二者输出信号互不影响,需要将向数码管送出的数据信号进行锁存,锁存器选择 2 片 74HC573D,锁存引脚 LE 高电平传输,低电平封锁。选择 FSMC 总线的 Bank1.Sector3 连接 6 位共阳数码管,所以 FSMC_NE3 作为数码管的片选信号,但是 NE3 是低电平有效,和锁存器传输信号正好相反,所以 FSMC_NE3 需要经反相器 U2 连接 U3 的 2 片 74HC573D 的锁存引脚 LE。数码管 8 个段选线和 6 个位选线共 14 条信号线由 FSMC_D [13:0]控制,需要经过锁存模块 U3 锁存,FSMC_D[7:0]接一片锁存器输入端,锁存器输出端接数码管段选线 dp~a,FSMC_D[13:8]接另一片锁存器的输入端,锁存器的输出端接数码管位选线 DS6~DS1。数码管 FSMC 总线连接电路如图 7-6 所示。

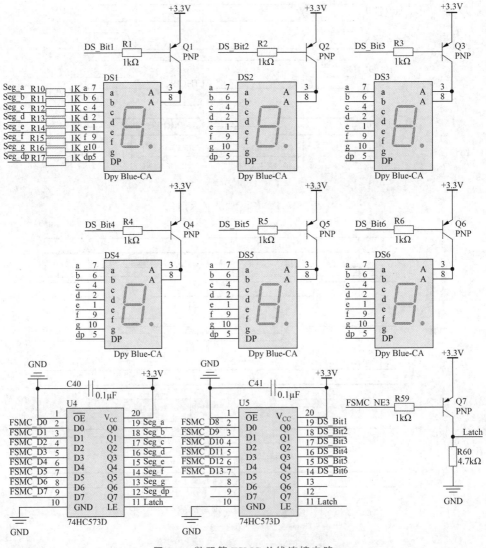

图 7-6   数码管 FSMC 总线连接电路

上述设计实现了数码管和 TFT LCD 数据线和控制线的时分复用,减少了微控制器 GPIO 需求,节约了 CPU 资源,降低了 PCB 布线难度,提升了系统可靠性。

7.3　数码管接口技术

7.3.1　数码管工作原理

LED 数码管是由发光二极管作为显示字段的数码型显示器。图 7-7(a) 为 LED 数码管结构,包括其外形和引脚图,其中 7 只发光二极管分别对应 a~g 段,构成"口"字形,另一只发光二极管 dp 作为小数点,这种 LED 显示器称为八段数码管。

LED 数码管按电路中的联接方式可以分为共阴极接法和共阳极接法两大类:共阴极接法是将各段发光二极管的负极连在一起,作为公共端 COM 接地,a~g、dp 各段接控制端,某段接高电平时发光,低电平时不发光,控制某几段发光,就能显示出某个数码或字符,如图 7-7(b) 所示。共阳极接法是将各段发光二极管的正极连在一起,作为公共端 COM 接电源,某段低电平时发光,高电平时不发光,如图 7-7(c) 所示。

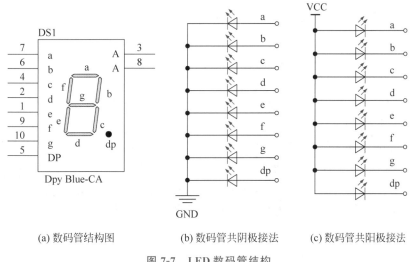

微课视频

(a) 数码管结构图　　　(b) 数码管共阴极接法　　　(c) 数码管共阳极接法

图 7-7　LED 数码管结构

LED 数码管按其外形尺寸划分有多种形式,使用最多的是 0.5 英寸和 0.8 英寸 LED 数码管;按显示颜色分类也有多种,主要有红色和绿色 LED 数码管;按亮度强弱可分为超亮、高亮和普亮 LED 数码管。

LED 数码管的使用与发光二极管相同,根据其材料不同,正向压降一般为 1.5~2V,额定电流为 10mA,最大电流为 40mA。静态显示时取 10mA 为宜,动态扫描显示时可加大脉冲电流,但一般不超过 40mA。

7.3.2　数码管编码方式

当 LED 数码管与微控制器相连时,一般将 LED 数码管的各段引脚 a~g 和 dp 按某一顺序接到 MCU 某一个并行 I/O 口 D0~D7,当该 I/O 口输出某一特定数据时,就能使 LED 数码管显示出某个字符。例如,要使共阳极 LED 数码管显示"0",则 a~f 各段引脚为低电平,g 和 dp 为高电平,如表 7-2 所示。

表 7-2　共阳极 LED 数码管显示"0"

D7	D6	D5	D4	D3	D2	D1	D0	字段码	显示数字
dp	g	f	e	d	c	b	a		
1	1	0	0	0	0	0	0	0xC0	0

0xC0 称为共阳极 LED 数码管显示"0"的字段码。

LED 数码管的编码方式有多种,按小数点计否可分为七段码和八段码;按公共端连接方式可分为共阴极字段码和共阳极字段码,计小数点的共阴极字段码与共阳极字段码互为反码;按 a~g、dp 编码顺序是高位在前还是低位在前,又可分为顺序字段码和逆序字段码,甚至在某些特殊情况下可将 a~g、dp 顺序打乱编码。表 7-3 为共阴极和共阳极 LED 数码管八段编码表。

表 7-3 共阴极和共阳极 LED 数码管八段编码表

显示数字	共阴极顺序小数点暗									共阳极顺序小数点亮	共阳极顺序小数点暗
	dp	g	f	e	d	c	b	a	十六进制		
0	0	0	1	1	1	1	1	1	0x3F	0x40	0xC0
1	0	0	0	0	0	1	1	0	0x06	0x79	0xF9
2	0	1	0	1	1	0	1	1	0x5B	0x24	0xA4
3	0	1	0	0	1	1	1	1	0x4F	0x30	0xB0
4	0	1	1	0	0	1	1	0	0x66	0x19	0x99
5	0	1	1	0	1	1	0	1	0x6D	0x12	0x92
6	0	1	1	1	1	1	0	1	0x7D	0x02	0x82
7	0	0	0	0	0	1	1	1	0x07	0x78	0xF8
8	0	1	1	1	1	1	1	1	0x7F	0x00	0x80
9	0	1	1	0	1	1	1	1	0x6F	0x10	0x90

7.3.3 数码管显示方式

LED 数码管显示电路在嵌入式应用系统中可分为静态显示和动态显示两种方式。

1. 静态显示

在静态显示方式下,每一位显示器的字段需要一个 8 位 I/O 口控制,而且该 I/O 口必须有锁存功能,n 位显示器就需要 n 个 8 位 I/O 口,公共端可直接接 V_{DD}(共阳极)或接地(共阴极)。显示时,每一位字段码分别从 I/O 控制口输出,保持不变,直至 CPU 刷新显示为止,也就是各字段的灯亮灭状态不变。

静态显示方式编码较简单,但占用 I/O 口线多,即软件简单,硬件成本高,一般适用显示位数较少的场合。

2. 动态显示

动态扫描显示电路是将显示各位的所有相同字段线连在一起,每一位的 a 段连在一起,b 段连在一起,……,dp 段连在一起,共 8 段,由一个 8 位 I/O 口控制,而每一位的公共端(共阳或共阴 COM)由另一个 I/O 口控制。

由于这种连接方式将每位相同字段的字段线连在一起,当输出字段码时,每位将显示相同的内容。因此,要想显示不同的内容,必须要采取轮流显示的方式。即在某一瞬时,只让某一位的字位线处于选通状态(共阴极 LED 数码管为低电平,共阳极为高电平),其他各位的字位线处于断开状态,同时字段线上输出该位要显示的相应的字段码。在这一瞬时,只有这一位显示,其他几位不显示。同样,在下一瞬时,单独显示下一位,这样依次循环扫描,轮流显示,由于人的视觉滞留效应,人们看到的是多位同时稳定显示。

动态扫描显示电路的特点是占用 I/O 端线少,电路较简单,硬件成本低,编程较复杂,CPU 要定时扫描刷新显示。当要求显示位数较多时,通常采用动态扫描显示方式。

7.4 TFT LCD 驱动

2.8 寸 TFT LCD 驱动芯片有很多,其中比较常用的有 ILI9341 和 ST7789,开发板配备的 TFT LCD 的驱动芯片是前者。下面以此为例,讲解驱动原理,其他芯片与之类似。

7.4.1　ILI9341 颜色体系

ILI9341 液晶控制器自带显存,其显存总大小为 172800B(240×320×18/8),即 18 位模式(26 万色)下的显存量。在 16 位模式下,ILI9341 采用 RGB565 格式存储颜色数据,此时 ILI9341 的 18 位数据线与 MCU 的 16 位数据线以及 LCD 显存(GRAM)的对应关系如图 7-8 所示。

9341总线	D17	D16	D15	D14	D13	D12	D11	D10	D9	D8	D7	D6	D5	D4	D3	D2	D1	D0
MCU数据 (16位)	D15	D14	D13	D12	D11	NC	D10	D9	D8	D7	D6	D5	D4	D3	D2	D1	D0	NC
LCD GRAM (16位)	R[4]	R[3]	R[2]	R[1]	R[0]	NC	G[5]	G[4]	G[3]	G[2]	G[1]	G[0]	B[4]	B[3]	B[2]	B[1]	B[0]	NC

图 7-8　16 位数据线与显存对应关系

从图中可以看出,ILI9341 在 16 位模式下,数据线有用的是:D17~D13 和 D11~D1,D0 和 D12 没有用到,实际上在 TFT LCD 模块里面,ILI9341 的 D0 和 D12 根本就没有引出来,其 D17~D13 和 D11~D1 对应 MCU 的 D15~D0。

MCU 的 16 位数据中,最低 5 位代表蓝色,中间 6 位为绿色,最高 5 位为红色。数值越大,表示该颜色越深。在由厂家提供的显示屏底层驱动函数的头文件中,已经定义了常用颜色的 16 位数值,用户在编程时直接使用这些常量即可。例如红色宏定义数值为 0xF800,也就是对应图 7-8 中 R[4]~R[0] 均为 1,其他颜色分量均为 0,这和上述分析一致。对于由 PC 等真彩色设备迁移过来的显示数据,只需要将 RGB 三个颜色分量分别舍弃其超出表示范围的低位,合成一个 16 位颜色数据,即可将其应用于 MCU 连接的 LCD 显示设备了。

7.4.2　ILI9341 常用命令

ILI9341 命令很多,记忆这些命令并无意义,感兴趣的读者可以通过查看 datasheet 获取详细信息,在这里仅介绍 6 个重要的命令 0XD3、0X36、0X2A、0X2B、0X2C 和 0X2E,希望通过这些命令的学习,进一步加深对 ILI9341 驱动原理的理解。

1. 读取 LCD 控制器的 ID 指令

0XD3 是读 ID4 指令,用于读取 LCD 控制器 ID,该指令如表 7-4 所示。

表 7-4　0XD3 指令描述

顺　序	控　制			各 位 描 述									HEX
	RS	RD	WR	D15~D8	D7	D6	D5	D4	D3	D2	D1	D0	
指令	0	1	↑	XX	1	1	0	1	0	0	1	1	D3H
参数 1	1	↑	1	XX	X	X	X	X	X	X	X	X	X
参数 2	1	↑	1	XX	0	0	0	0	0	0	0	0	00H
参数 3	1	↑	1	XX	1	0	0	1	0	0	1	1	93H
参数 4	1	↑	1	XX	0	1	0	0	0	0	0	1	41H

从上表可以看出,0XD3 指令后面跟了 4 个参数,最后 2 个参数读出来是 0X93 和 0X41,刚好是 LCD 控制器 ILI9341 的数字部分,通过该指令,即可识别所用 LCD 驱动器型号。

2. 存储访问控制指令

0X36 是存储访问控制指令,可以控制 ILI9341 存储器的读写方向,简单地说,就是在连续写 GRAM 的时候,可以控制 GRAM 指针的增长方向,从而控制显示方式(读 GRAM 也是一样)。该指令如表 7-5 所示。

表 7-5　0X36 指令描述

顺序	控　制			各　位　描　述									HEX
	RS	RD	WR	D15～D8	D7	D6	D5	D4	D3	D2	D1	D0	
指令	0	1	↑	XX	0	0	1	1	0	1	1	0	36H
参数	1	1	↑	XX	MY	MX	MV	ML	BGR	MH	0	0	0

从上表可以看出,0X36 指令后面,紧跟 1 个参数,这里我们主要关注:MY、MX、MV 这三个位,通过这三个位的设置,我们可以控制整个 ILI9341 扫描方向,如表 7-6 所示。

表 7-6　MY、MX、MV 设置与 LCD 扫描方向

控制位			效果
MY	MX	MV	LCD 扫描方向(GRAM 自增方式)
0	0	0	从左到右,从上到下
1	0	0	从左到右,从下到上
0	1	0	从右到左,从上到下
1	1	0	从右到左,从下到上
0	0	1	从上到下,从左到右
0	1	1	从上到下,从右到左
1	0	1	从下到上,从左到右
1	1	1	从下到上,从右到左

如此,在利用 ILI9341 显示内容的时候,就有很大灵活性了。比如显示 BMP 图片,BMP 解码数据就是从图片的左下角开始,慢慢显示到右上角,如果设置 LCD 扫描方向为从左到右,从下到上,那么只需要设置一次坐标,然后不停地往 LCD 填充颜色数据即可,提高了显示速度。

3. 列地址设置指令

0X2A 是列地址设置指令,在从左到右,从上到下的扫描方式(默认)下,该指令用于设置横坐标(x 坐标),该指令如表 7-7 所示。

表 7-7　0X2A 指令描述

顺序	控　制			各　位　描　述									HEX
	RS	RD	WR	D15～D8	D7	D6	D5	D4	D3	D2	D1	D0	
指令	0	1	↑	XX	0	0	1	0	1	0	1	0	2AH
参数 1	1	1	↑	XX	SC15	SC14	SC13	SC12	SC11	SC10	SC9	SC8	SC
参数 2	1	1	↑	XX	SC7	SC6	SC5	SC4	SC3	SC2	SC1	SC0	
参数 3	1	1	↑	XX	EC15	EC14	EC13	EC12	EC11	EC10	EC9	EC8	EC
参数 4	1	1	↑	XX	EC7	EC6	EC5	EC4	EC3	EC2	EC1	EC0	

在默认扫描方式时,该指令带有 4 个参数,实际上是 2 个坐标值:SC 和 EC,即列地址的起始值和结束值,SC 必须小于或等于 EC,且 0≤SC/EC≤239。一般在设置 x 坐标的时候,只需要带 2 个参数即可,也就是设置 SC,因为如果 EC 没有变化,只需要设置一次(在初始化 ILI9341 的时候设置),从而提高速度。

4. 页地址设置指令

与 0X2A 指令类似,指令 0X2B 是页地址设置指令,在从左到右,从上到下的扫描方式(默认)下,该指令用于设置纵坐标(y 坐标)。该指令如表 7-8 所示。

表 7-8　0X2B 指令描述

顺序	控制 RS	RD	WR	各位描述 D15~D8	D7	D6	D5	D4	D3	D2	D1	D0	HEX
指令	0	1	↑	XX	0	0	1	0	1	0	1	0	2BH
参数1	1	1	↑	XX	SP15	SP14	SP13	SP12	SP11	SP10	SP9	SP8	SP
参数2	1	1	↑	XX	SP7	SP6	SP5	SP4	SP3	SP2	SP1	SP0	
参数3	1	1	↑	XX	EP15	EP14	EP13	EP12	EP11	EP10	EP9	EP8	EP
参数4	1	1	↑	XX	EP7	EP6	EP5	EP4	EP3	EP2	EP1	EP0	

在默认扫描方式时,该指令带有 4 个参数,实际上是 2 个坐标值:SP 和 EP,即页地址的起始值和结束值,SP 必须小于或等于 EP,且 0≤SP/EP≤319。一般在设置 y 坐标的时候,只需要带 2 个参数即可,也就是设置 SP,因为如果 EP 没有变化,只需要设置一次(在初始化 ILI9341 的时候设置),从而提高速度。

5. 写 GRAM 指令

0X2C 是写 GRAM 指令,在发送该指令之后,便可以往 LCD 的 GRAM 里面写入颜色数据,该指令支持连续写,指令描述如表 7-9 所示。

表 7-9　0X2C 指令描述

顺序	控制 RS	RD	WR	各位描述 D15~D8	D7	D6	D5	D4	D3	D2	D1	D0	HEX
指令	0	1	↑	XX	0	0	1	0	1	1	0	0	2CH
参数1	1	1	↑	D1 [15:0]									XX
……	1	1	↑	D2 [15:0]									XX
参数n	1	1	↑	Dn [15:0]									XX

从上表可知,在收到指令 0X2C 之后,数据有效位宽变为 16 位,可以连续写入 LCD GRAM 值,而 GRAM 的地址将根据 MY/MX/MV 设置的扫描方向进行自增。假设设置的是从左到右,从上到下的扫描方式,那么设置好起始坐标(通过 SC,SP 设置)后,每写入一个颜色值,GRAM 地址将会自动自增 1(SC++),如果碰到 EC,则回到 SC,同时 SP++,一直到坐标 EC,EP 结束,其间无须再次设置坐标,从而提高写入速度。

6. 读 GRAM 指令

0X2E 是读 GRAM 指令,用于读取 ILI9341 的显存(GRAM),指令描述如表 7-10 所示。

表 7-10　0X2E 指令描述

顺序	控制 RS	RD	WR	各位描述 D15~D11	D10	D9	D8	D7	D6	D5	D4	D3	D2	D1	D0	HEX
指令	0	1	↑	XX				0	0	1	0	1	1	1	0	2EH
参数1	1	↑	1	XX												dummy
参数2	1	↑	1	R1 [4:0]		XX			G1 [5:0]			XX				R1G1
参数3	1	↑	1	B1 [4:0]		XX			R2 [4:0]			XX				B1R2
参数4	1	↑	1	G2 [5:0]			XX		B2 [4:0]			XX				G2B2
参数5	1	↑	1	R3 [4:0]		XX			G3 [5:0]			XX				R3G3
参数N	1	↑	1	按以上规律输出												

如表 7-10 所示,ILI9341 在收到该指令后,第一次输出的是 dummy 数据,也就是无效的数据。第二

次开始读取到的才是有效的 GRAM 数据(从坐标 SC,SP 开始),输出规律为:每个颜色分量占 8 个位,一次输出 2 个颜色分量。比如第一次输出是 R1G1,随后的规律为 B1R2→G2B2→R3G3→B3R4→G4B4→R5G5…,以此类推。如果只需要读取一个点的颜色值,那么接收到参数 3 即可。如果要连续读取(利用 GRAM 地址自增,方法同上),那么就按照上述规律去接收颜色数据。

通过上述驱动芯片常用操作指令,可以很好地控制 ILI9341 显示程序输出信息。

7.5 项目实例

本章涉及数码管和 TFT LCD 两个显示设备,将对二者底层软件设计结合项目实例进行讲解。因为显示设备均挂接在 FSMC 总线上,所以信息显示前需要完成 FSMC 初始化。

7.5.1 FSMC 读写时序

FSMC 有多种时序模型用于 NOR Flash/PSRAM/SRAM 的访问,对 TFT LCD 来说,读取操作比较慢,写入操作比较快,使用模式 A 的读写分离时序控制比较方便,可以让读写操作均获得较高性能表现。数码管控制只涉及写,且没有速度要求,任何模式均可以满足要求,为了和 LCD 保持一致,也采用模式 A 进行控制。

访问 NOR Flash/PSRAM/SRAM 的模式 A 的读取时序如图 7-3(a)所示,写入时序如图 7-3(b)所示。在这两个时序中都只需要设置地址建立时间 ADDSET 和数据建立时间 DATAST 两个参数,它们都用 HCLK 的时钟周期个数表示,其中 ADDSET 最小值为 0,最大值为 15,DATAST 最小值为 1,最大值为 255。由图 7-3 可知,FSMC 总线读写时序地址建立时间均为 ADDSET 个 HCLK 周期,而读时序数据建立时间是 DATAST 个 HCLK 周期,写时序数据建立时间为 DATAST+1 个 HCLK 周期。

微课视频

为帮助初学者理解地址建立时间和数据建立时间这两个新概念,作者以 CPU 读取存储器数据过程为例作简要说明。存储器有很多存储单元,CPU 需要告诉存储器要访问的是哪个单元,即送出地址信号,在正式开始读取数据之前地址信号必须稳定,所以从片选信号有效到给出有效的读信号这段时间是地址建立时间,在图 7-3(a)中表现为 NOE 高电平持续时间。CPU 启动数据访问过程,必须等存储器准备就绪才能读取,CPU 启动数据传输到完成数据读取这一段时间是数据建立时间,对应图 7-3(a)中的 NOE 低电平持续时间。

7.5.2 FSMC 初始化

FSMC 工作模式灵活多变,控制寄存器众多,直接操作寄存器很难完成,一般采用基于库函数的开发方式,项目采用基于 STM32CubeMX 的 HAL 库开发方式。

1. 数码管 FSMC 初始化设置

在 STM32CubeMX 软件中,打开如图 7-9 所示的数码管 FSMC 初始化界面,首先设置 Mode 选项内容,配置 NOR Flash/PSRAM/SRAM/ROM/LCD 3,即选择 Bank1.Sector3 连接数码管,片选信号为 NE3,存储器类型为 LCD Interface,LCD 的 RS 信号为 A6,数据宽度为 16 位。随后配置 Configuration 选项内容,其中大部分参数采用默认即可,选择使能扩展模式,使其支持分开设置读写时序。对数码管的访问只有写,不需要读,所以读时序参数可以任意设置;写时序中无须送出地址信号,所以写时序地址建立时间设置为 0,以使其选中芯片后立即送出数据。因片选信号需要经过反相器送给锁存芯片以完成数据传输,所以数据送出后需要保持一定的时间,数据建立时间需要设置大一些,作者设置的是 15。所有需要配置的信息在图 7-9 中均使用红色框线标出。

2. LCD 的 FSMC 初始化设置

LCD 的 FSMC 初始化界面如图 7-10 所示,TFT LCD 的 FSMC 初始化基本上和图 7-9 的数码管

FSMC 初始化设置一样,不同的地方已用框线标出。LCD 连接到 FSMC 的 Bank1.Sector4,所以此时需要配置 NOR Flash/PSRAM/SRAM/ROM/LCD 4,片选信号也相应地调整为 NE4。FSMC 总线选择模式 A 分开设置读写时序控制 LCD 显示屏,由于 LCD 读速度要比写速度慢得多,所以在设置读时序时,时间参数尽量设置大一些,作者将 ADDSET 和 DATAST 分别设置为 15 和 60。对于 STM32F407 微控制器,168 主频时,HCLK 约为 6ns,其对应的地址建立时间为 $15 \times 6ns = 90ns$,数据建立时间为 $60 \times 6ns = 360ns$。LCD 写时序的时间参数设置适当小一些,作者将 ADDSET 和 DATAST 分别设置为 9 和 8,这样这两个参数对应的时间数值均约为 54ns。

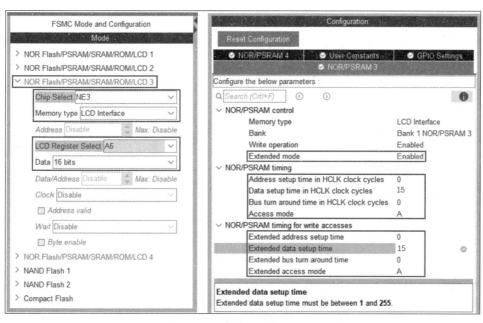

图 7-9 数码管 FSMC 初始化界面

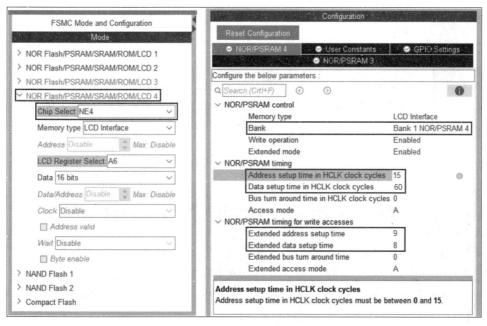

图 7-10 LCD 的 FSMC 初始化界面

上述参数设置对 2.8 寸 TFT LCD 的常规驱动芯片 ILI9341 来说可以保证其稳定运行,并留有足够的裕量。

完成上述配置后,STM32CubeMX 会自动将 FSMC 总线用到的 GPIO 引脚,配置为 FSMC 复用推挽模式,无须上拉或下拉,并在 FSMC 初始化程序中完成调用,减轻了用户编程工作量。

7.5.3　数码管动态显示学号

数码管 FSMC 总线连接电路如图 7-6 所示,设计一个项目实例,在数码管上显示每位同学学号的后六位。编写示例程序时,显示 0~5 这六个数字。

1. 项目分析

由上述分析可知,开发板上每位数码管段码(a~g、dp)是并联到一起的,要想显示这六个数字必须采用动态扫描的方式,即依次选中一位数码管显示一个数字,快速切换,利用人的视觉滞留效应,将 6 位数字同时稳定显示于数码管上。

如果要在第一个数码管上显示第一个数字"0",须选中第一个数码管,而让其余数码管处于未选中状态。由图 7-6 可知,数码管为共阳极数码管,DS1 数码管任一段要想点亮,必须设置数码管的 3 号和 8 号引脚为高电平,而要使 3 号和 8 号引脚为高电平,PNP 三极管 Q1 必须要导通,由 PNP 三极管工作原理可知,必须设置 Q1 的基极控制信号 DS_Bit1 为低电平。由此可归纳 DS_Bit$n$ 为低电平时 Qn 导通,选中 DSn 数码管,其中 $n=1\sim6$。又由图中锁存器连接关系可知,DS_Bit1~DS_Bit6 锁存的是 FSMC_D8~FSMC_D13。由于选用的是共阳极数码管,所以其段选码也是低电平相应笔划点亮,且段码 a~dp 锁存的是 FSMC_D0~FSMC_D7。在第一个数码管上面显示数字"0",则应送出的显示码如表 7-11 所示,即向 FSMC 总线送出一个十六进制数据 0xFEC0,即可实现显示控制。在其余数码管上显示别的数字的显示码可以以此类推。

微课视频

表 7-11　数码管控制实例显示码

名称	/	/	DS6	DS5	DS4	DS3	DS2	DS1	dp	g	f	e	d	c	b	a
FSMC	D15	D14	D13	D12	D11	D10	D9	D8	D7	D6	D5	D4	D3	D2	D1	D0
数值	1	1	1	1	1	1	1	0	1	1	0	0	0	0	0	0
HEX	F				E				C				0			

数码管挂接在 FSMC 总线 Bank1. Sector3 上,由表 7-1 可知,这一区域对应的地址范围为 0x6800 0000~0x6BFF FFFF,只要向这 64MB 空间内任一地址送数据,即可将显示码发送至数据线,并自动产生片选信号 FSMC_NE3,反相后形成锁存信号,完成数据锁存。本项目选择这一区域的首地址 0x6800 0000,转换为指针型常量,将其赋值给 uint16_t 型指针型变量 SEG_ADDR,向该地址写数据即可实现显示控制。

2. 项目实施

1)复制工程文件

复制第 3 章创建的工程模板文件夹到桌面,并将文件夹更名为 0701 DSGLCD。

2)FSMC 初始化

本章将学习和使用数码管和 LCD 两个显示设备,由于二者均挂接在 FSMC 总线上,所以将二者一起初始化。打开工程模板文件夹里面的 Template.ioc 文件,启动 STM32CubeMX 配置软件,在左侧配置类别 Categories 下面的 Connectivity 子类中的找到 FSMC 选项。数码管和 LCD 的初始化具体配置已经在图 7-9 和图 7-10 中给出。时钟配置和工程配置选项无须修改,单击 GENERATE CODE 按钮生成初始化工程。

3）初始化程序分析

打开 MDK-ARM 文件夹下面的工程文件 Template. uvprojx，若将生成工程编译一下，若没有错误和警告则开始用户程序编写。此时工程正创建了一个 fsmc. c 文件，并将其添加到 Application/User/Core 项目组下面，生成的 FSMC 初始化程序就存放在该文件中，部分代码如下：

```c
#include "fsmc.h"
SRAM_HandleTypeDef hsram3;
SRAM_HandleTypeDef hsram4;
/* FSMC 初始化函数 */
void MX_FSMC_Init(void)
{
    FSMC_NORSRAM_TimingTypeDef Timing = {0};
    FSMC_NORSRAM_TimingTypeDef ExtTiming = {0};
    /* 执行 SRAM3 存储器初始化操作 */
    hsram3.Instance = FSMC_NORSRAM_DEVICE;
    hsram3.Extended = FSMC_NORSRAM_EXTENDED_DEVICE;
    /* hsram3 初始化结构体 */
    hsram3.Init.NSBank = FSMC_NORSRAM_BANK3;
    hsram3.Init.DataAddressMux = FSMC_DATA_ADDRESS_MUX_DISABLE;
    hsram3.Init.MemoryType = FSMC_MEMORY_TYPE_SRAM;
    hsram3.Init.MemoryDataWidth = FSMC_NORSRAM_MEM_BUS_WIDTH_16;
    hsram3.Init.BurstAccessMode = FSMC_BURST_ACCESS_MODE_DISABLE;
    hsram3.Init.WaitSignalPolarity = FSMC_WAIT_SIGNAL_POLARITY_LOW;
    hsram3.Init.WrapMode = FSMC_WRAP_MODE_DISABLE;
    hsram3.Init.WaitSignalActive = FSMC_WAIT_TIMING_BEFORE_WS;
    hsram3.Init.WriteOperation = FSMC_WRITE_OPERATION_ENABLE;
    hsram3.Init.WaitSignal = FSMC_WAIT_SIGNAL_DISABLE;
    hsram3.Init.ExtendedMode = FSMC_EXTENDED_MODE_ENABLE;
    hsram3.Init.AsynchronousWait = FSMC_ASYNCHRONOUS_WAIT_DISABLE;
    hsram3.Init.WriteBurst = FSMC_WRITE_BURST_DISABLE;
    hsram3.Init.PageSize = FSMC_PAGE_SIZE_NONE;
    /* 读时序 */
    Timing.AddressSetupTime = 0;
    Timing.AddressHoldTime = 15;
    Timing.DataSetupTime = 15;
    Timing.BusTurnAroundDuration = 0;
    Timing.CLKDivision = 16;
    Timing.DataLatency = 17;
    Timing.AccessMode = FSMC_ACCESS_MODE_A;
    /* 写时序 */
    ExtTiming.AddressSetupTime = 0;
    ExtTiming.AddressHoldTime = 15;
    ExtTiming.DataSetupTime = 15;
    ExtTiming.BusTurnAroundDuration = 0;
    ExtTiming.CLKDivision = 16;
    ExtTiming.DataLatency = 17;
    ExtTiming.AccessMode = FSMC_ACCESS_MODE_A;
    if (HAL_SRAM_Init(&hsram3, &Timing, &ExtTiming) != HAL_OK)
        { Error_Handler( ); }
    /* 执行 SRAM4 存储器初始化操作 */
    hsram4.Instance = FSMC_NORSRAM_DEVICE;
    hsram4.Extended = FSMC_NORSRAM_EXTENDED_DEVICE;
    /* hsram4 初始化结构体 */
    hsram4.Init.NSBank = FSMC_NORSRAM_BANK4;
    hsram4.Init.DataAddressMux = FSMC_DATA_ADDRESS_MUX_DISABLE;
```

```
    hsram4.Init.MemoryType = FSMC_MEMORY_TYPE_SRAM;
    hsram4.Init.MemoryDataWidth = FSMC_NORSRAM_MEM_BUS_WIDTH_16;
    hsram4.Init.BurstAccessMode = FSMC_BURST_ACCESS_MODE_DISABLE;
    hsram4.Init.WaitSignalPolarity = FSMC_WAIT_SIGNAL_POLARITY_LOW;
    hsram4.Init.WrapMode = FSMC_WRAP_MODE_DISABLE;
    hsram4.Init.WaitSignalActive = FSMC_WAIT_TIMING_BEFORE_WS;
    hsram4.Init.WriteOperation = FSMC_WRITE_OPERATION_ENABLE;
    hsram4.Init.WaitSignal = FSMC_WAIT_SIGNAL_DISABLE;
    hsram4.Init.ExtendedMode = FSMC_EXTENDED_MODE_ENABLE;
    hsram4.Init.AsynchronousWait = FSMC_ASYNCHRONOUS_WAIT_DISABLE;
    hsram4.Init.WriteBurst = FSMC_WRITE_BURST_DISABLE;
    hsram4.Init.PageSize = FSMC_PAGE_SIZE_NONE;
    /* 读时序 */
    Timing.AddressSetupTime = 15;
    Timing.AddressHoldTime = 15;
    Timing.DataSetupTime = 60;
    Timing.BusTurnAroundDuration = 0;
    Timing.CLKDivision = 16;
    Timing.DataLatency = 17;
    Timing.AccessMode = FSMC_ACCESS_MODE_A;
    /* 写时序 */
    ExtTiming.AddressSetupTime = 9;
    ExtTiming.AddressHoldTime = 15;
    ExtTiming.DataSetupTime = 8;
    ExtTiming.BusTurnAroundDuration = 0;
    ExtTiming.CLKDivision = 16;
    ExtTiming.DataLatency = 17;
    ExtTiming.AccessMode = FSMC_ACCESS_MODE_A;
    if (HAL_SRAM_Init(&hsram4, &Timing, &ExtTiming) != HAL_OK)
        { Error_Handler( ); }
}
static uint32_t FSMC_Initialized = 0;
static void HAL_FSMC_MspInit(void){
    GPIO_InitTypeDef GPIO_InitStruct = {0};
    if (FSMC_Initialized) { return; }
    FSMC_Initialized = 1;
    /* 外设时钟使能 */
    __HAL_RCC_FSMC_CLK_ENABLE();
    /** FSMC GPIO Configuration
    PF12 ------> FSMC_A6          PE7 ------> FSMC_D4
    PE8 ------> FSMC_D5           PE9 ------> FSMC_D6
    PE10 ------> FSMC_D7          PE11 ------> FSMC_D8
    PE12 ------> FSMC_D9          PE13 ------> FSMC_D10
    PE14 ------> FSMC_D11         PE15 ------> FSMC_D12
    PD8 ------> FSMC_D13          PD9 ------> FSMC_D14
    PD10 ------> FSMC_D15         PD14 ------> FSMC_D0
    PD15 ------> FSMC_D1          PD0 ------> FSMC_D2
    PD1 ------> FSMC_D3           PD4 ------> FSMC_NOE
    PD5 ------> FSMC_NWE          PG10 ------> FSMC_NE3 */
    /* GPIO初始化 */
    GPIO_InitStruct.Pin = GPIO_PIN_12;
    GPIO_InitStruct.Mode = GPIO_MODE_AF_PP;
    GPIO_InitStruct.Pull = GPIO_NOPULL;
    GPIO_InitStruct.Speed = GPIO_SPEED_FREQ_VERY_HIGH;
    GPIO_InitStruct.Alternate = GPIO_AF12_FSMC;
    HAL_GPIO_Init(GPIOF, &GPIO_InitStruct);
    /* GPIO初始化 */
```

```
    GPIO_InitStruct.Pin = GPIO_PIN_7|GPIO_PIN_8|GPIO_PIN_9|GPIO_PIN_10|GPIO_PIN_11
                          |GPIO_PIN_12|GPIO_PIN_13|GPIO_PIN_14|GPIO_PIN_15;
    GPIO_InitStruct.Mode = GPIO_MODE_AF_PP;
    GPIO_InitStruct.Pull = GPIO_NOPULL;
    GPIO_InitStruct.Speed = GPIO_SPEED_FREQ_VERY_HIGH;
    GPIO_InitStruct.Alternate = GPIO_AF12_FSMC;
    HAL_GPIO_Init(GPIOE, &GPIO_InitStruct);
    /* GPIO 初始化 */
    GPIO_InitStruct.Pin = GPIO_PIN_8|GPIO_PIN_9|GPIO_PIN_10|GPIO_PIN_14|GPIO_PIN_15
                          |GPIO_PIN_0|GPIO_PIN_1|GPIO_PIN_4|GPIO_PIN_5;
    GPIO_InitStruct.Mode = GPIO_MODE_AF_PP;
    GPIO_InitStruct.Pull = GPIO_NOPULL;
    GPIO_InitStruct.Speed = GPIO_SPEED_FREQ_VERY_HIGH;
    GPIO_InitStruct.Alternate = GPIO_AF12_FSMC;
    HAL_GPIO_Init(GPIOD, &GPIO_InitStruct);
    /* GPIO 初始化 */
    GPIO_InitStruct.Pin = GPIO_PIN_10;
    GPIO_InitStruct.Mode = GPIO_MODE_AF_PP;
    GPIO_InitStruct.Pull = GPIO_NOPULL;
    GPIO_InitStruct.Speed = GPIO_SPEED_FREQ_VERY_HIGH;
    GPIO_InitStruct.Alternate = GPIO_AF12_FSMC;
    HAL_GPIO_Init(GPIOG, &GPIO_InitStruct);
}
```

上述代码中 MX_FSMC_Init() 函数用于完成 FSMC 接口的配置,初始化代码和 STM32CubeMX 选项一一对应,重要配置信息采用加粗显示以便于读者查看。HAL_FSMC_MspInit() 是 STM32 的 MSP (MCU Specific Package) 函数,被 MX_FSMC_Init() 函数调用,用于初始化与具体 MCU 相关部分,本例主要工作是使能 FSMC 时钟,初始化 FSMC 接口所有用到的引脚。

FSMC 初始化涉及内容较多,代码体量较大,令人欣慰的是上述代码均可由 STM32CubeMX 自动生成,且无须任何修改,也使开发者更加深切地体会到基于 STM32CubeMX 的 HAL 库开发的高效便捷。

4）用户程序编写

打开 main.c 文件,首先将 Bank1.Sector3 首地址 0x6800 0000 转换为指针型常量,将其赋值给 uint16_t 型指针型变量 SEG_ADDR,向该地址写数据即可实现显示控制。FSMC 数据线上的 16 位数据中 D0～D7 为段码,D8～D13 为位码,最高两位未使用。编写一个学号显示程序 DsgShowNum(),参考程序如下:

```
# include "main.h"
# include "gpio.h"
# include "fsmc.h"
/* USER CODE BEGIN PV */
uint16_t * SEG_ADDR = (uint16_t *)(0x68000000);
/* USER CODE END PV */
void SystemClock_Config(void);
/* USER CODE BEGIN PFP */
void DsgShowNum(void);
/* USER CODE END PFP */
int main(void)
{
    HAL_Init();
    SystemClock_Config();
```

```
    MX_GPIO_Init();
    MX_FSMC_Init();
    / * USER CODE BEGIN WHILE * /
    while (1)
    {
        DsgShowNum();
        / * USER CODE END WHILE * /
    }
}
/ * USER CODE BEGIN 4 * /
void DsgShowNum(void)
{
    uint16_t i;
    * SEG_ADDR = 0xFEC0; for(i = 0;i < 2000;i++);
    * SEG_ADDR = 0xFDF9; for(i = 0;i < 2000;i++);
    * SEG_ADDR = 0xFBA4;for(i = 0;i < 2000;i++);
    * SEG_ADDR = 0xF7B0; for(i = 0;i < 2000;i++);
    * SEG_ADDR = 0xEF99; for(i = 0;i < 2000;i++);
    * SEG_ADDR = 0xDF92; for(i = 0;i < 2000;i++);
}
/ * USER CODE END 4 * /
```

5) 下载调试

编译工程,直到没有错误为止,下载程序到开发板,复位运行,检查实验效果。

7.5.4 数码管动态显示时间

上一节中介绍的数码管动态显示程序编写其实很不专业,其通用性比较差,主要目的是让大家能够快速熟悉数码管动态显示控制方法。

本节将介绍一个新的实例,其任务是将主程序赋值的 hour、minute 和 second 三个变量的数值显示在六位数码管上,并在小时个位和分钟个位数字下面显示一个点。

由于本例要显示数字不确定,所以需要将显示码中段码和位码分别存放于数组中,通过下标进行元素访问。当要在某一数码管上显示一位数字时,需要将位码取出左移 8 位加上段码合并为显示码,并发送至数据线。

在程序沙箱内编写数码管动态显示时间程序,完成时、分、秒的显示,此处需要把要显示的两位数的每一位数字都取出来,设小时的数值为"12",则需要将其拆成"1"和"2"两个数字,具体方法是用"12/10＝1"取出十位,用"12％10＝2"取出个位。另外小时和分钟个位数字的小数点需要显示出来,因为数码管是共阳的,所以只要将要加小数点数字的段选码与 0x7f 进行"位与"即可。

显示时间程序与显示学号程序初始化代码完全一样,只需要修改用户程序即可,参考程序如下:

```
# include "main.h"
# include "gpio.h"
# include "fsmc.h"
/ * USER CODE BEGIN PV * /
uint16_t * SEG_ADDR = (uint16_t * )(0x68000000);
uint8_t smgduan[10] = {0xc0,0xf9,0xa4,0xb0,0x99,0x92,0x82,0xf8,0x80,0x90 };
uint8_t smgwei[6] = {0xfe,0xfd,0xfb,0xf7,0xef,0xdf};
uint8_t hour, minute, second;
/ * USER CODE END PV * /
void SystemClock_Config(void);
```

```
/* USER CODE BEGIN PFP */
void DsgShowTime(void);
/* USER CODE END PFP */
int main(void)
{
    HAL_Init();
    SystemClock_Config();
    MX_GPIO_Init();
    MX_FSMC_Init();
    /* USER CODE BEGIN WHILE */
    hour = 9; minute = 30; second = 25;
    while (1)
    {
        DsgShowTime();
        /* USER CODE END WHILE */
    }
}
/* USER CODE BEGIN 4 */
void DsgShowTime(void)
{
    uint16_t i;
    * SEG_ADDR = (smgwei[0]<< 8) + smgduan[hour/10];
    for(i = 0; i < 2000; i++);
    * SEG_ADDR = (smgwei[1]<< 8) + (smgduan[hour % 10]&0x7f);
    for(i = 0; i < 2000; i++);
    * SEG_ADDR = (smgwei[2]<< 8) + smgduan[minute/10];
    for(i = 0; i < 2000; i++);
    * SEG_ADDR = (smgwei[3]<< 8) + (smgduan[minute % 10]&0x7f);
    for(i = 0; i < 2000; i++);
    * SEG_ADDR = (smgwei[4]<< 8) + smgduan[second/10];
    for(i = 0; i < 2000; i++);
    * SEG_ADDR = (smgwei[5]<< 8) + smgduan[second % 10];
    for(i = 0; i < 2000; i++);
}
/* USER CODE END 4 */
```

将修改好的源程序,编译生成目标程序,并下载到开发板,观察运行结果,检查是否达到预期效果。

7.5.5 LCD驱动程序

由 STM32CubeMX 生成的代码只是完成了数码管和 LCD 的 FSMC 初始化,此时用户可以通过 FSMC 接口对数码管和 LCD 进行读写操作,但是使用 LCD 进行信息显示的功能函数还需要根据 LCD 的驱动芯片的指令来实现,这就是 LCD 的驱动程序。

如果完全由自己编写 LCD 的驱动程序是比较复杂的,需要搞清楚 LCD 驱动芯片的各种指令操作, 费时又费力,没有必要。一般情况下,显示屏厂家会提供多种接口的参考例程,开发者需要理解驱动程序 实现方式,然后根据实际硬件进行驱动程序的移植。

1. LCD 参数结构体

为了便于全局共享 LCD 设备参数信息,在 lcd.h 文件定义了一个 LCD 参数结构体。

```
typedef struct
{
    uint16_t width;            //LCD 宽度
    uint16_t height;           //LCD 高度
    uint16_t id;               //LCD ID
}_lcd_dev;
extern _lcd_dev lcddev;        //管理 LCD 重要参数
```

结构体只有3个成员,分别为LCD的宽度、高度和ID,对结构体的访问可以使驱动程序支持不同尺寸的LCD,实现屏幕显示方向旋转等功能。

2. LCD操作结构体

LCD寄存器选择信号RS连接到FSMC_A6引脚,RS=0访问控制寄存器,RS=1访问数据寄存器。对LCD寄存器和存储器一体化控制简单、便捷的方法是定义一个LCD数据访问结构体,包含寄存器和存储器2个16位无符号型成员,其定义位于lcd.h文件中,原型如下:

```
typedef struct
{
    volatile uint16_t LCD_REG;
    volatile uint16_t LCD_RAM;
} LCD_TypeDef;
#define LCD_BASE        ((u32)(0x6C000000 | 0x0000007E))
#define LCD             ((LCD_TypeDef * ) LCD_BASE)
```

由上述代码可知LCD结构体的基地址为0x6C00007E,这是内部AHB总线地址,即HADDR地址,其中HADDR[27,26]=11,表明选择的是Bank1.Sector4,即片选信号FSMC_NE4有效。结构体两个成员均为16位无符号型,第一个成员LCD_REG地址和LCD结构体的基地址相同,即0x6C00007E,第二个成员LCD_RAM地址为基地址加2,即0x6C000080。如果我们只观察HADDR低8位,即LCD->LCD_REG的HADDR[7:0]=0111 1110,LCD->LCD_RAM的HADDR[7:0]=1000 0000。由于FSMC外接16位存储器时内外地址对应关系为HADDR[25:1]→FSMC_A[24:0],相当于右移1位,由此可知LCD->LCD_REG的FSMC_A[6:0]=011 1111,FSMC_A6(RS)=0,读写LCD寄存器,LCD->LCD_RAM的FSMC_A[6:0]=100 0000,FSMC_A6(RS)=1,读写LCD存储器。

在FSMC配置过程中选择不同的地址线连接LCD的RS信号,其基地址的确定亦可举一反三。

3. LCD基本读写函数

有了LCD结构体定义,通过选择不同成员就可以实现LCD的寄存器和存储器的访问,又由于LCD的控制信号CS/RD/WR是由FSMC总线自动生成的,所以LCD基本读写函数实现较为简单,其参考代码如下:

```
//写寄存器函数,reg:寄存器值
void LCD_WR_REG(u16 reg)
{
    LCD->LCD_REG = reg;            //写入寄存器序号
}
//写LCD数据,data:要写入的值
void LCD_WR_DATA(u16 data)
{
    LCD->LCD_RAM = data;
}
//读LCD数据,返回值:读到的值
u16 LCD_RD_DATA(void)
{
    volatile uint16_t ram;         //防止被优化
    ram = LCD->LCD_RAM;
    return ram;
}
```

LCD驱动芯片指令可以有操作数也可以没有操作数,可以有一个操作数也可以有多个操作数,所以上述LCD基本读写函数经常是组合使用的。

4. LCD 设置显示位置和光标函数

要实现 LCD 信息显示,首先就需要设置行列起始和结束地址,设置显示位置函数代码如下所示,其中入口参数 $x1,x2$ 为列的起始和结束地址,$y1,y2$ 为行的起始和结束地址,函数无返回值。

```
//设置 LCD 显示起始和结束地址
void LCD_Address_Set(u16 x1,u16 y1,u16 x2,u16 y2)
{
        LCD_WR_REG(0x2a);              //列地址设置
        LCD_WR_DATA(x1 >> 8);
        LCD_WR_DATA(x1&0xff);
        LCD_WR_DATA(x2 >> 8);
        LCD_WR_DATA(x2&0xff);
        LCD_WR_REG(0x2b);              //行地址设置
        LCD_WR_DATA(y1 >> 8);
        LCD_WR_DATA(y1&0xff);
        LCD_WR_DATA(y2 >> 8);
        LCD_WR_DATA(y2&0xff);
        LCD_WR_REG(0x2c);              //存储器写
}
```

设置光标函数和设置位置函数十分相似,只是在光标设置函数中,仅需要设置显示的行列起始地址,而不需要设置结束地址,其参考程序如下:

```
void LCD_SetCursor(u16 x,u16 y)
{
    LCD_WR_REG(0x2a);           //列地址设置
    LCD_WR_DATA(x >> 8);
    LCD_WR_DATA(x&0xff);
    LCD_WR_REG(0x2b);           //行地址设置
    LCD_WR_DATA(y >> 8);
    LCD_WR_DATA(y&0xff);
}
```

5. LCD 画点函数

画点函数如下所示,入口参数 x,y 表示光标位置,color 表示该点显示的颜色,函数无返回值。

```
void LCD_DrawPoint(u16 x,u16 y,u16 color)
{
    LCD_Address_Set(x,y,x,y);          //设置光标位置
    LCD_WR_DATA(color);                //写入颜色数据
}
```

该函数实现比较简单,就是先设置坐标,然后往坐标写颜色。画点函数虽然简单,但却是至关重要的,几乎所有上层函数,都是通过调用该函数实现的。

6. LCD 读点函数

与画点函数相对应的是读点函数,其实现的功能是读取光标位置的像素点的 GRAM 数值,入口参数 x,y 是像素坐标,函数返回值是该点的颜色数值,16 位 RGB565 格式。要理解读点函数的实现原理,需要结合表 7-10 仔细分析。

```
u16 LCD_ReadPoint(u16 x,u16 y)
{
    u16 r = 0,g = 0,b = 0;
    LCD_SetCursor(x,y);
```

```
            LCD_WR_REG(0X2E);
            r = LCD_RD_DATA();                  //dummy Read
            r = LCD_RD_DATA();                  //实际坐标颜色
            b = LCD_RD_DATA();
            g = r&0XFF;
            g << = 8;
            return (((r >> 11) << 11)|((g >> 10) << 5)|(b >> 11));
        }
```

7. LCD 字符显示函数

有了上述底层驱动函数就可以实现字符、文本、图形、图片等任意形式的显示，在这里仅以 ASCII 字符的显示为例进行讲解，其他显示可直接查看参考程序。

1) 字符取模

要实现字符显示，就必须先了解所使用的显示屏，TFT LCD 及其安装方式如图 7-11 所示，开发板使用的是 2.8 寸 TFT LCD 显示屏，横向安装。水平方向定义为 X 轴，从左向右像素坐标由 0 变化到 319，垂直方向定义为 Y 轴，从上向下像素坐标由 0 变化到 239。LCD 驱动文件中定义了 8 种扫描方向，开发板使用的是其默认扫描方向 U2D_R2L，英文直译为 Up to Down & Right to Left，特别需要注意的是，这里的 Up、Down、Right、Left 均是相对于显示屏竖屏正放（排针在上面）而言，所以对于开发板显示屏横向安装时，其扫描方向对应图中 X 坐标依次增加，到边界后换行，Y 坐标依次增加。

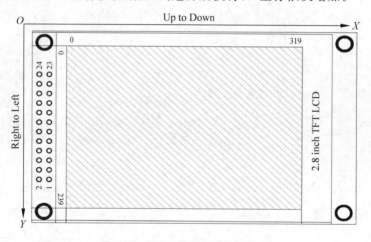

图 7-11　TFT LCD 及其安装方式

要想在显示屏实现字符显示，就需要将 ASCII 所有可显示字符取字模，取模选项需要根据屏幕安装方式和扫描方向进行选择。假设需要在屏幕上显示字母"S"，字模大小为 16×8，16 字节存储。如果像素点亮为 1，不亮为 0。从第 1 行依次取模到最后一行，取模数据低位在前，高位在后。上述取模选项称为"阴码、逐行式、逆向"，取模原理如图 7-12 所示。

作者上述取模示意过程在 Excel 中完成，事实上需要对所有 ASCII 可显示字符取模并存储为数组形式，这一过程可以借助专业的取模工具完成，目前使用较多的软件是 PCtoLCD2002，运行软件首先需要单击"模式"菜单，选择"字符模式"，然后选择字宽和字高为 16，软件会自动将英文字符的宽度减少一半，随后单击工具栏"设置"按钮，打开"字模选项"对话框，设置取模选项为"阴码、逐行式、逆向"，数据格式为"C51、十六进制"。最后单击"生成字模"按钮完成取模过程，其操作界面如图 7-13 所示，其中重要选项使用框线标出。

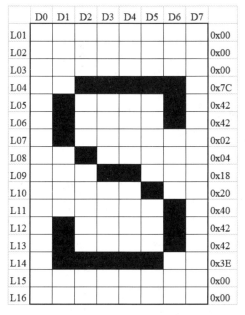

图 7-12 字符取模原理

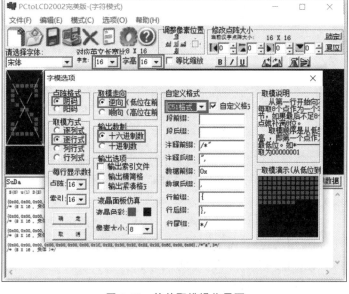

图 7-13 软件取模操作界面

在厂家提供的 LCD 参考程序中,除了源文件 lcd.c 和头文件 lcd.h 外,还有一个字库文件 lcdfont.h,所有可显示的 ASCII 字符的 4 种字体(12×6、16×8、24×12、32×16)均已取模完成,并以数组形式存储于该文件中。

2）字符显示函数

在 lcd.c 文件中给出了单个字符的显示函数,其参考代码如下:

```
/ *********************************************************************
        函数说明:显示单个字符
        入口数据:x,y 显示坐标        num 要显示的字符
                fc 字的颜色          bc 字的背景色
                sizey 字号           mode: 0 非叠加模式   1 叠加模式
        返回值: 无
 ********************************************************************* /
void LCD_ShowChar(u16 x,u16 y,u8 num,u16 fc,u16 bc,u8 sizey,u8 mode)
{
    u8 temp,sizex,t;
    u16 i,x0 = x,TypefaceNum;                        //一个字符所占字节大小
    sizex = sizey/2;
    TypefaceNum = (sizex/8 + ((sizex % 8)?1:0)) * sizey;
    num = num - ' ';                                 //得到偏移后的值
    LCD_Address_Set(x,y,x + sizex - 1,y + sizey - 1);  //设置光标位置
    for(i = 0;i < TypefaceNum;i++)
    {
        if(sizey == 12) temp = ascii_1206[num][i];     //调用 6×12 字体
        else if(sizey == 16) temp = ascii_1608[num][i]; //调用 8×16 字体
        else if(sizey == 24) temp = ascii_2412[num][i]; //调用 12×24 字体
        else if(sizey == 32) temp = ascii_3216[num][i]; //调用 16×32 字体
        else return;
        for(t = 0;t < 8;t++)
        {
            if(temp&(0x01 << t)) LCD_DrawPoint(x,y,fc); //画一个前景点
            else if(!mode) LCD_DrawPoint(x,y,bc);       //非叠加时画背景点
```

```
            x++;
            if((x - x0) == sizex)
            {
                x = x0;
                y++;
                break;
            }
        }
    }
}
```

字符显示函数是所有英文信息显示的基础,字符串显示、整型数据显示、浮点数显示等函数最终均是通过调用字符显示函数完成信息输出,且函数展示了 LCD 信息显示的通用方式,所以读者需要仔细学习其实现原理。

因为要显示的字符宽度并不全是 8 的整数倍,如 12 号字的字宽为 6,很显然按行取模时,6 位用一字节存储,用表达式"(sizex / 8 +((sizex % 8) ? 1:0))×sizey"来计算一个字符所占字节数巧妙且合适,其本质是将列数补齐为 8 的整数倍。

字符显示函数支持两种显示方式,一种是非叠加显示,另一种是叠加显示。这两种方式在像素点处理方法是按位取出字模数据,如果其数值为 1,则写前景色;如果其数值为 0,叠加模式则不需要进行处理,非叠加模式则写入背景色。

LCD 驱动程序提供了许多其他方面的处理函数,其原理和实现方式与字符显示函数类似,读者在学习时只需要学会函数使用方法即可,在此就不将其全部贴出。

7.5.6　LCD 英文显示

微课视频

几乎所有 LCD 厂家提供的参考程序都是基于标准库的,无法直接使用,需要针对软件环境和 HAL 库开发方式进行改写,本节将详细介绍的 LCD 驱动程序移植方法,为读者进行其他项目移植时提供一个参考示例。

1. 复制工程文件

在本书的后续章节,有很多项目都是需要同时使用数码管和 LCD 双显示终端。以数码管显示为主的项目可以在 LCD 显示项目和用户信息,也可用于输出程序调试信息;以 LCD 显示为主的项目也可以将重要数据高亮显示于数码管。

鉴于上述原因,本项目在 7.5.3 节和 7.5.4 节项目基础上进行扩展,所以其工程文件夹仍然为 0701 DSGLCD

2. STM32CubeMX 配置

在 7.5.3 节和 7.5.4 节项目中已经一并完成了数码管和 LCD 的 FSMC 初始化,所以本项目无须再进行 STM32CubeMX 配置。

3. 复制并添加 LCD 驱动文件

复制厂家提供的 LCD 底层驱动文件,将源文件 lcd.c 存放于 0701 DSGLCD\Core\Src 文件夹中,将驱动头文件 lcd.h 和字库文件 lcdfont.h 存放于 0701 DSGLCD\Core\Inc 文件夹中,打开 MDK 工程文件,双击集成开发环境左侧的工程文件管理区中的 Application/User/Core 项目组图标,或在其上方右击选择 Add Existing Files to Group Application/User/Core 菜单命令,打开添加文件对话框,浏览并选择 lcd.c 文件,将其添加至工程中,操作界面如图 7-14 所示。

4. LCD 驱动程序改写

将添加到工程中的驱动文件编译一下,会发现有很多错误,还需要对驱动程序进行改写。

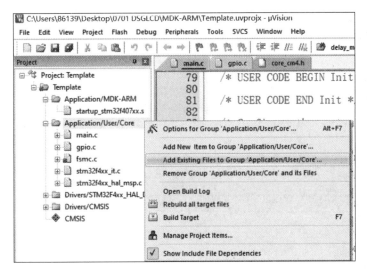

图 7-14 添加 lcd. c 文件

（1）删除 lcd. h 中文件中的包含 sys. h 文件语句，将其替换为 ♯include "main. h"，即包含头文件 main. h。

（2）在 lcd. h 文件中增加了标准库支持的 u8、u16 等数据类型的定义，定义语句如下：

```
typedef int32_t s32;
typedef int16_t s16;
typedef int8_t s8;
typedef __IO uint32_t vu32;
typedef __IO uint16_t vu16;
typedef __IO uint8_t vu8;
typedef uint32_t u32;
typedef uint16_t u16;
typedef uint8_t u8;
typedef const uint32_t uc32;        /* !< Read Only */
typedef const uint16_t uc16;        /* !< Read Only */
typedef const uint8_t uc8;          /* !< Read Only */
```

（3）将 lcd. c 中的头文件 usart. h 和 delay. h 包含语句删除，移植后的 LCD 驱动文件不再使用串口输出信息，也没有使用专门编写的延时函数，所以还需要将延时函数 delay_ms()替换为 HAL 库延时函数 HAL_Delay()。

（4）将 LCD 初始化函数 LCD_Init()中的 FSMC 接口初始化代码删除，相关工作在 STM32CubeMX 生成的初始化代码中已经完成，并由主程序自动调用。

（5）将 LCD 初始化函数 LCD_Init()中的背光控制语句"LCD_LED＝1"以及 lcd. h 中的宏定义语句"♯define LCD_LED PBout(15)"注释掉，因为开发板背光控制引脚是悬空的。

（6）如有必要，改写部分 LCD 底层驱动函数或增加一些自定义函数。

将工程文件编译一下，如果没有错误和警告，则 LCD 底层驱动文件移植成功。

5. 用户显示程序编写

项目初始化程序和 7.5.3 节数码管显示项目一样，故不展示和分析，此处仅需在 main. c 中编写用户程序完成信息显示即可，其参考程序如下：

```
# include "main. h"
# include "gpio. h"
```

```
# include "fsmc. h"
/ * USER CODE BEGIN Includes * /
# include "lcd. h"
/ * USER CODE END Includes * /
/ * USER CODE BEGIN PV * /
uint16_t * SEG_ADDR = (uint16_t * )(0x68000000);
uint8_t smgduan[10] = {0xc0,0xf9,0xa4,0xb0,0x99,0x92,0x82,0xf8,0x80,0x90 };
uint8_t smgwei[6] = {0xfe,0xfd,0xfb,0xf7,0xef,0xdf};
uint8_t hour, minute, second;
/ * USER CODE END PV * /
void SystemClock_Config(void);
/ * USER CODE BEGIN PFP * /
void DsgShowTime(void);
/ * USER CODE END PFP * /
int main(void)
{
    HAL_Init();
    SystemClock_Config();
    MX_GPIO_Init();
    MX_FSMC_Init();
    / * USER CODE BEGIN WHILE * /
    hour = 9; minute = 30; second = 25;
    LCD_Init();
    LCD_Clear(WHITE);
    LCD_ShowString(0,24 * 5,(u8 * )"                     ",WHITE,BLUE,24,0);
    LCD_ShowString(0,24 * 6,(u8 * )"                     ",WHITE,BLUE,24,0);
    LCD_ShowString(0,24 * 7,(u8 * )"                     ",WHITE,BLUE,24,0);
    LCD_ShowString(0,24 * 8,(u8 * )"                     ",WHITE,BLUE,24,0);
    LCD_ShowString(0,24 * 9,(u8 * )"                     ",WHITE,BLUE,24,0);
    LCD_ShowString(4,24 * 0,(u8 * )" Chapter DSG & LCD ",BLUE,WHITE,24,0);
    LCD_ShowIntNum(124,24 * 0,7,1,BLUE,WHITE,24);
    LCD_ShowString(4,24 * 1,(u8 * )" Hello World!",RED,WHITE,24,0);
    LCD_ShowString(4,24 * 2,(u8 * )"Name:Huang Keya",BLUE,WHITE,24,0);
    LCD_ShowString(4,24 * 3,(u8 * )"Soochow University",BLUE,WHITE,24,0);
    LCD_ShowString(4,24 * 4,(u8 * )"Contact :22102600@qq.com",BLUE,WHITE,24,0);
    while (1)
    {
        DsgShowTime();
        / * USER CODE END WHILE * /
    }
}
```

要使用 LCD 显示驱动函数，首先需要包含其头文件，然后在主程序调用 LCD 初始化函数 LCD_Init()对 LCD 进行初始化，随后调用 LCD 显示函数完成信息显示，整个主程序最终处于数码管动态显示时间的无限循环中。

6. 下载调试

编译工程，直到没有错误为止，下载程序到开发板，复位运行，检查实验效果。

7.5.7 LCD中文信息显示

中文信息显示项目是在英文信息显示项目基础上修改的，所以此处重点展示其扩展的地方。

1. 中文字体取模

LCD 驱动文件中提供了 4 种字号汉字的显示函数，字体大小分别为 12×12、16×16、24×24 和 32×32。由于中文字库十分庞大，参考程序字库文件中只有几个示例程序用到的字模数据，用户要实现中文信息显示,需要将要显示的汉字手动取模,并存储于字库文件中。汉字取模与显示方法以 24 号字体为例进行讲解。

打开取模软件 PCtoLCD2002,字宽和字高均设为 24,字模选项设置为"阴码、逐行式、逆向、十六进制数",数据输出为"C51 格式",行前缀为空,行后缀为逗号,操作界面如图 7-15 所示。

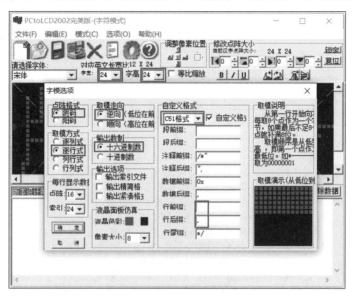

图 7-15　24 号汉字取模界面

为方便快捷地进行中文显示,LCD 驱动文件中定义了汉字访问结构体,其原型如下:

```
typedef struct
{
    unsigned char Index[2];
    unsigned char Msk[72];
}typFNT_GB24;
```

由上述定义可知,每一种字体访问结构体除汉字本身对应字模数据外均附加了 2 字节的索引数组,用来存放该汉字的内码。这样做的好处就是访问某一汉字字模信息并不需要知道其在字模数组中的位置,也就实现了汉字显示与其存储位置无关。所以字模信息在存储时需要将该汉字加上双引号放到字模数据的最前面。

2. 中英文通用显示函数

LCD 驱动文件中提供了 4 种字体的中文显示函数,其实现方法与字符显示函数十分类似,读者对照分析是很容易理解的。为了使用的便利,驱动程序扩展了一个中英文通用显示函数 LCD_Print(),可实现中英文混合显示、回车换行等功能。为了使显示字符串自动行居中显示,还定义了 LCD_PrintCenter()函数,其通过调用 LCD_Print()实现,根据所显示字符串长度自动计算居中显示起始坐标。因为源程序较长,所以此处仅给出函数声明,感兴趣的读者可以查看驱动程序源文件。

```
void LCD_Print(u16 x, u16 y,u8 * str,u16 fc, u16 bc,u8 sizey,u8 mode) ;        //函数声明
void LCD_PrintCenter(u16 x, u16 y,u8 * str,u16 fc, u16 bc,u8 sizey,u8 mode) ;  //函数声明
```

3. 用户程序编写

中文信息显示通过调用 LCD_Print()或 LCD_PrintCenter()输出中英文混合字符串实现,二者并无本质区别,可以根据输出需求合理选择。main.c 文件中部分参考代码如下,其中仅展示主函数部分,相

对于上一项目修改地方均作加粗显示。

```c
int main(void)
{
    HAL_Init();
    SystemClock_Config();
    MX_GPIO_Init();
    MX_FSMC_Init();
    hour = 9; minute = 30; second = 25;
    LCD_Init();
    LCD_Clear(WHITE);
    LCD_ShowString(0,24 * 5,(u8 * )"                  ",WHITE,BLUE,24,0);
    LCD_ShowString(0,24 * 6,(u8 * )"                  ",WHITE,BLUE,24,0);
    LCD_ShowString(0,24 * 7,(u8 * )"                  ",WHITE,BLUE,24,0);
    LCD_ShowString(0,24 * 8,(u8 * )"                  ",WHITE,BLUE,24,0);
    LCD_ShowString(0,24 * 9,(u8 * )"                  ",WHITE,BLUE,24,0);
    LCD_ShowString(4,24 * 0,(u8 * )" Chapter DSG & LCD ",BLUE,WHITE,24,0);
    LCD_ShowIntNum(124,24 * 0,7,1,BLUE,WHITE,24);
    LCD_ShowString(4,24 * 1,(u8 * )" Hello World!",RED,WHITE,24,0);
    LCD_ShowString(4,24 * 2,(u8 * )"Name:Huang Keya",BLUE,WHITE,24,0);
    LCD_ShowString(4,24 * 3,(u8 * )"Soochow University",BLUE,WHITE,24,0);
    LCD_ShowString(4,24 * 4,(u8 * )"Contact :22102600@qq.com",BLUE,WHITE,24,0);
    LCD_Print(32,128,(u8 * )"星火嵌入式开发板",WHITE,BLUE,32,0);
    LCD_Print(58,24 * 7 - 4,(u8 * )"MCU:STM32F407ZGT6",WHITE,BLUE,24,0);
    LCD_PrintCenter(0,24 * 8,(u8 * )"版本:V1.0 设计:黄克亚",YELLOW,BLUE,24,0);
    LCD_Print(0,24 * 9,(u8 * )" TFT LCD 320x240 ILI9341",WHITE,BLUE,24,0);
    while (1)
    {
        DsgShowTime();
    }
}
```

4. 下载调试

编译工程,直到没有错误为止,下载程序到开发板,复位运行,检查实验效果。

虽然本章花了较大篇幅对数码管和LCD原理、驱动、移植以及应用作了详细地讲解,但读者在实际应用时却很简单,只需要在STM32CubeMX中完成FSMC初始化,将LCD驱动文件放到相应文件夹中,在主程序中对LCD进行初始化,之后就可以对数码管和LCD进行显示控制。

7.6 开发经验小结——C语言指针及其类型转换

指针是C语言的精华,复杂且灵活,但本节仅对与嵌入式应用相关内容作简单介绍。

7.6.1 指针基本概念

存储器每一字节均有一个编号,这就是"地址",相当于旅馆中的房间号。在地址所标志的存储单元中存放数据,相当于旅馆中各个房间中居住旅客一样。由于通过地址能找到所需的变量单元,因此可以说,地址"指向"该变量单元(如同说,房间号"指向"某一房间一样)。在C语言中,将地址形象化地称为指针。一个变量的地址称为该变量的"指针",如果有一个变量专门用来存放另一变量的地址,则称为"指针变量"。

1. 指针变量的定义和引用

1）指针变量的定义

指针变量不同于整型变量和其他类型的变量,它是用来专门存放地址的。必须将它定义为"指针类型"。定义指针变量的一般形式为:

基类型　　*指针变量名

下面来看一个具体的例子:

```
int * p1, * p2 ;
```

上述代码中定义了两个指针变量 p1 和 p2,它们是指向整型变量的指针变量。左端的 int 是在定义指针变量时必须指定的"基类型"。指针变量的基类型用来指定该指针变量可以指向变量的类型。

2）指针变量的引用

指针变量有两个有关的运算符:

(1) &：取地址运算符。

(2) *：指针运算符(或称间接访问运算符)。

例如：&a 为变量 a 的地址,*p 为指针变量 p 所指向的存储单元。

指针变量定义和引用的示例程序如下:

```
main()
{
    int a = 3 ,b = 5;
    int * p1, * p2;
    p1 = &a;
    p2 = &b;
    printf(" % d, % d\n", * p1, * p2);
}
```

上述代码中有两处出现了"*",其中定义语句中"*"表示变量 p1 和 p2 的类型为指针型变量,而输出语句中的"*"表示输出指针变量 p1 和 p2 指向存储单元的内容。

2. 数组的指针和指向数组的指针变量

指针变量既然可以指向变量,也可以指向数组和数组元素。所谓数组的指针就是数组的起始地址,数组元素的指针是数组元素的地址。

定义一个指向数组元素的指针变量的方法如下:

```
int a[10];
int * p;
```

有了上述定义之后就可以对指针变量进行赋值,以使其指向数组元素。C 语言规定数组名代表数组的首地址,也就是第 0 号元素的地址,则下述代码作用是相同的,均是将数组的首地址赋给指针变量。

```
p = &a[0];
p = a;
```

在上述定义和赋值中,指针变量 p 是变量,数组名 a 是常量,因此 p++是合法的,而 a++是非法的,因为试图改变常量的操作是无法执行的。

按 C 语言的规定：如果指针变量 p 已指向数组中的一个元素,则 p+1 指向同一数组中的下一个元素(而不是将 p 值简单地加 1)。例如,数组元素是实型,每个元素占 4 字节,则 p+1 意味着使 p 的值(地址)加 4 字节,以使它指向下一个元素。

如果 p 的初值为 &a[0],则:

(1) p+i 和 a+i 就是 a[i]的地址,或者说,它们指向 a 数组的第 i 个元素。

(2) ∗(p+i)或 ∗(a+i)是 p+i 或 a+i 所指向的数组元素,即 a[i]。

(3) 指向数组的指针变量也可以带下标,如 p[i]与 ∗(p+i)等价。

综上所述,对数组元素的访问有 a[i]、∗(a+i)、∗(p+i)和 p[i]等方法,也可以通过改变指针变量 p 的值,实现对数组的随机访问。

3. 指向字符串的指针变量和指针数组

在 C 语言中,字符串以字符数组形式存储,即依次存储每一个字符的 ASCII 码值,并在字符串的结尾加一个结束符'\0'。有两种方式访问一个字符串。

1) 用字符数组存放一个字符串

```
char string[ ] = "I love China";
printf(" % s\n", string);
```

string 是数组名,它代表数组的首地址。string[3]代表数组中序号为 3 的元素("o"),实际上 string[3]就是 ∗(string+3),string+3 是一个地址,它指向字符"o"。

2) 用字符指针指向一个字符串

当然可以不定义字符数组,而定义一个字符指针。用字符指针指向字符串中的字符。

```
char * string = "I love China";
printf(" % s\n", string);
```

在这里没有定义字符数组,而是定义了一个字符指针变量 string,并将字符串首地址赋给这一变量。之后对字符串整体或单个字符的访问方式类似于字符数组。例如可以使用%s 输出整个字符串,参数为字符串首地址 string,也可以使用 string[3]或 ∗(string+3)来访问字符串中序号为 3 的元素("o")。

3) 指针数组

一个数组的元素均为指针类型数据,则称为指针数组,也就是说,指针数组中每一个元素相当于一个指针变量。一维指针数组的定义形式为:

类型名 ∗数组名[数组长度]

例如:

```
int * p[4];
```

由于[ ]比 ∗ 优先级高,因此 p 先与[4]结合,形成 p[4]形式,这显然是数组形式,它有 4 个元素。然后再与 p 前面的 ∗ 结合,∗ 表示此数组是指针型,每个数组元素都可以指向一个整型变量。

指针数组特别适合用来指向若干个字符串,使字符串处理更加方便灵活。例如已知星期的编号为 num,在屏幕上输出相应的英文字符串的参考代码如下所示:

```
char * week[7] = {"Monday","Tuesday","Wednesday","Thursday","Friday","Saturday","Sunday"};
printf(" % s\n",week[num-1]);
```

7.6.2 指针类型转换

由前述可知,指针在定义时必需指出其基类型,如果需要改变指针变量所指向变量的数据类型,则需要进行指针类型转换,其一般形式如下:

（基类型 ＊）指针表达式

不同于指针变量定义,指针类型转换的运算对象既可以是指针变量,也可以是指针常量,即某一绝对地址。

7.5.3 节的数码管显示控制指针变量的定义和赋值可以改写为如下两条语句：首先定义一个 uint16_t 型指针变量 SEG_ADDR,然后再将数码管外设地址 0x68000000 赋给指针变量 SEG_ADDR,而 0x68000000 是一个数,不是地址,所以还需要将其强制转换为 uint16_t 类型指针,基类型 uint16_t 决定了一次写入和读取的数据是 16 位的。

```
uint16_t * SEG_ADDR;
SEG_ADDR = (uint16_t *)(0x68000000);
```

使用指针访问某一地址时,一次存取的数据由指针变量所指向的变量类型决定,为说明这一问题,作者给出一个简单实例：

```
main()
{
    unsigned char a[8] = {0x01,0x02,0x03,0x04,0x05,0x6,0x07,0xFF};
    unsigned char * pc = a;
    short * ps = (short *)(a + 1);
    int * pi = (int *)(a + 3);
    char * pe = a + 7;
    printf(" * pc = 0x % 02X * ps = 0x % 04X * pi = 0x % 08X * pe = % d\n", * pc, * ps, * pi, * pe);
}
```

上述代码首先定义一个无符号字符型数组并赋初值,形成一段连续的数据存储区,然后分别定义了 4 个不同类型的指针指向数组的不同元素,内存分配及指针指向关系如图 7-16 所示。

编译程序并运行,结果如下：

$$* pc = 0x01 \quad * ps = 0x0302$$
$$* pi = 0x07060504 \quad * pe = -1$$

分析上述结果可知,程序从指针变量指向地址读取其基类型对应长度的数据,按小端格式存储,即低地址存放数据的低位。前三项输出容易分析,最后一项结果可能会让人有些费解,现对其作简要说明。char 型指针 pe 指向单元数据为 0xFF,该数是以补码形式存储的 8 位有符号数,即"−1"的补码是 0xFF。

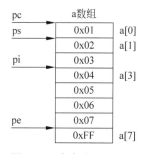

图 7-16 内存分配及指针指向关系

本章小结

为集数码显示器和 TFT LCD 的优点于一身,进一步丰富嵌入式系统教学案例,本章设计了基于 FSMC 总线的嵌入式系统多显示终端实验装置。硬件设计使用 FSMC 总线的 Bank1.Sector4 连接 LCD,FSMC 接口与 LCD 数据、控制信号直接相连,由 FSMC 控制器产生 LCD 的 8080 控制时序。数码显示器通过锁存器与 LCD 复用数据线,FSMC 总线的 Bank1.Sector3 片选信号反相后作为数码显示器的选通信号。软件设计借助 STM32CubeMX 完成了 FSMC 初始化,实现数码显示器和 LCD 底层驱动,移植 LCD 基础显示和高层应用程序。运行测试表明,系统运行稳定可靠,显示效果清晰流畅,软硬件设计大为简化,为嵌入式系统多显示终端并行扩展提供了一个经典案例。

思考拓展

(1) 数码管显示的原理是什么？共阳和共阴显示码如何确定？显示码分别是什么？

(2) 什么是静态显示？什么是动态显示？两种显示方法的特点分别是什么？如何进行选择？

(3) 数码管动态扫描的延时时间长短对显示效果有何影响？延时程序一般如何编写？

(4) 在本章的显示时间项目中，为什么要使用数组？数组的数据类型如何确定？如何定义数组和引用数组元素？

(5) 如何在一块开发板上显示两位或多位同学的学号？每一个学号显示持续时间约为 3 秒？

(6) 如何实现滚动显示？例如在六位数码管上显示 11 位的手机号码。

(7) 将本章数码显示与第 6 章的按键输入结合在一起，当有不同按键按下时，数码管上显示按键编号。

(8) 已知有一浮点数，其数值小于 1000，且小数点后保留两位小数，如何将其显示在数码管上？

(9) FSMC 接口总共管理多大空间？划分为几块？每一块分别用于扩展什么类型的存储器？

(10) 作者设计开发板时是否可以将数码管连接于 Bank1 的其他子区？如果不可以请说明理由，如果可以其数据的地址应如何修改？

(11) 设计开发板时，依然选 Bank1 的子区 4 连接 TFT LCD，但是选择 FSMC_A8 连接 LCD 的 RS 引脚，请计算此时 LCD 操作结构体的基地址。

(12) 为 LCD 显示屏上下两个区域设置不同的前景和背景，将个人信息的中英文分别显示于屏幕的上方和下方，并注意格式和美观。

第 8 章

中断系统与基本应用

本章要点

➢ 中断的基本概念；

➢ STM32F407 中断系统；

➢ STM32F407 外部中断/事件控制器 EXTI；

➢ STM32F407 外部中断 HAL 库函数；

➢ EXTI 项目实例；

➢ 前/后台嵌入式软件架构。

中断是现代计算机必备的重要功能，尤其是在单片机嵌入式系统中，中断扮演了非常重要的角色。因此，能否全面深入地了解中断的概念，并能灵活掌握中断技术应用，成为学习和真正掌握嵌入式应用非常重要的关键问题之一。

微课视频

8.1　中断的基本概念

8.1.1　中断的定义

为了更好地描述中断，我们用日常生活中常见的例子来打比方。假如你有朋友下午要来拜访，可又不知道他具体什么时候到，为了提高效率，你就边看书边等。在看书的过程中，门铃响了，这时，你先在书签上记下你当前阅读的页码，然后暂停阅读，放下手中的书，开门接待朋友。等接待完毕后，再从书签上找到阅读的进度，从刚才暂停的页码处继续看书。这个例子很好地表现了日常生活中的中断及其处理过程：门铃的铃声使你暂时中止当前的工作（看书），而去处理更为紧急的事情（朋友来访），把急需处理的事情（接待朋友）处理完毕之后，再回过头来继续原来的事情（看书）。显然这样的处理方式比一个下午你不做任何事情，一直站在门口傻等要高效多了。

类似地，在计算机执行程序的过程中，CPU 暂时中止其正在执行的程序，转去执行请求中断的外设或事件的服务程序，等处理完毕后再返回执行原来中止的程序，这就叫作中断。

8.1.2　中断的优点与应用

1. 提高 CPU 工作效率

在早期的计算机系统中，CPU 工作速度快，外设工作速度慢，形成 CPU 等待，效率低。设置中断后，CPU 不必花费大量的时间等待和查询外设工作，例如计算机和打印机连接，计算机可以快速地传送一行字符给打印机（由于打印机存储容量有限，一次不能传送很多），打印机开始打印字符，CPU 可以不理会打印机，继续处理自己的工作，待打印机打印该行字符完毕，发给 CPU 一个信号，CPU 产生中断，即中断正在处理的工作，转而再传送一行字符给打印机，这样在打印机打印字符期间（外设慢速工作），CPU 可以不必等待或查询,自行处理自己的工作,从而提高 CPU 工作效率。

2. 具有实时处理功能

实时控制是微型计算机系统特别是嵌入式系统应用领域的一个重要任务。在实时控制系统中,现场各种参数和状态的变化随机发生,要求 CPU 能做出快速响应、及时处理。有了中断系统,这些参数和状态的变化可以作为中断信号,使 CPU 中断,在相应的中断服务程序中及时处理这些参数和状态的变化。

3. 具有故障处理功能

嵌入式系统在实际运行中,常会出现一些故障。例如电源突然掉电、硬件自检出错、运算溢出等。利用中断就可执行处理故障的中断服务程序。例如电源突然掉电,由于稳压电源输出端接有大电容,从电源掉电至大电容的电压下降到正常工作电压之下,一般有几毫秒到几百毫秒的时间。这段时间内若使 CPU 产生中断,在处理掉电的中断服务程序中将需要保存的数据和信息及时转移到具有备用电源的存储器中,待电源恢复正常时再将这些数据和信息送回到原存储单元,返回中断点继续执行原程序。

4. 实现分时操作

嵌入式系统通常需要控制多个外设同时工作。例如键盘、打印机、显示器、A/D 转换器(ADC)、D/A 转换器(DAC)等,这些设备工作有些是随机的,有些是定时的。对于一些定时工作的外设,可以利用定时器,到一定时间产生中断,在中断服务程序中控制这些外设工作。例如动态扫描显示,每隔一定时间,更换显示字位码和字段码。

此外,中断系统还能用于程序调试、多机连接等方面。因此,中断系统是计算机中重要的组成部分。可以说,只有有了中断系统后,计算机才能比原来无中断系统的早期计算机演绎出更多姿多彩的功能。

8.1.3　中断源与中断屏蔽

1. 中断源

中断源是指能引发中断的事件。通常,中断源都与外设有关。在前面讲述的朋友来访的例子中,门铃的铃声是一个中断源,它由门铃这个外设发出,告诉主人(CPU)有客来访(事件),并等待主人(CPU)响应和处理(开门接待客人)。计算机系统中,常见的中断源有按键、定时器溢出、串口收到数据等,与此相关的外设有键盘,定时器和串口等。

每个中断源都有它对应的中断标志位,一旦该中断发生,其中断标志位就会被置位。如果中断标志位被清除,那么它所对应的中断便不会再被响应。所以,一般在中断服务程序最后要将对应的中断标志位清零,否则将始终响应该中断,不断执行该中断服务程序。

2. 中断屏蔽

在前面讲述的朋友来访的例子中,如果在看书的过程中门铃响起,你也可以选择不理会门铃声,继续看书,这就是中断屏蔽。

中断屏蔽是中断系统一个十分重要的功能。在计算机系统中,程序设计人员可以通过设置相应的中断屏蔽位,禁止 CPU 响应某个中断,从而实现中断屏蔽。中断屏蔽的目的是保证在执行一些关键程序时不响应中断,以免由延迟而引起错误。例如,在系统启动执行初始化程序时屏蔽键盘中断,能够使初始化程序顺利进行,这时,按任何按键都不会响应。当然,对于一些重要的中断请求不能屏蔽,例如系统重启、电源故障、内存出错等影响整个系统工作的中断请求。因此,按中断是否可以被屏蔽可分为可屏蔽中断和不可屏蔽中断两类。

值得注意的是,尽管某个中断源可以被屏蔽,但一旦该中断发生,不管该中断屏蔽与否,它的中断标志位都会被置位,而且只要该中断标志位不被软件清除就一直有效。等待该中断重新被使能时,它即允许被 CPU 响应。

8.1.4　中断处理过程

在中断系统中,通常将 CPU 处在正常情况下运行的程序称为主程序,把产生申请中断信号的事件称为中断源,由中断源向 CPU 发出的申请中断信号称为中断请求信号,CPU 接收中断请求信号后,停止现行程序的运行而转向为中断服务称为中断响应,为中断服务的程序称为中断服务程序(Interrupt Service Routines,ISR)或中断处理程序。现行程序被打断的地方称为断点,执行完中断服务程序后返回断点处继续执行主程序称为中断返回。整个处理过程称为中断处理过程,如图 8-1 所示,其大致可以分为四步:中断请求、中断响应、中断服务和中断返回。

在整个中断处理过程中,由于 CPU 执行完中断处理程序之后仍然要返回主程序,因此在执行中断处理程序之前,要将主程序中断处的地址,即断点处(主程序下一条指令地址,即图 8-1 中的 $k+1$ 点)保存起来,称为保护断点。又由于 CPU 在执行中断处理程序时,可能会使用和改变主程序使用过的寄存器、标志位,甚至内存单元,因此,在执行中断服务程序前,还要把有关的数据保护起来,称为现场保护。在 CPU 执行完中断处理程序后,则要恢复原来的数据,并返回主程序的断点处继续执行,分别称为恢复现场和恢复断点。

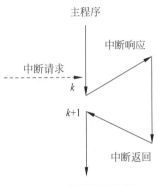

图 8-1　中断处理过程

在微控制器中,断点的保护和恢复操作是在系统响应中断和执行中断返回指令时由微控制器硬件自动实现。简单地说,就是在响应中断时,微控制器的硬件系统会自动将断点地址压进系统的堆栈保存;而当执行中断返回指令时,硬件系统又会自动将压入堆栈的断点弹出到 CPU 的执行指针寄存器中。在新型微控制器的中断处理过程中,保护和恢复现场的工作也是由硬件自动完成,无须用户操心,用户只需集中精力编写中断服务程序即可。

8.1.5　中断优先级与中断嵌套

1. 中断优先级

计算机系统中的中断往往不止一个,那么,对于多个同时发生的中断或者嵌套发生的中断,CPU 又该如何处理?应该先响应哪一个中断?为什么?答案就是设定中断优先级。

为了更形象地说明中断优先级的概念,还是从生活中的实例讲起。生活中的突发事件很多,为了便于快速处理,通常把这些事件按重要性或紧急程度从高到低依次排列,这种分级就称为优先级。如果多个事件同时发生,根据它们的优先级从高到低依次响应。例如,在前文讲述的朋友来访的例子中,如果门铃响的同时,电话铃也响了,那么你将在这两个中断请求中选择先响应哪一个请求?这里就有一个优先的问题。如果开门比接电话更重要(即门铃的优先级比电话的优先级高),那么就应该先开门(处理门铃中断),然后再接电话(处理电话中断),接完电话后再回来继续看书(回到原程序)。

类似地,计算机系统中的中断源众多,它们也有轻重缓急之分,这种分级就被称为中断优先级。一般来说,各个中断源的优先级都有事先规定。通常,中断的优先级是根据中断的实时性、重要性和软件处理的方便性预先设定。当同时有多个中断请求产生时,CPU 会先响应优先级较高的中断请求。由此可见,优先级是中断响应的重要标准,也是区分中断的重要标志。

2. 中断嵌套

中断优先级除了用于并发中断中,还用于嵌套中断中。

还是回到前面讲述的朋友来访的例子,在你看书的时候电话铃响了,接电话的过程中门铃又响了。这时,门铃中断和电话中断形成嵌套。由于门铃的优先级比电话的优先级高,你只能让电话的对方稍等,放下电话去开门。开门之后再回头继续接电话,通话完毕再回去继续看书。当然,如果门铃的优先级比电话的优先级低,那么在通话的过程中门铃响了也可不予理睬,继续接听电话(处理电话中断),通话结束后再去开门迎客(即处理门铃中断)。

类似地,在计算机系统中,中断嵌套是指当系统正在执行一个中断服务程序时,又有新的中断事件发生而产生新的中断请求。此时,CPU如何处理取决于新旧两个中断的优先级。当新发生的中断的优先级高于正在处理的中断时,CPU将终止执行优先级较低的当前中断处理程序,转去处理新发生的、优先级较高的中断,处理完毕才返回原来的中断处理程序继续执行。

通俗地说,中断嵌套其实就是更高一级的中断"加塞",当CPU正在处理中断时,又接收了更紧急的另一件"急件",转而处理更高一级的中断的行为。

8.2 STM32F407 中断系统

在了解中断相关基础知识后,下面从嵌套向另中断控制器、中断优先级、中断向量表和中断服务函数4方面来分析STM32F407微控制器的中断系统,最后再介绍设置和使用STM32F407中断系统的全过程。

8.2.1 嵌套向量中断控制器

嵌套向量中断控制器(Nested Vectored Interrupt Controller,NVIC)是ARM Cortex-M4不可分离的一部分,它与M4内核的逻辑紧密耦合,有一部分甚至水乳交融。NVIC与CM4内核同声相应,同气相求,相辅相成,里应外合,共同完成对中断的响应。

ARM Cortex-M4内核共支持256个中断,包括16个内部中断和240个外部中断以及256级可编程的中断优先级。STM32F407目前支持的中断共95个(13个内部中断+82个外部中断),还有16级可编程的中断优先级。

STM32可支持的82个中断通道已经固定分配给相应的外部设备,每个中断通道都具备自己的中断优先级控制字节(8位,但是STM32中只使用4位,高4位有效),每4个通道的8位中断优先级控制字构成一个32位的优先级寄存器。82个通道的优先级控制字至少构成21个32位的优先级寄存器。

8.2.2 STM32F407 中断优先级

中断优先级决定了一个中断是否能被屏蔽,以及在未屏蔽的情况下何时可以响应。优先级的数值越小,则优先级越高。

STM32(ARM Cortex-M4)中有抢占式优先级和响应优先级两个优先级概念,也把响应优先级称作亚优先级或副优先级,每个中断源都需要被指定这两种优先级。

1. 抢占式优先级(Preemption Priority)

高抢占式优先级的中断事件会打断当前的主程序/中断程序运行,俗称中断嵌套。

2. 响应优先级(Subpriority)

在抢占式优先级相同的情况下,高响应优先级的中断优先被响应;如果有低响应优先级中断正在执行,高响应优先级的中断要等待已被响应的低响应优先级中断执行结束后才能得到响应(不能嵌套)。

3. 中断响应依据

首先要考虑的是抢占式优先级,其次是响应优先级。抢占式优先级决定是否会有中断嵌套,响应优先级仅用于决定相同抢占优先级中断同时到来时的响应顺序。

4. 优先级冲突的处理

具有高抢占式优先级的中断可以在具有低抢占式优先级的中断处理过程中被响应,即中断的嵌套,或者说高抢占式优先级的中断可以嵌套低抢占式优先级的中断。

当两个中断源的抢占式优先级相同时,这两个中断将没有嵌套关系。当一个中断到来后,如果程序正在处理另一个中断,后到来的中断就要等前一个中断处理完之后才能被处理。如果这两个中断同时到达,则中断控制器根据它响应优先级高低决定先处理哪一个。如果抢占式优先级和响应优先级都相等,则根据在中断表中的排位顺序决定先处理哪一个。

5. STM32 中断优先级的定义

STM32 中指定中断优先级的寄存器位有 4 位,这 4 个寄存器位的分组方式如下:

第 0 组:所有 4 位用于指定响应优先级。

第 1 组:最高 1 位用于指定抢占式优先级,最低 3 位用于指定响应优先级。

第 2 组:最高 2 位用于指定抢占式优先级,最低 2 位用于指定响应优先级。

第 3 组:最高 3 位用于指定抢占式优先级,最低 1 位用于指定响应优先级。

第 4 组:所有 4 位用于指定抢占式优先级。

STM32F407 优先级分组方式所对应的抢占式优先级和响应优先级的寄存器位数和其所表示的优先级级数如图 8-2 所示。

优先级组别	抢占式优先级		响应式优先级	
	位数	级数	位数	级数
4组	4	16	0	0
3组	3	8	1	2
2组	2	4	2	4
1组	1	2	3	8
0组	0	0	4	16

图 8-2　STM32F407 优先级的寄存器位数和其所表示的优先级级数

无论是抢占式优先级还是响应优先级,均是数值越小,优先级越高。在设置优先级时,还需要注意其有效的数据位数,设抢占式优先级占 3 位,将其设置为 9,实际优先级为 9(1001)的最低 3 位 1(001)。

微课视频

8.2.3　STM32F407 中断向量表

中断向量表是中断系统中非常重要的概念。它是一块存储区域,通常位于存储器的零地址处,在这块区域上按中断号从小到大依次存放着所有中断处理程序的入口地址。当某个中断产生且经判断后发现其未被屏蔽,CPU 会根据识别到的中断号到中断向量表中找到该中断号的所在表项,取出该中断对应的中断服务程序的入口地址,然后跳转到该地址执行。STM32F407 中断向量表如表 8-1 所示,表中灰底内容表示内核中断。

表 8-1　STM32F407 中断向量表

位　置	优 先 级	优先级类型	中 断 名 称	功 能 说 明	入 口 地 址
—	—	—	—	保留	0x0000 0000
	−3	固定	Reset	复位	0x0000 0004
	−2	固定	NMI	不可屏蔽中断。RCC 时钟安全系统(CSS)连接到 NMI 向量	0x0000 0008
	−1	固定	HardFault	所有类型的错误	0x0000 000C
	0	可设置	MemManage	存储器管理	0x0000 0010
	1	可设置	BusFault	预取指失败,存储器访问失败	0x0000 0014
	2	可设置	UsageFault	未定义的指令或非法状态	0x0000 0018
	—	—	—	保留	0x0000 001C~0x0000 002B
	3	可设置	SVCall	通过 SWI 指令调用的系统服务	0x0000 002C
	4	可设置	Debug Monitor	调试监控器	0x0000 0030

续表

位 置	优 先 级	优先级类型	中 断 名 称	功 能 说 明	入 口 地 址
—	—	—		保留	0x0000 0034
	5	可设置	PendSV	可挂起的系统服务	0x0000 0038
	6	可设置	SysTick	系统嘀嗒定时器	0x0000 003C
0	7	可设置	WWDG	窗口看门狗中断	0x0000 0040
1	8	可设置	PVD	连接到 EXTI 线的可编程电压检测(PVD)中断	0x0000 0044
2	9	可设置	TAMP_STAMP	连接到 EXTI 线的入侵和时间戳中断	0x0000 0048
3	10	可设置	RTC_WKUP	连接到 EXTI 线的 RTC 唤醒中断	0x0000 004C
4	11	可设置	FLASH	Flash 全局中断	0x0000 0050
5	12	可设置	RCC	RCC 全局中断	0x0000 0054
6	13	可设置	EXTI0	EXTI 线 0 中断	0x0000 0058
7	14	可设置	EXTI1	EXTI 线 1 中断	0x0000 005C
8	15	可设置	EXTI2	EXTI 线 2 中断	0x0000 0060
9	16	可设置	EXTI3	EXTI 线 3 中断	0x0000 0064
10	17	可设置	EXTI4	EXTI 线 4 中断	0x0000 0068
11	18	可设置	DMA1_Stream0	DMA1 流 0 全局中断	0x0000 006C
12	19	可设置	DMA1_Stream1	DMA1 流 1 全局中断	0x0000 0070
13	20	可设置	DMA1_Stream2	DMA1 流 2 全局中断	0x0000 0074
14	21	可设置	DMA1_Stream3	DMA1 流 3 全局中断	0x0000 0078
15	22	可设置	DMA1_Stream4	DMA1 流 4 全局中断	0x0000 007C
16	23	可设置	DMA1_Stream5	DMA1 流 5 全局中断	0x0000 0080
17	24	可设置	DMA1_Stream6	DMA1 流 6 全局中断	0x0000 0084
18	25	可设置	ADC	ADC1、ADC2 和 ADC3 全局中断	0x0000 0088
19	26	可设置	CAN1_TX	CAN1 TX 中断	0x0000 008C
20	27	可设置	CAN1_RX0	CAN1 RXO 中断	0x0000 0090
21	28	可设置	CAN1_RX1	CAN1 RXI 中断	0x0000 0094
22	29	可设置	CAN1_SCE	CAN 1 SCE 中断	0x0000 0098
23	30	可设置	EXTI9-5	EXTI 线[9:5]中断	0x0000 009C
24	31	可设置	TIM1_BRK_TIM9	TIM1 刹车中断和 TIM9 全局中断	0x0000 00A0
25	32	可设置	TIM1_UP_TIM10	TIM1 更新中断和 TIM10 全局中断	0x0000 00A4
26	33	可设置	TIM1_TRG_COM_TIM11	TIM1 触发和换相中断与 TIM11 全局中断	0x0000 00A8
27	34	可设置	TIM1_CC	TIM1 捕获比较中断	0x0000 00AC
28	35	可设置	TIM2	TIM2 全局中断	0x0000 00B0
29	36	可设置	TIM3	TIM3 全局中断	0x0000 00B4
30	37	可设置	TIM4	TIM4 全局中断	0x0000 00B8
31	38	可设置	I2C1_EV	I2C1 事件中断	0x0000 00BC
32	39	可设置	I2C1_ER	I2C1 错误中断	0x0000 00C0
33	40	可设置	I2C2_EV	I2C2 事件中断	0x0000 00C4
34	41	可设置	I2C2_ER	I2C2 错误中断	0x0000 00C8
35	42	可设置	SPI1	SPI1 全局中断	0x0000 00CC
36	43	可设置	SPI2	SPI2 全局中断	0x0000 00D0
37	44	可设置	USART1	USART1 全局中断	0x0000 00D4

续表

位 置	优 先 级	优先级类型	中断名称	功 能 说 明	入 口 地 址
38	45	可设置	USART2	USART2 全局中断	0x0000 00D8
39	46	可设置	USART3	USART3 全局中断	0x0000 00DC
40	47	可设置	EXTI15-10	EXTI 线[15:10]中断	0x0000 00E0
41	48	可设置	RTC_Alarm	连接到 EXTI 线的 RTC 闹钟（A 和 B）中断	0x0000 00E4
42	49	可设置	OTG_FS_WKUP	连接到 EXTI 线的 USB On-The-GoFS 唤醒中断	0x0000 00E8
43	50	可设置	TIM8_BRK_TIM12	TIM8 刹车中断和 TIM12 全局中断	0x0000 00EC
44	51	可设置	TIM8_UP_TIM13	TIM8 更新中断和 TIM13 全局中断	0x0000 00F0
45	52	可设置	TIM8_TRG_COM_TIM14	TIM8 触发和换相中断与 TIM14 全局中断	0x0000 00F4
46	53	可设置	TIM8_CC	TIM8 捕捉比较中断	0x0000 00F8
47	54	可设置	DMA1_Stream7	DMA1 流 7 全局中断	0x0000 00FC
48	55	可设置	FSMC	FSMC 全局中断	0x0000 0100
49	56	可设置	SDIO	SDIO 全局中断	0x0000 0104
50	57	可设置	TIM5	TIM5 全局中断	0x0000 0108
51	58	可设置	SPI3	SPI3 全局中断	0x0000 010C
52	59	可设置	UART4	UART4 全局中断	0x0000 0110
53	60	可设置	UART5	UART5 全局中断	0x0000 0114
54	61	可设置	TIM6_DAC	TIM6 全局中断，DAC1 和 DAC2 下溢错误中断	0x0000 0118
55	62	可设置	TIM7	TIM7 全局中断	0x0000 011C
56	63	可设置	DMA2_Stream0	DMA2 流 0 全局中断	0x0000 0120
57	64	可设置	DMA2_Stream1	DMA2 流 1 全局中断	0x0000 0124
58	65	可设置	DMA2_Stream2	DMA2 流 2 全局中断	0x0000 0128
59	66	可设置	DMA2_Stream3	DMA2 流 3 全局中断	0x0000 012C
60	67	可设置	DMA2_Stream4	DMA2 流 4 全局中断	0x0000 0130
61	68	可设置	ETH	以太网全局中断	0x0000 0134
62	69	可设置	ETH_WKUP	连接到 EXTI 线的以太网唤醒中断	0x0000 0138
63	70	可设置	CAN2_TX	CAN2TX 中断	0x0000 013C
64	71	可设置	CAN2_RX0	CAN2 RX0 中断	0x0000 0140
65	72	可设置	CAN2_RX1	CAN2 RX1 中断	0x0000 0144
66	73	可设置	CAN2_SCE	CAN2SCE 中断	0x0000 0148
67	74	可设置	OTG_FS	USB OTG FS 全局中断	0x0000 014C
68	75	可设置	DMA2_Stream5	DMA2 流 5 全局中断	0x0000 0150
69	76	可设置	DMA2_Stream6	DMA2 流 6 全局中断	0x0000 0154
70	77	可设置	DMA2_Stream7	DMA2 流 7 全局中断	0x0000 0158
71	78	可设置	USART6	USART6 全局中断	0x0000 015C
72	79	可设置	I2C3_EV	I2C3 事件中断	0x0000 0160
73	80	可设置	I2C3_ER	I2C3 错误中断	0x0000 0164
74	81	可设置	OTG_HS_EP1_OUT	USB OTG HS 端点 1 输出全局中断	0x0000 0168
75	82	可设置	OTG_HS_EP1JN	USB OTG HS 端点 1 输入全局中断	0x0000 016C
76	83	可设置	OTG_HS_WKUP	连接到 EXTI 线的 USB OTG HS 唤醒中断	0x0000 0170

续表

位　置	优　先　级	优先级类型	中　断　名　称	功　能　说　明	入　口　地　址
77	84	可设置	OTG_HS	USB OTG HS 全局中断	0x0000 0174
78	85	可设置	DCMI	DCMI 全局中断	0x0000 0178
79	86	可设置	CRYP	CRYP 加密全局中断	0x0000 017C
80	87	可设置	HASH_RNG	哈希和随机数生成器全局中断	0x0000 0180
81	88	可设置	FPU	FPU 全局中断	0x0000 0184

STM32F4 系列微控制器不同产品的支持可屏蔽中断的数量略有不同,STM32F405/STM32F407 系列和 STM32F415/STM32F417 系列共支持 82 个可屏蔽中断通道,STM32F427/STM32F429 系列和 STM32F437/STM32F439 系列共支持 87 个可屏蔽中断通道,上述通道均不包括 ARM Cortex-M4 内核中断源,即表 8-1 中加灰色底纹的前 13 行。

如果要对某个中断进行响应和处理,就需要编写相应的中断服务程序。在表 8-1 中,除了 Reset 中断外,其他中断都有 ISR。中断响应程序的头文件 stm32f4xx_it.h 中定义了这些 ISR,但它们在源文件 stm32f4xx_it.c 中的函数实现代码要么为空,要么就是 while 死循环。如果用户需要对某个系统中断进行处理,就需要在其 ISR 内编写功能实现代码。

8.2.4　STM32F407 中断服务函数

中断服务程序在结构上与函数非常相似。但是不同的是,函数一般有参数和返回值,并在应用程序中被人为显式地调用执行,而中断服务程序一般没有参数也没有返回值,并只有在中断发生时才会被自动隐式地调用执行。每个中断都有自己的中断服务程序,用来记录中断发生后要执行的真正意义上的处理操作。

STM32F407 所有的中断服务函数在该微控制器所属产品系列的启动代码文件 startup_stm32f407xx.s 中都有预定义,内核中断以 PPP_Handler 形式命名,外部中断以 PPP_IRQHandler 形式命名,其中 PPP 是表 8-1 所列的中断名。用户开发自己的 STM32F407 应用时可在文件 stm32f4xx_it.c 中使用 C 语言编写函数重新定义。程序在编译、链接生成可执行文件时,会使用用户自定义的同名中断服务程序替代启动代码中原来默认的中断服务程序。

如果系统使用 SysTick 定时器延时并启用 TIM7 定时器,通过 STM32CubeMX 配置相应外设并生成初始化代码时会在 stm32f4xx_it.c 文件中创建两个外设的中断服务程序 SysTick_Handler() 和 TIM7_IRQHandler(),用户可以在这两个 ISR 中编写程序代码,也可以使用 STM32CubeMX 提供的程序框架更新其回调函数。中断服务程序创建界面如图 8-3 所示。

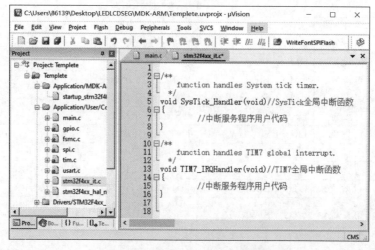

图 8-3　中断服务程序创建界面

尤其需要注意的是,在更新 STM32F407 中断服务程序时,必须确保 STM32F407 中断服务程序文件 stm32f4xx_it.c 中的中断服务程序名(如 TIM7_IRQHandler)和启动代码文件 startup_stm32f407xx.s 中的中断服务程序名(TIM7_IRQHandler)相同,否则在链接生成可执行文件时无法使用用户自定义的中断服务程序替换原来默认的中断服务程序。

8.3 STM32F407 外部中断/事件控制器 EXTI

STM32F407 微控制器的外部中断/事件控制器 EXTI 由 23 个产生事件/中断请求的边沿检测器组成,每个输入线可以独立地配置输入类型(脉冲或挂起)和对应的触发事件(上升沿或下降沿或双边沿都触发),还可以独立地被屏蔽,挂起寄存器可保持着状态线的中断请求。

8.3.1 EXTI 内部结构

在 STM32F407 微控制器中,外部中断/事件控制器 EXTI 由 23 根外部输入线、23 个产生中断/事件请求的边沿检测器和 APB 外设接口等部分组成,其内部结构如图 8-4 所示。

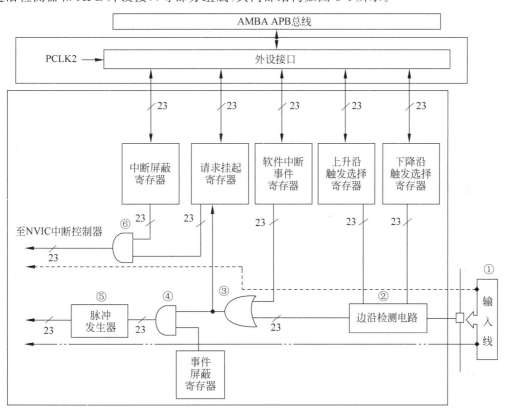

图 8-4 STM32F407 外部中断/事件控制器内部结构

1. 外部中断、事件输入

从图 8-4 可以看出,STM32F407 外部中断/事件控制器 EXTI 内部信号线上画有一条斜线,旁边标有"23",表示这样的线路共有 23 套。

与此对应,EXTI 的外部中断/事件输入线也有 23 根,分别是 EXTI0,EXTI1,EXTI2,…,EXTI22。除了 EXTI16(PVD 输出)、EXTI17(RTC 闹钟)、EXTI18(USB OTG FS 唤醒)、EXTI19(以太网唤醒)、EXTI20(USB OTG HS 唤醒)、EXTI21(RTC 入侵和时间戳)和 EXTI22(RTC 唤醒)外,其他 16 根外部

SYSCFG_EXTICR1寄存器中的EXTI0[3:0]位

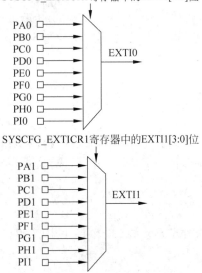

SYSCFG_EXTICR1寄存器中的EXTI1[3:0]位

SYSCFG_EXTICR4寄存器中的EXTI15[3:0]位

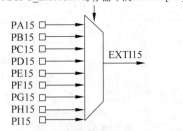

**图 8-5　STM32F407 外部中断/事件
输入线映像**

信号输入线 EXTI0，EXTI1，EXTI2，…，EXTI15 可以分别对应于 STM32F407 微控制器的 16 个引脚 Px0，Px1，Px2，…，Px15，其中 x 为 A、B、C、D、E、F、G、H、I。

STM32F407 微控制器最多有 140 个 I/O 引脚，可以下述方式连接到 16 根外部中断/事件输入线上，如图 8-5 所示，任一端口的 0 号引脚（如 PA0，PB0，…，PI0）映射到 EXTI 的外部中断/事件输入线 EXTI0 上，任一端口的 1 号引脚（如 PA1，PB1，…，PI1）映射到 EXTI 的外部中断/事件输入线 EXTI1 上，以此类推。需要注意的是，在同一时刻，只能有一个端口的 n 号引脚映射到 EXTI 对应的外部中断/事件输入线 EXTIn 上，$n \in \{0,1,2,\cdots,15\}$。另外，如果将 STM32F407 的 I/O 引脚映射为 EXTI 的外部中断/事件输入线，必须将该引脚设置为输入模式。

2. APB 外设接口

图 8-4 上部的 APB 外设模块接口是 STM32F407 微控制器每个功能模块都有的部分，CPU 通过此接口访问各个功能模块。

尤其需要注意的是，如果使用 STM32F407 引脚的外部中断/事件映射功能，必须打开 APB2 总线上该引脚对应端口的时钟以及系统配置时钟 SYSCFG。

3. 边沿检测器

如图 8-4 所示，EXTI 中的边沿检测器共有 23 个，用来连接 23 个外部中断/事件输入线，是 EXTI 的主体部分。每个边沿检测器由边沿检测电路、控制寄存器、门电路和脉冲发生器等部分组成。边沿检测器每个部分的具体功能将在 8.3.2 节结合 EXTI 的工作原理具体介绍。

8.3.2　EXTI 工作原理

在初步介绍了 STM32F407 外部中断/事件控制器 EXTI 的内部结构（如图 8-4 所示）后，本节由右向左，从输入（外部输入线）到输出（外部中断/事件请求信号）逐步讲述 EXTI 的工作原理，即 STM32F407 微控制器中外部中断/事件请求信号的产生和传输过程。

1. 外部中断/事件请求的产生和传输

外部中断/事件请求的产生和传输过程如下：

（1）外部请求信号从编号①的 STM32F407 微控制器引脚进入。

（2）外部请求信号经过编号②的边沿检测电路，该边沿检测电路受到上升沿触发选择寄存器和下降沿触发选择寄存器控制，用户可以配置这两个寄存器选择，在哪一个边沿产生中断/事件。由于选择上升沿或下降沿分别受两个并行的寄存器控制，所以用户还可以选择双边沿（即同时选择上升沿和下降沿）产生中断/事件。

（3）外部请求信号经过编号③的或门，其另一个输入是中断/事件寄存器。由此可见，软件可以优先于外部请求信号产生一个中断/事件请求，即当软件中断/事件寄存器对应位为 1 时，不管外部请求信号如何，编号③的或门都会输出有效信号。到此为止，无论是中断还是事件，外部请求信号的传输路径一致。

（4）外部请求信号进入编号④的与门，其另一个输入是事件屏蔽寄存器。如果事件屏蔽寄存器的对应位为 0,则该外部请求信号不能传输到与门的另一端,从而实现对某个外部事件的屏蔽;如果事件屏蔽寄存器的对应位为 1,则与门产生有效的输出并送至编号⑤的脉冲发生器。脉冲发生器把一个跳变的信号转变为一个单脉冲,输出到 STM32F407 微控制器的其他功能模块。以上是外部事件请求信号传输路径,如图 8-4 中双点线箭头所示。

（5）外部请求信号进入挂起请求寄存器,挂起请求寄存器记录其电平变化。经过挂起请求寄存器后,外部请求信号最后进入编号⑥的与门,和编号④的与门类似,用于引入中断屏蔽寄存器的控制。只有当中断屏蔽寄存器的对应位为 1 时,该外部请求信号才被送至 CM4 内核的 NVIC 中断控制器,从而发出一个中断请求,否则屏蔽之。以上是外部中断请求信号的传输路径,如图 8-4 中虚线箭头所示。

2. 事件与中断

由上面的讲述的外部中断/事件请求信号的产生和传输过程可知,从外部激励信号看,中断和事件的请求信号没有区别,只是在 STM32F407 微控制器内部将它们分开。

（1）一路信号（中断）会被送至 NVIC 向 CPU 产生中断请求,至于 CPU 如何响应,由用户编写或系统默认的对应的中断服务程序决定。

（2）另一路信号（事件）会向其他功能模块（如定时器、USART、DMA 等）发送脉冲触发信号,至于其他功能模块会如何响应这个脉冲触发信号,则由对应的模块自己决定。

8.3.3　EXTI 主要特性

STM32F407 微控制器的外部中断/事件控制器具有以下主要特性:

（1）支持多达 23 个软件事件/中断请求。

（2）可以将多达 140 个通用 I/O 引脚映射到 16 个外部中断/事件输入线上。

（3）可以检测脉冲宽度低于 APB2 时钟宽度的外部信号。

（4）每个外部中断都有专用的标志位（请求挂起寄存器）,保持着中断请求。

（5）每个外部中断/事件输入线都可以独立地配置触发事件（上升沿、下降沿或双边沿）,并能够单独地被屏蔽。

8.4　STM32F407 外部中断 HAL 库函数

外部中断 HAL 库函数分为 NVIC 和 EXTI 两部分,NVIC 部分是 CPU 管理中断系统的通用函数,EXTI 部分是外部中断特有的函数。

8.4.1　STM32F407 的 NVIC 相关库函数

STM32F407 的 NVIC 相关函数如表 8-2 所示。

表 8-2　NVIC 相关函数

函 数 名	功 能 描 述
__HAL_RCC_SYSCFG_CLK_ENABLE()	使能系统配置时钟 SYSCFG
HAL_NVIC_SetPriorityGrouping()	设置中断优先级分组
HAL_NVIC_SetPriority()	设置中断优先级
HAL_NVIC_EnableIRQ()	使能中断

1. 使能系统配置控制器时钟 SYSCFG

在 HAL 库中,以 __HAL 为前缀的都是宏函数,一般用于直接操作寄存器,可以从一定程度上提高 HAL 库的优化性能。通过单击鼠标右键并跟踪代码可知 __HAL_RCC_SYSCFG_CLK_ENABLE() 函数实现的功能是将 RCC APB2 外设时钟使能寄存器 RCC_APB2ENR 的 SYSCFGEN 位置 1,即打开系统配置控制器时钟。特别需要注意的是只要使用到外部中断,就必须打开 SYSCFG 时钟。

2. 设置中断优先级分组

函数 HAL_NVIC_SetPriorityGrouping()用于设置中断优先级分组,其定义如下:

```
void HAL_NVIC_SetPriorityGrouping(uint32_t PriorityGroup)
```

其输入参数 PriorityGroup 取值为 NVIC_PRIORITYGROUP_n,其中 $n=0\sim4$,表示抢占优先级的位数为 n 位,响应优先级的位数为 $4-n$ 位。

3. 设置中断优先级

函数 HAL_NVIC_SetPriority()用于设置某一中断的抢占优先级和响应优先级,其定义如下:

```
void HAL_NVIC_SetPriority(IRQn_Type IRQn, uint32_t PreemptPriority,
uint32_t SubPriority)
```

函数共有 3 个入口参数,IRQn 用于指明需要设置优先级的中断,是 IRQn_Type 枚举数据类型,采用 PPP_IRQn 形式命名,其中 PPP 为表 8-1 的中断名称,例如外部中断 0 的名称为 EXTI0_IRQ0。PreemptPriority 参数用于设置抢占优先级数值,SubPriority 参数用于设置响应优先级的数值。

用户在设计系统时应根据任务的轻重缓急合理确定优先级,并根据优先级分组情况给出具体数值,设系统优先级分组为 NVIC_PRIORITYGROUP_2,则此时抢占优先级和响应优先级均为 2 位,数值范围应限定在 0~3,超出范围设置优先级会产生不可预料的结果。

4. 使能中断

函数 HAL_NVIC_EnableIRQ()用于使能特定中断,其定义如下,输入参数 IRQn 说明同上。

```
void HAL_NVIC_EnableIRQ(IRQn_Type IRQn)
```

8.4.2 STM32F407 的 EXTI 相关库函数

外部中断相关函数的定义在文件 stm32f4xx_hal_gpio.h 中,EXTI 相关函数如表 8-3 所示。

表 8-3 EXTI 相关函数

函 数 名	功 能 描 述
__HAL_GPIO_EXTI_GET_IT()	检查某个外部中断线是否有挂起(Pending)的中断
__HAL_GPIO_EXTI_CLEAR_IT()	清除某个外部中断线的挂起标志位
__HAL_GPIO_EXTI_GET_FLAG()	与__HAL_GPIO_EXTI_GET_IT 的代码和功能相同
__HAL_GPIO_EXTI_CLEAR_FLAG()	与__HAL_GPIO_EXTI_CLEAR_IT 的代码和功能相同
__HAL_GPIO_EXTI_GENERATE_SWIT()	在某个外部中断线上产生软中断
HAL_GPIO_EXTI_IRQHandler()	外部 ISR 中调用的通用处理函数
HAL_GPIO_EXTI_Callback()	外部中断处理的回调函数,需要用户重新实现

1. 读取和清除中断标志

表 8-3 前 5 个以__HAL 开头的函数都是宏函数,直接操作 MCU 控制寄存器,具有较高的代码效率,例如函数__HAL_GPIO_EXTI_GET_IT()的定义如下:

```
#define __HAL_GPIO_EXTI_GET_IT(__EXTI_LINE__) (EXTI->PR & (__EXTI_LINE__))
```

用于检查外部中断挂起寄存器(EXTI_PR)中某个外部中断线是否有挂起的中断。参数_EXTI_LINE_是某个外部中断线,用 GPIO_PIN_0、GPIO_PIN_1 等宏定义常量表示。函数的返回值只要不等于 0(用枚举类型 RESET 表示 0)就表示外部中断线挂起标志位被置位,有未处理的中断事件。

函数__HAL_GPIO_EXTI_CLEAR_IT()用于清除某个外部中断线的挂起标志位,其定义如下:

```
# define __HAL_GPIO_EXTI_CLEAR_IT(__EXTI_LINE__) (EXTI -> PR = (__EXTI_LINE__))
```

向外部中断挂起寄存器(EXTI_PR)的某个中断线位写入 1 就可以清除该中断线的挂起标志,此处类似于数字电路中可控 RS(复位/置位)触发器置 0 输入端(R)高电平有效。在外部中断的 ISR 里处理完中断后,需要调用这个函数清除挂起标志位,以便再次响应下一次中断。

2. 在某个外部中断线上产生软中断

函数__HAL_GPIO_EXTI_GENERATE_SWIT()的功能是在某个外部中断线上产生软中断,其定义如下:

```
# define __HAL_GPIO_EXTI_GENERATE_SWIT(__EXTI_LINE__) (EXTI -> SWIER |= (__EXTI_LINE__))
```

该函数实际上就是将外部中断的软件中断事件寄存器(EXTI_SWIER)中对应于中断线_EXTI_LINE_的位置 1,通过软件的方式产生某个外部中断。

3. 外部 ISR 以及中断处理回调函数

对于 0～15 线的外部中断,从表 8-1 可以看到,EXTI0～EXTI4 有独立的 ISR,EXTI[9:5]共用一个 ISR,EXTI[15:10]共用一个 ISR。在启用某个中断后,STM32CubeMX 会在中断处理程序文件 stm32F4xx_it.c 中会生成 ISR 的代码框架。这些外部中断 ISR 的代码是类似的,下面给出 EXTI0 的 ISR 代码框架,其余 ISR 框架可以以此类推。

```
void EXTI0_IRQHandler(void) // EXTI0 ISR
{
    /* USER CODE BEGIN EXTI0_IRQn 0 */

    /* USER CODE END EXTI0_IRQn 0 */
    HAL_GPIO_EXTI_IRQHandler(GPIO_PIN_0);
    /* USER CODE BEGIN EXTI0_IRQn 1 */

    /* USER CODE END EXTI0_IRQn 1 */
}
```

由上代码可知,EXTI0 的中断服务程序中除了两个预设的程序沙箱之外,仅调用了外部中断通用处理函数 HAL_GPIO_EXTI_IRQHandler(),并以中断线作为入口参数,其代码如下:

```
void HAL_GPIO_EXTI_IRQHandler(uint16_t GPIO_Pin)
{
    /* 检测到外部中断 */
    if(__HAL_GPIO_EXTI_GET_IT(GPIO_Pin) != RESET)
    {
        __HAL_GPIO_EXTI_CLEAR_IT(GPIO_Pin);
        HAL_GPIO_EXTI_Callback(GPIO_Pin);
    }
}
```

这个函数的代码很简单,如果检测到中断线 GPIO_Pin 的中断挂起标志不为 0 就清除中断挂起标志位,然后调用函数 HAL_GPIO_EXTI_Callback()。该函数是对中断进行响应处理的回调函数,代码框架在文件 stm32f4xx_hal_gpio.c 中,其代码如下:

```
__weak void HAL_GPIO_EXTI_Callback(uint16_t GPIO_Pin)
{
    /* 防止未使用参数的编译器警告 */
    UNUSED(GPIO_Pin);
    /* 注意:当需要回调时,此函数不需要修改,HAL_GP20_EXTI_Callback 可以在用户文件中实现 */
}
```

该函数前面有个修饰符__weak,用来定义弱函数。所谓弱函数就是 HAL 库中预先定义的带有__weak 修饰符的函数,如果用户没有重新实现这些函数,就编译这些弱函数,如果在用户程序文件里重新实现了这些函数,就编译用户重新实现的函数。用户重新实现一个弱函数时,要舍弃修饰符__weak。

弱函数一般用作中断处理的回调函数,例如函数 HAL_GPIO_EXTI_Callback()。如果用户重新实现了这个函数,对某个外部中断做出具体的处理,用户代码就会被编译进去。

8.5 EXTI 项目实例

为帮助读者更好地掌握 STM32 单片机外部中断的应用方法,现以一具体项目为例,详细介绍外部中断的应用过程。

8.5.1 项目分析

第 7 章完成了在六位数码管上动态显示时间的功能,在本项目中,还需要利用外部中断进行时、分、秒的调节。时钟会有一个初始的时间,但在运行时一般还需要对时间调整。调整时间一般用按键实现,对按键的处理有两种方法,一种是查询法,另一种是中断法。查询法耗用大量的 CPU 运行时间,还要与动态扫描程序进行融合,效率低,编程复杂。中断法很好地克服了上述缺点,所以本例采用外部中断进行按键处理,完成时间调节。

微课视频

STM32 的 EXTI 中断建立过程如图 8-6 所示,其中建立中断向量表和分配堆栈空间并初始化是由系统自动完成,其源程序存放于系统启动文件于 startup_stm32f407xx.s 中,在使用 STM32CubeMX 创建工程模板时已经添加到项目工程中。要应用 STM32 外部中断,必须对其初始化,其中包括 GPIO 初始化、EXTI 中断线引脚映射、EXTI 初始化和 NVIC 初始化,上述初始化工作也由 STM32CubeMX 自动完成。外部中断要想完成控制功能,必须编写中断服务程序,中断服务程序一般编写在 stm32f4xx_it.c 文件中,且函数名为 EXTIn_IRQHandler,其中 n 为外部中断线号。

当将开发板跳线座 P8 的 2、3 引脚短接,键盘工作于独立按键模式,其等效电路如图 8-7 所示,KEY1 按键定义为小时调节,KEY2 按键定义为分钟调节,KEY3 按键定义为秒调节,均只能向上调节,调到最大时重新置零。由于 4 个按键的一端接地,所以 GPIO 初始化时应将其配置为输入上拉模式。因为各个按键未按下时表现为高电平,按下时表现为低电平,所以中断初始化时应将触发方式设置为下降沿触发。

8.5.2 项目实施

1. 复制工程文件

复制第 7 章创建工程模板文件夹到桌面,并将文件夹重命名为 0801 EXTI。

2. STM32CubeMX 配置

打开工程模板文件夹里面的 Template.ioc 文件。启动 STM32CubeMX 配置软件。首先在引脚视图下将 PE0~PE2 均设置为 GPIO_EXTI 模式,随后在左侧配置类别 Categories 下面的 System Core 子类中的找到 GPIO 选项,将外部中断输入引脚 PE0~PE2 均配置为上拉、下降沿触发模式,外部中断 GPIO 引脚配置结果如图 8-8 所示。

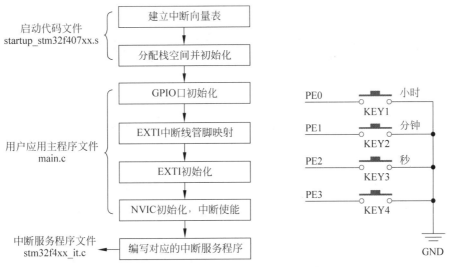

图 8-6 EXTI 中断建立过程 图 8-7 开发板按键电路

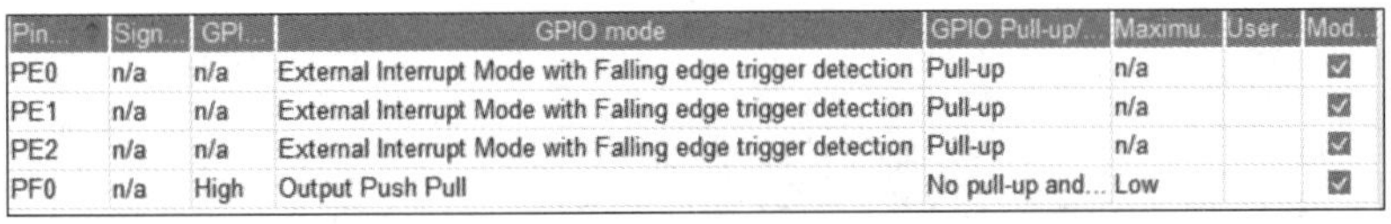

Pin...	Sign...	GPI...	GPIO mode	GPIO Pull-up/...	Maximu...	User...	Mod...
PE0	n/a	n/a	External Interrupt Mode with Falling edge trigger detection	Pull-up	n/a		☑
PE1	n/a	n/a	External Interrupt Mode with Falling edge trigger detection	Pull-up	n/a		☑
PE2	n/a	n/a	External Interrupt Mode with Falling edge trigger detection	Pull-up	n/a		☑
PF0	n/a	High	Output Push Pull	No pull-up and...	Low		☑

图 8-8 外部中断 GPIO 引脚配置结果

紧接着在设置界面左侧配置类别 Categories 下面的 System Core 子类中的找到 NVIC 选项，将优先级分组设置为 NVIC_PRIORITYGROUP_3，即 3 位抢占优先级，1 位响应优先级主。

因为在外部中断需要调用 HAL_Delay 延时消抖，所以需要将 SysTick 定时器优先级设为最高，使 SysTick 定时器可以打断 EXTI 中断实现正常延时。

外部中断 EXTI0～EXTI2 均用于调节系统时间，对实时性并无要求，所以将其抢占优先级和响应优先级均设为一样且对应的优先级较低。优先级设置结果如图 8-9 所示，修改选项均采用红色框线标注。时钟配置和工程配置选项无须修改，单击 GENERATE CODE 按钮生成初始化工程。

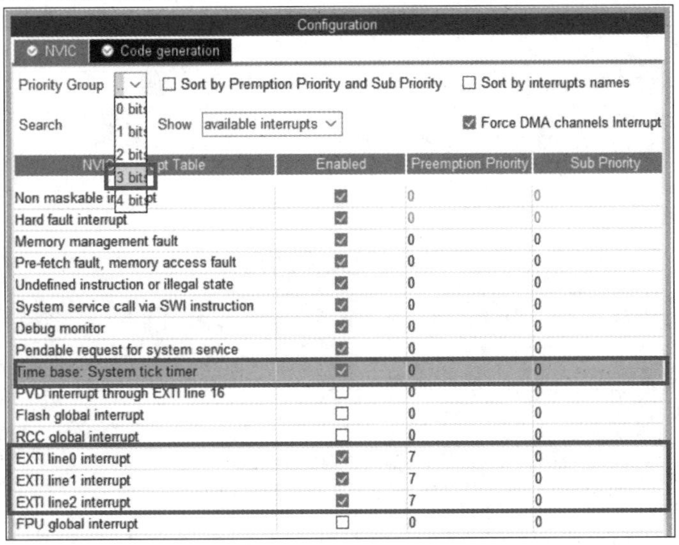

图 8-9 优先级设置结果

3. 初始化代码分析

打开 MDK-ARM 文件夹下面的工程文件 Template.uvprojx,将生成工程编译一下,没有错误和警告之后开始初始化代码分析。首先打开 main.c 文件,其部分代码如下:

1) 主程序

```
/***** main.c Source File ****/
# include "main.h"
# include "gpio.h"
# include "fsmc.h"
/* USER CODE BEGIN PV */
uint16_t * SEG_ADDR = (uint16_t *)(0x68000000);
uint8_t hour, minute, second;
/* USER CODE END PV */
void SystemClock_Config(void);
/* USER CODE BEGIN PFP */
void DsgShowTime(void);
/* USER CODE END PFP */
int main(void)
{
    HAL_Init();                //HAL 初始化
    SystemClock_Config();      //系统时钟配置
    MX_GPIO_Init();            //GPIO 设置和 EXTI 设置
    MX_FSMC_Init();            //数码管 FSMC 总线设置
    /* USER CODE BEGIN WHILE */
    hour = 9;minute = 30;second = 25;
    while (1)
    {
        DsgShowTime();         //动态显示时间,源程序见 7.5.4 节
        /* USER CODE END WHILE */
    }
}
```

HAL_Init()函数用于 HAL 初始化,其中打开配置控制器时钟和实现中断优先分组策略由其调用弱函数 HAL_MspInit()函数实现。该函数位于 stm32f4xx_hal_msp.c 文件中,在这个文件里重新实现了函数 HAL_MspInit(),其代码如下:

```
void HAL_MspInit(void)
{
    __HAL_RCC_SYSCFG_CLK_ENABLE();                       //打开配置控制器时钟
    __HAL_RCC_PWR_CLK_ENABLE();                          //使能 PWR 时钟
    HAL_NVIC_SetPriorityGrouping(NVIC_PRIORITYGROUP_3);  //中断优先级分组
}
```

2) GPIO 和 EXTI 中断初始化

文件 gpio.c 中的函数 MX_GPIO_Init()函数实现了 GPIO 引脚和 EXTI 中断初始化,其代码如下:

```
void MX_GPIO_Init(void)
{
    GPIO_InitTypeDef GPIO_InitStruct = {0};
    /* GPIO 端口时钟使能 */
    __HAL_RCC_GPIOE_CLK_ENABLE();
    __HAL_RCC_GPIOC_CLK_ENABLE(); __HAL_RCC_GPIOH_CLK_ENABLE();
    __HAL_RCC_GPIOF_CLK_ENABLE(); __HAL_RCC_GPIOD_CLK_ENABLE();
    __HAL_RCC_GPIOA_CLK_ENABLE(); __HAL_RCC_GPIOG_CLK_ENABLE();
    /* 配置 GP20 引脚:PE2 PE0 PE1 */
```

```
GPIO_InitStruct.Pin = GPIO_PIN_2|GPIO_PIN_0|GPIO_PIN_1;
GPIO_InitStruct.Mode = GPIO_MODE_IT_FALLING;
GPIO_InitStruct.Pull = GPIO_PULLUP;
HAL_GPIO_Init(GPIOE, &GPIO_InitStruct);
/* EXTI 中断初始化 */
HAL_NVIC_SetPriority(EXTI0_IRQn, 7, 0);
HAL_NVIC_EnableIRQ(EXTI0_IRQn);
HAL_NVIC_SetPriority(EXTI1_IRQn, 7, 0);
HAL_NVIC_EnableIRQ(EXTI1_IRQn);
HAL_NVIC_SetPriority(EXTI2_IRQn, 7, 0);
HAL_NVIC_EnableIRQ(EXTI2_IRQn);
}
```

上述代码主要完成三部分工作,第一部分是打开 GPIO 端口时钟,由于需要用到 FSMC 连接数码管,所以打开的时钟较多。第二部分工作是配置 GPIO 引脚,将 PE0～PE2 设置为上拉模式、下降沿触发。第三部分是 EXTI 相关设置,包括优先级设置和中断使能。

3) EXTI 中断的 ISR

本例使用的 EXTI0～EXTI2 都有独立的 ISR,在文件 stm32f4xx_it.c 中自动生成了这 3 个 ISR 的代码框架,参考代码如下,这里只保留了第一个 ISR 的全部注释,没有显示其他 ISR 的注释。

```
void EXTI0_IRQHandler(void)              //外部中断 0 的 ISR
{
    /* USER CODE BEGIN EXTI0_IRQn 0 */

    /* USER CODE END EXTI0_IRQn 0 */
    HAL_GPIO_EXTI_IRQHandler(GPIO_PIN_0);
    /* USER CODE BEGIN EXTI0_IRQn 1 */

    /* USER CODE END EXTI0_IRQn 1 */
}
void EXTI1_IRQHandler(void)              //外部中断 1 的 ISR
{
    HAL_GPIO_EXTI_IRQHandler(GPIO_PIN_1);
}
void EXTI2_IRQHandler(void)              //外部中断 2 的 ISR
{
    HAL_GPIO_EXTI_IRQHandler(GPIO_PIN_2);
}
```

由前面分析可知,EXTI0～EXTI2 的中断服务程序均调用外部中断通用处理函数 HAL_GPIO_EXTI_IRQHandler(),且将相应中断线作为其入口参数,该函数位于 stm32f4xx_hal_gpio.c 文件中。外部中断通用处理函数的初始化代码已完成中断检测、清除中断标志位工作并调用外部中断回调函数 HAL_GPIO_EXTI_Callback(),因此用户只需要重新实现这个回调函数即可,外部中断通用处理函数参考代码如下:

```
void HAL_GPIO_EXTI_IRQHandler(uint16_t GPIO_Pin)
{
    /* 检测到外部中断 */
    if(__HAL_GPIO_EXTI_GET_IT(GPIO_Pin) != RESET)
    {
        __HAL_GPIO_EXTI_CLEAR_IT(GPIO_Pin);
        HAL_GPIO_EXTI_Callback(GPIO_Pin);
    }
}
```

为方便用户编程,MDK-ARM 为每个回调函数定义了一个同名弱函数,以 __weak 开头,用户只需要在工程的任何文件内重新实现这一回调函数即可,且无须对其进行声明,编译系统将自动用重新实现的回调函数替换原来的弱函数。

4. 用户程序编写

1)主程序设计

首先需要在 main.c 文件中定义 3 个 uint8_t 类型变量,即 hour、minute 和 second,并在 main()函数中对其赋初值,调用 7.5.4 节的编写的 DsgShowTime()函数动态循环显示时间。上述代码在上一节初始化代码分析主程序部分已进行了更新。

2)重新实现中断回调函数

用户要处理外部中断,只需要在工程的任何一个文件内重新实现外部中断回调函数即可。实现回调函数的位置可以在 gpio.c、stm32f4xx_it.c 和 main.c 等文件中选择,为减少变量跨文件传递,所以作者选择在 main.c 文件中重新实现回调函数。HAL_GPIO_EXTI_Callback()回调函数参考代码如下:

```
/* USER CODE BEGIN 4 */
void HAL_GPIO_EXTI_Callback(uint16_t GPIO_Pin)
{
        HAL_Delay(15);
        if(HAL_GPIO_ReadPin(GPIOE,GPIO_Pin) == GPIO_PIN_RESET)
        {
            if(GPIO_Pin == GPIO_PIN_0)
            {
                if(++hour == 24) hour = 0;
            }
            if(GPIO_Pin == GPIO_PIN_1)
            {
                if(++minute == 60) minute = 0;
            }
            if(GPIO_Pin == GPIO_PIN_2)
            {
                if(++second == 60) second = 0;
            }
        }
}
/* USER CODE END 4 */
```

因为多个中断线共用一个回调函数,所以进入回调函数还需要判断是哪一个引脚请求了中断,以便对其作相应处理。上述代码中消抖延时是十分有必要的,当按键抖动发生时,虽然产一个下降沿,但是持续时间很短,信号没有稳定,依然不执行中断服务程序。ISR 中延时采用基于 SysTick 中断的 HAL_Delay()函数实现,要想其能够退出延时,必须保证 SysTick 的中断优先级高于外部中断优先级,该实验亦可用于验证不同抢占优先级之间中断嵌套,原理请读者自行分析。

5. 下载调试

编译工程,直到没有错误为止,下载程序到开发板,复位运行,检查实验效果。

8.5.3 ISR 框架总结

结合上面应用实例,对中断服务程序框架作一些总结,以便于读者掌握中断应用方法。在 STM32CubeMX 生成的代码中,所有 ISR 采用以下处理框架:

在文件 stm32f4xx_it.c 中,自动生成已启用中断的 ISR 代码框架,例如为 EXTI0 中断生成 ISR 函数 EXTI0_IRQHandler()。

（1）在 ISR 里，执行 HAL 库中为该中断定义的通用处理函数，例如，外部中断的通用处理函数是 HAL_GPIO_EXTI_IRQHandler()。通常，一个外设只有一个中断号，一个 ISR 有一个通用处理函数，也可能多个中断号共用一个通用处理函数，例如，外部中断有多个中断号，但是 ISR 里调用的通用处理函数都是 HAL_GPIO_EXTI_IRQHandler()。

（2）ISR 里调用的中断通用处理函数是 HAL 库里定义的，例如，HAL_GPIO_EXTI_IRQHandler() 是外部中断的通用处理函数。在中断的通用处理函数里，会自动进行中断事件来源的判断（一个中断号一般有多个中断事件源）、中断标志位的判断和清除，并调用与中断事件源对应的回调函数。

（3）一个中断号一般有多个中断事件源，HAL 库中会为一个中断号的常用中断事件定义回调函数，在中断的通用处理函数里判断中断事件源并调用相应的回调函数。外部中断只有一个中断事件源，所以只有一个回调函数 HAL_GPIO_EXTI_Callback()。定时器就有多个中断事件源，所以在定时器的 HAL 驱动程序中，针对不同的中断事件源，定义了不同的回调函数（见后续章节）。

（4）HAL 库中定义的中断事件处理的回调函数都是弱函数，需要用户重新实现回调函数，从而实现对中断的具体处理。

在 HAL 库编程方式中，中断初始化代码是由 STM32CubeMX 自动生成的，用户只需搞清楚与中断事件对应的回调函数，然后重新实现回调函数即可。对于外部中断，只有一个中断事件源，所以只有一个回调函数 HAL_GPIO_EXTI_Callback()。在对外部中断进行处理时，只需重新实现这个函数即可，函数实现可以在项目工程的任何文件中进行，且无须声明。

8.6　开发经验小结——前/后台嵌入式软件架构

中断是一种优秀的硬件机制，使系统能快速响应紧急事件或优先处理重要任务，并在此基础上，可以采用基于前/后台的软件设计方法，显著地提高系统效率。因此，中断是使用微控制器进行应用开发必须掌握的内容之一。

不同于前面几章中开发的基于无限循环架构的嵌入式应用程序，本章的应用程序是基于前/后台嵌入式软件架构。前/后台架构，顾名思义，是由后台程序和前台程序两部分构成。后台又被称为任务级程序，主要负责处理日常事务；前台通过中断及其服务函数实现，因此又被称为中断级程序，可以打断后台的执行，主要用于快速响应事件，处理紧急事务和执行时间相关性较强的操作。实际生活中，很多基于微控制器的产品都采用前/后台架构设计，例如微波炉、电话机、玩具等。在另外一些基于微控制器的应用中，从省电的角度出发，平时微控制器运行于后台停机状态，所有的事务和操作都通过中断服务完成。

基于前/后台架构的 STM32F407，其软件设计和实现也分为两部分：后台和前台。后台，即 STM32F407 应用主程序，位于 main.c 文件中，其主体是 main() 主函数。当 STM32F407 微控制器上电复位完成系统初始化后，就会转入主函数中执行。前台，即 STM32F407 中断服务程序，位于 stm32f4xx_it.c 文件中，由 STM32F407 中断服务函数组成。用户可以根据应用需求在任意工程文件中重新实现其中断回调函数，完成中断事务处理。

本章小结

本章首先介绍中断的基本概念，然后又介绍了 STM32F407 中断系统，以及 STM32F407 外部中断/事件控制器，这 3 部分内容是一个逐步递进的关系，读者要想完全掌握 STM32 中断系统必须好好研读相关内容。随后介绍了 STM32F407 中断 HAL 库函数，包括 EXTI 库函数和 NVIC 库函数两部分。为帮助大家掌握 STM32 中断系统的应用方法,本章最后给出了一个综合实例,该实例是在上一项目时间显示的基础上,用外部中断实现时间的调节,重点是中断初始化和中断服务程序的编写,读者可以在开发板上完成该项目实验,并举一反三。

思考拓展

(1) 什么是中断?为什么要使用中断?

(2) 什么是中断源?STM32F407 支持哪些中断源?

(3) 什么是中断屏蔽?为什么要进行中断屏蔽?如何进行中断屏蔽?

(4) 中断的处理过程是什么?包含哪些步骤?

(5) 什么是中断优先级?什么是中断嵌套?

(6) STM32F407 优先级分组方法,什么是抢占优先级?什么是响应优先级?

(7) 什么是中断向量表?它通常存放在存储器的哪个位置?

(8) 什么是中断服务函数?如何确定中断函数的名称?在哪里编写中断服务程序?

(9) 中断服务函数与普通的函数相比有何异同?

(10) 什么叫断点?什么叫中断现场?断点和中断现场保护和恢复有什么意义?

(11) 对本章所介绍时间调节项目进行修改,时间调节由三个按键完成,一个按键用来选择调节位置,一个按键是数字加,一个按键是数字减。

(12) 设计并完成项目,开发板上电 LED 指示灯 L1 亮,设置两个按键,一个用于 LED 左移,一个用于 LED 右移。

第 9 章

基本定时器

本章要点

➤ STM32F407 定时器概述；

➤ 基本定时器的特性与功能；

➤ 基本定时器的 HAL 驱动；

➤ 项目实例。

微控制器中的定时器本质上是一个计数器,可以对内部脉冲或外部输入进行计数,不仅具有基本的延时/计数功能,还具有输入捕获、输出比较和 PWM(Pulse Width Modulation,脉冲宽度调制)波形输出等高级功能。在嵌入式开发中,充分利用定时器的强大功能,可以显著提高外设驱动的编程效率和 CPU 利用率,增强系统的实时性。因此,掌握定时器的基本功能、工作原理和编程方法是嵌入式学习的重要内容。

微课视频

9.1 STM32F407 定时器概述

STM32F407 定时器相比于传统的 51 单片机要完善和复杂得多,专为工业控制应用量身定做,具有延时、频率测量、PWM 波形输出、电机控制及编码接口等功能。

STM32F407 微控制器内部集成了多个可编程定时器,可以分为基本定时器(TIM6、TIM7),通用定时器(TIM2～TIM5、TIM9～TIM14)和高级定时器(TIM1、TIM8)3 种类型。从功能上看,基本定时器的功能是通用定时器的子集,而通用定时器的功能又是高级定时器的一个子集。这些定时器挂在 APB2 或 APB1 总线上(见图 2-2),所以它们的最高工作频率不一样,这些定时器的计数器有 16 位的,也有 32 位的。STM32F407 定时器特性如表 9-1 所示。

表 9-1　STM32F407 定时器特性

定时器类型	定时器	计数器长度	计数方向	DMA 请求生成	捕获/比较通道数	所在总线
基本定时器	TIM6、TIM7	16 位	向上	有	0	APB1
通用定时器	TIM2、TIM5	32 位	向上、向下、双向	有	4	APB1
	TIM3、TIM4	16 位	向上、向下、双向	有	4	APB1
	TIM9	16 位	向上	无	2	APB2
	TIM12	16 位	向上	无	2	APB1
	TIM10、TIM11	16 位	向上	无	1	APB2
	TIM13、TIM14	16 位	向上	无	1	APB1
高级定时器	TIM1、TIM8	16 位	向上、向下、双向	有	4	APB2

图 9-1 为 STM32F407 时钟树的一部分区域,由图可知定时器时钟信号来源于 APB1 总线或 APB2 总线的 Timer Clocks 信号。STM32F407 的 HCLK 最高频率为 168MHz,APB1 总线的时钟频率 PCLK1 最高为 42MHz,挂在 APB1 总线上的定时器时钟频率固定为 PCLK1 的 2 倍,所以挂在 APB1 总线上定时器的输入时钟频率最高为 84MHz。同理,挂在 APB2 总线上的定时器的输入时钟频率最高为 168MHz。除另有说明外,本书所有实例 HCLK 均配置为最高工作频率 168MHz。

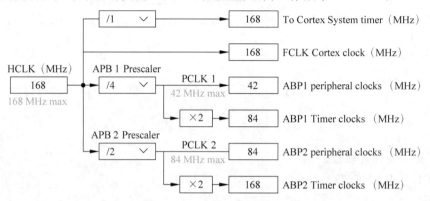

图 9-1　STM32F407 时钟树部分区域

每个定时器的内部还有一个 16 位的预分频器寄存器 TIMx_PSC,可以设置 0~65535 中的任何一个整数对输入时钟信号分频,实际分频系数为 TIMx_PSC+1,预分频之后的时钟信号再进入计数器。

算上内核定时器 SysTick 和实时时钟定时器 RTC,以及本质上也是定时器的独立看门狗(IWDG)和窗口看门狗(WWDG)模块,STM32F407 有多达 18 个各类定时器,功能强大,应用复杂,为此将基本定时器和通用定时器各成一章,分别讲解,高级定时器应用相对专业,读者若有此技术需求可自行查阅相关资料,本书不对其作详细讨论。

9.2　基本定时器

9.2.1　基本定时器简介

STM32F407 基本定时器 TIM6 和 TIM7 各包含一个 16 位自动装载计数器,由各自的可编程预分频器驱动。它们可以为通用定时器提供时间基准,特别地,可以为数模转换器(DAC)提供时钟。实际上,它们在芯片内部直接连接到 DAC 并通过触发输出直接驱动 DAC。这两个定时器是互相独立的,不共享任何资源。

9.2.2　基本定时器的主要特性

TIM6 和 TIM7 定时器的主要功能包括:

(1) 16 位自动重装载累加计数器。

(2) 16 位可编程(可实时修改)预分频器,用于对输入的时钟按系数为 1~65536 的任意数值分频。

(3) 触发 DAC 的同步电路。

(4) 在更新事件(计数器溢出)时产生中断/DMA 请求。

基本定时器内部结构如图 9-2 所示。

9.2.3　基本定时器的功能

1. 时基单元

可编程定时器的主要部分是一个带有自动重装载的 16 位累加计数器,计数器的时钟通过一个预分频器得到。软件可以读写计数器、自动重装载寄存器和预分频寄存器,即使计数器运行时也可以操作。

时基单元包含:

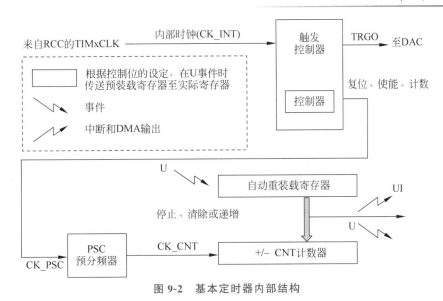

图 9-2 基本定时器内部结构

（1）计数器寄存器（TIMx_CNT）。

（2）预分频寄存器（TIMx_PSC）。

（3）自动重装载寄存器（TIMx_ARR）。

2．时钟源

从 STM32F407 基本定时器内部结构可以看出,基本定时器 TIM6 和 TIM7 只有一个时钟源,即内部时钟 CK_INT。对于 STM32F407 所有的定时器来说,内部时钟 CK_INT 都来自 RCC 的 TIMxCLK,但对于不同的定时器,TIMxCLK 的来源不同。基本定时器 TIM6 和 TIM7 的 TIMxCLK 来源于 APB1 预分频器的输出,APB1 总线频率 PCLK1 最大 42MHz,而挂接在 APB1 总线上定时器的频率固定为 PCLK1 的 2 倍,所以 TIM6 和 TIM7 定时器最大时钟频率为 84MHz。

3．预分频器

预分频器可以以系数介于 1～65536 的任意数值对计数器时钟分频,它是通过一个 16 位寄存器（TIMx_PSC）的计数实现分频的。因为 TIMx_PSC 控制寄存器具有缓冲,所以可以在运行过程中改变它的数值,新的预分频数值将在下一个更新事件时起作用。

图 9-3 是在运行过程中预分频系数从 1 变到 2 的计时器时序图。

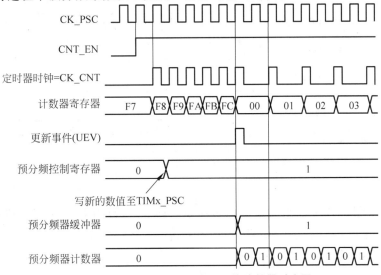

图 9-3 预分频系数从 1 变到 2 的计数器时序图

4. 计数模式

STM32F407 基本定时器只有向上计数工作模式,其工作过程如图 9-4 所示,其中 ↑ 表示产生溢出事件。

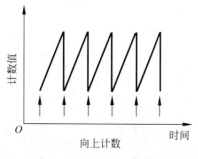

图 9-4 向上计数工作模式

基本定时器工作时,脉冲计数器 TIMx_CNT 从 0 累加计数到自动重装载数值(TIMx_ARR 寄存器),然后重新从 0 开始计数并产生一个计数器溢出事件。由此可见,如果使用基本定时器进行延时,延时时间可以由以下公式计算:

$$延时时间 = (TIMx\_ARR + 1) \times (TIMx\_PSC + 1)/TIMxCLK$$

当发生一次更新事件时,所有寄存器会被更新并设置更新标志:传送预装载值(TIMx_PSC 寄存器的内容)至预分频器的缓冲区,自动重装载影子寄存器被更新为预装载值(TIMx_ARR)。

以下是在 TIMx_ARR = 0x36 时不同时钟频率下计数器时序图。图 9-5 内部时钟分频系数为 1,图 9-6 内部时钟分频系数为 2。

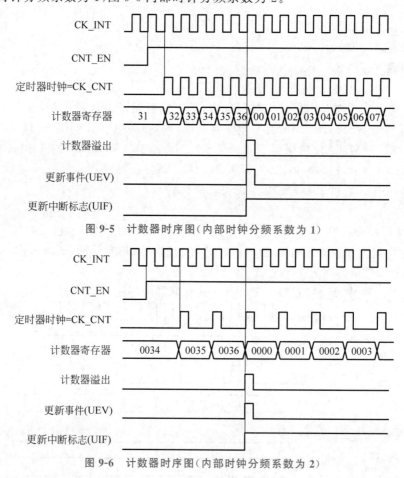

图 9-5 计数器时序图(内部时钟分频系数为 1)

图 9-6 计数器时序图(内部时钟分频系数为 2)

9.2.4 基本定时器寄存器

现将 STM32F407 基本定时器相关寄存器名称介绍如下,可以用半字(16 位)或字(32 位)的方式操作这些外设寄存器,由于采用库函数方式编程,故不作进一步的探讨。

(1) TIM6 和 TIM7 控制寄存器 1(TIMx_CR1)。

（2）TIM6 和 TIM7 控制寄存器 2(TIMx_CR2)。

（3）TIM6 和 TIM7 DMA/中断使能寄存器(TIMx_DIER)。

（4）TIM6 和 TIM7 状态寄存器(TIMx_SR)。

（5）TIM6 和 TIM7 事件产生寄存器(TIMx_EGR)。

（6）TIM6 和 TIM7 计数器(TIMx_CNT)。

（7）TIM6 和 TIM7 预分频器(TIMx_PSC)。

（8）TIM6 和 TIM7 自动重装载寄存器(TIMx_ARR)。

9.3　基本定时器的 HAL 驱动

基本定时器只有定时这一个基本功能,在计数溢出时产生更新事件(Update Event,UEV)是基本定时器中断的唯一事件源。根据控制寄存器 TIMx_CR1 中的 OPM(One-Pulse Mode)位的设定值不同,基本定时器有两种定时模式:连续定时模式和单次定时模式。当 OPM 位为 0 时,定时器是连续定时模式,也就是计数器在发生 UEV 时不停止计数,定时器可以产生连续、周期性的定时中断,这是定时器默认的工作模式。当 OPM 位为 1 时,定时器是单次定时模式,也就是计数器在发生一次 UEV 后就停止计数,只能产生一次定时器更新中断。

9.3.1　基本定时器主要 HAL 驱动函数

表 9-2 是基本定时器主要 HAL 驱动函数,所有定时器都具有定时功能,所以这些函数对于通用定时器、高级定时器同样适用。

表 9-2　基本定时器主要 HAL 驱动函数

类　型	函　数	功　能
初始化	HAL_TIM_Base_Init()	定时器初始化,设置各种参数和连续定时模式
	HAL_TIM_OnePulse_Init()	将定时器配置为单次定时模式,需要先执行 HAL_TIM_Base_Init()
	HAL_TIM_Base_MspInit()	MSP 弱函数,在 HAL_TIM_Base_Init()里被调用,重新实现的这个函数一般用于定时器时钟使能和中断设置。
启动与停止	HAL_TIM_Base_Start()	以轮询工作方式启动定时器,不会产生中断
	HAL_TIM_Base_Stop()	停止轮询工作方式的定时器
	HAL_TIM_Base_Start_IT()	以中断工作方式启动定时器,发生更新事件时产生中断
	HAL_TIM_Base_Stop_IT()	停止中断工作方式的定时器
	HAL_TIM_Base_Start_DMA()	以 DMA 工作方式启动定时器
	HAL_TIM_Base_Stop_DMA()	停止 DMA 工作方式的定时器
获取状态	HAL_TIM_Base_GetState()	获取基本定时器的当前状态

1. 定时器初始化

函数 HAL_TIM_Base_Init()用于对定时器的连续定时工作模式和参数进行初始化设置,其原型定义如下:

```
HAL_StatusTypeDef HAL_TIM_Base_Init(TIM_HandleTypeDef * htim)
```

其中,参数 htim 是定时器外设对象指针,是 TIM_HandleTypeDef 结构体类型指针,这个结构体类型定义在文件 stm32f4xx_hal_tim.h 中,其定义如下:

```
typedef struct
{
```

```
        TIM_TypeDef               * Instance;        //定时器的寄存器基地址
        TIM_Base_InitTypeDef      Init;              //定时器的基本参数
        HAL_TIM_ActiveChannel     Channel;           //当前通道
        DMA_HandleTypeDef         * hdma[7];          //DMA 处理相关数组
        HAL_LockTypeDef           Lock;              //是否锁定
        __IO HAL_TIM_StateTypeDef State;             //定时器的工作状态
} TIM_HandleTypeDef;
```

其中,Instance 是定时器的寄存器基地址,用来表示具体哪个定时器,也就是其英文直译"实例"。Init 是定时器主要参数的集合,由结构体类型 TIM_Base_InitTypeDef 表示,其定义如下,各成员变量的意义见注释。

```
typedef struct
{
        uint32_t Prescaler;              //预分频系数
        uint32_t CounterMode;            //计数模式,递增、递减、双向
        uint32_t Period;                 //计数周期
        uint32_t ClockDivision;          //内部时钟分频,基本定时器无此功能
        uint32_t RepetitionCounter;      //重复计数器值,用于 PWM 模式
        uint32_t AutoReloadPreload;      //自动重装载预装载功能
} TIM_Base_InitTypeDef;
```

要初始化定时器,一般是先定义一个 TIM_HandleTypeDef 类型的变量表示定时器,对其各个成员变量赋值,然后调用函数 HAL_TIM_Base_Init() 进行初始化。定时器的初始化设置可以在 STM32CubeMX 中图形化配置,从而自动生成初始化代码。

定时器初始化函数 HAL_TIM_Base_Init() 会调用 MSP 函数 HAL_TIM_Base_MspInit(),这是一个弱函数,在 STM32CubeMX 生成的定时器初始化程序文件里会重新实现这个函数,用于开启定时器的时钟,设置定时器的中断优先级。

2. 配置为单次定时模式

定时器默认工作于连续定时模式,如果要配置定时器工作于单次定时模式,在调用定时器初始化函数 HAL_TIM_Base_Init() 之后,还需要调用函数 HAL_TIM_OnePulse_Init() 将定时器配置为单次模式,其函数原型定义如下:

```
HAL_StatusTypeDef HAL_TIM_OnePulse_Init(TIM_HandleTypeDef * htim, uint32_t OnePulseMode)
```

其中,参数 htim 是定时器对象指针,参数 OnePulseMode 是产生的脉冲的方式,有两个宏定义常量可以作为该参数的取值,其中 TIM_OPMODE_SINGLE 表示单次模式,TIM_OPMODE_REPETITIVE 表示重复模式。

3. 启动和停止定时器

定时器有 3 种启动和停止方式,对应于表 9-2 中的 3 组函数。

一是轮询方式,函数 HAL_TIM_Base_Start() 启动定时器后,定时器便开始计数,计数溢出时会产生 UEV 标志,但是不会触发中断。用户程序需要不断地查询计数值或 UEV 标志来判断是否发生计数溢出。函数 HAL_TIM_Base_Stop() 用于停止以轮询方式工作的定时器。

二是中断方式,函数 HAL_TIM_Base_Start_IT() 启动定时器后,定时器便开始计数,计数溢出时会产生 UEV,并触发中断。用户在 ISR 里进行处理即可,这是定时器最常用的处理方式。函数 HAL_TIM_Base_Stop_IT() 用于停止以中断方式工作的定时器。

三是 DMA 方式,函数 HAL_TIM_Base_Start_DMA() 启动定时器后,定时器便开始计数,计数溢出

时会产生 UEV,并产生 DMA 请求。DMA 将在后续章节专门介绍,一般用于需要进行高速数据传输的场合,定时器一般不使用 DMA 功能。函数 HAL_TIM_Base_Stop_DMA()用于停止以 DMA 方式工作的定时器。

实际使用定时器的周期性连续定时功能时,一般使用中断方式。函数 HAL_TIM_Base_Start_IT()的原型定义如下:

```
HAL_StatusTypeDef HAL_TIM_Base_Start_IT(TIM_HandleTypeDef * htim)
```

其中,参数 htim 是定时器的对象指针,其他几个启动和停止定时器的函数参数与此相同。

4. 获取定时器的运行状态

函数 HAL_TIM_Base_GetState()用于获取定时器的当前状态,其函数原型定义如下:

```
HAL_TIM_StateTypeDef HAL_TIM_Base_GetState(TIM_HandleTypeDef * htim)
```

函数的返回值是枚举数据类型 HAL_TIM_StateTypeDef,表示定时器的当前状态。这个枚举类型的定义如下,各枚举常量的对应状态描述见注释。

```
typedef enum
{
    HAL_TIM_STATE_RESET = 0x00U,        //定时器未被初始化或未使能
    HAL_TIM_STATE_READY = 0x01U,        //定时器已经初始化完成,可以使用
    HAL_TIM_STATE_BUSY = 0x02U,         //一个内部处理过程正在执行
    HAL_TIM_STATE_TIMEOUT = 0x03U,      //定时器到期(Timeout)状态
    HAL_TIM_STATE_ERROR = 0x04U         //发生错误,Reception 进程正在运行
} HAL_TIM_StateTypeDef;
```

9.3.2　定时器通用操作宏函数

文件 stm32f4xx_hal_tim.h 还定义了定时器操作的一些通用函数,这些函数都是宏函数,以__HAL 开头,直接操作寄存器,所以主要用于定时器运行时直接读取或修改某些寄存器的值,如修改定时周期、重设预分频系数等,定时器通用操作宏函数如表 9-3 所示。表中寄存器名称用了前缀 TIMx_,其中的 x 可以用具体的定时器编号替换。

表 9-3　定时器通用操作宏函数

函　数　名	功　能　描　述
__HAL_TIM_ENABLE()	启用某个定时器,就是将定时器控制寄存器 TIMx_CR1 的 CEN 位置 1
__HAL_TIM_DISABLE()	失能某个定时器
__HAL_TIM_GET_COUNTER()	在运行时读取定时器的当前计数值,就是读取 TIMx_CNT 寄存器的值
__HAL_TIM_SET_COUNTER()	在运行时设置定时器的计数值,就是设置 TIMx_CNT 寄存器的值
__HAL_TIM_GET_AUTORELOAD()	在运行时读取自动重装载寄存器 TIMx_ARR 的值
__HAL_TIM_SET_AUTORELOAD()	在运行时设置自动重装载寄存器 TIMx_ARR 的值,改变定时周期
__HAL_TIM_SET_PRESCALER()	在运行时设置预分频系数,就是设置预分频寄存器 TIMx_PSC 的值

这些函数都需要一个定时器对象指针作为参数,例如,启用定时器的函数定义如下:

```
# define  __HAL_TIM_ENABLE(__HANDLE__) ((__HANDLE__) -> Instance -> CR1 | = (TIM_CR1_CEN))
```

其中参数__HANDLE__表示定时器对象指针,即 TIM_HandleTypeDef 类型指针,函数的功能就是将定时器的 TIMx_CR1 寄存器的 CEN 位置 1,函数使用示例如下:

```
TIM_HandleTypeDef htim6;              //定义 TIM6 外设对象变量
__HAL_TIM_ENABLE(&htim6);             //启用定时器 TIM6
```

读取寄存器的函数会返回一个数值,例如,读取当前计数值的函数定义如下:

```
#define __HAL_TIM_GET_COUNTER(__HANDLE__) ((__HANDLE__)->Instance->CNT)
```

其返回值就是寄存器 TIMx_CNT 的值,由表 9-1 可知,有的定时器是 32 位的,有的定时器是 16 位的,实际使用时用 uint32_t 类型变量来存储函数返回值即可。

设置某个寄存器的值的函数有两个参数,例如,设置定时器当前计数值的函数定义如下:

```
#define __HAL_TIM_SET_COUNTER(__HANDLE__, __COUNTER__) ((__HANDLE__)->Instance->CNT = (__COUNTER__))
```

其中,参数__HANDLE__是定时器指针,参数__COUNTER__是需要设置的计数值。

9.3.3 定时器中断处理函数

定时器中断处理函数如表 9-4 所示,这些函数对所有定时器都适用。

表 9-4 定时器中断处理函数

函 数 名	功 能 描 述
__HAL_TIM_ENABLE_IT()	使能某个事件的中断,就是将中断使能寄存器 TIMx_DIER 中相应事件位置 1
__HAL_TIM_DISABLE_IT()	失能某个事件的中断,就是将中断使能寄存器 TIMx_DIER 中相应事件位置 0
__HAL_TIM_GET_FLAG()	判断某个中断事件源的中断挂起标志位是否被置位,就是读取状态寄存器 TIMx_SR 中相应的中断事件位是否置 1,返回值为 TRUE 或 FALSE
__HAL_TIM_CLEAR_FLAG()	清除某个中断事件源的中断挂起标志位,就是将状态寄存器 TIMx_SR 中相应的中断事件位清零
__HAL_TIM_GET_IT_SOURCE()	查询是否允许某个中断事件源产生中断,就是检查中断使能寄存器 TIMx_DIER 中相应事件位是否置 1,返回值为 SET 或 RESET
__HAL_TIM_CLEAR_IT()	与 __HAL_TIM_CLEAR_FLAG()的代码和功能完全相同
HAL_TIM_IRQHandler()	定时器中断的 ISR 里调用的定时器中断通用处理函数
HAL_TIM_PeriodElapsedCallback()	弱函数,更新事件中断的回调函数

每个定时器都只有一个中断号,也就是只有一个 ISR。基本定时器只有一个中断事件源,即更新事件,但是通用定时器和高级控制定时器有多个中断事件源,相关内容见后续章节。在定时器的 HAL 驱动程序中,每一种中断事件对应一个回调函数,HAL 驱动程序会自动判断中断事件源,清除中断事件挂起标志,然后调用相应的回调函数。

1. 中断事件类型

文件 stm32f4xx_hal_tim.h 中定义了表示定时器中断事件类型的宏,定义如下:

```
#define TIM_IT_UPDATE TIM_DIER_UIE              /*!<更新中断>*/
#define TIM_IT_CC1 TIM_DIER_CC1IE               /*!<捕获/比较通道 1 中断>*/
#define TIM_IT_CC2 TIM_DIER_CC2IE               /*!<捕获/比较通道 2 中断>*/
#define TIM_IT_CC3 TIM_DIER_CC3IE               /*!<捕获/比较通道 3 中断>*/
#define TIM_IT_CC4 TIM_DIER_CC4IE               /*!<捕获/比较通道 4 中断>*/
#define TIM_IT_COM TIM_DIER_COMIE               /*!<换相中断>*/
#define TIM_IT_TRIGGER TIM_DIER_TIE             /*!<触发中断>*/
#define TIM_IT_BREAK TIM_DIER_BIE               /*!<断路中断>*/
```

这些宏定义实际上是定时器的中断使能寄存器(TIMx_DIER)中相应位的掩码。基本定时器只有一个中断事件源,即 TIM_IT_UPDATE,其他中断事件源通用定时器或高级控制定时器才有。

表 9-4 中的一些宏函数需要以中断事件类型作为输入参数,就是用以上的中断事件类型的宏定义。例如,函数 __HAL_TIM_ENABLE_IT()的功能是开启某个中断事件源,也就是在发生这个事件时允许产生定时器中断,否则只是发生事件而不会产生中断。该函数定义如下:

```
#define __HAL_TIM_ENABLE_IT(__HANDLE__, __INTERRUPT__) ((__HANDLE__)->Instance->DIER |= (__INTERRUPT__))
```

其中,参数 __HANDLE__ 是定时器对象指针, __INTERRUPT__ 就是某个中断类型的宏定义。这个函数的功能就是将中断使能寄存器(TIMx_DIER)中对应于中断事件 __INTERRUPT__ 的位置 1,从而开启该中断事件源。

2. 定时器中断处理流程

每个定时器都只有一个中断号,也就是只有一个 ISR。STM32CubeMX 生成代码时,会在文件 stm32f4xx_it.c 中生成定时器中断 ISR 的代码框架。假设项目中将两个基本定时器 TIM6 和 TIM7 均开启,生成的 ISR 代码框架如下,其中 TIM7 的 ISR 省略了注释和程序沙箱。

```
void TIM6_DAC_IRQHandler(void)
{
    /* USER CODE BEGIN TIM6_DAC_IRQn 0 */

    /* USER CODE END TIM6_DAC_IRQn 0 */
    HAL_TIM_IRQHandler(&htim6);
    /* USER CODE BEGIN TIM6_DAC_IRQn 1 */

    /* USER CODE END TIM6_DAC_IRQn 1 */
}

void TIM7_IRQHandler(void)
{
    HAL_TIM_IRQHandler(&htim7);
}
```

由上述代码可知,所有定时器的 ISR 代码是类似的,都是调用函数 HAL_TIM_IRQHandler(),只是传递了各自的定时器对象指针,这与第 8 章中外部中断 ISR 的处理方式类似。

所以,HAL_TIM_IRQHandler()是定时器中断通用处理函数。跟踪分析这个函数在 stm32f4xx_hal_tim.c 中的源代码,发现其功能就是判断中断事件源、清除中断挂起标志位、调用相应的回调函数,程序体量较大,其中对应于基本定时器唯一中断源——更新事件的判断和处理相关代码如下:

```
void HAL_TIM_IRQHandler(TIM_HandleTypeDef *htim)
{
    /* 定时器更新事件 */
    if (__HAL_TIM_GET_FLAG(htim, TIM_FLAG_UPDATE) != RESET)
    {
        if (__HAL_TIM_GET_IT_SOURCE(htim, TIM_IT_UPDATE) != RESET)
        {
            __HAL_TIM_CLEAR_IT(htim, TIM_IT_UPDATE);
            HAL_TIM_PeriodElapsedCallback(htim);
        }
    }
}
```

由上述代码可以看到,其先调用函数 __HAL_TIM_GET_FLAG()判断 UEV 的中断挂起标志位是否被置位,再调用函数 __HAL_TIM_GET_IT_SOURCE()判断是否已开启 UEV 事件源中断。如果这两个条件都成立,说明发生了 UEV 中断,就调用函数 __HAL_TIM_CLEAR_IT()清除 UEV 的中断挂起标志位,再调用 UEV 中断对应的回调函数 HAL_TIM_PeriodElapsedCallback()。

所以,用户要做的事情就是重新实现回调函数 HAL_TIM_PeriodElapsedCallback(),在定时器发生 UEV 中断时做相应的处理。判断中断是否发生、清除中断挂起标志位等操作都由 HAL 库函数完成。这简化了中断处理的复杂度,特别是在一个中断号有多个中断事件源时。

基本定时器只有一个 UEV 中断事件源,只需重新实现回调函数 HAL_TIM_PeriodElapsedCallback()即可。通用定时器和高级控制定时器有多个中断事件源,对应不同的回调函数,这些回调函数将在后续章节进行讨论。

9.4　项目实例

本章将介绍 3 个项目,其中第 1 个项目为定时器基本应用项目实例:数字电子钟。第 2 个项目优化上一个项目的数码管刷新方式,使用定时器周期刷新数码管。第 3 个项目使用中断方式重写第 6 章矩阵按键的扫描程序。

9.4.1　数字电子钟

本项目是在前两章项目的基础上扩展的,在第 7 章中我们完成了数码管动态显示时间实验,在第 8 章中我们完成了利用外部中断调节时间实验,在本项目中我们将利用基本定时器的定时功能让时间走起来,实现一个数字电子钟的功能。

微课视频

1. 项目分析

本项目的核心功能是实现精确的 1 秒的定时,要完成这一功能,必须先选择一个定时器。由于本项目只需要单一定时功能,可以采用向上计数模式和中断服务程序调整时间方式。由前文分析可知,采用 STM32F407 的基本定时器即可完成相应功能,所以本例选择 TIM6 作为项目定时器。

对于数字电子钟来说,每秒产生一次更新中断十分重要,是本项目的关键所在。由表 9-1 可知,基本定时器 TIM6 和 TIM7 挂接在 APB1 总线上。由图 9-1 可知,按本书的常规时钟配置方式,即将内核时钟 HCLK 配置为 168MHz,基本定时器的输入时钟频率为 84MHz。

由定时器工作原理可以分析得出,无论是时钟信号的预分频还是周期计数,均对应时钟信号分频操作。那如何将 84MHz 时钟信号通过 2 次分频操作得到 1Hz 定时信号呢? 其实只需要合理设置预分频系数和计数周期数,其本质上是设置预分频寄存器 TIMx_PSC 和自动重装载寄存器 TIMx_ARR,这两个寄存器都是 16 位,所以其取值范围为 0~65535,对应分频系数为 1~65536,如果将一个寄存器的分频系数设为最大 65536,则另一个寄存器的分频系数最小约为 1282。此处较为均匀地分配了两个分频系数,即预分频系数设为 8400,计数周期分频系数为 10000,需要注意的是,根据图 9-6 所示时序图可知,预分频寄存器和自动重载寄存器的数值分别为分频系数减 1。

在 STM32CubeMX 中完成定时器初始化配置,生成的初始化代码会在文件 stm32f4xx_it.c 中生成定时器 ISR 的代码框架。在这代码框架中会调用定时器通用处理函数,对事件类型进行判断并调用相应的回调函数。用户在编写程序只需重新实现这一回调函数,执行秒加 1 指令,并根据秒的数值实现分钟和小时的进位。

2. 项目实施

1) 复制工程文件

复制第 8 章创建的工程模板文件夹到桌面,并将文件夹重命名为 0901 BasicTimer。

2) STM32CubeMX 配置

打开工程模板文件夹里面的 Template.ioc 文件,启动 STM32CubeMX 配置软件,在左侧配置类别

Categories 下面的 Timers 列表中的找到 TIM6 定时器,打开其配置对话框,TIM6 操作界面如图 9-7 所示。在模式设置部分,选中 Activated 复选框,启用定时器,此时 One Pulse Mode 复选框也变为可配置状态,该选项用于设置是否采用单脉冲模式。本例需要实现连续定时功能,所以该选项应处于未选中状态。

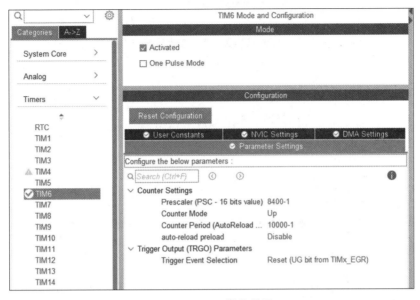

图 9-7　TIM6 操作界面

参数配置选项里设置如下几个参数:

Prescaler:预分频值,16 位寄存器,设置范围为 0~65535,对应分频系数为 1~65536。这里设置为 8400-1,实际分频系数为 8400。

Counter Mode:计数模式,基本定时器只有向上计数模式一种。

Counter Period:计数周期,设置的是自动重装载寄存器的值,这里设置为 10000-1,对应的计数值为 10000。

auto-reload preload:是否启用定时器的预装载功能。不启用预装载功能,对自动重装载寄存器的修改立即生效,启用预装载功能,对自动重装载寄存器的修改在更新事件发生后才生效。如果不动态修改 TIMx_ARR 的值,这个设置对定时器工作无影响,此处选择 Disable,即不启用预装载功能。

Trigger Event Selection:主模式下触发输出信号(TRGO)信号源选择,项目并未在主模式输出触发信号,此处保留默认选项 Reset。

在完成定时器模式和参数设置后还需要打开 TIM6 的全局中断,其配置界面如图 9-8 所示。

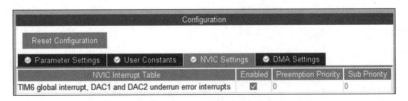

图 9-8　TIM6 全局中断配置界面

在打开 TIM6 全局中断之后,还需要设置定时器的中断优先级,设置方法为依次选择左侧设置类别 Categories→System Core→NVIC 打开中断优先级配置界面。优先级设置原则为,SysTick 定时器优先级最高,因为 TIM6 定时器用于计数,为保证精度,尽量减少被其他中断扰,所以将其优先级设置为次高,按键中断优先级设为最低,TIM6 中断优先级设置如图 9-9 所示。时钟配置和工程配置选项无须修改,单击 GENERATE CODE 按钮生成初始化工程。

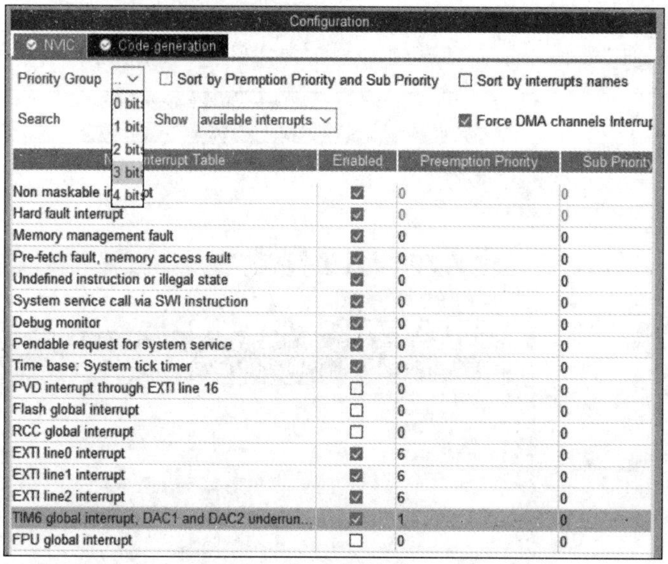

图 9-9   TIM6 中断优先级设置

TIM6 的输入时钟信号频率为 84MHz,经过两次分频之后的信号频率为 84MHz/8400/10000 = 1Hz,TIM6 将每 1s 产生一个更新事件,打开定时器全局中断之后,TIM6 将每 1s 产生一次硬件中断,在其 ISR 中对时间数值进行处理即可实现数字电子钟功能。

3) 初始化代码分析

打开 MDK-ARM 文件夹下面的工程文件 Template. uvprojx,将生成工程编译一下,没有错误和警告之后开始初始化代码分析。

(1) 打开 main. c 文件,主程序代码如下:

```
# include "main. h"
# include "tim. h"
# include "gpio. h"
# include "fsmc. h"
/* USER CODE BEGIN PV */
uint16_t * SEG_ADDR = (uint16_t *)(0x68000000);
uint8_t smgduan[11] = {0xc0,0xf9,0xa4,0xb0,0x99,0x92,0x82,0xf8,0x80,0x90,0xbf};
uint8_t smgwei[6] = {0xfe,0xfd,0xfb,0xf7,0xef,0xdf},hour,minute,second;
/* USER CODE END PV */
void SystemClock_Config(void);
/* USER CODE BEGIN PFP */
void DsgShowTime(void);
/* USER CODE END PFP */
int main(void)
{
    HAL_Init();
    SystemClock_Config();
    MX_GPIO_Init();
    MX_FSMC_Init();
    MX_TIM6_Init();
    /* USER CODE BEGIN WHILE */
    hour = 9; minute = 30; second = 25;
    HAL_TIM_Base_Start_IT(&htim6); //以中断方式启动 TIM6
```

```
    while (1)
    {
        DsgShowTime(); //动态显示时间
        /* USER CODE END WHILE */
    }
}
```

在主程序中，首先进行文件包含、变量定义和函数声明，随后完成所有外设初始化，给时间变量赋一个初值，以中断方式启动定时器，最后采用无限循环动态显示时间。

（2）定时器初始化。

用户在 STM32CubeMX 中启用了某个定时器，系统会自动生成定时器初始化源文件 tim.c 和定时器初始化头文件 tim.h，分别用于定时器初始化的实现和定义。

头文件 tim.h 内容如下，其中省略了程序沙箱和部分注释。

```
# include "main.h"
extern TIM_HandleTypeDef htim6;
void MX_TIM6_Init(void);
```

源文件 tim.c 内容如下，其中省略了程序沙箱和部分注释。

```
# include "tim.h"
TIM_HandleTypeDef htim6;
void MX_TIM6_Init(void)
{
        TIM_MasterConfigTypeDef sMasterConfig = {0};
        htim6.Instance = TIM6;
        htim6.Init.Prescaler = 8400 - 1;
        htim6.Init.CounterMode = TIM_COUNTERMODE_UP;
        htim6.Init.Period = 10000 - 1;
        htim6.Init.AutoReloadPreload = TIM_AUTORELOAD_PRELOAD_DISABLE;
        if (HAL_TIM_Base_Init(&htim6) != HAL_OK)
        {   Error_Handler(); }
        sMasterConfig.MasterOutputTrigger = TIM_TRGO_RESET;
        sMasterConfig.MasterSlaveMode = TIM_MASTERSLAVEMODE_DISABLE;
        if (HAL_TIMEx_MasterConfigSynchronization(&htim6, &sMasterConfig) != HAL_OK)
        {   Error_Handler(); }
}
void HAL_TIM_Base_MspInit(TIM_HandleTypeDef * tim_baseHandle)
{
        if(tim_baseHandle -> Instance == TIM6)
        {
            __HAL_RCC_TIM6_CLK_ENABLE();                    /* TIM6 时钟使能 */
            HAL_NVIC_SetPriority(TIM6_DAC_IRQn, 1, 0);  /* TIM6 中断初始化 */
            HAL_NVIC_EnableIRQ(TIM6_DAC_IRQn);
        }
}
```

通过观察上述两个文件的代码，可以发现定时器初始化工作原理。

外设对象的定义与声明。在 tim.c 文件中定义了 TIM6 的外设对象变量 htim6，数据类型为 TIM_HandleTypeDef，在 tim.h 文件中使用 extern 关键字将这一外设变量声明为外部变量，当其他文件需要使用这一外设变量只需要将 tim.h 包含即可。

extern 关键字：一个嵌入式工程往往由多个文件组成，如果一个文件需要引用另一个文件已经定义的外部变量，就需要在本文件中使用 extern 关键字对其作"外部变量声明"。

　　定时器 TIM6 初始化。函数 MX_TIM6_Init()用于对 TIM6 进行初始化。程序需要对外设对象变量 htim6 的成员进行赋值。首先对指针 Instance 赋值，将外设对象 htim6 的 Instance 指针指向 TIM6 的基地址，这样 htim6 就能表示定时器 TIM6。随后程序再对 htim6.Init 的一些参数赋值，如预分频系数、计数周期等，这些代码和图 9-7 中配置信息是一一对应的。对 htim6 赋值后，执行函数 HAL_TIM_Base_Init() 对 TIM6 进行初始化。

　　程序还定义了 TIM_MasterConfigTypeDef 结构体类型变量 sMasterConfig，用于配置 TRGO 信号源和主从模式参数，再调用函数 HAL_TIMEx_MasterConfigSynchronization() 配置 TIM6 工作于主模式。

　　MSP 初始化。HAL_TIM_Base_MspInit() 是定时器的 MSP 初始化函数，在函数 HAL_TIM_Base_Init()中被调用。文件重新实现了这个函数，其功能就是开启 TIM6 时钟，设置定时器的中断优先级，启用定时器的硬件中断。

　　(3) 定时器中断处理。

　　用户启用定时器 TIM6 并使能了其全局中断，在 STM32CubeMX 配置完成之后，会在文件 stm32f4xx_it.c 中自动生成 TIM6 的硬件中断 ISR 的代码框架，代码如下：

```
void TIM6_DAC_IRQHandler(void)
{
        /* USER CODE BEGIN TIM6_DAC_IRQn 0 */

        /* USER CODE END TIM6_DAC_IRQn 0 */
        HAL_TIM_IRQHandler(&htim6);
        /* USER CODE BEGIN TIM6_DAC_IRQn 1 */

        /* USER CODE END TIM6_DAC_IRQn 1 */
}
```

　　定时器中断服务程序除程序沙箱而外，仅调用了定时器中断通用处理函数 HAL_TIM_IRQHandler()，该函数会判断产生定时器中断的事件源，然后调用对应的回调函数进行处理。

　　4) 用户程序编写

　　(1) 主程序设计，首先需要在 main.c 文件中定义 3 个 uint8_t 类型变量 hour、minute 和 second，并在 main() 函数中对其赋初值，调用第 7 章中的编写的 DsgShowTime() 函数动态循环显示时间。上述代码在上一节初始化代码分析主程序部分已进行了更新。

　　(2) 重新实现中断回调函数，基本定时器的中断事件源只有一个，就是计数器溢出时产生的 UEV，对应的回调函数是 HAL_TIM_PeriodElapsedCallback()，在 stm32f4xx_hal_tim.c 有其弱函数的定义形式，需要重新实现这个函数进行中断处理。用户可以在工程项目的任何文件内实现这一回调函数，为减少变量跨文件传递，所以作者选择在 main.c 重新实现回调函数。HAL_TIM_PeriodElapsedCallback() 回调函数参考代码如下：

```
/* USER CODE BEGIN 4 */
void HAL_TIM_PeriodElapsedCallback(TIM_HandleTypeDef * htim)
{
        if(htim -> Instance == TIM6)
        {
            if(++second == 60)
            {
                second = 0;
```

```
            if(++minute == 60)
            {
                minute = 0;
                if(++hour == 24) hour = 0;
            }
        }
    }
}
/* USER CODE BEGIN 4 */
```

函数的传入参数 htim 是定时器指针,通过 htim-> Instance 可以判断具体是哪个定时器,因为多个定时器同一事件共用一个回调函数,所以这一判断是十分有必要的。确认是 TIM6 发生中断以后,即进行时间处理,实现让时间走起来的功能。

5）下载调试

编译工程,直到没有错误为止,下载程序到开发板,复位运行,检查实验效果。

9.4.2　定时器刷新数码管

1. 项目分析

在 9.4.1 节数字电子钟项目中,数码管动态显示程序安排在主程序中无限循环执行,CPU 占有率高,如果有多个任务需要执行,相互融合十分困难。为弥补上述不足,可利用定时器周期刷新数码管完成动态显示。

具体实现思路为,选择一个基本定时器,设定其中断周期,当定时器计数溢出,发生更新事件时,在执行的中断服务程序中刷新要显示的数码管。因为每次中断会依次刷新一个数码管,所以需要一个静态索引变量记录刷新位置。为便于中断服务程序依次刷新数码管,需要定义一个显示缓冲数组,在主程序中仅需对其赋值即可,无须延时等待,可提高 CPU 利用率,增强多任务处理能力。

微课视频

2. 项目实施

由于本项目是在 9.4.1 节项目基础上进行优化设计,项目设计流程和主要功能相同,所以本节重点介绍二者的不同之处。

1）项目初始化

选择另一基本定时器 TIM7,用于数码管中断刷新。数码管动态扫描刷新周期短,最理想的数值其实很难确定,好在其具有较大的适应性,作者此处选择刷新周期为 1ms。

STM32CubeMX 中启用 TIM7,将预分频寄存器的值设为 84－1,将自动重装载寄存器的值设为 1000－1,实际对应的预分频系数为 84,计数周期为 1000,这样 84MHz 的时钟输入信号经过两次分频之后的信号频率为 1kHz。TIM7 参数配置界面如图 9-10 所示。

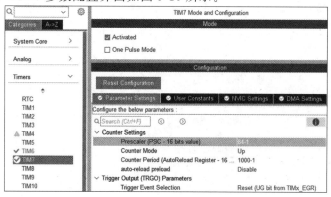

图 9-10　TIM7 参数配置界面

打开 TIM7 的全局中断，使其发生更新事件时能产生硬件中断。因为数码管动态扫描中断刷新在整个系统中属于非紧急处理任务，可以将其中断优先级设置较低，作者将抢占优先级设为 7，响应优先级设为 0，TIM7 中断配置结果如图 9-11 所示。

图 9-11　TIM7 中断配置结果

定时器 TIM7 经过上述配置之后，每 1ms 产生一次硬件中断，用户需要在其回调函数中实现数码管依次刷新功能。

2）主程序设计

```c
/ ********** main.c Source File ********** /
# include "main.h"
# include "tim.h"
# include "gpio.h"
# include "fsmc.h"
uint16_t * SEG_ADDR = (uint16_t * )(0x68000000);
uint8_t smgduan[11] = {0xc0,0xf9,0xa4,0xb0,0x99,0x92,0x82,0xf8,0x80,0x90,0xbf};
uint8_t smgwei[6] = {0xfe,0xfd,0xfb,0xf7,0xef,0xdf},hour,minute,second,SmgBuff[6];
void SystemClock_Config(void);
void DsgShowTime(void);
int main(void)
{
        HAL_Init();
        SystemClock_Config();
        MX_GPIO_Init();
        MX_FSMC_Init();
        MX_TIM6_Init();
        MX_TIM7_Init();
        hour = 9;minute = 30;second = 25;
        HAL_TIM_Base_Start_IT(&htim6);
        HAL_TIM_Base_Start_IT(&htim7);
        while (1)
        {
            SmgBuff[0] = hour/10;SmgBuff[1] = hour % 10;
            SmgBuff[2] = minute/10;SmgBuff[3] = minute % 10;
            SmgBuff[4] = second/10;SmgBuff[5] = second % 10;
        }
}
```

分析上述代码可知,采用中断方式刷新数码管主程序和 9.4.1 节项目差别比较小,主要修改地方有 3 处,均采用加粗标注,一是定义了一个 uint8_t 类型数码管显示缓冲数组 SmgBuff[6],二是增加了 TIM7 的初始化代码和以中断方式启用语句,三是在 while 循环语句中的对显示缓冲数组进行赋值。

3）回调函数实现

工程依然选择在 main.c 文件中实现回调函数,其代码如下所示:

微课视频

```
void HAL_TIM_PeriodElapsedCallback(TIM_HandleTypeDef * htim)
{
    static uint8_t FreshIndex = 0;
    if(htim->Instance == TIM6)
    {
        if(++second == 60)
        {
            second = 0;
            if(++minute == 60)
            {
                minute = 0;
                if(++hour == 24) hour = 0;
            }
        }
    }
    else if(htim->Instance == TIM7)
    {
        if(FreshIndex == 1||FreshIndex == 3)
            * SEG_ADDR = (smgwei[FreshIndex]<< 8) + smgduan[SmgBuff[FreshIndex]]&0xFF7F;
        else
            * SEG_ADDR = (smgwei[FreshIndex]<< 8) + smgduan[SmgBuff[FreshIndex]];
        if(++FreshIndex == 6) FreshIndex = 0;
    }
}
```

因为本项目是两个定时器 TIM6 和 TIM7 共用一个回调函数,所以需要判断是哪一个定时器的更新事件。如果是 TIM6 更新事件,则依然完成时间处理,其代码和 9.4.1 节项目并无差别。如果是 TIM7 更新事件,则应进行数码管刷新操作。函数定义了一个静态无符号字符型变量 FreshIndex 用于指示需要刷新的数码管位置,取值在 0～5,当 FreshIndex 为 1 或 3 时,也就是对应时间显示的小时个位和分钟个位时,还需要将其小数点点亮。

static 关键字:有时希望函数中的局部变量的值在函数调用结束后不消失而保留原值,即占用的存储单元不释放。此时就需要使用关键字 static 将该变量声明为"静态局部变量"。

4）下载调试

编译工程,直到没有错误为止,下载程序到开发板,复位运行,检查实验效果。

9.4.3　定时器矩阵键盘扫描

1. 项目分析

本书 6.4.3 节实现了矩阵键盘行扫描实例,可以快速准确地识别出行列按键,并将其键号显示于 LED 指示灯,但是这一项目还存在一些不够完善的地方。

(1) 矩阵键盘扫描程序在主程序中采用无限循环实现,和 9.4.1 节实例一样,存在 CPU 占有率高,多任务处融合困难等缺点。

(2) 按键消抖采用 HAL_Delay()函数阻塞运行,当系统处理任务较多,某一事件到来时,如果 CPU 恰好在执行延时程序,会导致事件无法被识别,最后造成事件丢失。

(3) 矩阵键盘采用电平识别按键,即稳定检测到低电平时认为按键按下。如果按键响应程序是长时任务(如蜂鸣器)或输出具有锁存功能(如 LED 指示灯)是可行的,但如果按键调用函数是快速响应程序(如用按键调时间),则会导致一次按键而响应程序却被多次执行。

为克服上述不足,采用定时器周期扫描按键并进行消抖处理,同时将按键的识别方法由电平识别更改为边沿识别,即识别到一个下降沿(按键按下)或一个上升沿(按键松开)时认为是一次按键。

下面分析使用定时器进行延时消抖和矩阵按键扫描具体实现方法。对于独立按键来说,其行线已经接地,列线连接至微控制器一组 I/O 口,端口设置为输入模式,上拉电阻有效。随后启用一个定时中断,每 2ms 进一次中断,扫描一次按键状态并将其存储起来,则连续扫描 8 次后,判断这连续 8 次的按键状态是否一致。8 次按键的所用时间大概是 16ms,这 16ms 内如果按键状态一直保持一致,那就可以确定现在按键处于稳定的阶段,而非处于抖动的阶段。

按键连续扫描判断如图 9-12 所示。假如左边是起始时间 0,每经过 2ms 左移一次,每移动一次,判断当前连续的 8 次按键状态,如果是全 1 则判定为弹起,如果是全 0 则判定为按下,如果 0 和 1 交错,就认为是抖动,不做任何判定。想一下,这样是不是比简单的延时更加可靠呢?

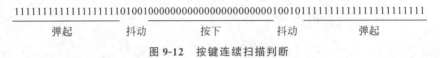

图 9-12 按键连续扫描判断

利用这种方法可以避免通过延时消抖占用微控制器执行时间,转化成一种按键状态判定而非按键过程判定,且只对当前按键 16ms 内的 8 次状态进行判断,不再关心它在这 16ms 内都做了什么事情。

矩阵按键的中断扫描较独立按键要复杂一些,但原理还是和独立按键扫描一样。依然需要启用一个定时器,在定时器中断服务程序中,每次仅扫描一行按键,对每个按键均需连续多次读取引脚状态,键值均相同时才能确认其是按下还是弹起,处理完一行按键之后再进行行切换。至于扫描间隔时间和消抖时间,对于开发板的 3×4 矩阵键盘来说,因为现在有 3 个行信号输出,要中断 3 次才能完成一次全部按键的扫描,显然再采用 2ms 中断判断 8 次扫描值的方式时间就太长了(2×3×8=48ms),可改用 1.33ms 中断判断 4 次采样值,这样消抖时间还约为 16ms(1.33×3×4=15.96ms)。

2. 项目实施

本项目在 9.4.2 节项目的基础上进一步扩展,在保持数字电子钟和定时器中断刷新数码管等功能不变的基础上增加了矩阵键盘定时器中断扫描,所以本节重点展示扩展功能部分的实现。

1)项目初始化

基本定时器只有 TIM6 和 TIM7,虽然已经在 9.4.2 节项目中全部使用完了,但是 F407 系列微控制器配备数量众多的高级定时器和通用定时器,且高级定时器功能涵盖通用定时器,通用定时器功能涵盖基本定时器。所以仅需选择一个通用定时器使用其基本的定时功能即可,此处作者选择的是 TIM13。

STM32CubeMX 中启用 TIM13,将预分频寄存器的值设为 112−1,将自动重装载寄存器的值设为 1000−1,实际对应的预分频系数为 112,计数周期为 1000,这样 84MHz 的时钟输入信号经过两次分频之后的信号频率为 750Hz,更新周期约为 1.33ms。TIM13 参数配置界面如图 9-13 所示。

图 9-13 TIM13 参数配置界面

打开 TIM13 的全局中断,使其发生更新事件时能产生硬件中断。因为对矩阵按键的扫描的紧急程度低于 TIM6 的时钟基准中断,高于 TIM7 的数码管刷新中断,所以将其优先级设置为介于二者之间,TIM13 中断优先级设置如图 9-14 所示。

NVIC Interrupt Table	Enabled	Preemption Priority	Sub Priority
Non maskable interrupt	☑	0	0
Hard fault interrupt	☑	0	0
Memory management fault	☑	0	0
Pre-fetch fault, memory access fault	☑	0	0
Undefined instruction or illegal state	☑	0	0
System service call via SWI instruction	☑	0	0
Debug monitor	☑	0	0
Pendable request for system service	☑	0	0
Time base: System tick timer	☑	0	0
PVD interrupt through EXTI line 16	☐	0	0
Flash global interrupt	☐	0	0
RCC global interrupt	☐	0	0
TIM8 update interrupt and TIM13 global interr...	☑	6	0
TIM6 global interrupt, DAC1 and DAC2 underr...	☑	1	0
TIM7 global interrupt	☑	7	0
FPU global interrupt	☐	0	0

图 9-14 TIM13 中断优先级设置

定时器 TIM13 经过上述配置之后,每 1.33ms 产生一次硬件中断,用户需要在其回调函数实现矩阵键盘扫描功能。

2)主程序

```
/********** main.c Source File **********/
# include "main.h"
# include "tim.h"
# include "gpio.h"
# include "fsmc.h"
uint16_t * SEG_ADDR = (uint16_t * )(0x68000000);
uint8_t smgduan[11] = {0xc0,0xf9,0xa4,0xb0,0x99,0x92,0x82,0xf8,0x80,0x90, }; //" - "显示码 0xbf
uint8_t smgwei[6] = {0xfe,0xfd,0xfb,0xf7,0xef,0xdf};
uint8_t hour,minute,second,SmgBuff[6],ShowCount = 0;
uint8_t KeySta[3][4] = {{1,1,1,1},{1,1,1,1},{1,1,1,1}};        //全部按键当前状态
void SystemClock_Config(void);
void DsgShowTime(void);
int main(void)
{
    uint8_t i,j,KeyVal = 0;
    uint8_t KeyBack[3][4] = {{1,1,1,1},{1,1,1,1},{1,1,1,1}};//按键备份值
    HAL_Init();
    SystemClock_Config();
    MX_GPIO_Init();
    MX_FSMC_Init();
    MX_TIM6_Init();
    MX_TIM7_Init();
    MX_TIM13_Init();
    hour = 9;minute = 30;second = 25;
    HAL_TIM_Base_Start_IT(&htim6);
    HAL_TIM_Base_Start_IT(&htim7);
    HAL_TIM_Base_Start_IT(&htim13);
    while(1)
    {
        for(i = 0;i < 3;i++)
        {
            for(j = 0;j < 4;j++)
            {
```

```
            if(KeyBack[i][j]!= KeySta[i][j])              //检测按键动作
            {
                if(KeyBack[i][j] == 1)                    //按键按下时执行动作
                {
                    KeyVal = 4 * i + j + 1;               //更新键值
                    ShowCount = 2;                        //键值显示的秒数
                }
                KeyBack[i][j] = KeySta[i][j];             //更新前一次备份值
            }
        }
    }
    if(ShowCount == 0)
    {   //无按键时显示时间
        SmgBuff[0] = hour/10; SmgBuff[1] = hour % 10;
        SmgBuff[2] = minute/10; SmgBuff[3] = minute % 10;
        SmgBuff[4] = second/10; SmgBuff[5] = second % 10;
    }
    else
    {   //有按键时显示键值,格式:"—xx—"
        SmgBuff[0] = 10; SmgBuff[1] = 10;                 //10 为"-"显示码的下标
        SmgBuff[2] = KeyVal/10; SmgBuff[3] = KeyVal % 10;
        SmgBuff[4] = 10; SmgBuff[5] = 10;
    }
}
}
```

分析上述代码可知,初始化部分与 9.4.2 节项目差别较小,主要增加了 TIM13 初始化函数和定时器启用语句。while 循环主体部分差别较大,主要完成两部分工作,一部分是比较所按键当前与备份值异同,如果不同且备份值为 1,则检测到按键按下,计算键值 KeyVal,并给出键值显示时间 ShowCount,单位是秒。另一部分是根据键值显示时间 ShowCount 数值对数码管显示缓冲数值赋值。所有相对于 9.4.2 节项目修改地方均以加粗标注。

3)回调函数实现

工程依然选择在 main.c 文件中实现回调函数,其代码如下所示:

```
void HAL_TIM_PeriodElapsedCallback(TIM_HandleTypeDef * htim)
{
    uint8_t i;
    static uint8_t FreshIndex = 0;
    static uint8_t KeyLine = 0;
    static uint8_t KeyBuff[3][4] =
    { {0xFF,0xFF,0xFF,0xFF}, {0xFF,0xFF,0xFF,0xFF}, {0xFF,0xFF,0xFF,0xFF} };
    if(htim -> Instance == TIM6)
    {
        if(++second == 60)
        {
            second = 0;
            if(++minute == 60)
            {
                minute = 0;
                if(++hour == 24) hour = 0;
            }
        }
        if(ShowCount > 0) ShowCount--;                   //键值显示时间减 1
    }
```

```
        else if(htim -> Instance == TIM7)
        {
            if((FreshIndex == 1||FreshIndex == 3)&&ShowCount == 0)      //键值显示不点亮小数点
                * SEG_ADDR = (smgwei[FreshIndex]<< 8) + smgduan[SmgBuff[FreshIndex]]&0xFF7F;
            else
                * SEG_ADDR = (smgwei[FreshIndex]<< 8) + smgduan[SmgBuff[FreshIndex]];
            if(++FreshIndex == 6) FreshIndex = 0;
        }
        else if(htim -> Instance == TIM13)
        {
            for(i = 0;i < 4;i++)
            {
                //将一行的 4 个按键值移入缓冲区
                KeyBuff[KeyLine][i] = (KeyBuff[KeyLine][i]<< 1)|((GPIOE -> IDR >> i)&0x01);
            }
            for(i = 0;i < 4;i++)                                        //每行 4 个键,所以循环 4 次
            {
                if((KeyBuff[KeyLine][i]&0x0F) == 0x00)
                { //连续 4 次扫描值为 0,即 4 * 4ms 内都是按下状态时,认为按键已稳定按下
                    KeySta[KeyLine][i] = 0;
                }
                else if((KeyBuff[KeyLine][i]&0x0F) == 0x0F)
                { //连续 4 次扫描值为 1,即 4 * 4ms 内都是弹起状态时,认为按键已稳定弹起
                    KeySta[KeyLine][i] = 1;
                }
            }
            if(++KeyLine == 3) KeyLine = 0;                             //执行下一行扫描
            GPIOE -> ODR = ~(1 <<(KeyLine + 4));                        //依次将 PE4~PE6 行信号拉低
        }
    }
```

定时器更新事件回调函数相对于 9.4.2 节项目来说修改较大,所有修改地方均加粗显示以方便对比查看。因为本项目是 3 个定时器 TIM6、TIM7 和 TIM13 共用一个回调函数,所以需要判断是哪一个定时器的更新事件。如果是 TIM6 更新事件,则继续完成时间处理,仅增加键值显示时间变量 ShowCount 修改语句,使键值显示状态得以退出。如果是 TIM7 更新事件,则应进行数码管刷新操作,此处增加了一个判断,以便在键值显示时熄灭小数点。如果是 TIM13 更新事件,则需要进行矩阵按键行扫描,每次中断处理一行按键,首先将该行键值移入缓冲区,然后判断一行所有按键缓冲区的 4 次扫描键值是否一致,以更改按键状态。最后修改行号,扫描下一行。

读者可能会注意到上述代码和 6.4.3 节处理方式很类似,中断事件到来时,每次扫描的实际是上一次输出选择的那行按键,这里的 I/O 顺序的颠倒就是为了让输出信号有足够的时间(一次中断间隔)稳定,并完成对输入的影响,使程序健壮性更好和适应各种恶劣情况。

4) 下载调试

编译工程,直到没有错误为止,下载程序到开发板,复位运行,检查实验效果。

本章小结

本章首先讲解了 STM32F407 定时器概述,使读者对 STM32F407 定时器有一个总体认识。随后讲解了基本定时器的主要特征和功能,给出了基本定时器典型计数时序图。接着介绍了基本定时器的 HAL 驱动,包括基本定时器主要 HAL 函数,定时器通用操作宏函数和定时器中断处理函数。最后设计并实施了 3 个层层递进的项目实例,第一个项目是定时器基本功能应用——数字电子钟,第二个项目将

数字电子钟的数码管刷新方式更改为定时中断方式,第三个项目在数字电子钟基础上增加了矩阵键盘周期扫描功能,并将二者有机融合。

思考拓展

(1) 嵌入式系统中,定时器的主要功能有哪些?

(2) 软件延时和可编程定时器延时的特点各是什么? 各应用于什么场合?

(3) STM32F407微控制器定时器的类型有哪几种? 不同类型的定时器有什么区别?

(4) 定时器初始化时,如何确定预分频寄存器 TIMx_PSC 和自动重装载值寄存器 TIMx_ARR 的值?

(5) 基本定时器可以以哪几种方式启用和停止? 有何区别? 分别使用什么函数实现?

(6) 利用定时器实现开发板 LED 秒闪烁功能,要求亮灭各500ms。

(7) 利用定时器产生精确的1s的定时,秒数值从0开始向上累加,并将数值显示于六位数码管。

(8) 使用开发板现有资源,实现一个定时功能,定时时间按键调节,数码管同步显示,定时完成 LED 指示灯周期闪烁。

第 10 章

通用定时器

本章要点

➢ 通用定时器功能概述；

➢ 通用定时器工作模式与 HAL 驱动；

➢ 通用定时器寄存器；

➢ 通用定时器中断事件和回调函数；

➢ 项目实例。

与基本定时器相比,STM32F407 微控制器通用定时器数量众多,功能强大,除具备基本的定时功能外,还可用于测量输入脉冲的频率和脉冲宽度以及输出 PWM 波形等场合,还具有编码器接口。STM32F407 的每个通用定时器完全独立,没有共享任何资源,但它们可以一起同步操作。STM32F407 高级定时器,除具有通用定时器的功能外,还有带可编程死区的互补输出、重复计数器等功能,一般用于电机的控制。限于篇幅,本章仅介绍通用定时器的功能原理和使用,不介绍高级定时器。

微课视频

10.1 通用定时器功能概述

10.1.1 通用定时器主要特性

STM32F407 通用定时器 TIM2～TIM5 以及 TIM9～TIM14 的功能如表 9-1 所示,它们的区别主要在于计数器的位数、捕获/比较通道的数量不同。通用定时器具有以下特性。

(1) 16 位或 32 位向上、向下、向上/向下自动装载计数器。

(2) 16 位可编程(可以实时修改)预分频器,计数器时钟频率的分频系数为 1～65536 的任意数值。

(3) 有 1 个、2 个或 4 个独立通道,可用于:

① 输入捕获。

② 输出比较。

③ PWM 生成(边沿或中心对齐模式)。

④ 单脉冲模式输出。

(4) 使用外部信号控制定时器和定时器互连的同步电路。

(5) 如下事件发生时产生中断/DMA:

① 更新:计数器向上溢出/向下溢出,计数器初始化(通过软件或者内部/外部触发)。

② 触发事件(计数器启动、停止、初始化或者由内部/外部触发计数)。

③ 输入捕获。

④ 输出比较。

（6）支持针对定位的增量（正交）编码器和霍尔传感器电路。

（7）外部时钟触发输入或逐周期电流管理。

在 STM32 参考手册上，TIM2～TIM5 和 TIM9～TIM14 分两个章节进行介绍，TIM2～TIM5 功能更多一些，例如 TIM2～TIM5 可以使用外部时钟信号驱动计数器，TIM9～TIM14 只能使用内部时钟信号。

10.1.2 通用定时器功能描述

通用定时器内部结构如图 10-1 所示，相比于基本定时器，其内部结构要复杂得多，其中最显著的地方就是增加了 4 个捕获/比较寄存器（TIMx_CCR），这也是通用定时器拥有那么多强大功能的原因。需要注意的是并不是所有通用定时器都具有 4 个捕获/比较通道，其中 TIM2～TIM5 具有 4 个，TIM9 和 TIM12 具有 2 个，TIM10、TIM11、TIM13 和 TIM14 仅具有 1 个。为了讲解的全面性，多数时候会将定时器可能具备的资源全部列出，但并非所有定时器都具有相应配置，实际可用资源请查阅芯片数据手册。

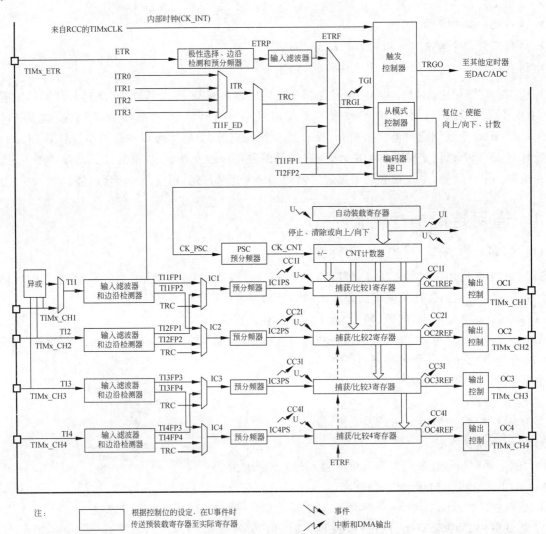

图 10-1 通用定时器内部结构

1. 时基单元

可编程通用定时器的主要部分是一个 16 位或 32 位计数器和与其相关的自动装载寄存器。此计数器可以向上计数、向下计数或者向上/向下双向计数,计数器时钟由预分频器分频得到。计数器、自动装载寄存器和预分频器寄存器可以由软件读写,在计数器运行时仍可以读写。时基单元包含:计数器寄存器(TIMx_CNT)、预分频器寄存器(TIMx_PSC)和自动装载寄存器(TIMx_ARR)。

预分频器可以将计数器的时钟频率按 1～65536 之间的任意值分频,它是基于一个(在 TIMx_PSC 寄存器中)16 位寄存器控制的 16 位计数器。这个控制寄存器带有缓冲器,它能够在工作时被改变。新的预分频器参数在下一次更新事件到来时被采用。

2. 计数模式

1) 向上计数模式

通用定时器向上计数模式工作过程同基本定时器向上计数模式,如图 10-2 所示,其中↑表示产生溢出事件。在向上计数模式中,计数器在时钟 CK_CNT 的驱动下从 0 计数到自动重装载寄存器 TIMx_ARR 的预设值后,重新从 0 开始计数,并产生一个计数器溢出事件,可触发中断或 DMA 请求。当发生一个更新事件时,所有的寄存器都被更新,硬件同时设置更新标志位。

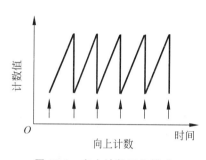

图 10-2　向上计数工作模式

对于工作在向上计数模式下的通用定时器,当自动重装载寄存器 TIMx_ARR 的值为 0x36,内部预分频系数为 4(预分频寄存器 TIMx_PSC 的值为 3)时的计数器时序图如图 10-3 所示。

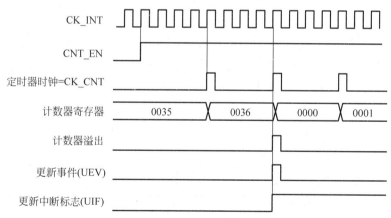

图 10-3　计数器时序图(内部预分频系数为 4)

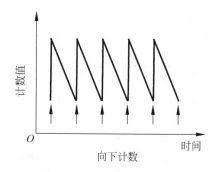

图 10-4　向下计数工作模式

2) 向下计数模式

通用定时器向下计数模式工作过程如图 10-4 所示,其中↑表示产生溢出事件。在向下计数模式中,计数器在时钟 CK_CNT 的驱动下从自动重装载寄存器 TIMx_ARR 的预设值开始向下计数到 0 后,从自动重装载寄存器 TIMx_ARR 的预设值重新开始计数,并产生一个计数器溢出事件,可触发中断或 DMA 请求。当发生一个更新事件时,所有的寄存器都被更新,硬件同时设置更新标志位。

对于工作在向下计数模式下的通用定时器,当自动重装载寄存器 TIMx_ARR 的值为 0x36,内部预分频系数为 2(预分频寄存器 TIMx_PSC 的值为 1)时的计数器时序图如图 10-5 所示。

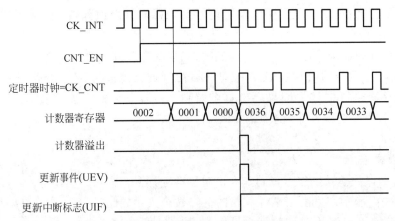

图 10-5 计数器时序图(内部预分频系数为 2)

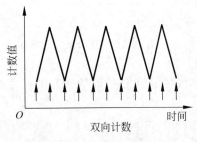

图 10-6 向上/向下计数模式

3)向上/向下计数模式

向上/向下计数模式又称为中央对齐模式或双向计数模式,其工作过程如图 10-6 所示,计数器从 0 开始计数到自动加载的值(TIMx_ARR 寄存器)减 1,产生一个计数器上溢事件,然后向下计数到 1 并且产生一个计数器下溢事件,然后再从 0 开始重新计数。在这个模式,不能写入 TIMx_CR1 中的 DIR 方向位,它由硬件更新并指示当前的计数方向。可以在每次计数上溢和每次计数下溢时产生更新事件,触发中断或 DMA 请求。

对于工作在向上/向下计数模式下的通用定时器,当自动重装载寄存器 TIMx_ARR 的值为 0x06,内部预分频系数为 1(预分频寄存器 TIMx_PSC 的值为 0)时的计数器时序图如图 10-7 所示。

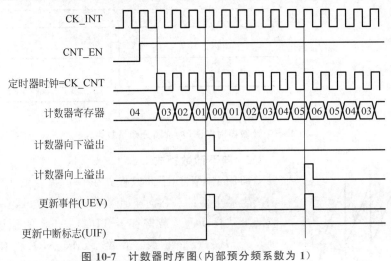

图 10-7 计数器时序图(内部预分频系数为 1)

3. 时钟选择

相比于基本定时器单一的内部时钟源,STM32F407 通用定时器的 16 位或 32 位计数器的时钟源有多种选择,可由以下时钟源提供:

（1）内部时钟（CK_INT）。

（2）外部时钟模式1：外部输入捕获引脚（TIx）。

（3）外部时钟模式2：外部触发输入（ETR）。

（4）内部触发输入（ITRx）：使用一个定时器作为另一个定时器的预分频器。

内部时钟CK_INT来自RCC的TIMxCLK，根据STM32F407时钟树，通用定时器TIM2～TIM5和TIM12～TIM13的内部时钟CK_INT来自TIM_CLK，与基本定时器相同，都是APB1预分频器的输出，其时钟频率最高84MHz。通用定时器TIM9～TIM11的内部时钟CK_INT来自TIM_CLK，但其是APB2预分频器的输出，最高工作频率为168MHz。

4. 捕获/比较通道

每一个捕获/比较通道都围绕着一个捕获/比较寄存器（包含影子寄存器），包括捕获的输入部分（数字滤波、多路复用和预分频器）和输出部分（比较器和输出控制）。输入部分对相应的TIx输入信号采样，产生滤波后的信号TIxF。然后，带极性选择的边沿检测器产生一个信号（TIxFPx），它可以作为从模式控制器的输入触发或者作为捕获控制。该信号通过预分频进入捕获寄存器（ICxPS）。输出部分产生中间波形OCxRef（高有效）作为基准，链的末端决定最终输出信号的极性。

10.2 通用定时器工作模式与 HAL 驱动

通用定时器具有PWM输出模式、输出比较模式、输入捕获模式、PWM输入模式、强制输出模式、单脉冲模式以及编码器接口等多种工作模式，本节重点讨论实际应用较多，开发板方便实践的4种工作模式。讨论工作模式时一并介绍HAL库相关驱动函数。

微课视频

10.2.1 PWM 输出模式

PWM输出模式是一种特殊的输出模式，在电力电子和电机控制领域得到广泛应用。STM32F407微控制器除了基本定时器TIM6和TIM7之外，其他的定时器都可以用来产生PWM输出，其中通用定时器能同时产生多达4路的PWM输出。

1. PWM 简介

PWM是利用微处理器的数字输出对模拟电路进行控制的一种非常有效的技术，因其控制简单、灵活和动态响应好等优点而成为电力电子技术最广泛应用的控制方式，其应用领域包括测量、通信、功率控制与变换，电动机控制、伺服控制、调光、开关电源，甚至某些音频放大器等。

PWM是一种对模拟信号电平进行数字编码的方法。通过高分辨率计数器的使用，方波的占空比被调制用来对具体模拟信号的电平进行编码。PWM信号仍然是数字信号，因为在给定的任何时刻，满幅值的直流供电要么完全有（ON），要么完全无（OFF）。电压或电流源是以一种通（ON）或断（OFF）的重复脉冲序列被加到模拟负载上。通的时候即是直流供电被加到负载上，断的时候即是供电被断开。只要带宽足够，任何模拟值都可以使用PWM进行编码。

2. PWM 输出模式的工作过程

STM32F407微控制器PWM模式可以产生一个由TIMx_ARR寄存器确定频率、由TIMx_CCRx寄存器确定占空比的信号，其产生原理如图10-8所示。

通用定时器PWM输出模式的工作过程如下：

（1）若配置脉冲计数器TIMx_CNT为向上计数模式，自动重装载寄存器TIMx_ARR的预设为N，则脉冲计数器TIMx_CNT的当前计数值X在时钟CK_CNT（通常由TIMxCLK经TIMx_PSC分频而得）的驱动下从0开始不断累加计数。

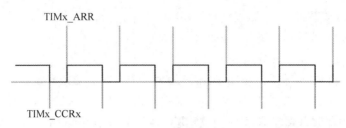

图 10-8 STM32F407 微控制器 PWM 产生原理

(2) 在脉冲计数器 TIMx_CNT 随着时钟 CK_CNT 触发进行累加计数的同时,脉冲计数器 TIMx_CNT 的当前计数值 X 与捕获/比较寄存器 TIMx_CCR 的预设值 A 进行比较。如果 $X<A$,输出高电平(或低电平);如果 $X \geqslant A$,输出低电平(或高电平)。

(3) 当脉冲计数器 TIMx_CNT 的计数值 X 大于自动重装载寄存器 TIMx_ARR 的预设值 N 时,脉冲计数器 TIMx_CNT 的计数值清零并重新开始计数。如此循环往复,得到的 PWM 的输出信号周期为 $(N+1) \times$ TCK_CNT,其中, N 为自动重装载寄存器 TIMx_ARR 的预设值,TCK_CNT 为时钟 CK_CNT 的周期。PWM 输出信号脉冲宽度为 $A \times$ TCK_CNT,其中, A 为捕获/比较寄存器 TIMx_CCR 的预设值,TCK_CNT 为时钟 CK_CNT 的周期。PWM 输出信号的占空比为 $A/(N+1)$。

下面举例具体说明。当通用定时器设置为向上计数,自动重装载寄存器 TIMx_ARR 的预设值为 8,4 个捕获/比较寄存器 TIMx_CCRx 分别设为 0、4、8 和大于 8 时,通过用定时器的 4 个 PWM 通道的输出时序 OCxREF 和触发中断时序 CCxIF 如图 10-9 所示。例如,在 TIMx_CCR=4 的情况下,当 TIMx_CNT<4 时,OCxREF 输出高电平;当 TIMx_CNT$\geqslant$4 时,OCxREF 输出低电平,并在比较结果改变时触发 CCxIF 中断标志。此 PWM 的占空比为 $4/(8+1)$。

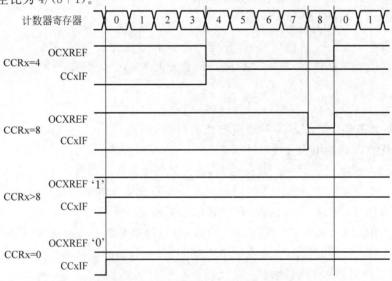

图 10-9 向上计数模式 PWM 输出时序图

需要注意的是,在 PWM 输出模式下,脉冲计数器 TIMx_CNT 的计数模式有向上计数、向下计数和向上/向下计数(中央对齐)3 种。以上仅介绍其中的向上计数模式,但是在掌握通用定时器向上计数模式的 PWM 输出原理后,由此及彼,其他两种计数模式的 PWM 输出也就容易推出了。

3. PWM 输出 HAL 库函数

PWM 输出 HAL 库函数如表 10-1 所示。还有以 DMA 方式启动和停止 PWM 的函数,但是通用定时器基本不使用 DMA 方式,后文也不会列出各种模式的 DMA 相关函数。此处仅列出了相关函数,简要说明其功能,在后面生成 PWM 波的示例里,再结合 STM32CubeMX 配置和初始化代码分析讲解这些函数的功能和使用。

表 10-1 PWM 输出 HAL 库函数

函 数 名 称	功 能 描 述
TIM_PWM_Init()	生成 PWM 波的配置初始化,需先执行 HAL_TIM_Base_Init()进行定时器初始化
HAL_TIM_PWM_ConfigChannel()	配置 PWM 输出通道
HAL_TIM_PWM_Start()	启动生成 PWM 波,需要先执行 HAL_TIM_Base_Start()启动定时器
HAL_TIM_PWM_Stop()	停止生成 PWM 波
HAL_TIM_PWM_Start_IT()	以中断方式启动生成 PWM 波,需要先执行 HAL_TIM_Base_Start_IT()启动定时器
HAL_TIM_PWM_Stop_IT()	停止生成 PWM 波
HAL_TIM_PWM_GetState()	返回定时器状态,与 HAL_TIM_Base_GetState()功能相同
__HAL_TIM_ENABLE_OCxPRELOAD()	使能 CCR 的预装载功能,为 CCR 设置的新值要等到下个 UEV 事件发生时才更新到 CCR
__HAL_TIM_DISABLE_OCxPRELOAD()	失能 CCR 的预装载功能,为 CCR 设置的新值会立刻更新到 CCR
__HAL_TIM_ENABLE_OCxFAST()	使能一个通道的快速模式
__HAL_TIM_DISABLE_OCxFAST()	失能一个通道的快速模式
HAL_TIM_PWM_PulseFinishedCallback()	当计数器的值等于 CCR 的值时,产生输出比较事件对应的回调函数

10.2.2 输出比较模式

1. 输出比较工作原理

输出比较(Output Compare)能用于控制输出波形,或指示已经过某一时间段。当捕获/比较寄存器 CCR 与计数器 CNT 之间相匹配时,输出比较有以下功能:

(1) 将为相应的输出引脚分配一个可编程值,该值由输出比较模式和输出极性定义。匹配时,输出引脚既可保持其电平(Frozen),也可设置为有效电平(Active Level)、无效电平(Inactive Level)或翻转(Toggle)。

(2) 将中断状态寄存器中的标志置 1(TIMx_SR 寄存器中的 CCxIF 位)。

(3) 如果相应中断使能位(TIMx_DIER 寄存器中的 CCxIE 位)置 1,将生成中断。

在输出比较模式下,更新事件 UEV 对 OCxREF 和 OCx 输出毫无影响。同步的精度可以达到计数器的一个计数周期。输出比较模式也可用于输出单脉冲(在单脉冲模式下)。

使用定时器捕获/比较模式寄存器 TIMx_CCMRy 中的 OCxPE 位,可将 TIMx_CCRy 寄存器配置为带或不带预装载寄存器。如果 OCxPE 位设置为 0,则捕获/比较寄存器 TIMx_CCRy 无预装载功能,对 TIMx_CCRy 寄存器的修改立刻生效;如果设置 OCxPE 位为 1,对 TIMx_CCRy 寄存器的修改需要在下一个 UEV 时才生效。

图 10-10 给出一个输出比较模式示例,设置输出极性为高电平,匹配时输出翻转,TIM1_CCR1 寄存器无预装载功能。TIM1_CCR1 初始设定值为 0x003A,输出参考 OC1REF 初始为低电平。当 TIM1_CNT 寄存器与 TIM1_CCR1 寄存器值第 1 次匹配时(0x003A),输出参考 OC1REF 翻转为高电平,如果使能输出比较中断,会产生 CC1IF 中断标志。

如果在运行过程中修改了 TIM1_CCR1 寄存器的值为 0xB201,因为没有使用预装载功能,所以写入

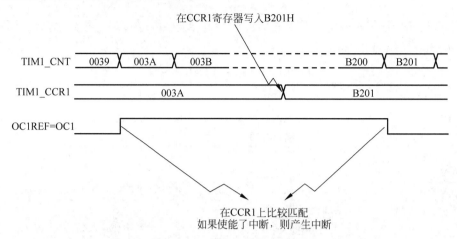

图 10-10　输出比较模式示例

TIM1_CCR1 寄存器的值立即生效。当 TIM1_CNT 寄存器与 TIM1_CCR1 寄存器值第 2 次匹配时（0xB201），输出参考 OC1REF 再翻转为低电平，并且产生 CC1IF 中断标志。

2. 输出比较 HAL 库函数

表 10-2 列出了输出比较 HAL 库函数。

表 10-2　输出比较 HAL 库函数

函 数 名 称	功 能 描 述
HAL_TIM_OC_Init()	输出比较初始化，需先执行 HAL_TIM_Base_Init()进行定时器初始化
HAL_TIM_OC_ConfigChannel()	输出比较通道配置
HAL_TIM_OC_Start()	启动输出比较，需要先执行 HAL_TIM_Base_Start()启动定时器
HAL_TIM_OC_Stop()	停止输出比较
HAL_TIM_OC_Start_IT()	以中断方式启动输出比较，需要先执行 HAL_TIM_Base_Start_IT()启动定时器
HAL_TIM_OC_Stop_IT()	停止定时器输出比较
HAL_TIM_OC_GetState()	返回定时器状态，与 HAL_TIM_Base_GetState()功能相同
__HAL_TIM_ENABLE_OCxPRELOAD()	使能 CCR 的预装载功能，为 CCR 设置的新值在 UEV 发生时才生效
__HAL_TIM_DISABLE_OCxPRELOAD()	失能 CCR 的预装载功能，为 CCR 设置的新值立即生效
__HAL_TIM_SET_COMPARE()	设置比较寄存器 CCR 的值
__HAL_TIM_GET_COMPARE()	读取比较寄存器 CCR 的值
HAL_TIM_OC_DelayElapsedCallback()	产生输出比较事件时的回调函数

10.2.3　输入捕获模式

1. 输入捕获工作原理

输入捕获（Input Capture）就是检测输入通道方波信号的跳变沿，并将发生跳变时的计数器值锁存到捕获/比较寄存器中，使用输入捕获功能可用于检测方波信号的周期、频率和占空比。使用输入捕获检测方波信号周期的工作原理如图 10-11 所示，设置捕获极性是上升沿，定时器在自动重装载寄存器 ARR 的控制下周期性地计数。

输入捕获测定脉冲信号宽度存在两种情况，一种情况是两次边缘捕获发生在一个计数周期内，另一种情况是两次捕获发生在不同计数周期内。

图 10-11 中假设输入方波信号的两次捕获发生在同一计数周期内，输入捕获测定脉冲周期的工作原理描述如下：

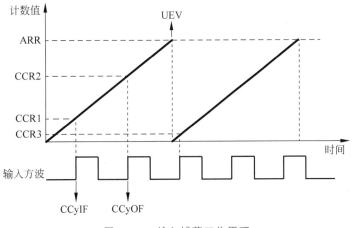

图 10-11 输入捕获工作原理

（1）在一个上升沿时，状态寄存器 TIMx_SR 中的捕获/比较标志位 CCyIF 会被置 1，表示发生了捕获事件，会产生相应的中断。计数器的值自动锁存到 CCR 中，假设锁存的值为 CCR1，在程序里读取出 CCR 的值，并清除 CCyIF 标志位。

（2）在下一个上升沿时，计数器的值也会锁存到 CCR 中，假设锁存的值为 CCR2。如果在上次发生捕获事件后，CCR 的值没有及时读出，则 CCyIF 位依然为 1，且 TIMx_SR 中的重复捕获标志位 CCyOF 会被置 1。

如果像图 10-11 那样，两个上跳沿的捕获发生在定时器的一个计数周期内，两个计数值分别为 CCR1 和 CCR2，则方波的周期为（CCR2-CCR1）个计数周期。根据定时器的时钟周期就可以计算出方波周期和频率。

如果方波周期超过定时器的计数周期，或两次捕获发生在相邻两个定时周期里，如图 10-11 中的 CCR2 和 CCR3，则只需将计数器的计数周期和 UEV 发生次数考虑进去即可，如图 10-11 中根据 CCR2 和 CCR3 计算的脉冲周期应该是（ARR+1-CCR2+CCR3）个计数周期。

输入捕获还可以对输入设置滤波，滤波系数 0～15，用于输入有抖动时的处理。输入捕获还可以设置预分频器系数 N，数值 N 的取值为 1、2、4 或 8，表示发生 N 个事件时才执行一次捕获。

2. 输入捕获 HAL 库函数

表 10-3 列出了输入捕获 HAL 库函数。

表 10-3　输入捕获 HAL 库函数

函数名称	功能描述
HAL_TIM_IC_Init()	输入捕获初始化，需先执行 HAL_TIM_Base_Init()进行定时器初始化
HAL_TIM_IC_ConfigChannel()	输入捕获通道配置
HAL_TIM_IC_Start()	启动输入捕获，需要先执行 HAL_TIM_Base_Start()启动定时器
HAL_TIM_IC_Stop()	停止输入捕获
HAL_TIM_IC_Start_IT()	以中断方式启动输入捕获，需要先执行 HAL_TIM_Base_Start_IT()启动定时器
HAL_TIM_IC_Stop_IT()	停止输入捕获
HAL_TIM_IC_GetState()	返回定时器状态，与 HAL_TIM_Base_GetState()功能相同
__HAL_TIM_SET_CAPTUREPOLARITY()	设置捕获输入极性，上升沿、下降沿或双边沿捕获
__HAL_TIM_SET_COMPARE()	设置捕获/比较寄存器 CCR 的值
__HAL_TIM_GET_COMPARE()	读取捕获/比较寄存器 CCR 的值
HAL_TIM_IC_CaptureCallback()	产生输入捕获事件时的回调函数

10.2.4　PWM 输入模式

PWM 输入模式是输入捕获模式的一个特例,主要用于测量 PWM 输入信号的周期和占空比。基本方法如下:

(1) 两个 ICx 信号被映射至同一个 TIx 输入。

(2) 两个 ICx 信号在边沿处有效,但极性相反。

(3) 选择两个 TIxFP 信号之一作为触发输入,并将从模式控制器配置为复位模式。

图 10-12 给出了测量 TI1(输入通道 CH1 上的输入 PWM 波)的周期和占空比的示意图,其初始配置和工作原理描述如下:

(1) 将 TIMx_CCR1 和 TIMx_CCR2 的输入都设置为 TI1(即通道 TIMx_CH1)。

(2) 设置 TIMx_CCR1 的极性为上升沿有效,设置 TIMx_CCR2 的极性为下降沿有效。

(3) 选择 TI1FP1 为有效触发输入。

(4) 将从模式控制器设置为复位模式。

(5) 同时使能 TIMx_CCR1 和 TIMx_CCR2 输入捕获。

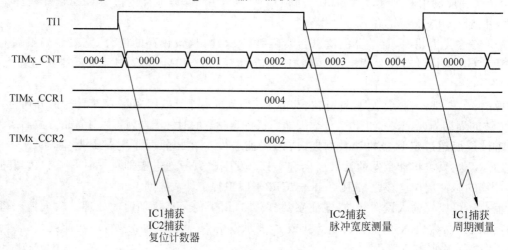

图 10-12　PWM 输入模式示意图

(6) 在图 10-12 中,在第 1 个上升沿处,TIMx_CCR1 锁存计数器的值,并且使计数器复位。在接下来的下降沿处,TIMx_CCR2 锁存计数器的值(为 0002)就是 PWM 的高电平宽度。在下一个上升沿处,TIMx_CCR1 锁存计数器的值(为 0004)就是 PWM 的周期。

10.3　通用定时器寄存器

现将 STM32F407 通用定时器相关寄存器名称介绍如下,32 位外设寄存器必须按字(32 位)写入数据。所有其他外设寄存器则必须按半字(16 位)或字(32 位)写入数据。而读访问可支持字节(8 位)、半字(16 位)或字(32 位)。由于采用库函数方式编程,故不作进一步的探讨。

(1) 控制寄存器 1(TIMx_CR1)。

(2) 控制寄存器 2(TIMx_CR2)。

(3) 从模式控制寄存器(TIMx_SMCR)。

(4) DMA/中断使能寄存器(TIMx_DIER)。

(5) 状态寄存器(TIMx_SR)。

（6）事件产生寄存器（TIMx_EGR）。

（7）捕获/比较模式寄存器 1（TIMx_CCMR1）。

（8）捕获/比较模式寄存器 2（TIMx_CCMR2）。

（9）捕获/比较使能寄存器（TIMx_CCER）。

（10）计数器（TIMx_CNT）。

（11）预分频器（TIMx_PSC）。

（12）自动重装载寄存器（TIMx_ARR）。

（13）捕获/比较寄存器 1（TIMx_CCR1）。

（14）捕获/比较寄存器 2（TIMx_CCR2）。

（15）捕获/比较寄存器 3（TIMx_CCR3）。

（16）捕获/比较寄存器 4（TIMx_CCR4）。

（17）DMA 控制寄存器（TIMx_DCR）。

（18）全传输 DMA 地址（TIMx_DMAR）。

10.4　通用定时器中断事件和回调函数

通过第 9 章基本定时器的学习,已经了解到所有定时器的 ISR 里调用了定时器通用处理函数 HAL_TIM_IRQHandler(),在其中,程序会判断中断事件类型,并调用相应的回调函数。例如,在第 9 章介绍的基本定时器只有一个更新事件,对应的回调函数是 HAL_TIM_PeriodElapsedCallback()。通用定时器和高级定时器有更多的中断事件和相应的回调函数,文件 stm32f4xx_hal_tim.h 给出了定时器的所有中断事件类型的宏定义。

```
#define TIM_IT_UPDATE TIM_DIER_UIE        /*!<更新中断>*/
#define TIM_IT_CC1 TIM_DIER_CC1IE         /*!<通道1捕获/比较中断>*/
#define TIM_IT_CC2 TIM_DIER_CC2IE         /*!<通道2捕获/比较中断>*/
#define TIM_IT_CC3 TIM_DIER_CC3IE         /*!<通道3捕获/比较中断>*/
#define TIM_IT_CC4 TIM_DIER_CC4IE         /*!<通道4捕获/比较中断>*/
#define TIM_IT_COM TIM_DIER_COMIE         /*!<换相中断>*/
#define TIM_IT_TRIGGER TIM_DIER_TIE       /*!<触发中断>*/
#define TIM_IT_BREAK TIM_DIER_BIE         /*!<断路中断>*/
```

通过分析函数 HAL_TIM_IRQHandler() 的源代码,整理出中断事件类型与回调函数对应关系如表 10-4 所示,这些回调函数均需要一个定时器外设对象指针 htim 作为输入参数。表中最后两个事件类型是高级定时器才具有的,一般用于电机控制。TIM_IT_TRIGGER 是定时器作为从定时器时,触发输入信号产生有效边沿跳变时的事件。

表 10-4　整理出中断事件类型与回调函数对应关系

中断事件类型	事件名称	回调函数
TIM_IT_CC1	CH1 输入捕获	HAL_TIM_IC_CaptureCallback(htim)
	CH1 输出比较	HAL_TIM_OC_DelayElapsedCallback(htim) HAL_TIM_PWM_PulseFinishedCallback(htim)
TIM_IT_CC2	CH2 输入捕获	HAL_TIM_IC_CaptureCallback(htim)
	CH2 输出比较	HAL_TIM_OC_DelayElapsedCallback(htim) HAL_TIM_PWM_PulseFinishedCallback(htim)

中断事件类型	事件名称	回调函数
TIM_IT_CC3	CH3 输入捕获	HAL_TIM_IC_CaptureCallback(htim)
	CH3 输出比较	HAL_TIM_OC_DelayElapsedCallback(htim)
		HAL_TIM_PWM_PulseFinishedCallback(htim)
TIM_IT_CC4	CH4 输入捕获	HAL_TIM_IC_CaptureCallback(htim)
	CH4 输出比较	HAL_TIM_OC_DelayElapsedCallback(htim)
		HAL_TIM_PWM_PulseFinishedCallback(htim)
TIM_IT_UPDATE	更新事件(UEV)	HAL_TIM_PeriodElapsedCallback(htim);
TIM_IT_TRIGGER	触发输入事件	HAL_TIM_TriggerCallback(htim);
TIM_IT_BREAK	断路输入事件	HAL_TIMEx_BreakCallback(htim);
TIM_IT_COM	换相事件	HAL_TIMEx_CommutCallback(htim);

对于输入/捕获通道,输入和捕获使用一个中断事件类型,如 TIM_IT_CC1 表示通道 CH1 的输入或捕获事件,程序会根据捕获/比较模式寄存器 TIMx_CCMR1 的内容判断到底是输入捕获还是输出比较。如果是输出比较,则会连续调用两个回调函数,这两个函数仅意义不同,根据使用场景实现其中一个即可。函数 HAL_TIM_IRQHandler()中判断 TIM_IT_CC1 中断事件源和调用回调函数的代码如下,省略其他中断事件类型处理和条件不成立部分代码。

```
void HAL_TIM_IRQHandler(TIM_HandleTypeDef * htim)
{
    /* 捕获/比较事件 1 */
    if (__HAL_TIM_GET_FLAG(htim, TIM_FLAG_CC1) != RESET)
    {
        if (__HAL_TIM_GET_IT_SOURCE(htim, TIM_IT_CC1) != RESET)
        {
            {
                __HAL_TIM_CLEAR_IT(htim, TIM_IT_CC1);
                htim->Channel = HAL_TIM_ACTIVE_CHANNEL_1;
                /* 输入捕获事件 */
                if ((htim->Instance->CCMR1 & TIM_CCMR1_CC1S) != 0x00U)
                {
                    HAL_TIM_IC_CaptureCallback(htim);
                }
                /* 输出比较事件 */
                else
                {
                    HAL_TIM_OC_DelayElapsedCallback(htim);
                    HAL_TIM_PWM_PulseFinishedCallback(htim);
                }
                htim->Channel = HAL_TIM_ACTIVE_CHANNEL_CLEARED;
            }
        }
    }
}
```

表 10-4 所列回调函数都是在 HAL 库中定义的弱函数,且函数代码为空,用户需要处理某个中断事件时,需要重新实现对应的回调函数。

10.5　项目实例

本章将介绍 4 个项目实例,分别对应通用定时器的 4 种主要工作模式,前 2 个项目分别使用 PWM 模式和输出比较模式产生 PWM 波形,第 3 个项目为输入捕获,第 4 个项目为 PWM 输入波形频率和占空比测量。

10.5.1　PWM 呼吸灯

1．项目分析

由开发板原理图可知,LED 指示灯 L7 连接至微控制器的 PF6 引脚,通过查询数据手册可知该引脚具有的功能为 PF6/TIM10_CH1/FSMC_NIORD/ADC3_IN4,可以使用其复用功能将 TIM10_CH1 生成的 PWM 波输出到引脚,引脚所连接的 LED 灯的亮度可直观反映 PWM 波的占空比变化。项目实施的目标是在 PF6 引脚产生一个频率固定为 10kHz,占空比循环改变,类似于呼吸灯效果的 PWM 方波。

由表 9-1 可知,TIM10 挂接在 APB2 总线上,按照本书的常规配置,挂接在 APB2 总线上定时器的输入时钟频率为 168MHz。10kHz 方波信号需要经过两次分频得到,一次是预分频,一次是周期计数分频,这两个分频系数的可以在较大范围设定,作者采用的具体数值分别为预分频系数为 21,计数周期数为 800。

当设定计数周期数为 800 时,则捕获比较寄存器 CCR1 的数值可以在 0～800 变化,对应占空比为 0～100%,因为人的视觉分辨亮和很亮的能力比较弱,所以作者将 CCR1 寄存器的值限定在 0～500 变化,主程序中循环修改 CCR1 的数值,改变 PWM 波形占空比,形成一个呼吸灯的效果。因为 LED 指示灯采用共阳接法,所以将 PWM 输出极性设置为低,这样捕获/比较寄存器的数值直接对应 LED 指示灯的亮度。

微课视频

2．项目实施

1）复制工程文件

复制第 9 章创建工程模板文件夹 0901 BasicTimer 到桌面,并将文件夹重命名为 1001 PWMGenerate。

2）STM32CubeMX 配置

打开工程模板文件夹里面的 Template.ioc 文件,启动 STM32CubeMX 配置软件,在左侧配置类别 Categories 下面的 Timers 列表中的找到 TIM10 定时器,打开其配置对话框,配置界面如图 10-13 所示。在模式设置部分,选中 Activated 复选框,启用定时器,此时 Channel1 下拉列表框处于可选择状态,并有如下选项可供选择:

（1）Disable：失能通道。

（2）Input Capture direct mode：直接模式输入捕获。

（3）Output Compare No Output：输出比较,不输出到通道引脚。

（4）PWM Generation No Output：生成 PWM,不输出到通道引脚。

（5）PWM Generation CH1：生成 PWM,输出到

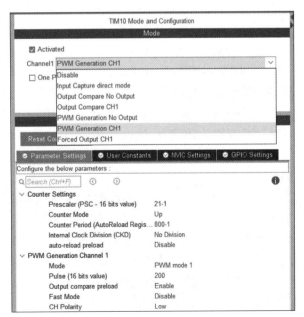

图 10-13　TIM10 配置界面

通道引脚 CH1。

（6）Forced Output CH1：强制通道引脚 CH1 输出某个电平。

将 TIM10 的 Channel1 通道模式设置为 PWM Generation CH1，即生成 PWM 信号输出至 TIM10_CH1 映射引脚 PF6，此时 One Pulse Mode（单脉冲模式）复选框依然无须选中，即使用定时器连续模式。

参数配置选项里设置划分为 Counter Settings 和 PWM Generation Channel1 两部分，分别为定时器基本配置和 PWM 波形设置。

（1）Counter Settings 设置。

① Prescaler：预分频值，16 位寄存器，设置范围为 0～65535，对应分频系数 1～65536。这里设置为 21－1，实际分频系数 21。

② Counter Mode：计数模式，通用定时器可以有向上、向下和双向计数模式，但是 TIM10 只支持向上计数模式，所以此处设置为 Up。

③ Counter Period：计数周期，设置的是自动重装载寄存器的值，这里设置为 800－1，对应的计数值为 800。

④ Internal Clock Division：内部时钟分频，是在定时器控制器部分对内部时钟进行分频，可以设置为 1、2 或 4 分频，对应选项为 No Division、Division by 2 和 Division by 4，此处选择 No Division（无分频），使得 CK_PSC 等于 CK_INT。

⑤ auto-reload preload：是否启用定时器的预装载功能，不启用预装载功能，对自动重装载寄存器的修改立即生效，启用预装载功能，对自动重装载寄存器的修改在更新事件发生后才生效。如果不动态修改 TIMx_ARR 的值，这个设置对定时器工作无影响，此处选择 Disable，即不启用预装载功能。

（2）PWM 波形设置。

① Mode：PWM 模式，选项有 PWM Mode 1（PWM 模式 1）和 PWM Mode 2（PWM 模式 2）。这两种模式 PWM 输出特性如下：

PWM 模式 1——在向上计数模式下，CNT＜CCR 通道输出有效状态，否则为无效状态。在向下计数模式下，CNT＞CCR 通道输出有效状态，否则为无效状态。图 10-9 是通道极性（有效状态）为高，PWM 模式 1 下生成的 PWM 波形。

PWM 模式 2——其输出与 PWM 模式 1 正好相反，例如，在向上计数模式下，只要 CNT＜CCR，通道就是无效状态，否则为有效状态。

② Pulse：PWM 脉冲宽度，就是设置 16 位捕获/比较寄存器 CCR 的值。脉冲宽度的值应小于计数周期的值，此处将其初始值设置为 200，对应初始占空比为 25%。

③ Output compare preload：是否启用 CCR 寄存器的预装载功能，设置为 Disable，对 CCR 寄存器的修改立即生效，设置为 Enable，对 CCR 寄存器修改在下一个 UEV 发生后才生效，此处设置为 Enable。

④ Fast Mode：是否使用输出比较快速模式，用于加快触发输入事件对输出的影响，一般设置为 Disable。

⑤ CH Polarity：通道极性，就是 CCR 与 CNT 比较输出的有效状态，可以设置为高电平 High 或低电平 Low。对于共阳接法 LED，通道极性设置为 Low 较为直观。

本项目无须使用定时器中断，所以不需要配置 TIM10 的全局中断。时钟配置和工程配置选项无须修改，单击 GENERATE CODE 按钮生成初始化工程。

3）初始化代码分析及用户程序编写

打开 MDK-ARM 文件夹下面的工程文件 Template.uvprojx，将生成工程编译一下，没有错误和警告之后开始初始化代码分析和用户程序编写。

（1）定时器初始化分析。

用户在 STM32CubeMX 中启用了某个定时器，系统会自动生成定时器初始化源文件 tim.c 和定时器初始化头文件 tim.h，分别用于定时器初始化的实现和定义，此处仅展示 TIM10 相关代码。

头文件 tim.h 内容如下，其中省略了程序沙箱和部分注释。

```
# include "main.h"
extern TIM_HandleTypeDef htim10;
void MX_TIM10_Init(void);
void HAL_TIM_MspPostInit(TIM_HandleTypeDef * htim);
```

源文件 tim.c 内容如下，其中省略了程序沙箱和部分注释。

```
# include "tim.h"
TIM_HandleTypeDef htim7;
TIM_HandleTypeDef htim10;
void MX_TIM10_Init(void)
{
    TIM_OC_InitTypeDef sConfigOC = {0};
    htim10.Instance = TIM10;
    htim10.Init.Prescaler = 21 - 1;
    htim10.Init.CounterMode = TIM_COUNTERMODE_UP;
    htim10.Init.Period = 800 - 1;
    htim10.Init.ClockDivision = TIM_CLOCKDIVISION_DIV1;
    htim10.Init.AutoReloadPreload = TIM_AUTORELOAD_PRELOAD_DISABLE;
    if (HAL_TIM_Base_Init(&htim10) != HAL_OK)
    {   Error_Handler(); }
    if (HAL_TIM_PWM_Init(&htim10) != HAL_OK)
    {   Error_Handler(); }
    sConfigOC.OCMode = TIM_OCMODE_PWM1;
    sConfigOC.Pulse = 200;
    sConfigOC.OCPolarity = TIM_OCPOLARITY_LOW;
    sConfigOC.OCFastMode = TIM_OCFAST_DISABLE;
    if (HAL_TIM_PWM_ConfigChannel(&htim10, &sConfigOC, TIM_CHANNEL_1) != HAL_OK)
    {   Error_Handler(); }
    HAL_TIM_MspPostInit(&htim10);
}
void HAL_TIM_Base_MspInit(TIM_HandleTypeDef * tim_baseHandle)
{
    if(tim_baseHandle -> Instance == TIM10)
    {
        __HAL_RCC_TIM10_CLK_ENABLE(); /* TIM10 clock enable */
    }
}
void HAL_TIM_MspPostInit(TIM_HandleTypeDef * timHandle)
{
    GPIO_InitTypeDef GPIO_InitStruct = {0};
    if(timHandle -> Instance == TIM10)
    {
        __HAL_RCC_GPIOF_CLK_ENABLE();
        /** TIM10 GPIO Configuration PF6 ------> TIM10_CH1 */
        GPIO_InitStruct.Pin = GPIO_PIN_6;
        GPIO_InitStruct.Mode = GPIO_MODE_AF_PP;
        GPIO_InitStruct.Pull = GPIO_NOPULL;
        GPIO_InitStruct.Speed = GPIO_SPEED_FREQ_LOW;
```

```
            GPIO_InitStruct.Alternate = GPIO_AF3_TIM10;
            HAL_GPIO_Init(GPIOF, &GPIO_InitStruct);
        }
    }
```

上述代码由 STM32CubeMX 生成,一般情况下无须任何修改。tim.h 文件主要用于外部变量和初始化函数声明。

tim.c 文件中首先定义了 TIM_HandleTypeDef 型外设对象变量 htim10,用来表示 TIM10。函数 MX_TIM10_Init()用于定时器 TIM10 的初始化,包括定时器基本参数初始化和 PWM 生成参数初始化,初始化代码和图 10-13 配置一一对应。

函数 HAL_TIM_Base_MspInit()是重新实现的 MSP 函数,由 HAL_TIM_Base_Init()函数内部调用,其功能只有一个,即开启 TIM10 时钟。

函数 HAL_TIM_MspPostInit()在函数 MX_TIM10_Init()中最后调用,其功能是对引脚 PF6 进行 GPIO 初始化,将其复用为 TIM10_CH1 输出引脚。

(2) 主程序分析及用户程序编写。

首先打开 main.c 文件,其部分代码如下:

```
/ ********** main.c Source File ********** /
# include "main.h"
# include "tim.h"
# include "gpio.h"
# include "fsmc.h"
/ * USER CODE BEGIN PV * /
uint16_t * SEG_ADDR = (uint16_t * )(0x68000000);
uint8_t smgduan[11] = {0xc0,0xf9,0xa4,0xb0,0x99,0x92,0x82,0xf8,0x80,0x90,0xbf};
uint8_t smgwei[6] = {0xfe,0xfd,0xfb,0xf7,0xef,0xdf},SmgBuff[6];
/ * USER CODE END PV * /
void SystemClock_Config(void);
int main(void)
{
    / * USER CODE BEGIN 1 * /
    uint8_t dir = 1;
    uint16_t Duty = 0;
    / * USER CODE END 1 * /
    HAL_Init();
    SystemClock_Config(); / * Configure the system clock * /
    MX_GPIO_Init();
    MX_FSMC_Init();
    MX_TIM7_Init();
    MX_TIM10_Init();                //定时器 TIM10 初始化
    / * USER CODE BEGIN WHILE * /
    SmgBuff[0] = 0;SmgBuff[1] = 1; //显示学号前面两位
    SmgBuff[2] = 2;SmgBuff[3] = 3; //显示学号中间两位
    SmgBuff[4] = 4;SmgBuff[5] = 5; //显示学号最后两位
    HAL_TIM_Base_Start_IT(&htim7);
    HAL_TIM_PWM_Start(&htim10,TIM_CHANNEL_1);
    while(1)
    {
        HAL_Delay(6);
        if(dir == 1)
        {
            if(++Duty == 500) dir = 0;
```

```
        }
        else
        {
            if( -- Duty == 0) dir = 1;
        }
        //设置比较寄存器 TIM10_CCR1 数值
        __HAL_TIM_SetCompare(&htim10,TIM_CHANNEL_1,Duty);
        /* USER CODE END WHILE */
    }
}
```

新生成初始化代码和用户编写代码均作加粗显示,以区别于前期项目已有代码,本项目还需要将学生学号显示于数码管上,所以定时器 TIM7 及其中断刷新数码部分程序仍然需要,但该部分内容相对于第 9 章项目来说并无区别,所以未将其贴出。

在 main()函数中,首先定义两个变量,一个是方向变量 dir,另一个占空比变量 Duty。在无限循环程序中先让占空比增加,当增加到 500 时,再让占空比减少,并将占空比数值实时更新到 TIM10 的捕获比较寄存器 CCR1,以实现 L7 指示灯的 PWM 呼吸灯效果。

4)下载调试

编译工程,直到没有错误为止,下载程序到开发板,复位运行,检查实验效果。

10.5.2 输出比较模式输出方波信号

由开发板原理图可知,LED 指示灯 L8 连接至微控制器的 PF7 引脚,通过查询数据手册可知该引脚具有的功能为 PF7/TIM11_CH1/FSMC_NREG/ADC3_IN5,本节将使用输出比较功能,在 TIM11_CH1 复用功能映射引脚 PF7 产生高低电平各持续 500ms 的脉冲信号,使 L8 以 1s 为周期进行闪烁。本项目无须新建工程,直接在上一个项目中修改。

微课视频

1. STM32CubeMX 配置及实现原理

打开工程模板文件夹里面的 Template.ioc 文件,启动 STM32CubeMX 配置软件,左侧配置类别 Categories 下面的 Timers 列表中的找到 TIM11 定时器,打开其配置对话框,配置界面如图 10-14 所示。在模式设置部分,选中 Activated 复选框,启用定时器,此时在 Channel1 下拉列表框中选择 Output Compare CH1,也就是使用输出比较功能,并输出到 CH1 通道映射引脚 PF7。One Pulse Mode 复选框用于设置单脉冲模式,本例不使用。

Counter Settings 组用于设置定时器的基本参数,其中大部分设置和上例是相同的,所以不作一一说明。由表 9-1 可知,TIM11 挂接在 APB2 总线上,由前面分析可知其定时器的输入时钟频率为 168MHz。此处将预分频系数设置为 16800,即预分频寄存器 PSC 的值为 16800−1,计数周期数为 5000,即自动重装载寄存器的 ARR 值为 5000−1。

Output Compare Channel 1 组是通道 1 的输出比较参数,各个参数的意义和设定值如下。

(1) Mode:输出比较模式,有 Frozen(冻结)、Active Level on match(有效电平)、Inactive Level on match(无效电平)、Toggle on match(翻转)、Forced Active(强制输出有效电平)和 Forced Inactive(强制输出无效电平)共 6 种模式可选。此处设置为 Toggle on match,也就是在定时器 CNT 的值和 CCR 的值相等时,CH1 输出翻转。

(2) Pulse:脉冲宽度,也就是 CCR 的值,这里设置为 2580。

(3) Output compare preload:设置 CCR 是否使用预装载功能,此处选择 Enable,也就是使能 CCR 寄存器的预装载功能。

(4) CH Polarity:通道极性,如果参数 Mode 设置为 Active Level on match 或 Inactive Level on

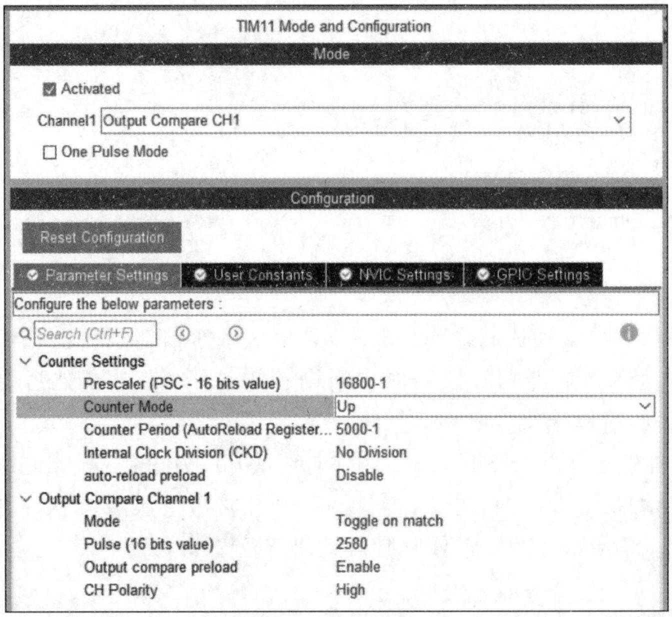

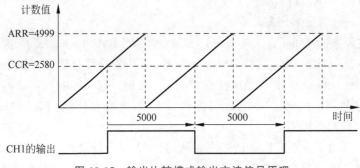

图 10-14　TIM11 配置界面

match 等与通道极性有关的模式,此参数就是输出的有效电平。本例模式设置为 Toggle on match,与此参数无关。

本例不使用 TIM11 的任何中断,所以需要关闭 TIM11 的全局中断。

设置完毕后,定时器的通道 CH1 上输出波形的示意如图 10-15 所示。

图 10-15　输出比较模式输出方波信号原理

如果 CCR 和计数器的值匹配,就会使 CH1 的输出翻转。从图 10-15 可以看出,CH1 的输出是一个方波信号,且不管 CCR 的值为多少(需要小于 ARR 的值),方波信号的占空比总是 50%,脉冲的宽度总是(ARR+1)个计数周期,即高低电平持续时间可由式(10-1)计算得出,L8 指示灯以 1s 为周期进行闪烁。

$$T_L = (ARR + 1) \frac{1}{\dfrac{HCLK}{PSC+1}} = (4999 + 1) \frac{1}{\dfrac{168}{16799+1}} = 500(ms) \tag{10-1}$$

2. 初始化代码分析及用户程序编写

1) 初始化程序分析

由于 STM32CubeMX 生成的定时器初始化程序位于 tim.c 文件中,为使代码表达更为简洁,仅将新增的 TIM11 初始化程序列于下方:

```
# include "tim.h"
TIM_HandleTypeDef htim11;
void MX_TIM11_Init(void)
{
    TIM_OC_InitTypeDef sConfigOC = {0};
    htim11.Instance = TIM11;
    htim11.Init.Prescaler = 16800 - 1;
    htim11.Init.CounterMode = TIM_COUNTERMODE_UP;
    htim11.Init.Period = 5000 - 1;
    htim11.Init.ClockDivision = TIM_CLOCKDIVISION_DIV1;
    htim11.Init.AutoReloadPreload = TIM_AUTORELOAD_PRELOAD_DISABLE;
    if (HAL_TIM_Base_Init(&htim11) != HAL_OK)
    {    Error_Handler(); }
    if (HAL_TIM_OC_Init(&htim11) != HAL_OK)
    {    Error_Handler(); }
    sConfigOC.OCMode = TIM_OCMODE_TOGGLE;
    sConfigOC.Pulse = 2580;
    sConfigOC.OCPolarity = TIM_OCPOLARITY_HIGH;
    sConfigOC.OCFastMode = TIM_OCFAST_DISABLE;
    if (HAL_TIM_OC_ConfigChannel(&htim11, &sConfigOC, TIM_CHANNEL_1) != HAL_OK)
    {    Error_Handler(); }
    __HAL_TIM_ENABLE_OCxPRELOAD(&htim11, TIM_CHANNEL_1);
    HAL_TIM_MspPostInit(&htim11);
}
void HAL_TIM_Base_MspInit(TIM_HandleTypeDef * tim_baseHandle)
{
    if(tim_baseHandle -> Instance == TIM11)
    {
        __HAL_RCC_TIM11_CLK_ENABLE(); /* TIM11 时钟使能 */
    }
}
void HAL_TIM_MspPostInit(TIM_HandleTypeDef * timHandle)
{
    if(timHandle -> Instance == TIM11)
    {
        __HAL_RCC_GPIOF_CLK_ENABLE();
        /* TIM11 GPIO 配置,即 PF7 对应 TIM11_CH */
        GPIO_InitStruct.Pin = GPIO_PIN_7;
        GPIO_InitStruct.Mode = GPIO_MODE_AF_PP;
        GPIO_InitStruct.Pull = GPIO_NOPULL;
        GPIO_InitStruct.Speed = GPIO_SPEED_FREQ_LOW;
        GPIO_InitStruct.Alternate = GPIO_AF3_TIM11;
        HAL_GPIO_Init(GPIOF, &GPIO_InitStruct);
    }
}
```

上述代码定义了定时器外设对象变量 htim11,在函数 MX_TIM11_Init()中,设置 htim11 各参数值之后,调用 HAL_TIM_Base_Init()进行定时器基本参数初始化。定义 TIM_OC_InitTypeDef 类型变量 sConfigOC 设置输出比较通道参数,再调用函数 HAL_TIM_OC_ConfigChannel()对 TIM11_CH1 进行输出比较配置。函数 HAL_TIM_Base_MspInit 属于定时器 MSP 函数,用于打开 TIM11 时钟。HAL_TIM_MspPostInit()在函数 MX_TIM11_Init()中最后调用,其功能是对引脚 PF7 进行 GPIO 初始化,将其复用为 TIM11_CH1 输出引脚。

2) 用户程序编写

因为本项目是利用定时器的输出比较模式,输出频率和占空比均固定的周期方波信号,无须实时修改定时器寄存器数值,也未启用定时器全局中断,相对 10.5.1 节项目来说,仅需要在主程序中增加一条启用 TIM11_CH1 的输出比较模式语句即可。

```
//启用定时器 TIM11 的通道 1 输出比较模式。
HAL_TIM_OC_Start(&htim11,TIM_CHANNEL_1);
```

3. 下载调试

编译工程,直到没有错误为止,下载程序到开发板,复位运行,检查实验效果。

10.5.3　输入捕获模式测量脉冲频率

1. 项目分析

开发板脉冲发生电路如图 10-16 所示,其与图 2-26 电路连接相同,只是将脉冲发生电路和 PWM 波形生成电路分开绘制,并将 P1 路线座 1、2 脚位置做调整,更便于查看。

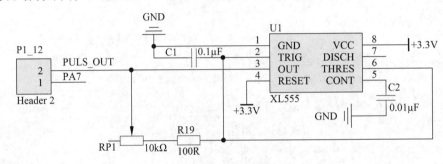

图 10-16　脉冲发生电路

微课视频

由图 10-16 可知,开发板上电之后,利用 555 时基电路的充放电特性,会在 U1 的 3 号引脚产生一个占空比为 50%,频率可调的方波信号。短接 P1 跳线座的 1、2 号引脚即可将脉冲信号送到微控制器的 PA7 引脚。通过查询数据手册可知该引脚具有的功能如下所示,限于篇幅只将其主要功能列出。

PA7/SPI1_MOSI/TIM1_CH1N/TIM3_CH2/TIM8_CH1N/TIM14_CH1/ADC12_IN7

根据 10.5.3 节所介绍的定时器输入捕获模式工作原理可知,其可用于测量脉冲信号的周期。由 PA7 引脚的复用功能可知,TIM3_CH2 和 TIM14_CH1 通道均可用于脉冲信号的输入捕获,但是由于本章的下一个项目需要同时用到 TIM3_CH1 和 TIM3_CH2 通道进行 PWM 输入信号的测量,所以本实验只能选择定时器 TIM14 的 CH1 通道作为脉冲信号的输入捕获通道。

由表 9-1 所列 STM32F407 定时器特性可知,定时器 TIM14 挂接在 APB1 总线上,根据本书的典型时钟配置,即 HCLK=168MHz,则 TIM14 的输入时钟频率为 84MHz。

考虑到脉冲发生电路产生的方波信号的实际频率在几百 Hz 到几十 kHz 的范围内,为了便于计算可以将输入时钟预分频系数设置为 84,定时器计数时钟频率 CK_CNT 信号频率为 1MHz。将 16 位自动重装载值寄存器 ARR 的数值设为最大,可以简化计算和扩大低频测量范围。经过上述设置定时器输入捕获脉冲信号频率测量范围可达 15Hz~1MHz,对于开发板脉冲发生电路来说足够了。

项目需要实现的功能为实时测量脉冲发生电路产生的方波信号的频率,要求响应时间小于 500ms,并将频率数值显示于数码管,DS1 显示字符“F”,DS2~DS6 显示频率数值。

2. 项目实施

1）复制工程文件

由于输入捕获项目相对于 10.5.1 节和 10.5.2 节项目差别较大,为保持较好的条理性,将上两节创建的项目复制,并将文件夹重命名为 1002 InputCapture。

2）STM32CubeMX 配置

打开工程模板文件夹里面的 Template.ioc 文件，启动 STM32CubeMX 配置软件，因为 TIM14_CH1 通道默认映射引脚是 PF9，所以需要在引脚视图下选择 PA7 引脚，将其复用功能设置为 TIM14_CH1，否则将会导致始终无法捕获到脉冲上升沿。随后在左侧配置类别 Categories 下面的 Timers 列表中的找到 TIM14 定时器，打开其配置对话框，配置界面如图 10-17 所示。在模式设置部分，选中 Activated 复选框，启用定时器，Channel1 通道模式列表框选择 Input Capture direct mode，即使该通道处于直接输入捕获模式。

图 10-17　TIM14 配置界面

Counter Settings 组用于设置定时器基本参数，配置选项和前述项目基本相同，此处将预分频寄存器 PSC 的值设为 84-1，即预分频系数为 84。自动重装载寄存器 ARR 的值设为 65535，计数个数最大为 65536 个。

Input Capture Channel 1 组用于设置输入捕获参数，其选项和设置值介绍如下：

（1）Polarity Selection：捕获极性，可以设置为 Rising Edge（上升沿）、Falling Edge（下降沿）或 Both Edges（双边沿），本项目设置为上升沿捕获和下降沿捕获均可以，此处采用默认值 Rising Edge。

（2）IC Selection：输入通道选择，对于 TIM14 只有一个输入捕获通道，只能是 Direct，即 CH1 作为直接通道。

（3）Prescaler Division Ratio：捕获输入信号分频系数，设置为 No Division，即不分频。

（4）Input Filter：输入信号滤波系数，数值范围为 0～15，此滤波具有类似于消除按键抖动的功能。因为开发板脉冲发生电路产生方波信号没有边沿抖动，无须滤波，滤波系数设置为 0。

因为定时器捕获边沿信号需要进行捕获次数判断和频率计算，这些操作安排在输入捕获中断中完成比较恰当，所以完成 TIM14 参数配置后还需要打开定时器全局中断，并设置中断优先级，设置结果如图 10-18 所示。

时钟配置和工程配置选项无须修改，单击 GENERATE CODE 按钮生成初始化工程。

3）定时器初始化代码分析

打开 MDK-ARM 文件夹下面的工程文件 Template.uvprojx，将生成工程编译一下，没有错误和警告

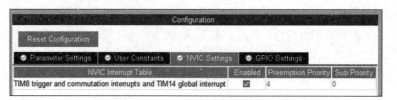

图 10-18　TIM14 中断设置结果

之后开始初始化代码分析。用户在 STM32CubeMX 中启用了某个定时器,系统会自动生成定时器初始化源文件 tim. c 和定时器初始化头文件 tim. h,分别用于定时器初始化的实现和定义。

头文件 tim. h 内容如下,其中仅展示 TIM14 相关定义,并省略了程序沙箱和部分注释。

```
# include "main. h"
extern TIM_HandleTypeDef htim14;
void MX_TIM14_Init(void);
```

源文件 tim. c 内容如下,其中仅展示 TIM14 初始化部分,并省略了程序沙箱和部分注释。

```
# include "tim. h"
TIM_HandleTypeDef htim14;
void MX_TIM14_Init(void) /* TIM14 init function */
{
    TIM_IC_InitTypeDef sConfigIC = {0};
    htim14. Instance = TIM14;
    htim14. Init. Prescaler = 84 - 1;
    htim14. Init. CounterMode = TIM_COUNTERMODE_UP;
    htim14. Init. Period = 65535;
    htim14. Init. ClockDivision = TIM_CLOCKDIVISION_DIV1;
    htim14. Init. AutoReloadPreload = TIM_AUTORELOAD_PRELOAD_DISABLE;
    if (HAL_TIM_Base_Init(&htim14) != HAL_OK)
    {    Error_Handler(); }
    if (HAL_TIM_IC_Init(&htim14) != HAL_OK)
    {    Error_Handler(); }
    sConfigIC. ICPolarity = TIM_INPUTCHANNELPOLARITY_RISING;
    sConfigIC. ICSelection = TIM_ICSELECTION_DIRECTTI;
    sConfigIC. ICPrescaler = TIM_ICPSC_DIV1;
    sConfigIC. ICFilter = 0;
    if (HAL_TIM_IC_ConfigChannel(&htim14, &sConfigIC, TIM_CHANNEL_1) != HAL_OK)
    {    Error_Handler(); }
}
void HAL_TIM_Base_MspInit(TIM_HandleTypeDef * tim_baseHandle)
{
    GPIO_InitTypeDef GPIO_InitStruct = {0};
    if(tim_baseHandle -> Instance == TIM14)
    {
        __HAL_RCC_TIM14_CLK_ENABLE(); /* TIM14 clock enable */
        __HAL_RCC_GPIOA_CLK_ENABLE();
        /** TIM14 GPIO 配置,即 PA7 对应 TIM4_CH1 */
        GPIO_InitStruct. Pin = GPIO_PIN_7;
        GPIO_InitStruct. Mode = GPIO_MODE_AF_PP;
        GPIO_InitStruct. Pull = GPIO_NOPULL;
        GPIO_InitStruct. Speed = GPIO_SPEED_FREQ_LOW;
        GPIO_InitStruct. Alternate = GPIO_AF9_TIM14;
```

```
        HAL_GPIO_Init(GPIOA, &GPIO_InitStruct);
        /* TIM14 中断初始化 */
        HAL_NVIC_SetPriority(TIM8_TRG_COM_TIM14_IRQn, 4, 0);
        HAL_NVIC_EnableIRQ(TIM8_TRG_COM_TIM14_IRQn);
    }
}
```

定时器初始化程序调用 void MX_TIM14_Init()完成 TIM14 基本参数初始化和输入捕获通道初始化,配置参数与图 10-17 设置选项一一对应。函数 HAL_TIM_Base_MspInit()是定时器的 MSP 函数,用于完成 TIM14_CH1 通道映射引脚 PA7 的工作模式和复用功能设置。上述代码均由 STM32CubeMX 自动生成,且用户无须任何修改。

4) 主程序分析和用户程序设计

打开 main.c 文件,其部分代码列于下方,其中用户编写代码采用加粗显示,以区别于系统自动生成代码。

(1) 主程序。

```
/ ********** main.c Source File ********** /
#include "main.h"
#include "tim.h"
#include "gpio.h"
#include "fsmc.h"
uint16_t * SEG_ADDR = (uint16_t *)(0x68000000);
uint8_t smgduan[11] = {0xc0,0xf9,0xa4,0xb0,0x99,0x92,0x82,0xf8,0x80,0x90,0x8E}; //0x8E = "F"
uint8_t smgwei[6] = {0xfe,0xfd,0xfb,0xf7,0xef,0xdf},SmgBuff[6];
uint32_t ICValue1 = 0;                  //上次捕获数值
uint32_t ICValue2 = 0;                  //本次捕获数值
uint32_t DiffCapture = 0;               //脉冲个数
uint16_t CaptureIndex = 0;              //捕获次数
uint32_t Frequency = 0;                 //频率数值
void SystemClock_Config(void);
int main(void)
{
    HAL_Init(); /* 复位所有外设,初始化闪存接口和 SysTick 定时器 */
    SystemClock_Config(); /* 配置系统时钟 */
    /* 初始化所有配置的外设 */
    MX_GPIO_Init();
    MX_FSMC_Init();
    MX_TIM7_Init();
    MX_TIM14_Init();
    HAL_TIM_Base_Start_IT(&htim7);
    HAL_TIM_IC_Start_IT(&htim14,TIM_CHANNEL_1);       //TIM14 - CH1
    while(1)
    {
        if(HAL_GetTick() % 500 == 0)
        {
            SmgBuff[0] = 10;
            SmgBuff[1] = Frequency/10000;
            SmgBuff[2] = Frequency/1000 % 10;
            SmgBuff[3] = Frequency/100 % 10;
            SmgBuff[4] = Frequency/10 % 10;
            SmgBuff[5] = Frequency % 10;
        }
    }
}
```

在主程序中,首先进行文件包含、变量定义和函数声明,随后完成所有外设初始化,以中断方式启动定时器 TIM14 输入捕获模式,接着在 while 无限循环中对显示缓冲数组进行赋值,第一数码管显示"F",其余 5 个数码管显示频率数值,为了防止数码管刷新太快,作者获取 SysTick 计数值,当其是 500 的整数倍时才进行显示缓冲数组更新,也就是数码管显示频率 500ms 刷新一次。为便于查看,本项目新增代码均加粗显示。

(2) 回调函数编写。

定时器 TIM14 测量脉冲信号周期通过输入捕获中断实现,所以程序编写的重要内容就是重新实现输入捕获回调函数,依然选择在 main.c 文件中实现,其参考代码:

微课视频

```
void HAL_TIM_IC_CaptureCallback(TIM_HandleTypeDef * htim)
{
    if (htim -> Instance == TIM14&&htim -> Channel == HAL_TIM_ACTIVE_CHANNEL_1)
    {
        if(CaptureIndex == 0)              /* 获取第 1 个输入捕获值 */
        {
            ICValue1 = HAL_TIM_ReadCapturedValue(htim, TIM_CHANNEL_1);
            CaptureIndex = 1;
        }
        else if(CaptureIndex == 1)         /* 获取第 2 个输入捕获值 */
        {
            ICValue2 = HAL_TIM_ReadCapturedValue(htim, TIM_CHANNEL_1);
            if (ICValue2 > ICValue1)       /* 捕获计算 */
            {
                DiffCapture = (ICValue2 - ICValue1);
            }
            else if (ICValue2 < ICValue1)
            {
                DiffCapture = ((0xFFFF - ICValue1) + ICValue2) + 1; /* 0xFFFF 是最大的 CCR 值 */
            }
            else
            {
                /* 如果捕获值相同,则已达到频率测量极限 */
                Error_Handler();
            }
            /* 频率计算: 本例中 TIM14 时钟信号频率为 84MHz */
            Frequency = (HAL_RCC_GetPCLK1Freq() * 2)/(TIM14 -> PSC + 1)/ DiffCapture;
            CaptureIndex = 0;
        }
    }
}
```

当 TIM14_CH1 发生输入捕获事件时,回调函数 HAL_TIM_IC_CaptureCallback() 将会被执行,其基本的处理方法是,如果输入捕获的是脉冲信号的第 1 个边沿时,则读取捕获/比较寄存器 CCR 的值,并记录捕获次数,当输入捕获的是脉冲信号的第 2 个边沿时,则再次读取捕获/比较寄存器 CCR 的值,并计算两次捕获之间的脉冲个数,同时复位捕获次数。

5) 下载调试

编译工程,直到没有错误为止,下载程序到开发板,复位运行,检查实验效果。

10.5.4 PWM 波频率和占空比测量

1. 项目分析

开发板 PWM 波生成电路如图 10-19 所示,其与图 2-26 电路连接相同,只是将脉冲发生电路和 PWM 波生成电路分开绘制,并将 P1 跳线座 3、4 脚位置调整,更便于查看。

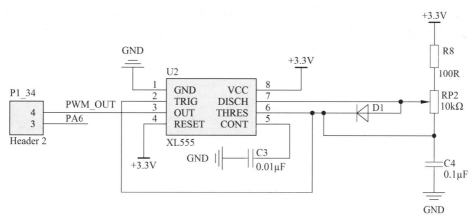

图 10-19　PWM 波生成电路

由图 10-19 可知,开发板上电之后,通过构建充放电两条通路,改变 555 时基电路内部触发电路的输入电压,输出占空比和频率均可调节的 PWM 波信号。短接 P1 跳线座的 3、4 号引脚即可将 PWM 波连接至微控制器的 PA6 引脚。通过查询数据手册可知该引脚具有的功能如下所示,限于篇幅只将其主要功能列出。

PA6/SPI1_MISO/TIM1_BKIN/TIM3_CH1/TIM8_BKIN/TIM13_CH1/DCMI_PIXCLK/ADC12_IN6
结合图 10-12 给出的 PWM 输入模式工作时序图,进一步说明其测量 PWM 波频率和占空比的原理。将 TIM3_CCR1 和 TIM3_CCR2 的输入设置为 TI1,即选择通道 TIM3_CH1,并将其映射到引脚 PA6。设置 TIM3_CCR1 的极性为上升沿有效,设置 TIM3_CCR2 的极性为下降沿有效。选择 TIM3_CH1 (TI1FP1)为有效触发输入。输入比较通道 CC1 捕获上升沿时,将计数器的值存入寄存器 CCR1,同时复位计数器。输入比较通道 CC2 捕获下降沿时,将计数值存入寄存器 CCR2。所以寄存器 CCR1 里的值表示 PWM 波的周期,寄存器 CCR2 的值表示 PWM 波的脉冲宽度。

项目需要实现的功能为实时测量 PWM 发生电路产生的方波信号的频率和占空比,要求响应时间小于 500ms。并将二者分别显示于数码管,显示时间各持续 1.5s。显示频率时,DS1 显示字符"F",DS2～DS6 显示频率数值。显示占空比时,DS1 显示字符"d",DS2 和 DS6 显示"－",DS3～DS5 显示占空比。

2．项目实施

1）复制工程文件

复制 10.5.3 节创建的项目工程,并将文件夹重命名为 1003 PWMInput。

2）STM32CubeMX 配置

打开工程模板文件夹里面的 Template.ioc 文件,启动 STM32CubeMX 配置软件,在左侧配置类别 Categories 下面的 Timers 列表中的找到 TIM3 定时器,打开其配置对话框,配置界面如图 10-20 所示。在模式设置部分,将联合通道 Combined Channels 列表框设置为 PWM Input on CH1,即使用 TIM3 的 CH1 通道测量输入 PWM 波的参数。因为 TIM3_CH1 通道复用功能是映射到 PA6 引脚,所以需要短接开发板 P1 跳线座的 3、4 引脚,将 PWM 波输入至微控制器的 PA6 引脚。

Counter Settings 组的主要参数设置如下:

(1) Prescaler:预分频寄存器值设置为 839,预分频系数为 840,TIM3 计数器的时钟频率为 100kHz。

(2) Counter Period:自动重装载寄存器 ARR 设置为 50000-1,所以计数器溢出周期为 500ms,该周期其实是远大于输入 PWM 的周期,这样在发生边沿捕获之前,TIM3 不会产生 UEV,不需要进行额外的计算。

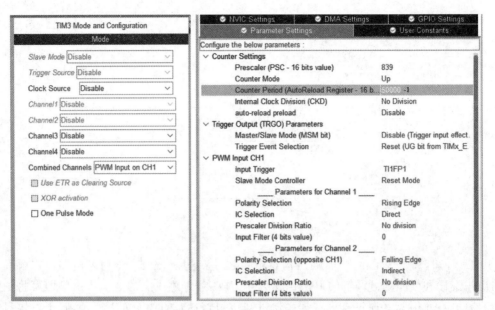

图 10-20　TIM3 配置界面

Trigger Output(TRGO) Parameters 参数组用于配置定时器触发输出选项,其配置选项保持默认值即可。

PWM Input CH1 组用于配置输入捕获通道的 PWM 输入模式选项,各参数的设置和意义如下:

(1) Input Trigger:输入触发信号,因为设置了使用 CH1 作为 PWM 输入通道,所以只能选择 TI1FP1。如果在模式设置中将 Combined Channels 设置为 PWM Input on CH2,则只能选择 TI2FP2。

(2) Slave Mode Controller:从模式控制器,只能设置为 Reset Mode。

Parameters for Channel 1 参数组用于设置输入捕获通道 CC1,主要参数如下:

(3) Polarity Selection:捕获极性,设置为 Rising Edge(上升沿捕获),CH2 通道极性与 CH1 通道的极性相反。

(4) IC Selection:输入通道选择,只能是 Direct,即 CH1 作为直接通道。

(5) Prescaler Division Ratio:设置为 No Division,即不分频。

(6) Input Filter:输入波形滤波系数,类似于按键消除抖动功能,因为 555 时基电路生成 PWM 方波信号较为规整,无须滤波,此项参数设置为 0。

Parameters for Channel 2 参数组用于设置输入捕获通道 CC2,其极性与 CH1 通道相反,输入通道只能选择 Indirect。

由于需要在定时器的捕获比较中断里读取 CCR 寄存器的值,并进行频率和占空比的计算,所以需要打开 TIM3 全局中断,设置中等水平优先级,配置界面如图 10-21 所示。

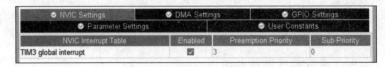

图 10-21　TIM3 中断配置界面

3) 定时器初始化代码分析

用户在 STM32CubeMX 中启用了某个定时器,系统会自动生成定时器初始化源文件 tim.c 和定时器初始化头文件 tim.h,分别用于定时器初始化的实现和定义。源文件 tim.c 内容如下,其中仅展示

TIM3 初始化部分,并省略了程序沙箱和部分注释。

```c
#include "tim.h"
TIM_HandleTypeDef htim3;
/* TIM3 初始化函数 */
void MX_TIM3_Init(void)
{
    TIM_SlaveConfigTypeDef sSlaveConfig = {0};
    TIM_IC_InitTypeDef sConfigIC = {0};
    TIM_MasterConfigTypeDef sMasterConfig = {0};
    htim3.Instance = TIM3;
    htim3.Init.Prescaler = 839;
    htim3.Init.CounterMode = TIM_COUNTERMODE_UP;
    htim3.Init.Period = 50000 - 1;
    htim3.Init.ClockDivision = TIM_CLOCKDIVISION_DIV1;
    htim3.Init.AutoReloadPreload = TIM_AUTORELOAD_PRELOAD_DISABLE;
    if (HAL_TIM_IC_Init(&htim3) != HAL_OK)
    {   Error_Handler(); }
    sSlaveConfig.SlaveMode = TIM_SLAVEMODE_RESET;
    sSlaveConfig.InputTrigger = TIM_TS_TI1FP1;
    sSlaveConfig.TriggerPolarity = TIM_INPUTCHANNELPOLARITY_RISING;
    sSlaveConfig.TriggerPrescaler = TIM_ICPSC_DIV1;
    sSlaveConfig.TriggerFilter = 0;
    if (HAL_TIM_SlaveConfigSynchro(&htim3, &sSlaveConfig) != HAL_OK)
    {   Error_Handler(); }
    sConfigIC.ICPolarity = TIM_INPUTCHANNELPOLARITY_RISING;
    sConfigIC.ICSelection = TIM_ICSELECTION_DIRECTTI;
    sConfigIC.ICPrescaler = TIM_ICPSC_DIV1;
    sConfigIC.ICFilter = 0;
    if (HAL_TIM_IC_ConfigChannel(&htim3, &sConfigIC, TIM_CHANNEL_1) != HAL_OK)
    {   Error_Handler(); }
    sConfigIC.ICPolarity = TIM_INPUTCHANNELPOLARITY_FALLING;
    sConfigIC.ICSelection = TIM_ICSELECTION_INDIRECTTI;
    if (HAL_TIM_IC_ConfigChannel(&htim3, &sConfigIC, TIM_CHANNEL_2) != HAL_OK)
    {   Error_Handler(); }
    sMasterConfig.MasterOutputTrigger = TIM_TRGO_RESET;
    sMasterConfig.MasterSlaveMode = TIM_MASTERSLAVEMODE_DISABLE;
    if (HAL_TIMEx_MasterConfigSynchronization(&htim3, &sMasterConfig) != HAL_OK)
    {   Error_Handler(); }
}
void HAL_TIM_IC_MspInit(TIM_HandleTypeDef * tim_icHandle)
{
    GPIO_InitTypeDef GPIO_InitStruct = {0};
    if(tim_icHandle -> Instance == TIM3)
    {
        /* TIM3 时钟使能 */
        __HAL_RCC_TIM3_CLK_ENABLE();
        __HAL_RCC_GPIOA_CLK_ENABLE();
        /* TIM3 GPIO 配置,即 PA6 对应 TIM3_CH1 */
        GPIO_InitStruct.Pin = GPIO_PIN_6;
        GPIO_InitStruct.Mode = GPIO_MODE_AF_PP;
        GPIO_InitStruct.Pull = GPIO_NOPULL;
        GPIO_InitStruct.Speed = GPIO_SPEED_FREQ_LOW;
        GPIO_InitStruct.Alternate = GPIO_AF2_TIM3;
```

```
        HAL_GPIO_Init(GPIOA, &GPIO_InitStruct);
        /* TIM3 interrupt Init */
        HAL_NVIC_SetPriority(TIM3_IRQn, 3, 0);
        HAL_NVIC_EnableIRQ(TIM3_IRQn);
    }
}
```

定时器初始化程序调用 MX_TIM3_Init()完成 TIM3 基本参数初始化和 PWM 输入模式初始化,配置参数与图 10-20 设置选项一一对应。函数 HAL_TIM_IC_MspInit()是定时器的 MSP 函数,用于完成 TIM3_CH1 通道映射引脚 PA6 的工作模式和复用功能设置。上述代码均由 STM32CubeMX 自动生成,且用户无须任何修改。

4）主程序分析和用户程序设计

打开 main.c 文件,其部分代码列于下方,其中用户编写代码采用加粗显示,以区别于系统自动生成代码。

（1）主程序。

```
/********** main.c Source File **********/
#include "main.h"
#include "tim.h"
#include "gpio.h"
#include "fsmc.h"
uint16_t * SEG_ADDR = (uint16_t *)(0x68000000);
// 0x8E = "F"  0xA1 = "d"  0xBF = "-"
uint8_t smgduan[13] = {0xc0,0xf9,0xa4,0xb0,0x99,0x92,0x82,0xf8,0x80,0x90,0x8E,0xA1,0xBF};
uint8_t smgwei[6] = {0xfe,0xfd,0xfb,0xf7,0xef,0xdf},SmgBuff[6];
//PWM IN 相关变量
__IO uint32_t          IC1ValuePWM = 0;
__IO uint32_t          DutyCyclePWM = 0;
__IO uint32_t          FrequencyPWM = 0;
void SystemClock_Config(void);
int main(void)
{
    uint32_t TickVal = 0;
HAL_Init();
SystemClock_Config();
/* 初始化所有配置的外设 */
MX_GPIO_Init();
MX_FSMC_Init();
MX_TIM7_Init();
MX_TIM3_Init();
HAL_TIM_Base_Start_IT(&htim7);
HAL_TIM_IC_Start_IT(&htim3,TIM_CHANNEL_1);      //TIM3 - CH1
HAL_TIM_IC_Start_IT(&htim3,TIM_CHANNEL_2);      //TIM3 - CH2
while(1)
    {
        TickVal = HAL_GetTick();
        if(TickVal % 1500 == 0&&TickVal % 3000!= 0)
        {
            SmgBuff[0] = 10;                          //显示"F"
            SmgBuff[1] = FrequencyPWM/10000;
            SmgBuff[2] = FrequencyPWM/1000 % 10;
            SmgBuff[3] = FrequencyPWM/100 % 10;
            SmgBuff[4] = FrequencyPWM/10 % 10;
            SmgBuff[5] = FrequencyPWM % 10;
```

```
            }
        if(TickVal % 3000 == 0)
        {     //0x8E = "F"  0xA1 = "d"  0xBF = " - "
            SmgBuff[0] = 11;                      //显示"d"
            SmgBuff[1] = 12;                      //显示" - "
            SmgBuff[2] = DutyCyclePWM/100;        //占空比百位
            SmgBuff[3] = DutyCyclePWM/10 % 10;    //占空比十位
            SmgBuff[4] = DutyCyclePWM % 10;       //占空比个位
            SmgBuff[5] = 12;                      //显示中画线
        }
    }
}
```

在主程序中,首先进行文件包含、变量定义和函数声明,随后完成所有外设初始化,以中断方式启动定时器 TIM3 的 CH1 和 CH2 通道输入捕获模式,随后在 while 无限循环中读取 SysTick 的计数值,并根据其处于的区间对显示缓冲数组进行赋值,以实现频率和占空比分时显示功能。为便于查看,本项目新增代码均加粗显示。

(2) 回调函数编写。

PWM 波频率和占空比测量通过 TIM3 输入捕获中断实现,所以程序编写的重要内容就是重新实现输入捕获回调函数,依然选择在 main.c 文件中实现,其参考代码如下:

```
void HAL_TIM_IC_CaptureCallback(TIM_HandleTypeDef * htim)
{
    if (htim -> Instance == TIM3&&htim -> Channel == HAL_TIM_ACTIVE_CHANNEL_1)
    {
        /* 获取输入捕获值 */
        IC1ValuePWM = HAL_TIM_ReadCapturedValue(htim, TIM_CHANNEL_1);
        if (IC1ValuePWM != 0)
        {
            /* 占空比计算 */
            DutyCyclePWM = ((HAL_TIM_ReadCapturedValue(htim, TIM_CHANNEL_2)) * 100)
/ IC1ValuePWM;
            /* TIM3 内部时钟频率为 PCLK1 的 2 倍 */
            FrequencyPWM = (HAL_RCC_GetPCLK1Freq() * 2/(TIM3 -> PSC + 1))/ IC1ValuePWM;
        }
        else
        {
            DutyCyclePWM = 0;
            FrequencyPWM = 0;
        }
    }
}
```

当 TIM3_CH1 发生输入捕获事件时,回调函数 HAL_TIM_IC_CaptureCallback()将会被执行,其中,首先读取 CCR1 的值,如果其不为 0,则继续读 CCR2 的值,并计算占空比和频率。如果 CCR1 的值为 0,则将占空比和频率复位为 0。在计算频率时,将 APB1 总线频率和定时器预分频器数值代入其中,使计算公式在不同时钟频率和预分频系数均适用,提高了程序的通用性。

5) 下载调试

编译工程,直到没有错误为止,下载程序到开发板,复位运行,检查实验效果。

本章小结

本章首先介绍了通用定时器功能概述,随后介绍通用定时器工作模式与 HAL 库驱动,重点讨论了 4 种典型工作模式,并简单介绍了通用定时器寄存器。紧接着介绍了通用定时器中断事件及其回调函数。本章的最后给出 4 个通用定时器应用的经典实例,分别为 PWM 呼吸灯、输出比较模式输出方波信号、输入捕获模式测量脉冲频率和 PWM 波频率和占空比测量,通过上述项目实践可较好地掌握通用定时器应用方法。

思考拓展

(1) STM32F407 微控制器通用定时器有哪几种计数方式? 何时可以产生更新事件?

(2) 通用定时器有哪些工作模式? 分别说出 4 种典型模式的工作原理。

(3) 在 PWM 输出模式中,如何确定 PWM 波的频率、占空比,以及输出的极性?

(4) 在 10.5.1 节呼吸灯项目的基础上,将实验者学号和呼吸灯占空比显示于数码管,格式为:"XX-YY-",其中 XX 为学号,YY 为占空比。

(5) 使用定时器输出比较模式,在中断服务程序中更改比较数值,实现与 10.5.1 节相同的 PWM 呼吸灯效果。

(6) 调整 P1 跳线座连接关系,将微控制器 PA2 和 PA3 引脚短接,在 PA2 引脚输出频率为 1kHz,占空比为 50% 的 PWM 方波,使用 PA3 引脚测量输入的 PWM 信号,并将频率和占空比显示于数码管。

(7) 将 10.5.1 节和 10.5.2 节介绍的两个项目在一个工程中同时实现,即在 L7 指示灯上实现呼吸灯效果,用输出比较模式在 L8 指示灯上实现 1s 周期闪烁效果。

(8) 将 10.5.3 节和 10.5.4 节介绍的两个项目在同一工程中实现,键盘处于独立按键模式,K1 键按下测量脉冲信号频率,K2 键按下测量 PWM 信号频率和占空比。

第三篇 扩展外设

欲穷千里目，更上一层楼

——王之涣

本篇介绍扩展外设，共 8 章，分别对 STM32 嵌入式系统高级外设和典型传感器进行讲解。通过本篇学习，读者将掌握更多高级外设和典型传感器的应用方法，综合设计能力将得到进一步提升。

第 11 章

串行通信接口 USART

本章要点

➢ 数据通信基本概念；

➢ USART 工作原理；

➢ USART 的 HAL 驱动；

➢ 串口通信项目实例；

➢ printf()重定向函数。

在嵌入式系统中,微控制器经常需要与外围设备(如触控屏、传感器等)或其他微控制器交换数据,一般采用并行或串行方式。

11.1 数据通信基本概念

微课视频

11.1.1 并行通信与串行通信

如图 11-1(a)所示,并行通信是指使用多条数据线传输数据。并行通信时,各个位同时在不同的数据线上传送,数据可以以字或字节为单位并行进行传输,就像具有多车道(数据线)的高速公路可以同时让多辆车(位)通行。显然,并行通信的优点是传输速度快,一般用于传输大量、紧急的数据。例如,在嵌入式系统中,微控制器与 LCD 之间的数据交换通常采用并行通信方式。同样,并行通信的缺点也很明显,它需要占用更多的 I/O 口,传输距离较短,且易受外界信号干扰。

如图 11-1(b)所示,串行通信是指使用一条数据线将数据一位一位地依次传输,每一位数据占据一个固定的时间长度,就像只有一条车道(数据线)的街道一次只能允许一辆车(位)通行。它的优点是只需要寥寥几根线(如数据线、时钟线或地线等)便可实现系统与系统间或系统与部件间的数据交换,且传输距离较长,因此被广泛应用于嵌入式系统中。其缺点是由于只使用一根数据线,数据传输速度较慢。

11.1.2 异步通信与同步通信

串行通信按同步方式分为异步通信和同步通信。异步通信依靠起始位、停止位保持通信同步；同步通信依靠同步字符保持通信同步。

1. 异步通信

异步通信数据传送格式如图 11-2 所示,异步通信数据传送按帧传输,一帧数据包含起始位、数据位、校验位和停止位。最常见的帧格式为 1 个起始位、8 个数据位、1 个校验位和 1 个停止位组成,帧与帧之间可以有空闲位。起始位约定为 0,停止位和空闲位约定为 1。

异步通信对硬件要求较低,实现起来比较简单、灵活,适用于数据的随机发送/接收,但因每个字节都要建立一次同步,即每个字符都要额外附加两位,所以工作速度较低,在嵌入式系统中主要采用异步通信方式。

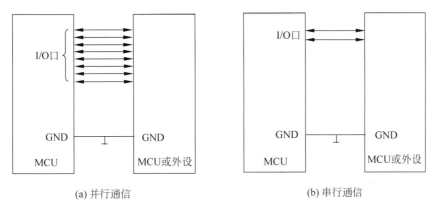

图 11-1 并行通信和串行通信

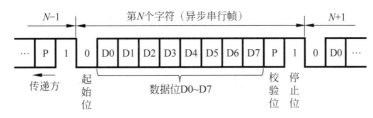

图 11-2 异步通信数据传送格式

2. 同步通信

同步通信数据传送格式如图 11-3 所示,同步通信是由 1～2 个同步字符和多字节数据位组成。同步字符作为起始位以触发同步时钟开始发送或接收数据;多字节数据之间不允许有空隙,每位占用的时间相等;空闲位需发送同步字符。

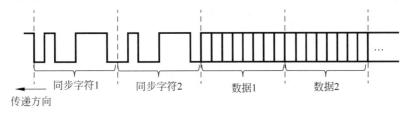

图 11-3 同步通信数据传送格式

同步通信传送的多字节数据中间没有空隙,因而传输速度较快,但要求有准确的时钟来实现收发双方的严格同步,对硬件要求较高,适用于数据批量传送。

11.1.3 串行通信的制式

串行通信按照数据传送方向可分为三种制式:

1. 单工制式(Simplex)

单工制式是指甲乙双方通信时只能单向传送数据。系统组成以后,发送方和接收方固定。这种通信制式应用很少,但在某些串行 I/O 设备中使用了这种制式,如早期的打印机和计算机之间的通信,数据传输只需要一个方向,即从计算机至打印机。单工制式见图 11-4(a)。

2. 半双工制式(Half Duplex)

半双工制式是指通信双方都具有发送器和接收器,既可发送也可接收,但不能同时接收和发送,即发送时不能接收,接收时不能发送。半双工制式见图 11-4(b)。

3. 全双工制式(Full Duplex)

全双工制式是指通信双方均设有发送器和接收器,并且信道划分为发送信道和接收信道,因此全双工制式可实现甲方(乙方)同时发送和接收数据,即发送时能接收,接收时也能发送。全双工制式见图11-4(c)。

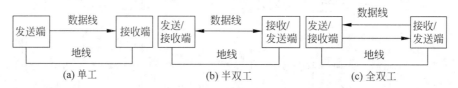

(a) 单工　　　　　　　　　　(b) 半双工　　　　　　　　　　(c) 全双工

图 11-4　串行通信的制式

11.1.4　串行通信的校验

在串行通信中,往往要考虑在通信过程中对数据差错进行校验,因为差错校验是保证准确无误通信的关键。常用差错校验方法有奇偶校验、累加和校验及循环冗余码校验等。

1. 奇偶校验

在发送数据时,数据位尾随的1位数据为奇偶校验位(1或0)。当设置为奇校验时,数据中1的个数与校验位1的个数之和应为奇数;当设置为偶校验时,数据中1的个数与校验位中的1的个数之和应为偶数。接收时,接收方应具有与发送方一致的差错检验设置,当接收1帧字符时,对1的个数进行校验,若二者不一致,则说明数据传送过程中出现差错。奇偶校验的特点是按字符校验,数据传输速度将受到影响,一般只用于异步串行通信中。

2. 累加和校验

累加和校验是指发送方将所发送的数据块求和,并将"校验和"附加到数据块末尾。接收方接收数据时也是对数据块求和,将所得结果与发送方的"校验和"进行比较,相符则无差错,否则即出现差错。"校验和"的加运算可用逻辑加,也可用算术加。累加和校验的缺点是无法校验出字节位序(或1、0位序不同)的错误。

3. 循环冗余码校验

循环冗余码校验(Cyclic Redundancy Check,CRC)的基本原理是将一个数据块看成一个位数很长的二进制数,然后用一个特定的数去除它,将余数作校验码附在数据块后一起发送。接收端收到该数据块和校验码后,进行同样的运算来校验传送是否出错。目前CRC已广泛用于数据存储和数据通信中,在国际上形成规范,并已有不少现成的CRC软件算法。

还有诸如海明码校验等,不再一一说明,有兴趣的读者可以参考有关书籍。

11.1.5　串行通信的波特率

波特率是串行通信中一个重要概念,指传输数据的速率。波特率(bit per second)的定义是每秒传输数据的位数,即:

$$1 \text{ 波特} = 1 \text{ 位}/\text{秒}(1\text{b}/\text{s})$$

波特率的倒数即为每位传输所需的时间。由以上串行通信原理可知,互相通信的甲乙双方必须具有相同的波特率,否则无法成功地完成串行数据通信。

11.2　USART 工作原理

11.2.1　USART 介绍

通用同步/异步收发器(Universal Synchronous/Asynchronous Receiver-Transmitter,USART)提供

了一种灵活的方法与使用工业标准 NRZ 异步串行数据格式的外部设备之间进行全双工数据交换。USART 利用分数波特率发生器提供宽范围的波特率选择。它支持同步单向通信和半双工单线通信,也支持 LIN(局部互联网)、智能卡协议、IrDA(红外数据组织)SIR ENDEC 规范以及调制解调器操作,还允许多处理器通信。使用多缓冲器配置的 DMA 方式,可以实现高速数据通信。

STM32F407 全系列微控制器均有 4 个 USART 和 2 个通用异步收发器(Universal Asynchronous Receiver-Transmitter,UART),分别为 4 个通用同步/异步收发器 USART1、USART2、USART3、USART6 和 2 个通用异步收发器 UART4、UART5。

11.2.2 USART 功能特性

STM32F407 微控制器 USART 接口通过三个引脚与其他设备连接在一起,其内部结构如图 11-5 所示。

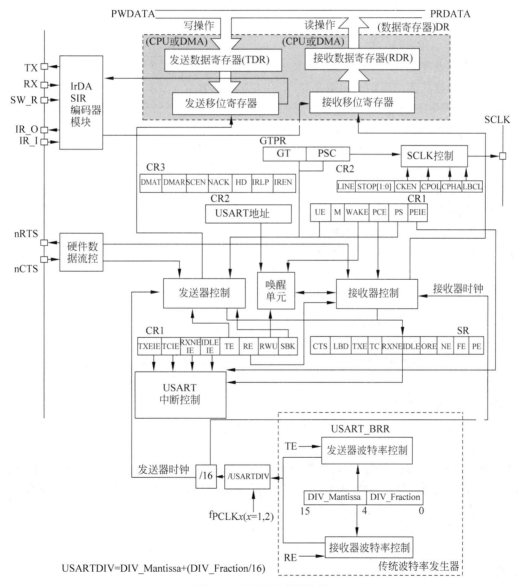

图 11-5 USART 内部结构

任何 USART 双向通信至少需要以下两个引脚：

（1）RX：接收数据串行输入。通过过采样技术来区别数据和噪声，从而恢复数据。

（2）TX：发送数据串行输出。当发送器被禁止时，输出引脚恢复到 I/O 端口配置。当发送器被激活，并且不发送数据时，TX 引脚处于高电平。在单线和智能卡模式里，此 I/O 口被同时用于数据的发送和接收。

正常 USART 模式下，通过这些引脚以帧的形式发送和接收串行数据：

（1）总线在发送或接收前应处于空闲状态。

（2）1 个起始位。

（3）1 个数据字（8 或 9 位），最低有效位在前。

（4）0.5、1.5 或 2 个的停止位，由此表明数据帧的结束。

（5）使用分数波特率发生器——12 位整数和 4 位小数的表示方法。

（6）1 个状态寄存器（USART_SR）。

（7）数据寄存器（USART_DR）。

（8）1 个波特率寄存器（USART_BRR），12 位的整数和 4 位小数。

（9）1 个智能卡模式下的保护时间寄存器（USART_GTPR）。

在同步模式中需要下列引脚：

CK：发送器时钟输出。此输出引脚用于同步传输的时钟，数据可以在 RX 上同步被接收，可以用来控制带有移位寄存器的外部设备（例如 LCD 驱动器）。时钟相位和极性都是软件可编程的。在智能卡模式里，CK 可以为智能卡提供时钟。

在 IrDA 模式里需要下列引脚：

（1）IrDA_RDI：IrDA 模式下的数据输入。

（2）IrDA_TDO：IrDA 模式下的数据输出。

在硬件流控制模式中需要下列引脚：

（1）nCTS：：清除发送，若是高电平，在当前数据传输结束时阻断下一次的数据发送。

（2）nRTS：发送请求，若是低电平，USART 准备好接收数据。

11.2.3　UART 通信协议

除了建立必要的物理链接，通信双方还需要约定使用一个相同的协议进行数据传输，否则发送和接收的数据就会发生错误。这个通信协议一般包括 3 方面：时序、数据格式和传输速率。

STM32F407 的 USART 接口可以实现异步通信或同步通信，而 UART 接口仅具有异步通信功能。在嵌入式领域中，异步通信更具代表性，所以本节以 UART 讲解串口通信协议。由于 UART 是异步通信，没有时序，因此，本节仅从数据格式和传输速率两方面来具体讲述 UART 协议。

1. UART 数据格式

UART 数据是按照一定的格式打包成帧，以帧为单位在物理链路上进行传输。UART 的数据格式由起始位、数据位、校验位、停止位和空闲位等构成，其通信时序如图 11-6 所示。其中，起始位、数据位、校验位和停止位构成了一个数据帧。

（1）起始位。必需项，长度为 1 位，值为逻辑 0。UART 在每一个数据帧的开始，先发出一个逻辑 0 信号，表示开始传输字符。

（2）数据位。必需项，长度可以是 7 位或 8 位，每个数据位的值可以为逻辑 0 或逻辑 1。通常，数据用 ASCII 码表示，采用小端方式一位一位传输，即 LSB（Least Significant Bit，最低有效位）在前，MSB（Most Significant Bit，最高有效位）在后，由低位到高位依次传输。

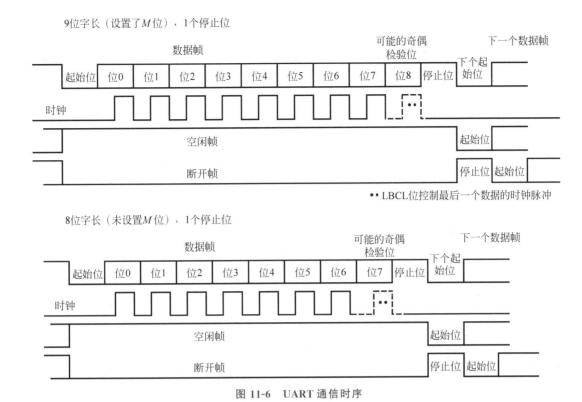

图 11-6 UART 通信时序

（3）校验位。可选项，长度为 0 位或 1 位，值可以为逻辑 0 或逻辑 1。如果校验位长度为 0，即不对数据位进行校验。如果校验位长度为 1，则需对数据位进行奇校验或偶校验。

（4）停止位。必需项，长度可以是 1 位、1.5 位或 2 位，值一般为逻辑 1。停止位是一个数据帧结束标志。

（5）空闲位。数据传送完毕，线路上将保持逻辑 1，即空闲状态，当前线路上没有数据传输。

综上所述，UART 通信以帧为单位进行数据传输。一个 UART 数据帧由 1 位起始位、7/8 位数据位、0/1 位校验位和 1/1.5/2 位停止位 4 部分构成。除了起始位外，其他 3 部分所占的位数具体由 UART 通信双方在数据传输前设定。数据位和检验位合称为传输数据的字长，字长可以通过编程 USART_CR1 寄存器中的 M 位，选择成 8 位或 9 位（见图 11-6）。起始位为 0，停止位为 1，线路空闲时一直保持 1。

例如，UART 通信双方事先约定使用 8 个数据位、偶校验、1 个停止位的帧数据格式传送数据。当传输字符"Z"（ASCII 码为 0b01011010）时，UART 传输线路 RxD 或 TxD 上的波形如图 11-7 所示。

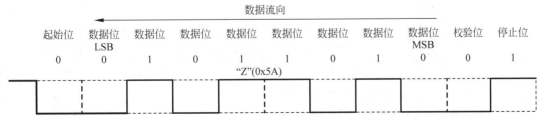

图 11-7 8 位数据位、偶校验、1 位停止位的格式传输字符"Z"

2. UART 传输速率

除了上述提到的统一的数据格式外，UART 通信双方必须事先约定相同的传输速率发送和接收数据。

UART 数据传输速率用波特率表示,单位为 b/s(bit per second)、kb/s 或 Mb/s。需要特别注意的是,在这里的 k 和 M 分别表示 10^3 和 10^6,而非 2^{10} 和 2^{20}。在实际应用中,常用的 UART 传输速率值有 1200、2400、4800、9600、14400、19200、28800、38400、56000、57600、115200、128000、230400、256000、460800、500000 等。

根据约定的传输速率和所要传输的数据大小,可以得出通过 UART 发送完全部数据所需的时间。例如,UART 以 115200b/s 的速率,使用 8 个数据位、偶校验、1 个停止位的数据格式传输一个大小为 2KB 的文件,所需时间为 $(2048 \times (8+1+1+1))/(115200) = 195.6$ms。

11.2.4 USART 中断

STM32F407 系列微控制器的 USART 主要有以下中断事件:

(1) 发送期间的中断事件包括发送数据寄存器空(TXE)、清除发送(CTS)和发送完成(TC)。

(2) 接收期间:接收数据寄存器非空(RXNE)、上溢错误(ORE)、空闲总线检测(IDLE)、奇偶校验错误(PE)、LIN 断路检测(LBD)、噪声标志(NE,仅在多缓冲器通信)和帧错误(FE,仅在多缓冲器通信)。

如果设置了对应的使能控制位,这些事件就可以产生各自的中断,如表 11-1 所示。

表 11-1　USART 的中断事件及其使能标志位

中断事件	事件标志	使能控制位
发送数据寄存器空	TXE	TXEIE
清除发送	CTS	CTSIE
发送完成	TC	TCIE
接收数据寄存器非空	RXNE	RXNEIE
上溢错误	ORE	
空闲总线检测	IDLE	IDLEIE
奇偶检验错误	PE	PEIE
LIN 断路检测	LBD	LBDIE
噪声标志、上溢错误和帧错误	NF 或 ORE 或 FE	EIE

STM32F407 系列微控制器 USART 以上各种不同的中断事件都被连接到同一个中断向量,中断映射如图 11-8 所示。

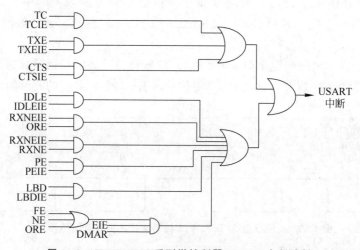

图 11-8　STM32F407 系列微控制器 USART 中断映射

11.2.5 USART 相关寄存器

现将STM32F407的USART相关寄存器名称介绍如下,可以用半字(16位)或字(32位)的方式操作这些外设寄存器,由于采用库函数方式编程,故不作进一步的探讨。

(1) 状态寄存器(USART_SR)。

(2) 数据寄存器(USART_DR)。

(3) 波特比率寄存器(USART_BRR)。

(4) 控制寄存器1(USART_CR1)。

(5) 控制寄存器2(USART_CR2)。

(6) 控制寄存器3(USART_CR3)。

(7) 保护时间和预分频寄存器(USART_GTPR)。

11.3 UART 的 HAL 驱动

11.3.1 UART 常用功能函数

UART(通用异步收发器)常用的HAL驱动函数如表11-2所示,这些函数的源文件和头文件分别为stm32f4xx_hal_uart.c和stm32f4xx_hal_uart.h。

微课视频

表 11-2 UART 常用的 HAL 驱动函数

类 别	函 数	功 能 说 明
初始化和总体功能	HAL_UART_Init()	串口初始化,设置串口通信参数
	HAL_UART_MspInit()	串口初始化的MSP弱函数,在HAL_UART_Init()中被调用
	HAL_UART_GetState()	获取UART当前状态
	HAL_UART_GetError()	返回UART错误代码
阻塞式传输	HAL_UART_Transmit()	阻塞方式发送一个缓冲区的数据,发送完成或超时后才返回
	HAL_UART_Receive()	阻塞方式将数据接收到一个缓冲区,接收完成或超时才返回
中断方式传输	HAL_UART_Transmit_IT()	以中断方式发送一个缓冲区的数据
	HAL_UART_Receive_IT()	以中断方式将指定长度的数据接收到缓冲区
DMA方式传输	HAL_UART_Transmit_DMA()	以DMA方式发送一个缓冲区的数据
	HAL_UART_Receive_DMA()	以DMA方式将指定长度的数据接收到缓冲区
	HAL_UART_DMAPause()	暂停DMA传输过程
	HAL_UART_DMAResume()	继续先前暂停的DMA传输过程
	HAL_UART_DMAStop()	停止DMA传输过程
取消数据传输	HAL_UART_Abort()	终止以中断方式或DMA方式启动的传输过程,函数自身以阻塞方式运行
	HAL_UART_AbortTransmit()	终止以中断方式或DMA方式启动的数据发送过程,函数自身以阻塞方式运行
	HAL_UART_AbortReceive()	终止以中断方式或DMA方式启动的数据接收过程,函数自身以阻塞方式运行
	HAL_UART_Abort_IT()	终止以中断方式或DMA方式启动的传输过程,函数自身以非阻塞方式运行

类　别	函　数	功　能　说　明
取消数据传输	HAL_UART_AbortTransmit_IT()	终止以中断方式或DMA方式启动的数据发送过程,函数自身以非阻塞方式运行
	HAL_UART_AbortReceive_IT()	终止以中断方式或DMA方式启动的数据接收过程,函数自身以非阻塞方式运行

上述函数较多,下面重点按函数类别讲解一些常用的串口HAL库函数。

1. UART初始化

函数HAL_UART_Init()用于串口初始化,主要用于设置串口通信参数。其原型定义如下:

```
HAL_StatusTypeDef HAL_UART_Init(UART_HandleTypeDef * huart)
```

函数入口参数huart是UART_HandleTypeDef类型的指针,是串口外设对象指针。结构体类型定义于stm32f4xx_hal_uart.h文件中。

```
typedef struct __UART_HandleTypeDef
{
    USART_TypeDef              * Instance;      //UART 寄存器基地址
    UART_InitTypeDef           Init;            //UART 通信参数
    const uint8_t              * pTxBuffPtr;    //发送数据缓冲区指针
    uint16_t                   TxXferSize;      //需要发送数据的字节数
    __IO uint16_t              TxXferCount;     //发送数据计数器,递增计数
    uint8_t                    * pRxBuffPtr;    //接收数据缓冲区指针
    uint16_t                   RxXferSize;      //需要接收数据的字节数
    __IO uint16_t              RxXferCount;     //接收数据计数器,递减计数
    DMA_HandleTypeDef          * hdmatx;        //数据发送 DMA 流对象指针
    DMA_HandleTypeDef          * hdmarx;        //数据接收 DMA 流对象指针
    HAL_LockTypeDef            Lock;            //锁定类型
    __IO HAL_UART_StateTypeDef gState;          //UART 状态
    __IO HAL_UART_StateTypeDef RxState;         //发送操作相关的状态
    __IO uint32_t              ErrorCode;       //错误代码
} UART_HandleTypeDef;
```

结构体UART_HandleTypeDef的成员Init的数据类型是结构体UART_InitTypeDef,它表示UART通信参数,其定义如下:

```
typedef struct
{
    uint32_t BaudRate;        //波特率
    uint32_t WordLength;      //字长
    uint32_t StopBits;        //停止位个数
    uint32_t Parity;          //奇偶校验位
    uint32_t Mode;            //工作模式
    uint32_t HwFlowCtl;       //硬件流控制
    uint32_t OverSampling;    //过采样次数
} UART_InitTypeDef;
```

在STM32CubeMX中,用户可以可视化地设置串口通信参数,生成代码时会自动生成串口初始化函数。

2. 阻塞式数据传输

串口数据传输有两种模式:阻塞模式和非阻塞模式。

(1)阻塞模式(Blocking Mode)就是轮询模式,如果使用阻塞模式发送一组数据,则启动数据传输之

后,CPU 会不断查询数据发送状态,直到数据发送成功或超时,程序才返回。

(2) 非阻塞模式(Non-Blocking Mode)使用中断或 DMA 方式进行数据传输,例如使用中断方式接收一组数据,则启动数据传输之后,函数立即返回。数据接收和处理在传输过程中引发的各种中断服务程序中完成,一般通过重新实现其回调函数实现。

以阻塞模式发送数据的库函数是 HAL_UART_Transmit(),其原型定义如下:

```
HAL_StatusTypeDef HAL_UART_Transmit(UART_HandleTypeDef * huart, const uint8_t * pData, uint16_t Size,
uint32_t Timeout)
```

其中参数 huart 是 UART 外设对象指针,参数 pData 是发送数据缓冲区指针,参数 Size 是需要发送的数据长度(字节),参数 Timeout 是超时等待时间,用嘀嗒信号的节拍数表示,当 SysTick 定时器的定时周期是 1ms 时,Timeout 的单位就是 ms。下面给出一个使用示例:

```
uint8_t SendStr[] = "Hello World!\n";
HAL_UART_Transmit(&huart1,SendStr,sizeof(SendStr),500);
```

函数 HAL_UART_Transmit()以阻塞模式发送一个缓冲区的数据,若返回值为 HAL_OK,表示传输成功,否则可能是超时或其他错误。

以阻塞模式接收数据的函数是 HAL_UART_Receive(),其原型定义如下:

```
HAL_StatusTypeDef HAL_UART_Receive(UART_HandleTypeDef * huart, uint8_t * pData, uint16_t Size, uint32_t
Timeout)
```

其中参数 huart 是 UART 外设对象指针,参数 pData 是接收数据缓冲区指针,参数 Size 是需要接收的数据长度(字节),参数 Timeout 是超时等待时间,单位是 ms,下面给出一个使用示例。

```
uint8_t RecvArray[8];
HAL_UART_Receive(&huart1,RecvArray,8,500);
```

函数 HAL_UART_Receive()以阻塞模式将指定长度的数据接收到缓冲区,若返回值为 HAL_OK,表示接收成功,否则可能是超时或其他错误。

3. 非阻塞数据传输

以中断或 DMA 方式启动的数据传输是非阻塞式的,DMA 传输方式将在后续章节介绍,本章只讲解中断方式。

1) UART 中断方式发送数据

UART 以中断方式发送数据的函数是 HAL_UART_Transmit_IT(),其原型定义如下:

```
HAL_StatusTypeDef HAL_UART_Transmit_IT(UART_HandleTypeDef * huart, const uint8_t * pData, uint16_t Size)
```

其中参数 huart 是 UART 外设对象指针,pData 是发送数据缓冲区指针,Size 是需要发送的数据长度(字节)。函数以中断方式发送一定长度的数据,若函数返回值为 HAL_OK,表示启动发送成功,但并不表示数据发送完成,其使用示例代码如下:

```
uint8_t SendStr[] = "Hello World!\n";
HAL_UART_Transmit_IT(&huart1,SendStr,sizeof(SendStr));
```

数据发送结束时,会触发中断并调用回调函数 HAL_UART_TxCpltCallback(),若用户要在数据发送结束时做一些处理,就需要重新实现这个回调函数。

2）UART 中断方式接收数据

UART 以中断方式接收数据的函数是 HAL_UART_Receive_IT()，其原型定义如下：

```
HAL_StatusTypeDef HAL_UART_Receive_IT(UART_HandleTypeDef * huart, uint8_t * pData, uint16_t Size)
```

其中参数 huart 是 UART 外设对象指针，参数 pData 是接收数据缓冲区指针，参数 Size 是需要接收的数据长度（字节）。函数以中断方式接收一定长度的数据，若函数返回值为 HAL_OK，表示启动接收成功，但并不表示已经接收完数据了，其使用示例代码如下：

```
uint8_t RecvArray[8];
HAL_UART_Receive_IT(&huart1,RecvArray,8);
```

数据接收完成时，会触发中断并调用回调函数 HAL_UART_RxCpltCallback()，若要在接收完数据后做一些处理，就需要重新实现这个回调函数。

函数 HAL_UART_Receive_IT()有一些需要特别注意的特性。

（1）这个函数执行一次只能接收固定长度的数据，即使设置为只接收 1 字节的数据。

（2）在完成数据接收后会自动关闭接收中断，不会再继续接收数据，也就是说，这个函数是"一次性"的。若要再接收下一批数据，需要再次执行这个函数。

函数的这些特性，使其在处理不确定长度、不确定输入时间的串口数据输入时比较麻烦，需要做一些特殊的处理。

11.3.2 UART 常用的宏函数

在 HAL 驱动程序中，每个外设都有一些以__HAL 为前缀的宏函数。这些宏函数直接操作寄存器，主要是进行启用或停用外设、开启或屏蔽事件中断、判断和清除中断标志位等操作。UART 操作常用的宏函数如表 11-3 所示。

表 11-3 UART 操作常用的宏函数

宏 函 数	功 能 描 述
__HAL_UART_ENABLE(__HANDLE__)	使能某个串口，示例： __HAL_UART_ENABLE(&huart1)
__HAL_UART_DISABLE(__HANDLE__)	失能某个串口，示例： __HAL_UART_DISABLE(&huart1)
__HAL_UART_ENABLE_IT(__HANDLE__,__INTERRUPT__)	使能指定的 UART 中断，示例： __HAL_UART_ENABLE_IT(&huart1,UART_IT_RXNE)
__HAL_UART_DISABLE_IT(__HANDLE__,__INTERRUPT__)	失能指定的 UART 中断，示例： __HAL_UART_DISABLE_IT(&huart1,UART_IT_RXNE)
__HAL_UART_GET_IT_SOURCE(__HANDLE__,__IT__)	检查某个事件是否被允许产生硬件中断，示例： __HAL_UART_GET_IT_SOURCE(&huart1,UART_IT_TC)
__HAL_UART_GET_FLAG(__HANDLE__,__FLAG__)	检查某个事件的中断标志位是否被置位，示例： __HAL_UART_GET_FLAG(&huart1,UART_FLAG_RXNE)
__HAL_UART_CLEAR_FLAG(__HANDLE__,__FLAG__)	清除某个事件的中断标志位，示例： __HAL_UART_CLEAR_FLAG(&huart1,UART_FLAG_TC)

其中，参数__HANDLE__是串口外设对象指针，参数__INTERRUPT__和__IT__都是中断事件类型，而

__FLAG__是中断标志位。一个串口只有一个中断号,但是中断事件类型较多,文件 stm32f4xx_hal_uart.h 定义了这些中断事件类型和中断标志位,现将其列于表 11-4,以便读者编程时查阅。

表 11-4　中断事件类型和中断标志位宏定义

中断事件描述	中断事件类型宏定义	中断标志位宏定义
奇偶检验错误中断	UART_IT_PE	UART_FLAG_PE
发送数据寄存器空中断	UART_IT_TXE	UART_FLAG_TXE
发送完成中断	UART_IT_TC	UART_FLAG_TC
接收数据寄存器非空中断	UART_IT_RXNE	UART_FLAG_RXNE
检测到空闲线路中断	UART_IT_IDLE	UART_FLAG_IDLE
LIN 打断检测中断	UART_IT_LBD	UART_FLAG_LBD
CTS 信号变化中断	UART_IT_CTS	UART_FLAG_CTS
发生帧错误、噪声错误、溢出错误的中断	UART_IT_ERR	UART_FLAG_ORE
		UART_FLAG_NE
		UART_FLAG_FE

由表 11-4 可知,中断事件类型和中断标志位并非是一一对应关系,存在多个中断标志位对应同一中断事件类型情况,另外,通过跟踪宏定义代码还发现,即使当中断标志位和中断事件类型一一对应时,二者数值上并不相等,所以在编程时需要分清参数要求,切不可混淆使用。

11.3.3　UART 中断事件与回调函数

一个串口只有一个中断号,也就是只有一个 ISR,例如,USART1 的全局中断对应的 ISR 是 USART1_IRQHandler(),需要注意的是,虽然我们使用的是串口的异步工作模式(UART),但是微控制器只有 USART1 这个外设,所以此处的函数名的前半部分是 USART1 而非 UART1。在 STM32CubeMX 自动生成代码时,其 ISR 框架会在文件 stm32f4xx_it.c 中生成,代码如下:

```
void USART1_IRQHandler(void)
{
    HAL_UART_IRQHandler(&huart1);
}
```

所有串口的 ISR 都调用了函数 HAL_UART_IRQHandler(),该函数是中断处理通用函数,会判断产生中断的事件类型,清除事件中断标志位,调用中断事件对应的回调函数。

对函数 HAL_UART_IRQHandler() 进行代码跟踪分析,整理出如表 11-5 所示的 UART 中断事件类型与其回调函数的对应关系。

表 11-5　UART 中断事件类型及其回调函数

中断事件描述	中断事件类型宏定义	对应的回调函数
奇偶检验错误中断	UART_IT_PE	HAL_UART_ErrorCallback()
发送数据寄存器空中断	UART_IT_TXE	无
发送完成中断	UART_IT_TC	HAL_UART_TxCpltCallback()
接收数据寄存器非空中断	UART_IT_RXNE	HAL_UART_RxCpltCallback()
检测到空闲线路中断	UART_IT_IDLE	无
LIN 打断检测中断	UART_IT_LBD	无
CTS 信号变化中断	UART_IT_CTS	无
发生帧错误、噪声错误、溢出错误的中断	UART_IT_ERR	HAL_UART_ErrorCallback()

常用的回调函数有 HAL_UART_TxCpltCallback() 和 HAL_UART_RxCpltCallback()。在以中断

或 DMA 方式发送数据完成时,会触发 UART_IT_TC 事件中断,执行回调函数 HAL_UART_TxCpltCallback();在以中断或 DMA 方式接收数据完成时,会触发 UART_IT_RXNE 事件中断,执行回调函数 HAL_UART_RxCpltCallback()。

需要注意的是,并不是所有中断事件都有对应的回调函数,例如,UART_IT_IDLE 中断事件就没有对应的回调函数。也不是所有的回调函数都与中断事件关联,文件 stm32f4xx_hal_uart.h 中还有其他几个回调函数并没有出现在表 11-5 中。这几个函数定义和功能说明如下:

```
//DMA 发送数据完成一半时回调函数
void HAL_UART_TxHalfCpltCallback(UART_HandleTypeDef * huart);
//DMA 接收数据完成一半时回调函数
void HAL_UART_RxHalfCpltCallback(UART_HandleTypeDef * huart);
//UART 中止操作完成时回调函数
void HAL_UART_AbortCpltCallback(UART_HandleTypeDef * huart);
//UART 中止发送操作完成时回调函数
void HAL_UART_AbortTransmitCpltCallback(UART_HandleTypeDef * huart);
//UART 中止接收操作完成时回调函数
void HAL_UART_AbortReceiveCpltCallback(UART_HandleTypeDef * huart);
```

11.4 串口通信项目实例

11.4.1 项目分析

微课视频

本项目实现如下功能:STM32 微控制器通过串口和上位机建立通信连接,上位机获取本机日期、星期和时间,通过串口发送给 STM32 微控制器,微控制器在收到上位机发送过来的一组数据后,提取出年、月、日、星期、时、分、秒的数值,将时间高亮显示于数码管上,同步刷新于 LCD,仅当收到上位机全部(7 个)数据才对显示于 LCD 的日期和星期数据进行更新。微控制器每产生一次接收中断,就会将接收到的数据个数回传至上位机。

本项目包括两部分程序,一是单片机串口收发程序,二是上位机串口通信程序。本项目讨论的重点是单片机串口收发程序的设计,上位机程序设计只是简单介绍。微控制器端采用 UART 典型应用方法,即串口中断接收数据,阻塞发送数据。串口使用的一般步骤是先对其初始化,然后调用串口中断接收函数,等待接收数据,当上位机数据到来时,产生串口接收中断,在中断服务程序中完成数据的提取。因为上位机一次发送一组数据,需要按照一定的规则对数据进行提取,本项目采用了较为简单的数据提取方法,即按数据到来的顺序进行赋值,即一批数据中第一个数据是年份,第二数据是月份,以此类推,完成全部数据提取。完成数据接收工作之后,还需要调用阻塞发送函数,将系统接收到的数据个数回送至上位机,因为串口中断接收函数是一次性的,所以数据处理完成之后还需要再次调用中断接收函数。

11.4.2 微控制器端程序设计

1. 复制工程文件

因为本项目涉及时间同步,所以复制第 9 章创建的工程文件 0901 BasicTimer 到桌面,并将文件夹重命名为 1101 USART。

2. STM32CubeMX 配置

打开工程模板文件夹里面的 Template.ioc 文件,启动 STM32CubeMX 配置软件,在左侧配置类别 Categories 下面的 Connectivity 列表中的找到 USART1 串口,打开其配置对话框,操作界面如图 11-9 所示。

在模式设置部分只有两个参数,分别说明如下:

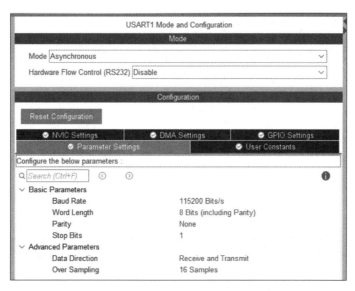

图 11-9 USART1 配置界面

（1）Mode：用于设置 USART 的工作模式，有 Asynchronous（异步）、Synchronous（同步）、Single Wire（半双工）、IrDA（红外通信）、SmartCard（智能卡）等工作模式，我们使用的是 UART 功能，所以此处选择异步模式 Asynchronous。

（2）Hardware Flow Control（RS232）：硬件流控制，有 Disable、CTS Only、RTS Only、CTS/RTS 共 4 个选项，由于本项目并没有使用硬件流控制，所以应选择无硬件流控制 Disable。如果使用硬件流控制一般是 CTS 和 RTS 同时使用。注意，只有异步模式才有硬件流控制信号。

参数设置部分包括串口通信的 4 个基本参数和微控制器的 2 个扩展参数。4 个基本参数说明如下：

（1）Baud Rate：串口通信的波特率，初始化配置时只要给出具体的波特率数值即可，STM32CubeMX 会根据设置的波特率自动配置相关寄存器。常用的串口波特率有 9600b/s、14400b/s、19200b/s、115200b/s、460800b/s、500000b/s 等，此处保留其默认值 115200b/s。

（2）Word Length：字长（数据位＋奇偶校验位），可以设置为 8 位或 9 位，这里设置为 8 位。

（3）Parity：奇偶校验位，可选 None（无）、Even（偶校验）、Odd（奇校验），此处设置为 None。如果设置为奇校验或偶校验时，字长应设置为 9 位。

（4）Stop Bits：停止位，可选 1 位或 2 位，这里设置为 1 位。

STM32 MCU 扩展的两个参数说明如下：

（1）Data Direction：数据方向，可选 Receive and Transmit（接收和发送）、Receive Only（仅接收）、Transmit Only（仅发送）。此处设置为 Receive and Transmit。

（2）Over Sampling：过采样，可选 16 Samples 或 8 Samples，这里设置为 16 Samples。选择不同的过采样数值会影响波特率的可设置范围，而 STM32CubeMX 会自动更新波特率的可设置范围。

上述 USART1 串口配置过程仅需选择 Mode 下拉列表中的异步工作模式选项，其余参数均采用默认设置即可。完成上述配置，STM32CubeMX 会自动配置 PA9 和 PA10 作为 USART1_TX 和 USART1_RX 信号复用引脚，这与开发板电路设计一致，故无须再做任何 GPIO 设置。因为本项目需要使用串口中断接收数据，所以还需要打开 USART1 的全局中断。整个工程中断优先级分组设置为 NVIC_PRIORITYGROUP_3，串口通信对中断响应时间并无苛刻要求，所以此处为 USART1 设置了一个中等的优先级。USART1 的 GPIO 和 NVIC 配置结果如图 11-10 所示。

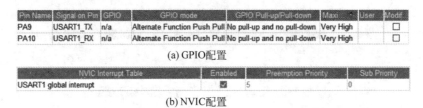

Pin Name	Signal on Pin	GPIO	GPIO mode	GPIO Pull-up/Pull-down	Maxi	User	Modif.
PA9	USART1_TX	n/a	Alternate Function Push Pull	No pull-up and no pull-down	Very High		☐
PA10	USART1_RX	n/a	Alternate Function Push Pull	No pull-up and no pull-down	Very High		☐

(a) GPIO配置

NVIC Interrupt Table	Enabled	Preemption Priority	Sub Priority
USART1 global interrupt	☑	5	0

(b) NVIC配置

图 11-10　USART1 的 GPIO 和 NVIC 配置

3. 初始化代码分析及用户程序编写

打开 MDK-ARM 文件夹下面的工程文件 Template. uvprojx,将生成工程编译一下,没有错误和警告之后开始初始化代码分析和用户代码编写。

1) 初始化代码分析

用户在 STM32CubeMX 中启用了某个口串口,系统会自动生成串口初始化源文件 usart. c 和串口初始化头文件 usart. h,分别用于串口初始化的实现和定义。usart. h 仅用于外部变量和初始化函数的声明,usart. c 内容如下,其中省略了程序沙箱和部分注释。

```c
# include "usart.h"
UART_HandleTypeDef huart1;
void MX_USART1_UART_Init(void)
{
    huart1. Instance = USART1;
    huart1. Init. BaudRate = 115200;
    huart1. Init. WordLength = UART_WORDLENGTH_8B;
    huart1. Init. StopBits = UART_STOPBITS_1;
    huart1. Init. Parity = UART_PARITY_NONE;
    huart1. Init. Mode = UART_MODE_TX_RX;
    huart1. Init. HwFlowCtl = UART_HWCONTROL_NONE;
    huart1. Init. OverSampling = UART_OVERSAMPLING_16;
    if (HAL_UART_Init(&huart1) != HAL_OK)
    {   Error_Handler(); }
}
void HAL_UART_MspInit(UART_HandleTypeDef * uartHandle)
{
    GPIO_InitTypeDef GPIO_InitStruct = {0};
    if(uartHandle -> Instance == USART1)
    {
        /* USART1 时钟使能 */
        __HAL_RCC_USART1_CLK_ENABLE();
        __HAL_RCC_GPIOA_CLK_ENABLE();
        /** USART1 GPIO Configuration PA9 --> USART1_TX PA10 --> USART1_RX **/
        GPIO_InitStruct. Pin = GPIO_PIN_9|GPIO_PIN_10;
        GPIO_InitStruct. Mode = GPIO_MODE_AF_PP;
        GPIO_InitStruct. Pull = GPIO_NOPULL;
        GPIO_InitStruct. Speed = GPIO_SPEED_FREQ_VERY_HIGH;
        GPIO_InitStruct. Alternate = GPIO_AF7_USART1;
        HAL_GPIO_Init(GPIOA, &GPIO_InitStruct);
        /* USART1 中断初始化 */
        HAL_NVIC_SetPriority(USART1_IRQn, 5, 0);
        HAL_NVIC_EnableIRQ(USART1_IRQn);
    }
}
```

上述代码中,定义了一个串口外设对象指针变量 huart1,调用 MX_USART1_UART_Init()函数对

USART1 进行初始化,其选项配置信息和图 11-9 的 STM32CubeMX 设置信息一一对应。HAL_UART_ MspInit()函数是串口初始化的 MSP 函数,它在 HAL_UART_Init()函数内被调用。重新实现这一函数主要用于串口的 GPIO 引脚配置和 NVIC 中断设置。

2）串口回调函数实现

当我们在 STM32CubeMX 中启用 USART1 外设并使能其全局中断,stm32f4xx_it.c 文件中就会生成 USART1 的中断服务程序框架 USART1_IRQHandler(),在其中仅调用串口通用处理函数 HAL_ UART_IRQHandler(),对各种中断事件进行判断,并调用各自的回调函数。对于本项目来说,当串口接收数据完成时会调用 HAL_UART_RxCpltCallback()回调函数,依然选择在 main.c 中重新实现这一回调函数,其参考代码如下:

```
/* USER CODE BEGIN 4 */
void HAL_UART_RxCpltCallback(UART_HandleTypeDef * huart)
{
    static uint8_t k = 0;
    if(huart -> Instance == USART1)
    {
        k++;
        switch (k % 7)
        {
            case 1:
                year = RxData;
                break;
            case 2:
                month = RxData;
                break;
            case 3:
                day = RxData;
                break;
            case 4:
                WeekIndex = RxData;
                break;
            case 5:
                hour = RxData;
                break;
            case 6:
                minute = RxData;
                break;
            case 0:
                second = RxData;
                DateFresh = 1; //更新日期、星期标志
                break;
            default:
                break;
        }
        HAL_UART_Transmit(&huart1,&k,1,100);
        HAL_UART_Receive_IT(&huart1,&RxData,1);
    }
}
/* USER CODE END 4 */
```

在上述代码中,首先定义了一个静态变量 k,用于记录串口中断发生的次数,随后根据数据到来的次序提取数值,另外为不对日期和星期数据反复更新,还设置了一个全部数据接收完成标志位。最后将接收到的数据个数以阻塞方式回传上位机,并重新启动串口数据接收。

3）用户主程序编写

用户编写主程序参考代码如下：

```
# include "main.h"
# include "tim.h"
# include "usart.h"
# include "gpio.h"
# include "fsmc.h"
/ * USER CODE BEGIN Includes * /
# include "stdio.h"
# include "lcd.h"
/ * USER CODE END Includes * /
/ * USER CODE BEGIN PV * /
uint16_t * SEG_ADDR = (uint16_t * )(0x68000000);
uint8_t smgduan[10] = {0xc0,0xf9,0xa4,0xb0,0x99,0x92,0x82,0xf8,0x80,0x90};
uint8_t smgwei[6] = {0xfe,0xfd,0xfb,0xf7,0xef,0xdf};
uint8_t hour = 9,minute = 30,second = 25,ShowBuff[6],RxData = 0;
uint8_t year = 22,month = 5,day = 9,WeekIndex = 1,DateFresh = 0,TempStr[30]; //初始时间
char * WeekName[7] = {"Monday","Tuesday","Wednesday","Thursday","Friday","Saturday","Sunday"};
/ * USER CODE END PV * /
void SystemClock_Config(void);
int main(void)
{
    / * USER CODE BEGIN 1 * /
    uint8_t i;
    / * USER CODE END 1 * /
    HAL_Init();
    SystemClock_Config();
    / * 初始化所有配置外设 * /
    MX_GPIO_Init();
    MX_FSMC_Init();
    MX_TIM6_Init();
    MX_TIM7_Init();
    MX_USART1_UART_Init();
    / * USER CODE BEGIN WHILE * /
    LCD_Init();
    HAL_TIM_Base_Start_IT(&htim6);
    HAL_TIM_Base_Start_IT(&htim7);
    HAL_UART_Receive_IT(&huart1,&RxData,1);          //以中断方式接收 1 字节数据
    for(i = 0;i < 5;i++)                              //清屏 0～4 行
        { LCD_ShowString(0,24 * i,(u8 * )" ",BLUE,WHITE,24,0); }
    LCD_ShowString(4,24 * 1,(u8 * )"USART Between PC and STM32",BLUE,WHITE,24,0);
    for(i = 5;i < 10;i++)                            //清屏 5～9 行
        { LCD_ShowString(0,24 * i,(u8 * )" ",WHITE,BLUE,24,0); }
    sprintf((TempStr,"20 % 02d - % 02d - % 02d          % s",year,month,day,WeekName[WeekIndex - 1]);
    LCD_ShowString(40,24 * 7,TempStr,WHITE,BLUE,24,0);
    while (1)
    {
        ShowBuff[0] = hour/10;ShowBuff[1] = hour % 10;
        ShowBuff[2] = minute/10;ShowBuff[3] = minute % 10;
        ShowBuff[4] = second/10;ShowBuff[5] = second % 10;
        if(DateFresh == 1)
        {
            sprintf(TempStr,"20 % 02d - % 02d - % 02d % s",year,month,day,WeekName[WeekIndex - 1]);
            LCD_ShowString(40,24 * 7,TempStr,WHITE,BLUE,24,0);    //将日期和星期显示于 LCD
            DateFresh = 0;
```

```
        }
    sprintf((char *)TempStr," %02d:%02d:%02d ",hour,minute,second);
    LCD_ShowString(32*2+16,24*2+16,TempStr,RED,GREEN,32,0); //将时间显示于LCD
    /* USER CODE END WHILE */
    }
}
```

本项目是在第 9 章基本定时器应用的基础上修改的,在保持时间数码管显示方式不变的基础上,将时间、日期、星期均显示于 LCD,时间实时更新,日期和星期仅当串口接收到全部 7 个数据才进行更新。

程序首先增加定义了本项目需要用到的变量,随后对所有外设进行初始化,紧接着调用串口接收单字节函数,启动数据接收工作,数据提取和处理在回调函数中完成。最后在主程序中进行显示信息处理。

在上述代码中多次使用了 sprintf()函数,其用法十分类似于 printf()函数,只不过 printf()是将字符串输出到标准设备显示器,而 sprintf()函数是将字符串输出到其第一个参数所指定的字符串指针。使用上述两个函数均需要包含 stdio.h 文件。

4. 下载调试

编译工程,直到没有错误为止,下载程序到开发板,复位运行;上位机同步运行通信程序,待二者建立通信连接后,进行通信测试,检验实验效果。

11.4.3　上位机程序设计

因为本项目需要实现 PC 与 MCU 之间的 USART 通信,所以除了编写微控制器端程序以外,还需要编写上位机控制程序,上位机程序在个人计算机上编写,其开发方法和使用平台形式各异,作者采用 Visual Basic 6.0 进行串口程序设计,其他开发平台与此类似。

首先在 VB6.0 软件中新建一个窗体 Form1,并在窗体上添加串口通信控件 MSComm1,串口组合列表框 cboPort,状态指示图标 shpCOM,串口状态标签 cmdOpenCom,当前时间标签 Label10,文本框 Text1~Text7,发送数据标签 Label2,接收数据标签 Label3,退出按钮 Command2,发送时间按钮 Command4,定时器 Timer1 以及多个信息指示标签,创建完成后串口通信窗体创建界面如图 11-11 所示。

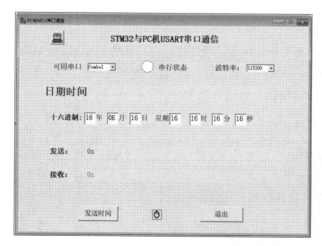

图 11-11　串口通信窗体创建界面

上位机通信程序主要包括窗体载入,定时器中断,发送时间,串口接收等。

1. 窗体载入程序

窗体载入程序主要是寻找可用串口,并对有效串口进行初始化。寻找有效串口的方法是,先试图打开一个串口,若成功则有效,否则继续寻找下一个串口。有的学校机房使用早期台式计算机,其具备传统的 COM 端口,但其端口号一般较小,为避免手动选择串口,程序会自动选择最大编号的有效串口,并对其进行初始化。串口初始化包括设置通信格式、数据位数和事件产生方法等。特别注意的是,需要将串口控件 DTREnable 和 RTSEnable 两个属性值设为 False,否则系统会强制复位。

2. 定时器中断程序

定时器设置为每秒中断一次,每次中断将系统当前日期、星期和时间更新到显示标签上。当使用第三方串口调试助手发送数据时,需要发送十六进制数据,所以本软件还提供一个辅助功能,即将系统当前日期、星期和时间数值转换为十六进制,并且显示于文本框 Text1~Text7,这一转换过程在定时器中断中完成。

3. 发送时间程序

串口通信以二进制格式进行时,数据必须以数组形式进行发送,所以串口发送时间,首先需要将系统的年、月、日、星期、时、分、秒数值分别送数组的 7 个元素中,然后调用串口发送方法发送。为了让用户了解发送数据的具体数值,程序还将发送数据以十六进制形式显示于发送信息显示标签。

4. 串口接收程序

串口接收程序首先判断事件类型,如果是串口接收事件,为避免数组越界,需要根据缓冲区数据个数,重定义接收数组大小,然后接收一个数据数组,并将数组元素以十六进制形式显示于接收信息显示标签。

项目功能不算复杂,代码量却不少,所以作者将项目工程及其源代码以本书配套资源形式提供,有上位机开发需求的读者,可自行下载查看。

11.4.4 串口通信调试

MCU 与 PC 的 USART 通信调试有两种方法,一种方法是使用作者开发的上位机软件调试,另一种方法是使用第三方提供的串口调试助手调试。相比于作者 2020 年出版的教材中提供的上位机通信软件,该软件的新版本修补了一些缺陷,功能也得到进一步增强,所以作者推荐第一种调试方法。

1. 通信软件调试

VB6.0 开发的程序可以通过"文件/单片机与 PC 通信.exe"菜单,生成可执行文件"单片机与 PC 通信.exe",具体的文件名和工程名有关,并且可以修改,生成的可执行文件可以独立运行。

1)串口通信控件注册

在很多串口通信软件中都会用到串口通信控件 mscomm32.ocx,作者编写的上位机通信软件也不例外,该控件在 Win7 或 Win10 系统中没有注册,运行时会提示找不到控件错误,此时需要对控件进行注册。

(1)在微软官网下载或从本书配套资源获取控件 mscomm32.ocx。

(2)将控件放到相应文件夹内,32 位系统路径为 C:\Windows\System32,64 位系统路径为 C:\Windows\Syswow64。

(3)然后在对应目录下找到 cmd.exe 文件,单击鼠标右键,选择以管理员身份运行(关键),在命令窗口输入 regsvr32 mscomm32.ocx。

经过以上 3 步即可完成控件注册。

2)MCU 与 PC 通信

打开开发板电源,下载串口通信程序,并复位运行。在 PC 上双击运行"单片机与 PC 通信.exe"程序,操作界面如图 11-12 所示,单击"发送时间"按钮,Windows 系统当前日期、星期和时间共 7 个数据会发送至微控制器。MCU 收到上位机数据之后,将时间信息动态显示于数码管和 LCD,日期和星期信息更新于 LCD 显示屏。通信软件支持手动选择串口,设置波特率,同时提供了一个附加功能,即将系统当前日期、星期和时间信息实时转化为十六进制。

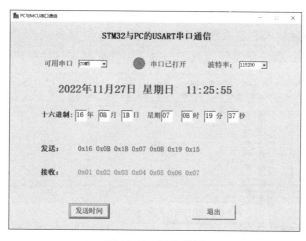

图 11-12 操作界面

在前期项目的基础上,加上本章的串口通信程序,就可以实现 PC 和微控制器时间同步,其本质上是提供了一种精确、快捷的时间设定方法,而且本例中使用的 USART1 是开发板 CMSIS-DAP 调试器通信接口,没有增加任何硬件成本。

2. 串口助手调试

事实上,很多同学可能没有掌握一门可视化编程语言,解决这一问题较好的方法是使用串口调试助手,需要说明的是,各种版本串口调试助手略有差别,但大同小异,可以举一反三。

具体调试步骤如下:

(1)打开开发板电源,运行微控制器程序。

(2)运行串口调试助手,并打开串口通信设置对话框,设置结果如图 11-13 所示,本项目全部采用默认设置,该步骤也可以跳过。

(3)串口调试选项设置,设置结果如图 11-14 所示,其中重要选项如图中加粗框线所示。

图 11-13 串口通信设置

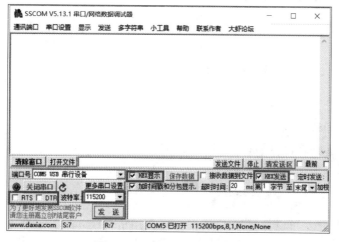

图 11-14 串口调试选项设置

(4)串口收发通信,采用两种方式进行实验,第一种方式将年、月、日、星期、时、分、秒共 7 个数值分开发送,第二种方式是所有数据一起发送(用空格分隔),操作过程如图 11-15 所示。若设定的时间为

"2022-11-28 Monday 13：50：45"，则需要发送十六进制数据"16 0B 1C 01 0D 32 2D"，此处要注意发送和接收的数据均为十六进制，且输入和显示均没有"0x"或"H"等附加格式。年份仅发送最后两位数值，例如 2022 年，发送的是数字 22，微控制器仅当收到一组 7 个数据时才对日期和时间信息进行更新。

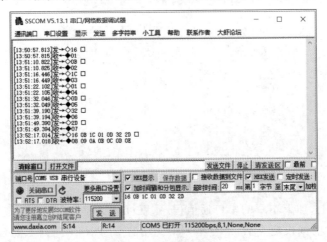

图 11-15　操作过程

11.5　开发经验小结——printf()重定向函数

微课视频

串口调试助手在没有显示屏的嵌入式系统中有着十分广泛的应用，可以利用函数重定向功能，调用 printf()函数，将开发板获取的数据通过串口输出到 PC，为程序调试和串口通信提供了极大的便利。要实现 printf()函数重定向功能，在上一个项目的基础上还需完成如下几项工作。

11.5.1　重写 fputc()函数

因为标准 C 语言中的 printf()函数需要调用 fputc()函数实现字符输出，所以要想实现 printf()函数重定向功能，还需要重写 fputc()函数，并包含 stdio.h 头文件，依然选择在 main.c 文件中实现上述操作，且代码需要书写在程序沙箱内，参考代码如下：

```
#include "stdio.h"
int fputc(int ch,FILE * f)
{
    HAL_UART_Transmit(&huart1,(uint8_t * )&ch,1,1000);
    return ch;
}
```

11.5.2　选择使用 Micro LIB

打开工程属性对话框"Options for Target 'Template'"，在 Target 选项中选中 Use Micro LIB 复选框，此步非常重要，否则编译不能通过，其操作界面如图 11-16 所示。

11.5.3　printf()串口打印信息

经过上述配置之后，已经可以像标准 C 语言一样使用 printf()函数向串口输出数据。读者可以在 main 函数中，使用语句"printf("Hello World!\n");"输出一个字符串，并在串口调试助手中查看输出结果，串口调试助手使用方法同上一节，但是通信界面中的"HEX 显示"复选框不要选中。

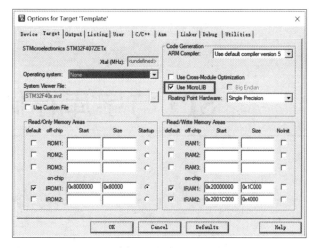

图 11-16　选择 Use Micro LIB 操作界面

本章小结

　　本章首先介绍了数据通信基本概念,包括并行通信、串行通信、同步通信、异步通信、通信制式、校检和波特率等内容。其次介绍了 STM32F407 的 USART 工作原理,包括 STM32F407 微控制器 USART 的配置情况,内部结构,通信时序等内容。随后又介绍了 STM32F407 微控制器 UART 的 HAL 库驱动,包括常用功能函数、常用的宏函数和中断事件及其回调函数。最后给出 MCU 与 PC 的 USART 通信实现时间同步的综合性应用实例。此外在本章还编写了 printf() 重定向函数,实现微控制器串口打印功能,方便了嵌入式系统信息输出和软件调试。

思考拓展

　　(1) 什么叫串行通信和并行通信? 各有什么特点?

　　(2) 什么叫异步通信和同步通信? 各有什么特点?

　　(3) 什么叫波特率? 串行通信对波特率有什么基本要求?

　　(4) 串行通信按数据传送方向来划分共有几种制式?

　　(5) 试述串行通信常用的差错校验方法。

　　(6) 典型 USART 数据帧由哪些部分组成?

　　(7) STM32F407 微控制器的 USART 有哪些中断事件?

　　(8) 已知异步通信接口的帧格式由 1 个起始位,8 个数据位,无奇偶校验位和 1 位停止位组成。当该接口每分钟传送 3600 个字符时,试计算其波特率。

　　(9) 更改本章项目实例实现方式,将日期、星期和时间信息以字符串的形式发送,微控制器串口以中断方式一次性接收全部信息,并完成数值提取和显示更新。

　　(10) 设计一个交互程序,用于设置开发板 LED 指示灯状态。上位机指令格式为 Ln:x,其中 n 表示灯的序号,取值范围为 1~8。x 表示设置状态:0,点亮;1,熄灭;2,取反。初始时所有 LED 指示灯均熄灭。微控制器回复指令格式为 Ln:ON 或 Ln:OFF,其中 n 表示指示灯序号。

　　(11) 设计一个交互程序,用于查询开发板独立按键状态。上位机指令格式为 Kn,其中 n 表示键号,取值范围为 1~4。微控制器回复指令格式为 Kn:P 或 Kn:R,其中 n 表示键号,P 表示按键按下,R 表示按键释放。

　　(12) 使用串口重定向函数,在串口调试助手上输出乘法口诀,请注意换行和格式对齐。

第 12 章

SPI 与字库存储

本章要点

➢ SPI 通信原理；

➢ STM32F407 的 SPI 工作原理；

➢ Flash 存储芯片 W25Q128；

➢ SPI 的 HAL 库驱动；

➢ SPI Flash 读写测试项目；

➢ 中文字库存储；

➢ 基于 SPI 闪存的中文信息；

➢ 条件编译。

微课视频

SPI(Serial Peripheral Interface,串行外设接口)是由 Motorola 提出的一种高速全双工串行同步通信接口,首先出现在其 M68HC 系列处理器中,由于其简单方便、成本低廉、传输速度快,因此被其他半导体厂商广泛使用,从而成为事实上的标准。

与第 11 章讲述的 USART 相比,SPI 的数据传输速度要高得多,因此它被广泛地应用于微控制器与 ADC、LCD、Flash 等设备进行通信,尤其是高速通信的场合。微控制器还可以通过 SPI 组成一个小型同步网络进行高速数据交换,完成较复杂的工作。

12.1 SPI 通信原理

SPI 采用主/从(master/slave)模式,支持一个或多个从设备,能够实现主设备和从设备之间的高速数据通信。SPI 具有硬件简单、成本低廉、易于使用和传输数据速度快等优点,适用于成本敏感或者高速通信的场合。但 SPI 也存在无法检查纠错、不具备寻址能力和接收方没有应答信号等缺点,不适合复杂或者可靠性要求较高的场合。

12.1.1 SPI

SPI 是同步全双工串行通信。由于同步,SPI 有一条公共的时钟线;由于全双工,SPI 至少有两根数据线来实现数据的双向同时传输;由于串行,SPI 收发数据只能一位一位地在各自的数据线上传输,因此最多只有两根数据线,一根发送数据线和一根接收数据线。

由此可见,SPI 在物理层体现为 4 根信号线,分别是 SCK、MOSI、MISO 和 SS。

(1) SCK(Serial Clock),即时钟线,由主设备产生。不同的设备支持的时钟频率不同。但每个时钟周期可以传输一位数据,经过 8 个时钟周期,一个完整的字节数据就传输完成了。

（2）MOSI(Master Output Slave Input)，即主设备数据输出/从设备数据输入线。这条信号线上的方向是从主设备到从设备，即主设备从这条信号线发送数据，从设备从这条信号线上接收数据。有的半导体厂商（如 Microchip 公司），站在从设备的角度，将其命名为 SDI。

（3）MISO(Master Input Slave Output)，即主设备数据输入/从设备数据输出线。这条信号线上的方向是由从设备到主设备，即从设备从这条信号线发送数据，主设备从这条信号线上接收数据。有的半导体厂商（如 Microchip 公司），站在从设备的角度，将其命名为 SDO。

（4）SS(Slave Select)，有的时候也叫 CS(Chip Select)，SPI 从设备选择信号线，当有多个 SPI 从设备与 SPI 主设备相连（即"一主多从"）时，SS 用来选择激活指定的从设备，由 SPI 主设备（通常是微控制器）驱动，低电平有效。当只有一个 SPI 从设备与 SPI 主设备相连（即"一主一从"）时，SS 并不是必需的。因此，SPI 也被称为三线同步通信接口。

除了 SCK、MOSI、MISO 和 SS 这 4 根信号线外，SPI 还包含一个串行移位寄存器，如图 12-1 所示。

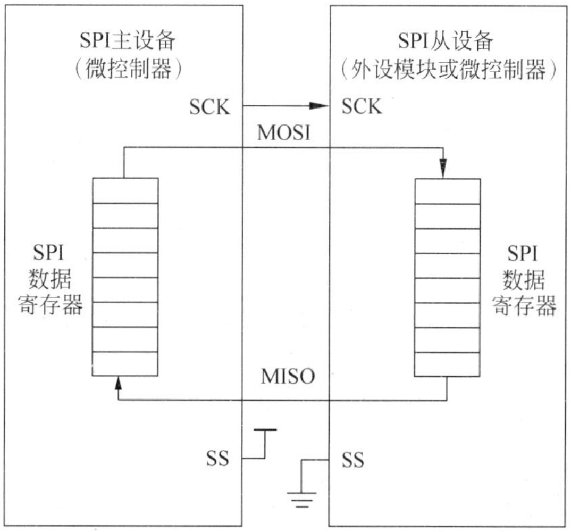

SPI 主设备向它的 SPI 串行移位数据寄存器写入一字节，发起一次传输，该寄存器通过数据线 MOSI 一位一位地将字节送给 SPI 从设备。与此同时，SPI 从设备也将自己的 SPI 串行移位数据寄存器中的内容通过数据线 MISO 返回给主设备。这样，SPI 主设备和 SPI 从设备的两个数据寄存器中的内容相互交换。需要注意的是，对从设备的写操作和读操作同步完成。

如果只进行 SPI 从设备写操作（即 SPI 主设备向 SPI 从设备发送一字节数据），只需忽略收到的字节即可。反之，如果要进行 SPI 从设备读操作（即 SPI 主设备要读取 SPI 从设备发送的一字节数据），则 SPI 主设备发送一个空字节触发从设备的数据传输。

图 12-1　SPI 组成

12.1.2　SPI 互连

SPI 互连主要有"一主一从"和"一主多从"两种互连方式。

1. "一主一从"

在"一主一从"的 SPI 互连方式下，只有一个 SPI 主设备和一个 SPI 从设备进行通信。这种情况下，只需要分别将主设备的 SCK、MOSI、MISO 和从设备的 SCK、MOSI、MISO 直接相连，并将主设备的 SS 置高电平，从设备的 SS 接地（即置低电平，片选有效，选中该从设备）即可，如图 12-2 所示。

值得注意的是，在第 11 章讲述 USART 互连时，通信双方 USART 的两根数据线必须交叉连接，即一端的 TxD 必须与另一端的 RxD 相连，对应地，一端的 RxD 必须与另一端的 TxD 相连。而当 SPI 互连时，主设备和从设备的两根数据线必须直接相连，即主设备的 MISO 与从设备的 MISO 相连，主设备的 MOSI 与从设备的 MOSI 相连。

2. "一主多从"

在"一主多从"的 SPI 互连方式下，一个 SPI 主设备

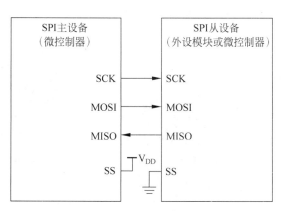

图 12-2　"一主一从"的 SPI 互连

可以和多个SPI从设备相互通信。这种情况下,所有的SPI设备(包括主设备和从设备)共享时钟线和数据线,即SCK、MOSI、MISO,并在主设备端使用多个GPIO引脚选择不同的SPI从设备,如图12-3所示。显然,在多个从设备的SPI互连方式下,片选信号SS必须对每个从设备分别进行选通,增加了连接的难度和连线的数量,失去了串行通信的优势。

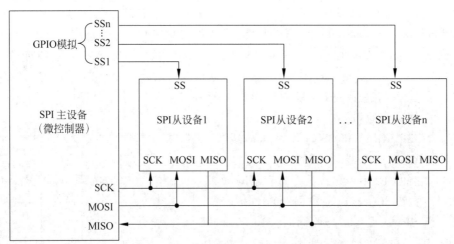

图 12-3 "一主多从"的 SPI 互连

需要特别注意的是,在多个从设备的SPI系统中,由于时钟线和数据线为所有的SPI设备共享,因此,在同一时刻只能有一个从设备参与通信。而且当主设备与其中一个从设备进行通信时,其他从设备的时钟线和数据线都应保持高阻态,以避免影响当前数据的传输。

12.2 STM32F407 的 SPI 工作原理

STM32F407微控制器的SPI模块允许MCU与外部设备以半/全双工、同步、串行方式通信。它通常被配置为主模式,并为外部从设备提供通信时钟。

12.2.1 SPI 主要特征

STM32F407系列微控制器均具有3个SPI,分别为SPI1、SPI2和SPI3,其具有以下特征:

(1)基于三条线的全双工同步传输。

(2)基于双线的单工同步传输,其中一条可作为双向数据线。

(3)8或16位传输帧格式选择。

(4)主模式或从模式操作。

(5)多主模式功能。

(6)8个主模式波特率预分频器(最大值为$f_{PCLK}/2$)。

(7)从模式频率(最大值为$f_{PCLK}/2$)。

(8)对于主模式和从模式都可实现更快的通信。

(9)对于主模式和从模式都可通过硬件或软件进行NSS管理:动态切换主/从操作。

(10)可编程的时钟极性和相位。

(11)可编程的数据顺序,最先移位MSB或LSB。

(12)可触发中断的专用发送和接收标志。

(13)SPI总线忙状态标志。

（14）SPI TI 模式。

（15）用于确保可靠通信的硬件 CRC 功能：

① 在发送模式下可将 CRC 值作为最后一个字节发送。

② 根据收到的最后一个字节自动进行 CRC 错误校验。

（16）可触发中断的主模式故障、上溢和 CRC 错误标志。

（17）具有 DMA 功能的 1 字节发送和接收缓冲器：发送和接收请求。

12.2.2 SPI 内部结构

STM32F407 系列微控制器 SPI 模块主要由波特率发生器，收发控制和数据存储转移三部分组成，内部结构如图 12-4 所示。

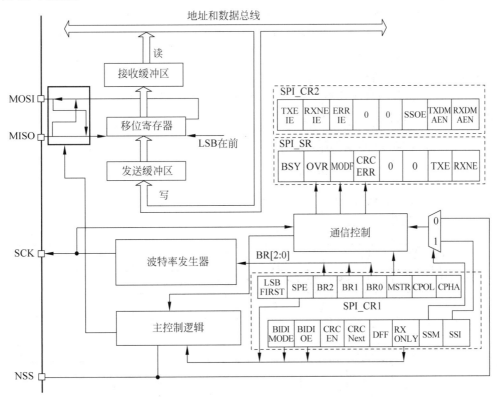

图 12-4 STM32F407 微控制器 SPI 内部结构

1. 波特率发生器

波特率发生器用来产生 SPI 的 SCK 时钟信号。波特率预分频系数可以是 2、4、8、16、32、64、128 或 256。通过设置波特率控制位 BR[2:0]，可以控制 SCK 时钟的输出频率，从而控制 SPI 的传输速率。由图 2-2 所示的 STM32F407 结构可知，SPI1 挂接在 APB2 总线上，SPI2 和 SPI3 挂接在 APB1 总线上。

2. 收发控制

收发控制主要由若干控制寄存器组成，如 SPI 控制寄存器（Control Register）SPI_CR1、SPI_CR2 和 SPI 状态寄存器（Status Register）SPI_SR 等。

SPI_CR1 寄存器主控收发电路，用于设置 SPI 的协议，例如时钟极性、时钟相位和数据格式等。

SPI_CR2 寄存器用于设置各种 SPI 中断使能，例如使能 TXE 的 TXEIE 和使能 RXNE 的 RXNEIE 等。

SPI_SR 寄存器用于记录 SPI 模块使用过程中的各种状态信息,例如通过查询 BSY 位可以确定模块是否处于忙状态。

3．数据存储转移

数据存储转移如图 12-4 的左上部分所示,主要由接收缓冲区、移位寄存器和发送缓冲区等构成。

移位寄存器直接与 SPI 的数据引脚 MISO 和 MOSI 连接。一方面将从 MISO 收到的一个个数据位根据数据格式和数据顺序经串并转换后转发到接收缓冲区;另一方面将发送缓冲区收到的数据根据数据格式和数据顺序经并串转换后一位一位地从 MOSI 上发送出去。

12.2.3 时钟信号的相位和极性

SPI 通信有 4 种时序模型,由 SPI 控制寄存器 SP1_CR1 中的 CPOL 位和 CPHA 位控制。

(1) CPOL(Clock Polarity)时钟极性,控制 SCK 引脚在空闲时的电平。如果 CPOL 为 0,则空闲时 SCK 为低电平；如果 CPOL 为 1 时,则空闲时 SCK 为高电平。

(2) CPHA(Clock Phase)时钟相位,如果 CPHA 为 0,则在 SCK 的第 1 个边沿对数据采样；如果 CPHA 为 1,则在 SCK 的第 2 个边沿对数据采样。

CPHA 为 0 时的数据传输时序如图 12-5 所示,NSS 从高变低是数据传输的起始信号,NSS 从低变高是数据传输的结束信号,图中给出的是 MSB 先行方式。

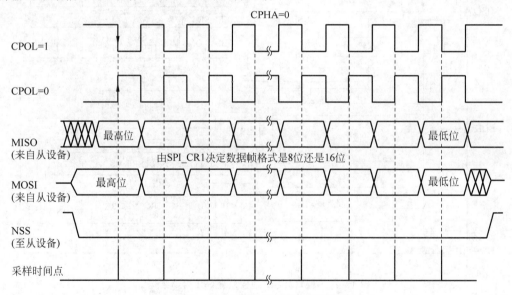

图 12-5　CPHA 为 0 时的数据传输时序

CPHA 为 0 表示在 SCK 的第 1 个边沿读取数据,读取数据的时刻(捕获选通时刻)如图 12-5 中虚线所示。根据 CPOL 的取值不同,读取数据的时刻发生在 SCK 的下降沿(CPOL 为 1)或上升沿(CPOL 为 0)。MISO、MOSI 上的数据是在读取数据的 SCK 前一个跳变沿发生变化的。

CPHA 为 1 时的数据传输时序如图 12-6 所示。CPHA 为 1 表示在 SCK 的第 2 个边沿读取数据,也就是图 12-6 中虚线表示的时刻。根据 CPOL 的取值不同,读取数据的时刻发生在 SCK 的上升沿(CPOL 为 1)或下降沿(CPOL 为 0)。MISO、MOSI 上的数据是在读取数据的 SCK 前一个跳变沿发生变化的。

在使用 SPI 通信时,主设备和从设备的 SPI 时序必须一致,否则无法正常通信。由 CPOL 和 CPHA 的不同组合构成了 4 种 SPI 时序模式,如表 12-1 所示。

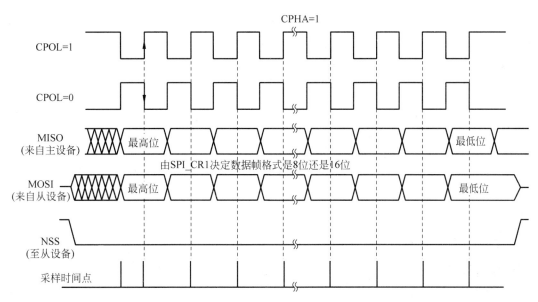

图 12-6　CPHA 为 1 时的数据传输时序

表 12-1　SPI 时序模式

SPI 时序模式	CPOL 时钟极性	CPHA 时钟相位	空闲时 SCK 电平	采样时刻
模式 0	0	0	低电平	第 1 跳变沿
模式 1	0	1	低电平	第 2 跳变沿
模式 2	1	0	高电平	第 1 跳变沿
模式 3	1	1	高电平	第 2 跳变沿

系统设计时需要根据微控制器所连接的器件类型,合理选择 SPI 时序模式,且主从设备必须设置相同的时序模式。

12.2.4　数据帧格式

根据 SPI_CR1 寄存器中的 LSBFIRST 位,输出数据位时可以 MSB 在先也可以 LSB 在先。

根据 SPI_CR1 寄存器的 DFF 位,每个数据帧可以是 8 位或是 16 位。所选择的数据帧格式决定发送/接收的数据长度。

12.3　Flash 存储芯片 W25Q128

12.3.1　硬件接口和连接

W25Q128 是一个 Flash 存储芯片,容量为 128Mb,也就是 16MB。W25Q128 支持标准 SPI,还支持 Dual/Quad SPI。STM32F407 微控制器只有标准 SPI,不支持 Dual/Quad SPI 通信。开发板配备了一个 W25Q128 芯片,通过标准 SPI 与 STM32F407 的 SPI1 接口连接,电路如图 12-7 所示。Flash 芯片的 DO、DI、CLK 引脚分别接至微控制器的 SPI1_MISO、SPI1_MOSI、SPI1_SCK,占用 MCU 的 PB4、PB5、PB3 引脚。微控制器的 PB14 引脚连接存储器的 $\overline{CS}$ 引脚,低电平选中。存储芯片 $\overline{WP}$ 和 $\overline{HOLD}$ 引脚接 V_{DD},即不使用写保护和数据保持功能。

W25Q128 支持 SPI 模式 0 和模式 3,在 MCU 与 W25Q128 通信时,设置使用 SPI 模式 3,即设置 CPOL=1,CPHA=1。

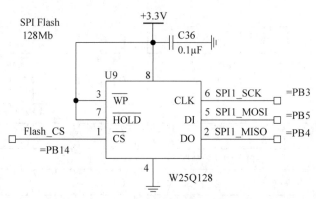

图 12-7　MCU 与 W25Q128 连接电路

12.3.2　存储空间划分

W25Q128 总容量为 16MB,使用 24 位地址线,地址范围是 0x000000～0xFFFFFF。

16MB 分为 256 个块(Block),每个块的大小为 64KB,16 位偏移地址,块内偏移地址范围是 0x0000～0xFFFF。

每个块又分为 16 个扇区(Sector),共 4096 个扇区,每个扇区的大小为 4KB,12 位偏移地址,扇区内偏移地址范围是 0x000～0xFFF。

每个扇区又分为 16 个页(Page),共 65536 个页,每个页的大小为 256 字节,8 位偏移地址,页内偏移地址范围是 0x00～0xFF。

12.3.3　数据读写原则

用户可以随机读取 W25Q128 芯片数据,即可以从任意地址开始读取任意长度的数据。

向 W25Q128 写入数据时,用户可以从任何地址开始写数据,但是一次 SPI 通信写入的数据范围不能超过一个页的边界。所以如果从页的起始地址开始写数据,一次最多可写入一个页的数据,即 256 字节。如果一次写入的数据超过页的边界,会再从页的起始位置开始写。

向存储区域写入数据时,存储区域必须擦除过,即存储内容是 0xFF,否则写入数据操作无效。用户可以对整个器件、存储块、扇区进行擦除操作,但是不能对单个页进行擦除。

12.3.4　存储器操作指令

SPI 的硬件层和传输协议只是规定了传输一个数据帧的方法,对具体 SPI 器件操作由器件规定的操作指令实现。W25Q128 制定了很多操作指令,用以实现各种功能,其全部指令和详细解释在需要时可以查阅芯片数据手册。

W25Q128 的操作指令可以是单字节,也可以是多字节。指令的第 1 个字节是指令码,其后跟随指令的参数或返回的数据。W25Q128 常用指令如表 12-2 所示,其中用括号表示的部分代表返回的数据,A23～A0 是 24 位的全局地址,dummy 表示必须发送的无效字节数据,一般发送 0x00。

表 12-2　W25Q128 常用指令

指令名称	BYTE1	BYTE2	BYTE3	BYTE4	BYTE5	BYTE6
写使能	0x06	—	—	—	—	—
读状态寄存器 1	0x05	(S7～S0)	—	—	—	—
读状态寄存器 2	0x35	(S15～S8)	—	—	—	—
读厂家和设备 ID	0x90	dummy	dummy	0x00	(MF7～MF0)	(ID7～ID0)

续表

指令名称	BYTE1	BYTE2	BYTE3	BYTE4	BYTE5	BYTE6
读64位序列号	0x4B	dummy	dummy	dummy	dummy	（ID63～ID0）
器件擦除	0xC7/0x60	—	—	—	—	—
块擦除(64KB)	0xD8	A23～A16	A15～A8	A7～A0	—	—
扇区擦除(4KB)	0x20	A23～A16	A15～A8	A7～A0	—	—
写数据（页编程）	0x02	A23～A16	A15～A8	A7～A0	D7～D0	—
读数据	0x03	A23～A16	A15～A8	A7～A0	（D7～D0）	
快速读数据	0x0B	A23～A16	A15～A8	A7～A0	dummy	（D7～D0）

12.4 SPI 的 HAL 库驱动

12.4.1 SPI 寄存器操作的宏函数

SPI 的 HAL 库驱动程序头文件是 stm32f4xx_hal_spi.h，其中定义了 SPI 寄存器操作的宏函数，如表 12-3 所示。宏函数中的参数__HANDLE__是具体某个 SPI 的对象指针，参数__INTERRUPT__是 SPI 的中断事件类型，参数__FLAG__是事件中断标志。

表 12-3 SPI 寄存器操作的宏函数

寄存器操作宏函数	功能描述
__HAL_SPI_ENABLE(__HANDLE__)	使能某个 SPI
__HAL_SPI_DISABLE(__HANDLE__)	失能某个 SPI
__HAL_SPI_ENABLE_IT(__HANDLE__,__INTERRUPT__)	使能某个中断事件源，允许事件产生硬件中断
__HAL_SPI_DISABLE_IT(__HANDLE__,__INTERRUPT__)	失能某个中断事件源，不允许事件产生硬件中断
__HAL_SPI_GET_IT_SOURCE(__HANDLE__,__INTERRUPT__)	检查某个中断事件源是否被允许产生硬件中断
__HAL_SPI_GET_FLAG(__HANDLE__,__FLAG__)	获取某个事件的中断标志,检查事件是否发生
__HAL_SPI_CLEAR_CRCERRFLAG(__HANDLE__)	清除 CRC 校验错误中断标志
__HAL_SPI_CLEAR_MODFFLAG(__HANDLE__)	清除主模式故障中断标志
__HAL_SPI_CLEAR_FREFLAG(__HANDLE__)	清除 TI 帧格式错误中断标志
__HAL_SPI_CLEAR_OVRFLAG(__HANDLE__)	清除溢出错误中断标志

STM32CubeMX 自动生成的文件 spi.c 会定义表示具体 SPI 的外设对象变量。例如,用户初始化 SPI1 时,会定义外设对象变量 hspi1,宏函数中的参数__HANDLE__就可以使用 &hspi1 作为其入口参数,参考代码如下:

```
SPI_HandleTypeDef hspi1;        //表示 SPI1 的外设对象变量
__HAL_SPI_ENABLE(&hspi1);       //使能 SPI1 外设
```

1 个 SPI 只有 1 个中断号,SPI 状态寄存器 SPI_SR 中有 6 个事件的中断标志位,但 SPI 控制寄存器 SPI_CR2 中只有 3 个中断事件使能控制位,其中 1 个错误事件中断使能控制位 ERRIE 控制了 4 种错误中断事件的使能。这是比较特殊的情况,对于一般的外设,1 个中断事件就有 1 个使能控制位和 1 个中断标志位。

在 SPI 的 HAL 驱动程序中,定义了 6 个表示事件中断标志位的宏,可作为宏函数中参数__FLAG__的取值;定义了 3 个表示中断事件类型的宏,可作为宏函数中参数__INTERRUPT__的取值。宏定义符号如表 12-4 所示。

表 12-4　SPI 中断标志位和事件宏定义

中断事件	SPI_SR 中的中断标志位	表示中断事件标志位的宏	SPI_CR2 中的中断事件使能控制位	表示中断事件使能位的宏
发送缓冲区为空	TXE	SPI_FLAG_TXE	TXEIE	SPI_IT_TXE
接收缓冲区非空	RXNE	SPI_FLAG_RXNE	RXNEIE	SPI_IT_RXNE
主模式故障	MODF	SPI_FLAG_MODF	ERRIE	SPI_IT_ERR
溢出错误	OVR	SPI_FLAG_OVR		
CRC 校验错误	CRCERR	SPI_FLAG_CRCERR		
TI 帧格式错误	FRE	SPI_FLAG_FRE		

12.4.2　SPI 初始化和阻塞式数据传输

SPI 初始化、状态查询和阻塞式数据传输的函数如表 12-5 所示。

表 12-5　SPI 初始化、状态查询和阻塞式数据传输的函数

函 数 名 称	功 能 描 述
HAL_SPI_Init()	SPI 初始化,配置 SPI 参数
HAL_SPI_MspInit()	SPI 的 MSP 初始化函数,在 HAL_SPI_Init()中被调用
HAL_SPI_GetState()	返回 SPI 当前状态,为枚举类型 HAL_SPI_StateTypeDef
HAL_SPI_GetError()	返回 SPI 最后的错误码,错误码是一组宏定义
HAL_SPI_Transmit()	阻塞式发送一个缓冲区的数据
HAL_SPI_Receive()	阻塞式接收指定长度的数据保存到缓冲区
HAL_SPI_TransmitReceive()	阻塞式同时发送和接收一定长度的数据

1. SPI 初始化

函数 HAL_SPI_Init()用于 SPI 的初始化,其原型定义如下:

```
HAL_StatusTypeDef HAL_SPI_Init(SPI_HandleTypeDef * hspi)
```

其中,参数 hspi 是 SPI 外设对象指针,在 stm32f4xx_hal_spi. h 文件中给出其具体类型定义,hspi->Instance 是 SPI 寄存器的基地址,hspi->Init 是 SPI_InitTypeDef 结构体类型,存储了 SPI 的通信参数,相关内容将在项目实例的初始化代码分析中具体解释。

2. 阻塞式数据发送和接收

SPI 是一种主/从通信方式,通信完全由 SPI 主机控制,SPI 主机和从机之间一般是应答式通信。主机先用发送函数在 MOSI 线上发送指令或数据,忽略 MISO 线上传入的数据;从机接收到指令或数据后会返回响应数据,主机通过接收函数在 MISO 线上接收响应数据,接收时不会在 MOSI 线上发送有效数据。

函数 HAL_SPI_Transmit()用于发送数据,其原型定义如下:

```
HAL_StatusTypeDef HAL_SPI_Transmit(SPI_HandleTypeDef * hspi, uint8_t * pData, uint16_t Size, uint32_t Timeout)
```

其中,参数 hspi 是 SPI 外设对象指针,pData 是输出数据缓冲区指针,Size 是缓冲区数据的字节数,Timeout 是超时等待时间,单位是系统嘀嗒信号的节拍数,默认情况下是 ms。

函数 HAL_SPI_Transmit()是阻塞式运行的,也就是直到数据发送完成或超过等待时间后才返回。函数返回 HAL_OK 表示发送成功,返回 HAL_TIMEOUT 表示发送超时。

函数 HAL_SPI_Receive()用于从 SPI 接收数据,其原型定义如下:

```
HAL_StatusTypeDef HAL_SPI_Receive(SPI_HandleTypeDef * hspi, uint8_t * pData, uint16_t Size, uint32_t
Timeout)
```

其中,参数 hspi 是 SPI 外设对象指针,pData 是接收数据缓冲区指针,Size 是要接收数据字节数,Timeout 是超时等待时间。

3. 阻塞式同时发送与接收数据

SPI 可以在 SCK 时钟信号作用下同时发送和接收有效数据信号,函数 HAL_SPI_TransmitReceive()就实现了接收和发送数据同时操作的功能,其原型定义如下:

```
HAL_StatusTypeDef HAL_SPI_TransmitReceive(SPI_HandleTypeDef * hspi, uint8_t * pTxData, uint8_t * pRxData,
uint16_t Size, uint32_t Timeout)
```

其中,参数 hspi 是外设对象指针,pTxData 是发送缓冲区指针,pRxData 是接收数据缓冲区指针,Size 是数据字节数,Timeout 是超时等待时间。这种情况下,发送和接收的数据字节数相同。

12.4.3　中断和 DMA 方式数据传输

1. 中断方式数据传输

SPI 能以中断方式传输数据,是非阻塞式数据传输,相关函数列于表 12-6,中断事件类型用中断事件使能控制位的宏定义表示。

表 12-6　SPI 中断方式数据传输函数

函数名称	函数功能	产生的中断事件类型	对应的回调函数
HAL_SPI_Transmit_IT()	中断方式发送一个缓冲区的数据	SPI_IT_TXE	HAL_SPI_TxCpltCallback()
HAL_SPI_Receive_IT()	中断方式接收指定长度的数据保存到缓冲区	SPI_IT_RXNE	HAL_SPI_RxCpltCallback()
HAL_SPI_TransmitReceive_IT()	中断方式发送和接收一定长度的数据	SPI_IT_TXE/SPI_IT_RXNE	HAL_SPI_TxRxCpltCallback()
HAL_SPI_IRQHandler()	SPI ISR 里调用的通用处理函数	—	—
HAL_SPI_Abort()	取消非阻塞式数据传输,本函数以阻塞模式运行	—	—
HAL_SPI_Abort_IT()	取消非阻塞式数据传输,本函数以中断模式运行	—	HAL_SPI_AbortCpltCallback()

函数 HAL_SPI_Transmit_IT()用于以中断方式发送缓冲区的数据,发送完成后,会产生发送完成中断事件(SPI_IT_TXE),对应的回调函数是 HAL_SPI_TxCpltCallback()。

函数 HAL_SPI_Receive_IT()用于以中断方式接收指定长度的数据,保存到缓冲区,接收完成后,会产生接收完成中断(SPI_IT_RXNE),对应的回调函数是 HAL_SPI_RxCpltCallback()。

函数 HAL_SPI_TransmitReceive_IT()是发送和接收数据同时以中断方式进行,由它启动的数据传输会产生 SPI_IT_TXE 和 SPI_IT_RXNE 中断事件,但是有专门的回调函数 HAL_SPI_TxRxCpltCallback()。

上述 3 个函数的原型定义如下所示,参数说明等同于阻塞方式传输函数。

```
HAL_StatusTypeDef HAL_SPI_Transmit_IT(SPI_HandleTypeDef * hspi, uint8_t * pData, uint16_t Size)
HAL_StatusTypeDef HAL_SPI_Receive_IT(SPI_HandleTypeDef * hspi, uint8_t * pData, uint16_t Size)
```

```
HAL_StatusTypeDef HAL_SPI_TransmitReceive_IT(SPI_HandleTypeDef * hspi, uint8_t *
pRxData, uint16_t Size)
```

这个3个函数都是非阻塞式,函数返回 HAL_OK 只表示函数操作成功,并不表示数据传输完成,只有相应的回调函数被调用才表明数据传输完成。上述3个函数在运行过程中,如果发生错误将会产生错误中断事件(SPI_IT_ERR),其回调函数为 HAL_SPI_ErrorCallback()。

函数 HAL_SPI_IRQHandler()是 SPI 中断服务程序中调用的通用处理函数,它会根据中断事件类型调用相应的回调函数。用户需要根据表12-6给出的对应关系,重写传输函数对应的回调函数,以完成传输过程的事务处理。

函数 HAL_SPI_Abort()用于取消非阻塞式数据传输过程,包括中断方式和 DMA 方式,这个函数以阻塞模式运行。

函数 HAL_SPI_Abort_IT()用于取消非阻塞式数据传输过程,包括中断方式和 DMA 方式,这个函数以中断方式运行,所以有回调函数 HAL_SPI_AbortCpltCallback()。

2. DMA 方式数据传输

SPI 的发送和接收有各自的 DMA 请求,能以 DMA 方式进行数据发送和接收。DMA 方式传输时触发 DMA 流中断事件,主要是 DMA 传输完成中断事件。由于到目前为止本书尚未涉及 DMA 相关内容,所以仅将 SPI 的 DMA 方式数据传输函数列于表12-7中,以便于后续章节在使用时查阅。

表 12-7　SPI 的 DMA 方式数据传输函数

函 数 名 称	功 能 描 述	中 断 事 件	回 调 函 数
HAL_SPI_Transmit_DMA()	DMA 方式发送数据	DMA 传输完成	HAL_SPI_TxCpltCallback()
		DMA 传输半完成	HAL_SPI_TxHalfCpltCallback()
HAL_SPI_Receive_DMA()	DMA 方式接收数据	DMA 传输完成	HAL_SPI_RxCpltCallback()
		DMA 传输半完成	HAL_SPI_RxHalfCpltCallback()
HAL_SPI_TransmitReceive_DMA()	DMA 方式发送/接收数据	DMA 传输完成	HAL_SPI_TxRxCpltCallback()
		DMA 传输半完成	HAL_SPI_TxRxHalfCpltCallback()
HAL_SPI_DMAPause()	暂停 DMA 传输	—	—
HAL_SPI_DMAResume()	继续 DMA 传输	—	—
HAL_SPI_DMAStop()	停止 DMA 传输	—	—

微课视频

12.5　SPI Flash 读写测试

12.5.1　项目分析

项目设计了一个简单实例,用于测试 STM32 的 SPI 和 W25Q128 读写功能,程序需要对 STM32F407 的 SPI 进行初始化,以实现 SPI 数据帧传输功能。为实现演示操作和信息输出,还需要初始化按键、LCD 和数码管模块。随后编写 W25Q128 驱动程序,实现芯片读写功能。为实现 SPI Flash 每次存储信息的不同,将 26 个英文字母组成一个环形队列,起始字母由按键次数决定。在主程序中首先需要对 SPI 进行初始化,并读取芯片 ID,若成功,则进入无限循环中,不断检测按键。当 K1 键按下,将英文字母队列写入 W25Q128 芯片,当 K2 键按下,读取 W25Q128 芯片存储的数据。整个操作过程中,数码管和 TFT LCD 显示相应信息。

12.5.2　项目实施

1. 复制工程文件

复制第 7 章创建的工程文件 0701 DSGLCD 到桌面,并将文件夹重命名为 1201 SPI Flash。

2. STM32CubeMX 配置

打开工程模板文件夹里面的 Template. ioc 文件,启动 STM32CubeMX 配置软件,在左侧配置类别 Categories 下面的 Connectivity 列表中的找到 SPI1 接口,打开其配置对话框,操作界面如图 12-8 所示。

在模式设置部分只有两个参数,分别说明如下:

(1) Mode:用于设置 SPI 工作模式,有 Disable(不使用)、全双工主机、全双工从机、半双工主机、半双工从机、主机仅接收、从机仅接收和主机仅发送模式可选。由于本项目 MCU 工作于主机模式,且有 MISO 和 MOSI 两根串行信号线,所以选择 Full-Duplex Master(全双工主机)模式。

(2) Hardware NSS Signal:用于设置硬件 NSS 信号。有 3 个选项,Disable 表示不使用 NSS 硬件信号;Hardware NSS Input Signal 表示硬件 NSS 输入信号,SPI 从机使用硬件 NSS 信号时选择此选项;Hardware

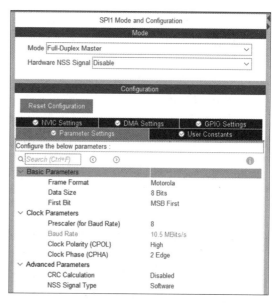

图 12-8　SPI1 操作界面

NSS Output Signal 表示硬件 NSS 输出信号,SPI 主机输出片选信号时选择此选项。项目使用一个单独的 GPIO 引脚 PB14 作为从机的片选信号,所以此处设置为 Disable。

SPI 的参数设置分为 3 组,这些参数的设置应该与 W25Q128 的 SPI 通信参数对应。W25Q128 的 SPI 通信使用 8 位数据格式,MSB 先行,支持 SPI 模式 0 和模式 3。

(1) Basic Parameters 组,基本参数。

① Frame Format:帧格式,有 Motorola 和 TI 两个选项,但只能选 Motorola。

② Data Size:数据帧的位数,可选 8Bits 或 16Bits,本例选择 8Bits。

③ First Bit:首先传输的位,可选 MSB First 或 LSB First,本例选择 MSB First。

(2) Clock Parameters,时钟参数。

① Prescaler(for Baud Rate):用于产生波特率的预分频系数,有 8 个可选预分频系数,从 2 到 256。SPI 时钟频率就是所在 APB 总线的时钟频率,SPI1 挂接在 APB2 总线上。

② Baud Rate:波特率,设置分频系数后,STM32CubeMX 会自动根据 APB 总线频率和分频系数计算波特率。本例 APB2 总线频率为 84MHz,分频系数为 8,所以波特率设置为 10.5Mb/s。

③ Clock Polarity(CPOL):时钟极性,可选项为 High 和 Low,项目使用 SPI 模式 3,所以选择 High。

④ Clock Phase(CPHA):时钟相位,可选项为 1 Edge 或 2 Edge,项目使用 SPI 模式 3,即在第 2 跳变沿采样数据,所以选择 2 Edge。

　　图 12-8 中 CPOL 和 CPHA 的设置对应于 SPI 模式 3,因为 W25Q128 同时也支持 SPI 模式 0,所以设置 CPOL 为 Low,CPHA 为 1 Edge 也是可以的。

(3) Advanced Parameters 组,高级参数。

① CRC Calculation:CRC 计算,SPI 通信可以在传输数据的最后加上 1 字节的 CRC 计算结果,在发生 CRC 错误时可以产生中断。若不使用就选择 Disabled。

② NSS Signal Type:NSS 信号类型,这个参数的选项由模式设置里的 Hardware NSS Signal 的选择结果决定。当模式设置里选择 Disabled 时,这个参数的选项就只能是 Software,表示用软件产生 NSS 输出信号。

启用 SPI1 后,STM32CubeMX 会自动分配 SPI1 的 3 个信号引脚,但需要特别注意的是, SPI1 有多种引脚映射关系,有时并不是指向电路设计所使用的引脚,这时需要在引脚视图下将其修改为 PB3、PB4、PB5 这 3 个引脚。

项目还需要将 PB14 引脚配置为推挽输出模式,初始输出高电平,最大输出速度为高。LCD 和数码管的 FSMC 初始化与以往项目相同。开发板键盘应选择独立按键模式,并将 4 个独立按键对应引脚初始化为输入上拉模式。项目未使用 SPI 的中断模式数据传输功能,所以无须打开 SPI1 的全局中断。至此,项目初始化工作已经完成,时钟配置和工程配置选项无须修改,单击 GENERATE CODE 按钮生成初始化工程。

3. SPI 初始化分析

在 STM32CubeMX 自动生成的文件 spi.c 定义了 SPI1 的初始化函数 MX_SPI1_Init(),其相关代码如下:

```
/* ------------------------- Source File spi.c ------------------------- */
# include "spi.h"
SPI_HandleTypeDef hspi1;
void MX_SPI1_Init(void)
{
    hspi1.Instance = SPI1;                              //SPI1 寄存器基地址
    hspi1.Init.Mode = SPI_MODE_MASTER;                  //主机模式
    hspi1.Init.Direction = SPI_DIRECTION_2LINES;        //全双工(双线)
    hspi1.Init.DataSize = SPI_DATASIZE_8BIT;            //8 位数据
    hspi1.Init.CLKPolarity = SPI_POLARITY_HIGH;        //CPOL = 1
    hspi1.Init.CLKPhase = SPI_PHASE_2EDGE;              //CPHA = 1
    hspi1.Init.NSS = SPI_NSS_SOFT;                      //软件控制 NSS
    hspi1.Init.BaudRatePrescaler = SPI_BAUDRATEPRESCALER_8;   //预分频系数
    hspi1.Init.FirstBit = SPI_FIRSTBIT_MSB;            //MSB 先行
    hspi1.Init.TIMode = SPI_TIMODE_DISABLE;            //Motorola 帧格式
    hspi1.Init.CRCCalculation = SPI_CRCCALCULATION_DISABLE;   //不使用 CRC
    hspi1.Init.CRCPolynomial = 10;                      //CRC 多项式
    if (HAL_SPI_Init(&hspi1) != HAL_OK)
    {   Error_Handler(); }
}
void HAL_SPI_MspInit(SPI_HandleTypeDef * spiHandle)
{
    GPIO_InitTypeDef GPIO_InitStruct = {0};
    if(spiHandle -> Instance == SPI1)
    {
        __HAL_RCC_SPI1_CLK_ENABLE(); /* SPI1 clock enable */
        __HAL_RCC_GPIOB_CLK_ENABLE();
        /** SPI1 GPIO Configuration PB3 ------> SPI1_SCK
        PB4 ------> SPI1_MISO PB5 ------> SPI1_MOSI */
        GPIO_InitStruct.Pin = GPIO_PIN_3|GPIO_PIN_4|GPIO_PIN_5;
        GPIO_InitStruct.Mode = GPIO_MODE_AF_PP;
        GPIO_InitStruct.Pull = GPIO_NOPULL;
        GPIO_InitStruct.Speed = GPIO_SPEED_FREQ_VERY_HIGH;
        GPIO_InitStruct.Alternate = GPIO_AF5_SPI1;
        HAL_GPIO_Init(GPIOB, &GPIO_InitStruct);
    }
}
```

初始化程序定义了一个 SPI_HandleTypeDef 结构体类型变量 hspi1,表示 SPI1 的外设对象。函数 MX_SPI1_Init()设置了 hspi1 各成员变量的值,其代码与 STM32CubeMX 的配置对应。程序中注释说明了每个成员的意义。

HAL_SPI_MspInit()是 SPI 的 MSP 初始化函数,在函数 MX_SPI1_Init()中被调用,其主要功能是开启 SPI1 时钟,并对 SPI1 通信使用的 3 个复用引脚进行 GPIO 设置。

4. W25Q128 驱动程序

完成 SPI 初始化之后,调用 STM32 的 HAL 库函数即可实现数据帧的传输,但要实现对 SPI Flash 芯片 W25Q128 的访问,还需要根据芯片操作指令编写相应的驱动程序,该工作十分繁杂,令人欣慰的是,各芯片厂家均会提供相应参考程序,只需将其移植到实验平台即可。

若 W25Q128 驱动源文件和头文件分别为 flash.c 和 flash.h,一般移植的方法为,将 flash.c 复制到 1201 SPI Flash\Core\Src 文件夹中,将 flash.h 复制到 1201 SPI Flash\Core\Inc 文件夹中。双击打开 MDK-ARM 工程文件 Template.uvprojx,在工作界面的左侧工程文件管理区,双击 Application/User/Core 项目组,打开添加文件对话框,浏览并找到 flash.c 源文件,将其添加到项目组下面,添加完成结果如图 12-9 所示。

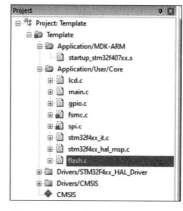

因为需要在 flash.c 中使用 SPI 的变量和函数,所以需要将其头文件 spi.h 包含其中。W25Q128 需要经常用到 SPI 的字节读取函数,为了和 flash.c 文件使用函数保持一致,以及进一步简化操作语句,作者重新编写了一字节读写函数,同时需要将该函数声明到 flash.h 中。

图 12-9　项目组添加 flash.c 文件

```c
/* SPI1 读写一字节,TxData:要写入的字节,返回值:读取到的字节 */
uint8_t SPI1_ReadWriteByte(uint8_t TxData)
{
    uint8_t Rxdata;
    HAL_SPI_TransmitReceive(&hspi1,&TxData,&Rxdata,1, 1000);
    return Rxdata;            //返回收到的数据
}
```

W25Q128 的驱动程序比较多,限于篇幅无法将其全部贴出,读者可自行查阅源文件,这里仅介绍 2 个常用的读写函数。

1) W25Q128 读函数

```c
//从 SPI Flash 指定地址开始读取指定长度的数据 pBuffer:数据存储区
//ReadAddr:开始读取的地址(24bit) NumByteToRead:要读取的字节数(最大 65535)
void W25QXX_Read(uint8_t * pBuffer,uint32_t ReadAddr,uint16_t NumByteToRead)
{
    uint16_t i;
    __Select_Flash();                          //片选有效
    SPI1_ReadWriteByte(W25X_ReadData);         //发送读取命令
    if(W25QXX_TYPE == W25Q256)                 //W25Q256 地址为 4 字节的,要发送最高 8 位
    {
        SPI1_ReadWriteByte((uint8_t)((ReadAddr)>> 24));
    }
    SPI1_ReadWriteByte((uint8_t)((ReadAddr)>> 16));     //发送 24bit 地址
    SPI1_ReadWriteByte((uint8_t)((ReadAddr)>> 8));
    SPI1_ReadWriteByte((uint8_t)ReadAddr);
    for(i = 0;i < NumByteToRead;i++)
    {
        pBuffer[i] = SPI1_ReadWriteByte(0XFF); //循环读数
    }
    __Deselect_Flash();                        //取消片选
}
```

因为 W25Q128 可以从任意地址开始读取任意长度数据,所以其读函数较为简单,只需要先发送读命令,随后发送地址,再依次接收读取数据即可。

2）W25Q128 写函数

```
//在 SPI Flash 指定地址开始写入指定长度的数据,带擦除功能。pBuffer:数据存储区
//WriteAddr:开始写入的地址(24bit) NumByteToWrite:要写入的字节数(最大 65535)
uint8_t W25QXX_BUFFER[4096];
void W25QXX_Write(uint8_t * pBuffer,uint32_t WriteAddr,uint16_t NumByteToWrite)
{
    uint32_t secpos;
    uint16_t secoff, secremain, i;
    uint8_t * W25QXX_BUF;
    W25QXX_BUF = W25QXX_BUFFER;
    secpos = WriteAddr/4096;                                //扇区地址
    secoff = WriteAddr % 4096;                              //在扇区内的偏移
    secremain = 4096 - secoff;                             //扇区剩余空间大小
    if(NumByteToWrite <= secremain) secremain = NumByteToWrite; //不大于 4096 字节
    while(1)
    {
        W25QXX_Read(W25QXX_BUF,secpos * 4096,4096);        //读出整个扇区的内容
        for(i = 0;i < secremain;i++)                        //校验数据
        {
            if(W25QXX_BUF[secoff + i]!= 0XFF) break;       //需要擦除
        }
        if(i < secremain)                                   //需要擦除
        {
            W25QXX_Erase_Sector(secpos);                   //擦除这个扇区
            for(i = 0;i < secremain;i++)                    //复制
            {
                W25QXX_BUF[i + secoff] = pBuffer[i];
            }
            W25QXX_Write_NoCheck(W25QXX_BUF,secpos * 4096,4096); //写入整个扇区
        }
        else W25QXX_Write_NoCheck(pBuffer,WriteAddr,secremain);   //直接写入扇区剩余区间
        if(NumByteToWrite == secremain) break;              //写入结束了
        else                                                //写入未结束
        {
            secpos++;                                       //扇区地址增 1
            secoff = 0;                                     //偏移位置为 0
            pBuffer += secremain;                           //指针偏移
            WriteAddr += secremain;                         //写地址偏移
            NumByteToWrite -= secremain;                    //字节数递减
            if(NumByteToWrite > 4096) secremain = 4096;     //下一个扇区还是写不完
            else secremain = NumByteToWrite;                //下一个扇区可以写完了
        }
    }
}
```

该函数可以在 W25Q128 的任意地址开始写入任意长度(必须不超过 W25Q128 的容量)的数据。程序先获得写入首地址所在的扇区,并计算在扇区内的偏移,然后判断要写入的数据长度是否超过本扇区所剩下的长度。如果不超过,再先看看是否要擦除,如果不要,则直接写入数据即可,如果要则读出整个扇区,在偏移处开始写入指定长度的数据,然后擦除这个扇区,再一次性写入。当所需要写入的数据长度超过一个扇区的长度的时候,先按照前面的步骤把扇区剩余部分写完,再在新扇区内执行同样的操作,如此循环,直到写入结束。

W25Q128 写函数中调用了 W25QXX_Write_NoCheck()，这是一个无校验写入函数，写入区域必须保证擦除过。因为无须校验，所以实现较为简单，只需要从起始地址依次写入，直至所有数据写入完成，该函数在已知存储区域为空白时被经常使用。

5. 用户程序编写

在 main.c 中编写用户程序，完成 SPI 和 W25Q128 功能测试，其参考代码如下：

```
/* ------------------------------ Source File main.c ------------------------------ */
# include "main.h"
# include "spi.h"
# include "gpio.h"
# include "fsmc.h"
/* USER CODE BEGIN Includes */
# include "lcd.h"
# include "flash.h"
# include "stdio.h"
/* USER CODE END Includes */
/* USER CODE BEGIN PV */
uint16_t * SEG_ADDR = (uint16_t * )(0x68000000);
uint8_t smgduan[10] = {0xc0,0xf9,0xa4,0xb0,0x99,0x92,0x82,0xf8,0x80,0x90 };
uint8_t smgwei[6] = {0xfe,0xfd,0xfb,0xf7,0xef,0xdf};
/* USER CODE END PV */
void SystemClock_Config(void);
/* USER CODE BEGIN PFP */
uint8_t KeyScan(void);
/* USER CODE END PFP */
int main(void)
{
    /* USER CODE BEGIN 1 */
    uint8_t KeyVal = 0,i;
    uint16_t FlashID = 0,PressCount = 0;
    uint8_t WriteBuf[27] = "",ReadBuf[27] = "";
    /* USER CODE END 1 */
    HAL_Init();
    SystemClock_Config();
    MX_GPIO_Init();
    MX_FSMC_Init();
    MX_SPI1_Init();
    /* USER CODE BEGIN WHILE */
    LCD_Init();
    LCD_Clear(WHITE);
    LCD_ShowString(12 * 5,24 * 0,(uint8_t * )"SPI Test Example!",BLUE,WHITE,24,0);
    FlashID = W25QXX_ReadID();
    while((FlashID = W25QXX_ReadID())!= W25Q128)
    {
        LCD_ShowString(24 * 1,24 * 1,(uint8_t * )"W25Q128 Check Failed!", BLUE,WHITE,24,0);
        HAL_Delay(1000);
        FlashID = W25QXX_ReadID();
    }
    LCD_ShowString(24 * 1,24 * 1,(uint8_t * )"W25Q128 Check Success!",BLUE,WHITE,24,0);
    sprintf((char * )TempStr,"Flash_ID = % X",FlashID);
    LCD_ShowString(24 * 1,24 * 2,TempStr,BLUE,WHITE,24,0);
    * SEG_ADDR = 0xFFFF;
    while (1)
    {
```

```
            KeyVal = KeyScan();
            switch(KeyVal)
            {
                case 1:
                {
                    * SEG_ADDR = (smgwei[0] << 8) + smgduan[1];
                    for(i = 0; i < 26; i++) WriteBuf[i] = (i + PressCount) % 26 + 'A';
                    W25QXX_Write(WriteBuf,0,27);
                    LCD_ShowString(24 * 0,24 * 3,
                    (uint8_t * )"Press Key1 Write:",BLUE,WHITE,24,0);
                    LCD_ShowString(24 * 0,24 * 4,WriteBuf,BLUE,WHITE,24,0);
                    PressCount++;
                    break;
                }
                case 2:
                {
                    * SEG_ADDR = (smgwei[1] << 8) + smgduan[2];
                    W25QXX_Read(ReadBuf,0,27);
                    LCD_ShowString(24 * 0,24 * 5,
                    (uint8_t * )"Press Key2 Read:",BLUE,WHITE,24,0);
                    LCD_ShowString(24 * 0,24 * 6,ReadBuf,BLUE,WHITE,24,0);
                    break;
                }
            }
            /* USER CODE END WHILE */
        }
    }
    /* USER CODE BEGIN 4 */
    uint8_t KeyScan()
    {
        uint8_t KeyVal = 0;
        if(HAL_GPIO_ReadPin(GPIOE,GPIO_PIN_0) == GPIO_PIN_RESET)
        {
            HAL_Delay(20);
            if(HAL_GPIO_ReadPin(GPIOE,GPIO_PIN_0) == GPIO_PIN_RESET)
                KeyVal = 1;
            while(HAL_GPIO_ReadPin(GPIOE,GPIO_PIN_0) == GPIO_PIN_RESET) ;
        }
        if(HAL_GPIO_ReadPin(GPIOE,GPIO_PIN_1) == GPIO_PIN_RESET)
        {
            HAL_Delay(20);
            if(HAL_GPIO_ReadPin(GPIOE,GPIO_PIN_1) == GPIO_PIN_RESET)
                KeyVal = 2;
            while(HAL_GPIO_ReadPin(GPIOE,GPIO_PIN_1) == GPIO_PIN_RESET) ;
        }
        return KeyVal;
    }
    /* USER CODE END 4 */
```

主程序首先包含项目新增加模块的头文件 spi.h 和 flash.h,对 SPI 初始化,随后读取 Flash 芯片 ID,若能正确识别存储芯片,则进入无限循环,不断查询按键情况。当 K1 键按下时,存储字符串,并使环形字符串游标计数值加 1,当 K2 键按下时,读取存储字符串,两者比对若一致,则 SPI 和 W25Q128 功能正常。

6. 下载调试

编译工程,直到没有错误为止,下载程序到开发板,复位运行,检查实验效果。

12.6　中文字库存储

SPI Flash 存储芯片在嵌入式系统中的典型应用就是用来存储中文字库。

12.6.1　需求分析

在第 7 章 LCD 中文显示项目实例中,我们实现了简单的几个汉字的显示,可能读者已成功完成自己学校、班级、姓名等中文信息的显示,应该也深深地体会到其不便和局限。一是取模时需要谨记规则,手动操作,数组存储,占用系统主存,要显示的汉字越多,操作越麻烦,生成的目标程序越大。二是程序通用性很差,只能显示几个汉字,如果需要更换显示内容,必须推倒重来,工作量很大。

开发板扩展了一片 SPI Flash 存储芯片 W25Q128,容量高达 16MB,将其部分区域划分出来存储中文字库是一个很好的设计。项目实现过程较为复杂,首先需要对国标汉字取模生成字库,随后在 PC 端和 MCU 端编写控制程序,由 PC 将字库文件分块发送至 MCU,再由 MCU 以扇区为单位写入 SPI Flash,最后改写 LCD 驱动函数,完成基于片外闪存的中文信息显示。

12.6.2　字库生成与合并

1. 字库生成

中文显示系统采用 GB2312 字符集,包括汉字、全角英文及部分特殊字符共 8178 个字符,每个字符均设置 4 种字体,分别为 12×12、16×16、24×24、32×32,要实现中文显示第一步就需要制作不同字体的字库文件。

使用 PCtoLCD2002 软件制作宋体 16×16 中文字库设置界面如图 12-10 所示,字模选项设置为:阴码、逆向、逐行式,对于不同驱动芯片扫描方式会有所差别。对于其他字号取模只需修改图 12-10 中红色框线标出的字宽和字高数字即可。之后单击工具栏"导入大量文本或一个文本文件生成字库"按钮(图中蓝色框线所示),打开生成字库对话框,输出文件面板区域选中"生成索引文件"和"生成二进制字库文件",在输出顺序面板区域选择"保持原始顺序",单击"生成国标汉字库"按钮即可生成二进制字库文件。依据上述方法,依次生成 4 种字体所对应的字库文件。

微课视频

图 12-10　中文字库设置界面

2. 地址分配

制作生成的中文字库相对于微控制器主存来说是海量数据,所以系统外扩了一片 SPI 的 NOR Flash

存储器 W25Q128,用于存储中文字库信息。

W25Q128 总容量为 16MB,存储器的访问单位分为块、扇区和页。因为我们擦除和写入都是以扇区为单位进行,所以只需要了解整个存储空间划分为 4096 个扇区,每个扇区的大小为 4096 字节,由此可知存储器的 24 位地址的高 12 位表示扇区号,低 12 位表示扇区内的字节地址。NOR Flash 读和写都可以从任意地址开始,但是写之前一定要确保写入单元原来是空白(0xFF),否则一定要先擦除再写,而要擦除必须整个扇区擦除。

嵌入式平台片外 Flash 存储器并不只有存储字库一个用途,往往是其增值功能。作者制作的 4 种字体中文字库所占空间接近 2MB,考虑到其他应用习惯于从 0 地址开始对存储器频繁读写,例如 12.5 节的 Flash 的读写测试项目,所以将字库存储于 Flash 芯片的高 8MB 空间,即从 0x0080 0000 地址开始,同时为了擦除和读写方便,字库存储按扇区对齐,字库所占空间和详细地址分配信息如表 12-8 所示。

表 12-8 字库地址分配

字库名称	单字/B	字数	需要空间/B	扇区需求	实际使用	起止编号	空余空间/B	起始地址
tfont12	24	8178	196272	47.92	48	2048~2095	336	0x0080 0000
tfont16	32	8178	261696	63.89	64	2096~2159	448	0x0083 0000
tfont24	72	8178	588816	143.75	144	2160~2303	1008	0x0087 0000
tfont32	128	8178	1046784	255.56	256	2304~2559	1792	0x0090 0000
全部	256	32712	2093568	511.13	512	2048~2559	3584	0x00A0 0000

3. 字库合并

由图 12-10 取模生成的 4 个字库文件需要根据表 12-8 确定的起始地址分别写入 SPI Flash 存储器,在产品量产时十分麻烦且容易出错。为此,作者通过编程语言将 4 个字库文件合并成一个总字库,存储效率大幅提升,数据共享也更为方便。合成字库扇区对齐,中间填充空白字符,末尾以回车换行符结束。

作者采用的是标准 C 语言实现字库文件合成,考虑到项目是学习 C 语言文件操作一个综合性实例,所以将其参考代码列于下方,为便于读者理解程序,代码给出了详细注释。

```
# include "stdio.h"
main()
{
    FILE * fp1, * fp2;
    unsigned char CopyBuf;
    char * SourceFile = "FONT12.FON";
    char * FileName[3] = {"FONT16.FON","FONT24.FON","FONT32.FON"};
    int i,FileIndex,CopyNum = 0,SourceSize = 0,Pos = 0,FillNum = 0;
    for(FileIndex = 0;FileIndex < 3;FileIndex++)
    {
        if((fp1 = fopen(SourceFile,"rb + ")) == NULL)        //读写方式打 Bin 文件
        {
            printf("Cannot Open SouceFile\n"); return ;
        }
        fseek(fp1,0,SEEK_END);                               //定位文件最后
        Pos = ftell(fp1);                                    //文件指针位置,得到文件总大小
        SourceSize = Pos - 2;                                //跳过结束符 0x0D、0x0A
        FillNum = 4096 - SourceSize % 4096;                  //计算扇区对齐需填充的字节数
        fseek(fp1, - 2,SEEK_END);                            //前移两位,跳过结束符
        for(i = 0;i < FillNum;i++) fputc(0xFF,fp1);          //填充空白字符
        if((fp2 = fopen(FileName[FileIndex],"rb")) == NULL)  //读方式打开 Bin 文件
        {
            printf("Cannot Open SouceFile\n"); return ;
```

```
        }
        fseek(fp2,0,SEEK_END);              //定位文件最后
        CopyNum = ftell(fp2);               //文件指针位置,得到文件总大小
        rewind(fp2);                        //文件指针回首部
        for(i = 0;i < CopyNum;i++)
        {
            fread(&CopyBuf,1,1,fp2);         //从源文件中读一字节
            fwrite(&CopyBuf,1,1,fp1);        //向目标文件写一字节
        }
        fclose(fp1);
        fclose(fp2);
    }
}
```

12.6.3 字库存储

因为字库文件数据量远超微控制器的 SRAM 容量,无法直接读取并写入外存,但可以将微控制器作为中转站,在 PC 和微控制器之间建立数据传输通道,PC 分批发送数据,微控制器循环接收实时写入。由此可见,字库存储软件设计分为上位机软件开发和下位机程序设计两部分。

1. 上位机软件开发

上位机软件采用可视化编程工具开发,程序首先获取 PC 可用串口并对其进行初始化。随后等待下位机返回 Flash 芯片初始化状态,直至下位机准备就绪,加载字库文件,向下位机发送包含起始地址和数据长度的传输启动命令。依次将字库文件以 4096B 分块发送,每块数据发送完成之后插入软件延时,以等待下位机完成数据接收和存储操作。循环发送直至字库数据传输完成,整个通信过程中实时显示下位机接收和处理数据状态。

2. 微控制器端程序设计

微控制器要实现串口接收上位机发来的字库数据,并将其写入 W25Q128,首先就需要对 USART 和 SPI 进行初始化。

串口初始化界面如图 12-11(a)所示,选择 USART1,异步工作模式,波特率为 115200b/s,数据宽度为 8 位,1 位停止位,无奇偶校验位,同时打开串口接收中断。

SPI 初始化界面如图 12-11(b)所示,选择 SPI1,全双工模式,Motorola 帧格式,8 位数据宽度,MSB 先行,预分频系数为 8,波特率为 10Mb/s,时钟极为高,时钟相位为第 2 边沿跳变,NSS 信号类型为软件设置。

微控制器完成初始化之后,串口处于数据接收状态,当监听到上位机发来数据传输准备命令时,从中获取数据存储起始地址、长度,将存储字库用到的扇区全部擦除,发送应答信息。上位机确认微控制器已准备就绪时,随即启动数据传输。微控制器每收到 4096B 数据,进行一次 W25Q128 写入操作,即写入一个扇区,同时复位缓冲区数据指针。当接收到全部数据时,计算最后一帧数据长度,并将其写入最后一个扇区。限于篇幅,没有将微控制器字库写入源代码贴出,感兴趣的读者可以下载本书配套源程序查看。

3. 存储操作

通过 CMSIS-DAP 调试器连接嵌入式平台与 PC,下载微控制器端字库存储程序,复位运行。

启动可视化编程工具开发的上位机通信软件 W25Qxx 串口下载助手,搜索并选择有效串口,选择 Flash 芯片:W25Q128,输入起始地址:0x00800000,打开合成的字库文件:AllFont.FON。等待下位机初始化成功后,单击"发送文件"按钮,启动文件传输,经过一段时间等待之后,字库文件的传输和写入工作便已完成,操作过程如图 12-12 所示。

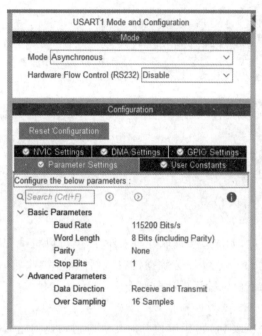

(a) USART1初始化

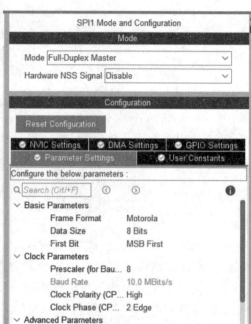

(b) SPI1初始化

图 12-11 微控制器端初始化

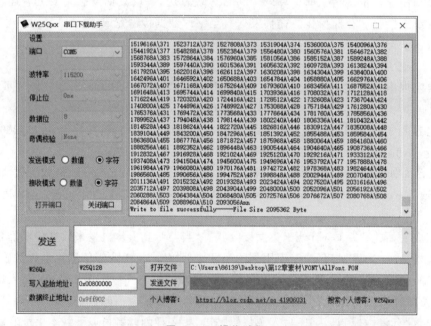

图 12-12 操作过程

12.6.4 LCD 中文驱动程序

将全部字库存储于片外 Flash 芯片 W25Q128 之后,要实现中文信息显示,还需要重写 LCD 中文驱动函数。

1. 定义字库基地址

要实现中文信息显示,必须给出每种字体字模数据存放的首地址。字库首地址是以宏定义的形式存

放于字库文件 lcdfont.h 文件中,参考代码如下:

```
//使用 SPI Flash 16MB 存储器的高 8MB 空间,实际使用 2MB,终地址:0x00A00000
#define SPI_Flash_Save_Font12 0x00800000     //48 Sector:0 * 4096~47 * 4096
#define SPI_Flash_Save_Font16 0x00830000     //64 Sector:48 * 4096~111 * 4096
#define SPI_Flash_Save_Font24 0x00870000     //144 Sector:112 * 4096~255 * 4096
#define SPI_Flash_Save_Font32 0x00900000     //256 Sector:256 * 4096~512 * 4096
```

2. 重写中文驱动程序

为适应本书章节内容安排顺序,提高程序的通用性和灵活性,同时尽量不增加目标文件大小。作者编写了两种中文显示驱动,由条件编译语句根据系统所处状态自动选择其中一种进行编译,且无须用户修改宏定义语句选择。

1) 包含 flash.h 头文件

如果 LCD 显示函数使用片外字库,必须初始化 SPI 和移植 W25Q128 驱动程序,并在 lcd.c 中包含 flash.h。如果不使用片外字库,上述操作均不需要完成,例如 0701 DSGLCD 项目。如何创建一个通用的 LCD 驱动文件? 上述两种情况均可直接使用,不需要进行任何修改。

在 STM32CubeMX 生成的初始化代码中,如果已经初始化 SPI,则会自动用宏定义命令定义一个标识符:HAL_SPI_MODULE_ENABLED。这一标识符也是 MDK-ARM 组织文件的一个开关,作者在此进一步加强其开关作用,将其作为代码编译的条件。W25Q128 驱动程序头文件包含语句如下:

```
#ifdef HAL_SPI_MODULE_ENABLED
        #include "flash.h"          //若标识符被定义,已 SPI 初始化,包含头文件
#endif
```

2) 重写中文显示函数

LCD 驱动程序提供了 4 种字体显示函数,每种字体显示程序实现方法大体相同,下面给出 24×24 汉字显示参考程序,其他字体以此类推。

```
void LCD_ShowChinese24x24(u16 x,u16 y,u8 * s,u16 fc,u16 bc,u8 sizey,u8 mode)
{
        #ifndef HAL_SPI_MODULE_ENABLED
        // 手工取模显示代码省略
        #else
        u8 SPIFontBuf[72];
        u16 TypefaceNum; //一个字符所占字节大小
        u16 i,j,x0 = x; u32 pos = 0;
        TypefaceNum = (sizey/8 + ((sizey%8)?1:0)) * sizey;
        pos = ((* s - 0xa1) * 94 + * (s + 1) - 0xa1) * TypefaceNum;
        W25QXX_Read(SPIFontBuf,SPI_Flash_Save_Font24 + pos,TypefaceNum);
        LCD_Address_Set(x,y,x + sizey - 1,y + sizey - 1);
        for(i = 0;i < TypefaceNum;i++)
        {
                for(j = 0;j < 8;j++)
                {
                        if(SPIFontBuf[i]&(0x01 << j))LCD_DrawPoint(x,y,fc); //画一个前景点
                        else if(!mode) LCD_DrawPoint(x,y,bc); //非叠加时画背景点
                        x++;
                        if((x - x0) == sizey)
                        {
                                x = x0;
                                y++;
```

```
                        break;
                    }
                }
            }
        #endif
}
```

汉字显示程序总体上采用条件编译格式,如果标识符未被定义,则只能使用手工取模,数组存储显示方式,即第 7 章所采用的中文显示方式,该部分程序并未贴出。如果标识符已定义,则访问外存读取字模信息,GB2312 字符集是一种区位码,分为 94 个区,每区 94 个字符,每个字符的区号和位号加上 0xA1,即为汉字内码。在制作国标字库时按区位号依次存放,所以将内码还原为区位号,然后区号乘以 94,加上位号,即为该汉字在字库的中的偏移量,由此计算出显示汉字在 W25Q128 中的绝对地址,从中读出字模数据,完成汉字显示。

12.7　基于 SPI 闪存的中文显示

在完成 12.5 节 SPI 初始化和 12.6 节的字库存储后,就可以实现基于片外 SPI Flash 任意中文信息的显示。本节给出一个简单演示实例。

1. 复制工程文件

复制 12.5 节创建的工程文件 1201 SPI Flash 到桌面,并将文件夹重命名为 1202 Chinese Show。

2. STM32CubeMX 配置

SPI 初始化和 FSMC 初始化在 12.5 节已经完成,本项目无须修改。

3. 字库存储与 LCD 驱动更新

字库生成、合并和存储、LCD 中文显示函数的驱动更新等工作已在 12.6 节完成。

4. 用户程序编写

用户程序大体上和 12.5 节是相同的,仅在主函数的 while 循环之前调用了 LCD_Print()或 LCD_PrintCenter()函数完成中文信息显示,上述两个函数支持中英文字符串混合显示。中文信息显示部分参考代码如下:

```
LCD_Init();
LCD_Clear(BLUE);
LCD_PrintCenter(0,24*1-4,(u8 *)"行路难·其一",WHITE,BLUE,24,0);
LCD_PrintCenter(0,24*2+0,(u8 *)"唐 李白",YELLOW,BLUE,24,0);
LCD_PrintCenter(0,24*3+4,(u8 *)"金樽清酒斗十千,玉盘珍羞直万钱。",WHITE,BLUE,16,0);
LCD_PrintCenter(0,24*4+4,(u8 *)"停杯投箸不能食,拔剑四顾心茫然。",WHITE,BLUE,16,0);
LCD_PrintCenter(0,24*5+4,(u8 *)"欲渡黄河冰塞川,将登太行雪满山。",WHITE,BLUE,16,0);
LCD_PrintCenter(0,24*6+4,(u8 *)"闲来垂钓碧溪上,忽复乘舟梦日边。",WHITE,BLUE,16,0);
LCD_PrintCenter(0,24*7+4,(u8 *)"行路难,行路难,多歧路,今安在?",WHITE,BLUE,16,0);
LCD_PrintCenter(0,24*8+4,(u8 *)"长风破浪会有时,直挂云帆济沧海。",WHITE,BLUE,16,0);
```

5. 下载调试

编译工程,直到没有错误为止,下载程序到开发板,复位运行,检查实验效果。

12.8　开发经验小结——条件编译

一般情况下,源程序中所有代码都参加编译,但是有时希望对其中一部分内容只在满足一定条件才进行编译,也就是对一部分内容指定编译条件,这就是"条件编译"。

12.8.1　命令形式

C 语言的条件编译命令有两种常用形式,其中第一种形式为:

```
#ifdef    标识符
    程序段1
#else
    程序段2
#endif
```

它的作用是当所指定的标识符已经被 #define 命令定义过,则在程序编译阶段只编译程序段1,否则编译程序段2。这里的"程序段"可以是语句组,也可以是命令行。其中 #else 部分可以没有,即:

```
#ifdef    标识符
    程序段1
#endif
```

条件编译命令的第二种形式为:

```
#ifndef     标识符
    程序段1
#else
    程序段2
#endif
```

相比于条件编译命令第一种形式,第二种形式只是将第一行语句中的 ifdef 改为 ifndef。它的作用是若标识符未被定义过,则编译程序段1,否则编译程序段2。和第一种形式一样,#else 部分也可以没有。

以上两种条件编译形式用法差不多,且可以互换,实际使用时,视方便任选一种即可。

12.8.2　应用示例

本章的 12.6.4 节中文显示函数通过使用条件编译使其支持不同的字模存储方式,在不增加代码量的前提下,提高了系统的通用性,是条件编译很好的应用范例。

下面再看另一个示例,打开 1201 SPI Flash 工程的 gpio.h 文件,其关键代码如下:

```
#ifndef __GPIO_H__
    #define __GPIO_H__
    #include "main.h"
    void MX_GPIO_Init(void);
#endif
```

上述代码表达的主要思想是:如果未定义__GPIO_H__标识符,则定义之,并完成文件包含、函数声明等该头文件必须要完成的工作;如果已经定义了__GPIO_H__标识符,则什么工作也不做。由此可见上述条件编译框架,可以保证该头文件仅被编译一次,从而避免文件被多次包含和函数重复定义。

总之,合理地使用条件编译对于提高程序的通用性、减少代码量和高效管理文件包含关系都是十分重要的。

本章小结

本章讲解内容划分为 SPI 和字库存储两大板块,二者紧密联系,相辅相成。在 SPI 部分首先介绍了 SPI 通信原理及 STM32F407 的 SPI 主要特征、内部结构、时钟信号以及数据帧格式等内容。随后介绍了 Flash 存储芯片 W25Q128 和 SPI 的 HAL 库驱动等内容。最后给出一个简单应用实例,测试 STM32 的

SPI 和 W25Q128 读写功能。本章的第二部分内容,也是开发板设计的一个便捷之处,将 W25Q128 的部分区域划分出来存储国标中文字库,实现中文字库存储,包括字库生成与合并、PC 串口传输、微控制器 SPI 写入,重写 LCD 驱动程序等步骤,上述工作完成之后,调用中文显示函数即可实现非特定信息显示。事实上,开发板在量产时,字库存储和 LCD 驱动改写已经完成,所以用户使用开发板时,无须关注片外字库这件事,而是直接将其理解为一个全面支持中文信息显示的嵌入式平台。

思考拓展

（1）通常,SPI 由哪几根线组成? 它们分别有什么作用?

（2）SPI 的连接方式有几种? 分别画出其连接示意图。

（3）SPI 的数据格式有哪几种? 传输顺序可分为哪几种?

（4）在 SPI 时序控制中,CPOL 和 CPHA 的不同取值对时序有什么影响?

（5）简述 W25Q128 的块号、扇区号和页号分别由 24 位地址线的哪些位表示。

（6）分别写出 W25Q128 块内、扇区内和页内的偏移地址范围。

（7）查询本人姓名最后一个汉字的机内码,计算其 16 号字在 W25Q128 中的绝对地址,并从中读出字模数据,与使用取模软件的生成数据进行对比。

（8）分别编写 W25Q128 的块擦除程序和 16 个扇区擦除程序,比较二者执行时间上的差别,思考如何减少字库存储时间。

第13章

I2C 接口与 EEPROM

本章要点

➢ I2C 通信原理；

➢ STM32F407 的 I2C 接口；

➢ I2C 接口的 HAL 库驱动；

➢ EEPROM 存储芯片 24C02；

➢ EEPROM 存储开机密码项目。

IIC(Inter-Integrated Circuit,集成电路总线),又称为 I2C 或 I^2C,是由原飞利浦公司(现恩智浦公司)在 20 世纪 80 年代初设计出来的一种简单、双向、二线制、同步串行总线,主要是用来连接整体电路(ICS),I2C 是一种多向控制总线,也就是说多个芯片可以连接到同一总线结构,同时每个芯片都可以作为实时数据传输的控制源。这种方式简化了信号传输总线接口。

微课视频

13.1 I2C 通信原理

I2C 总线是一种用于 IC 器件之间连接的 2 线制串行扩展总线,它通过 2 根信号线(SDA,串行数据线;SCL,串行时钟线)在连接到总线上的器件之间传送数据,所有连接在总线的 I2C 器件都可以工作于发送方式或接收方式。

13.1.1 I2C 串行总线概述

如图 13-1 所示,I2C 总线的 SDA 和 SCL 是双向 I/O 线,必须通过上拉电阻接到正电源,当总线空闲时,2 线都是“高”。所有连接在 I2C 总线上的器件引脚必须是开漏或集电极开路输出,即具有“线与”功能。所有挂在总线上器件的 I2C 引脚接口也应该是双向的,SDA 输出电路用于总线上发数据,而 SDA 输入电路用于接收总线上的数据。主机通过 SCL 输出电路发送时钟信号,同时其本身的接收电路要检测总线上 SCL 电平,以决定下一步的动作,从机的 SCL 输入电路接收总线时钟,并在 SCL 控制下向 SDA 发出或从 SDA 上接收数据,另外也可以通过拉低 SCL(输出)来延长总线周期。

I2C 总线上允许连接多个器件,支持多主机通信。但为了保证数据可靠地传输,任一时刻总线只能由一台主机控制,其他设备此时均表现为从机。I2C 总线的运行(指数据传输过程)由主机控制。所谓主机控制,就是由主机发出启动信号和时钟信号,控制传输过程,结束时发出停止信号等。每一个接到 I2C 总线上的设备或器件都有一个唯一独立的地址,以便于主机寻访。主机与从机之间的数据传输,可以是主机发送数据到从机,也可以是从机发送数据到主机。因此,在 I2C 协议中,除了使用主机、从机的定义外,还使用了发送器、接收器的定义。发送器表示发送数据方,可以是主机,也可以是从机,接收器表示接

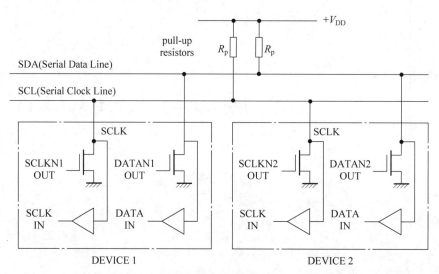

图 13-1　I2C 总线结构

收数据方,同样也可以代表主机,或代表从机。在 I2C 总线上一次完整的通信过程中,主机和从机的角色是固定的,SCL 时钟由主机发出,但发送器和接收器是不固定的,经常变化,这一点请特别留意,尤其在学习 I2C 总线时序过程中,不要把它们混淆。

13.1.2　I2C 总线的数据传送

1. 数据位的有效性规定

I2C 总线数据位的有效性规定如图 13-2 所示,I2C 总线进行数据传送时,时钟信号为高电平期间,数据线上的数据必须保持稳定,只有在时钟线上的信号为低电平期间,数据线上的高电平或低电平状态才允许变化。

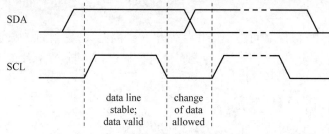

图 13-2　I2C 总线数据位的有效性规定

2. 起始和终止信号

I2C 总线规定,当 SCL 为高电平时,SDA 的电平必须保持稳定不变的状态,只有当 SCL 处于低电平时,才可以改变 SDA 的电平值,但起始信号和停止信号是特例。因此,当 SCL 处于高电平时,SDA 的任何跳变都会被识别成为一个起始信号或停止信号。I2C 总线起始和终止信号如图 13-3 所示,SCL 线为高电平期间,SDA 线由高电平向低电平的变化表示起始信号;SCL 线为高电平期间,SDA 线由低电平向高电平的变化表示终止信号。

起始和终止信号都由主机发出,在起始信号产生后,总线处于被占用的状态;在终止信号产生后,总线处于空闲状态。连接到 I2C 总线上的器件,若具有 I2C 总线的硬件接口,则很容易检测到起始和终止信号。

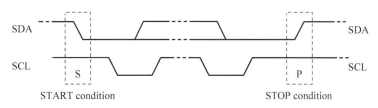

图 13-3 I2C 总线起始和终止信号

3. 数据传送格式

1）字节传送与应答

在 I2C 总线的数据传输过程中，发送到 SDA 信号线上的数据以字节为单位，每字节必须为 8 位，而且是高位（MSB）在前，低位（LSB）在后，每次发送数据的字节数量不受限制。但在这个数据传输过程中需要着重强调的是，当发送方每发送完一字节后，都必须等待接收方返回一个应答响应信号，I2C 总线字节传送与应答如图 13-4 所示。响应信号宽度为 1 位，紧跟在 8 个数据位后面，所以发送 1 字节的数据需要 9 个 SCL 时钟脉冲。响应时钟脉冲也是由主机产生的，主机在响应时钟脉冲期间释放 SDA 线，使其处在高电平。

而在响应时钟脉冲期间，接收方需要将 SDA 拉低，使 SDA 在响应时钟脉冲高电平期间保持稳定的低电平，即为有效应答信号（ACK 或 A），表示接收器已经成功地接收了该字节数据。

如果在响应时钟脉冲期间，接收方没有将 SDA 线拉低，使 SDA 在响应时钟脉冲高电平期间保持稳定的高电平，即为非应答信号（NAK 或 /A），表示接收器没有成功接收该字节。

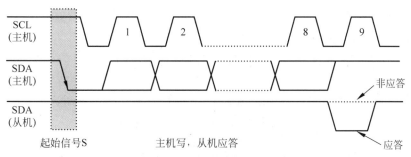

图 13-4 I2C 总线字节传送与应答

从机由于某种原因不对主机寻址信号应答时（如从机正在进行实时性的处理工作而无法接收总线上的数据），则必须将数据线置于高电平，而由主机产生一个终止信号以结束总线的数据传送。

如果从机对主机进行了应答，但在数据传送一段时间后无法继续接收更多的数据时，从机可以通过对无法接收的第一个数据字节的“非应答”通知主机，主机则应发出终止信号以结束数据的传送。

当主机接收到最后一个数据字节后，必须向从机发出一个结束传送的信号。这个信号是由对从机的“非应答”实现的。然后，从机释放 SDA 线，以允许主机产生终止信号。

2）总线的寻址

挂在 I2C 总线上的器件可以很多，但相互间只有两根线连接（数据线和时钟线），如何进行识别寻址呢？具有 I2C 总线结构的器件在出厂时已经给定了器件的地址编码。I2C 总线器件地址 SLA（以 7 位为例）格式如图 13-5 所示。

（1）DA3～DA0：4 位器件地址是 I2C 总线器件固有的地址编码，器件出厂时就已给定，用户不能自行设置。例如 I2C 总线器件 E2PROM AT24CXX 的器件地址为 1010。

图 13-5　I2C 总线器件地址 SLA 格式

（2）A2～A0：3 位引脚地址用于相同地址器件的识别。若 I2C 总线上挂有相同地址的器件，或同时挂有多片相同器件时，可用硬件连接方式对 3 位引脚 A2～A0 接 V_{CC} 或接地，形成地址数据。

（3）R/$\overline{W}$：数据传送方向。R/$\overline{W}$＝1 时，主机接收（读）；R/$\overline{W}$＝0 时，主机发送（写）。

主机发送地址时，总线上的每个从机都将这 7 位地址码与其地址进行比较，如果相同，则认为自己正被主机寻址，并根据 R/$\overline{W}$ 位确定为发送器还是接收器。

3）数据帧格式

I2C 总线上传送的数据信号是广义的，既包括地址信号，又包括真正的数据信号。

在起始信号后必须传送一个从机的地址（7 位），第 8 位是数据的传送方向位（R/$\overline{W}$），"0"表示主机发送数据（$\overline{W}$），"1"表示主机接收数据（R）。每次数据传送总是由主机产生的终止信号结束。但是，若主机希望继续占用总线进行新的数据传送，则可以不产生终止信号，马上再次发出起始信号对另一从机进行寻址。

在总线的一次数据传送过程中，可以有以下几种组合方式：

（1）主机向从机写数据。

主机向从机写 n 字节数据，数据传送方向在整个传送过程中不变。I2C 的数据线 SDA 上的数据流如图 13-6 所示。阴影部分表示数据由主机向从机传送，无阴影部分则表示数据由从机向主机传送。A 表示应答，$\overline{A}$ 表示非应答（高电平）。S 表示起始信号，P 表示终止信号。

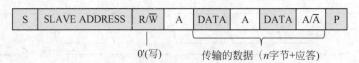

图 13-6　主机向从机写数据 SDA 数据流

如果主机要向从机传输一个或多字节数据，在 SDA 上需经历以下过程：

① 主机产生起始信号 S。

② 主机发送寻址字节 SLAVE ADDRESS，其中的高 7 位表示数据传输目标的从机地址，最后 1 位是传输方向位，此时其值为 0，表示数据传输方向从主机到从机。

③ 当某个从机检测到主机在 I2C 总线上广播的地址与其地址相同时，该从机就被选中，并返回一个应答信号 A。没被选中的从机会忽略之后 SDA 上的数据。

④ 当主机收到来自从机的应答信号后，开始发送数据 DATA。主机每发送完一字节，从机产生一个应答信号。如果在 I2C 的数据传输过程中，从机产生了非应答信号/A，则主机提前结束本次数据传输。

⑤ 当主机的数据发送完毕后，主机产生一个停止信号结束数据传输，或者产生一个重复起始信号进入下一次数据传输。

（2）主机从从机读数据。

主机从从机读 n 字节数据时，I2C 的数据线 SDA 上的数据流如图 13-7 所示。其中，阴影部分表示数据由主机传输到从机，无阴影部分表示数据流由从机传输到主机。

如果主机要从从机读取一个或多字节数据，在 SDA 上需经历以下过程：

① 主机产生起始信号 S。

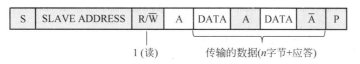

图 13-7 主机从从机读数据时 SDA 上的数据流

② 主机发送寻址字节 SLAVE ADDRESS,其中的高 7 位表示数据传输目标的从机地址,最后 1 位是传输方向位,此时其值为 1,表示数据传输方向由从机到主机。寻址字节 SLAVE ADDRESS 发送完毕后,主机释放 SDA(拉高 SDA)。

③ 当某个从机检测到主机在 I2C 总线上广播的地址与其地址相同时,该从机就被选中,并返回一个应答信号 A。没被选中的从机会忽略之后 SDA 上的数据。

④ 当主机收到应答信号后,从机开始发送数据 DATA。从机每发送完一字节,主机产生一个应答信号。当主机读取从机数据完毕或者主机想结束本次数据传输时,可以向从机返回一个非应答信号/A,从机即自动停止数据传输。

⑤ 当传输完毕后,主机产生一个停止信号结束数据传输,或者产生一个重复起始信号进入下一次数据传输。

(3) 主机和从机双向数据传送。

在传送过程中需要改变传送方向时,起始信号和从机地址都被重复产生一次,但两次读/写方向位正好反相。I2C 的数据线 SDA 上的数据流如图 13-8 所示。

图 13-8 主机和从机双向数据传送 SDA 上的数据流

主机和从机双向数据传送的数据传送过程是主机向从机写数据和主机由从机读数据的组合,故不再赘述。

4. 传输速率

I2C 的标准传输速率为 100kb/s,快速传输可达 400kb/s。目前还增加了高速模式,最高传输速率可达 3.4Mb/s。

13.2 STM32F407 的 I2C 接口

STM32F407 微控制器的 I2C 模块连接 MCU 和 I2C 总线,提供多主机功能,支持标准和快速两种传输速率,控制所有 I2C 总线特定的时序、协议、仲裁和定时。I2C 模块有多种用途,包括 CRC 码的生成和校验、SMBus(System Management Bus,系统管理总线)和 PMBus(Power Management Bus,电源管理总线)。根据特定设备的需要,可以使用 DMA 以减轻 CPU 的负担。

13.2.1 STM32F407 的 I2C 主要特性

STM32F407 微控制器全系列产品均有 3 个 I2C 接口,分别为 I2C1、I2C2 和 I2C3。STM32F407 微控制器的 I2C 主要具有以下特性:

(1) 所有的 I2C 都位于 APB1 总线。

(2) 支持标准(100kb/s)和快速(400kb/s)两种传输速率。

(3) 所有的 I2C 可工作于主模式或从模式,可以作为主发送器、主接收器、从发送器或者从接收器。

(4) 支持 7 或 10 位寻址和广播呼叫。

(5) 具有 3 个状态标志:发送器/接收器模式标志、字节传输结束标志、总线忙碌标志。

（6）具有 2 个中断向量：1 个中断用于地址/数据通信成功，1 个中断用于错误。

（7）具有单字节缓冲器的 DMA。

（8）兼容系统管理总线 SMBus2.0。

13.2.2 STM32F407 的 I2C 内部结构

STM32F407 系列微控制器的 I2C 内部结构如图 13-9 所示，由 SDA 线和 SCL 线展开，主要分为时钟控制、数据控制和控制逻辑等部分，负责实现 I2C 的时钟产生、数据收发、总线仲裁和中断、DMA 等功能。

1. 时钟控制

时钟控制模块根据控制寄存器 CCR、CR1 和 CR2 中的配置产生 I2C 协议的时钟信号，即 SCL 线上的信号。为了产生正确的时序，必须在 I2C_CR2 寄存器中设定 I2C 的输入时钟。当 I2C 工作在标准传输速率时，输入时钟的频率必须大于或等于 2MHz；当 I2C 工作在快速传输速率时，输入时钟的频率必须大于或等于 4MHz。

2. 数据控制

数据控制模块通过一系列控制架构，在将要发送数据的基础上，按照 I2C 的数据格式加上起始信号、地址信号、应答信号和停止信号，将数据一位一位从 SDA 线上发送出去。读取数据时，则从 SDA 线上的信号中提取出接收到的数据值。发送和接收的数据都被保存在数据寄存器中。

3. 控制逻辑

控制逻辑用于产生 I2C 中断和 DMA 请求。

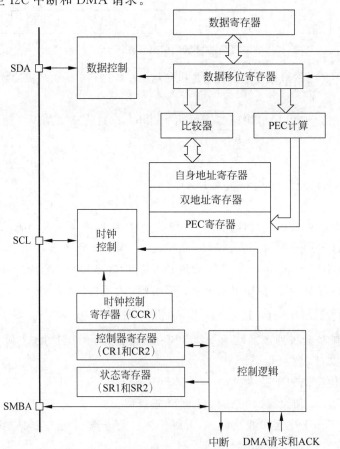

图 13-9 STM32F407 微控制器 I2C 内部结构

13.2.3　STM32F407 的 I2C 工作模式

I2C 接口可以按下述 4 种模式中的一种运行：

(1) 从发送器模式。

(2) 从接收器模式。

(3) 主发送器模式。

(4) 主接收器模式。

默认情况下，I2C 以从模式工作。接口在生成起始位后会自动由从模式切换为主模式，并在出现仲裁丢失或生成停止位时从主模式切换为从模式，从而实现多主模式功能。

主模式时，I2C 接口启动数据传输并产生时钟信号。串行数据传输总是以起始条件开始并以停止条件结束。起始条件和停止条件都是在主模式下由软件控制产生。

从模式时，I2C 接口能识别它自己的地址（7 位或 10 位）和广播呼叫地址。软件能够控制开启或禁止广播呼叫地址的识别。

数据和地址按 8 位/字节进行传输，高位在前。跟在起始条件后的 1 或 2 字节是地址（7 位模式为 1 字节，10 位模式为 2 字节），地址只在主模式发送。在一字节传输的 8 个时钟后的第 9 个时钟期间，接收器必须回送一个应答位（ACK）给发送器。

13.3　I2C 接口的 HAL 库驱动

I2C 接口的 HAL 库驱动包括宏定义、结构体定义、宏函数和功能函数。I2C 的数据传输有阻塞式、中断方式和 DMA 方式，本节将介绍 I2C 的 HAL 驱动程序中一些主要的定义和函数。

微课视频

13.3.1　I2C 接口的初始化

对 I2C 接口进行初始化配置的函数是 HAL_I2C_Init()，其函数原型定义如下：

```
HAL_StatusTypeDef HAL_I2C_Init(I2C_HandleTypeDef * hi2c)
```

其中，hi2c 是 I2C_HandleTypeDef 类型外设对象指针。在 STM32CubeMX 自动生成的文件 i2c.c 中，会为启用的 I2C 接口定义外设对象变量，例如，为 I2C1 接口定义的变量如下：

```
I2C_HandleTypeDef hi2c1;      //I2C1 接口的外设对象变量
```

结构体 I2C_HandleTypeDef 的成员变量主要是 HAL 程序内部用到的一些定义，其中最重要的成员变量 Init 是需要用户配置的 I2C 通信参数，是 I2C_InitTypeDef 结构体类型，相关内容将结合示例进行解释。

13.3.2　阻塞式数据传输

I2C 接口的阻塞式数据传输函数如表 13-1 所示。阻塞式数据传输使用方便，且 I2C 接口的传输速率较低，数据量不大，阻塞式传输是常用的数据传输方式。

表 13-1　I2C 接口的阻塞式数据传输函数

函 数 名 称	功 能 描 述
HAL_I2C_IsDeviceReady()	检查某个从设备是否准备好了 I2C 通信
HAL_I2C_Master_Transmit()	作为主设备向某个地址的从设备发送一定长度的数据
HAL_I2C_Master_Receive()	作为主设备从某个地址的从设备接收一定长度的数据
HAL_I2C_Slave_Transmit()	作为从设备发送一定长度的数据

续表

函 数 名 称	功 能 描 述
HAL_I2C_Slave_Receive()	作为从设备接收一定长度的数据
HAL_I2C_Mem_Write()	向某个从设备的指定存储地址开始写入一定长度的数据
HAL_I2C_Mem_Read()	从某个从设备的指定存储地址开始读取一定长度的数据

1. 检查 I2C 从设备是否做好通信准备

函数 HAL_I2C_IsDeviceReady()用于检查 I2C 网络上一个从设备是否做好了 I2C 通信准备,函数原型定义如下:

```
HAL_StatusTypeDef HAL_I2C_IsDeviceReady(I2C_HandleTypeDef * hi2c, uint16_t DevAddress, uint32_t Trials,
uint32_t Timeout)
```

其中,参数 hi2c 是 I2C 接口对象指针,DevAddress 是从设备地址,Trials 是尝试次数,Timeout 是超时等待时间,默认单位为 ms。

由 13.1 节可知,一个 I2C 从设备有两个地址,一个是写操作地址,另一个是读操作地址。以 EEPROM AT24C02 芯片为例,其写操作地址是 0xA0,读操作地址是 0xA1,也就是在写操作地址上加 1。

 在 I2C 接口的 HAL 驱动程序中,传递从设备地址参数时,只需设置写操作地址,函数内部会根据读写操作类型,自动使用写操作地址或读操作地址。但是如果使用微控制器普通 GPIO 模拟 I2C 接口通信时,必须明确使用相应的地址。

2. 主设备发送和接收数据

一个 I2C 总线上有一个主设备,可能有多个从设备。主设备与从设备通信时,必须指定从设备地址。I2C 主设备发送和接收数据的两个函数原型定义如下:

```
HAL_StatusTypeDef HAL_I2C_Master_Transmit(I2C_HandleTypeDef * hi2c, uint16_t DevAddress, uint8_t * pData,
uint16_t Size, uint32_t Timeout)
HAL_StatusTypeDef HAL_I2C_Master_Receive(I2C_HandleTypeDef * hi2c, uint16_t DevAddress, uint8_t * pData,
uint16_t Size, uint32_t Timeout)
```

其中,参数 DevAddress 是从设备地址,无论是发送还是接收,这个地址都要设置为 I2C 设备的写操作地址,pData 是发送或接收数据的缓冲区,Size 是缓冲区大小,Timeout 为超时等待时间,单位是嘀嗒信号的节拍数,默认是 ms。

阻塞式操作函数在数据发送或接收完成后才返回,返回值为 HAL_OK 时表示传输成功,否则可能是出现错误或超时。

3. 从设备发送和接收数据

I2C 从设备发送和接收数据的两个函数的原型定义如下:

```
HAL_StatusTypeDef HAL_I2C_Slave_Transmit(I2C_HandleTypeDef * hi2c, uint8_t * pData, uint16_t Size, uint32_
t Timeout)
HAL_StatusTypeDef HAL_I2C_Slave_Receive(I2C_HandleTypeDef * hi2c, uint8_t * pData, uint16_t Size, uint32_t
Timeout)
```

I2C 从设备是应答式地响应主设备的传输要求,发送和接收数据的对象总是主设备,所以函数中无须设置目标设备地址。

4. I2C 存储器数据传输

对于 I2C 接口的存储器,例如 EEPROM 存储芯片 24C02,有两个专门的函数用于存储器数据读写。

向存储器写入数据的函数是 HAL_I2C_Mem_Write(),其原型定义如下：

```
HAL_StatusTypeDef HAL_I2C_Mem_Write(I2C_HandleTypeDef * hi2c, uint16_t DevAddress, uint16_t MemAddress,
uint16_t MemAddSize, uint8_t * pData, uint16_t Size, uint32_t Timeout)
```

其中，参数 DevAddress 是 I2C 从设备地址，MemAddress 是存储器内部写入数据的起始地址，MemAddSize 是存储器内部地址大小，即 8 位地址还是 16 位地址，在 stm32f4xx_hal_i2c.h 文件中使用两个宏定义表示存储器内部地址大小。

```
#define I2C_MEMADD_SIZE_8BIT      0x00000001U      //8 位存储器地址
#define I2C_MEMADD_SIZE_16BIT     0x00000010U      //16 位存储器地址
```

参数 pData 是待写入数据的缓冲区指针，Size 是待写入数据的字节数，Timeout 是超时等待时间。使用这个函数可以很方便地向 I2C 接口存储器一次性写入多字节的数据。

从存储器读取数据的函数是 HAL_I2C_Mem_Read()，参数与存储器写入函数相同，其原型定义如下：

```
HAL_StatusTypeDef HAL_I2C_Mem_Read(I2C_HandleTypeDef * hi2c, uint16_t DevAddress, uint16_t MemAddress,
uint16_t MemAddSize, uint8_t * pData, uint16_t Size, uint32_t Timeout)
```

使用 I2C 存储器数据传输函数可以一次性传递地址和数据，函数会根据存储器的 I2C 通信协议依次传输地址和数据，而不需要用户自己分解通信过程。

13.3.3　中断方式数据传输

一个 I2C 接口有两个中断号，一个用于事件中断，另一个用于错误中断。HAL_I2C_EV_IRQHandler() 是事件中断 ISR 中调用的通用处理函数；HAL_I2C_ER_IRQHandler() 是错误中断 ISR 中调用的通用处理函数。

I2C 接口的中断方式数据传输函数，以及各个传输函数关联的回调函数如表 13-2 所示。

表 13-2　I2C 接口的中断方式数据传输函数及其关联的回调函数

函 数 名 称	功 能 描 述	回 调 函 数
HAL_I2C_Master_Transmit_IT()	主设备向某个地址的从设备发送一定长度的数据	HAL_I2C_MasterTxCpltCallback()
HAL_I2C_Master_Receive_IT()	主设备向某个地址的从设备接收一定长度的数据	HAL_I2C_MasterRxCpltCallback()
HAL_I2C_Master_Abort_IT()	主设备主动中止中断传输过程	HAL_I2C_AbortCpltCallback()
HAL_I2C_Slave_Transmit_IT()	作为从设备发送一定长度的数据	HAL_I2C_SlaveTxCpltCallback()
HAL_I2C_Slave_Receive_IT()	作为从设备接收一定长度的数据	HAL_I2C_SlaveRxCpltCallback()
HAL_I2C_Mem_Write_IT()	从某个从设备指定存储地址开始写入一定长度的数据	HAL_I2C_MemTxCpltCallback()
HAL_I2C_Mem_Read_IT()	从某个从设备指定存储地址开始读取一定长度的数据	HAL_I2C_MemRxCpltCallback()
所有中断方式传输函数	中断方式传输过程出现错误	HAL_I2C_ErrorCallback()

中断方式数据传输函数的参数定义与对应的阻塞式传输函数类似，只是没有超时等待参数 Timeout。例如，以中断方式读写 I2C 接口存储器的两个函数的原型定义如下：

```
HAL_StatusTypeDef HAL_I2C_Mem_Write_IT(I2C_HandleTypeDef * hi2c, uint16_t DevAddress, uint16_t MemAddress,
uint16_t MemAddSize, uint8_t * pData, uint16_t Size);
```

```
HAL_StatusTypeDef HAL_I2C_Mem_Read_IT(I2C_HandleTypeDef * hi2c, uint16_t DevAddress, uint16_t MemAddress,
uint16_t MemAddSize, uint8_t * pData, uint16_t Size);
```

中断方式数据是非阻塞式传输,函数返回 HAL_OK 时只表示操作成功,并不表示数据传输完成,只有相关联的回调函数被调用时,才表示数据传输完成。

13.3.4　DMA 方式数据传输

一个 I2C 接口有 I2C_TX 和 I2C_RX 两个 DMA 请求,可以为 DMA 请求配置 DMA 流,从而进行 DMA 方式数据传输。I2C 接口的 DMA 方式数据传输函数,以及 DMA 流发生传输完成事件(DMA_IT_TC)中断时的回调函数如表 13-3 所示。

表 13-3　I2C 接口 DMA 方式数据传输函数及其关联的回调函数

函 数 名 称	功 能 描 述	回 调 函 数
HAL_I2C_Master_Transmit_DMA()	向某个地址的从设备发送一定长度的数据	HAL_I2C_MasterTxCpltCallback()
HAL_I2C_Master_Receive_DMA()	从某个地址的从设备接收一定长度的数据	HAL_I2C_MasterRxCpltCallback()
HAL_I2C_Slave_Transmit_DMA()	作为从设备发送一定长度的数据	HAL_I2C_SlaveTxCpltCallback()
HAL_I2C_Slave_Receive_DMA()	作为从设备接收一定长度的数据	HAL_I2C_SlaveRxCpltCallback()
HAL_I2C_Mem_Write_DMA()	向某个从设备的指定存储地址开始写入数据	HAL_I2C_MemTxCpltCallback()
HAL_I2C_Mem_Read_DMA()	从某个从设备的指定存储地址开始读取数据	HAL_I2C_MemRxCpltCallback()

DMA 传输函数的参数形式与中断方式传输函数相同。DMA 传输是非阻塞式传输,函数返回 HAL_OK 时只表示函数操作成功,并不表示数据传输完成。DMA 传输过程由 DMA 流产生中断事件,DMA 流的中断函数指针指向 I2C 驱动程序中定义的一些回调函数。I2C 的 HAL 驱动程序中并没有为 DMA 传输半完成中断事件设计和关联回调函数。

13.4　EEPROM 存储芯片 24C02

13.4.1　芯片概述与硬件连接

在目前的嵌入式系统中主要存在三种存储器,一种是程序存储器 Flash ROM,其主要用于存储程序代码,可以在程序编写阶段修改;另一种是数据存储器 SRAM,其主要用于存储运行数据,可读可写,速度快,但是芯片断电数据丢失。以上两种存储器系统必须具备,事实上为完善嵌入式系统功能,通常情况下,还需配备 EEPROM。

EEPROM 是指带电可擦可编程只读存储器,是一种掉电后数据不丢失的存储芯片。EEPROM 可以在计算机上或专用设备上擦除已有信息,重新编程。其具有即插即用、可读可写、断电数据不丢失等特点,在嵌入式系统中主要用于保存系统配置信息或间歇采集数据等。

本书配套开发板上有一个 I2C 接口的 EEPROM 芯片 AT24C02,是 ATMEL 公司的产品。还有其他一些厂家的芯片与 AT24C02 引脚和功能完全兼容,本书将这一类芯片简称为 24C02。

(1) 24C02 可以提供 2K 位,也就是 256 个 8 位的 EEPROM 内存,可以保存 256 字节的数据,有 256 个内存地址,也正好对应 1 字节的地址范围。

(2) 24C02 通过 I2C 总线接口进行操作。

(3) 24C02 写操作时,可以一次写一个地址,也可以一次写一页。对于 24C02 来说,一页大小是 8 字节。写入的数据在同一页的时候,可以只写入一次地址,每写入 1 字节,地址自动加 1。

(4) 24C02 读操作时,可以连续读,不管连续读的数据是否在同一页,每读完一次数据之后,读取地址都会自动加 1。

开发板上 24C02 电路连接如图 13-10 所示,由图可知,24C02 芯片使用 STM32F407 微控制器的 I2C1 接口,SCL 引脚连接至 MCU 的 I2C1_SCL 引脚 PB8,SDA 引脚连接至 MCU 的 I2C1_SDA 引脚 PB9。WP 是写保护引脚,WP 接地时,对 24C02 芯片可读可写。

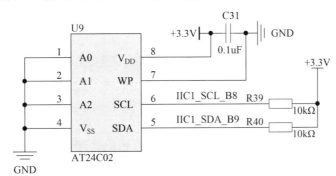

图 13-10　24C02 电路

在 I2C 总线上面,每个器件都会有一个器件地址,而 24C02 的器件地址编址方式如图 13-5 所示,由图可知,从机地址高 4 位 1010 是 24Cxx 系列的固定器件地址。引脚地址 A2、A1、A0 是根据器件连接来决定,由图 13-10 可知,3 个引脚均接地,所以是 000。R/$\overline{W}$ 为选择读还是写,1 的时候是读,0 的时候是写。所以 24C02 存储器的写地址为 0xA0,读地址为 0xA1。需要指出的是在使用 HAL 库数据传输函数时,从设备只需要给出芯片写地址即可,驱动函数内部会根据读写操作类型,自动使用写操作地址或读操作地址。而使用 MCU 普通 GPIO 模拟 I2C 接口时序时需要用户根据读写指令送出读写操作地址。

13.4.2　接口与通信协议

24C02 的读写操作比较简单,存储空间可反复读写。以下是几种主要的读写操作协议。

1. 写单字节数据

MCU 向 24C02 写入 1 字节数据的 SDA 数据线传输内容和顺序如图 13-11 所示。操作的顺序如下:

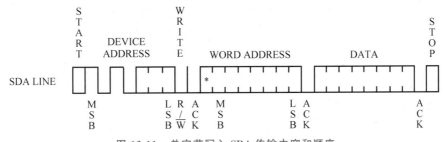

图 13-11　单字节写入 SDA 传输内容和顺序

(1) 主机发送起始信号,然后发送器件的写操作地址。

(2) 24C02 应答 ACK 后,主机再发送 8 位字地址,24C02 内部有 256 字节存储单元,地址范围是 0~255,用 1 字节表示。

(3) 24C02 应答 ACK 后,主机再发送需要写入的 1 字节数据。

(4) 从机接收完数据后,应答 ACK,主机发停止信号结束传输。

2. 连续写多字节数据

24C02 内部存储区域按页划分,每页 8 字节,所以 256 字节的存储单元分为 32 页,页的起始地址是

$8 \times N$,其中 $N = 0,1,2,\cdots,31$。

用户可以在一次 I2C 通信过程(一个起始信号与一个停止信号限定的通信过程)中向 24C02 连续写入多字节的数据,SDA 传输内容和顺序如图 13-12 所示。

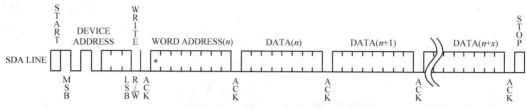

图 13-12 多字节写入 SDA 传输内容和顺序

图中的 n 是数据存储的起始地址,存储的数据字节数为 $1 + x$。24C02 会自动将接收的数据从指定的起始地址开始存储,但是要注意,连续写入的数据的存储位置不能超过页的边界,否则将自动从这页的开始位置继续存储。

所以,在连续写数据时,如果数据的起始地址在页的起始位置,则一次最多可写 8 字节的数据。当然,数据存储起始地址也可以不在页的起始位置,这时要注意,一次写入的数据不要超过页的边界。

3. 读单字节数据

用户可以从 24C02 的任何一个存储位置读取 1 字节的数据,读取单字节数据时数据线 SDA 传输的内容和顺序如图 13-13 所示。主设备先进行一次写操作,写入需要读取的存储单元的地址,然后再进行一次读操作,读取的 1 字节数据就是所指定的存储地址的存储内容。

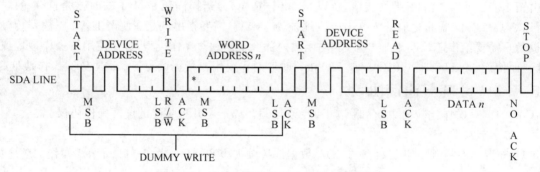

图 13-13 读单字节数据 SDA 传输内容和顺序

4. 连续读多字节数据

用户可以从 24C02 一次性连续读取多字节的数据,且读取数据时不受页边界的影响,也就是读取数据的长度可以超过 8 字节。连续读多字节数据的 SDA 传输内容和顺序如图 13-14 所示。主设备先进行一次写操作,写入需要读取的存储单元的地址,然后再进行一次读操作,连续读取多字节,存储器内部将自动移动存储位置,且存储位置不受页边界的影响。

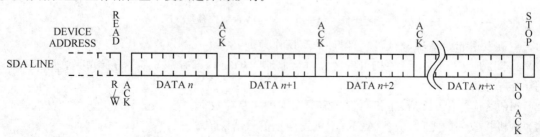

图 13-14 连续读多字节数据 SDA 传输内容和顺序

在使用 I2C 的 HAL 驱动函数进行 24C02 的数据读写时,图 13-11～图 13-14 的传输时序由 I2C 硬件接口完成,用户不需要关心这些时序。但如果是用软件模拟 I2C 接口去读写 24C02,则需要严格按照这些时序操作。

13.5 EEPROM 存储开机密码项目

EEPROM 存储器可读可写、断电数据不丢失的特点用于存储系统的设置信息或重要数据常量是很合适的。

13.5.1 项目分析

本项目需要实现一个开机密码功能,密码为 4 位数字,以 ASCII 码形式存储于 24C02 芯片的最低 4 个单元,存储单元地址为 0x00～0x03。系统启动后先从 24C02 芯片读取密码信息,LCD 提示用户输入密码,短接跳线座 P8 的上面两个引脚,选择矩阵按键模式。键盘可循环输入密码,即密码区已有 4 位密码时,再次按键则将原密码左移一位,空出位置存储新键值。K1～K9 用于输入数字 1～9,K10 用于输入数字 0,K11 为回车键,K12 为取消键。按下回车键,程序比对输入键值和系统密码,如果二者一致,则进入开机程序,开机成功后运行主程序,其中 LCD 展示系统信息,数码管显示数字电子钟,LED 流水灯显示;若二者比对不成功,则提示输入密码错误,返回输入状态。在按键输入过程中,若按下"取消"键,则清空输入密码信息,复位输入索引指针,重回密码输入初始状态。

13.5.2 项目实施

1. 复制工程文件

复制第 12 章创建工程模板文件夹 1202 Chinese Show 到桌面,并将文件夹重命名为 1301 I2C EEPROM。

微课视频

2. STM32CubeMX 配置

打开工程模板文件夹里面的 Template.ioc 文件,启动 STM32CubeMX 配置软件,在左侧配置类别 Categories 下面的 Connectivity 列表中找到 I2C1 接口,打开其配置对话框,操作界面如图 13-15 所示。在模式设置中,设置接口类型为 I2C,还有 SMBus 可选项,其一般用于智能电池管理。

I2C1 的参数设置分为两组,分别为 Master Features 和 Slave Features 两个类别。

(1) Master Features 组,主设备参数。

① I2C Speed Mode:速度模式,可选标准模式(Standard Mode)或快速模式(Fast Mode)。

② I2C Clock Speed(Hz):I2C 时钟速度,标准模式最大值为 100kHz,快速模式最大值为 400kHz。

③ Fast Mode Duty Cycle:快速模式占空比,选择快速模式后这个参数会出现,用于设置时钟信号的占空比,是一个周期内低电平与高电平的时间比,有 2∶1 和 16∶9 两种选项。

本例中 I2C Speed Mode 选择 Standard Mode,I2C Clock Speed 会自动设置为 100kHz,同时 Fast Mode Duty Cycle 选项不会出现。

(2) Slave Features 组,从设备参数。

① Clock No Stretch Mode:禁止时钟延长,设置为 Disabled 表示允许时钟延长。

② Primary Address Length selection:设备主地址长度,可选 7-bit 或 10-bit,此处选择 7-bit。

③ Dual Address Acknowledged:双地址确认,从设备可以有两个地址,如果设置为 Enabled,还会出现一个 Secondary slave address 参数,用于设置从设备副地址。

④ Primary slave address:从设备主地址,接口设备作为 I2C 从设备使用时才需要设置从设备地址。

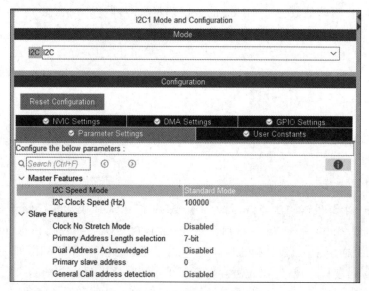

图 13-15 I2C1 模式与参数配置

⑤ General Call address detection：广播呼叫检测，设置为 Disabled 表示禁止广播呼叫，不对地址 0x00 应答；设置为 Enabled 表示允许广播呼叫，对地址 0x00 响应。

启用 I2C1 接口后，STM32CubeMX 自动分配的引脚可能是 PB6 和 PB7，而不是开发板上实际使用的 PB8 和 PB9。在引脚视图上直接将 PB8 设置为 I2C1_SCL，将 PB9 设置为 I2C1_SDA，PB6 和 PB7 的引脚配置就会自动取消。

I2C1 的 GPIO 引脚配置结果如图 13-16 所示，工作模式自动设置为复用功能开漏。

Pin Name	Signal on Pin	GPIO..	GPIO mode	GPIO Pull-up/	Maximum	User L..	Modified
PB8	I2C1_SCL	n/a	Alternate Function Open Drain	No pull-up and no...	Very High		☐
PB9	I2C1_SDA	n/a	Alternate Function Open Drain	No pull-up and no...	Very High		☐

图 13-16 I2C1 的 GPIO 引脚配置

在开发板上，STM32F407 是 I2C 主设备，所以无须设置从设备地址；24C02 是 I2C 从设备，其从设备写操作地址是 0xA0。

由于 I2C 通信是一种应答式的通信，与其他外设的轮询操作类似，本例不开启 I2C1 的全局中断。I2C 接口也具有 DMA 功能，但是 24C02 操作的数据量很小，没有使用 DMA 的必要。

项目还需要使用矩阵按键、LED 指示灯、数码管和 LCD 等功能模块，其配置方法同相应章节，时钟配置和工程配置选项无须修改，单击 GENERATE CODE 按钮生成初始化工程。

3. I2C 初始化代码分析

打开 MDK-ARM 文件夹下面的工程文件 Template.uvprojx，将生成工程编译一下，没有错误和警告之后开始初始化代码分析。I2C 接口初始化程序位于 STM32CubeMX 自动生成的 i2c.c 文件中，其相关代码如下：

```
/* -------------------------- Source File i2c.c -------------------------- */
# include "i2c.h"
I2C_HandleTypeDef hi2c1;
void MX_I2C1_Init(void) /* I2C1 init function */
{
```

```
    hi2c1.Instance = I2C1;
    hi2c1.Init.ClockSpeed = 100000;
    hi2c1.Init.DutyCycle = I2C_DUTYCYCLE_2;
    hi2c1.Init.OwnAddress1 = 0;
    hi2c1.Init.AddressingMode = I2C_ADDRESSINGMODE_7BIT;
    hi2c1.Init.DualAddressMode = I2C_DUALADDRESS_DISABLE;
    hi2c1.Init.OwnAddress2 = 0;
    hi2c1.Init.GeneralCallMode = I2C_GENERALCALL_DISABLE;
    hi2c1.Init.NoStretchMode = I2C_NOSTRETCH_DISABLE;
    if (HAL_I2C_Init(&hi2c1) != HAL_OK)
    {   Error_Handler(); }
}
void HAL_I2C_MspInit(I2C_HandleTypeDef * i2cHandle)
{
    GPIO_InitTypeDef GPIO_InitStruct = {0};
    if(i2cHandle -> Instance == I2C1)
    {
        __HAL_RCC_GPIOB_CLK_ENABLE();
        /** I2C1 GPIO Configuration PB8 ------> I2C1_SCL PB9 ------> I2C1_SDA */
        GPIO_InitStruct.Pin = GPIO_PIN_8|GPIO_PIN_9;
        GPIO_InitStruct.Mode = GPIO_MODE_AF_OD;
        GPIO_InitStruct.Pull = GPIO_NOPULL;
        GPIO_InitStruct.Speed = GPIO_SPEED_FREQ_VERY_HIGH;
        GPIO_InitStruct.Alternate = GPIO_AF4_I2C1;
        HAL_GPIO_Init(GPIOB, &GPIO_InitStruct);
        __HAL_RCC_I2C1_CLK_ENABLE(); /* I2C1 clock enable */
    }
}
```

函数 MX_I2C1_Init()用于完成 I2C1 接口的初始化,其主要工作是对 I2C 结构体变量 hi2c1 各成员变量赋值,各赋值语句与 STM32CubeMX 中的设置对应。完成 hi2c1 的赋值后,调用 I2C 初始化函数对 I2C1 接口进行初始化。

函数 HAL_I2C_MspInit()是 I2C 接口的 MSP 函数,在函数 HAL_I2C_Init()中被调用,其主要功能是对 I2C1 接口的复用引脚 PB8 和 PB9 进行 GPIO 初始化并使能 I2C1 外设时钟。

4. 用户程序编写

为实现开机密码功能还需要编写用户程序,程序主要存放于 main.c 文件中,其中省略了部分与以往章节相同功能的代码。

```
/* -------------------------- Source File main.c -------------------------- */
# include "main.h"
# include "i2c.h" //省略部分文件包含
uint16_t * SEG_ADDR = (uint16_t * )(0x68000000);
uint8_t smgduan[11] = {0xc0,0xf9,0xa4,0xb0,0x99,0x92,0x82,0xf8,0x80,0x90,0xbf };
uint8_t smgwei[6] = {0xfe,0xfd,0xfb,0xf7,0xef,0xdf};
uint8_t hour,minute,second,SmgBuff[6],KeyPress = 0,TempStr[30] = "",LedVal = 0x01;
uint8_t KeySta[3][4] = {{1,1,1,1},{1,1,1,1},{1,1,1,1}};         //全部按键当前状态
uint8_t KeyBack[3][4] = {{1,1,1,1},{1,1,1,1},{1,1,1,1}};        //按键备份值
uint8_t VeriPass = 0,KeyVal = 0,InputIndex = 0,InPW[4] = {0},ReadPW[4] = {0};
void SystemClock_Config(void);
void KeyScan(void);                                            //按键扫描判断程序
void DisplayMainInterface(void);                              //显示开机后主界面
int main(void)
```

```
{
    uint16_t i;
    HAL_Init();
    SystemClock_Config();
    MX_GPIO_Init();
    MX_FSMC_Init();
    MX_SPI1_Init();
    MX_I2C1_Init();
    MX_TIM6_Init();
    MX_TIM7_Init();
    MX_TIM13_Init();
    hour = 9; minute = 30; second = 25;
    HAL_TIM_Base_Start_IT(&htim13);              //按键中断扫描
    LCD_Init();
    LCD_Clear(BLUE);
    W25QXX_ReadID();
    while(W25QXX_ReadID()!= W25Q128)
    {
        LCD_ShowString(24 * 1,24 * 1,(uint8_t * )"W25Q128 Check Failed!",WHITE,BLUE,24,0);
        HAL_Delay(1000);
    }
    LCD_ShowString(24 * 1,24 * 1,(uint8_t * )" ",WHITE,BLUE,24,0);
    * SEG_ADDR = 0x00BF;                         //所有数码管上均显示"-"
    HAL_I2C_Mem_Read(&hi2c1,0xA0,0x00,I2C_MEMADD_SIZE_8BIT,ReadPW,4,400);
    LCD_PrintCenter(0,24 * 1 - 16,(u8 * )"选择矩阵键盘",WHITE,BLUE,24,0);
    LCD_PrintCenter(0,24 * 2 - 8,(u8 * )"输入 4 位数字密码",WHITE,BLUE,24,0);
    LCD_PrintCenter(0,24 * 7,(u8 * )"K1~K9:1~9 K10:0",YELLOW,BLUE,24,0);
    LCD_PrintCenter(0,24 * 8 + 12,(u8 * )"K11:Enter K12:Cancel",YELLOW,BLUE,24,0);
    for(i = 0; i < 4; i++) LCD_DrawRectangle(80,100,120 + 40 * i,140,WHITE); //显示输入框线
    while (1)
    {
        if(VeriPass == 0)                        //未开机时执行
        {
            KeyScan();                           //按键扫描,同第 9 章代码
            if(KeyPress!= 0)                     //有新键按下
            {
                if(KeyVal < 11)                  //数字键
                {
                    if(InputIndex < 4)           //密码输入不足 4 位
                    {
                        InPW[InputIndex] = KeyVal % 10 + '0';    //数字键个位
                        LCD_ShowChar(92 + 40 * InputIndex,       //显示已输入密码
                            104,InPW[InputIndex],RED,GREEN,32,0);
                        InputIndex++;
                    }
                    else //输入密码已有 4 位
                    {
                        InPW[0] = InPW[1];InPW[1] = InPW[2];InPW[2] = InPW[3]; //左移 1 位
                        InPW[3] = KeyVal % 10 + '0';             //空位存新键值
                        for(i = 0; i < 4; i++)                   //显示输入密码
                            LCD_ShowChar(92 + 40 * i,104,InPW[i],RED,GREEN,32,0);
                    }
                }
                else if(KeyVal == 11)                            //Enter Key
                {
                    if(InPW[0] == ReadPW[0]&&InPW[1] == ReadPW[1]&&
                        InPW[2] == ReadPW[2]&&InPW[3] == ReadPW[3])    //密码校验成功
```

```
                    {
                        VeriPass = 1;
                        LCD_PrintCenter(0,24 * 3,(u8 * )"密码正确,正在开机...",WHITE,BLUE,24,0);
                        HAL_Delay(800);
                        DisplayMainInterface();                //显示主界面
                    }
                    else                                        //密码校验失败
                    {
                        LCD_PrintCenter(0,24 * 3,(u8 * )"密码错误,重新输入!",WHITE,BLUE,24,0);
                        for(i = 0;i < 4;i++)
                        {
                            InPW[i] = 0;
                            LCD_ShowChar(92 + 40 * i,104,' ',WHITE,BLUE,32,0);
                        }
                        InputIndex = 0;
                    }
                }
                else //Cancel Key
                {
                    for(i = 0;i < 4;i++)                        //清零密码,清除显示
                    {
                        InPW[i] = 0;
                        LCD_ShowChar(92 + 40 * i,104,' ',WHITE,BLUE,32,0);
                    }
                    InputIndex = 0;
                }
                KeyPress = 0;                                    //按键已处理完成
            }
        }
        else                                                    //已开机进入主程序
        {
            SmgBuff[0] = hour/10;SmgBuff[1] = hour % 10;
            SmgBuff[2] = minute/10;SmgBuff[3] = minute % 10;
            SmgBuff[4] = second/10;SmgBuff[5] = second % 10;
            GPIOF - > ODR = ~LedVal;                             //LED流水显示
        }
    }
}
```

程序首先调用初始化函数对项目用到的外设进行初始化,然后使用I2C接口HAL库的存储器读取函数读取系统密码,由于HAL库抽象层次较高,用户对24C02存储器的访问就显得十分简单,只需要给出24C02存储器设备地址、存储区地址、缓冲区地址、读取字节数等参数即可,在上述代码中读取函数作加粗显示以便于查看。随后进入开机密码逻辑处理事务中,如果密码未校验通过则需不断扫描按键,并对输入密码和系统密码进行比对;如果比对成功则进行开机操作。开机成功后进入用户主程序,在LCD上显示系统设计信息,在数码管上实现一个数字电子钟功能,8个LED指示灯流水显示。

5. 下载调试

编译工程,直到没有错误为止,下载程序到开发板,复位运行,检查实验效果。

本章小结

本章首先介绍了I2C通信原理,包括I2C串行总线概述,涉及总线、主机、从机、发送器、接收器等概念,还包括I2C总线的数据传送方式,其中包括有效性规定、起始信号、终止信号、通信时序等内容。然后

介绍 STM32F407 微控制器的 I2C 接口,其中包括 I2C 的主要特性、内部结构和工作模式等内容。随后介绍了 STM32F407 的 I2C 接口的 HAL 库驱动,包括 I2C 接口初始化、阻塞式数据传输和非阻塞式数据传输等内容。最后设计了一个综合性项目实例,利用 EEPROM 存储器 24C02 实现开机密码项目,使读者掌握使用 HAL 库驱动 I2C 接口的基本应用方法。

思考拓展

(1) 名词解释:主机、从机、接收器和发送器。

(2) I2C 接口由哪几根线组成?它们分别具有什么作用?

(3) 试比较嵌入式系统中常用的 3 种通信接口:USART、SPI 和 I2C。

(4) I2C 的时序由哪些信号组成?

(5) 在 I2C 协议中数据有效性规定是什么?

(6) 在 I2C 协议中起始信号和终止信号的定义分别是什么?

(7) 在 I2C 协议中如何产生应答信号和非应答信号?

(8) 什么是 EEPROM?它的特点是什么?

(9) AT24C02 存储器的存储空间大小和访问方式分别是什么?

(10) 只有一片 AT24C02 存储器,一般将其写地址和读地址分别设为什么?

(11) 设计并完成项目,使用 AT24C02 芯片的某一单元存储系统复位次数,系统上电运行后将数值显示于 LCD 右上角。

(12) 在开机密码项目中设置一个宏定义变量 DEBUG,使用条件编译的方式实现在调试状态时可写入系统初始密码。

(13) 对开机密码项目进行改进,在输入密码时进行提示和保护,即输入密码时在 LCD 和数码管上短时显示按键数字,之后关闭数码显示,在 LCD 上将输入密码替换为"＊"。

(14) 在开机密码项目中,将取消按键功能修改为修改密码功能,在进入设置密码页面之后,校验原密码通过后,可设置新密码。

(15) 设计一款多功能数字电子钟,使用 AT24C02 芯片存储闹钟时间,当闹钟时间到时,蜂鸣器和 LED 发出声光提示。

第 14 章

模/数转换与光照传感器

本章要点

➤ ADC 概述；

➤ STM32F407 的 ADC 工作原理；

➤ ADC 的 HAL 库驱动；

➤ 项目实例。

模拟数字转换器(Analog-to-Digital Converter，ADC)，简称模/数转换器，顾名思义，是将一种连续变化的模拟信号转换为离散的数字信号的电子器件。ADC 在嵌入式系统中得到广泛的应用，它是以数字处理为中心的嵌入式系统与现实模拟世界沟通的桥梁。有了 ADC，微控制器增加了模拟输入功能，如同多了一双观察模拟世界的眼睛。

微课视频

14.1 ADC 概述

在嵌入式应用系统中，常需要将检测到的连续变化的模拟量，如电压、温度、压力、流量、速度等转换成数字信号，才能输入微控制器中进行处理。然后再将处理结果的数字量转换成模拟量输出，实现对被控对象的控制。

14.1.1 ADC 基本原理

ADC 进行模/数(A/D)转换一般包含三个关键步骤：采样、量化、编码。下面以一正弦模拟信号(其波形如图 14-1 所示)为例讲解 A/D 转换过程。

1. 采样

采样是在间隔为 T 的 T、$2T$、$3T$、$\cdots$ 时刻抽取被测模拟信号幅值，如图 14-2 所示。相邻两个采样时刻之间的间隔 T 也被称为采样周期。

为了能准确无误地用采样信号 V_s 表示模拟输入信号 V_i，采样信号必须有足够高的频率，即采样周期 T 足够小。由奈奎斯特采样定律可知，为了保证能从采样信号 V_s 中将原来的被采样信号 V_i 恢复，必须满足 $f_s \geqslant 2f_i(\max)$ 或 $T \leqslant 1/2f_i(\max)$，f_s 为采样频率，$f_i(\max)$ 为模拟输入信号 V_i 的最高频率分量的频率，T 为采样周期。同时，随着 ADC 采样频率的提高，留给每次转换进行量化和编码的时间会相应地缩短，这就要求相关电路必须具备更快的工作速度，因此，不能无限制地提高采样频率。

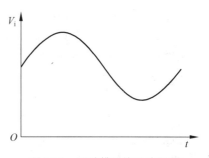

图 14-1 正弦模拟信号波形图

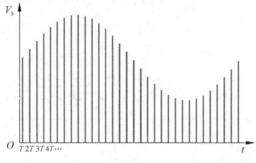

图 14-2　模拟信号采样

2. 量化

对模拟信号进行采样后,得到一个时间上离散的脉冲信号序列,但每个脉冲的幅度仍然是连续的。然而,CPU 所能处理的数字信号不仅在时间上是离散的,而且数值大小的变化也是不连续的。因此,必须把采样后每个脉冲的幅度进行离散化处理,得到由 CPU 处理的离散数值,这个过程就称为量化。

为了实现离散化处理,用指定的最小单位将纵轴划分为若干个(通常是 2^n 个)区间,然后确定每个采样脉冲的幅度落在哪个区间内,即把每个时刻的采样电压表示为指定的最小单位的整数倍,如图 14-3 所示。这个指定的最小单位就叫作量化单位,用 Δ 表示。

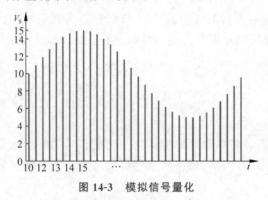

图 14-3　模拟信号量化

显然,如果在纵轴上划分的区间越多,量化单位就越小,所表示的电压值也越准确。为了便于使用二进制编码量化后的离散数值,通常将纵轴划分为 2^n 个区间,于是,量化后的离散数值可用 n 位二进制数表示,故也被称为 n 位量化。常用的量化有 8 位量化、12 位量化和 16 位量化等。

既然每个时刻的采样电压是连续的,那么它就不一定能被 Δ 整除,因此量化过程不可避免地会产生误差,这种误差称为量化误差。显然,在纵轴上划分的区间越多,即量化级数或量化位数越多,量化单位就越小,相应地,量化误差也越小。

3. 编码

把量化的结果二进制表示出来称为编码。而且一个 n 位量化的结果值恰好用一个 n 位二进制数表示。这个 n 位二进制数就是 A/D 转换完成后的输出结果。

14.1.2　ADC 性能参数

ADC 的主要性能参数有量程、分辨率、精度、转换时间等,这些也是选择 ADC 的重要参考指标。

1. 量程

量程(Full Scale Range,FSR)是指 ADC 所能转换的模拟输入电压的范围,分为单极性和双极性两种类型。例如,单极性的量程为 $0 \sim +3.3\text{V}$、$0 \sim +5\text{V}$ 等;双极性的量程为 $-5 \sim +5\text{V}$、$-12 \sim +12\text{V}$ 等。

2. 分辨率

分辨率(Resolution)是指 ADC 所能分辨的最小模拟输入量,反映 ADC 对输入信号微小变化的响应能力。小于最小变化量的输入模拟电压的任何变化都不会引起 ADC 输出数字值的变化。

由此可见,分辨率是 ADC 数字输出一个最小量时输入模拟信号对应的变化量,通常用 ADC 数字输出的最低有效位所对应的模拟输入电压值表示。分辨率由 ADC 的量化位数 n 决定,一个 n 位 ADC 的分辨率等于 ADC 的满量程与 2^n 的比值。

毫无疑问,分辨率是进行 ADC 选择时重要的参考指标之一。但要注意的是,选择 ADC 时,并非分辨率越高越好。在无须高分辨率的场合,如果选用了高分辨率的 ADC,所采样到的大多是噪声。反之,如果选用分辨率太低的 ADC,则会无法采样到所需的信号。

3. 精度

精度(Accuracy)是指对于 ADC 的数字输出(二进制代码),其实际需要的模拟输入值与理论上要求的模拟输入值之差。

需要注意的是,精度和分辨率是两个不同的概念,不要把两者混淆。通俗地说,"精度"是用来描述物理量的准确程度的,而"分辨率"是用来描述刻度大小的。做一个简单的比喻,一把量程是 10cm 的尺子,上面有 100 个刻度,最小能读出 1mm 的有效值,那么就说这把尺子的分辨率是 1mm 或者量程的 1%;而它实际的精度就不得而知了(不一定是 1mm)。而对于 ADC 来说,即使分辨率很高,也有可能由于温度漂移、线性度等原因导致其精度不高。影响 ADC 精度的因素除了前面讲过的量化误差以外,还有非线性误差、零点漂移误差和增益误差等。ADC 实际输出与理论上的输出之差是这些误差相加的结果。

4. 转换时间

转换时间(Conversion Time)是 ADC 完成一次 A/D 转换所需要的时间,是指从启动 ADC 开始到获得相应数据所需要的总时间。ADC 的转换时间等于 ADC 采样时间加上 ADC 量化和编码时间。通常,对于 ADC 来说,量化和编码时间是固定的,而采样时间可根据被测信号的不同而灵活设置,但必须符合采样定律中的规定。

14.1.3 ADC 主要类型

ADC 的种类很多,按转换原理可分为逐次逼近式 ADC、双积分式 ADC 和 V/F 变化式 ADC,按信号传输形式可分为并行 ADC 和串行 ADC。

1. 逐次逼近式 ADC

逐次逼近式 ADC 属直接式 ADC,其原理可理解为将输入模拟量逐次与 $U_{REF}/2$、$U_{REF}/4$、$U_{REF}/8$、…、$U_{REF}/2^{N-1}$ 比较,若模拟量大于比较值,则取 1(并减去比较值),否则取 0。逐次逼近式 ADC 转换精度高,速度较快,价格适中,是目前种类最多、应用最广的 ADC,典型的 8 位逐次逼近式 A/D 芯片有 ADC0809。

2. 双积分式 ADC

双积分式 ADC 是一种间接式 ADC,其原理是将输入模拟量和基准量通过积分器积分转换为时间,再对时间计数,计数值即为数字量。其优点是转换精度高,缺点是转换时间较长,一般要 40~50ms,适用于转换速度不快的场合。典型芯片有 MC14433 和 ICL7109。

3. V/F 变换式 ADC

V/F 变换式 ADC 也是一种间接式 ADC,其原理是将模拟量转换为频率信号,再对频率信号计数,转换为数字量。其特点是转换精度高,抗干扰性强,便于长距离传送,廉价,但转换速度偏低。典型的电压频率转换型芯片有 LM2917 和 AD650 等,非常适合应用于遥测和遥控系统中。

14.2 STM32F407 的 ADC 工作原理

STM32F407 全系列微控制器内部均集成 3 个 12 位逐次逼近式 ADC,它有多达 19 个通道,可测量 16 个外部和 3 个内部信号源,各通道的 A/D 转换可以单次、连续、扫描或间断模式执行。ADC 的结果可以以左对齐或右对齐方式存储在 16 位数据寄存器中。

14.2.1 主要特征

STM32F407 的 ADC 主要特征如下:

(1) 可配置 12 位、10 位、8 位或 6 位分辨率。

(2) 在转换结束、注入转换结束以及发生模拟看门狗或溢出事件时产生中断。

(3) 单次和连续转换模式。

(4) 多通道输入时,具有从通道 0 到通道 n 的扫描模式。

(5) 数据对齐以保持内置数据一致性。

(6) 可独立设置各通道采样时间。

(7) 外部触发器选项,可为规则转换和注入转换配置极性。

(8) 不连续采样模式。

(9) 双重/三重 ADC 模式(具有 2 个或更多 ADC 器件)。

(10) 双重/三重 ADC 模式下可配置的 DMA 数据存储。

(11) 双重/三重交替模式下可配置的转换间延迟。

(12) 逐次逼近式 ADC。

(13) ADC 电源要求:全速运行时为 2.4～3.6V,慢速运行时为 1.8V。

(14) ADC 输入范围:$V_{REF-} \leqslant V_{IN} \leqslant V_{REF+}$。

(15) 规则通道转换期间可产生 DMA 请求。

14.2.2 内部结构

STM32F407 的 ADC 内部结构如图 14-4 所示,其由软件或硬件触发,在 ADC 时钟 ADCCLK 的驱动下,对规则通道或注入通道中的模拟信号进行采样、量化和编码。

ADC 的 12 位转换结果可以以左对齐或右对齐的方式存放在 16 位数据寄存器中。根据转换通道的不同,数据寄存器可以分为规则通道数据寄存器(1×16 位)和注入通道数据寄存器(4×16 位)。由于 STM32F407 微控制器 ADC 只有 1 个规则通道数据寄存器,因此如果需要对多个规则通道的模拟信号进行转换时,经常使用 DMA 方式将转换结果自动传输到内存变量中。

STM32F407 的 ADC 部分引脚说明如表 14-1 所示,其中 V_{DDA} 和 V_{SSA} 应该分别连接到 V_{DD} 和 V_{SS}。

表 14-1　ADC 引脚说明

名　　称	信 号 类 型	注　　解
V_{REF+}	输入,模拟参考电源正极	$1.8V \leqslant V_{REF+} \leqslant V_{DDA}$
V_{DDA}	输入,模拟电源电压	低速运行,$1.8V \leqslant V_{DDA} \leqslant V_{DD}(3.6V)$ 全速运行,$2.4V \leqslant V_{DDA} \leqslant V_{DD}(3.6V)$
V_{REF-}	输入,模拟参考电源负极	$V_{REF-} = V_{SSA}$
V_{SSA}	输入,模拟电源地	等效于 V_{SS} 的模拟电源地
ADCx_IN[15:0]	模拟输入信号	16 个模拟输入通道

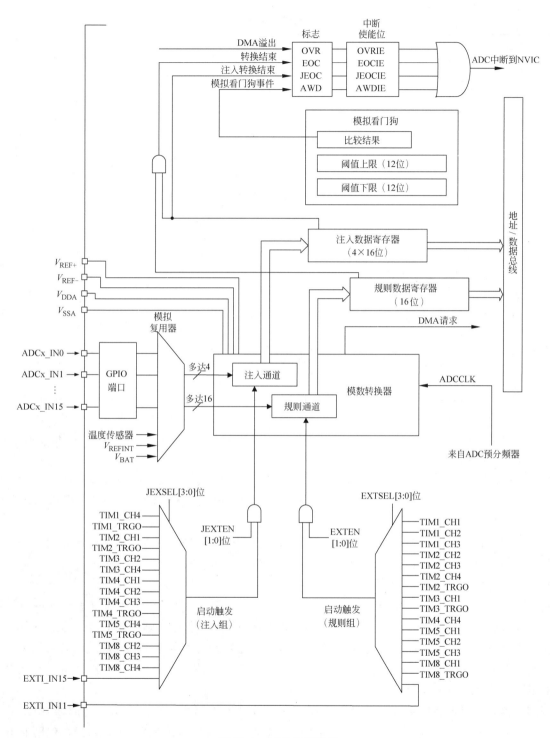

图 14-4　ADC 内部结构

14.2.3　通道及分组

STM32F407 微控制器最多有 19 个模拟输入通道,可测量 16 个外部模拟信号和 3 个内部信号源,ADC 通道分配关系如表 14-2 所示,其中,加灰色底纹通道属于内部信号源,仅连接到 ADC1。

表 14-2　ADC 通道分配关系

通道	ADC1	ADC2	ADC3
通道 0	PA0	PA0	PA0
通道 1	PA1	PA1	PA1
通道 2	PA2	PA2	PA2
通道 3	PA3	PA3	PA3
通道 4	PA4	PA4	PF6
通道 5	PA5	PA5	PF7
通道 6	PA6	PA6	PF8
通道 7	PA7	PA7	PF9
通道 8	PB0	PB0	PF10
通道 9	PB1	PB1	PF3
通道 10	PC0	PC0	PC0
通道 11	PC1	PC1	PC1
通道 12	PC2	PC2	PC2
通道 13	PC3	PC3	PC3
通道 14	PC4	PC4	PF4
通道 15	PC5	PC5	PF5
通道 16	温度传感器		
通道 17	内部参考电压		
通道 18	备用电池电压		

STM32F407 微控制器的 ADC 根据优先级把所有通道分为两个组：规则组和注入组。在任意多个通道上以任意顺序进行的一系列转换构成成组转换。例如，可以按如下顺序完成转换：通道 9、通道 5、通道 2、通道 7、通道 3、通道 8。

1. 规则通道

划分到规则通道组(Group of Regular Channel)中的通道称为规则通道。一般情况下，如果仅是一般模拟输入信号的转换，那么将该模拟输入信号的通道设置为规则通道即可。

规则通道组最多可以有 16 个规则通道，当每个规则通道转换完成后，将转换结果保存到同一个规则通道数据寄存器，同时产生 A/D 转换结束事件，可以产生对应的中断和 DMA 请求。

2. 注入通道

划分到注入通道组(Group of Injected Channel)中的通道称为注入通道。如果需要转换的模拟输入信号的优先级较其他的模拟输入信号要高，那么可以将该模拟输入信号的通道归入注入通道组中。

注入通道组最多可以有 4 个，对应地，也有 4 个注入通道数据寄存器保存注入通道的转换结果。当每个注入通道转换完成后，产生 ADC 注入转换结束事件，可以产生对应的中断，但不具备 DMA 传输能力。

3. 通道组划分

规则通道相当于正常运行的程序，而注入通道相当于中断。当主程序正常执行的时候，中断可以打断其执行。类似地，注入通道的转换可以打断规则通道的转换，在注入通道转换完成之后，规则通道才得以继续转换。

通过一个形象的例子可以说明：假如你在家里的院子内放了 5 个温度探头，室内放了 2 个温度探头。你需要时刻监视室外温度，偶尔想看看室内的温度。可以使用规则通道组循环扫描室外的 5 个探头并显示 A/D 转换结果，通过一个按钮启动注入转换组(2 个室内探头)并暂时显示室内温度，当放开这个按钮后，系统又会回到规则通道组继续检测室外温度。从系统设计上看，测量并显示室内温度的过程中断了测量并显示室外温度的过程,但程序设计上可以在初始化阶段分别设置好不同的转换组,系统运行中不必再变更循环转换的配置,从而达到两个任务互不干扰和快速切换的效果。如果没有规则组和注入组的划分,则当按下按钮后,需要重新配置 A/D 循环扫描的通道,然后在释放按钮后需再次配置 A/D 循环扫描的通道,这样的操作十分烦琐,且容易出错。

上面的例子因为速度较慢,不能完全体现这样区分(规则通道组和注入通道组)的好处,但在工业应用领域中有很多检测和监视探头需要较快地处理,A/D 转换的分组将简化事件处理的程序并提高事件处理的速度。

14.2.4　时序图

如图 14-5 所示,ADC 在开始精确转换前需要一个稳定时间 t_{STAB}。在开始 A/D 转换和 15 个时钟周期后,EOC 标志被设置,转换结果存放在 16 位 ADC 数据寄存器中。

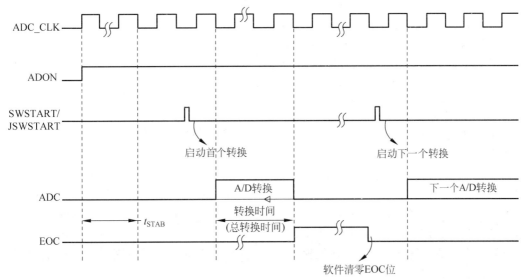

图 14-5　A/D 转换时序图

14.2.5　数据对齐

ADC_CR2 寄存器中的 ALIGN 位选择转换后数据存储的对齐方式。数据可以右对齐或左对齐,如图 14-6 和图 14-7 所示。注入组通道转换的数据值已经减去了在 ADC_JOFRx 寄存器中定义的偏移量,因此结果可以是一个负值,SEXT 位是扩展的符号值。对于规则组通道,不需减去偏移值,因此只有 12 个位有效。

注入组

SEXT	SEXT	SEXT	SEXT	D11	D10	D9	D8	D7	D6	D5	D4	D3	D2	D1	D0

规则组

0	0	0	0	D11	D10	D9	D8	D7	D6	D5	D4	D3	D2	D1	D0

图 14-6　转换结果数据右对齐

14.2.6　校准

查询 STM32F4xx 参考手册可知,STM32F4 系列微控制器并没有像 STM32F1 那样在 ADC_CR2 寄存器中设置复位校准位 RSTCAL 和 ADC 校准位 CAL,ST 官方提供的例程也未曾涉及 ADC 模块校准。也就是说,STM32F4 系列微控制器无法通过软件对 ADC 模块进行校准,而参考手册并没有对该部分内

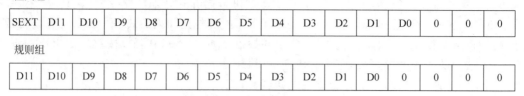

图 14-7　转换结果数据左对齐

容进行说明。作者理解为,既然像 STM32F1 系列微控制器那样,在使用 ADC 模块时,均需要编写较多代码对其复位和校准,倒不如直接由硬件将该部分工作自动完成,使编程更加高效和简洁。

14.2.7　转换时间

STM32F407 微控制器 A/D 转换时间 T_{CONV}＝采样时间＋量化编码时间,其中量化编码时间固定为 12 个 ADC 时钟周期。采样周期数目可以通过 ADC_SMPR1 和 ADC_SMPR2 寄存器中的 SMP[2:0]位更改。每个通道可以分别用不同的时间采样,可以是 3、15、28、56、84、112、144 或 480 个 ADC 时钟周期。采样时间的具体取值根据实际被测信号而定,必须符合采样定理要求。

例如:当 ADCCLK＝30MHz,采样时间为 3 个周期时,T_{CONV}＝3＋12＝15 个周期＝0.5μs。

14.2.8　转换模式

A/D 转换模式用于指定 ADC 以什么方式组织通道转换,主要有单次转换模式、连续转换模式、扫描模式和间断模式等。

1. 单次转换模式

在单次转换模式下,ADC 只执行一次转换。该模式既可通过设置 ADC_CR2 寄存器的 ADON 位(只适用于规则通道)启动,也可通过外部触发启动(适用于规则通道或注入通道),这时 CONT 位为 0。一旦选择通道的转换完成,有以下 2 种情况:

(1) 如果一个规则通道被转换:转换数据被存储在 16 位 ADC_DR 寄存器中,EOC(转换结束)标志被设置,如果设置了 EOCIE 位,则产生中断。

(2) 如果一个注入通道被转换:转换数据被存储在 16 位的 ADC_JDRx$(x＝1\sim4)$寄存器中,JEOC(注入转换结束)标志被设置,如果设置了 JEOCIE 位,则产生中断。

2. 连续转换模式

在连续转换模式中,当前面 A/D 转换一结束立刻就启动另一次转换。此模式可通过外部触发启动或通过设置 ADC_CR2 寄存器上 ADON 位启动,此时 CONT 位是 1。

每个转换后,有以下 2 种情况:

(1) 如果一个规则通道被转换:转换数据被存储在 16 位的 ADC_DR 寄存器中,EOC(转换结束)标志被设置,如果设置了 EOCIE 位,则产生中断。

(2) 如果一个注入通道被转换:转换数据被存储在 16 位的 ADC_JDRx 寄存器中,JEOC(注入转换结束)标志被设置,如果设置了 JEOCIE 位,则产生中断。

3. 扫描模式

此模式用来扫描一组模拟通道。扫描模式可通过设置 ADC_CR1 寄存器的 SCAN 位选择。一旦设置,ADC 扫描所有被 ADC_SQRx 寄存器(对规则通道)或 ADC_JSQR(对注入通道)选中的所有通道。在每个组的每个通道上执行单次转换,在每个转换结束时,同一组的下一个通道被自动转换。如果设置了 CONT 位,转换不会在选择组的最后一个通道上停止,而是再次从选择组的第一个通道继续转换。如果设置了 DMA 位,在每次 EOC 事件后,DMA 控制器把规则组通道的转换数据传输到 SRAM 中。而注入通道转换的数据总是存储在 ADC_JDRx 寄存器中。

4. 间断模式

1）规则组

此模式通过设置 ADC_CR1 寄存器的 DISCEN 位激活。它可以用来执行一个短序列的 n 次转换（$n \leqslant 8$），此转换是 ADC_SQRx 寄存器所选择的转换序列的一部分。数值 n 由 ADC_CR1 寄存器的 DISCNUM[2:0]位给出。

一个外部触发信号可以启动 ADC_SQRx 寄存器中描述的下一轮 n 次转换，直到此序列所有的转换完成为止。总的序列长度由 ADC_SQR1 寄存器的 L[3:0]定义。

举例：

$n=3$，被转换的通道＝0、1、2、3、6、7、9、10。

第一次触发：转换的序列为 0、1、2。

第二次触发：转换的序列为 3、6、7。

第三次触发：转换的序列为 9、10，并产生 EOC 事件。

第四次触发：转换的序列 0、1、2。

注意：

（1）当以间断模式转换一个规则组时，转换序列结束后不自动从头开始。

（2）当所有子组被转换完成，下一次触发启动第一个子组的转换。在上面的例子中，第四次触发重新转换第一子组的通道 0、1 和 2。

2）注入组

此模式通过设置 ADC_CR1 寄存器的 JDISCEN 位激活。在一个外部触发事件后，该模式按通道顺序逐个转换 ADC_JSQR 寄存器中选择的序列。

一个外部触发信号可以启动 ADC_JSQR 寄存器选择的下一个通道序列的转换，直到序列中所有的转换完成为止。总的序列长度由 ADC_JSQR 寄存器的 JL[1:0]位定义。

例子：

$n=1$，被转换的通道＝1、2、3。

第一次触发：通道 1 被转换。

第二次触发：通道 2 被转换。

第三次触发：通道 3 被转换，并且产生 EOC 和 JEOC 事件。

第四次触发：通道 1 被转换。

注意：

（1）当完成所有注入通道转换，下个触发启动第 1 个注入通道的转换。在上述例子中，第四个触发重新转换第 1 个注入通道 1。

（2）不能同时使用自动注入和间断模式。

（3）必须避免同时为规则组和注入组设置间断模式。间断模式只能作用于一组转换。

14.2.9 外部触发转换和触发极性

A/D 转换可以由外部事件触发（例如定时器捕获、EXTI 线）。如果 ADC_CR2 寄存器的 EXTEN[1:0]控制位（对于规则转换）或 JEXTEN[1:0]位（对于注入转换）不等于"00"，则外部事件能够以所选极性触发转换。EXTEN[1:0]和 JEXTEN[1:0]值与触发极性之间的对应关系如表 14-3 所示。

表 14-3 配置触发极性

触发事件源	EXTEN[1:0]/JEXTEN[1:0]
禁止触发检测	00
在上升沿时检测	01

续表

触发事件源	EXTEN[1:0]/JEXTEN[1:0]
在下降沿时检测	10
在上升沿和下降沿均检测	11

ADC_CR2 寄存器的 EXTSEL[3:0]和 JEXTSEL[3:0]控制位用于从 16 个可能事件中选择可触发规则组转换和注入组转换的事件。表 14-4 给出了可用于规则通道的外部触发。

表 14-4 规则通道的外部触发

触发事件源	类 型	EXTSEL[3:0]
TIM1_CH1 事件	片上定时器的内部信号	0000
TIM1_CH2 事件		0001
TIM1_CH3 事件		0010
TIM2_CH2 事件		0011
TIM2_CH3 事件		0100
TIM2_CH4 事件		0101
TIM2_TRGO 事件		0110
TIM3_CH1 事件		0111
TIM3_TRGO 事件		1000
TIM4_CH4 事件		1001
TIM5_CH1 事件		1010
TIM5_CH2 事件		1011
TIM5_CH3 事件		1100
TIM8_CH1 事件		1101
TIM8_TRGO 事件		1110
EXTI 线 11	外部引脚	1111

表 14-5 给出了可用于注入通道的外部触发。

表 14-5 注入通道的外部触发

触发事件源	类 型	JEXTSEL[3:0]
TIM1_CH4 事件	片上定时器的内部信号	0000
TIM1_TRGO 事件		0001
TIM2_CH1 事件		0010
TIM2_TRGO 事件		0011
TIM3_CH2 事件		0100
TIM3_CH4 事件		0101
TIM4_CH1 事件		0110
TIM4_CH2 事件		0111
TIM4_CH3 事件		1000
TIM4_TRGO 事件		1001
TIM5_CH4 事件		1010
TIM5_TRGO 事件		1011
TIM8_CH2 事件		1100
TIM8_CH3 事件		1101
TIM8_CH4 事件		1110
EXTI 线 15	外部引脚	1111

14.2.10　中断和 DMA 请求

1. 中断

规则组和注入组转换结束时能产生中断,当模拟看门狗状态位和溢出状态位被设置时,也能产生中断,它们都有独立的中断使能位。ADC1、ADC2 和 ADC3 的中断映射在同一个中断向量上。表 14-6 给出了 STM32F407 微控制器 ADC 的中断事件的标志位和控制位。

表 14-6　STM32F407 微控制器 ADC 中断事件

中 断 事 件	事 件 标 志	使 能 控 制 位
规则组转换结束	EOC	EOCIE
注入组转换结束	JEOC	JEOCIE
设置了模拟看门狗状态位	AWD	AWDIE
溢出(Overrun)	OVR	OVRIE

2. DMA 请求

因为规则通道转换的值存储在一个仅有的数据寄存器中,所以当转换多个规则通道时需要使用 DMA 请求,这可以避免丢失已经存储在 ADC_DR 寄存器中的数据。在使能 DMA 模式的情况下(ADC_CR2 寄存器中的 DMA 位置 1),每完成规则通道组中的一个通道转换后,都会生成一个 DMA 请求。这样便可将转换的数据从 ADC_DR 寄存器传输到用软件选择的目标位置。而 4 个注入通道有 4 个数据寄存器用来存储每个注入通道的转换结果,因此注入通道无须 DMA。

14.2.11　多重 ADC 模式

STM32F407 微控制器有 3 个 ADC,这 3 个 ADC 可以独立工作,也可以组成双重或三重 ADC 模式。在多重 ADC 模式下,ADC1 是主器件,必须使用,可以使用 ADC1 和 ADC2 构成双重模式,ADC1、ADC2 和 ADC3 构成三重模式。

微课视频

多重 ADC 模式就是使用主器件 ADC1 的触发信号去交替触发或同步触发其他 ADC 启动转换。例如,对于三分量模拟输出的振动传感器,需要对 X、Y、Z 这 3 个方向的振动信号同步采集,以合成一个三维空间中的振动矢量,这时就需要使用 3 个 ADC 对 3 路信号同步采集,而不能使用 1 个 ADC 对 3 路信号通过多路复用方式进行采集。

多重 ADC 有多种工作模式,可以交替触发,也可以同步触发。设置 ADC1 和 ADC2 双重同步工作模式时,为 ADC1 设置的触发源同时也触发 ADC2,以实现两个 ADC 同步转换。在多重模式下,有一个专门的 32 位数据寄存器 ADC_CDR,用于存储多重模式下的转换结果数据。在双重模式下,ADC_CDR 的高 16 位存储 ADC2 的规则转换结果数据,ADC_CDR 的低 16 位存储 ADC1 的规则转换结果数据。三重 ADC 模式和其他工作模式的原理及应用方法详见 STM32F4xx 参考手册。

14.3　ADC 的 HAL 库驱动

STM32F407 微控制器的 ADC 的 HAL 库驱动程序主要划分为规则通道驱动、注入通道驱动和多重 ADC 驱动三部分。

14.3.1　规则通道驱动

ADC 模块的驱动程序有两个头文件:文件 stm32f4xx_hal_adc.h 是 ADC 模块总体设置和规则通道相关的函数和定义;文件 stm32f4xx_hal_adc_ex.h 是注入通道和多重 ADC 模式相关的函数和定义。表 14-7 是文件 stm32f4xx_hal_adc.h 中的一些主要函数。

表 14-7　ADC 模块总体设置和规则通道驱动函数

分　组	函 数 名 称	功 能 描 述
初始化和配置	HAL_ADC_Init()	ADC 初始化,设置 ADC 总体参数
	HAL_ADC_MspInit()	ADC 初始化 MSP 函数,在 HAL_ADC_Init()中被调用
	HAL_ADC_ConfigChannel()	ADC 规则通道配置,一次配置一个通道
	HAL_ADC_AnalogWDGConfig()	模拟看门狗配置
	HAL_ADC_GetState()	返回 ADC 当前状态
	HAL_ADC_GetError()	返回 ADC 错误代码
软件启动转换	HAL_ADC_Start()	启动 ADC,并开始规则通道的转换
	HAL_ADC_Stop()	停止规则通道的转换,并停止 ADC
	HAL_ADC_PollForConversion()	轮询方式等待 ADC 规则通道转换完成
	HAL_ADC_GetValue()	读取规则通道转换结果寄存器的数据
中断方式转换	HAL_ADC_Start_IT()	开启中断,开始 ADC 规则通道的转换
	HAL_ADC_Stop_IT()	关闭中断,停止 ADC 规则通道的转换
	HAL_ADC_IRQHandler()	ADC 中断服务程序里调用的 ADC 中断通用处理函数
DMA 方式转换	HAL_ADC_Start_DMA()	开启 ADC 的 DMA 请求,开始 ADC 规则通道的转换
	HAL_ADC_Stop_DMA()	停止 ADC 的 DMA 请求,停止 ADC 规则通道的转换

1. ADC 初始化

函数 HAL_ADC_Init()用于初始化某个 ADC 模块,设置 ADC 的总体参数,其原型定义如下:

```
HAL_StatusTypeDef HAL_ADC_Init(ADC_HandleTypeDef * hadc)
```

其中,参数 hadc 是 ADC_HandleTypeDef 结构体类型指针,是 ADC 外设对象指针。在 STM32CubeMX 为 ADC 外设生成的用户程序文件 adc.c 中会为 ADC 定义外设对象变量。例如,用户初始化 ADC1 时就会定义如下的变量:

```
ADC_HandleTypeDef hadc1; //定义 ADC1 外设对象变量
```

ADC_HandleTypeDef 的结构体类型定义位于 stm32f4xx_hal_adc.h 文件中,用于存储使用 ADC 对象需要用到的参数信息,其重要成员主要有 ADC 寄存器基址 Instance 和初始化结构体 Init,具体配置方法将会在项目实例中结合 STM32CubeMX 的设置作具体解释。

2. 规则通道配置

函数 HAL_ADC_ConfigChannel()用于配置一个 ADC 规则通道,其原型定义如下:

```
HAL_StatusTypeDef HAL_ADC_ConfigChannel(ADC_HandleTypeDef * hadc, ADC_ChannelConfTypeDef * sConfig)
```

其中,参数 sConfig 是 ADC_ChannelConfTypeDef 结构体类型指针,用于设置输入通道号、在 ADC 规则转换组中的编号、采样时间和信号偏移量等一些参数。

3. 软件启动转换

函数 HAL_ADC_Start()用于以软件方式启动 ADC 规则通道的转换,软件启动转换后,需要调用函数 HAL_ADC_PollForConversion()查询转换是否完成,转换完成后可用函数 HAL_ADC_GetValue()读出规则通道转换结果寄存器 ADC_DR 里的 32 位数据。若要再次转换,需要再次使用这 3 个函数重复上述过程。使用函数 HAL_ADC_Stop()停止 ADC 规则通道的转换。软件启动转换的模式适用于单通道、低采样频率的 A/D 转换,上述函数的原型定义如下:

```
HAL_StatusTypeDef HAL_ADC_Start(ADC_HandleTypeDef * hadc)
uint32_t HAL_ADC_GetValue(ADC_HandleTypeDef * hadc)
HAL_StatusTypeDef HAL_ADC_Stop(ADC_HandleTypeDef * hadc)
HAL_StatusTypeDef HAL_ADC_PollForConversion(ADC_HandleTypeDef * hadc, uint32_t Timeout)
```

其中,参数 hadc 是 ADC 外设对象指针,Timeout 是超时等待时间,默认单位是 ms。

4. 中断方式转换

当 ADC 设置为用定时器或外部信号触发转换时,函数 HAL_ADC_Start_IT()用于启动转换,同时会开启 ADC 全局中断。当 A/D 转换完成时,会触发中断,在中断服务程序中,可以用 HAL_ADC_GetValue()读取转换结果寄存器里的数据。函数 HAL_ADC_Stop_IT()可以关闭中断,停止 A/D 转换。开启和停止 ADC 中断方式转换的两个函数的原型定义如下:

```
HAL_StatusTypeDef HAL_ADC_Start_IT(ADC_HandleTypeDef * hadc)
HAL_StatusTypeDef HAL_ADC_Stop_IT(ADC_HandleTypeDef * hadc)
```

ADC1、ADC2 和 ADC3 共用一个中断号,ISR 名称为 ADC_IRQHandler()。ADC 有 4 个中断事件源,在 ADC 中断通用处理函数 HAL_ADC_IRQHandler()内部会判断中断事件的类型,并调用相应的回调函数。ADC 中断事件类型及其对应的回调函数如表 14-8 所示,中断事件类型使用其宏定义形式表示。

表 14-8　ADC 中断事件类型及其对应的回调函数

中断事件类型	中 断 事 件	回 调 函 数
ADC_IT_EOC	规则通道转换结束事件	HAL_ADC_ConvCpltCallback()
ADC_IT_AWD	模拟看门狗触发事件	HAL_ADC_LevelOutOfWindowCallback()
ADC_IT_JEOC	注入通道转换结束事件	HAL_ADCEx_InjectedConvCpltCallback()
ADC_IT_OVR	数据溢出事件,即寄存器内的数据未被及时读出	HAL_ADC_ErrorCallback()

用户可以设置在转换完一个通道后就产生 EOC 事件,也可以设置在转换完规则组的所有通道后产生 EOC 事件。但是规则组只有一个转换结果寄存器 ADC_DR,如果有多个转换通道,若设置转换完规则组所有通道后产生 EOC 事件,则会导致数据溢出。一般设置在转换完一个通道后就产生 EOC 事件,所以中断方式转换适用于单通道或采样频率不高的场合。

5. DMA 方式转换

ADC 只有一个 DMA 请求,数据传输方向是从外设到存储器。DMA 在 ADC 中非常有用,它可以处理多通道、高采样频率情况下的数据传输。设置函数 HAL_ADC_Start_DMA()以 DMA 方式启动 ADC,其原型定义如下:

```
HAL_StatusTypeDef HAL_ADC_Start_DMA(ADC_HandleTypeDef * hadc, uint32_t * pData, uint32_t Length)
```

其中,参数 hadc 是 ADC 外设对象指针,参数 pData 是 uint32_t 类型缓冲区指针,因为 ADC 转换结果寄存器是 32 位,所以 DMA 数据宽度是 32 位,参数 Length 是缓冲区长度,单位是字(4 字节)。

停止 DMA 方式 ADC 数据转换的函数是 HAL_ADC_Stop_DMA(),其原型定义如下:

```
HAL_StatusTypeDef HAL_ADC_Stop_DMA(ADC_HandleTypeDef * hadc)
```

DMA 流的主要中断事件与 ADC 回调函数之间的关系如表 14-9 所示。一个外设使用 DMA 传输方式时,DMA 流的事件中断一般使用外设的事件中断回调函数。

表 14-9　DMA 流中断事件类型及其关联的回调函数

DMA 流中断事件类型宏	DMA 流中断事件类型	关联的回调函数名称
DMA_IT_TC	传输完成中断	HAL_ADC_ConvCpltCallback()
DMA_IT_HT	传输半完成中断	HAL_ADC_ConvHalfCpltCallback()
DMA_IT_TE	传输错误中断	HAL_ADC_ErrorCallback()

14.3.2　注入通道驱动

ADC 的注入通道驱动有一组单独的处理函数,在文件 stm32f4xx_hal_adc_ex.h 中定义。ADC 注入通道驱动相关函数如表 14-10 所示。需要注意的是,注入通道没有 DMA 传输方式。

表 14-10　ADC 注入通道驱动相关函数

分　组	函 数 名 称	功 能 描 述
通道配置	HAL_ADCEx_InjectedConfigChannel()	注入通道配置
软件启动转换	HAL_ADCEx_InjectedStart()	软件方式启动注入通道转换
	HAL_ADCEx_InjectedStop()	软件方式停止注入通道转换
	HAL_ADCEx_InjectedPollForConversion()	查询注入通道转换是否完成
	HAL_ADCEx_InjectedGetValue()	读取注入通道转换结果数据寄存器
中断方式转换	HAL_ADCEx_InjectedStart_IT()	开启注入通道中断方式转换
	HAL_ADCEx_InjectedStop_IT()	停止注入通道中断方式转换
	HAL_ADCEx_InjectedConvCpltCallback()	注入通道转换结束中断事件回调函数

14.3.3　多重 ADC 驱动

多重 ADC 驱动就是 2 个或 3 个 ADC 同步或交错使用,相关函数在文件 stm32f4xx_hal_adc_ex.h 中定义。多重 ADC 驱动只有 DMA 传输方式,相关函数如表 14-11 所示。

微课视频

表 14-11　多重 ADC 驱动相关函数

函 数 名 称	功 能 描 述
HAL_ADCEx_MultiModeConfigChannel()	多重模式的通道配置
HAL_ADCEx_MultiModeStart_DMA()	以 DMA 方式启动多重 ADC
HAL_ADCEx_MultiModeStop_DMA()	停止多重 ADC 的 DMA 方式传输
HAL_ADCEx_MultiModeGetValue()	停止多重 ADC 后,读取最后一次转换结果数据

14.4　项目实例

14.4.1　多通道轮询方式模拟信号采集

1. 项目分析

如图 14-8 所示,开发板总共提供了 4 个模拟量输入通道,其中前 3 路 ADIN0～ADIN2 由电位器 RV1～RV3 提供,第 4 路 Tr_AO 由分压电阻 R7 和光敏电阻 R9 分压提供,分压电路一端接系统电源 3.3V,另一端接电源地,中间抽头与 STM32 微控制器一组 GPIO 引脚(PA0～PA3)连接。

项目采用软件轮询方式对上述 4 个通道的模拟信号依次采样,由于 4 个通道操作方式和重要程度是相同的,所以自然而然地将其归入规则通道组。由于规则通道只有一个转换结果寄存器 ADC_DR,如果采用循环扫描方式,且未使用 DMA 传输时,将会导致转换结果没有被读出就已经被覆盖。基于上述原因,作者采用 ADC 单通道独立工作模式,即每次配置并启用一个通道,轮询至转换完成后读取转换结果,均值滤波后通过 LCD 显示,以此类推,直至所有通道处理完成再从头开始。

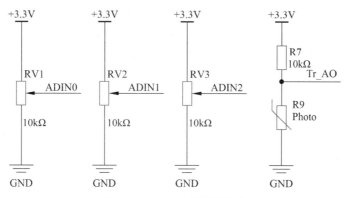

图 14-8 A/D 采样模块电路

2. 复制工程文件

复制第 12 章创建的工程模板文件夹 1202 Chinese Show 到桌面,并将文件夹重命名为 1401 ADC Polling。

3. STM32CubeMX 配置

打开工程模板文件夹中的 Template.ioc 文件,启动 STM32CubeMX 配置软件,在左侧配置类别 Categories 下面的 Analog 列表中找到 ADC1,打开其配置界面,配置界面如图 14-9 所示。

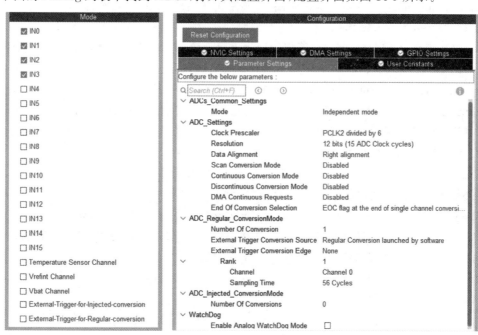

图 14-9 ADC1 配置界面

ADC 配置分为模式设置和参数设置两部分,在模式设置部分,全是复选框,其意义说明如下:

(1) IN0~IN15:ADC1 的 16 个外部输入通道,因为开发板 4 个模拟量采集端连接 MCU 的 PA0~PA3 引脚,即 ADC1 的通道 0~通道 3,所以需要将 IN0~IN3 输入通道选中。

(2) Temperature Sensor Channel:内部温度传感器通道,连接 ADC1 的 IN16 通道。

(3) Vrefint Channel:内部参考电压通道,连接 ADC1 的 IN17 通道。

(4) Vbat Channel:备用电源 VBAT 通道,连接 ADC1 的 IN18 通道。

（5）External-Trigger-for-Injected-conversion：注入转换使用外部触发。

（6）External-Trigger-for-Regular-conversion：规则转换使用外部触发。

ADC 参数设置部分分为多个组，各组参数分别说明如下：

1）ADCs_Common_Settings 组

Mode：ADC 工作模式，只启用一个 ADC 时，只能选择 Independent mode（独立模式）。如果启用 2 个或 3 个 ADC，会出现双重或多重工作模式选项。

2）ADC_Settings 组

（1）Clock Prescaler：时钟分频，由 PCLK2 产生 ADC 时钟信号，可选 2、4、6、8 分频，ADCCLK 频率不得超过 36MHz。

（2）Resolution：分频率，可选 12 位、10 位、8 位或 6 位，选项中还显示了使用 3 次采样时的单次转换时钟周期个数，即单次转换最少时钟周期个数。

（3）Data Alignment：数据对齐方式，可选择 Right Alignment（右对齐）或 Left Alignment（左对齐）。

（4）Scan Conversion Mode：是否使用扫描转换模式，扫描模式用于一组输入通道的转换，如果启用扫描转换模式，则转换完一个通道后，会自动转换组内下一个通道，直到一组通道都转换完。

（5）Continuous Conversion Mode：连续转换模式，启用连续转换模式后，ADC 结束一个或一组转换后立即启动一个或一组新的转换。

（6）Discontinuous Conversion Mode：间断转换模式，一般用于外部触发时，将一组输入通道分为多个短序列，分批次转换。

（7）DMA Continuous Requests：是否连续产生 DMA 请求，如果设置为 Disabled，则在最后一次传输后不发出新的 DMA 请求；如果设置为 Enabled，只要发送数据且使用了 DMA，就发出 DMA 请求。

（8）End Of Conversion Selection：EOC 标志产生方式，选项 EOC flag at the end of single channel conversion 表示在每个通道转换完成后产生 EOC 标志；选项 EOC flag at the end of all conversions 表示在一组所有通道转换完成后产生 EOC 标志。

3）ADC_Regular_ConversionMode 组

（1）Number Of Conversions：规则转换序列的转换个数，最多 16 个，每个转换为一个 Rank（队列），这个数值不必等于输入模拟通道数。

（2）External Trigger Conversion Source：外部触发转换的信号源，项目选择 Regular Conversion Launched by Software（软件启动规则转换）。周期性采集时，一般选择定时器 TRGO 信号或捕获比较事件信号作为触发信号，还可以选择外部中断线信号作为触发信号。

（3）External Trigger Conversion Edge：外部触发转换时使用的信号边沿，可选上升沿、下降沿或双边沿都触发。

（4）Rank：规则组每一个转换对应一个 Rank，每个 Rank 需要设置输入通道（Channel）和采样时间（Sampling Time）。一个规则组有多个 Rank 时，Rank 的设置顺序就规定了转换通道的序列。每个 Rank 的采样时间可以单独设置，采样时间的单位是 ADCCLK 的时钟周期数，采样时间越长，转换结果越准确。

4）ADC_Injected_ConversionMode 组

Number Of Conversions：注入转换序列的转换个数，最多 4 个，每个转换也是一个 Rank。注入转换的 Rank 多了一个 Offset（偏移量）参数，可以设置 0～4095 中的一个数作为偏移量，A/D 转换结果需要减去这一偏移量。

5）WatchDog 组

如果启用了模拟看门狗，可以对一个通道或所有通道的模拟电压进行监测。需要设置一个阈值上限和一个阈值下限,数值范围为 0~4095。可以开启模拟看门狗中断,在监测电压超过上限或下限时,会产生模拟看门狗事件中断。

完成 ADC1 模式和参数配置之后,STM32CubeMX 会自动将 ADC1 的 IN0~IN3 对应引脚 PA0~PA3 设置为模拟输入、无上拉/下拉模式。因为未使用中断方式进行数据传输,所以无须使能 ADC1 全局中断。LCD、SPI、时钟、工程等相关配置无须更改,单击 GENERATE CODE 按钮生成初始化工程。

4. 初始化程序分析

用户启用一个 ADC 外设之后,STM32CubeMX 会生成 ADC 初始化源文件 adc.c 和初始化头文件 adc.h,分别用于 ADC 初始化的实现和定义,并在主程序中自动调用 ADC 初始化函数,其代码如下:

```
/* ------------------------- Source File adc.c ------------------------- */
# include "adc.h"
ADC_HandleTypeDef hadc1;
/* ADC1 init function */
void MX_ADC1_Init(void)
{
    ADC_ChannelConfTypeDef sConfig = {0};
    /** 配置 ADC 特性(时钟、分辨率、数据对齐方式、转换个数等) **/
    hadc1.Instance = ADC1;
    hadc1.Init.ClockPrescaler = ADC_CLOCK_SYNC_PCLK_DIV6;
    hadc1.Init.Resolution = ADC_RESOLUTION_12B;
    hadc1.Init.ScanConvMode = DISABLE;
    hadc1.Init.ContinuousConvMode = DISABLE;
    hadc1.Init.DiscontinuousConvMode = DISABLE;
    hadc1.Init.ExternalTrigConvEdge = ADC_EXTERNALTRIGCONVEDGE_NONE;
    hadc1.Init.ExternalTrigConv = ADC_SOFTWARE_START;
    hadc1.Init.DataAlign = ADC_DATAALIGN_RIGHT;
    hadc1.Init.NbrOfConversion = 1;
    hadc1.Init.DMAContinuousRequests = DISABLE;
    hadc1.Init.EOCSelection = ADC_EOC_SINGLE_CONV;
    if (HAL_ADC_Init(&hadc1) != HAL_OK)
        {    Error_Handler(); }
    /** 配置规则组里的每个 Rank 的转换序号和采样周期 */
    sConfig.Channel = ADC_CHANNEL_0;
    sConfig.Rank = 1;
    sConfig.SamplingTime = ADC_SAMPLETIME_56CYCLES;
    if (HAL_ADC_ConfigChannel(&hadc1, &sConfig) != HAL_OK)
        {    Error_Handler(); }
}
void HAL_ADC_MspInit(ADC_HandleTypeDef * adcHandle)
{
    GPIO_InitTypeDef GPIO_InitStruct = {0};
    if(adcHandle->Instance == ADC1)
    {
        __HAL_RCC_ADC1_CLK_ENABLE(); /* ADC1 clock enable */
        __HAL_RCC_GPIOA_CLK_ENABLE();
        /* PA0 --> ADC1_IN0 PA1 --> ADC1_IN1 PA2 --> ADC1_IN2 PA3 --> ADC1_IN3 */
        GPIO_InitStruct.Pin = GPIO_PIN_0|GPIO_PIN_1|GPIO_PIN_2|GPIO_PIN_3;
        GPIO_InitStruct.Mode = GPIO_MODE_ANALOG;
        GPIO_InitStruct.Pull = GPIO_NOPULL;
        HAL_GPIO_Init(GPIOA, &GPIO_InitStruct);
    }
}
```

上述代码定义了 ADC_HandleTypeDef 型外设对象变量 hadc1。在函数 MX_ADC1_Init()中对其 2

个重要成员进行赋值：一个是 Instance 成员，给出外设基地址；另一个是 Init 成员，用于初始化 ADC 的重要参数，赋值代码与 STM32CubeMX 中的设置是对应的。

函数 MX_ADC1_Init() 还定义一个 ADC_ChannelConfTypeDef 类型变量，用于规则转换通道每个 Rank 的输入通道、转换顺序和采样时间的设置。如果规则转换组有多个 Rank，需要对其进行逐一配置。

函数 HAL_ADC_MspInit() 的功能是使能 ADC1 时钟，配置 ADC1 的模拟输入复用引脚 PA0～PA3，该函数在 HAL_ADC_Init() 中被调用。

5. 用户编写程序

用户编写的程序存放于 main.c 文件中，采用轮询方式实现 4 通道 ADC 采样、滤波和显示功能，其参考程序如下：

```
/* ----------------------------- Source File main.c ----------------------------- */
# include "main.h"
# include "adc.h"
# include "spi.h"
# include "gpio.h"
# include "fsmc.h"
/* USER CODE BEGIN Includes */
# include "lcd.h"
# include "flash.h"
# include "stdio.h"
/* USER CODE END Includes */
void SystemClock_Config(void);
int main(void)
{
    /* USER CODE BEGIN 1 */
    ADC_ChannelConfTypeDef sConfig = {0};
    uint32_t cnum,ADVal,i;
    uint8_t TempStr[30] = "";
    /* USER CODE END 1 */
    HAL_Init();
    SystemClock_Config();
    MX_GPIO_Init();
    MX_FSMC_Init();
    MX_SPI1_Init();
    MX_ADC1_Init();
    /* USER CODE BEGIN WHILE */
    LCD_Init();
    LCD_Clear(WHITE);
    //屏幕下半部分填充蓝色背景,height = 240,width = 320
    LCD_Fill(0,lcddev.height/2,lcddev.width,lcddev.height,BLUE);
    * SEG_ADDR = 0xFFFF;                //关闭所有数码管
    W25QXX_ReadID();                   //读取 W25Q128 器件 ID,因后续程序需要使用
    LCD_PrintCenter(0,24 * 1,(u8 * )"第 14 章 模数转换与光照传感",BLUE,WHITE,24,0);
    LCD_PrintCenter(0,24 * 3,(u8 * )"调节 RV1 - RV3,R9 光照强度",BLUE,WHITE,24,0);
    while (1)
    {
        for(cnum = 0;cnum < 4;cnum++)
        {
            ADVal = 0;
            sConfig.Channel = cnum;
            sConfig.Rank = 1;
            sConfig.SamplingTime = ADC_SAMPLETIME_56CYCLES;
```

```
if (HAL_ADC_ConfigChannel(&hadc1, &sConfig) != HAL_OK)
    Error_Handler();
for(i = 0;i < 20;i++)
{
    HAL_ADC_Start(&hadc1);
    if(HAL_ADC_PollForConversion(&hadc1,200) == HAL_OK)
        {
            ADVal = ADVal + HAL_ADC_GetValue(&hadc1);
        }
}
ADVal = ADVal/20;
sprintf(TempStr,"CH % d,Val: % 04d,Vol: % .3fV",cnum + 1,ADVal,3.3 * ADVal/4096);
LCD_ShowString(0,24 * (5 + cnum),TempStr,WHITE,BLUE,24,0);
HAL_Delay(500);
}
/ *  USER CODE END WHILE  * /
}
}
```

上述代码首先对外设进行初始化,包括 ADC、FSMC、SPI、GPIO 等模块,随后在 LCD 上显示提示信息,最后进入 4 通道模拟量采集、滤波和显示的无限循环中。每次循环包括通道配置,启动 ADC,以轮询方式采集数据,对转换结果进行均值滤波、LCD 显示等工作。

6. 下载调试

编译工程,直到没有错误为止,下载程序到开发板,复位运行,检查实验效果。

14.4.2　光照传感器模拟与数字同步控制

1. 项目分析

开发板光照传感电路如图 14-10 所示,其核心元件是光敏电阻 R9,其阻值随着光照变化而变化,与 R7 构成一个分压电路,光照越强,阻值越小,分得电压越低,反之电压越高。光照传感电路有两种形式输出:一种是模拟量直接输出,即图中的网络标号 Tr_AO;另一种是数字量输出,即图中的网络标号 Tr_DO。光照传感电路数字输出实现方法是将光敏电阻 R9 分得电压和电位器 RP3 分得电压分别连接至运算放大器 U3 的同相输入端和反相输入端。光照越强,R9 分得电压越低,运算放大器输出低电平,光照越弱,R9 分得电压越高,运算放大器输出高电平。光照传感器电平翻转阈值由电位器 RP3 压降决定,RP3 压降越高,则运放 U3 电平翻转触发阈值越高。

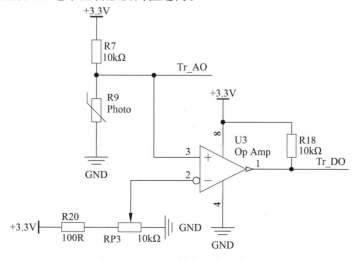

图 14-10　开发板光照传感电路

项目实现光照传感器模拟输出和数字输出同步控制效果,模拟输出控制 LED 指示灯 L4,数字输出控制 LED 指示灯 L1,光照较强时两个指示灯均熄灭,光照较弱时,例如使用手指遮挡光敏电阻 R9,两个指示灯均点亮。为达到同步控制的效果,需要将模拟输出和数字输出的阈值设置为近似相等,可以使用万用表或开发板的 ADC 模块测得电位器 RP3 所分得电压,显然后者更为方便和精确。模拟量采集仅有光照传感器一个通道,所以依然将其划分为规则通道,但采用中断方式实现 A/D 转换。

2. 复制工程文件

复制上文创建的工程模板文件夹 1401 ADC Polling 到桌面,并将文件夹重命名为 1401 Light Senor。

3. STM32CubeMX 配置

项目初始化配置基本与上一节相同,在此仅将几项不同设置作简要说明。本项目模拟量采集仅有光照传感器一个通道,所以需要选中 ADC1 的 IN3 通道,并将其划分为规则通道。示例采用中断方式实现 A/D 转换,所以需要使能 ADC1 的全局中断,并为其设置一个中等的优先级。由于采用中断方式,每次转换结束在 ISR 中读取转换结果,为进一步简化操作,设置 ADC 工作于连续转换模式。

4. 初始化程序分析

初始化程序与 STM32CubeMX 设置对应,与上一节所展示的代码类似,只是在配置 ADC 参数时,选择连续工作模式;在函数 HAL_ADC_MspInit()中增加了使能 ADC1 全局中断和设置中断优先级代码。

5. 用户编写程序

用户需要编写主程序和转换结束事件回调函数,上述程序均在 main.c 文件中实现,参考代码如下:

```c
/* --------------------------- Source File main.c --------------------------- */
# include "main.h"
# include "adc.h"
# include "spi.h"
# include "gpio.h"
# include "fsmc.h"
# include "lcd.h"
# include "flash.h"
# include "stdio.h"
uint32_t ADVal;
void SystemClock_Config(void);
int main(void)
{
    uint8_t TempStr[30] = "", PhotoRes = 0;
    HAL_Init();
    SystemClock_Config();
    MX_GPIO_Init();
    MX_FSMC_Init();
    MX_SPI1_Init();
    MX_ADC1_Init();
    HAL_ADC_Start_IT(&hadc1);            //以中断方式启动 ADC 外设
    LCD_Init();
    LCD_Clear(WHITE);
    LCD_Fill(0, lcddev.height/2, lcddev.width, lcddev.height, BLUE);
    * SEG_ADDR = 0xFFFF;                 //关闭所有数码管
    W25QXX_ReadID();                     //读取 W25Q128 器件 ID,后续程序需要使用
    LCD_PrintCenter(0, 24 * 0 + 12, (u8 * )"第 14 章 模数转换与光照传感", BLUE, WHITE, 24, 0);
```

```
        LCD_PrintCenter(0,24 * 1 + 24,(u8 * )"光敏电阻模拟输出和数字输出",BLUE,WHITE,24,0);
        LCD_PrintCenter(0,24 * 2 + 36,(u8 * )"改变 R9 光照,L1 和 L4 同时亮灭",BLUE,WHITE,24,0);
        while (1)
        {
            /* 为实现模数同步控制,需测量 RP3 压降,实测 ADVal = 2068,Vol = 1.665V */
            sprintf((char * )TempStr,"Tr_AO:% 04d,Vol:%.2fV",ADVal,3.3 * ADVal/4096);
            LCD_ShowString(12,24 * 5 + 12,TempStr,WHITE,BLUE,24,0);
            if(ADVal < 2038)            //具有一定的回滞特性
                HAL_GPIO_WritePin(GPIOF,GPIO_PIN_3,GPIO_PIN_SET);
            if(ADVal > 2098)            //具有一定的回滞特性
                HAL_GPIO_WritePin(GPIOF,GPIO_PIN_3,GPIO_PIN_RESET);
            PhotoRes = HAL_GPIO_ReadPin(GPIOA,GPIO_PIN_4);
            if(PhotoRes == 0)
            {
                HAL_GPIO_WritePin(GPIOF,GPIO_PIN_0,GPIO_PIN_SET);
                LCD_ShowString(12,24 * 7,(u8 * )"Tr_DO:LOW and L1 Off",WHITE,BLUE,24,0);
            }
            else
            {
                HAL_GPIO_WritePin(GPIOF,GPIO_PIN_0,GPIO_PIN_RESET);
                LCD_ShowString(12,24 * 7,(u8 * )"Tr_DO:HIGH and L1 On ",WHITE,BLUE,24,0);
            }
            HAL_Delay(200);
        }
    }
/* A/D 转换结束中断事件(ADC_IT_EOC)回调函数 */
void HAL_ADC_ConvCpltCallback(ADC_HandleTypeDef * hadc)
{
    if(hadc -> Instance == ADC1)
    {
        ADVal = HAL_ADC_GetValue(hadc);
    }
}
```

用户程序划分为两部分,重新实现的回调函数用于读取 A/D 转换结果,其代码较为简单。主程序首先对所有用到的外设进行初始化,然后在 LCD 上显示操作提示信息,最后进入无限循环,根据模拟输出和数字输出,控制 LED 指示灯的亮灭,实现同步控制效果。

6. 下载调试

编译工程,直到没有错误为止,下载程序到开发板,复位运行,检查实验效果。

本章小结

本章首先对 ADC 的基本概念进行讲解,包括 ADC 基本原理、性能参数和主要类型等内容,让读者对 ADC 有一个基本的认识。随后详细讲解了 STM32F407 的 ADC 工作原理,包括主要特征、内部结构、通道分组、时序、校准、转换模式等内容。紧接着对 ADC 的 HAL 库驱动函数作了简单介绍。最后给出两个 A/D 转换综合应用实例,示例 1 采用软件轮询方式实现 4 通道模拟量采集,示例 2 采用中断方式实现光照传感器模拟输出和数字输出同步控制。ADC 是 STM32 的王牌之一,特别是与 DMA 组合,将其应用演绎得更加丰富多彩,也使系统更加简洁高效,相关内容将在后续章节作进一步探讨。

思考拓展

（1）什么是 ADC？A/D 转换过程分为哪几步？

（2）ADC 的性能参数有哪些？分别代表什么意义？

（3）ADC 的主要类型有哪些？它们各有什么特点？

（4）STM32F407 微控制器的 ADC 的触发转换方式有哪些？

（5）STM32F407 微控制器的 ADC 常用的转换模式有哪几种？

（6）STM32F407 微控制器的 ADC 模拟输入信号的 V_{IN} 的范围是多少？

（7）什么是规则组？什么是注入组？对于模拟输入信号如何进行分组？

（8）STM32F407 微控制器有几个 ADC？其数据位数是多少？ADC 类型是什么？

（9）STM32F407 微控制器的 A/D 转换时间由哪几部分组成？其最短转换时间是多少？

（10）STM32F407 微控制器的 ADC 共有多少路通道？可分为几组？每组最多可容纳多少路通道？

（11）将 14.4.1 节项目中的数字滤波更改为中值滤波，考虑总采样次数为奇数和偶数两种情况。

（12）在 14.4.1 节项目中采用连续扫描方式采样全部 4 个通道，使用中断方式实现转换结果按序存储。

第 15 章

直接存储器访问

本章要点

➤ 直接存储器访问(DMA)的基本概念;

➤ STM32F407 的 DMA 工作原理;

➤ DMA 的 HAL 库驱动;

➤ 项目实例;

➤ 轮询、中断、DMA。

直接存储器访问(Direct Memory Access,DMA)是计算机系统中用于快速、大量数据交换的重要技术。不需要 CPU 干预,数据可以通过 DMA 快速地移动,节省了 CPU 的资源。

15.1 DMA 的基本概念

15.1.1 DMA 的由来

一个完整的微控制器就像一台集成在一块芯片上的计算机系统(微控制器又称为单片机,即单片微型计算机),通常包括 CPU、存储器和外部设备等部件。这些相互独立的部件在 CPU 的协调和交互下协同工作。作为微控制器的大脑,CPU 相当一部分工作是数据传输。

为提高 CPU 的工作效率和外设数据传输速率,希望 CPU 能从简单频繁的"数据搬运"工作中摆脱出来,去处理那些更重要(运算控制)、更紧急(实时响应)的事情,而把"数据搬运"交给专门的部件去完成,就像第 9 章中 CPU 把"计数"操作交给定时器完成一样,于是 DMA 和 DMA 控制器就应运而生了。

15.1.2 DMA 的定义

DMA 是一种完全由硬件执行数据交换的工作方式,由 DMA 控制器而不是 CPU 控制,在存储器和存储器、存储器和外设之间进行批量数据传输,其工作方式如图 15-1 所示。

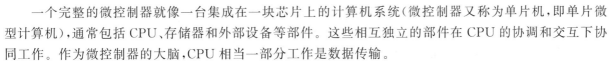

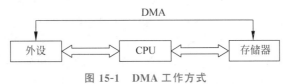

图 15-1　DMA 工作方式

一般来说,一个 DMA 控制器有若干条数据传输链路,称为 DMA 流,每条链路连接多个外设。连接在同一 DMA 流上的多个外设可以分时复用这条 DMA 传输链路。但同一时刻,一条 DMA 传输链路上只能有一个外设进行 DMA 数据传输。使用 DMA 进行数据传输通常有四大要素:传输源、传输目标、传输单位数量和触发信号。

15.1.3 DMA 的优点

DMA 控制方式具有以下优点：

首先，从 CPU 使用率角度来看，DMA 控制数据传输的整个过程，既不通过 CPU，也不需要 CPU 干预，都在 DMA 控制器的控制下完成。因此，CPU 除了在数据传输开始前配置，在数据传输结束后处理外，在整个数据传输过程中可以进行其他工作。DMA 降低了 CPU 的负担，释放了 CPU 的资源，使得 CPU 的使用效率大幅提高。

其次，从数据传输效率角度来看，当 CPU 负责存储器和外设之间的数据传输时，通常先将数据从源地址存储到某个中间变量（该变量可能位于 CPU 的寄存器中，也可能位于内存中），再将数据从中间变量传送到目标地址上。当使用 DMA 控制器代替 CPU 负责数据传输时，不再需要通过中间变量，而直接将源地址上的数据送到目标地址。显著地提高了数据传输的效率，满足高速 I/O 设备的要求。

最后，从用户软件开发角度来看，由于在 DMA 数据传输过程中，没有保存现场、恢复现场之类的工作。而且存储器地址修改、传送单位个数的计数等不是由软件而是由硬件直接实现，因此，用户软件开发的代码量得以减少，程序变得更加简洁，编程效率得以提高。

由此可见，DMA 传输方式不仅减轻了 CPU 的负担，而且提高了数据传输的效率，还减少了用户开发的代码量。

15.2 STM32F407 的 DMA 工作原理

15.2.1 DMA 简介

STM32F407 微控制器有 2 个 DMA 控制器，即 DMA1 和 DMA2，DMA 控制器的结构如图 15-2 所示。为帮助读者理解 DMA 原理，首先对图中的一些具体的对象和概念作简要介绍。

1. DMA 控制器（Controller）

DMA 控制器是管理 DMA 硬件资源，实现 DMA 数据传输的控制器，是一个硬件模块。STM32F407 系列微控制器上有 2 个 DMA 控制器，即 DMA1 和 DMA2。2 个 DMA 控制器的结构和功能基本相同，但是 DMA2 具有存储器到存储器的传输方式，而 DMA1 没有这种方式。

2. DMA 流（Stream）

DMA 流就是能进行 DMA 数据传输的链路，是一个硬件结构，所以每个 DMA 流有独立的中断地址（见表 8-1），具有多个中断事件源，如传输完成中断事件、传输半完成中断事件等。每个 DMA 控制器有 8 个 DMA 流，每个 DMA 流有独立的 4 级 32 位 FIFO 缓冲区。DMA 流有很多参数，这些参数的配置决定了 DMA 传输属性。

3. DMA 请求（Request）

DMA 请求就是外设或存储器发起的 DMA 传输需求，又称为 DMA 通道（Channel）。一个 DMA 流最多有 8 个可选的 DMA 请求，1 个 DMA 请求一般有 2 个可选的 DMA 流。

4. 仲裁器（Arbiter）

DMA 控制器中有一个仲裁器，其为 2 个 AHB 主端口（存储器和外设端口）提供基于优先级别的 DMA 请求管理。每个 DMA 流有一个可设置的软件优先级别，如果 2 个 DMA 流的软件优先级别相同，则流编号更小的优先级别更高，流编号就是 DMA 流的硬件优先级别。

15.2.2 DMA 通道选择

STM32F407 微控制器有 2 个 DMA 控制器 DMA1 和 DMA2，每个 DMA 控制器有 8 个数据流，每个数据流都与一个 DMA 请求相关联，此 DMA 请求可以从 8 个可能的通道请求中选出，每次只能选择其中

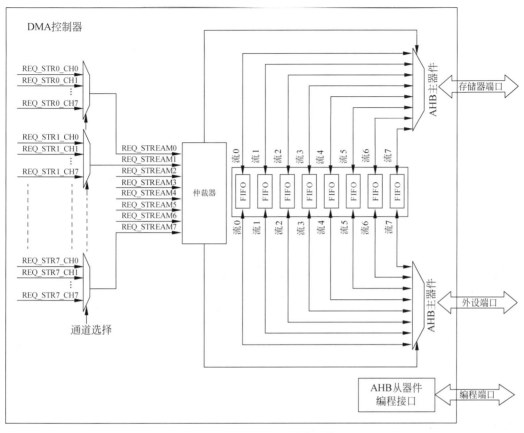

图 15-2 DMA 控制器的结构

的一个通道进行 DMA 传输。DMA1 和 DMA2 的数据流通道映射关系如表 15-1 和表 15-2 所示。

表 15-1 DMA1 的数据流通道映射关系

外设请求	数据流 0	数据流 1	数据流 2	数据流 3	数据流 4	数据流 5	数据流 6	数据流 7
通道 0	SPI3_RX		SPI3_RX	SPI2_RX	SPI2_TX	SPI3_TX		SPI3_TX
通道 1	I2C1_RX		TIM7_UP		TIM7_UP	I2C1_RX	I2C1_TX	SPI3_TX
通道 2	TIM4_CH1		I2S3_EXT_RX	TIM4_CH2	I2S2_EXT_TX	I2S3_EXT_TX	TIM4_UP	TIM4_CH3
通道 3	I2S3_EXT_RX	TIM2_UP TIM2_CH3	I2C3_RX	I2S2_EXT_RX	I2C3_TX	TIM2_CH1	TIM2_CH2 TIM2_CH4	TIM2_UP TIM2_CH4
通道 4	UART5_RX	USART3_RX	UART4_RX	USART3_TX	UART4_TX	USART2_RX	USART2_TX	UART5_TX
通道 5	UART8_TX[1]	UART7_TX[1]	TIM3_CH4 TIM3_UP	UART7_RX[1]	TIM3_CH1 TIM3_TRIG	TIM3_CH2	UART8_RX[1]	TIM3_CH3
通道 6	TIM5_CH3 TIM5_UP	TIM5_CH4 TIM5_TRIG	TIM5_CH1	TIM5_CH4 TIM5_TRIG	TIM5_CH2		TIM5_UP	
通道 7		TIM6_UP	I2C2_RX	I2C2_RX	USART3_TX	DAC1	DAC2	I2C2_TX

这些请求在 TM32F42xxx 和 STM32F43xxx 上可用。

表 15-2　DMA2 的数据流通道映射关系

外设请求	数据流 0	数据流 1	数据流 2	数据流 3	数据流 4	数据流 5	数据流 6	数据流 7
通道 0	ADC1		TIM8_CH1 TIM8_CH2 TIM8_CH3		ADC1		TIM1_CH1 TIM1_CH2 TIM1_CH3	
通道 1		DCMI	ADC2	ADC2		SPI6_TX[1]	SPI6_RX[1]	DCMI
通道 2	ADC3	ADC3		SPI5_RX[1]	SPI5_TX[1]	CRYP_OUT	CRYP_IN	HASH_IN
通道 3	SPI1_RX		SPI1_RX	SPI1_TX		SPI1_TX		
通道 4	SPI4_RX[1]	SPI4_TX[1]	USART1_RX	SDIO		USART1_RX	SDIO	USART1_TX
通道 5		USART6_RX	USART6_RX	SPI4_RX[1]	SPI4_TX[1]		USART6_TX	USART6_TX
通道 6	TIM1_TRIG	TIM1_CH1	TIM1_CH2	TIM1_CH1	TIM1_CH4 TIM1_TRIG TIM1_COM	TIM1_UP	TIM1_CH3	
通道 7		TIM8_UP	TIM8_CH1	TIM8_CH2	TIM8_CH3	SPI5_RX[1]	SPI5_TX[1]	TIM8_CH4 TIM8_TRIG TIM8_COM

这些请求在 STM32F42xxx 和 STM32F43xxx 上可用。

15.2.3　DMA 主要特性

STM32F407 微控制器 DMA 主要特性如下：

(1) 双 AHB 主总线架构,一个用于存储器访问,另一个用于外设访问。

(2) 仅支持 32 位访问的 AHB 从编程接口。

(3) 每个 DMA 控制器有 8 个数据流,每个数据流有多达 8 个通道(或称请求)。

(4) 每个数据流有单独的 4 级 32 位先进先出存储器缓冲区(FIFO),可用于 FIFO 模式或直接模式。

(5) 通过硬件可以将每个数据流配置为:

① 支持外设到存储器、存储器到外设和存储器到存储器传输的常规通道。

② 也支持在存储器方双缓冲的双缓冲区通道。

(6) 8 个数据流中的每一个都连接到专用硬件 DMA 通道(请求)。

(7) DMA 数据流请求之间的优先级可用软件编程(4 个级别:非常高、高、中、低),在软件优先级相同的情况下可以通过硬件决定优先级(例如,请求 0 的优先级高于请求 1)。

(8) 每个数据流也支持通过软件触发存储器到存储器的传输(仅限 DMA2 控制器)。

(9) 可供每个数据流选择的通道请求多达 8 个,可由软件配置选择允许几个外设启动 DMA 请求。

(10) 要传输的数据项的数目可以由 DMA 控制器或外设管理。

(11) 独立的源和目标传输宽度(字节、半字、字),源和目标的数据宽度不相等时,DMA 自动封装/解封必要的传输数据来优化带宽。这个特性仅在 FIFO 模式下可用。

(12) 对源和目标的增量或非增量寻址。

(13) 支持 4 个、8 个和 16 个节拍的增量突发传输。突发增量的大小可由软件配置,通常等于外设 FIFO 大小的一半。

(14) 每个数据流都支持循环缓冲区管理。

(15) 具有 5 个事件标志(DMA 半传输、DMA 传输完成、DMA 传输错误、DMA FIFO 错误和直接模式错误),进行逻辑或运算,从而产生每个数据流的单个中断请求。

15.2.4　DMA 传输属性

一个 DMA 流配置一个 DMA 请求后,就构成一个单方向的 DMA 数据传输链路,DMA 传输属性由 DMA 流的参数配置决定,下面是部分参数的详细解释。在即将讲解的项目实例中,结合 CubeMX 中的 DMA 设置及生成的源代码,可以更好地理解这些参数的作用。

1. 源地址和目标地址

在 STM32 微控制器中,所有寄存器、外设和存储器在 4GB 范围内统一编址,地址范围为 0x00000000~0xFFFFFFFF。每个外设都有其地址,外设地址就是外设寄存器基址。DMA 传输对象由源地址和目标地址决定,也就是整个 4GB 范围内可寻址的外设和存储器。

2. 传输模式

根据设置的 DMA 源和目标地址及 DMA 请求的特性,DMA 数据传输有如下 3 种传输模式,也就是数据传输方向。

(1) 外设到存储器(Peripheral To Memory),例如,将 A/D 转换结果存储至 SRAM 中。

(2) 存储器到外设(Memory To Peripheral),例如,通过 USART 接口发送 SRAM 中的数据。

(3) 存储器到存储器(Memory To Memory),例如,将 SRAM 中数据块批量传送至主存 Flash 中,只有 DMA2 控制器有这种传输模式。

3. 传输数据量

默认情况下,使用 DMA 作为流量控制器,需要设置传输数据量的大小,也就是从源到目标传输的数据总量。实际使用时,传输数据量的大小就是一个 DMA 传输数据缓冲区的大小。

4. 数据宽度

数据宽度(Data Width)是源和目标传输的基本数据单元的大小,可选字节(Byte)、半字(Half Word)和字(Word)。

源和目标的数据宽度需要单独设置。一般情况下,源和目标的数据宽度是一样的。例如,USART1 使用 DMA 方式接收数据,传输方向是外设到存储器,因为 USART1 接收数据的基本单元是字节,所以外设和存储器的数据宽度都应该设置为字节。

5. 地址指针递增

DMA 数据传输可以设置在每次传输后,将外设或存储器的地址递增或保持不变。如果是存储器到存储器数据批量传输,源和目标地址均应递增。通过单个寄存器访问外设源和目标数据时,应禁止地址递增,但是在某些情况下,地址递增可以提高传输效率。例如,将 A/D 转换结果以 DMA 方式存入内存时,可以使存储器的地址递增,这样每次传输的数据自动存入新的地址。外设和存储器的地址递增量的大小就是各自的数据宽度。

6. DMA 工作模式

DMA 配置中要设置传输数据量大小,也就是 DMA 发送和接收的数据缓冲区的大小。根据是否自动重复传输缓冲区的数据,DMA 工作模式分为正常模式和循环模式两种。

(1) 正常(Normal)模式是指传输完一个缓冲区的数据后,DMA 传输停止,若需要再传输一次缓冲区的数据,就需要再启动一次 DMA 传输。例如,在正常模式下,执行函数 HAL_UART_Receive_DMA()接收固定长度的数据,接收完成后就不再继续接收,这与中断方式接收函数 HAL_UART_Receive_IT()类似。

(2) 循环(Circular)模式是指启动一个缓冲区的数据传输后,会循环执行这个 DMA 数据传输任务。

例如,在循环模式下,只需执行一次 HAL_UART_Receive_DMA(),就可以连续重复地进行串口数据的DMA 接收,接收满一个缓冲区的数据后,产生 DMA 传输完成事件中断。

7. DMA 流的优先级别

每个 DMA 流都有一个可以设置的软件优先级别(Priority Level),优先级别有 4 种: Very High(非常高)、High(高)、Medium(中等)和 Low(低)。如果两个 DMA 流的软件优先级别相同,则流编号更小的优先级别更高,流编号就是 DMA 流的硬件优先级。

要注意区分 DMA 流中断优先级和 DMA 流优先级别这两个概念。DMA 流中断优先级是 NVIC 管理的中断系统里的优先级,而 DMA 流优先级别是 DMA 控制器里管理 DMA 请求用到的优先级。DMA 控制器中的仲裁器是基于 DMA 流的优先级别进行 DMA 请求管理。

8. FIFO 或直接模式

每个 DMA 流有 4 级 32 位 FIFO 缓冲区,DMA 传输具有 FIFO 模式或直接模式。

不使用 FIFO 时就是直接模式,直接模式就是发出 DMA 请求时,立即启动数据传输。如果是存储器到外设的 DMA 传输,DMA 会预先取数据放在 FIFO 里,发出 DMA 请求时,立即将数据发送出去。

使用 FIFO 缓冲区时就是 FIFO 模式。可通过软件将阈值设置为 FIFO 的 $1/4$、$1/2$、$3/4$ 或 1 倍大小。FIFO 中存储的数据量达到阈值时,FIFO 中的数据就传输到目标中。

当 DMA 传输的源和目标的数据宽度不同时,FIFO 非常有用。例如,源输出的数据是字节数据流,而目标要求 32 位的字数据,这时可以设置 FIFO 阈值为 1 倍,这样就可以自动将 4 字节数据组合成 32 位字数据。

9. 单次传输或突发传输

单次(Single)传输就是正常的传输方式,在直接模式下(不使用 FIFO 时)只能是单次传输。

要使用突发(Burst)传输,必须使用 FIFO 模式,可以设置为 4 个、8 个或 16 个节拍的增量突发传输。这里的节拍数并不是字节数,每个节拍输出的数据大小还与地址递增量大小有关,每个节拍输出字节、半字或字。

10. 双缓冲区模式

用户可以为 DMA 传输启用双缓冲区模式,并自动激活循环模式。双缓冲区模式就是设置 2 个存储器指针,在每次一个缓冲区传输完成后交换存储器指针,DMA 流的工作方式与常规单缓冲区一样。

15.3　DMA 的 HAL 库驱动

15.3.1　DMA 的 HAL 函数概述

DMA 的 HAL 库驱动源文件分别为 stm32f4xx_hal_dma.c 和 stm32f4xx_hal_dma_ex.c,与其相对应的头文件分别为 stm32f4xx_hal_dma.h 和 stm32f4xx_hal_dma_ex.h,主要驱动函数如表 15-3 所示。

表 15-3　DMA 的 HAL 驱动函数

分　　组	函 数 名 称	功 能 描 述
初始化	HAL_DMA_Init()	DMA 传输初始化配置
轮询方式	HAL_DMA_Start()	启动 DMA 传输,不开启 DMA 中断
	HAL_DMA_PollForTransfer()	轮询方式等待 DMA 传输结束,可设置超时等待时间
	HAL_DMA_Abort()	中止以轮询方式启动的 DMA 传输

分　　组	函 数 名 称	功 能 描 述
中断方式	HAL_DMA_Start_IT()	启动 DMA 传输,开启 DMA 中断
	HAL_DMA_Abort_IT()	中止以中断方式启动的 DMA 传输
	HAL_DMA_GetState()	获取 DMA 当前状态
	HAL_DMA_IRQHandler()	DMA 中断 ISR 里调用的通用处理函数
双缓冲区模式	HAL_DMAEx_MultiBufferStart()	启动双缓冲区 DMA 传输,不开启 DMA 中断
	HAL_DMAEx_MultiBufferStart_IT()	启动双缓冲区 DMA 传输,开启 DMA 中断
	HAL_DMAEx_ChangeMemory()	传输过程中改变缓冲区地址

　　DMA 是 MCU 上的一种比较特殊的硬件,它需要与其他外设结合起来使用,不能单独使用。外设要使用 DMA 传输数据必须先使用函数 HAL_DMA_Init() 进行 DMA 初始化配置,设置 DMA 流和通道、传输方向、工作模式、源和目标数据宽度、DMA 流优先级别等参数,然后才可以使用外设的 DMA 传输函数进行 DMA 方式的数据传输。

　　DMA 传输有轮询方式和中断方式。如果以轮询方式启动 DMA 数据传输,则需要调用函数 HAL_DMA_PollForTransfer() 查询,并等待 DMA 传输结束。如果以中断方式启动 DMA 数据传输,则传输过程中 DMA 流会产生传输完成事件中断。每个 DMA 流都有独立的中断地址,使用中断方式的 DMA 数据传输更方便,所以在实际使用 DMA 时,一般是以中断方式启动 DMA 传输。

　　DMA 传输还有双缓冲区模式,可用于一些高速实时处理的场合。例如,ADC 的 DMA 传输方向是从外设到存储器,存储器一端可以设置两个缓冲区,在高速 ADC 采集时,可以交替使用两个数据缓冲区,一个用于接收 ADC 的数据,另一个用于实时处理。

15.3.2　DMA 传输初始化配置

　　函数 HAL_DMA_Init() 用于 DMA 传输初始化配置,其原型定义如下:

```
HAL_StatusTypeDef HAL_DMA_Init(DMA_HandleTypeDef * hdma)
```

　　其中,hdma 是 DMA_HandleTypeDef 结构体类型指针。结构体 DMA_HandleTypeDef 的完整定义如下,成员变量说明见代码注释。

```
typedef struct __DMA_HandleTypeDef
{
    DMA_Stream_TypeDef * Instance;       //DMA 流寄存器基址,用于指定一个 DMA 流
    DMA_InitTypeDef Init;                //DMA 传输的各种配置参数
    HAL_LockTypeDef Lock;                //DMA 锁定状态
    __IO HAL_DMA_StateTypeDef State;     //DMA 传输状态
    void * Parent;                       //父对象,即关联的外设对象
    /* DMA 传输完成事件中断的回调函数指针 */
    void ( * XferCpltCallback)( struct __DMA_HandleTypeDef * hdma);
    /* DMA 传输半完成事件中断的回调函数指针 */
    void ( * XferHalfCpltCallback)( struct __DMA_HandleTypeDef * hdma);
    /* DMA 传输完成 Memory1 的回调函数指针 */
    void ( * XferM1CpltCallback)( struct __DMA_HandleTypeDef * hdma);
    /* DMA 传输半完成 Memory1 的回调函数指针 */
    void ( * XferM1HalfCpltCallback)( struct __DMA_HandleTypeDef * hdma);
    /* DMA 传输错误事件中断的回调函数指针 */
    void ( * XferErrorCallback)( struct __DMA_HandleTypeDef * hdma);
    /* DMA 传输中止回调函数指针 */
    void ( * XferAbortCallback)( struct __DMA_HandleTypeDef * hdma);
    __IO uint32_t          ErrorCode;           //DMA 错误代码
```

```
    uint32_t          StreamBaseAddress;          //DMA 流基址
    uint32_t          StreamIndex;                //DMA 流索引号
}DMA_HandleTypeDef;
```

结构体 DMA_HandleTypeDef 的成员指针变量 Instance 要指向一个 DMA 流寄存器基址。其成员变量 Iint 是结构体类型 DMA_InitTypeDef,存储了 15.2.4 节介绍的 DMA 传输的各种属性参数。结构体 DMA_HandleTypeDef 还定义了多个用于 DMA 事件中断处理的回调函数指针。

存储 DMA 传输属性参数的结构体 DMA_InitTypeDef 的定义如下,成员变量说明参见代码注释。

```
typedef struct
{
    uint32_t Channel;                  //DMA 通道,也就是外设的 DMA 请求
    uint32_t Direction;                //DMA 传输方向
    uint32_t PeriphInc;                //外设地址指针是否自增
    uint32_t MemInc;                   //存储器地址指针是否自增
    uint32_t PeriphDataAlignment;      //外设数据宽度
    uint32_t MemDataAlignment;         //存储器数据宽度
    uint32_t Mode;                     //传输模式,循环模式或正常模式
    uint32_t Priority;                 //DMA 流的软件优先级别
    uint32_t FIFOMode;                 //FIFO 模式,是否使用 FIFO
    uint32_t FIFOThreshold;            //FIFO 阈值,1/4、1/2、3/4 或 1
    uint32_t MemBurst;                 //存储器突发传输数据量
    uint32_t PeriphBurst;              //外设突发传输数据量
}DMA_InitTypeDef;
```

结构体 DMA_InitTypeDef 的很多成员变量的取值是宏定义常量,具体的取值和意义在后面的项目实例里通过 STM32CubeMX 的设置和生成的代码来解释。

15.3.3　启动 DMA 数据传输

在完成 DMA 传输初始化配置后,用户程序就可以启动 DMA 数据传输了。DMA 数据传输有轮询方式和中断方式。每个 DMA 流都有独立的中断地址和传输完成中断事件,使用中断方式的 DMA 数据传输更方便。函数 HAL_DMA_Start_IT()以中断方式启动 DMA 数据传输,其原型定义如下:

```
HAL_StatusTypeDef HAL_DMA_Start_IT(DMA_HandleTypeDef * hdma, uint32_t SrcAddress, uint32_t DstAddress,
uint32_t DataLength)
```

其中,参数 hdma 是 DMA 流对象指针,SrcAddress 是源地址,DstAddress 是目标地址,DataLength 是需要传输的数据长度。

在使用具体外设进行 DMA 数据传输时,一般无须直接调用函数 HAL_DMA_Start_IT()启动 DMA 数据传输,而是由外设的 DMA 传输函数内部调用函数 HAL_DMA_Start_IT()启动 DMA 数据传输。

例如,在第 11 章介绍 UART 接口时就提到串口传输数据除了有阻塞方式和中断方式外,还有 DMA 方式。UART 以 DMA 方式发送数据和接收数据的两个函数原型定义如下:

```
HAL_StatusTypeDef HAL_UART_Transmit_DMA(UART_HandleTypeDef * huart, const uint8_t * pData, uint16_t Size)
HAL_StatusTypeDef HAL_UART_Receive_DMA(UART_HandleTypeDef * huart, uint8_t * pData, uint16_t Size)
```

其中,huart 是串口对象指针,pData 是数据缓冲区指针,缓冲区是 uint8_t 类型数组,因为串口传输数据的基本单位是字节,Size 是缓冲区长度,单位是字节。

USART1 使用 DMA 方式发送一个字符串的参考代码如下:

```
uint8_t SendStr[] = "Hello World!\n";
HAL_UART_Transmit_DMA(&huart1,SendStr,sizeof(SendStr));
```

函数 HAL_UART_Transmit_DMA()内部会调用 HAL_DMA_Start_IT(),而且会根据 USART1 关联的 DMA 流对象的参数自动设置函数 HAL_DMA_Start_IT()的输入参数,如源地址、目标地址等。

15.3.4 DMA 中断

DMA 中断实际就是 DMA 流的中断。每个 DMA 流有独立的中断号,有对应的中断服务程序。DMA 中断有多个中断事件源,DMA 中断事件类型的宏定义(也就是中断事件使能控制位的宏定义)如下所示:

```
#define DMA_IT_TC ((uint32_t)DMA_SxCR_TCIE)      //DMA 传输完成中断事件
#define DMA_IT_HT ((uint32_t)DMA_SxCR_HTIE)      //DMA 传输半完成中断事件
#define DMA_IT_TE ((uint32_t)DMA_SxCR_TEIE)      //DMA 传输错误中断事件
#define DMA_IT_DME ((uint32_t)DMA_SxCR_DMEIE)    //DMA 直接模式错误中断事件
#define DMA_IT_FE 0x00000080U                     //DMA FIFO 上溢/下溢中断事件
```

对于一般外设来说,一个事件中断可能对应一个回调函数,其名称是 HAL 库固定好的。例如,UART 的接收完成事件中断对应的回调函数名称是 HAL_UART_RxCpltCallback()。但是在 DMA 的 HAL 驱动程序头文件 stm32f4xx_hal_dma.h 中,并没有定义这样的回调函数,这是因为 DMA 流是要关联不同外设的,所以它的事件中断回调函数没有固定的函数名,而是采用函数指针的方式指向关联外设的事件中断回调函数。DMA 流对象的结构体 DMA_HandleTypeDef 的定义代码中有这些函数指针。

DMAx_Streamy_IRQHandler()是 DMAx 控制器的 Streamy 的中断服务程序框架,其中 $x = 1 \sim 2$, $y = 0 \sim 7$。而函数 HAL_DMA_IRQHandler()是 DMA 流 ISR 中调用的通用处理函数。其原型定义如下,其中参数 hdma 是 DMA 流对象指针。

```
void HAL_DMA_IRQHandler(DMA_HandleTypeDef * hdma)
```

通过分析函数 HAL_DMA_IRQHandler()的源代码,我们整理出 DMA 流中断事件与 DMA 流对象(也就是结构体 DMA_HandleTypeDef)的回调函数指针的关系,如表 15-4 所示。

表 15-4 DMA 流中断事件与 DMA 流对象的回调函数指针的关系

DMA 流中断事件类型宏	DMA 流中断事件	DMA 流对象回调函数指针
DMA_IT_TC	传输完成中断	XferCpltCallback
DMA_IT_HT	传输半完成中断	XferHalfCpltCallback
DMA_IT_TE	传输错误中断	XferErrorCallback
DMA_IT_DME	FIFO 错误中断	无
DMA_IT_FE	直接模式错误中断	无

在 DMA 传输初始化配置函数 HAL_DMA_Init()中不会为 DMA 流对象的事件中断回调函数指针赋值,一般是在外设以 DMA 方式启动传输时为这些回调函数指针赋值。例如,对于 UART 外设,执行函数 HAL_UART_Receive_DMA()启动 DMA 方式接收数据时,会将串口关联的 DMA 流对象的函数指针 XferCpltCallback 指向 UART 的接收完成事件中断回调函数 HAL_UART_RxCpltCallback()。

UART 以 DMA 方式发送和接收数据时,常用的 DMA 流中断事件与回调函数的关系如表 15-5 所示。

表 15-5　UART 的 DMA 流中断事件与回调函数的关系

UART 的 DMA 传输函数	DMA 流中断事件	DMA 流对象函数指针	DMA 流事件中断关联回调函数
HAL_UART_Transmit_DMA()	DMA_IT_TC	XferCpltCallback	HAL_UART_TxCpltCallback()
	DMA_IT_HT	XferHalfCpltCallback	HAL_UART_TxHalfCpltCallback()
HAL_UART_Receive_DMA()	DMA_IT_TC	XferCpltCallback	HAL_UART_RxCpltCallback()
	DMA_IT_HT	XferHalfCpltCallback	HAL_UART_RxHalfCpltCallback()

注意,这里发生的中断是 DMA 流的中断,不是 UART 中断,DMA 流只是使用了 UART 的回调函数。

特别地,DMA 流有传输半完成中断事件(DMA_IT_HT),而 UART 是没有这种中断事件的,UART 的 HAL 驱动程序中定义的两个回调函数就是为了 DMA 流传输半完成事件中断调用。

在后续讲解的项目实例中,本书会结合代码详细分析 DMA 的工作原理,特别是 DMA 流的中断事件与外设回调函数之间的关系。

注意,UART 使用 DMA 方式传输数据时,UART 的全局中断需要开启,但是 UART 的接收完成和发送完成中断事件源可以关闭。

15.4　项目实例

15.4.1　USART 接口 DMA 传输

1. 项目分析

微课视频

本书第 12 章实现了一个具有较强实践意义的综合性项目,制作并合成 4 种字体中文字库,上位机通过串行接口 USART 将中文字库分批发送至微控制器,MCU 以扇区为单位写入片外 Flash 芯片中,最终实现一个通用的嵌入式中文显示系统。

由于项目传输数据量巨大,为提升硬件工作效率和简化软件设计,选择 DMA 方式实现串口批量数据接收工作,即启用 DMA 控制器,选择 USART1_RX 通道,配置 DMA 流参数,在流中断服务程序中完成接收事务的处理。项目具有传输效率高、用户代码量少等优点。

2. 复制工程文件

因为本项目需要使用的硬件模块和 12.6 节的中文显示项目一样,所以复制第 12 章创建的工程文件夹 1202 Chinese Show 到桌面,并将文件夹重命名为 1501 Write Font DMA。

3. STM32CubeMX 配置

项目采用 DMA 方式完成 USART 接收数据工作,所以原项目的 GPIO、FSMC、SPI1 的配置无须更改,仅需为 USART1 增加 DMA 设置即可,设置界面如图 15-3 所示。支持 DMA 的外设和存储器的配置界面都有一个 DMA Settings 页面。

图 15-3 中的列表部分是配置的 DMA 流对象。一个 DMA 流对象包含一个 DMA 请求和一个 DMA 流以及 DMA 传输属性的各种配置参数。USART1 有 USART_RX 和 USART_TX 两个 DMA 请求,本例仅需配置 USART_RX 流对象。表格下方的 Add 和 Delete 按钮可用于添加和删除 DMA 流对象。表格中每个 DMA 流对象有 4 列参数需要配置。

(1) DMA Request:外设或存储器的 DMA 请求,也就是通道。USART1 有 USART1_RX(接收)和 USART1_TX(发送)两个 DMA 请求。

(2) Stream:DMA 流,每个 DMA 请求的可用的 DMA 流会自动列出,例如,USART1_RX 的 DMA 请求有 DMA2 Stream 2 和 DMA2 Stream 5 两个可用的 DMA 流,这与表 15-2 一致,选择其中一个即可。

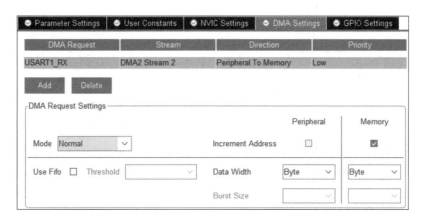

图 15-3　DMA 请求 USART_RX 的 DMA 设置

（3）Direction：DMA 传输方向，STM32CubeMX 会根据 DMA 请求的特性列出可选项。USART1_RX 是 USART1 的 DMA 数据输入请求，是将 USART1 接收的数据存入缓冲区，所以方向是 Peripheral To Memory（外设到存储器）。

（4）Priority：DMA 流的软件优先级别，有 Low、Medium、High 和 Very High 4 个选项。

在表格中选择一个 DMA 流对象后，在下方的面板上还可以设置 DMA 传输的更多参数。主要参数包括以下几项：

（1）Mode：DMA 工作模式，可选 Normal 或 Circular。因为上位机发送的数据块大小并不总是相同，所以 USART1_RX 的 DMA 工作模式选择 Normal，以便于实时调整接收数据的数量。

（2）Use Fifo：是否使用 FIFO，如果使用 FIFO 还需要设置 FIFO 阈值。在使用 FIFO 时还可以使用突发传输，需要设置突发传输的节拍数，本例不使用 FIFO。

（3）Data Width：DMA 传输数据宽度。外设和存储器需要单独设置数据宽度，数据宽度选项有 Byte、Half Word 和 Word。串口传输数据的基本单位是字节，缓冲区的基本单位也是字节。

（4）Increment Address：地址是否自增，也就是 DMA 传输一个基本数据单位后，外设或存储器地址是否自动增加，地址增量的大小等于数据宽度。对于 DMA 请求 USART1_RX 来说，串口的地址是固定的，用于存储接收数据的缓冲区在每接收 1 字节后，存储器的地址指针应该自动移动 1 字节。所以，Memory 使用地址自增，而 Peripheral 不使用地址自增。

为 DMA 请求配置 DMA 流之后，用到的 DMA 流中断会自动打开。要对 DMA 流的中断进行响应和处理，就必须开启 USART1 的全局中断，并在 NVIC 中设置中断优先级。将 SysTick 抢占中断优先级设为最高，USART1 和 DMA 流的抢占中断优先级均设置为 3，因为在它们的中断处理函数里会用到函数 HAL_Delay()，设置结果如图 15-4 所示。

如果外设使用 DMA 传输，但不需要在 DMA 传输完成时进行处理，可以关闭 DMA 流中断，此时需要先将图 15-4 中的 Force DMA channels Interrupts 复选框取消选中，而此复选框默认选中。

4．DMA 初始化

当启用外设的 DMA 传输时，STM32CubeMX 会自动生成 DMA 初始化的源文件 dma.c 和头文件 dma.h，分别用于 DMA 初始化的实现和定义，并在主程序中自动调用 DMA 初始化函数，其代码如下：

```
/* --------------------------- Source File dma.c --------------------------- */
# include "dma.h"
void MX_DMA_Init(void)
```

```
{
    __HAL_RCC_DMA2_CLK_ENABLE();
    /* DMA interrupt init */
    HAL_NVIC_SetPriority(DMA2_Stream2_IRQn, 3, 0);
    HAL_NVIC_EnableIRQ(DMA2_Stream2_IRQn);
}
```

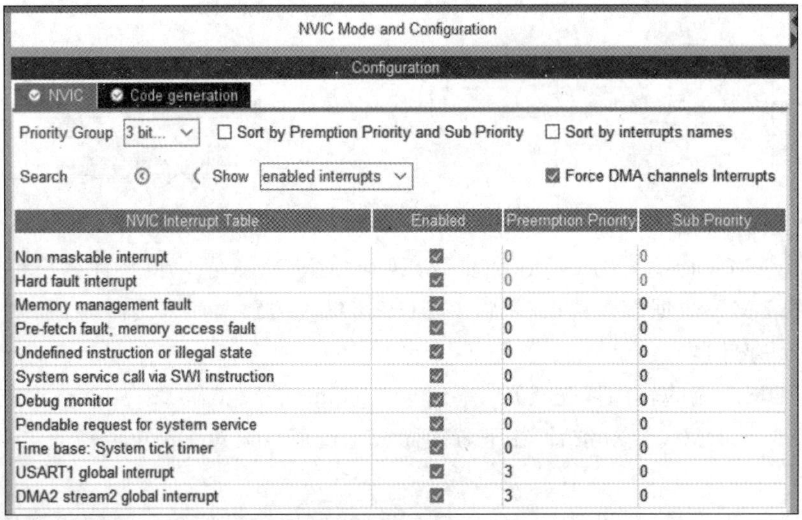

图 15-4   DAM 流中断优先级设置

函数 MX_DMA_Init()用于 DMA 初始化,其代码十分简单,只是使能了 DMA2 控制器的时钟,设置了 DMA 流的中断优先级,并开启 DMA 流的中断。

5. USART 初始化

USART 初始化程序的定义和声明分别位于 STM32CubeMX 生成的 usart.c 和 usart.h 文件中,其中 usart.c 中的初始化源程序如下:

```
/* ---------------------------- Source File usart.c ---------------------------- */
# include "usart.h"
UART_HandleTypeDef huart1;          //USART1 外设对象变量
DMA_HandleTypeDef hdma_usart1_rx;   //DMA 请求 USART1_RX 的 DMA 流对象变量
/* USART1 初始化函数 */
void MX_USART1_UART_Init(void)
{
    huart1.Instance = USART1;
    huart1.Init.BaudRate = 115200;
    huart1.Init.WordLength = UART_WORDLENGTH_8B;
    huart1.Init.StopBits = UART_STOPBITS_1;
    huart1.Init.Parity = UART_PARITY_NONE;
    huart1.Init.Mode = UART_MODE_TX_RX;
    huart1.Init.HwFlowCtl = UART_HWCONTROL_NONE;
    huart1.Init.OverSampling = UART_OVERSAMPLING_16;
    if (HAL_UART_Init(&huart1) != HAL_OK)
    {    Error_Handler(); }
}
/* 串口初始化 MSP 函数,在函数 HAL_UART_Init 中被调用 */
void HAL_UART_MspInit(UART_HandleTypeDef * uartHandle)
```

```
{
    GPIO_InitTypeDef GPIO_InitStruct = {0};
    if(uartHandle->Instance == USART1)
    {
        __HAL_RCC_USART1_CLK_ENABLE();          /* USART1 clock enable */
        __HAL_RCC_GPIOA_CLK_ENABLE();           /* USART1 clock enable */
        /** GPIO Configuration PA9 ----> USART1_TX PA10 ----> USART1_RX **/
        GPIO_InitStruct.Pin = GPIO_PIN_9|GPIO_PIN_10;
        GPIO_InitStruct.Mode = GPIO_MODE_AF_PP;
        GPIO_InitStruct.Pull = GPIO_NOPULL;
        GPIO_InitStruct.Speed = GPIO_SPEED_FREQ_VERY_HIGH;
        GPIO_InitStruct.Alternate = GPIO_AF7_USART1;
        HAL_GPIO_Init(GPIOA, &GPIO_InitStruct);
        /* USART1 DMA Init */                   /* USART1_RX Init */
        hdma_usart1_rx.Instance = DMA2_Stream2;
        hdma_usart1_rx.Init.Channel = DMA_CHANNEL_4;
        hdma_usart1_rx.Init.Direction = DMA_PERIPH_TO_MEMORY;
        hdma_usart1_rx.Init.PeriphInc = DMA_PINC_DISABLE;
        hdma_usart1_rx.Init.MemInc = DMA_MINC_ENABLE;
        hdma_usart1_rx.Init.PeriphDataAlignment = DMA_PDATAALIGN_BYTE;
        hdma_usart1_rx.Init.MemDataAlignment = DMA_MDATAALIGN_BYTE;
        hdma_usart1_rx.Init.Mode = DMA_NORMAL;
        hdma_usart1_rx.Init.Priority = DMA_PRIORITY_LOW;
        hdma_usart1_rx.Init.FIFOMode = DMA_FIFOMODE_DISABLE;
        if (HAL_DMA_Init(&hdma_usart1_rx) != HAL_OK)
        {   Error_Handler(); }
        __HAL_LINKDMA(uartHandle,hdmarx,hdma_usart1_rx);
        HAL_NVIC_SetPriority(USART1_IRQn, 3, 0);   /* USART1 interrupt Init */
        HAL_NVIC_EnableIRQ(USART1_IRQn);           /* USART1 interrupt Init */
    }
}
```

上述代码中,定义了 DMA 请求关联的 DMA 流对象变量 hdma_usart1_rx,用于 DMA 初始化配置。函数 MX_USART1_UART_Init()用于 USART1 初始化,与第 11 章的串口初始化代码并没有区别。

函数 HAL_UART_MspInit()是 UART 的 MSP 初始化函数,在 HAL_UART_Init()中被调用。该函数除完成 USART1 的 GPIO 初始化之外,还进行 DMA 流的初始化配置。对于 DMA 流对象变量 hdma_usart1_rx,首先有如下赋值语句:

```
hdma_usart1_rx.Instance = DMA2_Stream2;
hdma_usart1_rx.Init.Channel = DMA_CHANNEL_4;
```

hdma_usart1_rx.Instance 被赋值为 DMA2_Stream2,也就是一个 DMA 流的寄存器基址。所以,变量 hdma_usart1_rx 表示一个 DMA 流,这也是称之为流对象变量的原因。

hdma_usart1_rx 的成员 Init 是结构体类型 DMA_InitTypeDef 变量,存储了 DMA 传输的属性参数。其中 hdma_usart1_rx.Init.Channel 用于 DMA 流的通道选择,也就是外设的 DMA 请求。这里将其赋值为 DMA_CHANNEL_4,就是 DMA 请求 USART1_RX 的通道。

程序还对 hdma_usart1_rx.Init 的其他成员变量进行赋值,这些成员变量定义了 DMA 传输的属性,如传输模式、工作模式、外设和存储器的数据宽度等参数。程序代码与 STM32CubeMX 中的 DMA 设置对应。完成 hdma_usart1_rx 赋值后,调用 HAL_DMA_Init(&hdma_usart1_rx)进行 DMA 流的初始化。

在完成了 DMA 流的初始化配置后,执行下面的一条语句:

```
__HAL_LINKDMA(uartHandle,hdmarx,hdma_usart1_rx);
```

其中,参数 uartHandle 是 huart1 的地址,查看宏函数__HAL_LINKDMA()的代码,将入口参数代入其中,相当于执行下面两行语句,即相互设置了关联对象。

```
(&huart1) -> hdmarx = &(hdma_usart1_rx);        //串口的 hdmarx 指向具体的 DMA 流对象
(hdma_usart1_rx).Parent = (&huart1);            //DMA 流对象的 Parent 指向具体的串口对象
```

查看函数 MX_USART1_UART_Init()及其相关函数的代码,可知流对象变量 hdma_usart1_rx 的回调函数指针并未赋值,也就是 DMA 流传输完成中断事件对应的回调函数指针 XferCpltCallback 还没有指向具体的函数。

6. DMA 中断处理流程

在文件 stm32f4xx_it.c 中自动生成 DMA 流的中断服务程序框架如下所示:

```
void DMA2_Stream2_IRQHandler(void)
{
    HAL_DMA_IRQHandler(&hdma_usart1_rx);
}
```

DMA 流的 ISR 中调用了通用处理函数 HAL_DMA_IRQHandler(),传递了 DMA 流对象指针作为参数。跟踪查看 HAL_DMA_IRQHandler()的源代码,当程序判断 DMA 流发生了传输完成事件(DMA_IT_TC)时,会执行如下的语句:

```
void HAL_DMA_IRQHandler(DMA_HandleTypeDef * hdma)
{
    // …… 省略了前面的代码
    if(hdma -> XferAbortCallback != NULL)
    {
        hdma -> XferAbortCallback(hdma);
    }
    // …… 省略了后面的代码
}
```

其中,参数 hdma 是 DMA 流对象指针。上述代码就是执行了 hdma 的函数指针 XferAbortCallback 指向的具体函数,前提是其指向为非空。进一步分析函数 HAL_DMA_IRQHandler(),可以发现 DMA 流的中断事件与 DMA 流对象的函数指针之间的关系,如表 15-4 所示。

但是这个函数指针 XferAbortCallback 在哪儿被赋值? 具体指向哪个函数呢? 进一步分析源代码会发现这个函数指针在函数 HAL_UART_Receive_DMA()里被赋值。

跟踪函数 HAL_UART_Receive_DMA()会发现有如下的代码段:

```
HAL_StatusTypeDef HAL_UART_Receive_DMA(UART_HandleTypeDef * huart, uint8_t * pData, uint16_t Size)
{
    // …… 省略了前面的代码
    /* 设置 huart -> hdmarx 的 DMA 传输完成事件中断回调函数指针 */
    huart -> hdmarx -> XferCpltCallback = UART_DMAReceiveCplt;
    /* 设置 huart -> hdmarx 的 DMA 传输半完成事件中断回调函数指针 */
    huart -> hdmarx -> XferHalfCpltCallback = UART_DMARxHalfCplt;
    /* 设置 huart -> hdmarx 的 DMA 错误事件中断回调函数指针 */
    huart -> hdmarx -> XferErrorCallback = UART_DMAError;
    // …… 省略了后面的代码
}
```

其中,huart-> hdmarx 就是用于串口数据接收的 DMA 流对象指针,也就是指向 hdma_usart1_rx。所以,

hdma_usart1_rx 的函数指针 XferCpltCallback 指向函数 UART_DMAReceiveCplt( )。再查看函数 UART_DMAReceiveCplt( )的源代码,其核心代码如下:

```
static void UART_DMAReceiveCplt(DMA_HandleTypeDef * hdma)
{
    UART_HandleTypeDef * huart = (UART_HandleTypeDef * )((DMA_HandleTypeDef * )hdma) -> Parent;
    // …… 省略了中间的代码
    HAL_UART_RxCpltCallback(huart);
}
```

函数的第一行语句通过 hdma-> Parent 获得 DMA 流关联对象指针 huart,也就是指向 USART1。后面执行了串口的回调函数 HAL_UART_RxCpltCallback( )。

所以,对于 DMA 流对象 hdma_usart1_rx,发生 DMA 流传输完成事件中断时,最终执行的是关联的串口 USART1 的回调函数 HAL_UART_RxCpltCallback( )。要对 USART1 的 DMA 接收数据完成中断进行处理,只需要重新实现这一回调函数即可。

同样分析可知,对于串口发送数据的 DMA 请求 USART1_TX,发生 DMA 流传输完成事件中断时,最终执行的是关联的串口 USART1 的回调函数 HAL_UART_TxCpltCallback( )。

所以,当 UART 以 DMA 方式发送或接收数据时,DMA 流的传输完成事件中断的回调函数就是 UART 的回调函数。UART 以 DMA 方式传输数据时,DMA 流的中断事件与回调函数的关系如表 15-4 所示。在 UART 的 HAL 驱动函数中,还有另外两个回调函数 HAL_UART_TxHalfCpltCallback( )和 HAL_UART_RxHalfCpltCallback( )专门用于 DMA 流传输半完成中断事件(DMA_IT_HT)。

其他外设使用 DMA 方式传输数据时,DMA 流的事件中断一般也是使用外设的回调函数。分析方法与此类似,感兴趣的读者可以自行查看源代码进行分析。

7. 用户程序设计

用户程序包括主程序设计和 DMA 传输完成回调函数设计两部分,二者均在 main.c 文件中实现,其参考程序如下:

```
/* -------------------------- Source File usart.c-------------------------- */
# include "main.h"
# include "dma.h"
# include "spi.h"
# include "usart.h"
# include "gpio.h"
# include "fsmc.h"
# include "lcd.h"
# include "flash.h"
# include "stdio.h"
# define RECEIVE_DATA_LEN 4096                        //串口接收缓存区大小
uint16_t * SEG_ADDR = (uint16_t * )(0x68000000);
uint8_t USART_RX_BUF[RECEIVE_DATA_LEN];              //接收缓冲,最大 USART_REC_LEN 字节
uint32_t data_stat = 0;                              //串口接收数据个数
uint8_t start_flag = 0;                              //开始传输标志位
uint32_t file_len = 0;                               //发送数据的总长度
uint16_t LastRecNum = 0;                             //上次接收数据长度
void SystemClock_Config(void);
void WriteFontSPIFlash(void);
void StartOneDMATransmite(void);
/* 用户主程序 */
int main(void)
{
```

```
    HAL_Init();
    SystemClock_Config();
    MX_GPIO_Init();
    MX_DMA_Init();
    MX_FSMC_Init();
    MX_SPI1_Init();
    MX_USART1_UART_Init();
    LCD_Init();
    LCD_Clear(WHITE);
    * SEG_ADDR = 0xFFFF;
    HAL_Delay(200);                                    //等待 SPI 初始化完成
    //此段程序必须先执行,否则没有 ID 后面的程序没法执行
    W25QXX_ReadID();                                   //多读一次,避免出现检测失败情况
    while(W25QXX_ReadID()!= W25Q128)                   //检测不到 W25Q128
    {    printf("W25Q128 Check Failed!\r\n"); }
    printf("W25Qxx Successful initialization\r\n");
    HAL_UART_Receive_DMA(&huart1,USART_RX_BUF,11);     // 接收 11 字节命令字符
    LCD_ShowString(24 * 0,24 * 1,(uint8_t * )" Write Chinese Font ",BLUE,WHITE,24,0);
    __HAL_UART_DISABLE_IT(&huart1,UART_IT_TC);         //关闭 USART1 发送完成事件中断
    __HAL_UART_DISABLE_IT(&huart1,UART_IT_RXNE);       //关闭 USART1 接收完成事件中断
    WriteFontSPIFlash(); //字库写入程序
    while (1)
    {
        LCD_Print(4,24 * 5,(u8 * )"SPI Flash 存储中文字库,12 号字体",BLUE,WHITE,12,0);
        LCD_Print(4,24 * 6,(u8 * )"TFT LCD 中文显示测试,16 号字体",BLUE,WHITE,16,0);
        LCD_Print(4,24 * 7,(u8 * )"日期:23 - 01 - 28,24 号字体",BLUE,WHITE,24,0);
        LCD_Print(4,24 * 8 + 12,(u8 * )"星火嵌入式开发板,32 号字体",BLUE,WHITE,24,0);
    }
}
/ * 字库写入程序 * /
void WriteFontSPIFlash()
{
        //代码省略,请读者查阅源程序文档
}
/ * 串口 DMA 流接收完成事件中断回调函数 * /
void HAL_UART_RxCpltCallback(UART_HandleTypeDef * huart)
{
    if(huart -> Instance == USART1)
    {
        if(start_flag == 1)
            StartOneDMATransmite();
    }
}
/ * 启动一次 DMA 数据传输 * /
void StartOneDMATransmite()
{
    data_stat = data_stat + LastRecNum;                //统计已接收数据量
    if((file_len - data_stat)/RECEIVE_DATA_LEN > 0)    //不是最后一个扇区
    {
        HAL_UART_Receive_DMA(&huart1,USART_RX_BUF,RECEIVE_DATA_LEN);
        LastRecNum = RECEIVE_DATA_LEN;
    }
    else
    {
        if(file_len - data_stat!= 0)                   //需要接收最后一块数据
        {    HAL_UART_Receive_DMA(&huart1,USART_RX_BUF,file_len - data_stat);
        LastRecNum = file_len - data_stat; }
```

```
        else                //接收已经完成
        { HAL_UART_DMAStop(&huart1); }
    }
}
```

主程序首先初始化项目需要使用的各类外设,使用串口 DMA 方式等待上位机启动命令,随后调用字库写入函数,将从串口分块接收到的数据写入 SPI Flash 芯片,写入完成后返回。最后在主程序中调用中文显示函数检验字库写入是否成功。

在主程序设计中,串口接收数据均使用 DMA 方式,接收数据完成时触发 DMA 流事件中断,调用串口接收完成回调函数。为帮助读者理解 DMA 工作原理,特别是 DMA 流事件中断关联回调函数方法,作者在主程序中将 USART1 的发送完成(UART_IT_TC)中断事件和接收完成中断(UART_IT_RXNE)事件禁用了,不禁用这两个中断也不影响程序运行效果。

因为字库以扇区为单位(4096 字节)分块写入,最后一次传输数据量很有可能不是一个扇区,需要单独处理,所以本例需要重新实现串口接收完成回调函数。其基本思想是,如果不是最后一个扇区,则再接收 4096 字节数据,否则接收最后一块数据,当所有数据均已传输完成则停止 DMA 控制器。

8. 下载调试

编译工程,直到没有错误为止,下载程序到开发板,复位运行。同时运行上位机 W25Qxx 串口下载软件,按照 12.6.3 节给出的操作方法,写入中文字库。查看开发板 LCD 中文显示效果,检验字库是否写入成功。

15.4.2 定时器触发 DMA 传输多通道模拟量采集

1. 项目分析

微课视频

虽然本书在第 14 章已经成功实现 4 通道模拟量采集,但项目还存在一些不足之处。第一,由于 ADC 只有一个规则通道转换结果寄存器,程序采用每次配置一个通道,转换一个通道的方法实现多通道模拟量采集。第二,由软件启动 A/D 转换,无法准确计算采样频率。第三,采用轮询方法等待转换完成,执行效率较低。上述问题最终导致 CPU 占有率高,程序设计较为复杂。

如果规则转换组有多个输入通道,应该使用 DMA 传输,使转换结果数据通过 DMA 自动保存到缓冲区中,在一个规则组转换结束后再对数据进行处理,或者在采集多次数据后再处理。ADC 除了可以通过软件命令启动外,还可以使用定时器的触发输出(TRGO)信号或捕获比较事件信号启动,而 TRGO 信号可以设置为定时器的更新事件(UEV)信号,每次 ADC 的采样间隔就是精确的。

本示例依然对图 14-8 中的 RV1～RV2 的分压信号 ADIN0～ADIN2 和光敏电阻 R9 的分压信号 Tr_AO 的模拟量进行采集。这 4 路模拟量分别连接至微控制器的 PA0～PA3 引脚,对应 ADC1 的 IN0～IN3。由于采用 DMA 传输,所以可以将上述 4 个通道全部归入 ADC1 的规则组,采用扫描方式,一次转换完成,由 DMA 控制器按顺序将数据搬运至缓冲区。选择定时器 TIM2 的更新事件作为 ADC1 的触发信号,定时启动 ADC,时间间隔设定为 500ms。上述设计实现了 ADC 多通道采集的定时启动、结果自动保存,用户程序仅需重新实现回调函数,将转换结果显示在 LCD 上即可。

2. 复制工程文件

由于本项目是在第 14 章项目的基础上进行扩展的,所以复制第 14 章创建的工程文件夹 1401 ADC Polling 到桌面,并将文件夹重命名为 1502 ADC TRGO DMA。

3. STM32CubeMX 配置

1) ADC1 配置

打开工程模板文件夹里面的 Template.ioc 文件,启动 STM32CubeMX 配置软件,在左侧配置类别

Categories 下面的 Analog 列表中找到 ADC1,打开其配置对话框,其中 Mode(模式)部分无须更改,依然是选中 IN0~IN3 这 4 个通道。

ADC1 配置界面如图 15-5 所示,大部分参数和 14.4.1 节项目相同,不同部分在图中均以红色框线标注。在 ADC_Setting 参数组中,开启扫描转换模式(Scan Conversion Mode)和 DMA 连续请求(DMA Continuous Requests)选项,分别表示扫描多个转换通道和产生连续 DMA 请求。需要说明的是,在开启 DMA 连续请求选项之前需要完成 ADC 的 DMA 传输设置,否则其 Enable 选项为无效状态。

在 ADC_Regular_ConversionMode 参数组中将转换个数设为 4,下面会自动生成 4 个 Rank 的设置,分别设置每个 Rank 的输入通道和采样时间,此处作者将其全部设为 28 Cycles。4 个 Rank 里模拟通道出现的顺序就是规则转换组转换的顺序。将外部触发转换的信号源(External Trigger Conversion Source)设置为定时器的触发输出事件(Timer 2 Trigger Out event);将外部触发转换时使用的信号边沿(External Trigger Conversion Edge)设置为上升沿触发(Trigger detection on the rising edge)。

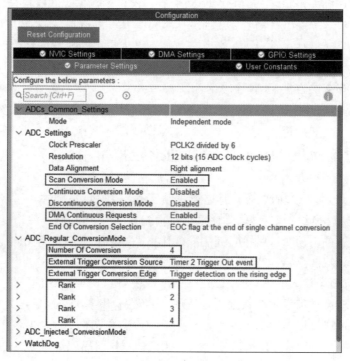

图 15-5　ADC1 配置界面

注意,ADC_Settings 组中的 End Of Conversion Selection 的设定值不变,仍然是在每个通道转换完成之后产生 EOC 信号。

2) DMA 设置

ADC1 只有一个 DMA 请求,为其配置 DMA 流 DMA2 Stream 0,设置 DMA 传输属性参数,设置界面如图 15-6 所示。DMA 传输方向自动设置为 Peripheral To Memory(外设到存储器)。在 DMA Request Settings 组中将 Mode(工作模式)设置为 Circular(循环模式),将外设和存储器的数据宽度均设置为 Word——因为 A/D 转换结果数据寄存器是 32 位的。传输过程中外设地址保持不变,存储器地址自增。

在使用 ADC1 的 DMA 方式传输时发现,即使不开启 ADC1 的全局中断,DMA 传输功能也能正常工作,所以在 NVIC 设置部分关闭了 ADC1 的全局中断。因为需要在 DMA 传输完成时进行数据处理,所以需要打开 DMA 流的全局中断,并为其设置一个中等的抢占优先级。

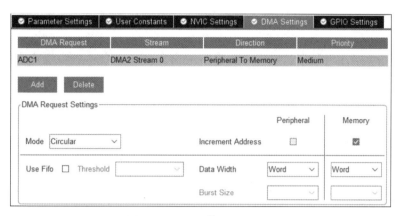

图 15-6　ADC1 的 DMA 设置

外设使用 DMA 时是否需要开启外设的全局中断？不同外设的情况不一样。例如，UART 使用 DMA 时就必须开启 UART 全局中断，但仍可以关闭 UART 的两个主要中断事件源（接收中断和发送中断）。

 在外设使用 DMA 时，建议尽量不开启外设的全局中断，若必须开启，也要禁止外设的主要事件源产生硬件中断，因为 DMA 的传输完成事件中断使用外设的回调函数，若开启外设的中断事件源，则可能导致一个事件发生时回调函数被调用两次。

3）定时器设置

TIM2 配置界面如图 15-7 所示，Mode 部分只需要设置 Clock Source 为 Internal Clock，启用 TIM2 即可。

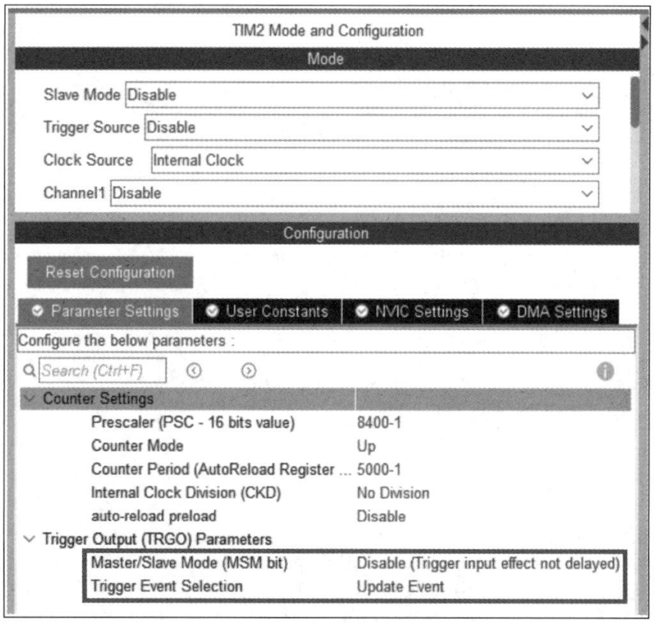

图 15-7　TIM2 配置界面

Counter Settings 组的参数用于设置定时周期，因为 TIM2 挂接在 APB1 总线上，其输入时钟频率为 84MHz，经过 8400 的预分频和 5000 的计数分频，定时器更新频率为 2Hz，即定时周期为 500ms。

Trigger Output（TRGO）Parameters 组用于设置 TRGO 信号，将 Master/Slave Mode（MSM bit）设置为 Disable，即禁用主/从模式。Trigger Event Selection（触发事件选择）设置为 Update Event，也就是

以 UEV 信号作为 TRGO 信号。

这样,ADC1 在 TIM2 的 TRGO 信号的每个上升沿启动一次 A/D 转换,就可以实现周期性的 A/D 转换,转换周期由 TIM2 的定时周期决定。无须开启 TIM2 的全局中断,触发信号也是正常输出的。

4. 初始化程序分析

项目初始化主要涉及三部分,分别为定时器初始化、DMA 初始化和 ADC 初始化,所有代码和 STM32CubeMX 设置对应,分析方法与上一节相同。定时器初始化相对于基本定时器应用增加了触发控制部分,对应图 15-7 中框线标出部分。DMA 初始化部分与上一节并无区别,仅是打开 DMA2 控制器时钟,设置 DMA2 流中断优先级并使能。ADC 初始化更新了图 15-5 中红色框线标出部分设置。感兴趣的读者可自行打开初始化文件查看并分析源代码。

5. 用户程序设计

用户程序分为两部分,一是系统主程序,二是 DMA 传输完成回调函数,二者均位于 main.c 文件中,参考程序如下:

```c
/* ---------------------------- Source File main.c ---------------------------- */
# include "main.h"
# include "adc.h"
# include "dma.h"
# include "spi.h"
# include "tim.h"
# include "gpio.h"
# include "fsmc.h"
# include "lcd.h"
# include "flash.h"
# include "stdio.h"
# define BATCH_LEN 4
uint8_t TempStr[30] = "";
uint16_t * SEG_ADDR = (uint16_t * )(0x68000000);
uint32_t dmaBuffer[BATCH_LEN];
void SystemClock_Config(void);
/* 主函数 */
int main(void)
{
    HAL_Init();
    SystemClock_Config();
    MX_GPIO_Init();
    MX_DMA_Init();
    MX_FSMC_Init();
    MX_SPI1_Init();
    MX_ADC1_Init();
    MX_TIM2_Init();
    LCD_Init();
    LCD_Clear(WHITE);
    LCD_Fill(0,lcddev.height/2,lcddev.width,lcddev.height,BLUE);
    * SEG_ADDR = 0xFFFF;              //关闭所有数码管
    W25QXX_ReadID();                  //读取器件 ID,后续程序需要使用
    LCD_PrintCenter(0,24 * 1,(u8 * )"第 15 章 多通道 ADC 采集",BLUE,WHITE,24,0);
    LCD_PrintCenter(0,24 * 3,(u8 * )"TIM2 触发,DMA 传输",BLUE,WHITE,24,0);
    HAL_ADC_Start_DMA(&hadc1,dmaBuffer,BATCH_LEN);        //以 DMA 方式启动 ADC1
    HAL_TIM_Base_Start(&htim2);       //启动定时器 TIM2
    while(1)
    {

    }
```

```
    }
/* DMA传输完成事件中断回调函数 */
void HAL_ADC_ConvCpltCallback(ADC_HandleTypeDef * hadc)
{
    uint8_t i;
    for(i = 0;i < BATCH_LEN;i++)
    {
        sprintf((char * )TempStr,"CH % d,Val:% 04d,Vol:% .3fV",i + 1,dmaBuffer[i],3.3 * dmaBuffer[i]/4096);
        LCD_ShowString(6,24 * (5 + i),TempStr,WHITE,BLUE,24,0);
    }
}
```

由上述程序可知,主程序首先初始化需要用到的外设,随后在LCD上显示中文提示信息,紧接着以DMA方式启动A/D转换,以轮询方式启动定时器TIM2,最后主程序进入一个无限空循环中。由此可见采用定时器触发、DMA传输的多通道ADC采集程序更简洁、高效。

采用上一节的代码跟踪分析方法,可以发现ADC模块的DMA流中断传输完成事件关联回调函数HAL_ADC_ConvCpltCallback()。所以如果需要在DMA传输完成时进行事务处理,仅需重新实现这一回调函数即可。因为A/D转换结果已经由DMA控制器按序传输至内存缓冲区,所以回调函数的数据处理也十分简单,仅需将转换结果按通道显示于LCD即可。

6. 下载调试

编译工程,直到没有错误为止,下载程序到开发板,复位运行,检查实验效果。

15.4.3 三重ADC同步转换DMA传输

1. 项目分析

14.2.11节介绍了多重ADC工作模式,但是没有给出应用示例,其原因就是多重ADC模式数据传输必须使用DMA,本章在讲解了DMA工作原理之后,给出多重ADC应用DMA传输的综合实例。使用三重ADC实现对振动传感器 X、Y、Z 这3个方向的振动信号同步采集,以合成一个三维空间中的振动矢量。项目实施时以开发板电位器RV1~RV3的分压信号模拟振动传感器三分量输出。

在多重ADC模式下,可将DMA配置为使用3种不同的模式来传输转换的数据。

1）DMA模式1

每发出一个DMA请求(一个数据项可用),就会传输一个表示A/D转换的数据项的半字。

在双重ADC模式下,发出第一个请求时传输ADC1的数据,发出第二个请求时传输ADC2的数据,以此类推。

在三重ADC模式下,发出第一个请求时传输ADC1的数据,发出第二个请求时传输ADC2的数据,发出第三个请求时传输ADC3的数据,重复此序列。

DMA模式1用于三重规则同时模式,传输示例如下所示:

三重规则同时模式:生成3个连续的DMA请求(每个请求对应一个转换数据项)。

第1个请求:ADC_CDR[31:0]=ADC1_DR[15:0]。

第2个请求:ADC_CDR[31:0]=ADC2_DR[15:0]。

第3个请求:ADC_CDR[31:0]=ADC3_DR[15:0]。

第4个请求:ADC_CDR[31:0]=ADC1_DR[15:0]。

2）DMA模式2

每发送一个DMA请求(两个数据项可用),就会以字的形式传输表示两个A/D转换数据项的两个半字。

在双重 ADC 模式下,发出第一个请求时会传输 ADC2 和 ADC1 的数据(ADC2 数据占用高位半字, ADC1 数据占用低位半字),以此类推。

在三重 ADC 模式下,将生成三个 DMA 请求:发出第一个请求时,会传输 ADC2 和 ADC1 的数据 (ADC2 数据占用高位半字,ADC1 数据占用低位半字)。发出第二个请求时,会传输 ADC1 和 ADC3 的数据(ADC1 数据占用高位半字,ADC3 数据占用低位半字)。发出第三个请求时,会传输 ADC3 和 ADC2 的数据(ADC3 数据占用高位半字,ADC2 数据占用低位半字),以此类推。

DMA 模式 2 用于交替模式和规则同时模式(仅适用于双重 ADC 模式),传输示例如下所示:

双重交替模式:每当有 2 个数据项可用时,就会生成一个 DMA 请求。

第 1 个请求:ADC_CDR[31:0]=ADC2_DR[15:0]|ADC1_DR[15:0]。

第 2 个请求:ADC_CDR[31:0]=ADC2_DR[15:0]|ADC1_DR[15:0]。

3) DMA 模式 3

此模式与 DMA 模式 2 相似。唯一的区别是:在这种模式下,每发送一个 DMA 请求(两个数据项可用),就会以半字的形式传输表示两个 A/D 转换数据项的两字节。此模式下的数据传输顺序与 DMA 模式 2 相似。DMA 模式 3 用于分辨率为 6 位和 8 位时的交替模式。

根据上述分析,对于三分量模拟输出同步转换应使用 DMA 模式 1 传输。同时为实现固定频率空间矢量采集,依然采用定时器更新事件触发 A/D 转换。在三重 ADC 模式下,同时启用 ADC1、ADC2 和 ADC3,其中 ADC1 是主器件,ADC2 和 ADC3 是从器件,定器触发信号和 DMA 流配置均作用于 ADC1。

2. 复制工程文件

复制 15.4.2 节创建的工程文件夹 1502 ADC TRGO DMA 到桌面,并将文件夹重命名为 1503 Triple ADC DMA。

3. STM32CubeMX 配置

项目需要同时启用 ADC1、ADC2 和 ADC3,其中 ADC1 是主器件,ADC2 和 ADC3 是从器件,需要分别对其进行配置。

1) ADC1 配置

因为是三重 ADC 同步转换,所以每个 ADC 只转换一个通道,并将其划分至规则组。所以在模式部分,ADC1 转换 IN0 通道,ADC2 转换 IN1 通道,ADC3 转换 IN2 通道。还需要注意的是从器件 ADC2 和 ADC3 必须先选中通道,主器件 ADC1 才可以设置为三重 ADC 模式。ADC1 的配置界面如图 15-8 所示。

ADCs_Common_Settings 参数组用于设置多重 ADC 模式。

Mode:用于设置多重 ADC 模式,选择 Triple regular simultaneous mode only,也就是三重 ADC 规则同步转换模式。

DMA Access Mode:DMA 访问模式,根据前述分析,三重 ADC 规则同步转换只能采用 DMA access mode 1。

Delay between 2 sampling phases:两次采样之间的间隔,该参数用于交替模式,设置交替采样的间隔时间,本例是同步模式,因此此参数设置无影响。

因为只有一个通道,所以将参数 Scan Conversion Mode(扫描转换模式)设置为 Disabled。多重 ADC 只能使用 DMA 方式传输数据,所以参数 DMA Continuous Requests(DMA 连续请求)设置为 Enabled。

在 ADC1 配置界面的 DMA Settings 页面进行 DMA 设置,设置结果与图 15-6 一样,不要开启 ADC1 的全局中断。

ADC1 仍然由 TIM2 的 TRGO 信号触发,TIM2 的所有设置不变,定时周期为 500ms。

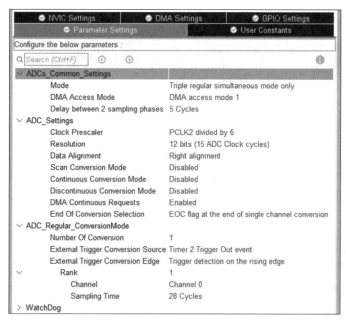

图 15-8 ADC1 配置界面

2）ADC2 配置

ADC2 输入通道选择 IN1，配置界面如图 15-9 所示。除了规则转换的 Rank 通道设置为 Channel 1 和 DMA Continuous Requests 设置为 Disabled 以外，其他参数（如时钟分频系数、分辨率、数据采样时间等）都应与 ADC1 和 ADC3 保持一致，以保证三个 ADC 能同步采集。在图 15-9 中没有触发源选项，在三重 ADC 同步模式下，ADC2 和 ADC3 由 ADC1 触发源触发。不要为 ADC2 配置 DMA，也不要开启 ADC2 的全局中断，ADC2 转换结果传输由主器件 ADC1 连接的 DMA 流负责。

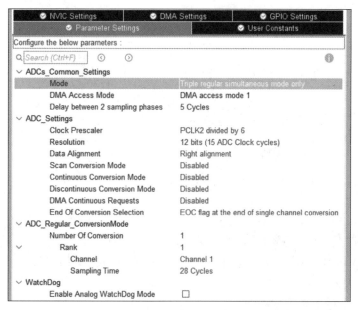

图 15-9 ADC2 配置界面

3）ADC3 配置

ADC3 输入通道选择 IN2，配置界面如图 15-10 所示。除了规则转换的 Rank 通道设置为 Channel 2

而外,其他参数都与 ADC1 和 ADC2 保持一致,以保证三个 ADC 能同步采集。

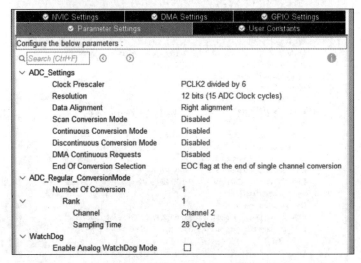

图 15-10　ADC3 配置界面

4. 初始化程序分析

项目初始化主要涉及三部分,分别为定时器初始化、DMA 初始化和 ADC 初始化,定时器初始化和 DMA 初始化部分与 15.4.2 节完全相同,ADC 初始化部分更新了图 15-8~图 15-10 中的更改参数,所有代码和 STM32CubeMX 设置对应。感兴趣的读者可自行打开初始化文件查看并分析源代码。

5. 用户程序设计

用户程序分为系统主程序和 DMA 传输完成回调函数两部分,二者相对于 15.4.2 节项目来说,差别并不大,下面仅将不同之处列出。

主程序主要修改代码如下:

```
#define BATCH_LEN 3
uint32_t dmaBuffer[BATCH_LEN];
int main(void)
{
    LCD_PrintCenter(0,24 * 1,"第 15 章 三重 ADC 同步转换",BLUE,WHITE,16,0);
    LCD_PrintCenter(0,24 * 3,"TIM2 触发,DMA 传输,三重 ADC 同步转换",BLUE,WHITE,16,0);
    HAL_ADC_Start(&hadc2);              //启动 ADC2
    HAL_ADC_Start(&hadc3);              //启动 ADC3
    //启动 ADC1 规则同步转换及 DMA 传输
    HAL_ADCEx_MultiModeStart_DMA(&hadc1,dmaBuffer,BATCH_LEN);
    HAL_TIM_Base_Start(&htim2);         //启动定时器 TIM2
    while(1) { }
}
```

三重 ADC 模式,所有 ADC 都应启动,从 ADC 通过函数 HAL_ADC_Start()启动,主 ADC 通过函数 HAL_ADCEx_MultiModeStart_DMA()以 DMA 方式启动,并且需要给出接收缓冲区首地址和接收数据的长度。

DMA 传输完成回调函数参考程序如下:

```
void HAL_ADC_ConvCpltCallback(ADC_HandleTypeDef * hadc)
{
    uint8_t i;
```

```
    for(i = 0;i < BATCH_LEN;i++)
    {
        sprintf(TempStr,"RV % d,Val: % 04d,Vol:% .3fV",i + 1,dmaBuffer[i],3.3 * dmaBuffer[i]/4096);
        LCD_ShowString(6,24 * (5 + i),TempStr,WHITE,BLUE,24,0);
    }
}
```

DMA 传输完成回调函数关联 A/D 转换完成回调函数 HAL_ADC_ConvCpltCallback(),因为数据通过 DMA 控制器传输,所以重新实现的回调函数仅仅是将缓冲区 A/D 转换结果按通道显示于 LCD。

6. 下载调试

编译工程,直到没有错误为止,下载程序到开发板,复位运行,检查实验效果。

15.5　开发经验小结——轮询、中断、DMA

众所周知,在计算机系统中,外围 I/O 设备进行数据交换有 3 种方式:轮询、中断和 DMA。作为计算机系统的一大分支,嵌入式系统也不例外。

15.5.1　轮询

在轮询方式下,CPU 对各个外围 I/O 设备轮流询问一遍有无处理要求。询问之后,如有要求,则加以处理,并在处理完 I/O 设备的请求后返回继续工作。例如,在 6.2 节按键控制蜂鸣器发出不同声音项目实例中,使用轮询方式通过 GPIO 读取按键 K1 和 K2 的输入。显然,轮询会占据 CPU 相当一部分的处理时间,是一种效率较低的方式,在嵌入式系统中主要用于 CPU 不忙且传送速度不高的情况。特别地,作为轮询方式的一个特例,无条件传送方式主要用于对简单 I/O 设备的控制或 CPU 明确知道 I/O 设备所处状态的情况下。

15.5.2　中断

在中断方式下,外围 I/O 设备的数据通信是由 CPU 通过中断服务程序来完成的。例如,在 8.4 节介绍的通过按键调节数字电子钟时间的实例中,通过 EXTI 使用中断方式读取按键 K1~K3 的输入。I/O 设备中断方式提高了 CPU 的利用率,并且能够支持多道程序和 I/O 设备的并行操作,在嵌入式系统中主要用于 CPU 比较忙的情况,尤其适合实时控制和紧急事件的处理。而且为了充分利用 CPU 的高速性能和实时操作的要求,中断服务程序通常要求尽量简短。尽管如此,每次中断处理都需要保护和恢复现场,因此,频繁地中断或在中断服务程序中进行大量的数据交换会造成 CPU 利用率降低以及无法响应中断。

15.5.3　DMA

DMA 是指外围 I/O 设备不通过 CPU 而直接与系统内存交换数据,即 I/O 设备与内存间传送一个数据块的过程中,不需要 CPU 的任何中间干涉,只需要 CPU 在数据传输开始时向 I/O 设备发出"传送块数据"的命令,然后通过中断来获知数据传送过程结束。在本章 15.4.2 节介绍的多通道模拟量采集实例中,使用 DMA 方式不断将片上外设 ADC 的 4 通道模拟量转换结果自动传送到内存变量,并且在每次传送完毕后产生一个 DMA 传输完成中断请求,通过重新实现关联的回调函数进行采集数据处理。与中断相比,DMA 方式是在所要求传送的数据块全部传送结束时才产生中断请求,需要 CPU 处理,这就大大减少了 CPU 进行中断处理的次数。而且 DMA 方式是在 DMA 控制器的控制下,不经过 CPU 控制完成的,这就避免了 CPU 因并行 I/O 设备过多而来不及处理以及因速度不匹配而造成数据丢失等现象。综上所述,在嵌入式系统中,DMA 方式主要用于高速外设进行大批量或频繁数据传送的场合。

本章小结

本章首先向读者介绍了 DMA 的由来、定义和优点等内容,随后又具体讲解了 STM32F407 微控制器的 DMA 工作原理,并介绍了 DMA 的 HAL 库驱动函数。最后给出了 3 个综合性应用实例,第 1 个项目是将第 12 章介绍的字库存储程序的串口中断接收方式更改为 DMA 传输方式;第 2 个项目采用定时器触发 4 通道模拟量采集,转换结果用 DMA 传输;第 3 个项目采用三重 ADC 实现三维空间矢量规则同步转换。

思考拓展

(1) 什么是 DMA? DMA 应用于哪些场合?

(2) STM32F407 微控制器的 DMA 传输模式有哪几种?

(3) STM32F407 微控制器的 DMA 传输允许的最大数据量是多少?

(4) STM32F407 微控制器的 DMA 传输缓冲区大小如何确定?

(5) STM32F407 微控制器的 DMA 传输数据宽度有哪几种? 如何确定?

(6) STM32F407 微控制器的 DMA 传输时地址指针是否递增是如何确定的?

(7) STM32F407 微控制器的 DMA 传输的工作模式有哪两种? 应如何选择?

(8) STM32F407 微控制器有哪些 DMA 流中断事件? 对应的函数指针分别是什么?

(9) 根据本书给出的代码跟踪方法,分别找出 SPI 的 DMA 发送数据完成事件和 DMA 接收数据完成事件关联的回调函数。

(10) 优化 15.4.1 节项目,将 USART 接收到的数据写入 SPI Flash 字库芯片的实现方法也更改为 DMA 方式。

(11) 优化 15.4.2 节项目,数据采集时需要对每个通道连续采集 20 次,然后采用均值滤波,数据传输方式依然选择 DMA。

(12) 参考 15.4.3 节项目,使用双重 ADC 规则同步转换,采集开发板 RV3 电位器和光敏电阻 R9 的两个通道模拟量,并将结果显示于 LCD。

第 16 章

数/模转换器

本章要点

➢ DAC 概述；

➢ STM32F407 的 DAC 工作原理；

➢ DAC 的 HAL 库驱动；

➢ 项目实例。

数字模拟转换器(Digital-to-Analog Converter,DAC),简称数/模转换器,顾名思义,是将一种离散的数字信号转换为连续变化的模拟信号的电子器件,是第 14 章介绍的模/数转换器(ADC)的逆过程。有了 DAC,微控制器就增加了模拟输出功能,如同多了一双操控模拟世界的手。

16.1 DAC 概述

在嵌入式系统中,模拟量和数字量的互相转换是很重要的。例如,用微控制器对生产过程进行控制时,首先要将被控制的模拟量转换为数字量,才能送到微控制器进行运算和处理;然后又必须将处理后得到的数字量转换为模拟量,才能实现对被控制的模拟量进行控制。

16.1.1 DAC 基本原理

与第 14 章介绍的 ADC 相比,DAC 的结构就简单得多。DAC 有多种,本节仅以 4 位倒 T 形电阻网络 DAC 为例讲解其工作原理,电路如图 16-1 所示。它由 R-2R 倒 T 形电阻网络、电子模拟开关 $S_0 \sim S_3$ 和运算放大器等组成。运算放大器接成反相比例运算电路,其输出的为模拟电压 U_O。d_3、d_2、d_1、d_0 为输入的 4 位二进制数,各位的数码分别控制相应的模拟开关。当二进制数码为 1 时,开关接到运算放大器的反相输入端($u_- \approx 0$);二进制数码为 0 时接"地"。

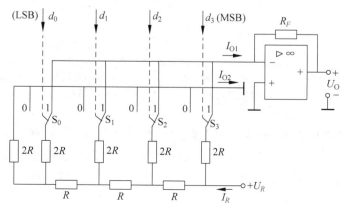

图 16-1　倒 T 形电阻网络 DAC 电路

倒 T 形电阻网络输出电流关系如图 16-2 所示,可先计算电阻网络输出电流 I_{O1}。

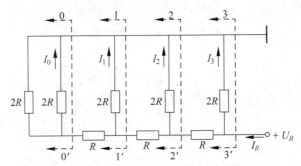

图 16-2　计算倒 T 形电阻网络的输出电流

计算时需要注意两点:①在图 16-2 中,$00'$、$11'$、$22'$、$33'$左边部分电路的等效电阻均为 R;②不论模拟开关接到运算放大器的反相输入端(虚地)或接"地"(也就是不论输入数字信号是 1 或 0),各支路的电流不变。因此,从参考电压端输入的电流为:

$$I_R = \frac{U_R}{R}$$

而后根据分流公式得出各支路的电流:

$$I_3 = \frac{1}{2}I_R = \frac{U_R}{R \cdot 2^1} \quad I_2 = \frac{1}{4}I_R = \frac{U_R}{R \cdot 2^2} \quad I_1 = \frac{1}{8}I_R = \frac{U_R}{R \cdot 2^3} \quad I_0 = \frac{1}{16}I_R = \frac{U_R}{R \cdot 2^4}$$

由此可得电阻网络的输出电流为:

$$I_{O1} = \frac{U_R}{R \cdot 2^4}(d_3 \cdot 2^3 + d_2 \cdot 2^2 + d_1 \cdot 2^1 + d_0 \cdot 2^0)$$

运算放大器输出的模拟电压 U_O 则为:

$$U_O = -R_F I_{O1} = -\frac{R_F U_R}{R \cdot 2^4}(d_3 \cdot 2^3 + d_2 \cdot 2^2 + d_1 \cdot 2^1 + d_0 \cdot 2^0)$$

如果输入的是 n 位二进制数,则

$$U_O = -\frac{R_F U_R}{R \cdot 2^n}(d_{n-1} \cdot 2^{n-1} + d_{n-2} \cdot 2^{n-2} + \cdots + d_0 \cdot 2^0)$$

当取 $R_F = R$ 时,则上式为:

$$U_O = -\frac{U_R}{2^n}(d_{n-1} \cdot 2^{n-1} + d_{n-2} \cdot 2^{n-2} + \cdots + d_0 \cdot 2^0)$$

由上式可知:U_O 的最小值为 $\frac{U_R}{2^n}$;最大值为 $\frac{(2^n-1)U_R}{2^n}$。

16.1.2　DAC 性能参数

DAC 的主要性能参数有分辨率、转换精度、转换速度、温度系数等,这些也是选择 DAC 的重要参考指标。

1. 分辨率

DAC 对输入微小量变化敏感程度用分辨率来表征,其定义为 DAC 输出模拟电压可能被分离的等级数,n 位 DAC 输出模拟量最多有 2^n 个不同值,例如 8 位 DAC 输出电压能被分离的等级数为 2^8 个。输入数字量位数越多,输出电压可分离的等级越多,即分辨率越高。所以实际应用中,往往用输入数字量的位数表示 DAC 的分辨率。

2. 转换精度

由于受到电路元件参数误差、基准电压不稳和运算放大器的零点漂移等因素的影响,DAC 实际输出的模拟量与理想值之间存在误差。这些误差的最大值定义为转换精度。转换误差有比例系数误差、失调误差和非线性误差等。

3. 转换速度

当 DAC 输入的数字量发生变化时,输出的模拟量并不能立即达到所对应的量值,它要延迟一段时间。通常用建立时间来描述 DAC 的转换速度,建立时间是指输入数字量变化时,输出电压达到规定误差范围所需的时间。一般用 DAC 输入的数字量从全 0 变为全 1,输出电压达到规定的误差范围($\pm$LSB/2)时所需时间表示。

4. 温度系数

温度系数是指在输入不变的情况下,输出模拟电压随温度变化产生的变化量。一般用在满刻度输出条件下,温度每升高 1℃,输出电压变化的百分数作为温度系数。

16.2 STM32F407 的 DAC 工作原理

STM32F407 有一个 DAC 模块,其具有两路 DAC 通道,每个通道有独立的 12 位 DAC。两个通道可以独立输出,也可以同步输出。

16.2.1 DAC 结构与特性

STM32F407 的 DAC 模块是 12 位数字输入,电压输出型的 DAC。DAC 可以配置为 8 位或 12 位模式,也可以与 DMA 控制器配合使用。DAC 工作在 12 位模式时,数据可以设置成左对齐或右对齐。DAC 模块有 2 个输出通道,每个通道都有单独的转换器。在双 DAC 模式下,2 个通道可以独立地进行转换,也可以同时进行转换并同步地更新 2 个通道的输出。DAC 可以通过引脚输入参考电压 V_{REF+}(与 ADC 共享)以获得更精确的转换结果。

STM32F407 的 DAC 模块主要特点有:

(1) 两个 DAC 各对应一个输出通道。

(2) 12 位模式下数据采用左对齐或右对齐。

(3) 同步更新功能。

(4) 生成噪声波。

(5) 生成三角波。

(6) DAC 双通道单独或同时转换。

(7) 每个通道都具有 DMA 功能。

(8) DMA 下溢错误检测。

(9) 通过外部触发信号进行转换。

(10) 输入参考电压 V_{REF+}。

STM32F407 的 DAC 内部功能结构如图 16-3 所示。图中 V_{DDA} 和 V_{SSA} 为 DAC 模块模拟部分的供电,而 V_{REF+} 则是 DAC 模块的参考电压,与 ADC 模块共享,电压范围: $1.8V \leqslant V_{REF+} \leqslant V_{DDA}$。DAC_OUTx 是 DAC 的输出通道,DAC_OUT1 对应 PA4 引脚,DAC_OUT2 映射到 PA5 引脚。

STM32F407 的 DAC 的核心是 12 位的 DAC,它将数据输出寄存器 DORx($x=1\sim2$,表示通道 1 或通道 2)的 12 位数字量转换为模拟电压输出到复用功能引脚 DAC_OUTx。DAC 还有一个输出缓冲器,如果使用输出缓冲器,可以降低输出阻抗并提高输出的负载能力。

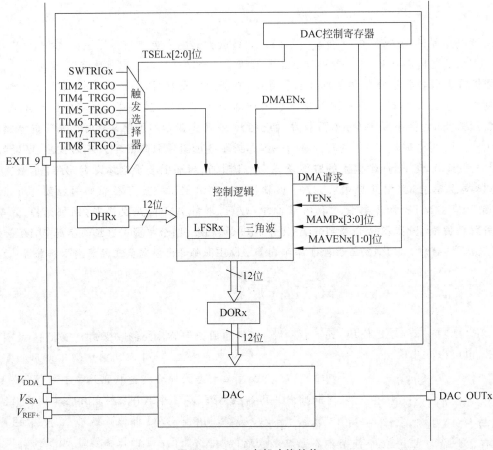

图 16-3 DAC 内部功能结构

数据输出寄存器 DORx 的内容不能直接设置,而是由控制逻辑部分生成。DORx 的数据可以来自数据保持寄存器 DHRx,也可以来自控制逻辑生成的三角波数据或噪声波数据,亦或 DMA 缓冲区的数据。

D/A 转换可以由软件指令触发,也可以由定时器的 TRGO 信号触发,或由外部中断线 EXTI_9 触发。DAC 挂接在总线 APB1 上,DAC 的工作时钟信号就是 PCLK1。

DAC 输出的模拟电压由寄存器 DORx 的数值和参考电压 V_{REF+} 决定,输出电压的计算公式为:

$$DAC_{OUTPUT} = \frac{DORx}{2^{12}} \times V_{REF+}$$

16.2.2 DAC 功能说明

1. DAC 数据格式

DAC 单通道模式写入数据格式如图 16-4 所示,使用单通道独立输出时,向 DAC 写入数据有 3 种格式:8 位右对齐、12 位左对齐和 12 位右对齐。这 3 种格式的数据写入相应的对齐数据保持寄存器 DAC_DHR8Rx、DAC_DHR12Lx 或 DAC_DHR12Rx,然后被移位到数据保持寄存器 DHRx,DHRx 的内容再被加载到通道数据输出寄存器 DORx。

DAC 双通道模式写入数据格式如图 16-5 所示,使用 DAC 双通道同步输出时,有 3 个专用的双通道寄存器用于向两个 DAC 通道同时写入数据,写入数据的格式有 3 种,其中高位是 DAC2,低位是 DAC1。用户写入的数据会被移位保存到数据保持寄存器 DHR2 和 DHR1,然后再被加载到通道数据输出寄存器 DOR2 和 DOR1。

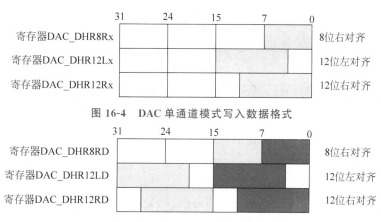

图 16-4　DAC 单通道模式写入数据格式

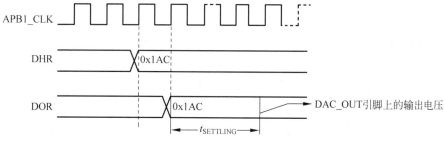

图 16-5　DAC 双通道模式写入数据格式

2. D/A 转换时间

不能直接将数据写入 DOR,需要将数据写入 DHR 后,再转移到 DOR。使用软件触发时,经过一个 APB1 时钟周期后,DHR 的内容移入 DOR;使用外部硬件触发(定时器触发或 EXTI_9 线触发)时,触发信号到来后,需要经过 3 个 APB1 时钟周期才将 DHR 的内容移入 DOR。

图 16-6 是软件触发时的 D/A 转换时序,当 DOR 的内容更新后,引脚上的模拟电压需要经过一段时间 t_{SETTING} 之后才稳定,具体时间长度取决于电源电压和模拟输出负载。

图 16-6　软件触发时 D/A 转换时序

3. 输出噪声波和三角波

DAC 内部使用线性反馈移位寄存器(Linear Feedback Shift Register,LFSR)生成变振幅的伪噪声,每次发生触发时,经过 3 个 APB1 时钟周期后,LFSR 生成一个随机数并移入 DOR。注意,要生成噪声波或三角波,必须使用外部触发。

三角波生成过程如图 16-7 所示,可以在直流信号或慢变信号上叠加一个小幅三角波。在 DAC 控制寄存器 DAC_CR 的 MAMP[3:0] 位设置一个参数用于表示三角波最大振幅,振幅为 1～4095(非连续)。每次发生触发时,内部的三角波计数器会递增或递减,在保障不溢出的情况下,会和数据保持寄存器 DHRx 的值叠加后,移送到数据输出寄存器 DORx。

4. 双通道同步转换

为两个通道选择相同的外部触发信号源,就可以实现两个 DAC 通道同步触发。如果为两个 DAC 通道设置输出数据,需要按照图 16-5 中的格式将两个通道的数据合并并设置到一个 32 位双 DAC 数据寄存器 DAC_DHR8RD、DAC_DHR12LD 或 DAC_DHR12RD 里,然后 DAC 再自动将数据移送到寄存器 DOR1 和 DOR2 中。

5. DMA 请求

每个 DAC 通道有一个独立的 DMA 请求,DMA 传输方向是从存储器到外设。单个 DAC 通道受外

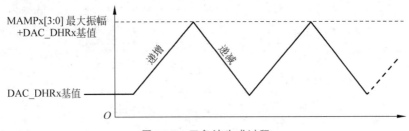

图 16-7   三角波生成过程

部触发工作时,可以使用 DMA 进行数据传输,DMA 缓冲区的数据在外部触发作用下,依次转移到 DAC 通道的输出寄存器。

在双通道模式下,可以为每个通道的 DMA 请求配置 DMA 流,并按照图 16-4 中的格式为每个 DAC 通道准备 DMA 缓冲区的数据;也可以只为一个通道的 DMA 请求配置 DMA 流,并按照图 16-5 中的格式为两个通道准备数据,在发生 DMA 请求时可以将 DMA 缓冲区的一个 32 位数据分解送到两个 DAC 通道。

6. DAC 中断

DAC 模块的两个通道只有一个中断号,且只有一个中断事件,即 DMA 下溢(Underrun)事件。DAC 的 DMA 请求没有缓冲队列,如果第二个外部触发到达时尚未收到第一个外部触发的确认,就不会发出新的 DMA 请求,这就是 DMA 下溢事件。一般是因为 DAC 外部触发频率太高,导致 DMA 下溢,应适当降低 DAC 外部触发频率以清除 DMA 下溢。

16.3   DAC 的 HAL 库驱动

微课视频

DAC 模块的 HAL 库驱动分为 DAC 驱动宏函数和 DAC 驱动功能函数两部分。

16.3.1   DAC 驱动宏函数

DAC 的 HAL 驱动源文件是 stm32f4xx_hal_dac.c 和 stm32f4xx_hal_dac_ex.c,其对应的头文件是 stm32f4xx_hal_dac.h 和 stm32f4xx_hal_dac_ex.h。直接操作相关寄存器的宏函数位于头文件中,如表 16-1 所示。宏参数中的参数__HANDLE__是 DAC 对象指针,__DAC_Channel__是 DAC 通道,__INTERRUPT__是 DAC 的中断事件类型,__FLAG__是事件中断标志。

表 16-1   DAC 驱动宏函数

宏 函 数	功 能 描 述
__HAL_DAC_ENABLE(__HANDLE__,__DAC_Channel__)	开启 DAC 的某个通道
__HAL_DAC_DISABLE(__HANDLE__,__DAC_Channel__)	关闭 DAC 的某个通道
__HAL_DAC_ENABLE_IT(__HANDLE__,__INTERRUPT__)	开启 DAC 模块的某个中断事件源
__HAL_DAC_DISABLE_IT(__HANDLE__,__INTERRUPT__)	关闭 DAC 模块的某个中断事件源
__HAL_DAC_GET_IT_SOURCE(__HANDLE__,__INTERRUPT__)	检查 DAC 模块的某个中断事件源是否开启
__HAL_DAC_GET_FLAG(__HANDLE__,__FLAG__)	获取某个事件的中断标志,检查事件是否发生
__HAL_DAC_CLEAR_FLAG(__HANDLE__,__FLAG__)	清除某个事件的中断标志

在 STM32CubeMX 自动生成的 DAC 外设初始化文件 dac.c 中,有表示 DAC 的外设对象变量 hadc。宏函数中的参数__HANDLE__是 DAC 外设对象指针,格式为 &hadc。

```
DAC_HandleTypeDef hdac;          //表示 DAC 的外设对象变量
```

DAC 模块有两个 DAC 通道,用宏定义表示如下,可作为宏函数中参数__DAC_Channel__的取值。

```
#define DAC_CHANNEL_1        0x00000000U           //DAC 通道 1
#define DAC_CHANNEL_2        0x00000010U           //DAC 通道 1
```

DAC 只有两个中断事件源,就是两个 DAC 通道的 DMA 下溢事件。中断事件类型的宏定义如下,可作为宏函数中参数__INTERRUPT__的取值。

```
#define DAC_IT_DMAUDR1 (DAC_SR_DMAUDR1)            //通道 1 的 DMA 下溢中断事件
#define DAC_IT_DMAUDR2 (DAC_SR_DMAUDR2)            //通道 2 的 DMA 下溢中断事件
```

对应两个中断事件源,有两个事件中断标志,其宏定义如下,可作为宏函数中参数__FLAG__的取值。

```
#define DAC_FLAG_DMAUDR1 (DAC_SR_DMAUDR1)          //通道 1 的 DMA 下溢中断标志
#define DAC_FLAG_DMAUDR2 (DAC_SR_DMAUDR2)          //通道 2 的 DMA 下溢中断标志
```

16.3.2　DAC 驱动功能函数

DAC 驱动功能函数如表 16-2 所示。注意,DAC 没有以中断方式启动的转换函数,只有软件/外部触发启动和 DMA 方式启动,DMA 方式必须和外部触发结合使用。

表 16-2　DAC 驱动功能函数

类别分组	函数名称	功能描述
初始化和通道配置	HAL_DAC_Init()	DAC 初始化
	HAL_DAC_MspInit()	DAC 的 MSP 初始化函数
	HAL_DAC_ConfigChannel()	配置 DAC 通道 1 或通道 2
	HAL_DAC_GetState()	返回 DAC 模块的状态
	HAL_DAC_GetError()	返回 DAC 模块的错误代码
软件触发转换	HAL_DAC_Start()	启动某个 DAC 通道,软件/外部触发
	HAL_DAC_Stop()	停止某个 DAC 通道
	HAL_DAC_GetValue()	返回某个 DAC 通道的输出值,即 DORx 的值
	HAL_DAC_SetValue()	设置某个 DAC 通道的输出值,即 DHRx 的值
	HAL_DACEx_DualGetValue()	一次获取两个通道的输出值
	HAL_DACEx_DualSetValue()	同时为两个通道设置输出值
产生波形	HAL_DACEx_TriangleWaveGenerate()	在某个 DAC 通道上产生三角波,必须外部触发
	HAL_DACEx_NoiseWaveGenerate()	在某个 DAC 通道上产生噪声波,必须外部触发
DAC 中断处理	HAL_DAC_IRQHandler()	DAC 中断通用处理函数
	HAL_DAC_DMAUnderrunCallbackCh1()	通道 1 出现 DMA 下溢事件中断的回调函数
	HAL_DACEx_DMAUnderrunCallbackCh2()	通道 2 出现 DMA 下溢事件中断的回调函数
DMA 方式启动和停止	HAL_DAC_Start_DMA()	启动某个通道的 DMA 方式传输,必须外部触发
	HAL_DAC_Stop_DMA()	停止某个 DAC 通道的 DMA 方式传输
通道 1 的 DMA 流中断回调函数	HAL_DAC_ConvCpltCallbackCh1()	DMA 传输完成事件中断的回调函数
	HAL_DAC_ConvHalfCpltCallbackCh1()	DMA 传输半完成事件中断的回调函数
	HAL_DAC_ErrorCallbackCh1()	DMA 传输错误事件中断的回调函数
通道 2 的 DMA 流中断回调函数	HAL_DACEx_ConvCpltCallbackCh2()	DMA 传输完成事件中断的回调函数
	HAL_DACEx_ConvHalfCpltCallbackCh2()	DMA 传输半完成事件中断的回调函数
	HAL_DACEx_ErrorCallbackCh2()	DMA 传输错误事件中断的回调函数

1. DAC 初始化与通道配置

函数 HAL_DAC_Init()用于 DAC 模块初始化配置,其原型定义如下:

```
HAL_StatusTypeDef HAL_DAC_Init(DAC_HandleTypeDef * hdac)
```

其中,参数 hdac 是定义的外设对象指针。

函数 HAL_DAC_ConfigChannel()用于对某个 DAC 通道进行配置,其原型定义如下:

```
HAL_StatusTypeDef HAL_DAC_ConfigChannel(DAC_HandleTypeDef * hdac, DAC_ChannelConfTypeDef * sConfig, uint32_t
Channel)
```

其中,参数 sConfig 是表示 DAC 通道属性的 DAC_ChannelConfTypeDef 类型结构体指针,Channel 表示 DAC 通道,取值为宏定义常量 DAC_CHANNEL_1 或 DAC_CHANNEL_2。

表示 DAC 通道属性的结构体 DAC_ChannelConfTypeDef 的定义如下:

```
typedef struct
{
    uint32_t DAC_Trigger;            //外部触发信号源
    uint32_t DAC_OutputBuffer;       //是否使用输出缓冲器
} DAC_ChannelConfTypeDef;
```

在进行 DAC 初始化时,需要先调用 HAL_DAC_Init()进行 DAC 模块的初始化,再调用函数 HAL_DAC_ConfigChannel()对需要使用的 DAC 通道进行配置。

2. 软件触发转换

函数 HAL_DAC_Start()用于以软件触发或外部触发方式启动某个 DAC 通道,函数 HAL_DAC_Stop()停止某个 DAC 通道,这两个函数的原型定义如下:

```
HAL_StatusTypeDef HAL_DAC_Start(DAC_HandleTypeDef * hdac, uint32_t Channel)
HAL_StatusTypeDef HAL_DAC_Stop(DAC_HandleTypeDef * hdac, uint32_t Channel)
```

使用函数 HAL_DAC_SetValue()或 HAL_DACEx_DualSetValue()向 DAC 通道写入输出数据就是软件触发转换。函数 HAL_DAC_SetValue()用于向一个 DAC 通道写入数据,实际就是将数据写入数据保持寄存器 DHRx,其原型定义如下:

```
HAL_StatusTypeDef HAL_DAC_SetValue(DAC_HandleTypeDef * hdac, uint32_t Channel, uint32_t Alignment, uint32_t
Data)
```

其中,参数 Channel 是要写入的 DAC 通道,Alignment 表示数据对齐方式,Data 是要写入的数据。向单个 DAC 通道写入数据有图 16-4 所示的 3 种对齐方式,参数 Alignment 可以从如下的 3 个宏定义中取值。

```
#define DAC_ALIGN_12B_R      0x00000000U      //12 位右对齐
#define DAC_ALIGN_12B_L      0x00000004U      //12 位左对齐
#define DAC_ALIGN_8B_R       0x00000008U      //8 位右对齐
```

函数 HAL_DAC_GetValue()用于读取某个 DAC 通道的数据输出寄存器的值,数据输出寄存器 DORx 是低 12 位有效,总是右对齐的。其原型定义如下:

```
uint32_t HAL_DAC_GetValue(DAC_HandleTypeDef * hdac, uint32_t Channel)
```

函数 HAL_DACEx_DualSetValue()用于在双通道模式下向两个 DAC 通道同时写入数据,其函数

原型定义如下:

```
HAL_StatusTypeDef HAL_DACEx_DualSetValue(DAC_HandleTypeDef * hdac, uint32_t Alignment, uint32_t Data1,
uint32_t Data2)
```

双通道模式写入数据的 3 种格式如图 16-5 所示,参数 Alignment 取值与单通道写入函数一样。注意,参数 Data1 是写入 DAC 通道 2 的数据,Data2 是写入 DAC 通道 1 的数据。

函数 HAL_DACEx_DualGetValue()用于读取双通道的数据输出寄存器的内容,其原型定义如下:

```
uint32_t HAL_DACEx_DualGetValue(DAC_HandleTypeDef * hdac)
```

函数返回值的高 16 位是 DAC2 的输出值,低 16 位是 DAC1 的输出值。

3. 生成三角波或噪声波

函数 HAL_DACEx_TriangleWaveGenerate()可以在输出信号上叠加一个三角波信号,该函数需要在启动 DAC 通道前调用,其原型定义如下:

```
HAL_StatusTypeDef HAL_DACEx_TriangleWaveGenerate(DAC_HandleTypeDef * hdac, uint32_t Channel, uint32_t
Amplitude)
```

其中,参数 Amplitude 是三角波最大幅度,用 4 位二进制数表示,范围为 1~4095,有一组宏定义可作为参数值。每次发生软件触发或外部触发时,三角波内部计数值就会递增 1 或递减 1,在保障不溢出的情况下,会和 DHRx 寄存器的值叠加后移送到 DORx 寄存器。

函数 HAL_DACEx_NoiseWaveGenerate()用于产生噪声波,需要在启动 DAC 通道前调用。每次发生触发时,DAC 内部就会产生一个随机数并移入 DORx 寄存器,其原型定义如下:

```
HAL_StatusTypeDef HAL_DACEx_NoiseWaveGenerate(DAC_HandleTypeDef * hdac, uint32_t Channel, uint32_t
Amplitude)
```

其中,参数 Amplitude 是生成随机数量的最大幅度,用 4 位二进制掩码表示,有一组宏定义可作为参数值。注意,要生成噪声波,必须使用外部触发。

4. DAC 中断处理

DAC 只有两个中断事件源,就是两个 DAC 通道的 DMA 下溢事件。如果发生 DMA 下溢,一般是因为外部触发信号频率太高,应当重新调整外部触发信号的频率,以消除 DMA 下溢。

DAC 没有以中断方式启动转换的函数,HAL_DAC_Start()以软件触发或外部触发方式启动 D/A 转换;HAL_DAC_Start_DMA()以外部触发和 DMA 方式启动 D/A 转换。DAC 驱动程序定义了几个用于 DMA 流中断事件的回调函数,这些回调函数与 DAC 的中断无关。

5. DMA 方式传输

使用外部触发信号时,可以使用 DMA 方式启动 D/A 转换。DMA 方式启动 D/A 转换的函数是 HAL_DAC_Start_DMA(),其原型定义如下:

```
HAL_StatusTypeDef HAL_DAC_Start_DMA(DAC_HandleTypeDef * hdac, uint32_t Channel, uint32_t * pData, uint32_t
Length, uint32_t Alignment)
```

其中,参数 Channel 是 DAC 通道号,pData 是输出到 DAC 外设的数据缓冲区地址,Length 是缓冲区数据个数,Alignment 是数据对齐方式。

使用 DMA 方式传输时,每次外部信号触发时,DMA 缓冲区的一个数据传输到 DAC 通道的数据输出寄存器 DORx。设置存储器地址自增时,地址指针就会移到 DMA 缓冲区的下一个数据点。

函数 HAL_DAC_Start_DMA() 可以启动单通道的 DMA 传输,也可以启动双通道的 DMA 传输。在启动双通道的 DMA 传输时,缓冲区 pData 里存储的应该是图 16-5 中的双通道复合数据。

停止某个通道的 DMA 传输,并停止 DAC 的函数是 HAL_DAC_Stop_DMA(),定义如下:

```
HAL_StatusTypeDef HAL_DAC_Stop_DMA(DAC_HandleTypeDef * hdac, uint32_t Channel)
```

DAC 的驱动程序定义了用于 DMA 流事件中断的回调函数,如表 16-2 所示。例如,要处理 DAC1 通道的 DMA 传输完成事件中断时,就重新实现函数 HAL_DAC_ConvCpltCallbackCh1()。

> 这些回调函数是 DMA 流的事件中断回调函数,与 DAC 的中断无关,所以在使用 DMA 时,可关闭 DAC 的全局中断。

16.4 项目实例

16.4.1 软件触发 D/A 转换

1. 项目分析

STM32F407 微控制器的 DAC1 输出引脚是 PA4,DAC2 的输出引脚是 PA5,这两个引脚同时可以作为 ADC1 或 ADC2 的 IN4、IN5 输入通道。如图 16-8 所示,开发板设计时,使用跳线座 P1 连接 MCU 的 PA0～PA7 与功能模块电路,默认跳线开关全部短接。

微课视频

```
              P1
PA7  ┌─────────────┐  PULS OUT
PA6  │  1      2   │  PWM OUT
PA5  │  3      4   │  DAC OUT
PA4  │  5      6   │  Tr DO
PA3  │  7      8   │  Tr AO
PA2  │  9     10   │  ADIN2
PA1  │ 11     12   │  ADIN1
PA0  │ 13     14   │  ADIN0
     │ 15     16   │
     └─────────────┘
       Header 8X2
```

图 16-8 P1 跳线座电路连接

DAC 输出的模拟信号可以通过万用表测量或示波器观察,但更为简便的方法是使用微控制器的 ADC 模块测量,然后对比 DAC 的设定值和 ADC 的测量值,以验证电路功能。本项目用于演示软件触发 D/A 转换,其主要功能和操作流程如下:

(1) 取下 P1 跳线座的 5～6 和 7～8 引脚上的跳线帽,并使用其中一个跳线帽短接 P1 的 5-7 引脚,DAC2(PA5)输出由 ADC-IN4(PA4)采集。

(2) ADC1 在定时器 TIM2 的 TRGO 信号触发下采集,TIM2 定时周期 500ms。

(3) 选择独立按键模式,通过按键 K1 和 K2 控制 DAC2 输出值的增减,用软件触发方式设置 DAC2 的输出值。

(4) 在 TFT LCD 上显示设定的 DAC2 输出值以及 ADC1 通道 IN4 的测量值。

2. 复制工程文件

因为项目需要同时使用 DAC 模块和 ADC 模块,和 15.4.2 节项目有许多共同之处,所以复制第 15 章创建的工程文件夹 1502 ADC TRGO DMA 到桌面,并将文件夹重命名为 1601 DAC Software。

3. STM32CubeMX 配置

1) DAC 的设置

打开工程文件夹里面的 Template.ioc 文件,启动 STM32CubeMX 配置软件,在左侧配置类别 Categories 下面的 Analog 列表中找到 DAC,打开其配置对话框,配置界面如图 16-9 所示。

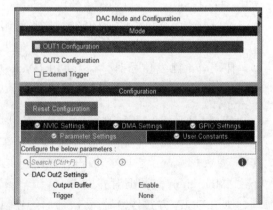

图 16-9 DAC 配置界面

在 DAC 的 Mode(模式)设置部分,有 OUT1 Configuration 和 OUT2 Configuration 两个复选框,用于启用 DAC 输出通道 1 和输出通道 2。External Trigger 复选框用于设置是否使用外部中断线触发。本项目只用到 DAC 通道 2,所以选中 OUT2 Configuration 复选框,其复用引脚是 PA5。因为 PA4 被配置为 ADC1 的 IN4 通道,所以 OUT1 Configuration 不可选,以粉红色显示。

DAC 参数设置部分只有以下两个参数:

(1) Output Buffer:设置是否使用输出缓冲器,如果使用输出缓冲器,可以降低输出阻抗并提高输出的负载能力,默认设置为 Enable。

(2) Trigger:外部触发信号源,触发信号源包括多个定时器的 TRGO 信号,如果在模式设置部分勾选了 External Trigger 复选框,还会多一个外部中断线 EXTI_9 的选项。本项目不使用触发信号,所以设置为 None。

2) ADC 设置和 TIM2 设置

ADC1 设置与 15.4.2 节项目基本相同,在模式设置部分仅选中 IN4 输入通道,在参数设置部分,修改规则组通道数量为 1,并为其配置转换序列参数,其余参数均不作修改。取消 DMA 流配置,打开 ADC1 全局中断,即采用中断方式而非 DMA 方式进行数据传输和事务处理。TIM2 的所有配置和 15.4.2 节项目完全一样。

GPIO、FSMC、SPI、时钟、工程等相关配置无须更改,单击 GENERATE CODE 按钮生成初始化工程。

4. 初始化程序分析

用户启用一个 DAC 通道之后,STM32CubeMX 会生成 DAC 初始化源文件 dac.c 和初始化头文件 dac.h,分别用于 DAC 初始化的实现和定义,并在主程序中自动调用 DAC 初始化函数,其代码如下:

```
/* ---------------------------- Source File dac.c ---------------------------- */
# include "dac.h"
DAC_HandleTypeDef hdac;
void MX_DAC_Init(void) /* DAC init function */
{
    DAC_ChannelConfTypeDef sConfig = {0};
    hdac.Instance = DAC;                              //DAC 寄存器基址
    if (HAL_DAC_Init(&hdac) != HAL_OK)
        Error_Handler();
    sConfig.DAC_Trigger = DAC_TRIGGER_NONE;           //不使用外部触发
    sConfig.DAC_OutputBuffer = DAC_OUTPUTBUFFER_ENABLE;  //启用输出缓冲器
    if (HAL_DAC_ConfigChannel(&hdac, &sConfig, DAC_CHANNEL_2) != HAL_OK)
        Error_Handler();
}
void HAL_DAC_MspInit(DAC_HandleTypeDef * dacHandle)
{
    GPIO_InitTypeDef GPIO_InitStruct = {0};
    if(dacHandle -> Instance == DAC)
    {
        __HAL_RCC_DAC_CLK_ENABLE(); /* DAC 时钟使能 */
        __HAL_RCC_GPIOA_CLK_ENABLE();
        /** DAC GPIO Configuration PA5 ------> DAC_OUT2 **/
        GPIO_InitStruct.Pin = GPIO_PIN_5;
        GPIO_InitStruct.Mode = GPIO_MODE_ANALOG;
        GPIO_InitStruct.Pull = GPIO_NOPULL;
        HAL_GPIO_Init(GPIOA, &GPIO_InitStruct);
    }
}
```

上述程序定义了 DAC 外设对象变量 hdac。函数 MX_DAC_Init()中先调用 HAL_DAC_Init()进行 DAC 模块初始化,又调用函数 HAL_DAC_ConfigChannel()配置了 DAC 通道 2。

函数 HAL_DAC_MspInit()是 DAC 模块的 MSP 函数,在 HAL_DAC_Init()中被调用,重新实现的这个函数进行了 DAC2 复用引脚 PA5 的 GPIO 配置。

5. 用户程序设计

用户程序分为两部分,一是系统主程序,二是 A/D 转换完成回调函数,二者均位于 main.c 文件中,参考程序如下:

```c
/* ------------------------------ Source File main.c ------------------------------ */
# include "main.h"
# include "adc.h"
# include "dac.h"
# include "spi.h"
# include "tim.h"
# include "gpio.h"
# include "fsmc.h"
/* USER CODE BEGIN Includes */
# include "lcd.h"
# include "flash.h"
# include "stdio.h"
/* USER CODE END Includes */
/* USER CODE BEGIN PV */
uint8_t TempStr[30] = "", KeyVal = 0;
uint16_t * SEG_ADDR = (uint16_t *)(0x68000000);
uint32_t Dac2Val = 2000;
/* USER CODE END PV */
void SystemClock_Config(void);
/* USER CODE BEGIN PFP */
uint8_t KeyScan(void);
/* USER CODE END PFP */
int main(void) /* 主程序 */
{
    HAL_Init();
    SystemClock_Config();
    MX_GPIO_Init();
    MX_FSMC_Init();
    MX_SPI1_Init();
    MX_ADC1_Init();
    MX_TIM2_Init();
    MX_DAC_Init();
    /* USER CODE BEGIN WHILE */
    LCD_Init();
    LCD_Clear(WHITE);
    LCD_Fill(0,lcddev.height/2,lcddev.width,lcddev.height,BLUE);
    * SEG_ADDR = 0xFFFF;                    //关闭所有数码管
    W25QXX_ReadID();                        //读取器件 ID,后续程序需要使用
    LCD_PrintCenter(0,24 * 1,"1601 软件触发 D/A 转换",BLUE,WHITE,24,0);
    LCD_PrintCenter(0,24 * 3,"独立按键,DAC2 输出,ADC1 - IN4 采集",BLUE,WHITE,16,0);
    HAL_DAC_Start(&hdac,DAC_CHANNEL_2); //启动 DAC 通道 2
    HAL_DAC_SetValue(&hdac,DAC_CHANNEL_2,DAC_ALIGN_12B_R,Dac2Val);
    HAL_ADC_Start_IT(&hadc1);               //以中断方式启动 ADC1
    HAL_TIM_Base_Start(&htim2);             //启动定时器 TIM2
    while(1)
```

```
    {
        KeyVal = KeyScan();
        if(KeyVal == 1)
        {
            Dac2Val = Dac2Val + 50;
            if(Dac2Val > = 4050) Dac2Val = 50;
            HAL_DAC_SetValue(&hdac,DAC_CHANNEL_2,DAC_ALIGN_12B_R,Dac2Val);
        }
        else if(KeyVal == 2)
        {
            Dac2Val = Dac2Val - 50;
            if(Dac2Val < = 50) Dac2Val = 4050;
            HAL_DAC_SetValue(&hdac,DAC_CHANNEL_2,DAC_ALIGN_12B_R,Dac2Val);
        }
        /* USER CODE END WHILE */
    }
}
/* USER CODE BEGIN 4 */
/* A/D 转换完成中断回调函数 */
void HAL_ADC_ConvCpltCallback(ADC_HandleTypeDef * hadc)
{
    uint32_t AdcVal = 0;
    AdcVal = HAL_ADC_GetValue(&hadc1);
    sprintf((char * )TempStr,"DAC 通道 2 设置值: % 4d",Dac2Val);
    LCD_Print(6,24 * 5 + 12,TempStr,WHITE,BLUE,24,0);
    sprintf((char * )TempStr,"ADC - IN4 转换值为: % 4d",AdcVal);
    LCD_Print(6,24 * 7,TempStr,WHITE,BLUE,24,0);
    sprintf((char * )TempStr,"采集模拟电压为: % .2fV",AdcVal * 3.3/4096);
    LCD_Print(6,24 * 9 - 12,TempStr,WHITE,BLUE,24,0);
}
/* USER CODE END 4 */
```

用户主程序首先完成外设初始化，随后以轮询方式启动 DAC2，设置通道输出值，以中断方式启动 ADC1，以轮询方式启动 TIM2，最后进入按键检测与处理的无限循环中。

TIM2 以 0.5s 为周期触发 A/D 转换，完成后转入 HAL_ADC_ConvCpltCallback()函数执行，重新实现这一回调函数，用于读取 A/D 转换结果。

6. 下载调试

编译工程，直到没有错误为止，下载程序到开发板。程序运行时，LCD 实时显示 DAC 设定值、ADC 测量值以及对应的模拟电压，按下 K1 和 K2 按键可以更改 DAC2 通道输出值，ADC1 采集值随之变化，但是设定值与测量值之间总是会有些偏差。

16.4.2 三角波输出

如果需要输出波形是三角波或噪声波，使用微控制器内置波形发生电路更为方便。要生成噪声波或三角波，必须使用外部触发。项目使用定时器触发，在 DAC2 通道上产生频率约为 100Hz 的三角波信号。

1. 复制工程文件

复制上一节创建的工程文件夹 1601 DAC Software 到桌面，并将文件夹重命名为 1602 DAC Triangle Wave。

2. STM32CubeMX 配置

1）DAC 的设置

DAC 的模式设置中仍然只勾选 OUT2 Configuration 复选框，DAC2 参数设置界面如图 16-10 所示，只有 DAC Out2 Settings 一个参数组,其中有 3 个与外部触发信号和生成三角波相关的参数。

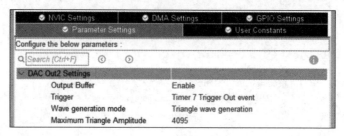

图 16-10　DAC2 参数设置界面

(1) Trigger:外部触发信号源,可以选择定时器或外部中断线作为触发信号,此处选择 Timer 7 Trigger Out event,也就是使用 TIM7 的 TRGO 信号作为 DAC2 触发信号源。

(2) Wave generation mode:波形生成模式,当参数 Trigger 不为 None 时,这个参数就会出现。Triangle wave generation 表示生成三角波,Noise wave generation 用于生成噪声波。

(3) Maximum Triangle Amplitude:三角波最大幅值,当选择 Triangle wave generation 后,这个参数就会出现。三角波最大幅值是由 4 位二进制表示的参数,范围在 1～4095,划分为 1、3、7、15、31、63、127、255、511、1023、2047 和 4095 共 12 个档位,此处选择最大值 4095。

2) 定时器设置

TIM7 是基础定时器,在其模式设置中启用即可,参数设置如图 16-11 所示。

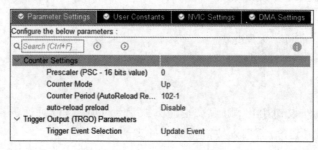

图 16-11　TIM7 参数设置

TIM7 挂接在 APB1 总线上,TIMCLK 频率为 84MHz,设置预分频系数为 1(PSC 寄存器值为 0),计数器周期设置为 102(ARR 寄存器值为 101)。设置三角波的最大幅度为 4095,DAC2 在每次触发时,使三角波幅度值加 1(上行程)或减 1(下行程),所以一个三角波的周期需要 TIM7 触发 8190(4095×2)次,相当于对定时器信号进行再次分频。输出三角波的频率为 84MHz/(102×8190)≈100Hz。将 Trigger Event Selection 选项设为 Update Event,即使用更新事件触发 DAC 输出。定时器参数设置原理详见第 9 章。

3. 初始化程序分析

1) TIM7 初始化

TIM7 用于周期性触发 DAC2 转换,初始化程序配置了 TIM7 的定时周期,将 UEV 设为 TRGO 信号来源,初始化代码如下所示,与图 16-11 中的 STM32CubeMX 设置对应。

```
void MX_TIM7_Init(void) / * TIM7 init function * /
{
    TIM_MasterConfigTypeDef sMasterConfig = {0};
    htim7.Instance = TIM7;
    htim7.Init.Prescaler = 0;
```

```
htim7.Init.CounterMode = TIM_COUNTERMODE_UP;
htim7.Init.Period = 102 - 1;
htim7.Init.AutoReloadPreload = TIM_AUTORELOAD_PRELOAD_DISABLE;
if (HAL_TIM_Base_Init(&htim7) != HAL_OK)
    Error_Handler();
sMasterConfig.MasterOutputTrigger = TIM_TRGO_UPDATE;
sMasterConfig.MasterSlaveMode = TIM_MASTERSLAVEMODE_DISABLE;
if (HAL_TIMEx_MasterConfigSynchronization(&htim7, &sMasterConfig) != HAL_OK)
    Error_Handler();
}
```

2）DAC 初始化

函数 MX_DAC_Init()和 HAL_DAC_MspInit()用于对 DAC 进行初始化,是 STM32CubeMX 自动生成的,位于 dac.c 文件中。函数 HAL_DAC_MspInit()是 DAC 的 MSP 函数,相对于上一节并无改变,所以未将其贴出。函数 MX_DAC_Init()代码如下:

```
void MX_DAC_Init(void) /* DAC init function */
{
    DAC_ChannelConfTypeDef sConfig = {0};
    hdac.Instance = DAC; /* DAC Initialization */
    if (HAL_DAC_Init(&hdac) != HAL_OK)
        Error_Handler();
    sConfig.DAC_Trigger = DAC_TRIGGER_T7_TRGO;
    sConfig.DAC_OutputBuffer = DAC_OUTPUTBUFFER_ENABLE;
    if (HAL_DAC_ConfigChannel(&hdac, &sConfig, DAC_CHANNEL_2) != HAL_OK)
        Error_Handler();
    if (HAL_DACEx_TriangleWaveGenerate(&hdac, DAC_CHANNEL_2, DAC_TRIANGLEAMPLITUDE_4095) != HAL_OK)
        Error_Handler();
}
```

函数 MX_DAC_Init()在完成 DAC 模块初始化和通道配置后,还调用了产生三角波的函数 HAL_DACEx_TriangleWaveGenerate(),其功能就是配置内部的三角波计数器,从而在触发信号驱动下产生三角波数据。

4. 用户程序设计

用户程序与上一节项目差别很小,下面仅将差别之处代码列出。

```
uint32_t Dac2Val = 0;
int main(void)
{
    LCD_PrintCenter(0,24 * 3,"1602 生成三角波波形",BLUE,WHITE,24,0);
    LCD_PrintCenter(0,24 * 6,"DAC2 输出,频率约:100Hz,幅值:3.3V",WHITE,BLUE,16,0);
    HAL_DAC_Start(&hdac,DAC_CHANNEL_2);          //启动 DAC 通道 2
    /* 设置 DAC 通道 2 数据保持寄存器 DHR2 的值,三角波以 0V 为起点 */
    HAL_DAC_SetValue(&hdac,DAC_CHANNEL_2,DAC_ALIGN_12B_R,Dac2Val);
    HAL_TIM_Base_Start(&htim7);                  //启动定时器 TIM2
    while(1)
    {
    }
}
```

由上述代码可知,由于是使用 DAC 模块内置的波形发生电路,所以用户程序设计相对简单很多,已无须重新实现中断回调函数。主程序初始化外设之后,随后输出提示信息,紧接着就是以轮询方式启动 DAC2 并设置 DHR2 的值,以轮询方式启动 TIM7,最后进入无限空循环中。项目设置 DHR2 的值为 0,生成的三角波以 0V 为基准,当然也可以改变 DHRx 寄存器的值在三角波上叠加一个直流信号或是慢变信号。

5. 下载调试

编译工程，直到没有错误为止，下载程序到开发板，复位并运行，使用示波器观察 DAC2(PA5)输出波形，其结果如图 16-12 所示，由图可见三角波波形规整，频率约为 100Hz，幅值为 3.3V，实验结果符合项目预期。

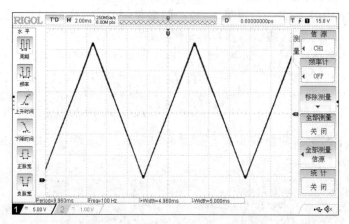

图 16-12　DAC 输出波形

16.4.3　使用 DMA 输出正弦波信号

1. 项目分析

DAC 自带的波形输出功能只能产生三角波和噪声波，若要输出自定义波形，使用 DMA 是比较好的办法。在 DMA 输出缓冲区里定义输出波形的一个完整周期数据，然后用定时器触发 DAC 输出，每次触发时输出 DMA 缓冲区内的一个数据点，设置 DMA 工作模式为循环模式就可以输出连续的自定义波形。

项目实例使用 DAC2 的 DMA 输出功能，在 PA5 引脚输出频率可调的正弦波，初始频率为 50Hz，具体功能和实现原理如下：

(1) 将 DAC2 设置为 TIM7 TRGO 信号触发，TIM7 的定时周期设置为 20μs。

(2) 生成 1000 个 32 位无符号型正弦波波形数据，数值范围在 0～4095。

(3) 为 DAC2 配置 DMA，将 DMA 的工作模式设置为循环模式，并以 DMA 方式启动 DAC2。

定时器每个定时周期输出一个 D/A 转换电压，缓冲区数据全部传输完成输出一个完整波形。如果 TIM7 的定时周期设定为 20μs，缓冲区有 1000 个数据点，那么正弦波的周期是 20ms，频率为 50Hz。如果需要改变正弦波的频率，仅需更改定时器的溢出周期即可。

2. 复制工程文件

复制上一节创建的工程文件夹 1602 DAC Triangle Wave 到桌面，并将文件夹重命名为 1603 DAC sine Wave。

3. STM32CubeMX 配置

本项目需要重新配置定时器和 DAC 模块，但相对于上一节项目来说，修改的地方并不多。定时器 TIM7 的设置部分仅需将图 16-11 中的 Counter Period(Auto Reload Register)的值修改为 1680-1，以使定时器每 20μs 溢出一次。

DAC 模式设置部分，仍然只选择 OUT2 Configuration；DAC 参数设置部分选择 Timer 7 Trigger Out event 作为触发源，不生成波形，即将图 16-10 中 Wave generation mode 选项设置为 Disabled。

配置的重点是为 DMA 请求 DAC2 配置 DMA 流,如图 16-13 所示。DMA 传输方向自动设置为 Memory To Peripheral(从存储器到外设)。把 DMA 的 Mode 设置为 Circular(循环模式),数据宽度为 Word,存储器地址自增。DMA 流的中断会自动打开,并为其设置一个中等优先级,请勿打开 DAC 的全局中断。

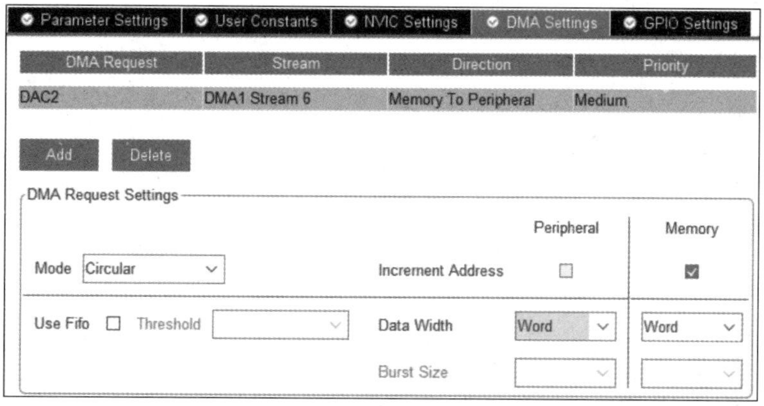

图 16-13 DAC2 请求的 DMA 配置

项目使用 L1 指示 DMA 传输完成,所以还需要将 PF0 配置为推挽输出模式,其余设置保持不变,单击 GENERATE CODE 按钮生成初始化工程。

4. 初始化程序分析

相对于上一节项目来说,定时器仅更新了初始化结构体的周期值;GPIO 初始化部分增加了 PF0 的初始化部分;STM32CubeMX 创建了 dma.c 文件,用于实现 DMA 初始化,其功能是开启 DMA 控制器的时钟和设置 DMA 流中断优先级。上述代码均较为简单,且与 STM32CubeMX 选项直接对应,若有需要请读者自行查看源程序。

DAC 初始化的实现和定义分别位于 dac.c 和 dac.h 文件中,其中 DAC 的初始化代码如下:

```c
/* ------------------------------ Source File dac.c ------------------------------ */
# include "dac.h"
DAC_HandleTypeDef hdac;
DMA_HandleTypeDef hdma_dac2;
void MX_DAC_Init(void) /* DAC init function */
{
    DAC_ChannelConfTypeDef sConfig = {0};
    hdac.Instance = DAC; /** DAC Initialization */
    if (HAL_DAC_Init(&hdac) != HAL_OK)
        Error_Handler();
    sConfig.DAC_Trigger = DAC_TRIGGER_T7_TRGO; /** DAC channel OUT2 config */
    sConfig.DAC_OutputBuffer = DAC_OUTPUTBUFFER_ENABLE;
    if (HAL_DAC_ConfigChannel(&hdac, &sConfig, DAC_CHANNEL_2) != HAL_OK)
        Error_Handler();
}
void HAL_DAC_MspInit(DAC_HandleTypeDef * dacHandle)
{
    GPIO_InitTypeDef GPIO_InitStruct = {0};
    if(dacHandle -> Instance == DAC)
    {
```

```
        __HAL_RCC_DAC_CLK_ENABLE(); /* DAC clock enable */
        __HAL_RCC_GPIOA_CLK_ENABLE();
        /** DAC GPIO Configuration PA5 ------> DAC_OUT2 **/
        GPIO_InitStruct.Pin = GPIO_PIN_5;
        GPIO_InitStruct.Mode = GPIO_MODE_ANALOG;
        GPIO_InitStruct.Pull = GPIO_NOPULL;
        HAL_GPIO_Init(GPIOA, &GPIO_InitStruct);
        /* DAC DMA Init */ /* DAC2 Init */
        hdma_dac2.Instance = DMA1_Stream6;
        hdma_dac2.Init.Channel = DMA_CHANNEL_7;
        hdma_dac2.Init.Direction = DMA_MEMORY_TO_PERIPH;
        hdma_dac2.Init.PeriphInc = DMA_PINC_DISABLE;
        hdma_dac2.Init.MemInc = DMA_MINC_ENABLE;
        hdma_dac2.Init.PeriphDataAlignment = DMA_PDATAALIGN_WORD;
        hdma_dac2.Init.MemDataAlignment = DMA_MDATAALIGN_WORD;
        hdma_dac2.Init.Mode = DMA_CIRCULAR;
        hdma_dac2.Init.Priority = DMA_PRIORITY_MEDIUM;
        hdma_dac2.Init.FIFOMode = DMA_FIFOMODE_DISABLE;
        if (HAL_DMA_Init(&hdma_dac2) != HAL_OK)
            Error_Handler();
        __HAL_LINKDMA(dacHandle, DMA_Handle2, hdma_dac2);
    }
}
```

函数 MX_DAC_Init()用于 DAC 的初始化,函数 HAL_DAC_MspInit()对 DMA 流进行了配置和初始化,上述代码与 STM32CubeMX 中的配置对应。

5. 用户程序编写

用户程序包括系统主程序和 DMA 传输完成回调函数,均位于 main.c 文件中,其参考代码如下所示,由于主程序与前述两个项目有很多相似之处,所以下述代码将相同部分略去。

```
/* ---------------------------- Source File dac.c ---------------------------- */
#include "main.h"
#include "math.h"
uint8_t TempStr[30] = "";
uint32_t WaveData[1000];
int main(void) /* 系统主函数 */
{
    uint16_t i, KeyVal = 0;
    uint16_t Frequency = 50;
    LCD_PrintCenter(0, 24 * 1, "1603 DMA 输出正弦波信号", BLUE, WHITE, 24, 0);
    LCD_PrintCenter(0, 24 * 3, "初始频率 50Hz, K1:f +, K2:f -, 幅值 3.3V", BLUE, WHITE, 16, 0);
    for(i = 0; i < 1000; i++)          //形成正弦波数据点,基准线向上平移 1.65V
        WaveData[i] = sin(i * 2 * 3.1416/1000) * 2047.5 + 2047.5;
    HAL_DAC_Start_DMA(&hdac, DAC_CHANNEL_2, WaveData, 1000, DAC_ALIGN_12B_R);
    HAL_TIM_Base_Start(&htim7);        //启动定时器 TIM7
    while(1)
    {
        KeyVal = KeyScan();
        if(KeyVal == 1)                //频率增加,周期数减少
        {
            if(Frequency < 100)
            {
                Frequency = Frequency + 10;
                __HAL_TIM_SetAutoreload(&htim7, 84000000/1000/Frequency - 1);
```

```
                sprintf((char * )TempStr,"Frequency = % 3dHz,Au = 3.3V",Frequency);
                LCD_PrintCenter(0,24 * 6,TempStr,WHITE,BLUE,24,0);
            }
        }
        else if(KeyVal == 2)                    //频率减小,周期数增加
        {
            if(Frequency > 10)
            {
                Frequency = Frequency - 10;
                __HAL_TIM_SetAutoreload(&htim7,84000000/1000/Frequency - 1);
                sprintf((char * )TempStr,"Frequency = % 3dHz,Au = 3.3V",Frequency);
                LCD_PrintCenter(0,24 * 6,TempStr,WHITE,BLUE,24,0);
            }
        }
    }
}
/ * DMA 传输完成中断回调函数 * /
void HAL_DACEx_ConvCpltCallbackCh2(DAC_HandleTypeDef * hdac)
{
    static uint16_t k = 0;
    if(++k % 10 == 0)HAL_GPIO_TogglePin(GPIOF,GPIO_PIN_0);
}
```

在上述代码中,主程序首先完成外设初始化,随后准备波形数据,以 DMA 方式启动 DAC2,以轮询方式启动 TIM7,最后进入按键检测和处理的无限循环中,K1 按下时增加正弦波的频率,K2 按下时减少正弦波的频率。

使用 L1 指示一个周期波形数据 DMA 传输完成,查看驱动函数可知,DMA 流传输完成中断事件关联的回调函数是 HAL_DACEx_ConvCpltCallbackCh2(),重新实现这一回调函数,通过 L1 电平状态翻转指示 DMA 传输完成,L1 闪烁的快慢还可以间接指示正弦信号的频率。

6. 下载调试

编译工程,直到没有错误为止,下载程序到开发板,复位并运行,使用示波器观察 DAC2(PA5)输出波形,其结果如图 16-14 所示,初始输出正弦波的频率是 50Hz,幅度约为 3.3V。按 K1 键可增加输出信号频率,最大可至 100Hz,按 K2 键可减小输出信号的频率,最小可至 10Hz。

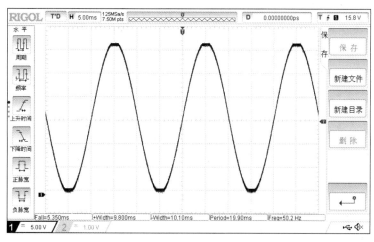

图 16-14 正弦波输出

本章小结

D/A 转换是第 14 章介绍的 A/D 转换的逆过程,用于将计算机系统的数字量转换为作用于执行机构的模拟量,ADC 和 DAC 组合在一起,形成了对模拟世界的完整控制方式。相对于也能部分实现数字量对模拟量控制的 PWM 功能来说,DAC 模块具有功能全面、软件简单、执行效率高、抗干扰能力强等诸多优点,所以 DAC 也是嵌入式学习必须掌握的基础模块之一。

本章首先对 DAC 的基本概念进行讲解,包括 DAC 基本原理性能参数等内容,让读者对 DAC 有一个基本的认识。随后详细讲解了 STM32F407 微控制器的 DAC 具体配置情况,包括主要特征、内部结构、数据格式、转换时间、波形生成、DMA 请求、DAC 中断等内容。紧接着对 STM32F407 微控制器的 DAC 模块 HAL 库驱动函数作了简单介绍。最后给出三个 D/A 转换综合应用实例,分别为软件触发 D/A 转换,基于内置波形发生器的三角波输出和使用 DMA 输出频率可调的正弦波。

思考拓展

(1) 什么是 DAC? 在控制系统中有什么作用?

(2) 试说明倒 T 形电阻网络 DAC 工作原理?

(3) DAC 的性能参数有哪些? 分别代表什么意义?

(4) STM32F407 微控制器有几个 DAC 模块? 各有几个通道?

(5) STM32F407 微控制器的 DAC 模块的数据写入有哪些格式?

(6) STM32F407 微控制器的 DAC 模块有几个 DMA 请求? 数据传输的方向是什么?

(7) 利用 DAC 模块自带波形发生功能,在 DAC 的通道 2 上输出频率为 100Hz、幅值为 3V 的噪声波。

(8) 采用 DMA 传输方式,使用按键 K1 选择,在 DAC 的通道 2 输出频率为 50Hz 的方波、三角波、锯齿波和正弦波中的一种。

(9) 在上一题的基础上,进一步扩展功能,使用按键 K2 实现频率在 50~150Hz 的范围内循环调节,以 10Hz 为一级。

(10) 在上一题的基础上,进一步扩展功能,使用按键 K3 实现幅值在 1.9~3.3V 的范围内循环调节,以 0.2V 为一级。

第 17 章

位带操作与温湿度传感器

本章要点

➢ STM32 位带操作；

➢ 温湿度传感器 DHT11；

➢ 温湿度实时监测。

本章主要涉及两部分内容，一是 STM32 位带操作方法，二是温湿度传感器 DHT11 的应用，并提供一个项目实例将二者融合在一起。

17.1 STM32 位带操作

STM32 微控制器不支持寄存器的位操作，也没有位变量这一概念，所以在进行位运算时显得不够灵活和方便，位带操作可以在一定程度上弥补这一不足。

17.1.1 位带介绍

1. 位带操作概念

学习过 51 或 AVR 单片机的读者对位操作并不陌生。假设有一个 LED 采用共阳接法连接到单片机的 P1.2 引脚，在使用关键字 sbit 定义一个位变量 LED 表示 P1.2 引脚之后，就可以使用语句"LED＝0"或"LED＝1"来控制 LED 的亮灭，其操作十分简单。

但是 STM32 中并没有这类关键字，而是通过访问位带别名区来实现，即通过将每个比特膨胀成一个 32 位字，当访问这些字的时候就达到了访问比特的目的。例如，GPIO 的 BSRR 寄存器有 32 个位，可以映射到 32 个地址上，访问这 32 个地址就达到访问 32 个比特的目的。往某个地址写 1 就达到往对应比特位写 1 的目的，同样往某个地址写 0 就达到往对应的比特位写 0 的目的。

位带别名区的数据字仅最低位(LSE)有效，其余位无效。也就是写入 0x01 与写入 0xFF 的效果一样，写入 0x00 与写入 0xFE 的效果也相同。

2. 位带及位带别名区域

在 Cortex-M4 内核中，有两个区中实现了位带，其中一个是 SRAM 区的最低 1MB 范围，第二个则是片内外设区的最低 1MB 范围，位带映射地址分配如图 17-1 所示。这两个区中的地址除了可以像普通的 RAM 一样使用外，它们还都有自己的"位带别名区"，位带别名区把每个比特膨胀成一个 32 位的字。通过位带别名区访问这些字时，就可以达到访问原始比特的目的。

17.1.2 位带区与位带别名区地址转换

使用位带操作时，一个关键步骤就是根据要操作的位所在的寄存器地址 A 和位序号 n，计算出位带

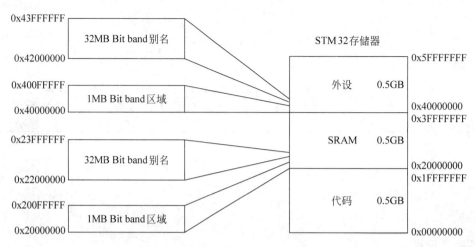

图 17-1　位带映射地址分配

别名区中映射字的地址。

由图 17-1 可知,片内外设位带区的地址范围是 0x40000000~0x400FFFFF,大小为 1MB;片内外设位带别名区的地址范围是 0x42000000~0x43FFFFFF,大小为 32MB。SRAM 位带区的地址范围是 0x20000000~0x200FFFFF,大小为 1MB;SRAM 位带别名区的地址范围是 0x22000000~0x23FFFFFF,大小为 32MB。

位带区与位带别名区地址转换是基于如下事实推导出来的:第一,两个存储区都是从某一基地址开始依次存储;第二,位带别名区是将位带区的 1 位膨胀为 32 位,地址偏移量扩大了 32 倍;第三,寄存器位在位带别名区的映射地址是根据位序号以 4 字节为步长依次递增。由上述分析可以推导出如下两个转换公式,其中 A 是目标位所在寄存器的地址,n 是位序号。

外设位带区与外设位带别名区的地址转换公式:
$$AliasAddr = 0x42000000 + (A - 0x40000000) \times 32 + n \times 4$$

SRAM 位带区与 SRAM 位带别名区的地址转换公式:
$$AliasAddr = 0x22000000 + (A - 0x20000000) \times 32 + n \times 4$$

如果将上述两个公式合并成一个公式,使用起来将更为便利。合并的基础是位带区基地址和位带别名区基地址的最高 4 位二进制数相同,之后都是加上 0x02000000。无论是片内外设位带区还是 SRAM位带区,地址偏移量都是寄存器地址的低 20 位,所以位带区和位带别名区地址转换公式统一为:
$$AliasAddr = ((A \ \& \ 0xF0000000) + 0x02000000 + ((A \ \& 0x000FFFFF) \ll 5) +$$
$$(n \ll 2))$$

下面给出一个计算示例,设项目需要实现开发板上连接至微控制器 PF2 引脚的 LED2 闪烁,且知GPIOF_ODR 寄存器的地址为 0x40021414,则可知 GPIOF_ODR 寄存器的 ODR2 位的映射地址为:
$$AliasAddr = ((0x40021414 \& 0xF0000000) + 0x02000000 +$$
$$((0x40021414 \& 0x000FFFFF) \ll 5) + (2 \ll 2))$$
$$= 0x42000000 + 21414 \ll 5 + 2 \ll 2$$
$$= 0x42428288$$

计算出 ODR2 映射地址后,将该地址转换为无符号长整型指针,对该地址写入数据即可实现对目标位操作,翻转 LED2 的参考程序如下:

```
#define LED2  *((volatile unsigned long *)(0x42428288))
LED2 = !LED2;
```

17.1.3 位带操作宏定义

上节示例给出位带访问的具体方法,但是如果每次使用位带操作都进行计算和定义,无疑是十分麻烦的,所以有必要给出常用外设位带操作宏定义,以头文件形式进行存储,使用时将其包含到工程文件中即可。

```
#define BITBAND(addr, bitnum) ((addr & 0xF0000000) + 0x2000000 + ((addr & 0xFFFFF)<<5) + (bitnum<<2))
#define MEM_ADDR(addr)  *((volatile unsigned long *)(addr))
#define BIT_ADDR(addr, bitnum) MEM_ADDR(BITBAND(addr, bitnum))
// GPIO 端口输出数据寄存器 (GPIOx_ODR) (x = A..I) 地址
#define GPIOA_ODR_Addr    (GPIOA_BASE + 20)        //0x40020014
#define GPIOB_ODR_Addr    (GPIOB_BASE + 20)        //0x40020414
#define GPIOC_ODR_Addr    (GPIOC_BASE + 20)        //0x40020814
#define GPIOD_ODR_Addr    (GPIOD_BASE + 20)        //0x40020C14
#define GPIOE_ODR_Addr    (GPIOE_BASE + 20)        //0x40021014
#define GPIOF_ODR_Addr    (GPIOF_BASE + 20)        //0x40021414
#define GPIOG_ODR_Addr    (GPIOG_BASE + 20)        //0x40021814
// GPIO 端口输入数据寄存器 (GPIOx_IDR) (x = A..I) 地址
#define GPIOA_IDR_Addr    (GPIOA_BASE + 16)        //0x40020010
#define GPIOB_IDR_Addr    (GPIOB_BASE + 16)        //0x40020410
#define GPIOC_IDR_Addr    (GPIOC_BASE + 16)        //0x40020810
#define GPIOD_IDR_Addr    (GPIOD_BASE + 16)        //0x40020C10
#define GPIOE_IDR_Addr    (GPIOE_BASE + 16)        //0x40021010
#define GPIOF_IDR_Addr    (GPIOF_BASE + 16)        //0x40021410
#define GPIOG_IDR_Addr    (GPIOG_BASE + 16)        //0x40021810
// IO 口操作, 只对单一的 IO 口! 确保 n 的值小于 16!
#define PAout(n)          BIT_ADDR(GPIOA_ODR_Addr,n)    //输出
#define PAin(n)           BIT_ADDR(GPIOA_IDR_Addr,n)    //输入
#define PBout(n)          BIT_ADDR(GPIOB_ODR_Addr,n)    //输出
#define PBin(n)           BIT_ADDR(GPIOB_IDR_Addr,n)    //输入
#define PCout(n)          BIT_ADDR(GPIOC_ODR_Addr,n)    //输出
#define PCin(n)           BIT_ADDR(GPIOC_IDR_Addr,n)    //输入
#define PDout(n)          BIT_ADDR(GPIOD_ODR_Addr,n)    //输出
#define PDin(n)           BIT_ADDR(GPIOD_IDR_Addr,n)    //输入
#define PEout(n)          BIT_ADDR(GPIOE_ODR_Addr,n)    //输出
#define PEin(n)           BIT_ADDR(GPIOE_IDR_Addr,n)    //输入
#define PFout(n)          BIT_ADDR(GPIOF_ODR_Addr,n)    //输出
#define PFin(n)           BIT_ADDR(GPIOF_IDR_Addr,n)    //输入
#define PGout(n)          BIT_ADDR(GPIOG_ODR_Addr,n)    //输出
#define PGin(n)           BIT_ADDR(GPIOG_IDR_Addr,n)    //输入
```

上述代码中,最上面的三个宏定义是位带操作实现的核心语句。宏定义 BITBAND(addr,bitnum)是根据目标位所在寄存器地址和位序号计算映射地址。宏定义 MEM_ADDR(addr)将计算得到的映射地址(立即数)转换为 volatile unsigned long 型指针,然后再转换为指针所指向的变量。宏定义 BIT_ADDR(addr, bitnum)用于将前述两个宏定义组合在一起,以实现计算映射地址和访问地址中内容的一体化操作。

随后,给出了 GPIO 端口输出数据寄存器和 GPIO 端口输入数据寄存器的地址,最后定义了多组 I/O 操作宏函数。以 GPIOA 为例,PAout(n)用于设置 PA 口的第 n 位的电平状态,$n \leqslant 16$,例如要设置 PA2 为高电平,仅需使用"PAout(2)=1"表达式即可实现。PAin(n)用于读取 PA 口的第 n 位对应引脚电平,$n \leqslant 16$,例如要检测 PE1 连接的按键是否按下,仅需使用"if(PEin(1)==0)"表达式即可实现。实际应用中,还可以根据需要继续使用宏定义,使上述表达式进一步简化。

17.2　温湿度传感器 DHT11

17.2.1　DHT11 功能说明

1. DHT11 简介

DHT11 是一款含有已校准数字信号输出的温湿度复合传感器，它应用专用的数字模块采集技术和温湿度传感技术，具有较高的可靠性与稳定性。传感器包括一个电容式感湿元件和一个 NTC（Negative Temperature Coefficient，负温度系数）测温元件，具有响应快、抗干扰能力强、性价比高等优点。每个传感器都在湿度校验室中进行校准，校准系数以程序的形式存储在一次性可编程存储器中。传感器采用单总线接口，具有超小体积和极低功耗，系统集成简易便捷。DHT11 可应用于农业、家电、汽车、气象、医疗等众多领域，如暖通空调、除湿机、冷链仓储、测试及检测设备、数据记录仪、湿度调节系统等。

DHT11 温湿度传感器工作电压范围：3.3～5.5V，平均工作电流：1mA，温度测量范围：－20～60℃，湿度测量范围：5%～95%RH，温度测量误差：±2℃，湿度测量误差：±5%RH，采样周期：2s。

2. 外形尺寸与引脚定义

DHT11 实物图及外形尺寸如图 17-2 所示，其中图 17-2(a)为实物图，图 17-2(b)为正面尺寸标注，图 17-2(c)为侧面尺寸标注，图 17-2(d)为反面尺寸标注，尺寸标注单位为 mm。

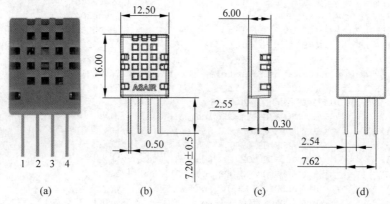

图 17-2　DHT11 实物图及外形尺寸

DHT11 温湿度传感器引脚序号定义如图 17-2(a)所示，即将 DHT11 正面放置，4 个引脚序号依次为 1～4，引脚功能描述如表 17-1 所示。

表 17-1　DHT11 引脚功能描述

序　号	名　称	描　述
1	VCC	外部供电电源正极输入端：3.3～5.5V
2	SDA	串行数据传输端，接入单总线
3	NC	空脚
4	GND	外部供电电源负极输入端（接地端）

17.2.2　DHT11 单总线通信协议

1. 单总线概述

DHT11 采用简化的单总线通信。单总线即仅有一根数据线（SDA），通信所进行的数据交换、挂在单总线上的所有设备之间进行信号交换与传递均在一条通信线上实现。单总线上必须有一个上拉电阻（Rp）以实现单总线闲置时，其处于高电平状态。同时所有单总线上的设备必须通过一个具有并设置为开漏或三态的I/O端口连至单总线,以实现在进行单总线通信时,设备间交替控制单总线。在单总线中,微控制器与传感器是主从结构,只有微控制器呼叫传感器时,传感器才会应答。微控制器访问传感器必须严格遵循单总线时序要求,否则传感器将不响应主机。

2. 单总线典型电路

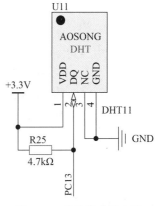

图 17-3 单总线典型电路

单总线典型电路如图17-3所示,STM32F407与DHT11连接电路是单总线通信的典型电路。由图17-3可知,单总线通信模块由DHT11的DQ(SDA)引脚、上拉电阻R25和微控制器的I/O端口PC13构成,上拉电阻R25一般取4.7kΩ,传感器引线越长,R25阻值应越小,具体请根据需要自行调整。

使用图17-3中典型的单总线电路通信时,需注意以下几点:

(1) 使用3.3V电压给DHT11供电时,建议微控制器与DHT11连接线长度不得大于100cm。否则线路压降会导致对DHT11的供电不足,造成测量偏差。

(2) 与DHT11通信最小间隔时间为2s,若小于2s可能导致温湿度测量不准或通信不成功等情况。因此传感器上电后应等待2s再去读取传感器,以避免传感器处于不稳定状态。

(3) 每次通信结束后,DHT11会进行一次温湿度采集,然后进入待机状态。因此每次通信读出的温湿度数值为上一次通信时DHT11采集的温湿度数据,故建议使用时隔2s连续2次读取DHT11,以获得当前测量环境实时温湿度。

3. 单总线传送数据定义

SDA引脚所在线路用于微控制器与DHT11之间的通信和同步,采用单总线数据格式,一次传送40位长度数据,高位先传送。

DHT11单总线传送数据如图17-4所示。

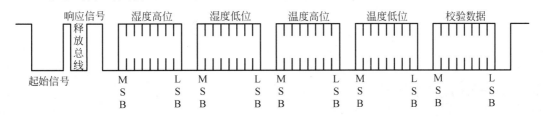

图 17-4 DHT11 单总线传送数据

DHT11单总线传送数据定义说明如表17-2所示。

表 17-2 DHT11 单总线传送数据表

名 称	单总线传输定义
起始信号	微处理器将单总线(SDA)拉低一段时间(18~30ms),通知传感器准备数据
响应信号	传感器将单总线(SDA)拉低83μs,再拉高87μs以响应主机的起始信号
湿度信息	湿度高8位为湿度整数部分数据,湿度低8位为湿度小数部分数据
温度信息	温度高8位为温度整数部分数据,温度低8位为温度符号及小数部分数据(含最高位Bit7符号位,Bit7为1则表示负温度)
校验数据	校验字节=湿度高位+湿度低位+温度高位+温度低位

下面给出一个数据计算示例:

当传输的数据如图 17-5 所示时,根据表 17-2 中的信息,可以计算出校验码和转换得出湿度与温度。

00110100	00000001	00011000	10001100	11011001
0x34	0x01	0x18	0x8C	0xD9
湿度高8位	湿度低8位	温度高8位	温度低8位	校验字节

图 17-5　DHT11 单总线数据计算示例

根据表 17-2 中校验数据计算方式,可以得出校验码,如下:

$$34H + 01H + 18H + 8CH = D9H$$

将计算得到的校验码 D9H 与接收到的校验码进行比较,如果相同则表示接收到的湿度信息和温度信息数据正确,否则应舍弃本次通信数据。

湿度与温度的数值可以根据数据结构转换得出。如,湿度高 8 位(整数)为 34H,低 8 位(小数)为 01H,将两部分数值转换为十进制后可以得出 52.1,即湿度为 52.1%RH。同理可以得出图 17-5 中的温度为 −24.12℃。此处温度为负值是因为温度数据的低 8 位的最高位 Bit7 为 1;当最高位 Bit7 为 0 时,数值为正值。

4. 单总线通信时序

单总线通信时序如图 17-6 所示,详细时序信号特性见表 17-3。为保证通信正确,用户在与传感器通信时必须严格按照图 17-6 和表 17-3 中的时序和参数要求。

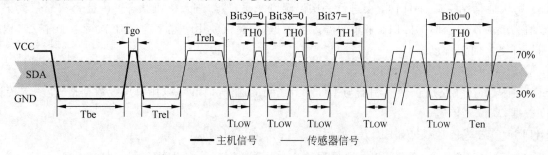

图 17-6　DHT11 单总线通信时序

表 17-3　DHT11 时序信号特性

符　号	参　　数	最　小	典　型	最　大	单　位
Tbe	主机起始信号拉低时间	18	20	30	ms
Tgo	主机释放单总线时间	10	13	35	μs
Trel	响应低电平时间	78	83	88	μs
Treh	响应高电平时间	80	87	92	μs
T_{LOW}	用于表示数据位 Bit$X$＝0 或 1 的低电平部分的时间,X＝0～39	50	54	58	μs
TH0	用于表示数据位 Bit$X$＝0 的高电平状态部分的时间	23	24	27	μs
TH1	用于表示数据位 Bit$X$＝1 的高电平状态部分的时间	68	71	74	μs
Ten	传感器释放单总线时间	52	54	56	μs

5. 外设读取流程

应用单总线读 DHT11 传感器时,微控制器和 DHT11 之间的通信应按图 17-7 所示的流程完成数据读取。

在 DHT11 上电后,需要等待至少 2s 才完成传感器的初始化。初始化期间,传感器接入单总线的微控制器 I/O 应配置为开漏模式并输出高电平,以保证单总线处于空闲状态(高电平)。DHT11 传感器初

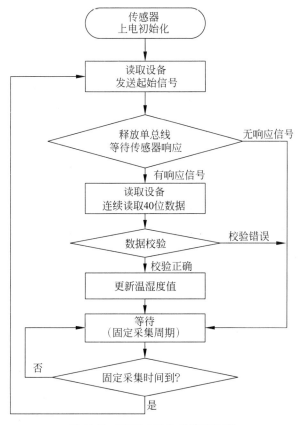

图 17-7　DHT11 单总线读取流程

始化后执行采样温湿度数据任务,结束后自动转入休眠状态。此后,DHT11 将监测 SDA 引脚上单总线电平状态变化,以判断是否需要通信。

发送起始信号是通过使微控制器的 I/O 输出低电平,且低电平保持时间不能小于 18ms(最大不得超过 30ms),然后微控制器的 I/O 切换为输入(上拉)模式,释放单总线。DHT11 等待主机释放单总线后,DHT11 控制单总线,输出 83μs 的低电平作为应答信号,随后输出 87μs 的高电平通知微控制器准备接收数据,完成响应信号传输从而实现 DHT11 对微控制器的应答。应答时序如图 17-8 所示。

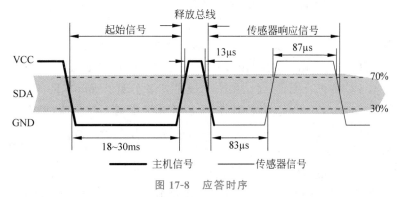

图 17-8　应答时序

DHT11 完成上述应答过程,随后通过 SDA 引脚控制单总线,DHT11 将从 SDA 引脚输出 40 位长度数据信号至单总线,微控制器通过单总线可接收到 40 位长度的数据。数据中每个数据位时序如图 17-9 所示。数据位为“0”时,DHT11 先输出 50～58μs 的低电平,随后输出 23～27μs 的高电平;数据位为“1”

时,DHT11 先输出 $50\sim58\mu s$ 的低电平,随后输出 $68\sim74\mu s$ 的高电平。

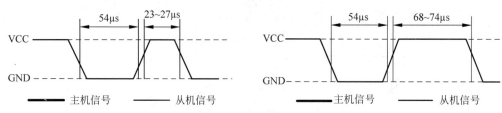

图 17-9　DHT11 发送数据位"0"和"1"时序

DHT11 完成输出 40 位长度数据后,继续输出 $50\sim58\mu s$ 的低电平,然后转为输入状态,不再控制单总线,实现对单总线的释放,本次通信结束。

通信结束后,DHT11 会立即进行一次温湿度采样,随后自动进入休眠状态。DHT11 只有再次收到微控制器发出的起始信号后,才被唤醒进入单总线通信模式。与此同时,微控制器将接收数据按照表 17-2 方式进行数据校验,如果校验正确则对数据解析并得到温湿度值,否则舍弃本次通信接收的数据。微控制器本次通信结束后等待至少 2s 的间隔周期后,可以再次发送起始信号读取 DHT11。

17.3　温湿度实时监测

17.3.1　项目分析

DHT11 温湿度传感器连接电路如图 17-3 所示。DHT11 的数据线 DQ 连接至微控制器的 PC13 引脚,VDD 引脚连接至 3.3V 系统电源,上拉电阻 R25 阻值为 $4.7k\Omega$,传感器 NC 引脚和 GND 引脚并联在一起连接至系统地线。

微课视频

项目实例用于演示位带操作方法和单总线通信协议实现。项目实施时,使用位带操作实现微控制器 I/O 操作,编写单总线通信程序,访问 DHT11 温湿度传感器,实时采集环境的温度和湿度信息,并将其显示于 TFT LCD,L1 周期闪烁以指示程序运行。

17.3.2　项目实施

1. 复制工程文件

项目需要中文显示,而不需要 TIM、ADC、DAC 等其他功能模块,所以复制第 12 章创建的工程文件夹 1202 Chinese Show 到桌面,并将文件夹重命名为 1701 BitBand DHT11。

2. STM32CubeMX 配置

项目需要配置两个 GPIO 引脚,一个是 DHT11 数据线控制引脚 PC13,另一个是程序运行指示灯 L1 控制引脚 PF0。由于 DHT11 使用的单总线接口非 MCU 片上外设,且 PC13 工作模式也不固定,所以在 STM32CubeMX 中不对 PC13 进行配置,而是由驱动程序直接实现。所以本例仅需将 L1 控制引脚 PF0 配置为推挽低速输出模式即可。FSMC、SPI、时钟、工程等相关配置无须更改,单击 GENERATE CODE 按钮生成初始化工程。

3. 位带宏定义和延时程序

由 17.1 节分析可知,要想使用位带操作,必须对其进行宏定义,所以将 17.1.3 节的位带操作宏定义代码复制到 main.h 文件中的宏定义程序沙箱内,即将其放在/* USER CODE BEGIN EM */和/* USER CODE END EM */之间。

由图 17-6 的单总线通信时序图可知,要实现单总线通信协议,需要精确的毫秒和微秒延时,仅使用 HAL 自带的 HAL_Delay()延时函数是不够的。所以需要将 5.3.4 节实现的 delay_ms()和 delay_us()

延时函数复制到 main.c 文件的一个程序沙箱内，推荐放置在/＊ USER CODE BEGIN 4 ＊/和/＊ USER CODE END 4 ＊/之间。同时还需要将这两个延时函数声明在 main.h 文件的一个程序沙箱内。推荐放置在/＊ USER CODE BEGIN EFP ＊/和/＊ USER CODE END EFP ＊/之间。

若读者创建的工程文件中，上述两部分代码已经存在或部分存在，则可以省略已完成部分操作。

4. 创建 DHT11 驱动文件

单击工具栏新建文件图标，或"File/New"菜单，新建一个空白文件，并将其保存至"1701 BitBand DHT11\Core\Src"路径下，命名为 dht11.c。同样方法再次新建一个文件，保存至"1701 BitBand DHT11\Core\Inc"路径下，命名为 dht11.h。双击打开 MDK-ARM 工程文件 Template.uvprojx，在工作界面的左侧工程文件管理区，双击 Application/User/Core 项目组，打开添加文件对话框，浏览并找到 dht11.c 源文件，将其添加到项目组下面。

5. 编写 DHT11 驱动头文件

DHT11 头文件中的程序包括系统头文件包含、DHT11 连接引脚和端口宏定义、单总线 I/O 位带操作宏定义以及驱动函数声明四部分内容，参考代码如下：

```
#ifndef _dht11_H
#define _dht11_H
#include "main.h"
#define DHT11 (GPIO_PIN_13)              //PC13
#define GPIO_DHT11 GPIOC
#define DHT11_DQ_IN PCin(13)             //输入
#define DHT11_DQ_OUT PCout(13)           //输出
void DHT11_IO_OUT(void);
void DHT11_IO_IN(void);
uint8_t DHT11_Init(void);
void DHT11_Rst(void);
uint8_t DHT11_Check(void);
uint8_t DHT11_Read_Bit(void);
uint8_t DHT11_Read_Byte(void);
uint8_t DHT11_Read_Data(uint8_t * temp,uint8_t * humi);
#endif
```

6. 编写 DHT11 驱动源文件

DHT11 驱动源文件 dht11.c 用于驱动程序的实现，包括数据传输方向设置，DHT11 复位、检测和初始化以及 DHT11 数据读取函数三部分。

1）数据传输方向配置

DHT11 数据传输方向配置由 DHT11_IO_OUT() 和 DHT11_IO_IN() 两个函数实现。函数 DHT11_IO_OUT() 将 DQ 引脚配置为推挽高速输出模式。函数 DHT11_IO_IN() 将 DQ 配置为上拉输入模式。参考程序如下：

```
//DHT11 输出模式配置
void DHT11_IO_OUT()
{
    GPIO_InitTypeDef GPIO_InitStructure;
    GPIO_InitStructure.Mode = GPIO_MODE_OUTPUT_PP;          //输出模式
    GPIO_InitStructure.Pin = DHT11;                        //引脚设置
    GPIO_InitStructure.Speed = GPIO_SPEED_HIGH;            //速度为 100M
    GPIO_InitStructure.Pull = GPIO_PULLUP;                 //上拉
    HAL_GPIO_Init(GPIO_DHT11,&GPIO_InitStructure);         //初始化结构体
}
```

```
//DHT11 输入模式配置
void DHT11_IO_IN()
{
    GPIO_InitTypeDef GPIO_InitStructure;
    GPIO_InitStructure.Mode = GPIO_MODE_INPUT;              //输入模式
    GPIO_InitStructure.Pin = DHT11;                        //引脚设置
    GPIO_InitStructure.Pull = GPIO_PULLUP;                 //上拉
    HAL_GPIO_Init(GPIO_DHT11,&GPIO_InitStructure);         //初始化结构体
}
```

2）**DHT11 复位、检测和初始化**

DHT11 复位、检测和初始化参考程序如下：

```
//复位 DHT11
void DHT11_Rst()
{
    DHT11_IO_OUT();                                        //SET OUTPUT
    DHT11_DQ_OUT = 0;                                      //拉低 DQ
    delay_ms(20);                                          //拉低至少 18ms
    DHT11_DQ_OUT = 1;                                      //DQ = 1
    delay_us(30);                                          //主机拉高 20~40μs
}
//等待 DHT11 的回应 返回 1:未检测到 DHT11 的存在 返回 0:存在
uint8_t DHT11_Check()
{
    uint8_t retry = 0;
    DHT11_IO_IN(); //SET INPUT
    while(DHT11_DQ_IN&&retry < 100)
    {
        retry++;
        delay_us(1);
    }
    if(retry >= 100) return 1;
    else retry = 0;
    while(!DHT11_DQ_IN&&retry < 100)
    {
        retry++;
        delay_us(1);
    }
    if(retry >= 100) return 1;
    return 0;
}
//DHT11 初始化,返回 0:初始化成功,返回 1:失败
uint8_t DHT11_Init()
{
    GPIO_InitTypeDef GPIO_InitStructure;
    __HAL_RCC_GPIOC_CLK_ENABLE();
    GPIO_InitStructure.Mode = GPIO_MODE_OUTPUT_PP;         //推挽输出模式
    GPIO_InitStructure.Pin = DHT11;                        //引脚设置
    GPIO_InitStructure.Speed = GPIO_SPEED_FREQ_HIGH;       //速度为 100MHz
    GPIO_InitStructure.Pull = GPIO_PULLUP;                 //上拉
    HAL_GPIO_Init(GPIO_DHT11,&GPIO_InitStructure);         //初始化结构体
    DHT11_DQ_OUT = 1;                                      //拉高
    DHT11_Rst();
    return DHT11_Check();
}
```

上述程序代码是图17-8时序的具体实现,DHT11初始化子程序开GPIOC时钟,将DQ引脚配置为推挽高速输出模式,初始输出高电平,之后复位DHT11,检测DHT11是否存在。DHT11复位程序比较简单,先置DQ输出模式,输出20ms的低电平,再输出30μs的高电平。DHT11检测程序判断的原则是高电平或低电平持续100μs及以上则DHT11不存在,如果低电平持续时间少于100μs则DHT11存在。

3）DHT11数据读取函数

DHT11数据传输函数分为三个层次,由低到高分别为读一位数据、读一字节数据和读一次转换数据,其参考程序如下:

```c
//从 DHT11 读取一位数据,返回值:1/0
uint8_t DHT11_Read_Bit(void)
{
    uint8_t retry = 0;
    while(DHT11_DQ_IN&&retry < 100)          //等待变为低电平
    {
        retry++;
        delay_us(1);
    }
    retry = 0;
    while(!DHT11_DQ_IN&&retry < 100)          //等待变为高电平
    {
        retry++;
        delay_us(1);
    }
    delay_us(40);                            //等待 40μs
    if(DHT11_DQ_IN) return 1;
    else return 0;
}
//从 DHT11 读取一字节数据,返回值:读到的数据
uint8_t DHT11_Read_Byte(void)
{
    uint8_t i,dat;
    dat = 0;
    for (i = 0;i < 8;i++)
    {
        dat << = 1;
        dat| = DHT11_Read_Bit();
    }
    return dat;
}
//从 DHT11 读取一次数据,返回值:0,正常;1,读取失败
//temp:温度值(范围:-20～50℃) humi:湿度值(范围:5%～95%)
uint8_t DHT11_Read_Data(uint8_t * temp,uint8_t * humi)
{
    uint8_t buf[5];
    uint8_t i;
    DHT11_Rst();
    if(DHT11_Check() == 0)
    {
        for(i = 0;i < 5;i++)                  //读取 5 字节数据
        {
            buf[i] = DHT11_Read_Byte();
        }
        if((buf[0] + buf[1] + buf[2] + buf[3]) == buf[4])
        {
```

```
            * humi = buf[0]; * (humi + 1) = buf[1];
            * temp = buf[2]; * (temp + 1) = buf[3];
        }
    }else return 1;
    return 0;
}
```

上述程序中,位识别函数是 DHT11 数据读取的基础,其采用了一种简单且巧妙的识别方法,基本思想是,先等待数据线上的前一位高电平结束,再等待当前位低电平结束,延时 40μs 后仍为高电平,识别为 1,否则识别为 0,事实上是将图 17-9 中的高电平持续时间以 40μs 为阈值一分为二。字节读取函数是调用位识别函数连续读取 8 位。数据读取函数调用字节读取函数,一次读取 5 字节转换数据,并进行检验,校验通过后解析温湿度数据,校验未通过则丢弃本次数据。

7. 用户程序设计

用户主程序在 main.c 文件中实现,用于实时采集环境温度和湿度信息,并显示于 LCD,参考程序如下:

```
# include "main.h"
# include "spi.h"
# include "gpio.h"
# include "fsmc.h"
# include "lcd.h"
# include "flash.h"
# include "stdio.h"
# include "dht11.h"
# define L1 PFout(0)            //L1 位段操作定义
void SystemClock_Config(void);
void data_pros(void);          //数据处理函数
int main(void)
{
    uint16_t i;
    HAL_Init();
    SystemClock_Config();
    MX_GPIO_Init();
    MX_FSMC_Init();
    MX_SPI1_Init();
    LCD_Init();
    LCD_Clear(WHITE);
    LCD_Fill(0,lcddev.height/2,lcddev.width,lcddev.height,BLUE);
    W25QXX_ReadID();               //读取器件 ID,后续程序需要使用
    LCD_PrintCenter(0,24 * 1,"位带操作与 DHT 传感器",BLUE,WHITE,24,0);
    LCD_PrintCenter(0,24 * 3,"演示位带操作方法,实时采集温湿度信号",BLUE,WHITE,16,0);
    while(DHT11_Init())            //检测 DHT11 是否存在
    {
        LCD_Print(8,24 * 5 + 6,(u8 * )"DHT11 检测失败",WHITE,BLUE,24,0);
        delay_ms(500);
    }
    LCD_Print(8,24 * 5 + 6,(u8 * )"DHT11 检测成功",WHITE,BLUE,24,0);
    while (1)
    {
        if(++i % 20 == 0)
        {
            L1 = !L1;              //L1 指示灯闪烁
            data_pros();          //DHT11 数据读取和处理函数
        }
        delay_ms(20);
```

```
    }
}
/*  读取 DHT11 转换结果,并进行数据解析和显示  */
void data_pros()                          //数据读取和处理函数
{
    uint8_t temp[2] = {0}, humi[2] = {0};
    DHT11_Read_Data(temp, humi);
    sprintf((char *)TempStr,"温度:%d.%d℃ ",temp[0],temp[1]);
    LCD_Print(8,24 * 6 + 12,TempStr,WHITE,BLUE,24,0);
    sprintf((char *)TempStr,"湿度:%d.%d%%RH ",humi[0],humi[1]);
    LCD_Print(8,24 * 7 + 18,TempStr,WHITE,BLUE,24,0);
}
```

主程序首先包含 DHT11 驱动头文件并给出 L1 的位段操作宏定义,随后进行 DHT11 检测,成功后进入实时采集温湿度的无限循环中,结果同步刷新于 LCD 上。

8. 下载调试

编译工程,直到没有错误为止,下载程序到开发板,复位运行,检查实验效果。

本章小结

本章首先介绍了位带操作的概念以及位带别名区地址计算,完成了 GPIO 位带操作宏定义。随后介绍了温湿度传感器 DHT11 的功能特性、外形尺寸、引脚定义、应用范围等内容,详细讲解了 DHT11 单总线通信协议,该内容是 DHT11 驱动程序编写的基础。最后给出了位带操作和 DHT11 温湿度传感器综合应用实例,即实时采集环境温度和湿度信息,同步刷新于 LCD 显示屏。

思考拓展

(1) 试说明位带操作相比于 HAL 库函数操作方式有哪些优点。

(2) 试计算开发板 K1 按键所连接的 PE0 输入引脚的位带别名区映射地址。

(3) DHT11 传感器可以测量哪些信号? 测量范围和测量精度分别是多少?

(4) 查阅资料,比较 DHT11 和 DS18B20 两者之间的异同,并说明各应用于什么场合。

(5) 在实现 17.3 节项目的基础上,进一步扩展其功能,使其可以处理和显示温度为负值情况。

(6) 独立按键模式下,使用位带操作方式,实现 K1~K4 按键控制 L1~L4 指示灯,某一按键按下,相同序号指示灯点亮,松开按键指示灯熄灭。

## 第 18 章

RTC 与蓝牙通信

本章要点

➤ RTC 概述；

➤ RTC 的 HAL 库驱动；

➤ 备份寄存器；

➤ RTC 日历和闹钟项目；

➤ 蓝牙通信模块；

➤ 无线时间同步电子万年历。

微课视频

在前面章节中,我们实践过几个关于时钟的项目,实现了计时、显示和调整等一系列控制要求,但是设计出来的时钟还是存在一些不足之处,难以进行实际应用。主要表现为电路一旦断电,时间数据就会丢失,时间设定复杂且精度不高等。在空间受限、布线困难的场合使用无线通信相比于有线通信更具优势,蓝牙模块因具有控制简单、可靠性高和研发周期短等优点,而备受青睐。

18.1 RTC 概述

RTC(Real-Time Clock),即实时时钟。在学习 51 单片机的时候,绝大部分同学学习过实时时钟芯片 DS1302,时间数据直接由 DS1302 芯片计算存储,且其电源和晶振独立设置,主电源断电计时不停止,单片机直接读取芯片存储单元数据,即可获得实时时钟信息。STM32F407 微控制器内部也集成了一个RTC 模块,大幅简化系统软硬件设计难度。

18.1.1 RTC 功能

STM32F407 片内 RTC 模块可以由内部或外部时钟信号驱动,提供日历时间数据。它内部维护一个日历,能自动确定每个月的天数,能自动处理闰年情况,还可以设定夏令时补偿。RTC 能够提供 BCD 或二进制的秒钟、分钟、小时(12 或 24 小时制)、星期、日期、月份、年份数据,还可以提供二进制的亚秒数据。

RTC 及其时钟都使用备用存储区域,而备用存储区域使用 V_{BAT} 备用电源(一般为纽扣电池),所以主电源断电或系统复位也不影响 RTC 的工作。

RTC 有两个可编程闹钟,可以设定任意组合和重复性的闹钟；有一个周期唤醒单元,可以作为一个普通定时器使用；还具有时间戳和入侵检测功能。

18.1.2 RTC 工作原理

RTC 内部结构如图 18-1 所示,下面结合框图对 RTC 工作原理和功能特性进行说明。

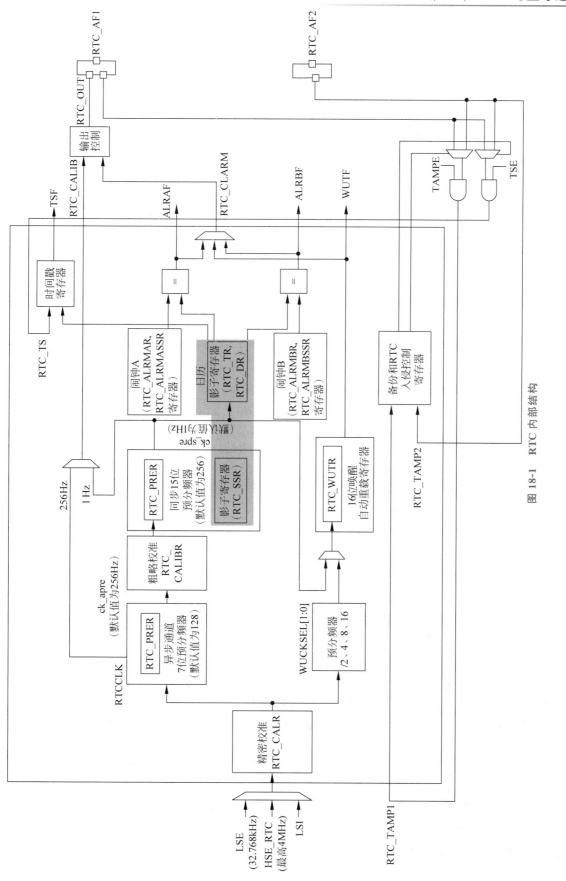

图 18-1 RTC 内部结构

1. RTC 时钟信号源

由图 18-1 可知,RTC 可以从下述 3 个时钟信号中选择一个作为 RTC 的时钟信号源。

(1) LSI:微控制器内部的 32kHz 时钟信号。

(2) LSE:微控制器外接的 32.768kHz 时钟信号。

(3) HSE_RTC:HSE 经过 2 到 31 分频后的时钟信号。

如果 MCU 有外接的 32.768kHz 晶振,一般选择 LSE 作为 RTC 的时钟源,因为 32.768kHz 经过多次 2 分频后,可以得到精确的 1Hz 时钟信号。

本书配套开发板配有备用电源和外接 32.768kHz 晶振,所以在后续实验项目中均选择 LSE 作为 RTC 时钟信号源。

2. 预分频器

RTC 时钟源信号经过精密校准后就是时钟信号 RTCCLK,RTCCLK 再依次经过一个 7 位的异步预分频器(最高 128 分频)和一个 15 位的同步预分频器(默认为 256 分频)。

如果选用 32.768kHz 的 LSE 时钟源作为 RTCCLK,经过异步预分频器 128 分频后的信号 ck_apre 是 256Hz。256Hz 的时钟信号再经过同步预分频器 256 分频后得到 1Hz 时钟信号 ck_spre。1Hz 信号可以用于更新日历,也可以作为周期唤醒单元的时钟源。

ck_apre 和 ck_spre 经过选择器后,可以选择其中一个时钟信号作为 RTC_CALIB 时钟信号,这个时钟信号再经过输出控制选择,可以输出到复用引脚 RTC_AF1,向外提供一个 256Hz 或 1Hz 的时钟信号。

3. 实时时钟和日历数据

图 18-1 中有 3 个影子寄存器,分别为亚秒数据寄存器 RTC_SSR、时间数据寄存器 RTC_TR 和日期数据寄存器 RTC_DR。影子寄存器就是内部亚秒计数器、日历时间计数器的数值暂存寄存器,系统每隔两个 RTCCLK 周期就将当前的日历值复制到影子寄存器。当程序读取日期时间数据时,读取的是影子寄存器的内容,而不会影响日历计数器的工作。

4. 周期性自动唤醒

RTC 内有一个 16 位自动重装载递减计数器,可以产生周期性的唤醒中断,16 位寄存器 RTC_WUTR 存储用于设置定时周期的自动重装载值。周期唤醒定时器的输入时钟有如下两个时钟源:

(1) 同步预分频器输出的 ck_spre 时钟信号,通常为 1Hz。

(2) RTCCLK 经过 2、4、8 或 16 分频后的时钟信号。

周期唤醒是 RTC 的一种定时功能,一般为周期唤醒定时器设置 1Hz 时钟源,每秒或每隔几秒中断一次。使用 RTC 的周期唤醒功能可以很方便地设置 1s 定时中断,与系统时钟频率无关,比用定时器设置 1s 中断要简单得多。唤醒中断产生事件信号 WUTF,这个信号可以配置输出到复用引脚 RTC_AF1。

5. 可编程闹钟

RTC 有 2 个可编程闹钟,即闹钟 A 和闹钟 B。闹钟的时间和重复方式可以设置,闹钟触发时可以产生事件信号 ALRAF 和 ALRBF。这两个信号和周期唤醒事件信号 WUTF 一起经过选择器,可以选择其中一个信号作为输出信号 RTC_ALARM,再通过输出控制可以输出到复用引脚 RTC_AF1。

6. 时间戳

时间戳(Timestamp)就是某个外部事件(上升沿或下降沿)发生时刻的日历时间,例如,行车记录仪在发生碰撞时保存的发生碰撞时刻的 RTC 日期时间数据就是时间戳。

启用 RTC 的时间戳功能,可以选择复用引脚 RTC_AF1 或 RTC_AF2 作为事件源 RTC_TS,监测其上升沿或下降沿的变化。当复用引脚上发生事件时,RTC 就将当前的日期时间数据记录到时间戳寄存器,还会产生时间戳事件信号 TSF,响应此事件中断就可以读取出时间戳寄存器的数据。如果检测到入侵事件,也可以记录时间戳数据。

7. 入侵检测

入侵检测(Tamper Detection)输入信号源有两个,即 RTC_TAMP1 和 RTC_TAMP2,信号源可以映射到复用引脚 RTC_AF1 和 RTC_AF2。可以配置为边沿检测或带滤波的电平检测。

STM32F407 微控制器有 20 个 32 位备份寄存器,位于备份区域中,由备用电源 V_{BAT} 供电。在系统主电源关闭或复位时,备份寄存器的数据不会丢失,所以可以用于保存用户定义数据。当检测到入侵事件发生时,MCU 就会复位这 20 个备份寄存器的内容。

检测到入侵事件时,MCU 会产生中断事件信号,同时还会记录时间戳数据。

8. 数字校准

RTC 内部有粗略数字校准和精密数字校准。粗略数字校准需要使用异步预分频器的 256Hz 时钟信号,校准周期为 64min。精密数字校准需要使用同步预分频器输出的 1Hz 时钟信号,默认模式下校准周期为 32s。

用户可以选择 256Hz 或 1Hz 数字校准时钟信号作为校准时钟输出信号 RTC_CALIB,通过输出控制可以输出到复用引脚 RTC_AF1。

9. RTC 参考时钟检测

RTC 的日历更新可以与一个参考时钟信号 RTC_REFIN(通常为 50Hz 或 60Hz)同步,RTC_REFIN 使用引脚 PB15。参考时钟信号 RTC_REFIN 的精度应该高于 32.768kHz 的 LSE 时钟。启用 RTC_REFIN 检测时日历仍由 LSE 提供时钟,而 RTC_REFIN 用于补偿不准确的日历更新频率。

18.1.3　RTC 的中断和复用引脚

一般的外设只有一个中断号,一个中断号有多个中断事件源,如第 11 章介绍的 USART,虽然有多个中断事件源,但只有一个中断号。但是 RTC 有 3 个中断号,每个中断号有对应的 ISR,如表 18-1 所示。

表 18-1　RTC 的中断名称及 ISR

中　断　号	中断名称	功能说明	中断服务程序 2
2	TAMP_STAMP	连接到 EXTI21 线的 RTC 入侵和时间戳中断	TAMP_STAMP_IRQHandler()
3	RTC_WKUP	连接到 EXTI22 线的 RTC 唤醒中断	RTC_WKUP_IRQHandler()
41	RTC_Alarm	连接到 EXTI17 线的 RTC 闹钟(A 或 B)中断	RTC_Alarm_IRQHandler()

RTC 的这 3 个中断号各对应 1～3 个中断事件源,例如,RTC_WKUP 中断只有 1 个中断事件源,即周期唤醒中断事件,RTC_Alarm 中断有 2 个中断事件源,即闹钟 A 中断事件和闹钟 B 中断事件,而 TAMP_STAMP 有 3 个中断事件源。

HAL 驱动程序为每个中断事件定义了表示中断事件类型的宏,每个中断事件对应一个回调函数。中断名称、中断事件类型和回调函数的对应关系如表 18-2 所示。用户在处理某个中断事件时,只需重新实现其回调函数即可。

表 18-2　RTC 的中断事件和回调函数

中　断　名　称	中断事件源	中断事件类型	映　射　引　脚	回　调　函　数
RTC_Alarm	闹钟 A	RTC_IT_ALRA	RTC_AF1	HAL_RTC_AlarmAEventCallback()
	闹钟 B	RTC_IT_ALRB	RTC_AF1	HAL_RTCEx_AlarmBEventCallback()
RTC_WKUP	周期唤醒	RTC_IT_WUT	RTC_AF1	HAL_RTCEx_WakeUpTimerEventCallback()

续表

中 断 名 称	中断事件源	中断事件类型	映 射 引 脚	回 调 函 数
TAMP_STAMP	时间戳	RTC_IT_TS	RTC_AF1 或 RTC_AF2	HAL_RTCEx_TimeStampEventCallback()
	入侵检测 1	RTC_IT_TAMP1	RTC_AF1 或 RTC_AF2	HAL_RTCEx_Tamper1EventCallback()
	入侵检测 2	RTC_IT_TAMP2	RTC_AF1 或 RTC_AF2	HAL_RTCEx_Tamper2EventCallback()

表 18-2 中的"中断事件类型"是 HAL 库定义的宏,实际上是各中断事件在 RTC 控制寄存器 RTC_CR 中的中断使能控制位的掩码。

某些中断事件产生的信号可以选择输出到 RTC 的复用引脚,某些事件需要外部输入信号。其中,闹钟 A、闹钟 B 和周期唤醒中断的信号可以选择输出到复用引脚 RTC_AF1,时间戳事件检测一般使用 RTC_AF1 作为输入引脚,入侵检测可以使用 RTC_AF1 或 RTC_AF2 作为输入引脚。

对于 STM32F407 微控制器,复用引脚 RTC_AF1 是引脚 PC13,复用 RTC_AF2 是引脚 PI8。只有 176 个引脚的 MCU 才有 PI8,所以,STM32F407ZG/STM32F407ZE 芯片上没有 RTC_AF2,只有 RTC_AF1。

复用引脚除了可以作为闹钟 A、闹钟 B 和周期唤醒中断信号的输出引脚外,还可以作为两个预分频器的时钟输出引脚(见图 18-1),用于输出 256Hz 或 1Hz 的时钟信号。

18.2　RTC 的 HAL 库驱动

RTC 的 HAL 驱动源文件为 stm32f4xx_hal_rtc.c 和 stm32f4xx_hal_rtc_ex.c,其相应的头文件为 stm32f4xx_hal_rtc.h 和 stm32f4xx_hal_rtc_ex.h,分别用于 RTC 功能模块的实现和定义。

18.2.1　RTC 的 HAL 基础驱动程序

RTC 的基本功能函数如表 18-3 所示,包括 RTC 初始化函数、读取和设置日期的函数、读取和设置时间的函数、二进制数和 BCD 码之间的转换函数以及一些判断函数等。

表 18-3　RTC 的基本功能函数

函 数 名 称	功 能 描 述
HAL_RTC_Init()	RTC 初始化
HAL_RTC_MspInit()	RTC 初始化的 MSP 弱函数,在 HAL_RTC_Init()中被调用
HAL_RTC_GetTime()	获取 RTC 当前时间,返回时间数据是 RTC_TimeTypeDef 类型结构体
HAL_RTC_SetTime()	设置 RTC 时间
HAL_RTC_GetDate()	获取 RTC 当前日期,返回日期数据是 RTC_DateTypeDef 类型结构体
HAL_RTC_SetDate()	设置 RTC 日期
HAL_RTC_GetState()	返回 RTC 当前状态,返回状态是枚举类型 HAL_RTCStateTypeDef
RTC_ByteToBcd2()	将二进制数转换为 2 位 BCD 码
RTC_Bcd2ToByte()	2 位 BCD 码转换为二进制数
IS_RTC_YEAR(YEAR)	宏函数,判断参数 YEAR 是否小于 100
IS_RTC_MONTH(MONTH)	宏函数,判断参数 MONTH 是否为 1~12
IS_RTC_DATE(DATE)	宏函数,判断参数 DATE 是否为 1~31

1. RTC 初始化函数

进行 RTC 初始化的函数是 HAL_RTC_Init(),其原型定义如下:

```
HAL_StatusTypeDef HAL_RTC_Init(RTC_HandleTypeDef * hrtc)
```

其中,参数 hrtc 是 RTC 外设对象指针,是 RTC_HandleTypeDef 结构体类型指针。结构体 RTC_HandleTypeDef 的定义如下:

```
typedef struct
{
    RTC_TypeDef              * Instance;            //RTC 寄存器基地址
    RTC_InitTypeDef          Init;                  //RTC 参数
    HAL_LockTypeDef          Lock;                  //RTC 锁定对象
    __IO HAL_RTCStateTypeDef State;                 //时间通信状态
} RTC_HandleTypeDef;
```

其中,成员变量 Init 存储了 RTC 的各种参数,是 RTC_InitTypeDef 结构体类型,其原型定义如下:

```
typedef struct
{
    uint32_t HourFormat;       //小时数据格式,12 小时制或 24 小时制
    uint32_t AsynchPrediv;     //异步预分频器值,范围为 0x00～0x7F,默认值为 127
    uint32_t SynchPrediv;      //同步预分频器值,范围为 0x00～0x7FFF,默认值为 255
    uint32_t OutPut;           //选择信号作为 RTC 输出信号
    uint32_t OutPutPolarity;   //输出信号的极性,信号有效时的电平
    uint32_t OutPutType;       //输出引脚的模式,开漏输出或推挽输出
} RTC_InitTypeDef;
```

其中,小时数据格式的取值为如下两个宏定义常量中的一个。

```
#define RTC_HOURFORMAT_24 0x00000000U        //24 小时制
#define RTC_HOURFORMAT_12 0x00000040U        //12 小时制
```

2. 读取和设置日期

读取 RTC 当前日期的函数是 HAL_RTC_GetDate(),其原型定义如下:

```
HAL_StatusTypeDef HAL_RTC_GetDate(RTC_HandleTypeDef * hrtc, RTC_DateTypeDef * sDate, uint32_t Format)
```

返回的日期数据保存在 RTC_DateTypeDef 类型指针 sDate 指向的变量中,参数 Format 表示返回日期数据类型是 BCD 码或二进制码,通过如下两个宏定义常量进行选择。

```
#define RTC_FORMAT_BIN 0x00000000U           //二进制格式
#define RTC_FORMAT_BCD 0x00000001U           //BCD 码格式
```

日期数据结构体 RTC_DateTypeDef 的定义如下:

```
typedef struct
{
    uint8_t WeekDay;       //星期几,宏定义常量,例:RTC_WEEKDAY_SUNDAY
    uint8_t Month;         //月份,宏定义常量,例:RTC_MONTH_JUNE
    uint8_t Date;          //日期,范围:1～31
    uint8_t Year;          //年,范围:0～99,表示 2000～2099
} RTC_DateTypeDef;
```

设置日期的函数是 HAL_RTC_SetDate(),其原型定义如下:

```
HAL_StatusTypeDef HAL_RTC_SetDate(RTC_HandleTypeDef * hrtc, RTC_DateTypeDef * sDate, uint32_t Format)
```

参数 sDate 是需要设置的日期数据指针,参数 Format 表示数据的格式是 BCD 码或二进制码。

3. 读取和设置时间

读取时间的函数是 HAL_RTC_GetTime()，其原型定义如下：

```
HAL_StatusTypeDef HAL_RTC_GetTime(RTC_HandleTypeDef * hrtc, RTC_TimeTypeDef * sTime, uint32_t Format)
```

返回的时间数据保存在 RTC_TimeTypeDef 类型指针 sTime 指向的变量里，参数 Format 表示返回时间数据类型是 BCD 码或二进制码。

时间数据结构体 RTC_TimeTypeDef 的定义如下：

```
typedef struct
{
    uint8_t Hours;                  //小时,12 小时制:0～11,24 小时制:0～23
    uint8_t Minutes;                //分钟,范围:0～59
    uint8_t Seconds;                //秒钟,范围:0～59
    uint8_t TimeFormat;             //时间格式,AM 或 PM 显示
    uint32_t SubSeconds;            //亚秒数据
    uint32_t SecondFraction;        //秒的小数部分
    uint32_t DayLightSaving;        //夏令时设置
    uint32_t StoreOperation;        //存储操作定义
} RTC_TimeTypeDef;
```

一般我们只关心时间的时、分、秒数据，如果是 12 小时制，还需要看 TimeFormat 的值。AM/PM 的取值使用如下的宏定义：

```
#define RTC_HOURFORMAT12_AM          ((uint8_t)0x00)
#define RTC_HOURFORMAT12_PM          ((uint8_t)0x01)
```

设置时间的函数是 HAL_RTC_SetTime()，其原型定义如下：

```
HAL_StatusTypeDef HAL_RTC_SetTime(RTC_HandleTypeDef * hrtc, RTC_TimeTypeDef * sTime, uint32_t Format)
```

 任何时候读取日期和读取时间的函数都必须成对使用，即使读出的日期或时间数据用不上。也就是说，调用 HAL_RTC_GetTime()之后，必须调用 HAL_RTC_GetDate()，否则不能连续更新日期和时间。因为调用 HAL_RTC_GetTime()时会锁定日历影子寄存器当前值，直到日期数据被读出后才会被解锁。

4. 二进制数和 BCD 码之间的转换

读取和设置 RTC 的日期或时间数据时，可以指定数据格式为二进制或 BCD 码。二进制就是常规的数，例如十进制数 56 的二进制表示是 0b0011 1000，其中 0b 表示二进制数，同时为了便于区分 8 位二进制的高低四位，在数据中间加了一个空格，对应的十六进制数为 0x38。BCD 码又称为 8421BCD 码，就是用 4 位二进制表示一位十进制数，还以十进制数 56 为例，其 BCD 码二进制表示为 0b0101 0110，对应的十六进制数为 0x56。

读取日期或时间的函数中有个 Format 参数，可以指定为二进制格式（RTC_FORMAT_BIN）或 BCD 码格式（RTC_FORMAT_BCD），这两种编码的数据之间可以通过 HAL 提供的两个函数进行转换。这两个函数的原型定义如下，需要注意，这两个函数只能转换两位数字的数据。

```
uint8_t RTC_ByteToBcd2(uint8_t number);          //二进制数转换为两位 BCD 码
uint8_t RTC_Bcd2ToByte(uint8_t number);          //两位 BCD 码转换为二进制数
```

5. 一些判断函数

在文件 stm32f4xx_hal_rtc.h 中还有一些以 IS_RTC 为前缀的宏函数，主要用于判断参数是否在合

理的范围之内。部分典型的宏函数定义如下,全部此类函数定义参见源文件。

```
#define IS_RTC_YEAR(YEAR)              ((YEAR) <= 99U)
#define IS_RTC_MONTH(MONTH)            (((MONTH) >= 1U) && ((MONTH) <= 12U))
#define IS_RTC_DATE(DATE)              (((DATE) >= 1U) && ((DATE) <= 31U))
#define IS_RTC_ASYNCH_PREDIV(PREDIV)   ((PREDIV) <= 0x7FU)
#define IS_RTC_SYNCH_PREDIV(PREDIV)    ((PREDIV) <= 0x7FFFU)
```

18.2.2　周期唤醒相关 HAL 函数

RTC 周期唤醒中断的相关函数在文件 stm32f4xx_hal_rtc_ex.h 中定义,常用的函数如表 18-4 所示。

表 18-4　周期唤醒中断的相关函数

函 数 名 称	功 能 描 述
__HAL_RTC_WAKEUPTIMER_ENABLE()	开启 RTC 的周期唤醒单元
__HAL_RTC_WAKEUPTIMER_DISABLE()	停止 RTC 的周期唤醒单元
__HAL_RTC_WAKEUPTIMER_ENABLE_IT()	允许 RTC 周期唤醒事件产生硬件中断
__HAL_RTC_WAKEUPTIMER_DISABLE_IT()	禁止 RTC 周期唤醒事件产生硬件中断
HAL_RTCEx_GetWakeUpTimer()	获取周期唤醒计数器的当前计数器,返回值类型 uint32_t
HAL_RTCEx_SetWakeUpTimer()	设置周期唤醒单元的计数周期数和时钟信号源,不开启中断
HAL_RTCEx_SetWakeUpTimer_IT()	设置周期唤醒单元的计数周期数和时钟信号源,开启中断
HAL_RTCEx_DeactivateWakeUpTimer()	停止 RTC 周期唤醒单元及其中断,停止后可用宏函数重新启用
HAL_RTCEx_WakeUpTimerIRQHandler()	RTC 周期唤醒中断的 ISR 里调用的通用处理函数
HAL_RTCEx_WakeUpTimerEventCallback()	RTC 周期唤醒事件的回调函数

1. 宏函数

已知 RTC 外设对象变量和周期唤醒中断事件类型定义如下:

```
RTC_HandleTypeDef hrtc;           //RTC 外设对象变量
#define RTC_IT_WUT 0x00004000U    //周期唤醒中断事件类型
```

使用宏函数允许和禁止 RTC 周期唤醒事件产生硬件中断的参考代码如下:

```
__HAL_RTC_WAKEUPTIMER_ENABLE_IT(&hrtc, RTC_IT_WUT)
__HAL_RTC_WAKEUPTIMER_DISABLE_IT(&hrtc, RTC_IT_WUT)
```

表 18-4 只列出了部分常用的宏函数,用户编程一般不需要直接使用这些宏函数,若需了解全部函数或需要使用某些功能,可以查看源文件。

2. 周期唤醒定时器

函数 HAL_RTCEx_SetWakeUpTimer() 设置周期唤醒定时器的定时周期数和时钟信号源,不开启周期唤醒中断,其原型定义如下:

```
HAL_StatusTypeDef HAL_RTCEx_SetWakeUpTimer(RTC_HandleTypeDef * hrtc, uint32_t WakeUpCounter, uint32_t
WakeUpClock)
```

其中,参数 WakeUpCounter 是计数周期值,WakeUpClock 是时钟信号源,可以使用一组宏定义表示时钟信号源。

函数 HAL_RTCEx_SetWakeUpTimer_IT() 设置周期唤醒定时器的定时周期数和时钟信号源,并开启周期唤醒中断,函数参数形式与 HAL_RTCEx_SetWakeUpTimer() 一样。这两个函数在

STM32CubeMX 生成的 RTC 初始化函数代码中会被调用。

函数 HAL_RTCEx_DeactivateWakeUpTimer()用于停止 RTC 周期唤醒单元及其中断,其内部会调用__HAL_RTC_WAKEUPTIMER_DISABLE()和__HAL_RTC_WAKEUPTIMER_DISABLE_IT()。

3. 周期唤醒中断回调函数

RTC 的周期唤醒中断有独立的中断号,ISR 是 RTC_WKUP_IRQHandler()。在 STM32CubeMX 中开启 RTC 的周期唤醒中断后,在文件 stm32f4xx_it.c 中会自动生成周期唤醒 ISR,代码如下:

```
void RTC_WKUP_IRQHandler(void)
{
    HAL_RTCEx_WakeUpTimerIRQHandler(&hrtc);
}
```

其中,函数 HAL_RTCEx_WakeUpTimerIRQHandler()是周期唤醒中断的通用处理函数,它内部会调用周期唤醒事件的回调函数 HAL_RTCEx_WakeUpTimerEventCallback()。所以,用户要对周期唤醒中断进行处理,只需重新实现这个回调函数即可。

18.2.3 闹钟相关 HAL 函数

RTC 有两个闹钟(某些型号 MCU 只有一个),闹钟相关的函数在文件 stm32f4xx_hal_rtc.h 和 stm32f4xx_hal_rtc_ex.h 中定义。有些函数需要使用如下两个宏定义来区分闹钟 A 和闹钟 B。

```
# define RTC_ALARM_A RTC_CR_ALRAE        //闹钟 A
# define RTC_ALARM_B RTC_CR_ALRBE        //闹钟 B
```

表示闹钟 A 和闹钟 B 的中断事件类型宏定义如下:

```
# define RTC_IT_ALRA RTC_CR_ALRAIE        //闹钟 A 的中断事件
# define RTC_IT_ALRB RTC_CR_ALRBIE        //闹钟 B 的中断事件
```

闹钟的相关函数如表 18-5 所示,示例中直接使用了 RTC 外设对象变量 hrtc。

表 18-5 闹钟的相关函数

函 数 名 称	功 能 描 述
__HAL_RTC_ALARM_ENABLE_IT()	允许闹钟 A 或闹钟 B 产生硬件中断,例如 __HAL_RTC_ALARM_ENABLE_IT(&hrtc,RTC_ALARM_A)
__HAL_RTC_ALARM_DISABLE_IT()	禁止闹钟 A 或闹钟 B 产生硬件中断,例如 __HAL_RTC_ALARM_DISABLE_IT(&hrtc,RTC_ALARM_B)
__HAL_RTC_ALARMA_ENABLE()	开启闹钟 A 模块,例如:__HAL_RTC_ALARMA_ENABLE(&hrtc)
__HAL_RTC_ALARMA_DISABLE()	关闭闹钟 A 模块,例如:__HAL_RTC_ALARMA_DISABLE(&hrtc)
__HAL_RTC_ALARMB_ENABLE()	开启闹钟 B 模块,例如:__HAL_RTC_ALARMB_ENABLE(&hrtc)
__HAL_RTC_ALARMB_DISABLE()	关闭闹钟 B 模块,例如:__HAL_RTC_ALARMB_DISABLE(&hrtc)
HAL_RTC_SetAlarm()	设置闹钟 A 或闹钟 B 的闹钟参数,不开启闹钟中断
HAL_RTC_SetAlarm_IT()	设置闹钟 A 或闹钟 B 的闹钟参数,开启闹钟中断
HAL_RTC_DeactivateAlarm()	停止闹钟 A 或闹钟 B
HAL_RTC_GetAlarm()	获取闹钟 A 或闹钟 B 的设定时间和掩码
HAL_RTC_AlarmIRQHandler()	闹钟硬件 ISR 里调用的通用处理函数
HAL_RTC_AlarmAEventCallback()	闹钟 A 中断事件的回调函数
HAL_RTCEx_AlarmBEventCallback()	闹钟 B 中断事件的回调函数

函数 HAL_RTC_SetAlarm()用于设置闹钟时间和掩码,此函数参数较为复杂,会在项目实例中结合

代码讲解。函数 HAL_RTC_GetAlarm()用于获取设置的闹钟时间和掩码,其参数类型与 HAL_RTC_SetAlarm()相同。

RTC 闹钟有一个中断号,其 ISR 是 RTC_Alarm_IRQHandler()。函数 HAL_RTC_AlarmIRQHandler()是闹钟中断 ISR 中调用的通用处理函数,文件 stm32f4xx_it.c 中闹钟的 ISR 代码如下:

```
void RTC_Alarm_IRQHandler(void)
{
    HAL_RTC_AlarmIRQHandler(&hrtc);
}
```

函数 HAL_RTC_AlarmIRQHandler 会根据闹钟事件来源,分别调用闹钟 A 的中断事件回调函数 HAL_RTC_AlarmAEventCallback() 或闹钟 B 的中断事件回调函数 HAL_RTCEx_AlarmBEventCallback()。

18.3 备份寄存器

STM32F407 的 RTC 有 20 个 32 位的备份寄存器,寄存器的名称为 RTC_BKP0R~RTC_BKP19R。这些备份寄存器由备用电源 V_{BAT} 供电,在系统复位或主电源关闭时,只要 V_{BAT} 有电,备份寄存器的内容就不会丢失。所以,备份寄存器可以用来存储一些用户数据。

文件 stm32f4xx_hal_rtc_ex.h 中有读写备份寄存器的功能函数,其原型定义如下:

```
uint32_t HAL_RTCEx_BKUPRead(RTC_HandleTypeDef * hrtc, uint32_t BackupRegister)
Void HAL_RTCEx_BKUPWrite(RTC_HandleTypeDef * hrtc, uint32_t BackupRegister, uint32_t Data)
```

微课视频

其中,参数 BackupRegister 是备份寄存器编号,文件 stm32f4xx_hal_rtc_ex.h 中定义了 20 个备份寄存器编号的宏,部分定义如下:

```
#define RTC_BKP_DR0        0x00000000U
#define RTC_BKP_DR1        0x00000001U
……        //省略了中间定义代码
#define RTC_BKP_DR18       0x00000012U
#define RTC_BKP_DR19       0x00000013U
```

RTC 也可以由备用电源供电,在系统复位或主电源关闭时,RTC 的日历不受影响。

> 为避免系统复位时日历被重复初始化,可以在日历初始化完成后向某一备份寄存器中写入标记数据,以区分是否已经初始化,这是备份寄存器在 RTC 项目中的典型应用。

18.4 RTC 日历和闹钟项目

18.4.1 项目分析

本项目实现一个不间断日历,同时使用 RTC 的周期唤醒、闹钟 A 和闹钟 B 中断。项目具有如下功能。

(1) 使用 32.768kHz 的 LSE 时钟作为 RTC 时钟源,RTC 模块和备份寄存器由 CR1220 纽扣电池供电。

(2) 初始化 RTC 日期为 2023-02-28,时间为 09:30:25,在 RTC_BKP0R 寄存器中写入数据 0xA5A5,以避免重复初始化。

（3）每秒唤醒一次，在周期唤醒中断中读取当前日期、星期和时间并在 LCD 上显示日历。

（4）闹钟 A 实现整点报时功能，即在 xx：00：00 时刻触发，蜂鸣器发声 3 次，触发次数显示于 LCD 上。

（5）闹钟 B 实现分钟中间提示功能，即在 xx：xx：30 时刻触发，LED 快闪两次，触发次数显示于 LCD 上。

（6）按键 K1～K3 分别用于时、分、秒调节，时间数值在取值范围内向上循环调节。

（7）PC 获取网络时间，通过串口发送至微控制器，MCU 接收并解析出日历数据，更新 RTC 寄存器。

18.4.2　项目实施

1．复制工程文件

复制第 17 章创建的工程文件夹 1701 BitBand DHT11 到桌面，并将文件夹重命名为 1801 RTC and BKP。

2．STM32CubeMX 配置

打开工程文件夹里面的 Template.ioc 文件，启动 STM32CubeMX 配置软件，依次对项目涉及模块进行配置。

1）RCC 组件配置

在 Pinout & Configuration 配置页面中的 System Core 类别下面找到 RCC 组件，打开其配置界面，设置 LSE 为 Crystal/Ceramic Resonator。然后在 Clock Configuration 配置页面设置 LSE 的 32.768kHz 的时钟信号作为 RTC 的时钟源，RCC 组件配置结果如图 18-2 所示。

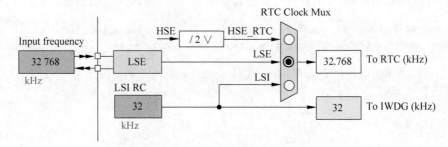

图 18-2　RCC 组件配置

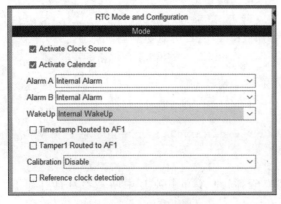

图 18-3　RTC 模式设置界面

2）RTC 模式设置

RTC 模式设置界面如图 18-3 所示，首先启用时钟源（Activate Clock Source）和日历（Activate Calendar）。闹钟 A（Alarm A）和闹钟 B（Alarm B）旁边的下拉列表框里都有 3 个选项。

（1）Disable：禁用闹钟。

（2）Internal Alarm：内部闹钟功能。

（3）Routed to AF1：闹钟事件信号输出到复用引脚 RTC_AF1，也就是引脚 PC13。

WakeUp 是周期唤醒功能，它旁边的下拉列表框里也有 3 个选项。

（1）Disable：禁用周期唤醒功能。

（2）Internal WakeUp：内部周期唤醒。

（3）Routed to AF1：周期唤醒事件信号输出到复用引脚 RTC_AF1。

闹钟 A、闹钟 B 和周期唤醒都可以产生中断，且中断事件信号都可以输出到复用引脚 RTC_AF1，但只能选择其中一个输出到 RTC_AF1。

 开发板设计时，RTC_AF1 映射引脚 PC13 作为温湿度传感器 DHT11 的数据线使用，所以此处均使用内部事件功能，即将闹钟 A、闹钟 B 均设置为 Internal Alarm，周期唤醒设置为 Internal WakeUp。

图 18-3 中最下方的 Reference clock detection 是参考时钟检测功能，如果勾选此项，就会使引脚 PB15 作为 RTC_REFIN 引脚，这个引脚需要接一个 50Hz 或 60Hz 的精密时钟信号，用于对 RTC 日历的 1Hz 更新频率进行精确补偿。某些 GPS 模块可以配置输出 0.25Hz～10MHz 的时钟信号，在 GPS 模块的应用中，就可以配置 GPS 模块输出 50Hz 信号，作为 RTC 的参考时钟源。

3）RTC 基本参数设置

RTC 基本参数设置界面如图 18-4 所示，划分为 General、Calendar Time 和 Calendar Date 三个类别组。

General 组用于 RTC 模块通用参数设置，有如下设置选项，其中 Output Polarity 参数和 Output Type 参数仅当 Alarm A、Alarm B、WakeUp 等事件选择 Routed to AF1 选项时才会出现。

（1）Hour Format：小时格式，可以选择 12 小时制或 24 小时制。

（2）Asynchronous Predivider value：异步预分频器值，设置范围为 0～127，对应分频系数是 1～128。当 RTCCLK 为 32.768kHz 时，128 分频后就是 256Hz。

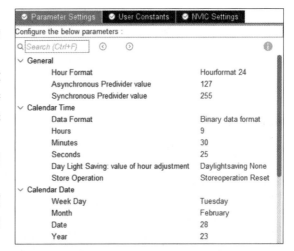

图 18-4　RTC 基本参数设置界面

（3）Synchronous Predivider value：同步预分频器值，设置范围为 0～32767，对应分频系数是 1～32768，256 分频后就是 1Hz。

（4）Output Polarity：输出极性，闹钟 A、闹钟 B、周期唤醒中断事件信号有效时输出极性，可设置为高电平或低电平。

（5）Output Type：复用引脚 RTC_AF1 的输出类型，可选开漏输出（Open drain）或推挽输出（Push pull）。

Calendar Time 分组用于设置日历的时间参数和初始化数据，选项说明如下：

（1）Data Format：数据格式，可以选择二进制格式或 BCD 格式，这里选择 Binary data format。

（2）Hours、Minutes、Seconds：初始化时间数值，此处设置为 09：30：25。

（3）Day Light Saving：value of hour adjustment：夏令时设置，这里设置为 Daylightsaving None，即不使用夏令时。

（4）Store Operation：存储操作，表示是否已经对夏令时设置做修改，设置为 Storeoperation Reset 表示未修改夏令时，设置为 Storeoperation Set 表示已修改。

Calendar Date 分组用于设置日期，参数说明如下所示，设置日期为 2023 年 2 月 28 日、星期二。

（1）Week Day：设置星期，可以设置为 Monday、Tuesday、Wednesday、Thursday、Friday、Saturday、Sunday 中的一个。

（2）Month：设置月份，可以设置为 January、February、March、April、May、June、July、August、September、October、November、December 中的一个。

（3）Date：设置日期，数值范围为 1~31。

（4）Year：设置年份，数值范围为 0~99，表示 2000—2099 年。

4）闹钟定时设置

用户在 RTC 模式设置里启用闹钟 A 和闹钟 B 后，就会在参数配置部分看到闹钟的设置。闹钟的触发时间可以设置为日期（天或星期几）、时、分、秒、亚秒的任意组合，只需设置相应的日期时间和屏蔽即可。闹钟 A 和闹钟 B 的设置方法是完全一样的，下面以闹钟 A 的设置为例进行讲解。

在本项目中，RTC 初始时间设置为 09：30：25，闹钟 A 在 xx：00：00 时刻触发，实现整点报时功能，具体参数设置和说明如表 18-6 所示。

表 18-6 闹钟 A 的参数设置和说明

参　　数	意　义	取 值 示 例	范围及说明
Hours	小时	09	0~23
Minutes	分钟	0	0~59
Seconds	秒钟	0	0~59
Sub Seconds	亚秒	0	0~59
Alarm Mask Date week day	屏蔽日期	Enable	设置为 Enable 表示屏蔽，即闹钟与日期数据无关 设置为 Disable 表示日期数据参与比对
Alarm Mask Hours	屏蔽小时	Enable	设置为 Enable 表示屏蔽，即闹钟与小时数据无关 设置为 Disable 表示小时数据参与比对
Alarm Mask Minutes	屏蔽分钟	Disable	设置为 Enable 表示屏蔽，即闹钟与分钟数据无关 设置为 Disable 表示分钟数据参与比对
Alarm Mask Seconds	屏蔽秒钟	Disable	设置为 Enable 表示屏蔽，即闹钟与秒钟数据无关 设置为 Disable 表示秒钟数据参与比对
Alarm Sub Second Mask	屏蔽亚秒	All Alarm SS field are masked	设置为 All Alarm SS field are masked 表示屏蔽，闹钟与亚秒数据无关，设置为其他选项表示亚秒数据参与比对
Alarm Date Week Day Sel	日期形式	Date	有 Date 和 Weekday 两个选项，选项 Date 表示用 1~31 日表示日期，选项 Weekday 表示用 Monday~Sunday 表示星期几
Alarm Date	日期/周	28	1~31 或 Monday~Sunday

对于闹钟 A，只有 Alarm Mask Minutes 和 Alarm Mask Seconds 设置为 Disable，所以闹钟 A 的触发时刻是 xx：00：00，与小时、日期数据无关，设置结果如图 18-5 所示。

同样，对于闹钟 B，只有 Alarm Mask Seconds 设置为 Disable，所以闹钟 B 的触发时刻是 xx：xx：30，即每分钟的第 30s 触发闹钟 B，设置结果如图 18-6 所示。

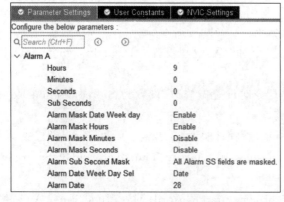

图 18-5 闹钟 A 设置结果

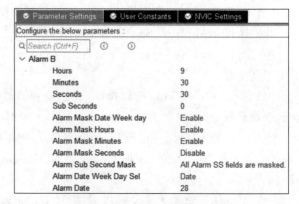

图 18-6 闹钟 B 设置结果

5）周期唤醒设置

周期唤醒的参数设置如图 18-7 所示，只有两个参数需要设置。

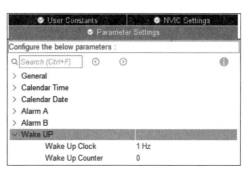

Wake Up Clock 参数用于设置周期唤醒的时钟源。由图 18-1 可知，周期唤醒的时钟源可以来自同步预分频的 1Hz 信号，也可以来自 RTCCLK 经过 2、4、8、16 分频的信号。若 RTCCLK 频率为 32.768kHz，则这个参数各选项意义如下：

图 18-7　周期唤醒的参数设置

（1）RTCCLK/16：16 分频信号，即 2.048kHz。

（2）RTCCLK/8：8 分频信号，即 4.096kHz。

（3）RTCCLK/4：4 分频信号，即 8.192kHz。

（4）RTCCLK/2：2 分频信号，即 16.384kHz。

（5）1 Hz：来自 ck_spre 的 1Hz 信号。

（6）1 Hz with 1 bit added to Wake Up Counter：来自 ck_spre 的 1Hz 信号，将 Wake Up Counter（唤醒计数器）的值加 2^{16}。

Wake Up Counter 参数用于设置唤醒计数器的重载值，设定值的范围是 0～65535。表示周期唤醒计数器的计数值达到这个值时，就触发一次 WakeUp 中断。如果这个值设置为 0，则每个时钟周期中断 1 次。例如，选择周期唤醒时钟源为 1Hz 信号时，若设置此值为 0，则每 1s 发生一次唤醒中断；若此值设置为 1，则每 2s 发生一次唤醒中断。

在图 18-7 中，选择周期唤醒单元的时钟源为 1Hz 信号，唤醒计数器的重载值为 0，所以每 1s 会发生一次唤醒中断。在其中断服务程序中，读取 RTC 日期和时间并在 LCD 上显示，即实现了 RTC 日历功能。

6）中断设置

用户可以在 NVIC 组件的配置界面设置 RTC 的中断，选择优先级组别 3，因为其他中断服务程序中可能会调用 HAL_Delay() 函数，所以将 SysTick 中断优先级设置为最高，数值为 0。开启 RTC 周期唤醒中断，它使用 EXTI 线 22，设置抢点优先级为 4，响应优先级为 0。闹钟 A 和闹钟 B 共用 EXTI 线 17，设置抢点优先级为 5，响应优先级为 0。开启 EXTI0～EXTI2 中断，并将其抢点优先级设置为 6，响应优先级设为为 0。开启 USART1 中断，并将其抢点优先级设置为 4，响应优先级设置为 0。NVIC 配置结果如图 18-8 所示。

NVIC Interrupt Table	Enabled	Preemption Pri.	Sub Priority
Non maskable interrupt	✓	0	0
Hard fault interrupt	✓	0	0
Memory management fault	✓	0	0
Pre-fetch fault, memory access fault	✓	0	0
Undefined instruction or illegal state	✓	0	0
System service call via SWI instruction	✓	0	0
Debug monitor	✓	0	0
Pendable request for system service	✓	0	0
Time base: System tick timer	✓	0	0
RTC wake-up interrupt through EXTI line 22	✓	4	0
EXTI line0 interrupt	✓	6	0
EXTI line1 interrupt	✓	6	0
EXTI line2 interrupt	✓	6	0
USART1 global interrupt	✓	4	0
RTC alarms A and B interrupt through EXTI line 17	✓	5	0

图 18-8　NVIC 配置结果

FSMC、SPI、GPIO、工程等相关配置参照以往项目配置，单击 GENERATE CODE 按钮生成初始化工程。

3. 初始化程序分析

用户启用 RTC 模块后，STM32CubeMX 会生成 RTC 初始化源文件 rtc. c 和初始化头文件 rtc. h，分别用于 RTC 初始化的实现和定义，并在主程序中自动调用 RTC 初始化函数，其代码如下：

```c
/* ------------------------------ Source File rtc. c ------------------------------ */
# include "rtc. h"
RTC_HandleTypeDef hrtc;
void MX_RTC_Init(void) /* RTC init function */
{
    RTC_TimeTypeDef sTime = {0};
    RTC_DateTypeDef sDate = {0};
    RTC_AlarmTypeDef sAlarm = {0};
    hrtc. Instance = RTC; /** Initialize RTC Only */
    hrtc. Init. HourFormat = RTC_HOURFORMAT_24;
    hrtc. Init. AsynchPrediv = 127;
    hrtc. Init. SynchPrediv = 255;
    hrtc. Init. OutPut = RTC_OUTPUT_DISABLE;
    hrtc. Init. OutPutPolarity = RTC_OUTPUT_POLARITY_HIGH;
    hrtc. Init. OutPutType = RTC_OUTPUT_TYPE_OPENDRAIN;
    if (HAL_RTC_Init(&hrtc) != HAL_OK)
        Error_Handler();
    /* USER CODE BEGIN Check_RTC_BKUP */
    if(HAL_RTCEx_BKUPRead(&hrtc, RTC_BKP_DR0) == 0xA5A5)
    {
        goto SKIP_CAL_INIT;            //跳过日历初始化
    }
    /* USER CODE END Check_RTC_BKUP */
    sTime. Hours = 9; /** Initialize RTC and set the Time and Date */
    sTime. Minutes = 30;
    sTime. Seconds = 25;
    sTime. DayLightSaving = RTC_DAYLIGHTSAVING_NONE;
    sTime. StoreOperation = RTC_STOREOPERATION_RESET;
    if (HAL_RTC_SetTime(&hrtc, &sTime, RTC_FORMAT_BIN) != HAL_OK)
        Error_Handler();
    sDate. WeekDay = RTC_WEEKDAY_TUESDAY;
    sDate. Month = RTC_MONTH_FEBRUARY;
    sDate. Date = 28;
    sDate. Year = 23;
    if (HAL_RTC_SetDate(&hrtc, &sDate, RTC_FORMAT_BIN) != HAL_OK)
        Error_Handler();
SKIP_CAL_INIT: /* 重新生成代码需手动添加此标号 */
    sAlarm. AlarmTime. Hours = 9; /** Enable the Alarm A */
    sAlarm. AlarmTime. Minutes = 0;
    sAlarm. AlarmTime. Seconds = 0;
    sAlarm. AlarmTime. SubSeconds = 0;
    sAlarm. AlarmTime. DayLightSaving = RTC_DAYLIGHTSAVING_NONE;
    sAlarm. AlarmTime. StoreOperation = RTC_STOREOPERATION_RESET;
    sAlarm. AlarmMask = RTC_ALARMMASK_DATEWEEKDAY|RTC_ALARMMASK_HOURS;
    sAlarm. AlarmSubSecondMask = RTC_ALARMSUBSECONDMASK_ALL;
    sAlarm. AlarmDateWeekDaySel = RTC_ALARMDATEWEEKDAYSEL_DATE;
    sAlarm. AlarmDateWeekDay = 28;
    sAlarm. Alarm = RTC_ALARM_A;
```

```
        if (HAL_RTC_SetAlarm_IT(&hrtc, &sAlarm, RTC_FORMAT_BIN) != HAL_OK)
            Error_Handler();
    sAlarm.AlarmTime.Minutes = 30; /** Enable the Alarm B */
    sAlarm.AlarmTime.Seconds = 30;
    sAlarm.AlarmMask = RTC_ALARMMASK_DATEWEEKDAY|RTC_ALARMMASK_HOURS|RTC_ALARMMASK_MINUTES;
    sAlarm.Alarm = RTC_ALARM_B;
        if (HAL_RTC_SetAlarm_IT(&hrtc, &sAlarm, RTC_FORMAT_BIN) != HAL_OK)
            Error_Handler();
        if (HAL_RTCEx_SetWakeUpTimer_IT(&hrtc, 0, RTC_WAKEUPCLOCK_CK_SPRE_16BITS) != HAL_OK)
            Error_Handler();
    /* USER CODE BEGIN RTC_Init 2 */
    HAL_RTCEx_BKUPWrite(&hrtc,RTC_BKP_DR0,0xA5A5); //标记初始化完成
    /* USER CODE END RTC_Init 2 */
}
void HAL_RTC_MspInit(RTC_HandleTypeDef * rtcHandle)
{
    RCC_PeriphCLKInitTypeDef PeriphClkInitStruct = {0};
    if(rtcHandle->Instance == RTC)
    {
        /* 初始化外设时钟 */
        PeriphClkInitStruct.PeriphClockSelection = RCC_PERIPHCLK_RTC;
        PeriphClkInitStruct.RTCClockSelection = RCC_RTCCLKSOURCE_LSE;
        if (HAL_RCCEx_PeriphCLKConfig(&PeriphClkInitStruct) != HAL_OK)
            Error_Handler();
        __HAL_RCC_RTC_ENABLE(); /* RTC clock enable */
        HAL_NVIC_SetPriority(RTC_WKUP_IRQn, 4, 0); /* RTC interrupt Init */
        HAL_NVIC_EnableIRQ(RTC_WKUP_IRQn);
        HAL_NVIC_SetPriority(RTC_Alarm_IRQn, 5, 0);
        HAL_NVIC_EnableIRQ(RTC_Alarm_IRQn);
    }
}
```

由上述代码可知,函数 MX_RTC_Init()用于 RTC 初始化,主要包括 RTC 基本参数初始化、日历初始化、闹钟 A 初始化和闹钟 B 初始化四部分程序。函数 HAL_RTC_MspInit()是 RTC 模块的 MSP 函数,重新实现这一函数主要用于设置 RTC 外设时钟源、使能 RTC 时钟和设置中断优先级。

本示例要实现不间断日历功能,虽然在主电源断电后,由后备电源继续供电,维持日历运行,但是每次上电复位会再次初始化,使系统从程序设定时间重新计时。所以需要修改初始化程序,使日历初始化程序仅在系统第一次复位时执行一次。

作者采用的方法是,在完成 RTC 基本参数初始化之后,读取后备寄存器 RTC_BKP0R,如果其数值是 0xA5A5,表明已经初始化完成,则通过 goto 语句跳过日历初始化代码,跳转目标为闹钟初始化语句首地址,标号名称为 SKIP_CAL_INIT。在完成所有代码初始化之后,还需要向 RTC_BKP0R 寄存器写入数据 0xA5A5(可以设置为非 0 的任意数),以表示初始化完成。上述程序在代码中均作加粗显示,其中跳转语句和写 BKP 寄存器语句放置在程序沙箱中,而跳转目标行标号没有程序沙箱可放置,所以 STM32CubeMX 重新生成代码时,行标号将会消失,所以还需要手动添加一下这个行标号。

当由后备电源供电时,仅向日历模块和后备寄存器供电,以维持日历运行。而 RTC 参数配置和中断设置仍然需要在主电源恢复时进行初始化,所以本例中系统复位仅跳过了日历初始化部分,其他所有初始化程序依然需要全部执行。

4. 用户程序设计

用户程序分为主程序设计和回调函数设计两部分,均位于 main.c 文件中,参考程序如下:

1）主程序设计

```c
/* ---------------------------- Source File main.c ---------------------------- */
# include "main.h"
# include "rtc.h"
# include "spi.h"
# include "usart.h"
# include "gpio.h"
# include "fsmc.h"
# include "lcd.h"
# include "flash.h"
# include "stdio.h"
# define LED1 PFout(0)
uint8_t TempStr[30] = "",BeepCount = 0,LampFlashCount = 0,RxData = 0;
RTC_TimeTypeDef sTime = {0};
RTC_DateTypeDef sDate = {0};
void SystemClock_Config(void);
void delay(uint32_t i);
void sound2(void);
int main(void)
{
    HAL_Init();
    SystemClock_Config();
    MX_GPIO_Init();
    MX_FSMC_Init();
    MX_SPI1_Init();
    MX_RTC_Init();
    MX_USART1_UART_Init();
    LCD_Init();
    LCD_Clear(WHITE);
    * SEG_ADDR = 0XFFFF;                         //关全部数码管!
    LCD_Fill(0,lcddev.height/2,lcddev.width,lcddev.height,BLUE);
    W25QXX_ReadID();                            //读取器件 ID,后续程序需要使用
    LCD_PrintCenter(0,24 * 1,(u8 * )"RTC 时钟与蓝牙通信",BLUE,WHITE,24,0);
    LCD_PrintCenter(0,24 * 3,(u8 * )"周期唤醒、闹钟 A、闹钟 B、BKP 寄存器",BLUE,WHITE,16,0);
    HAL_UART_Receive_IT(&huart1,&RxData,1);
    //HAL_RTCEx_BKUPWrite(&hrtc,RTC_BKP_DR0,0);   //调试时清零
    while (1)
    {
        if(BeepCount > 0)
        {
            BeepCount -- ;
            sound2();
            HAL_Delay(200);
        }
        if(LampFlashCount > 0)
        {
            LampFlashCount -- ;
            LED1 = !LED1;
            HAL_Delay(200);
        }
    }
}
```

主程序首先定义了一些全局变量,随后对外设进行初始化,并在 LCD 上输出项目信息,最后进入一个无限循环,用于对闹钟事件的处理,而日历功能实现则由周期唤醒中断服务程序实现。

2）周期唤醒中断回调函数

周期唤醒中断服务程序回调函数参考代码如下：

```
void HAL_RTCEx_WakeUpTimerEventCallback(RTC_HandleTypeDef * hrtc)
{
    char * WeekName[7] = {"Monday","Tuesday","Wednesday","Thursday","Friday","Saturday","Sunday"};
    if(HAL_RTC_GetTime(hrtc,&sTime,RTC_FORMAT_BIN) == HAL_OK)
    {
        HAL_RTC_GetDate(hrtc,&sDate,RTC_FORMAT_BIN);
        sprintf((char * )TempStr,"Date: % 4d - % 02d - % 02d % s",
            sDate.Year + 2000, sDate.Month, sDate.Date, WeekName[sDate.WeekDay - 1]);
        LCD_PrintCenter(0,24 * 5,TempStr,WHITE,BLUE,24,0);
        sprintf((char * )TempStr,"Time is % 02d: % 02d: % 02d",
            sTime.Hours, sTime.Minutes, sTime.Seconds);
        LCD_PrintCenter(0,24 * 6,TempStr,WHITE,BLUE,24,0);
    }
}
```

周期唤醒中断每秒中断一次，其功能为读取时间和日期数据并显示于LCD，实现日历显示功能，读取时间和读取日期函数必须成对使用，即使其中一组数据无须使用，否则无法解锁日历影子寄存器！

3）闹钟中断回调函数

闹钟A和闹钟B的中断服务程序对应回调函数参考代码如下：

```
void HAL_RTC_AlarmAEventCallback(RTC_HandleTypeDef * hrtc)
{
    static uint16_t AlarmATrigNum = 0;
    BeepCount = 3;
    AlarmATrigNum++;
    sprintf((char * )TempStr,"AlarmA(xx:00:00): % d",AlarmATrigNum);
    LCD_Print(24 * 2,24 * 7,TempStr,WHITE,BLUE,24,0);
}
void HAL_RTCEx_AlarmBEventCallback(RTC_HandleTypeDef * hrtc)
{
    static uint16_t AlarmBTrigNum = 0;
    LampFlashCount = 2;
    AlarmBTrigNum++;
    sprintf((char * )TempStr,"AlarmB(xx:xx:30): % d",AlarmBTrigNum);
    LCD_Print(24 * 2,24 * 8,TempStr,WHITE,BLUE,24,0);
}
```

由上述代码可知，闹钟A和闹钟B均对中断次数进行记录，并显示于LCD，同时设置各自闹钟事件全局变量，为使中断服务程序尽量简短，闹钟事件的处理由主程序完成。

4）按键中断回调函数

按键中断服务程序对应的回调函数参考代码如下：

```
void HAL_GPIO_EXTI_Callback(uint16_t GPIO_Pin)
{
    HAL_Delay(15);
    if(HAL_GPIO_ReadPin(GPIOE,GPIO_Pin) == GPIO_PIN_RESET)
    {
        //首先读出日历时间
```

```
        if(HAL_RTC_GetTime(&hrtc,&sTime,RTC_FORMAT_BIN) == HAL_OK)
        HAL_RTC_GetDate(&hrtc,&sDate,RTC_FORMAT_BIN);
        //按键调节时间
        if(GPIO_Pin == GPIO_PIN_0)
            if(++sTime.Hours == 24) sTime.Hours = 0;
        if(GPIO_Pin == GPIO_PIN_1)
            if(++sTime.Minutes == 60) sTime.Minutes = 0;
        if(GPIO_Pin == GPIO_PIN_2)
            if(++sTime.Seconds == 60) sTime.Seconds = 0;
        //写入调整后的时间,并更新于 LCD
        HAL_RTC_SetTime(&hrtc, &sTime, RTC_FORMAT_BIN);
        sprintf((char * )TempStr,"Time is % 02d: % 02d: % 02d",
                        sTime.Hours,sTime.Minutes,sTime.Seconds);
        LCD_PrintCenter(0,24 * 6,TempStr,WHITE,BLUE,24,0);
    }
}
```

按键中断服务程序用于实现按键调节时间功能,虽然示例推荐使用串口同步时间,但是按键调节作为一种后备调节方式还是相当有必要的。

5) USART 中断回调函数

USART1 中断服务程序对应的回调函数参考代码如下:

```
void HAL_UART_RxCpltCallback(UART_HandleTypeDef * huart)
{
    static uint8_t k = 0;
    if(huart -> Instance == USART1)
    {
        k++;             //统计接收到数据个数
        switch (k % 7)
        {
            case 1:     sDate.Year = RxData;      break;
            case 2:     sDate.Month = RxData;     break;
            case 3:     sDate.Date = RxData;      break;
            case 4:     sDate.WeekDay = RxData;   break;
            case 5:     sTime.Hours = RxData;     break;
            case 6:     sTime.Minutes = RxData;   break;
            case 0:     //接收到完整数据再更新日历
            sTime.Seconds = RxData;
            HAL_RTC_SetTime(&hrtc, &sTime, RTC_FORMAT_BIN);
            HAL_RTC_SetDate(&hrtc,&sDate,RTC_FORMAT_BIN);
            break;
            default:break;
        }
        HAL_UART_Transmit(&huart1,&k,1,100);
        HAL_UART_Receive_IT(&huart1,&RxData,1);
    }
}
```

USART1 中断服务程序用于从串口接收上位机发来的日历数据,并对其解析后写入日历寄存器,实现方式类似于第 11 章串口通信项目。

5. 下载调试

编译工程,直到没有错误为止,下载程序到开发板,复位运行,检查实验效果。

18.5 蓝牙模块通信

18.5.1 蓝牙通信概述

蓝牙作为一种近距离无线通信技术,由于其具有低功耗、低成本、高传输速率、组网简单以及可同时管理数据和语音传输等诸多优点而深受嵌入式工程师的青睐。蓝牙的工作频段为全球通用的 2.4GHz ISM 频段,数据传输速率为 1Mb/s,理想的通信范围为 10cm～10m,通过建立通用的无线空中接口及其控制软件的公开标准,使不同厂家生产的便携设备可以无线互联互通,手机、PAD、无线音箱、汽车电子、笔记本电脑等众多设备都在使用蓝牙技术。随着蓝牙技术的进步和自动化领域对便携性需求急剧增加,蓝牙技术也将用于更多检测仪器仪表和工业自动化控制系统中。

18.5.2 蓝牙透明传输原理

使用蓝牙技术组建近距离无线通信网实现数据互联互通有两种开发方式,一种是基于蓝牙芯片的一次开发,需要了解复杂的蓝牙底层协议,在 SDK 环境下设计芯片代码并进行测试封装。虽然该方式在成本、灵活性方面具有明显优势,但也存在需要蓝牙认证,开发难度大,研发周期长,对设计人员要求高等缺点。另一种是基于蓝牙模块的二次开发,在蓝牙芯片设计公司提供的蓝牙模块中已完成蓝牙认证和底层协议封装,对外提供一个操作接口,一般是串口,用户在使用蓝牙模块时只需要将其当成一个串口设备即可,不用关心数据是如何接收和发送的,这就是蓝牙模块的串口透明传输方式。使用蓝牙模块虽然需要在成本和灵活性上做出一定的牺牲,但换来的是高可靠性和研发周期大幅缩短,普通嵌入式工程师可以很快地将蓝牙技术应用于其研发产品中。基于上述分析,本章选用蓝牙模块实现近距离无线传输网络组建,其工作于串口透明传输模式。

串口即通用同步/异步收发器 USART,作为一种板级有线通信方式被广泛应用于各类嵌入式系统中,如果需要连接两个具有 USART 接口的设备,则每个设备至少通过三个引脚与其他设备连接在一起,分别为接收数据输入(RxD)、发送数据输出(TxD)、两个设备之间的共地信号(GND),其连接方式如图 18-9 所示,需要注意的是两个 USART 设备的 TxD 和 RxD 必须交叉相连。

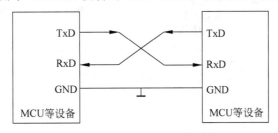

图 18-9 两个 USART 设备连接

两个具备 USART 串口的设备组建蓝牙无线通信网简单、高效的方式是选用蓝牙模块采用串口透传方式进行数据通信。其硬件连接方式如图 18-10 所示,每个通信设备分别使用串口连接各自蓝牙模块,此时至少需要连接 4 根线,分别为接收数据输入(RxD)、发送数据输出(TxD)以及两个设备之间的电源信号(VCC)和共地信号(GND),如有必要还可以连接蓝牙模块的按键复位和状态指示信号,此时仍然需要注意通信设备和蓝牙模块的 RxD 信号与 TxD 信号交叉相连。完成如图 18-10 所示硬件连接之后,蓝牙模块可以看成串口设备,数据发送和接收均是通过访问串口实现,至于数据如何在蓝牙模块之间无线传输已不需要用户关心,传输过程对通信设备来说完全透明。

上述通信连接方式常见于各种工业控制过程中,但是作为嵌入式系统课程的蓝牙模块组网教学案例,实施起来却有些不便,主要表现为需要准备两块开发板,在两台计算机上完成编程再下载分别运行,

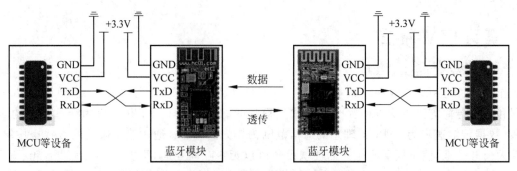

图 18-10　两个通信设备蓝牙模块连接

教师在课堂通过投影进行原理讲解和功能演示则更加困难。所以考虑将上述通信终端的一方更改为智能设备,可选的方案主要有手机、PAD 和 PC,PAD 不具备普遍性首先排除,手机虽然应用广泛,但屏幕较小,而且非软件专业的学生掌握手机 App 开发是比较困难的,应用起来有一定难度,所以最终选择 PC 作为通信另一终端。

　　如图 18-11 所示,MCU 与 PC 通信的微控制器端的硬件连接方式不变,还是采用串口交叉连接方式,PC 端无须蓝牙模块,因为蓝牙设备已经集成到计算机硬件系统中了。为了更便捷地使用 PC 蓝牙设备收发数据,并考虑到嵌入式系统的开发传统,即绝大多数嵌入式工程师有过 RS232 串口通信或 USB 转串口通信开发经历并积累大量例程,使用起来也是得心应手,所以在 PC 端将蓝牙设备虚拟成串口,这一过程一般会在计算机搜索到蓝牙模块时自动完成,如果未能成功添加蓝牙虚拟串口,也可以在蓝牙设置选项中手动添加。

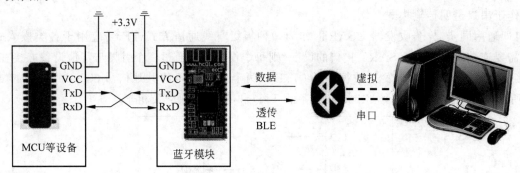

图 18-11　微控制器与 PC 蓝牙连接

18.6　无线时间同步电子万年历

18.6.1　项目分析

　　本项目功能是在 18.4 节项目的基础上进一步扩展,硬件部分不再使用 CMSIS-DAP 调试器的串口通信,而使用蓝牙模块通信。

　　如图 18-12 所示,开发板配备了一个蓝牙连接插座,其根据 BLE4.0＋SPP2.0 双模串口透传模块 HC-04 设计,连接至微控制器的 USART3,蓝牙模块的 TxD 引脚接微控制器 USART3 的 RxD 引脚,蓝牙模块的 RxD 引脚接微控制器 USART3 的 TxD 引脚,此外还需将开发板电源和地线连接蓝牙模块为其提供通信电源。蓝牙模块连接指示引脚连接微控制器的 PF14 引脚,蓝牙模块的 AT 指令设置引脚连接微控制器的 PF15 引脚,上述两个引脚只有在执行 AT 指令和进行连接指示时才需要使用。

　　项目使用蓝牙模块在 PC 与 MCU 之间建立无线数据传输通道,实现 PC 与微控制器之间时间同步,

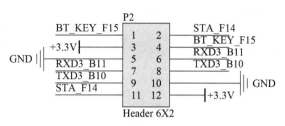

图 18-12 蓝牙模块连接插座

以达到精确、快捷设定 RTC 日历时间的目标,项目需要完成如下功能:

(1) 实现 18.4 节项目全部功能,并将串口有线通信更改为蓝牙无线传输。

(2) 将阳历日期转换为阴历日期,并使用阴历表示方法表示出年份和属相。

(3) 设置 3 个按键调节日历数据,分别用于选项选择、数值加和数值减,调节选项使用特定颜色标示。星期数据无须调节,由日期计算得出。

(4) 实时采集温度、湿度和光照等环境信息,并将日历和环境信息显示于 LCD,同时将时间高亮显示于数码管。

18.6.2 项目实施

1. 复制工程文件

因为本项目是在上一项目的基础上进行扩展的,所以复制 18.4.2 节创建的工程文件夹 1801 RTC And BKP 到桌面,并将文件夹重命名为 1802 BlueTooth Calendar。

2. STM32CubeMX 配置

本项目在 18.4.2 节项目基础上进行扩展,二者配置基本相同,仅需将串行接口 USART1 配置取消,转而配置蓝牙模块透传接口 USART3。由于蓝牙模块默认传输速率是 9600b/s,所以此时也将 USART3 波特率设置为 9600b/s,中断及其他配置均无须修改。本项目还涉及 DHT11、蜂鸣器、LED 指示灯、光敏电阻数字输入、FSMC、SPI、RTC 等模块,其配置同相关章节。时钟、工程等相关配置无须更改,单击 GENERATE CODE 按钮生成初始化工程。

3. 初始化程序分析

项目涉及的初始化模块较多,但仅有串口初始化有微小变化,其位于 usart.c 文件中,代码如下:

```
/* ------------------------------ Source File usart.c ------------------------------ */
# include "usart.h"
UART_HandleTypeDef huart3;
void MX_USART3_UART_Init(void)
{
    huart3.Instance = USART3;
    huart3.Init.BaudRate = 9600;
    huart3.Init.WordLength = UART_WORDLENGTH_8B;
    huart3.Init.StopBits = UART_STOPBITS_1;
    huart3.Init.Parity = UART_PARITY_NONE;
    huart3.Init.Mode = UART_MODE_TX_RX;
    huart3.Init.HwFlowCtl = UART_HWCONTROL_NONE;
    huart3.Init.OverSampling = UART_OVERSAMPLING_16;
    if (HAL_UART_Init(&huart3) != HAL_OK)
        Error_Handler();
}
void HAL_UART_MspInit(UART_HandleTypeDef * uartHandle)
```

```
{
    GPIO_InitTypeDef GPIO_InitStruct = {0};
    if(uartHandle->Instance==USART3)
    {
        __HAL_RCC_USART3_CLK_ENABLE(); /* USART3 clock enable */
        __HAL_RCC_GPIOB_CLK_ENABLE();
        /** USART3 GPIO PB10 ---> USART3_TX PB11 --> USART3_RX **/
        GPIO_InitStruct.Pin = GPIO_PIN_10|GPIO_PIN_11;
        GPIO_InitStruct.Mode = GPIO_MODE_AF_PP;
        GPIO_InitStruct.Pull = GPIO_NOPULL;
        GPIO_InitStruct.Speed = GPIO_SPEED_FREQ_VERY_HIGH;
        GPIO_InitStruct.Alternate = GPIO_AF7_USART3;
        HAL_GPIO_Init(GPIOB, &GPIO_InitStruct);
        HAL_NVIC_SetPriority(USART3_IRQn, 4, 0); /* USART3 interrupt Init */
        HAL_NVIC_EnableIRQ(USART3_IRQn);
    }
}
```

由上述代码可知,蓝牙模块初始化本质上就是初始化串口 USART3。

4. 主程序设计

用户程序划分为主程序和中断回调函数两部分,二者均位于 main.c 文件中。在主程序或中断回调函数中需要调用的农历和星期计算源程序位于 solartolunar.c 文件中,需要调用的温湿度采集源程序位于 dht11.c 文件中,调用时需要包含其相应的头文件。主程序参考源代码如下:

```
/* -------------------------- Source File main.c -------------------------- */
#include "main.h"
#include "rtc.h"
#include "spi.h"
#include "tim.h"
#include "usart.h"
#include "gpio.h"
#include "fsmc.h"
#include "lcd.h"                              //LCD 显示
#include "flash.h"                            //字库芯片驱动
#include "stdio.h"                            //标准输入输出
#include "dht11.h"                            //温湿度采集
#include "solartolunar.h"                     //农历和星期计算
#define LED1 PFout(0)                         //LED1 位带操作定义
uint8_t TempStr[30] = "",BeepCount = 0,LampFlashCount = 0,RxData = 0;
uint8_t ShowCalendarFlag = 0,SmgBuff[6],SetIndex = 0;
uint16_t * SEG_ADDR = (uint16_t *)(0x68000000);
uint8_t smgduan[11] = {0xc0,0xf9,0xa4,0xb0,0x99,0x92,0x82,0xf8,0x80,0x90};
uint8_t smgwei[6] = {0xFE,0xFD,0xFB,0xF7,0xEF,0xDF};
RTC_TimeTypeDef sTime = {0}; RTC_DateTypeDef sDate = {0};
char * WeekName[7] = {"Monday", "Tuesday", "Wednesday", "Thursday", "Friday",
"Saturday", "Sunday"};
void SystemClock_Config(void);
void delay(uint32_t i);                       //延时函数
void sound2(void);                            //蜂鸣器发声
void ShowCalendar(void);                      //显示日历
void Dht11AndPhotoProcess(void);              //温度、湿度、光照处理
int main(void)
{
    HAL_Init();
```

```
SystemClock_Config();
MX_GPIO_Init();
MX_FSMC_Init();
MX_SPI1_Init();
MX_RTC_Init();
MX_USART3_UART_Init();
MX_TIM7_Init();
LCD_Init();                               //LCD 初始化
LCD_Clear(WHITE);                         //白色清屏
 * SEG_ADDR = 0XFFFF;                     //关全部数码管!
LCD_Fill(0,lcddev.height/2,lcddev.width,lcddev.height,BLUE);  //下半屏蓝色填充
W25QXX_ReadID();                          //读器件 ID
HAL_TIM_Base_Start_IT(&htim7);           //启用 TIM7
HAL_UART_Receive_IT(&huart3,&RxData,1);  //串口接收一个字符
ShowCalendar(); //显示日历,含农历计算、干支计算、属相计算、设置区域标示等
LCD_Print(32,128,(u8 *)"星火嵌入式开发板",WHITE,BLUE,32,0);
LCD_PrintCenter(0,24 * 7 - 4,(u8 *)"万年历 V1.0 设计:黄克亚",YELLOW,BLUE,24,0);
LCD_PrintCenter(0,24 * 8,(u8 *)"蓝牙时间同步,按键调节日历",WHITE,BLUE,24,0);
while(DHT11_Init())                       //检测 DHT11 是否存在
{
        LCD_Print(0,24 * 9,(u8 * )"DHT11 检测失败",WHITE,BLUE,24,0);
        delay_ms(500);
}
LCD_Print(0,24 * 9,(u8 * )" K1:选择 K2:增加 K3:减少",WHITE,BLUE,24,0);
Dht11AndPhotoProcess();                   //初次显示温度、湿度和光照
//HAL_RTCEx_BKUPWrite(&hrtc,RTC_BKP_DR0,0); //调试时清零
while (1)
{
    if(BeepCount > 0)                     //闹钟 A 事件处理
    {
        BeepCount -- ;
        sound2();
        HAL_Delay(200);
    }
    if(LampFlashCount > 0)                //闹钟 B 事件处理
    {
      LampFlashCount -- ;
      LED1 = !LED1;
      HAL_Delay(200);
    }
    if(ShowCalendarFlag == 1)             //周期更新事件处理
    {
        ShowCalendarFlag = 0;
        ShowCalendar();
        Dht11AndPhotoProcess();
    }
}
}
```

由上述代码可知,主程序首先完成外设的初始化工作,随后启用外设,检测 DHT11 和读取 W25Q128 器件 ID,并输出系统信息,最后进入中断事务处理无限循环中。

由公历转换为农历在 ShowCalendar() 函数中完成。需要明确的是,农历的确定与天文关系紧密相连,存储的数据来自网络,起源于天文台等权威机构公布的农历的数据。如果计算时间跨度太大,如几千年后的农历,天文台也没有数据,无法计算表示,所以本项目并没有实现一个真正的万年历,而仅计算 1901—2099 年农历日期、干支和属相。

5．中断回调函数设计

项目中断及优先级配置结果如图 18-13 所示，每类中断都有其相应的回调函数，为节省篇幅，本节仅介绍中断回调函数的名称和功能，若需要了解详细信息，可查看工程源文件。

NVIC Interrupt Table	Enabled	Preemptio...	Sub Pri...
Non maskable interrupt	☑	0	0
Hard fault interrupt	☑	0	0
Memory management fault	☑	0	0
Pre-fetch fault, memory access fault	☑	0	0
Undefined instruction or illegal state	☑	0	0
System service call via SWI instruction	☑	0	0
Debug monitor	☑	0	0
Pendable request for system service	☑	0	0
Time base: System tick timer	☑	0	0
RTC wake-up interrupt through EXTI line 22	☑	4	0
EXTI line0 interrupt	☑	6	0
EXTI line1 interrupt	☑	6	0
EXTI line2 interrupt	☑	6	0
USART3 global interrupt	☑	4	0
RTC alarms A and B interrupt through EXTI line 17	☑	5	0
TIM7 global interrupt	☑	7	0

图 18-13 项目中断及优先级配置结果

1）唤醒中断

RTC 唤醒每秒中断一次，用于更新日历、温度、湿度和光照等显示信息。为使中断服务程序足够简短，在 RTC 中断回调函数中仅设置了一个唤醒中断标志位，而事务处理转移到主程序执行。唤醒中断回调函数定义如下：

```
void HAL_RTCEx_WakeUpTimerEventCallback(RTC_HandleTypeDef * hrtc)
{
    …… //唤醒中断回调函数
}
```

2）闹钟中断

STM32F407 的闹钟 A 和闹钟 B 共用一个中断号，但有各自的回调函数，闹钟 A 在 xx：00：00 时刻触发，蜂鸣器整点提示。闹钟 B 在 xx：xx：30 时刻触发，LED 每分钟中间闪烁 2 次。闹钟 A 和闹钟 B 回调函数定义如下，在其中仅设置了事件标志位，事务处理程序由主程序完成。

```
void HAL_RTC_AlarmAEventCallback(RTC_HandleTypeDef * hrtc)
{
    …… //闹钟 A 中断回调函数
}
void HAL_RTCEx_AlarmBEventCallback(RTC_HandleTypeDef * hrtc)
{
    …… //闹钟 B 中断回调函数
}
```

3）外部中断 EXTI

按键 K1～K3 使用外部中断 EXTI0～EXT2 实现日期和时间调节，其中 K1 用于选择设置选项，在年、月、日、时、分、秒选项中依次切换，项目无须设置星期，因为由日期可以计算出星期。K2 用于选项数值增加，K3 用于选项数值减小，二者均在取值范围内循环调节。EXTI0～EXTI2 使用同一中断回调函数，其定义如下：

```
void HAL_GPIO_EXTI_Callback(uint16_t GPIO_Pin)
{
    …… //EXTI0～EXTI2 中断回调函数
}
```

4）无线接收中断

由于采用蓝牙模块串口透明传输实现无线通信，所以无线接收中断回调函数即为 USART3 的接收中断回调函数。中断回调函数的处理方式与 18.4.2 节项目类似，USART3 串口接收中断回调函数定义如下：

```
void HAL_UART_RxCpltCallback(UART_HandleTypeDef * huart)
{
    …… //USART3 中断回调函数
}
```

6. 下载调试

项目实现蓝牙时间同步的不间断电子万年历，由于涉及蓝牙无线通信，所以调试时需要同时对微控制器端和 PC 端蓝牙硬件进行连接和配置。

微控制器端，将蓝牙模块 HC-04 纵向靠左安装至蓝牙连接插座 P2，安装完成后，RxD 和 TxD 引脚交叉相连，其余引脚同名相连。编译项目工程，直到没有错误为止，下载程序到开发板，复位运行，此时蓝牙模块的蓝色指示灯不停闪烁，表示其处于未连接状态。

PC 端和使用蓝牙鼠标或蓝牙耳机等设备一样，首次使用需要配对，并会保存配置信息，再次使用即可直接连接，蓝牙模块配置典型操作方式如下：

（1）单击任务栏"蓝牙"图标，打开"设置"或单击"开始"菜单，选择"设置→设备"命令，均可打开"蓝牙和其他设备"配置对话框，操作界面如图 18-14 所示。

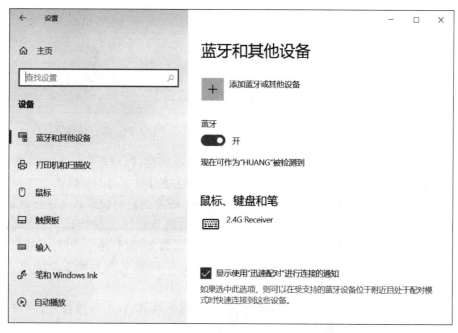

图 18-14　"蓝牙和其他设备"对话框

（2）单击图 18-14 中的"添加蓝牙或其他设备"前面的"＋"号，会弹出"添加设备"对话框，选择设备类型为"蓝牙"，此时会搜索附近的蓝牙设备。作者使用的是 BLE4.0＋SPP2.0 双模串口透传模块 HC-04，所以此时会出现两个蓝牙设备，一个是 HC-04，另一个是 HC-04BLE，选择 HC-04 连接，会弹出一个输入密码对话框，输入初始密码 1234，开始连接，成功后会将 HC-04 添加至图 18-14 的已配对设备列表中。

（3）完成蓝牙设备配对后，将鼠标置于图 18-14 对话框的最右侧，向下拖动出现的滚动条，找到"更多蓝牙选项"链接,单击打开"蓝牙设置"对话框,选择"COM端口"选项卡,设置界面如图18-15所示。由图18-15可知,当蓝牙模块成功配对后,操作系统会自动虚拟出两个串行接口,用于数据透明传输。传入端口是PC从机设备,传出端口是PC主机设备。本例中,PC蓝牙设备作主机设备使用,所以名称为HC-04'SerialPort'的传出端口COM7是有效端口;传入端口COM4并未使用,如有必要也可以将其删除。

（4）在PC端运行"单片机与PC通信.exe"上位机通信软件,界面如图18-16所示。相比于第11章串口通信项目,有两点需要注意。第一,需要将串口设置为PC蓝牙虚拟传出端口（本例为COM7）,软件在界面载入时会枚举有效串口,并会自动打开最大串口号的串口,这一串口一般情况下就是蓝牙虚拟传出端口,若不是,则需要读者手动修改一下。第二,需要将串口通信波特率由默认的115200b/s修改为蓝牙模块的9600b/s。

图18-15　蓝牙"COM端口"

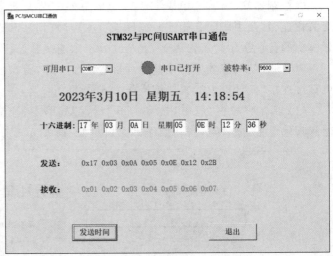

图18-16　上位机通信软件

（5）当蓝牙模块指示灯由闪烁转变为常亮,表示蓝牙连接成功,即可进行蓝牙串口透明传输。单击"发送时间"按钮,上位机会将实时获取的日期、星期、时间信息通过串口透明传输出去。微控制器端的蓝牙模块无线接收到数据后,再通过模块串口发送给微控制器,微控制器对收到数据进行解析,并更新日历信息,从而实现网络时间同步。读者会发现,虽然我们使用的是蓝牙无线传输,但是无论是PC还是MCU端均操作的是串口,其使用的软件与操作方式和第11章的UART通信一样,就好像蓝牙模块根本不存在一样,这就是蓝牙透明传输。这一原理还可以推广到WIFI模块等其他复杂外设,是嵌入式系统实现复杂通信的一种典型方式。

系统的其他功能,如农历转换、干支计算、属相计算、不间断计时、日历按键设定、闹钟功能和环境参数采集等也需要逐一进行测试和验证。

本章小结

本章内容大体上划分为两部分,第一部分介绍RTC时钟与备份寄存器的功能、原理和HAL库驱动方式,给出本章第一个综合性项目——使用STM32F407内部RTC模块实现不间断日历功能,并设置了两个闹钟事件,通过串口精确设定起始时间。第二部分介绍了蓝牙模块串口透明传输原理,给出本章第二个综合性项目——电子万年历,其具有蓝牙无线时间同步,农历、干支、属相计算,口期、时间调节,温度、湿度、光照采集等众多功能。RTC是微控制器内部硬件模块,使用灵活、方便、计时准确,是嵌入式系统日历、闹钟功能实现的不二之选。相比于蓝牙芯片一次开发,蓝牙模块串口透明传输可大幅缩短项目研发周期、提高系统可靠性以及快速实现嵌入式系统无线互联互通。

思考拓展

(1) 什么是 RTC 时钟?

(2) 什么是备份寄存器?

(3) 什么是后备区域?

(4) 简要说明 RTC 模块的内部结构。

(5) 使用 BKP 寄存器存储系统密码,实现类似于第 13 章的开机密码功能。

(6) 扩展 18.4 节项目功能,使其可以进行闹钟设置,并将设置结果保存于备份寄存器中。

(7) 扩展 18.6 节项目功能,由上位机发送命令控制开发板 LED 指示灯点亮或熄灭。

(8) 扩展 18.6 节项目功能,MCU 端以分钟为周期向上位机发送温度、湿度和光照的采集信息。

ASCII 码表

ASCII	字 符	ASCII	字 符	ASCII	字 符	ASCII	字 符
0	NUL	32	SP	64	@	96	'
1	SOH	33	!	65	A	97	a
2	STX	34	"	66	B	98	b
3	ETX	35	#	67	C	99	c
4	EOT	36	$	68	D	100	d
5	ENQ	37	%	69	E	101	e
6	ACK	38	&	70	F	102	f
7	BEL	39	`	71	G	103	g
8	BS	40	(	72	H	104	h
9	HT	41	)	73	I	105	i
10	NL	42	*	74	J	106	j
11	VT	43	+	75	K	107	k
12	FF	44	,	76	L	108	l
13	CR	45	—	77	M	109	m
14	SO	46	.	78	N	110	n
15	SI	47	/	79	O	111	o
16	DLE	48	0	80	P	112	p
17	DC1	49	1	81	Q	113	q
18	DC2	50	2	82	R	114	r
19	DC3	51	3	83	S	115	s
20	DC4	52	4	84	T	116	t
21	NAK	53	5	85	U	117	u
22	SYN	54	6	86	V	118	v
23	ETB	55	7	87	W	119	w
24	CAN	56	8	88	X	120	x
25	EM	57	9	89	Y	121	y
26	SUB	58	:	90	Z	122	z
27	ESC	59	;	91	[	123	{
28	FS	60	<	92	\	124		
29	GS	61	=	93	]	125	}
30	RE	62	>	94	^	126	~
31	US	63	?	95	_	127	DEL

运算符和结合性关系表

优 先 级	运 算 符	含 义	运算对象个数	结 合 方 向
1	（ ） [ ] — > ·	圆括号 下标运算符 指向结构体成员运算符 结构体成员运算符		自左至右
2	! ~ ++ —— — （类型） * & sizeof	逻辑非运算符 位取反运算符 自增运算符 自减运算符 负号运算符 类型转换运算符 指针运算符 取地址运算符 长度运算符	1 （单目运算符）	自右至左
3	* / %	乘法运算符 除法运算符 求余运算符	2 （双目运算符）	自左至右
4	+ —	加法运算符 减法运算符	2 （双目运算符）	自左至右
5	≪ ≫	左移运算符 右移运算符	2 （双目运算符）	自左至右
6	< <= > >=	关系运算符	2 （双目运算符）	自左至右
7	== !=	等于运算符 不等于运算符	2 （双目运算符）	自左至右
8	&	位与运算符	2 （双目运算符）	自左至右
9	^	位异或运算符	2 （双目运算符）	自左至右
10	|	位或运算符	2 （双目运算符）	自左至右
11	&&	逻辑与运算符	2 （双目运算符）	自左至右
12	||	逻辑或运算符	2 （双目运算符）	自左至右

续表

优 先 级	运 算 符	含 义	运算对象个数	结 合 方 向
13	?:	条件运算符	3 (三目运算符)	自右至左
14	= += −= ∗= /= %= ≫= ≪= &= ^= |	赋值运算符	2 (双目运算符)	自右至左
15	,	逗号运算符 (顺序求值运算符)		自左至右

说明：

（1）同一优先级的运算符，运算次序由结合方向决定。例如，∗与/具有相同的优先级别，其结合方向为自左至右，因此 3∗5/4 的运算次序是先乘后除。−和++为同一优先级，结合方向为自右向左，因此−i++相当于−(i++)。

（2）不同的运算符要求有不同的运算对象个数，如+(加)和−(减)为双目运算符，要求在运算符两侧各有一个运算对象(如 3+6、9−6 等)。而++和−(负号)运算符是单目运算符，只能在运算符的一侧出现一个运算对角,如−a、i++、−−i、(float)i、sizeof(int)、∗p 等。条件运算符是 C 语言中唯一的三目运算符，如 x?a：b。

（3）从上表中可以大致归纳出各类运算符的优先级。

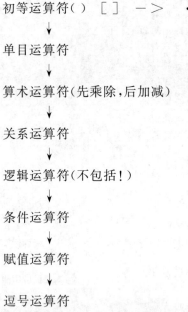

以上的优先级别由上到下递减。初等运算符优先级最高，逗号运算符优先级最低。位运算的优先级比较分散，有的在算术运算符之前（如~），有的在关系运算符之前（如≪和≫），有的在关系运算符之后（如 &、^、|）。为了便于记忆，使用位运算符时可加圆括号。

STM32F407 微控制器引脚定义表

封装形式		引脚名	类型	I/O 电平	注释	复用功能	附加功能
LQF P100	LQF P144						
1	1	PE2	I/O	FT		TRACECLK/FSMC _ A23/ETH _ MII _ TXD3/EVENTOUT	
2	2	PE3	I/O	FT		TRACED0/FSMC_A19/EVENTOUT	
3	3	PE4	I/O	FT		TRACED1/FSMC_A20/DCMI_D4/ EVENTOUT	
4	4	PE5	I/O	FT		TRACED2/FSMC _ A21/TIM9 _ CH1/ DCMI_D6/EVENTOUT	
5	5	PE6	I/O	FT		TRACED3/FSMC _ A22/TIM9 _ CH2/ DCMI_D7/EVENTOUT	
6	6	VBAT	S				
7	7	PC13	I/O	FT	(2)(3)	EVENTOUT	RTC_AF1
8	8	PC14-OSC32_ IN(PC14)	I/O	FT	(2)(3)	EVENTOUT	OSC32_IN(4)
9	9	PC15-OSC32_ OUT(PC15)	I/O	FT	(2)(3)	EVENTOUT	OSC32_OUT(4)
—	10	PF0	I/O	FT		FSMC_A0/I2C2_SDA/EVENTOUT	
—	11	PF1	I/O	FT		FSMC_A1/I2C2_SCL/EVENTOUT	
—	12	PF2	I/O	FT		FSMC_A2/I2C2_SMBA/EVENTOUT	
—	13	PF3	I/O	FT	(4)	FSMC_A3/EVENTOUT	ADC3_IN9
—	14	PF4	I/O	FT	(4)	FSMC_A4/EVENTOUT	ADC3_IN14
—	15	PF5	I/O	FT	(4)	FSMC_A5/EVENTOUT	ADC3_IN15
10	16	VSS	S				
11	17	VDD	S				
—	18	PF6	I/O	FT	(4)	TIM10_CH1/FSMC_NIORD/EVENTOUT	ADC3_IN4
—	19	PF7	I/O	FT	(4)	TIM11_CH1/FSMC_NREG/EVENTOUT	ADC3_IN5
—	20	PF8	I/O	FT	(4)	TIM13_CH1/FSMC_NIOWR/EVENTOUT	ADC3_IN6
—	21	PF9	I/O	FT	(4)	TIM14_CH1/FSMC_CD/EVENTOUT	ADC3_IN7
—	22	PF10	I/O	FT	(4)	FSMC_INTR/EVENTOUT	ADC3_IN8

续表

封装形式		引脚名	类型	I/O 电平	注释	复用功能	附加功能
LQF P100	LQF P144						
12	23	PH0-OSC_IN (PH0)	I/O	FT		EVENTOUT	OSC_IN(4)
13	24	PH1-OSC_OUT(PH1)	I/O	FT		EVENTOUT	OSC_OUT(4)
14	25	NRST	I/O	RST			
15	26	PC0	I/O	FT	(4)	OTG_HS_ULPI_STP/EVENTOUT	ADC123_IN10
16	27	PC1	I/O	FT	(4)	ETH_MDC/EVENTOUT	ADC123_IN11
17	28	PC2	I/O	FT	(4)	SPI2_MISO/OTG_HS_ULPI_DIR/TH_MII_TXD2/I2S2ext_SD/EVENTOUT	ADC123_IN12
18	29	PC3	I/O	FT	(4)	SPI2_MOSI/I2S2_SD/OTG_HS_ULPI_NXT/ETH_MII_TX_CLK/EVENTOUT	ADC123_IN13
19	30	VDD	S				
20	31	VSSA	S				
21	32	VREF+	S				
22	33	VDDA	S				
23	34	PA0-WKUP (PA0)	I/O	FT	(5)	USART2_CTS/UART4_TX/ETH_MII_CRS/TIM2_CH1_ETR/TIM5_CH1/TIM8_ETR/EVENTOUT	ADC123_IN0/WKUP(4)
24	35	PA1	I/O	FT	(4)	USART2_RTS/UART4_RX/ETH_RMII_REF_CLK/ETH_MII_RX_CLK/TIM5_CH2/TIMM2_CH2/EVENTOUT	ADC123_IN1
25	36	PA2	I/O	FT	(4)	USART2_TX/TIM5_CH3/TIM9_CH1/TIM2_CH3/ETH_MDIO/EVENTOUT	ADC123_IN2
26	37	PA3	I/O	FT	(4)	USART2_RX/TIM5_CH4/TIM9_CH2/TIM2_CH4/OTG_HS_ULPI_D0/ETH_MII_COL/EVENTOUT	ADC123_IN3
27	38	VSS	S				
28	39	VDD	S				
29	40	PA4	I/O	TTa	(4)	SPI1_NSS/SPI3_NSS/USART2_CK/DCMI_HSYNC/OTG_HS_SOF/I2S3_WS/EVENTOUT	ADC12_IN4/DAC1_OUT
30	41	PA5	I/O	TTa	(4)	SPI1_SCK/OTG_HS_ULPI_CK/TIM2_CH1_ETR/TIM8_CHIN/EVENTOUT	ADC12_IN5/DAC2_OUT
31	42	PA6	I/O	FT	(4)	SPI1_MISO/TIM8_BKIN/TIM13_CH1/DCMI_PIXCLK/TIM3_CH1/TIM1_BKIN/EVENTOUT	ADC12_IN6
32	43	PA7	I/O	FT	(4)	SPI1_MOSI/TIM8_CH1N/TIM14_CH1/TIM3_CH2/ETH_MII_RX_DV/TIM1_CH1N/RMII_CRS_DV/EVENTOUT	ADC12_IN7

封装形式		引脚名	类型	I/O 电平	注释	复用功能	附加功能
LQF P100	LQF P144						
33	44	PC4	I/O	FT	(4)	ETH_RMII_RX_D0/ETH_MII_RX_D0/EVENTOUT	ADC12_IN14
34	45	PC5	I/O	FT	(4)	ETH_RMII_RX_D1/ETH_MII_RX_D1/EVENTOUT	ADC12_IN15
35	46	PB0	I/O	FT	(4)	TIM3_CH3/TIM8_CH2N/OTG_HS_ULPI_D1/ETH_MII_RXD2/TIM1_CH2N/EVENTOUT	ADC12_IN8
36	47	PB1	I/O	FT	(4)	TIM3_CH4/TIM8_CH3N/OTG_HS_ULPI_D2/ETH_MII_RXD3/OTG_HS_INTN/TIM1_CH3N/EVENTOUT	ADC12_IN9
37	48	PB2-BOOT1 （PB2）	I/O	FT		EVENTOUT	
—	49	PF11	I/O	FT		DCMI_12/EVENTOUT	
—	50	PF12	I/O	FT		FSMC_A6/EVENTOUT	
—	51	VSS	S				
—	52	VDD	S				
—	53	PF13	I/O	FT		FSMC_A7/EVENTOUT	
—	54	PF14	I/O	FT		FSMC_A8/EVENTOUT	
—	55	PF15	I/O	FT		FSMC_A9/EVENTOUT	
—	56	PG0	I/O	FT		FSMC_A10/EVENTOUT	
—	57	PG1	I/O	FT		FSMC_A11/EVENTOUT	
38	58	PE7	I/O	FT		FSMC_D4/TIM1_ETR/EVENTOUT	
39	59	PE8	I/O	FT		FSMC_D5/TIM1_CH1N/EVENTOUT	
40	60	PE9	I/O	FT		FSMC_D6/TIM1_CH1/EVENTOUT	
—	61	VSS	S				
—	62	VDD	S				
41	63	PE10	I/O	FT		FSMC_D7/TIM1_CH2N/EVENTOUT	
42	64	PE11	I/O	FT		FSMC_D8/TIM1_CH2/EVENTOUT	
43	65	PE12	I/O	FT		FSMC_D9/TIM1_CH3N/EVENTOUT	
44	66	PE13	I/O	FT		FSMC_D10/TIM1_CH3/EVENTOUT	
45	67	PE14	I/O	FT		FSMC_D11/TIM1_CH4/EVENTOUT	
46	68	PE15	I/O	FT		FSMC_D12/TIM1_BKIN/EVENTOUT	
47	69	PB10	I/O	FT		SPI2_SCK/I2S2_CK/I2C2_SCL/USART3_TX/OTG_HS_ULPI_D3/ETH_MII_RX_ER/TIM2_CH3/EVENTOUT	
48	70	PB11	I/O	FT		I2C2_SDA/USART3_RX/OTG_HS_ULPI_D4/ETH_RMII_TX_EN/ETH_MII_TX_EN/TIM2_CH4/EVENTOUT	
49	71	VCAP_1	S				
50	72	VDD	S				

封装形式		引脚名	类型	I/O 电平	注释	复用功能	附加功能
LQF P100	LQF P144						
51	73	PB12	I/O	FT		SPI2 _ NSS/I2S2 _ WS/I2C2 _ SMBA/ USART3 _ CK/TIM1 _ BKIN/CAN2 _ RX/OTG_HS_ULPI_D5/ETH_RMII_ TXD0/ETH _ MII _ TXD0/OTG _ HS _ ID/EVENTOUT	
52	74	PB13	I/O	FT		SPI2 _ SCK/I2S2 _ CK/USART3 _ CTS/ TIM1 _ CH1N/CAN2 _ TX/OTG _ HS _ ULPI _ D6/ETH _ RMII _ TXD1/ETH _ MII_TXD1/EVENTOUT	OTG_HS_VBUS
53	75	PB14	I/O	FT		SPI2_MISO/TIM1_CH2N/TIM12_CH1/ OTG _ HS _ DM/USART3 _ RTS/TIM8 _ CH2N/I2S2ext_SD/EVENTOUT	
54	76	PB15	I/O	FT		SPI2 _ MOSI/I2S2 _ SD/TIM1 _ CH3N/ TIM8_CH3N/TIM12_CH2/OTG_HS_ DP/EVENTOUT	
55	77	PD8	I/O	FT		FSMC_D13/USART3_TX/EVENTOUT	
56	78	PD9	I/O	FT		FSMC_D14/USART3_RX/EVENTOUT	
57	79	PD10	I/O	FT		FSMC_D15/USART3_CK/EVENTOUT	
58	80	PD11	I/O	FT		FSMC _ CLE/FSMC _ A16/USART3 _ CTS/EVENTOUT	
59	81	PD12	I/O	FT		FSMC_ALE/FSMC_A17/TIM4_CH1/ USART3_RTS/EVENTOUT	
60	82	PD13	I/O	FT		FSMC_A18/TIM4_CH2/EVENTOUT	
—	83	VSS	S				
—	84	VDD	S				
61	85	PD14	I/O	FT		FSMC_D0/TIM4_CH3/EVENTOUT/ EVENTOUT	
62	86	PD15	I/O	FT		FSMC_D1/TIM4_CH4/EVENTOUT	
—	87	PG2	I/O	FT		FSMC_A12/EVENTOUT	
—	88	PG3	I/O	FT		FSMC_A13/EVENTOUT	
—	89	PG4	I/O	FT		FSMC_A14/EVENTOUT	
—	90	PG5	I/O	FT		FSMC_A15/EVENTOUT	
—	91	PG6	I/O	FT		FSMC_INT2/EVENTOUT	
—	92	PG7	I/O	FT		FSMC_INT3/USART6_CK/EVENTOUT	
—	93	PG8	I/O	FT		USART6_RTS/ETH_PPS_OUT/ EVENTOUT	
—	94	VSS	S				
—	95	VDD	S				
63	96	PC6	I/O	FT		I2S2 _ MCK/TIM8 _ CH1/SDIO _ D6/ USART6 _ TX/DCMI _ D0/TIM3 _ CH1/EVENTOUT	

续表

封装形式		引脚名	类型	I/O 电平	注释	复用功能	附加功能
LQF P100	LQF P144						
64	97	PC7	I/O	FT		I2S3 _ MCK/TIM8 _ CH2/SDIO _ D7/ USART6 _ RX/DCMI _ D1/TIM3 _ CH2/EVENTOUT	
65	98	PC8	I/O	FT		TIM8 _ CH3/SDIO _ D0/TIM3 _ CH3/ USART6_CK/DCMI_D2/EVENTOUT	
66	99	PC9	I/O	FT		I2S_CKIN/MCO2/TIM8_CH4/SDIO_D1 /I2C3 _ SDA/DCMI _ D3/TIM3 _ CH4/EVENTOUT	
67	100	PA8	I/O	FT		MCO1/USART1_CK/TIM1_CH1/I2C3_ SCL/OTG_FS_SOF/EVENTOUT	
68	101	PA9	I/O	FT		USART1 _ TX/TIM1 _ CH2/I2C3 _ SMBA/DCMI_D0/EVENTOUT	OTG_FS_VBUS
69	102	PA10	I/O	FT		USART1_RX/TIM1_CH3/OTG_FS_ ID/DCMI_D1/EVENTOUT	
70	103	PA11	I/O	FT		USART1 _ CTS/CAN1 _ RX/TIM1 _ CH4/OTG_FS_DM/EVENTOUT	
71	104	PA12	I/O	FT		USART1 _ RTS/CAN1 _ TX/TIM1 _ ETR/OTG_FS_DP/EVENTOUT	
72	105	PA13（JTMS-SWDIO）	I/O	FT		JTMS-SWDIO/EVENTOUT	
73	106	VCAP_2	S				
74	107	VSS	S				
75	108	VDD	S				
76	109	PA14（JTCK-SWCLK）	I/O	FT		JTCK-SWCLK/EVENTOUT	
77	110	PA15(JTDI)	I/O	FT		JTDI/SPI3_NSS/I2S3_WS/TIM2_CH1_ ETR/SPI1_NSS/EVENTOUT	
78	111	PC10	I/O	FT		SPI3 _ SCK/I2S3 _ CK/UART4 _ TX/ SDIO _ D2/DCMI _ D8/USART3 _ TX/EVENTOUT	
79	112	PC11	I/O	FT		UART4 _ RX/SPI3 _ MISO/SDIO _ D3/ DCMI _ D4/USART3 _ RX/I2S3ext _ SD/EVENTOUT	
80	113	PC12	I/O	FT		UART5 _ TX/SDIO _ CK/DCMI _ D9/ SPI3 _ MOSI/I2S3 _ SD/USART3 _ CK/EVENTOUT	
81	114	PD0	I/O	FT		FSMC_D2/CAN1_RX/EVENTOUT	
82	115	PD1	I/O	FT		FSMC_D3/CAN1_TX/EVENTOUT	
83	116	PD2	I/O	FT		TIM3_ETR/UART5_RX/SDIO_CMD/ DCMI_D11/EVENTOUT	
84	117	PD3	I/O	FT		FSMC_CLK/USART2_CTS/EVENTOUT	

续表

封装形式		引脚名	类型	I/O 电平	注释	复用功能	附加功能
LQFP100	LQFP144						
85	118	PD4	I/O	FT		FSMC_NOE/USART2_RTS/EVENTOUT	
86	119	PD5	I/O	FT		FSMC_NWE/USART2_TX/EVENTOUT	
—	120	VSS	S				
—	121	VDD	S				
87	122	PD6	I/O	FT		FSMC_NWAIT/USART2_RX/EVENTOUT	
88	123	PD7	I/O	FT		USART2_CK/FSMC_NE1/FSMC_NCE2/EVENTOUT	
—	124	PG9	I/O	FT		USART6_RX/FSMC_NE2/FSMC_NCE3/EVENTOU	
—	125	PG10	I/O	FT		FSMC_NCE4_1/FSMC_NE3/EVENTOUT	
—	126	PG11	I/O	FT		FSMC_NCE4_2/ETH_MII_TX_EN/ETH_RMII_TX_EN/EVENTOUT	
—	127	PG12	I/O	FT		FSMC_NE4/USART6_RTS/EVENTOUT	
—	128	PG13	I/O	FT		FSMC_A24/USART6_CTS/ETH_MII_TXD0/ETH_RMII_TXD0/EVENTOUT	
—	129	PG14	I/O	FT		FSMC_A25/USART6_TX/ETH_MII_TXD1/ETH_RMII_TXD1/EVENTOUT	
—	130	VSS	S				
—	131	VDD	S				
—	132	PG15	I/O	FT		USART6_CTS/DCMI_D13/EVENTOUT	
89	133	PB3（JTDO/TRACESWO)	I/O	FT		JTDO/TRACESWO/SPI3_SCK/I2S3_CK/TIM2_CH2/SPI1_SCK/EVENTOUT	
90	134	PB4 （NJTRST)	I/O	FT		NJTRST/SPI3_MISO/TIM3_CH1/SPI1_MISO/I2S3ext_SD/EVENTOUT	
91	135	PB5	I/O	FT		I2C1_SMBA/CAN2_RX/OTG_HS_ULPI_D7/ETH_PPS_OUT/TIM3_CH2/SPI1_MOSI/SPI3_MOSI/DCMI_D10/I2S3_SD/EVENTOUT	
92	136	PB6	I/O	FT		I2C1_SCL/TIM4_CH1/CAN2_TX/DCMI_D5/USART1_TX/EVENTOUT	
93	137	PB7	I/O	FT		I2C1_SDA/FSMC_NL/DCMI_VSYNC/USART1_RX/TIM4_CH2/EVENTOUT	
94	138	BOOT0	I	B			VPP
95	139	PB8	I/O	FT		TIM4_CH3/SDIO_D4/TIM10_CH1/DCMI_D6/ETH_MII_TXD3/I2C1_SCL/CAN1_RX/EVENTOUT	
96	140	PB9	I/O	FT		SPI2_NSS/I2S2_WS/TIM4_CH4/TIM11_CH1/SDIO_D5/DCMI_D7/I2C1_SDA/CAN1_TX/EVENTOUT	
97	141	PE0	I/O	FT		TIM4_ETR/FSMC_NBL0/DCMI_D2/EVENTOUT	

续表

| 封装形式 | | 引脚名 | 类型 | I/O电平 | 注释 | 复用功能 | 附加功能 |
LQFP100	LQFP144						
98	142	PE1	I/O	FT		FSMC_NBL1/DCMI_D3/EVENTOUT	
99	—	VSS	S				
—	143	PDR_ON	I	FT			
100	144	VDD	S				

注意：

（1）引脚功能可用性取决于所选设备。

（2）PC13、PC14、PC15 和 PI8 通过电源开关供电。由于电源开关只吸收有限的电流量（3mA），所以在输出模式使用上述引脚应受到限制。

（3）备份区域第一次通电，引脚呈现主功能，稍后取决于 RTC 寄存器的内容，即使复位依然如此，因为 RTC 寄存器不受系统复位影响。

（4）FT＝5V 容限，但在模拟模式或振荡器模式下除外（适用于 PC14、PC15、PH0 和 PH1）。

参 考 文 献

［1］ ARM. Cortex-M4 Devices Generic User Guide［EB/OL］. (2014)［2022-09-02］. http://www. arm. com.

［2］ ST. STM32F4 Reference Manual(RM0090)［EB/OL］. (2021)［2022-09-02］. http://www. st. com.

［3］ ST. STM32 Cortex-M4 MCUs and MPUs programming manual［EB/OL］. (2020)［2022-09-02］. http://www. st. com.

［4］ 黄克亚. ARM Cortex-M3 嵌入式原理及应用——基于 STM32F103 微控制器［M］. 北京：清华大学出版社,2020.

［5］ 王维波,鄢志丹,王钊. STM32Cube 高效开发教程(基础版)［M］. 北京：人民邮电出版社,2021.

［6］ 王益涵,孙宪坤,史志才. 嵌入式系统原理及应用——基于 ARM Cortex-M3 内核的 STM32F103 系列微控制器［M］. 北京：清华大学出版社,2016.

［7］ 郭建,陈刚,刘锦辉,等. 嵌入式系统设计基础及应用——基于 ARM Cortex-M4 微处理器［M］. 北京：清华大学出版社,2022.

［8］ 张洋,刘军,严汉宇,等. 精通 STM32F4 库函数版［M］. 2 版. 北京：北京航空航天大学出版社,2019.

［9］ 宋雪松. 手把手教你学 51 单片机 C 语言版［M］. 2 版. 北京：清华大学出版社,2020.

［10］ 马潮. AVR 单片机嵌入式系统原理与应用实践［M］. 2 版. 北京：北京航空航天大学出版社,2007.

［11］ 陈庆. 传感器原理与应用［M］. 北京：清华大学出版社,2021.

［12］ Joseph Yiu,吴常玉,曹孟娟,等. ARM Cortex-M3 与 Cortex-M4 权威指南［M］. 3 版. 北京：清华大学出版社,2015.

［13］ 黄克亚. 基于虚拟仿真和 ISP 下载的 AVR 单片机实验模式研究［J］. 实验技术与管理,2013,30(8)：81-85.

［14］ 黄克亚. 基于蓝牙技术的时间同步与无线监控系统实验设计［J］. 实验技术与管理,2021,38(11)：64-69.

［15］ 黄克亚. 基于 FSMC 总线的嵌入式系统多显示终端驱动设计［J］. 液晶与显示,2022,37(6)：718-725.

［16］ 黄克亚,陈良. 基于 SPI 闪存和主存 IAP 的嵌入式平台中文显示系统设计［J］. 实验室研究与探索,2022,41(12)：74-80.